机电系统的智能最优自适应控制

Intelligent Optimal Adaptive Control for Mechatronic Systems

[波] 马尔钦·苏斯特（Marcin Szuster）
泽农·汉泽尔（Zenon Hendzel） 著
郝明瑞 侯明哲 付振宪 译

中国宇航出版社
·北京·

图书在版编目（CIP）数据

机电系统的智能最优自适应控制 /（波）马尔钦·苏斯特（Marcin Szuster），（波）泽农·汉泽尔（Zenon Hendzel）著；郝明瑞，侯明哲，付振宪译.-- 北京：中国宇航出版社，2022.12

书名原文：Intelligent Optimal Adaptive Control for Mechatronic Systems

ISBN 978-7-5159-2097-9

Ⅰ.①机… Ⅱ.①马… ②泽… ③郝… ④侯… ⑤付… Ⅲ.①机电系统－智能控制－自适应控制 Ⅳ.①TM7

中国版本图书馆 CIP 数据核字(2022)第 135396 号

责任编辑 侯丽平　　**封面设计** 宇星文化

出版发行	中国宇航出版社	**版　次**	2022 年 12 月第 1 版 2022 年 12 月第 1 次印刷
社　址	北京市阜成路 8 号　**邮　编** 100830 (010)68768548	**规　格**	787 × 1092
网　址	www.caphbook.com	**开　本**	1/16
经　销	新华书店	**印　张**	20.25　**彩　插** 12 面
发行部	(010)68767386　(010)68371900 (010)68767382　(010)88100613 (传真)	**字　数**	493 千字
零售店	读者服务部　(010)68371105	**书　号**	ISBN 978-7-5159-2097-9
承　印	天津画中画印刷有限公司	**定　价**	128.00 元

本书如有印装质量问题，可与发行部联系调换

译者序

机电系统的控制技术是以信息论、控制论和系统论为基础发展起来的一门综合应用技术。它利用最新的微电子、网络通信、信息与控制技术，结合人工智能技术的成果，将相关领域的先进理论、概念、方法和技术融入现代机电系统中的各控制环节，形成了机电一体化控制技术这一全新的学科。

随着“中国制造 2025”的提出，要求制造业和新一代信息技术进一步深度融合，逐步从传统制造向智能制造的方向转变。在这种转变过程中，以机器人、机械手等智能装置为代表的机电一体化系统将承担着举足轻重的作用。这些系统中严重的行为非线性、结构与参数不确定性，以及环境复杂性对它们的控制技术提出了诸多的挑战。如何有效地解决这些问题，对于推动中国制造业的战略转变，提高核心竞争力具有重要的意义。

为了学习和借鉴国外在机电一体化控制技术领域的先进理论和研究成果，我们引进并组织翻译了 *Intelligent Optimal Adaptive Control for Mechatronic Systems* 这本最新的学术著作。本书全面系统地描述了国外智能最优自适应控制的经典方法和最新发展成果，包括神经网络控制、动态规划、监督学习、评价学习、无导师学习、启发式动态规划、双启发式动态规划、全局双启发式动态规划、动作依赖启发式动态规划、双人零和微分博弈与 H_∞ 控制等，并对这些理论和方法在轮式移动机器人和机械手控制中的应用通过仿真和实测进行了对比性考察分析，内容十分丰富，是一本特别适合研究者和工程技术人员学习与提高的专业参考书。

全书由郝明瑞、侯明哲和付振宪共同完成翻译，并由侯明哲统校，郝明瑞审定。本书的翻译工作得到了哈尔滨工业大学研究生石文锐、徐昕迪、方乐言和北京机电工程研究所甄岩、岳克圆、刘珊工程师的热心帮助，同时也得到了中国宇航出版社的大力支持，在此对他们细致周到的工作表示衷心感谢！同时，特别感谢国家自然科学基金基础科学中心项目（编号：62188101）和面上项目（编号：62073096）以及黑龙江省头雁团队项目的资助。最后，我们希望本书的出版能够帮助读者了解和掌握国外机电系统的智能最优自适应控制方法，同时对我国相关领域的发展起到一定的推进作用。

由于译者水平有限，书中难免存在疏漏和不足之处，敬请广大读者和同行批评指正。译者联系方式：郝明瑞，hmrhit@163. com；侯明哲，hithyt@hit. edu. cn；付振宪，gaea@hit. edu. cn。

目　录

第1章　绪　论

从很早开始，人们就希望创造出能够具有人类特点的机器，即具有自主性和运动能力，并且能够学习和适应不断变化的环境条件的机器。但许多个世纪以来，人类一直无法制造出任何具有上述某种特征的机器和设备。直到20世纪，自动控制、计算机科学、电子学和制造工艺等领域的科学技术迅速发展，使得我们能够制造机器人，即具有复杂机械结构的机器，它们配以适当的控制软件，可以承担某些以前由人类完成的工作。此外，机器人学和机电一体化等领域也继续取得进展，这些学科涉及机器人的力学、设计、控制和操作。当前科学和技术的发展也向科学界提出了挑战，要求人们提供创新性的工程解决方案，并鼓励研究机电一体化系统的最佳解决方案，其中包括轮式移动机器人和机械手。与机电一体化有关的问题具有跨学科性质，需要多学科的知识，特别是轮式移动机器人，这是一种由相互作用的机械、电气、电子部件和软件组成的非线性、非完整的机电系统。

轮式移动机器人是能够执行高度自主任务的一类机器人，其主要任务是在其周边环境中实现无碰撞运动。这类机器人可用于检查、巡逻、维护、搜索和运输任务，也可用于探索未知环境，比如其他行星[4]。在过去的几年中，人们对移动机器人的兴趣大为增加，对轮式移动机器人和足式机器人的研究也越来越多，这归功于制造机器人的机械部件（子组件）的改进和基于微处理器的软件系统的发展，它们使复杂的机械系统能够得到精确控制，并降低了相关设备的设计和制造成本。这些因素提升了人们对个人移动机器人以及服务机器人的兴趣。移动机器人具有巨大的发展潜力和广泛的应用范围。人们对移动机器人是有需求的，它们可以代替人类完成烦琐、费力、危险的任务以及有健康风险的任务，并为老年人或残疾人提供帮助。

机械手是面向其他应用的另一类机器人，其结构和许多功能类似于人类的手臂。机械手越来越多地被用于代替人类完成重复性和艰苦的任务，如液压机和生产线的操作。由于其运动的高精度和可重复性，机械手常被用于机器零件的高级机械加工或装配操作，如电子电路的装配。使用机械手不仅能确保高质量、可重复地完成任务，而且还能提高效率，从而降低生产成本。工业机械手经常被用于汽车、机电和化工等行业的大批量生产活动中，以及会接触有毒或爆炸性气体的环境中。

轮式移动机器人的早期发展可以追溯到20世纪50年代，美国建立了第一个完全自动化的工厂，在那里移动机器人被用于实现制造任务的自动化，如传输和处理材料。然而，由于控制方面的困难，特别是控制技术的缺乏，机器人的进一步研发工作陷入停滞。直到20世纪70年代，传输自动化才取得重大进展，其推动作用来自电子、制药和汽车行业对自动化日益增长的需求。采用自动化方案具有很好的经济效益，这激发了人们实现传输作业自动化的兴趣，并催生了更多的研究工作。20世纪40年代，第一台伺服电动遥操作手的制造标志着机械手发展的开始[23]。第一个可编程的机械臂于1954年诞生。此后数年中，新的机械手设计技术迅速发展，其能力不断提高，应用领域不断扩大。

随着人们对机器人兴趣的增加，涌现出大量的关于机器人设计、运动学和动力学、控制和轨迹生成的科技论文。

机器人的关键要素之一是其控制系统，它与传感系统一起决定了设备的能力和可用性。目前，复杂的机器人控制系统通常是由一个处理单元执行的软件程序，处理单元与机器人的传感系统和执行器相连。根据操作的性质，一个复杂的机器人控制系统通过控制算法或其他方式完成轨迹的生成和实现。

期望的机器人轨迹由跟踪控制系统来实现，该系统产生控制信号，使固连在机器人上的选定点根据预设的运动参数跟踪某个虚拟点运动。

最初的跟踪控制系统采用简单的控制器，由比例（P）、微分（D）和积分（I）元件组成。但对于由非线性动态方程描述的系统，比如机械手和轮式移动机器人，它们并不能提供所需的控制性能。因此，人们引入了其他类型的控制系统。它们包含前面提到的控制器和附加算法，并且在控制信号的生成中考虑了对象的动态特性。这类控制系统包括：1）鲁棒系统，它考虑了与被控对象动力学建模相关的参数不确定性；2）自适应系统，它可以根据机器人工作条件的变化调整控制算法的参数。

在过去的20年里，人工神经网络、模糊逻辑系统和遗传算法等人工智能方法的快速发展，加上微处理器技术的发展，使得设计更加复杂的控制系统成为可能。人工神经网络是机器人学中最常用的控制器结构，其原因是它们适应性强，可用于任何非线性映射。模糊逻辑系统也很有用，其原因是它们允许基于所有可用的科学信息开发复杂对象的控制系统。采用人工智能方法的控制系统能够根据设备工作条件的变化调整系统的参数，并能执行复杂的任务，从而表现出高度的自主性和机器智能。在控制算法中应用人工神经网络时往往需要用到有导师学习方法。这种方法的缺点是需要预先定义网络要映射的参考信号。人工神经网络也可以与最近发展起来的强化学习方法相结合使用。该方法从动物和人类的行为中获得灵感，其学习过程包括与环境的互动以及根据给定的目标函数评估环境对特定行动的反应。神经动态规划算法是强化学习算法的一个例子。

移动机器人轨迹生成算法的发展也受到了动物运动研究的启发。对动物运动的观察促进了轨迹规划方法的发展，例如行为控制。利用这种方法能够设计具有简单结构和高度自主性的轨迹生成系统，其自主性体现为它们在执行复杂任务时对未知环境条件的适应能力。这类研究之所以成为热点，是因为此类算法有实用性，可被用于执行各种任务，例如，到达陌生环境中的某个目标点、勘察污染区、探索行星，或其他由人们定义的任务，如除草、巡逻、区域搜索、清洁等。人工智能方法，特别是强化学习算法，在移动机器人的轨迹生成系统中显示出很大的应用潜力，这在目前的研究中得到了体现。

移动机器人轨迹的生成和实现是机器人学的重要研究领域之一。到目前为止，还没有解决这类高度复杂问题的通用方法。科技文献中提出的轨迹生成和跟踪控制问题解决方案仅仅是学术性的，只有少数得以实施。针对轨迹生成问题所提出的方法大多是离线解决方案，无法实际应用。目前的研究重点是开发实用的机电一体化方法，用于轮式移动机器人和机械手的运动规划和控制。

尽管轨迹生成和实现的算法发展迅速，但仍有一些问题亟待解决。这些问题包括：1）在考虑被控对象动力学特性的情况下，如何实现为机器人规划的运动；2）在有传感系统工作支持的情况下，如何进行轨迹规划并将其应用于行为控制中，执行复杂的任务。

1.1 人工智能和神经网络

“人工智能”（AI）一词是由 John McCarthy 在 1956 年创造的[21]，用来定义一个跨门类的科学领域，其主要研究目标是理解人类的智能，并将其融入机器。在现有文献中，对人工智能有许多不同的定义。根据 R. J. Schalkoff 提出的定义，人工智能试图通过这样一种方式来解决问题，即利用计算机程序模仿人类的自然行为和认知过程[21]。人工智能方法的典型例子包括进化算法、模糊逻辑系统和人工神经网络。

对进化算法的研究[11,21]受到了自然界的启发。换句话说，它是对自然过程的模仿。在自然过程中，每个生物体都有自己独特的遗传物质，储存着其所继承的性状的信息。通过繁殖，后代继承了一套完整的由基因编码的性状。然而，在染色体交叉阶段，即在母体染色体和父体染色体之间进行遗传物质交换的过程中，可能会发生突变，导致后代在继承父母双方性状的同时，也具有不同于父母任何一方的特别性状。若该性状有利于生物体对环境条件的适应，则生物体将把相应的遗传物质传递给它的后代。这种方法已被用于解决优化问题，其中一群个体被视为一个给定问题的潜在解集。它们对环境的适应程度（即所谓的适应度）通过适当的适应度函数来衡量。这些个体交换它们的遗传物质，即发生染色体交叉和突变，从而产生新的潜在解，这些新的潜在解在一个基于适应度的选择过程中被选择，以最大限度地提高适应度函数的值。如此，连续几代的后代（子代）会提供趋向于最优解的解。

模糊逻辑系统的发展始于 1965 年由 Lotfi Zadeh[11,12,21]提出的模糊集。模糊集以一种不明确的方式将语言变量如“非常大”“大”“小”同数值联系了起来。模糊逻辑运算类似于人类的推理，本质上是近似而非精确的。处理模糊信息的数学领域被称为“模糊集理论”。其关键要素是模糊逻辑，用于模糊控制和建模。

人工神经网络方法基于对人们生物体大脑结构和功能的认识，旨在为各种计算问题寻求新的解决方案[11,12,16,17,21,24]。它是一个跨学科领域，与自动控制、生物控制、电子学、应用力学和医学等都相关。

对生物体神经系统活动的研究促进了人工神经网络结构设计的进步和人工神经网络方法的发展，特别是计算技术的发展。在解决问题的过程中，网络的输出可以通过学习来配置，而不是通过以程序形式编写的算法。这些方法适用于解决答案未知以及传统算法因困难或限制因素而失效的问题，尤其适用于执行相关性分析类任务，如诊断、分类、预测和识别。神经网络的运行基于并行分布式处理（连接主义），其中大量单一、简单且动作缓慢的单元（神经元）通过同时处理数据来执行复杂的计算任务。由于信息处理是分布式的，因此网络结构的局部损坏可能并不会对其整体功能产生负面影响。神经网络还有一些其他特点，如泛化能力，对非线性映射的逼近能力，以及对误差的低敏感性。正因为如此，这些算法被用于输入-输出关系中（当关系不完全已知时），也被用于解决识别和优化问题（即使输入数据不准确或部分不正确）。凭借这些能力，神经网络被广泛应用于多个知识领域，例如在机器人学中，对由非线性动态方程描述的系统（如机器人）进行建模和控制。最简单的具有单一输出的单层神经网络由一个权值向量（权值在学习过程中调整）和一个神经元激活函数向量组成。这两个向量的叉乘就是网络的输出。

1.2 评价学习

与人工神经网络相关的学术领域的发展可以追溯到 20 世纪 40 年代，当时 McCulloch 和 Pitts[14] 发表了一篇论文，首次对生物神经网络进行了系统的描述。随后，感知器模型被提出。1957 年，Frank Rosenblatt[20] 首次使用“感知器”这一术语来描述他设计的机器。该机器在某种程度上是一个机电设备，可以识别字母和数字字符，并使用创新性的学习算法进行系统编程。由于 1969 年 Minsky 和 Papert[15] 发表的论文强调了感知器的局限性，因此神经网络快速发展的势头几乎中止了十多年。然而，人们后续发现，这些限制并不涉及具有非线性激活函数的神经网络。此外，20 世纪 80 年代初出现的基于误差反向传播的多层神经网络学习方法进一步促进了神经网络的蓬勃发展。人们发现，由于缺乏参考信号，有导师学习方法并不适用于所有的情况。于是，又有新的概念被提出，即无监督学习和评价学习[1,3,16,22]。评价学习是一种非监督式学习，也称为强化学习。其要素是与环境的互动，这是通过采取动作并评估这些动作的效果来实现的。其主要优点是不需要提供参考输出值，只需要确定所采取的动作是否产生了期望系统行为方面的相关结果。如果系统采取的动作对所采用的评价标准有积极影响，那么未来类似情况下的类似行为倾向就会得到加强（即强化），否则就会减弱。评价学习需要使用一个自适应算法（称为评价器），用以评估当前的控制策略。与典型的有导师学习方法相比，评价学习的应用范围更广，这是因为在评价学习方法中，期望输出信号的值可以是未知的。然而，这种方法需要一个恰当定义的系统来评估所采取的动作是否有利于期望的输入-输出行为。与监督学习相比，这种神经网络学习方法的实际实施更为复杂。基于评价学习方法的算法有很多种，包括神经动态规划算法[1,5,6,18,19]、Q 学习算法[1,3,7,9]、R 学习[1] 和 SARSA[1,3]。

1.3 研究内容

本书的研究目的是证明强化学习技术的可行性，特别是被称为自适应动态规划的一类技术在离散和连续机电系统的优化控制中的可行性。书中讨论了轮式移动机器人和机械手这两类动态对象的跟踪控制问题。书中还讨论了轮式移动机器人在有静态障碍物的未知环境中运动时的轨迹生成问题。

机电系统优化控制这种类型的顺序决策过程可以应用动态规划的理论来求解。最优控制中用的动态规划是变分法的一种替代，它是由 R. Bellman[2] 在 20 世纪 50 年代建立的。这种方法可用于求解非线性、非平稳系统的最优控制问题。尽管动态规划有优雅的数学形式，但是它的实际应用却有些受限。为了使用这种方法，需要对被控系统进行描述，而当系统状态向量的维数较大或离散步骤较多时，就会出现“维度诅咒”问题。

自适应动态规划方法在应用中是通过定义一个价值函数和控制信号的迭代序列来实现的，它的基础是最优化原理和时序差分学习技术，并使用了两个参数化的模块（动作器和评价器）。它可以求出 Hamilton - Jacobi - Bellman 方程的近似解[13]。

这一概念的扩展是微分博弈论，其可视为分散控制的一部分，被广泛应用于复杂机电系统。神经动态规划可用于双人零和博弈的求解。

双人零和微分博弈和非线性 H_∞ 控制理论依赖于 Hamilton - Jacobi - Isaacs（HJI）方程的求解[25]，该方程是 Hamilton - Jacobi - Bellman 方程的一个推广。

轮式移动机器人或机械手的跟踪控制是一个难题，主要原因是描述这类设备动态特性的方程具有非线性特征，其数学模型参数和工作条件有关，可能是未知的，并且随时间变化。

在力学中，跟踪控制会涉及逆动力学问题的求解，目的在于计算出能够补偿被控对象非线性的控制信号。利用鲁棒和自适应系统理论对轮式移动机器人的跟踪控制算法进行了综合。所提解决方案的稳定性由 Lyapunov 稳定性理论来保证。

在有静态障碍物的未知环境中，生成无碰撞轨迹的问题即根据机器人感知系统提供的环境反馈，为轮式移动机器人上的任意一点实时设计一条可行的轨迹。这需要从近距传感器获取信号，并对信息进行适当解读，以获知障碍物的距离，然后生成一条可行的轨迹，并由机器人实现，以确保完成所要执行的任务。

对设计的跟踪控制和轨迹生成算法，在 Matlab - Simulink 计算环境中进行了数值测试，其中使用了移动机器人模型、机械手模型和测量测试环境。对算法性能的实验验证是在轮式移动机器人和机械手的专用运动分析实验台上进行的。

轮式移动机器人运动分析实验台包括带电源的 Pioneer 2 - DX 机器人和配备有 dSpace DS1102 的 DSP 控制板、安装有 dSpace Control Desk 实验管理软件和 Matlab - Simulink 计算软件的个人计算机。机械手运动分析实验台包括带有电源的 Scorbot - ER 4pc 机械手和配备有 dSpace DS1104 的 DSP 控制板、安装有 dSpace Control Desk 实验管理软件和 Matlab - Simulink 软件的个人计算机。这些实验台经过改造，适用于相关的科学研究，如动态对象控制系统的快速原型设计，以及利用实时控制的物理对象对这些系统进行验证。控制系统以代码的形式表示，在 Matlab - Simulink 计算环境中编写，然后被编译进与 dSpace Control Desk 软件兼容的目标代码中，控制在 dSpace DSP 控制板上运行的实验。一旦实验启动，控制板根据所采用的算法实时产生控制信号。这些信号是基于来自被控对象传感系统的可用测量信号生成的。在产生控制信号的同时，数据采集继续进行。对于所设计的算法，这种途径是一种快捷的研究方法。

大多数情况下，在对所设计的算法进行实验研究的过程中，需要调整某些控制参数的值，并在参数调整好后做进一步的数值测试。

基于神经动态规划方法，利用所提出的跟踪控制算法控制轮式移动机器人，将得到的运动质量与使用 PD 控制器、自适应控制算法和神经网络控制系统得到的运动质量进行了比较。这些方法在文献［8，10］中有描述。此外，本书重点讨论了基于选定神经动态规划方法的机械手跟踪控制算法。为评价跟踪控制的质量，用基于与期望轨迹相关的跟踪误差定义了性能指标。

本书对机电一体化系统的几个重要方面进行了讨论。第 2 章对被控系统（即双轮移动机器人和机械手）进行了描述，给出了被控对象的运动学和动力学方程，以及逆运动学和逆动力学问题的求解实例。第 3 章以神经网络控制算法为例，介绍了非线性系统的智能控制方法。第 3 章还结合动态系统跟踪控制算法的实现，介绍了人工神经网络的基本知识。在后续的章节中，会对神经网络做进一步的解释。第 4 章研究了动态系统的最优控制方法，如 Bellman 动态规划、线性二次型调节器和 Pontryagin 极大值原理，并给出了一个离散时间线性系统最优控制的例子。第 5 章讨论了智能系统的学习方法，如监督学习、评价学习和无导师学习。第 6 章介绍了所选定的神经动态规划算法，包括那些需要知道被控对象数学模型的方法，如启发式动态规划算法、双启发式动态规划算法和全局双启发式动态规划算法，以及那些不需知道被控对象数学模型的方法，如动作依赖启发式动态规划算法。第 7 章介绍了轮式移动机器人的跟踪控制算法，包括 PD 控制器、自适应控制算法、神经网络控制算法以及采用神经动态规划结构的控制算法（具体类型包括启发式动态规划、双启发式动态规划、全局双启发式动态规划和动作依赖启发式动态规划）。第 7 章还介绍了机械手的控制算法，如 PD 控制器、采用神经动态规划结构的控制算法（具体类型包括双启发式动态规划和全局双启发式动态规划），对各个控制算法都配以数值测试结果来进行说明，这些结果是对一个动态对象进行跟踪控制仿真得到的。此外，第 7 章还提供了一个使用神经动态规划算法对轮式移动机器人进行行为控制的例子。第 8 章讨论了连续非线性系统的控制方法，特别是经典的强化学习方法及其近似算法，以及基于动作器-评价器结构的强化学习方法。对每种控制算法的描述都配以数值测试结果，这些结果是利用所提方法对一个动态对象进行控制仿真得到的。第 9 章主要讨论了双人零和微分博弈和 H_∞ 控制，书中所讨论的方法被用于移动机器人驱动单元的控制和轮式移动机器人的跟踪控制，并给出了仿真测试结果。第 10 章介绍了用于控制算法验证测试的实验台，利用第 7 章所列的控制方法进行了实验，并对实验结果进行了讨论。第 11 章对研究结果和结论进行了总结。

参考文献

[1] Barto, A., Sutton, R.: Reinforcement Learning: an Introduction. MIT Press, Cambridge (1998).

[2] Bellman, R.: Dynamic Programming. Princeton University Press, New York (1957).

[3] Cichosz, P.: Learning Systems. (in Polish) WNT, Warsaw (2000).

[4] Fahimi, F.: Autonomous Robots - Modeling, Path Planning, and Control. Springer, New York (2009).

[5] Ferrari, S.: Algebraic and Adaptive Learning in Neural Control Systems. Ph. D. Thesis, Princeton University, Princeton (2002).

[6] Ferrari, S., Stengel, R. F.: An adaptive critic global controller. In: Proceedings of American Control Conference, vol. 4, pp. 2665-2670. Anchorage, Alaska (2002).

[7] Gaskett, C., Wettergreen, D., Zelinsky, A.: Q - learning in continuous state and action spaces. Lect. Notes Comput. Sci. 1747, 417-428 (1999).

[8] Giergiel, J., Hendzel, Z., Zylski, W.: Modeling and Control of Wheeled Mobile Robots. (in Polish) Scientific Publishing PWN, Warsaw (2002).

[9] Hagen, S., Krose, B.: Neural Q-learning. Neural. Comput. Appl. 12, 81-88 (2003).

[10] Hendzel, Z., Trojnacki, M.: Neural Network Control of Mobile Wheeled Robots. (in Polish) Rzeszow University of Technology Publishing House, Rzeszow (2008).

[11] Jamshidi, M., Zilouchian, A.: Intelligent Control Systems Using Soft Computing Methodologies. CRC Press, London (2001).

[12] Kecman, V.: Learning and Soft Computing. MIT Press, Cambridge (2001).

[13] Lewis, F. L., Vrabie, D., Syroms, V. L.: Optimal Control, 3rd ed. Wiley, New Jersey (2012).

[14] McCulloch, W. S., Pitts, W.: A logical calculus of the ideas immanent in nervous activity. Bull. Math. Biophys. 5, 115-133 (1943).

[15] Minsky, M., Papert, S.: Perceptrons: an Introduction to Computational Geometry. MIT Press, Cambridge (1969).

[16] Osowski, S.: Neural Networks. (in Polish) Warsaw University of Technology Publishing House, Warsaw (1996).

[17] Osowski, S.: Neural Networks - an Algorithmic Approach. (in Polish) WNT, Warsaw (1996).

[18] Powell, W. B.: Approximate Dynamic Programming: Solving the Curses of Dimensionality. Willey - Interscience, Princeton (2007).

[19] Prokhorov, D., Wunch, D.: Adaptive critic designs. IEEE Trans. Neural Netw. 8, 997-1007 (1997).

[20] Rosenblatt, F.: The perceptron: a probabilistic model for information storage and organization in

the brain. Psychol. Rev. 65, 386 - 408 (1958).

[21] Rutkowski, L.: Methods and Techniques of Artificial Intelligence. (in Polish) Scientific Publishing PWN, Warsaw (2005).

[22] Si, J., Barto, A. G., Powell, W. B., Wunsch, D.: Handbook of Learning and Approximate Dynamic Programming. IEEE Press Wiley - Interscience, Hoboken (2004).

[23] Spong, M. W., Vidyasagar, M.: Robots Dynamics and Control. (in Polish) WNT, Warsaw (1997).

[24] Tadeusiewicz, R.: Neural Networks. (in Polish) AOWRM, Warsaw (1993).

[25] Van Der Schaft, A.: L_2 - Gain and Passivity Techniques in Nonlinear Control. Springer, Berlin (1996).

第 2 章　研究对象

本章介绍研究对象，即双轮移动机器人和三自由度机械手，给出它们的结构、部件和基本参数。本章将对这两种机器人的运动学方程进行讨论，并对其逆运动学问题的求解进行仿真。根据固连在机器人上的选定点的速度值和预先规划的路径，可以生成给定系统的理想轨迹，而生成的轨迹可用于控制系统跟踪性能的数值仿真和验证分析。本章还将讨论两种被控系统的动力学特性，并利用生成的轨迹，对逆动力学问题的求解进行仿真，从而得到控制信号的波形。

2.1　双轮移动机器人

Pioneer 2 - DX 轮式移动机器人（WMR）是一种实验室用的双轮机器人。它配备了脚轮，也就是第三个可自行调节的支撑轮，假定其动力学特性可以忽略不计，因而不予考虑。具有类似结构的移动机器人被称为双轮机器人，其原因是它们有两个驱动轮。需要指出的是，在过去的几年中已推出了新的、没有额外支撑轮的机器人。

Pioneer 2 - DX 的型号[1]如图 2 - 1（a）所示，其尺寸信息如图 2 - 1（b）所示。

该型号包括：

1）驱动轮 1 和 2；

2）脚轮 3；

3）框架 4。

Pioneer 2 的总质量为 $m_{DX}=9$ kg，最大能力（载重量）为 $m_{Lx}=20$ kg。驱动轮 1 和 2 由橡胶制成，其主要物理尺寸为：半径 $r=r_1=r_2=0.082\ 5$ m，宽度 $h_{w1}=h_{w2}=0.037$ m。

与 Pioneer 2 - DX WMR 固连的 A 点的最大速度是 $v_{mx}=1.6$ m/s。WMR 配备了一套由 8 个超声波传感器组成的测量系统，呈圆周分布，贴在框架的正面上。将传感器标记为 s_{u1}，…，s_{u8}，如图 2 - 1（b）所示。在规划阶段，测距仪的最大测量范围限制在 $d_{mx}=4$ m 以内。如果障碍物与 WMR 之间的距离大于所选的限制范围，则当成是默认值 d_{mx}。与障碍物距离的最小测量值为 $d_{mn}=0.4$ m。如果障碍物与 WMR 之间的距离小于 d_{mn}，则当成是默认值 d_{mn}。考虑到上述情况，由超声波传感器得到的距离测量值在如下范围内：$d_{si}\in[0.4,\ 4.0]$ m，$i=1$，…，8。超声波传感器的轴线偏离框架对称轴线的情况如下：$\omega_{s1}=90°$，$\omega_{s2}=50°$，$\omega_{s3}=30°$，$\omega_{s4}=10°$，$\omega_{s5}=-10°$，$\omega_{s6}=-30°$，$\omega_{s7}=-50°$，$\omega_{s8}=-90°$。

WMR 的运动分析与其运动学和动力学有关，对此将在下面的各节中进一步讨论。

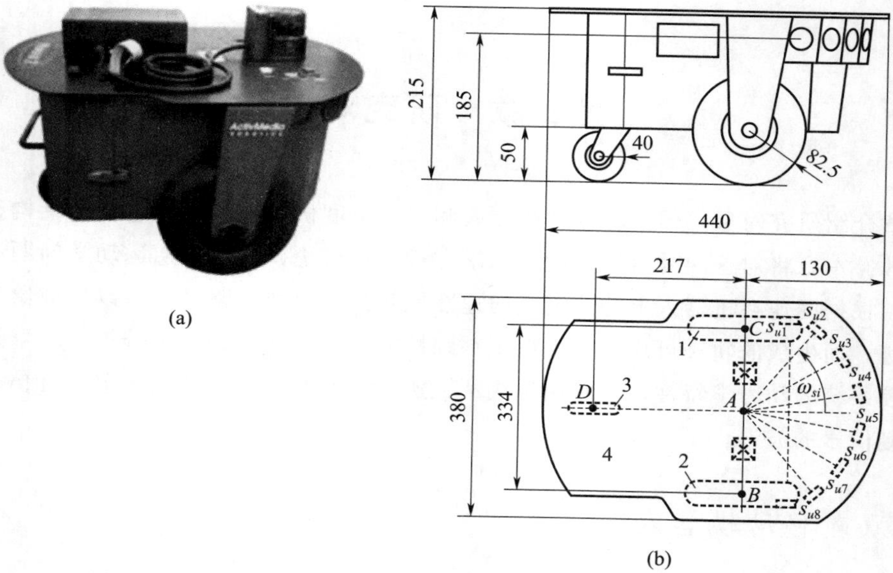

(a)　　(b)

图 2-1　(a) Pioneer 2-DX 轮式移动机器人；(b) Pioneer 2-DX 示意图及主要物理尺寸

2.1.1　移动机器人的运动学描述

WMR 的运动学问题包含正运动学问题和逆运动学问题。正运动学问题的求解途径是：已知驱动单元的运动参数和系统的几何形状，确定 WMR 相对于静止参考坐标系的位置和方向。而为了求解逆运动学问题，则需要在系统选定点的速度和预先规划的路径为已知的情况下，确定驱动轮旋转的角度参数。通过逆运动学问题的分析，可以确定出跟踪控制系统要实现的 WMR 的轨迹[7,21]。

如何在 WMR 上选择一个跟踪期望路径的特征点，取决于移动机器人的导航系统和控制系统的设计。为了确保完成给定的任务，WMR 上选定点的期望路径一般由若干直线段和曲线段组成[19]。影响路径设计的因素有很多，比如要执行的任务类型、WMR 的结构和技术能力等。第 7.8 节将对 WMR 分层控制系统的轨迹生成层进行综合讲解。该层生成用于确定 WMR 上选定点轨迹的控制信号。这一过程是在任务执行中持续进行的，比如执行“目标搜索与避障”任务，该任务其实是“目标搜索”和“保持在空位中心/避开障碍物”两个任务类型的合成。

系统中选定点的运动是通过运动学方程来分析的，这些方程可以借助多种方法来建立，例如 Denavit-Hartenberg 法[19]，它采用齐次坐标和变换矩阵。另一种途径是使用力学中的经典方法，特别是基于参数化运动方程的运动解析描述[21]。

在下面的研究中，假设 WMR 的所有部件都是完全刚性的，并且 WMR 在一个平坦的水平面上运动。对 WMR 运动的描述基于一个对应于 Pioneer 2-DX 机器人结构的模型(见图 2-2)，本书后面将用该模型验证所介绍的各种解决方案。所研究的 WMR 是一个具有二自由度的非完整系统。其运动描述借助于两个独立变量，即驱动轮 1 和 2 的旋转角度，在此分别用 α_1 和 α_2 表示。当 WMR 两个驱动轮的角速度向量①取值相同时，机器人的框架做直线运动；而当两个驱动轮的角速度向量取值不同时，机器人的框架处于平面运动状态，即在由 x 轴和 y 轴定义的运动平面上移动。

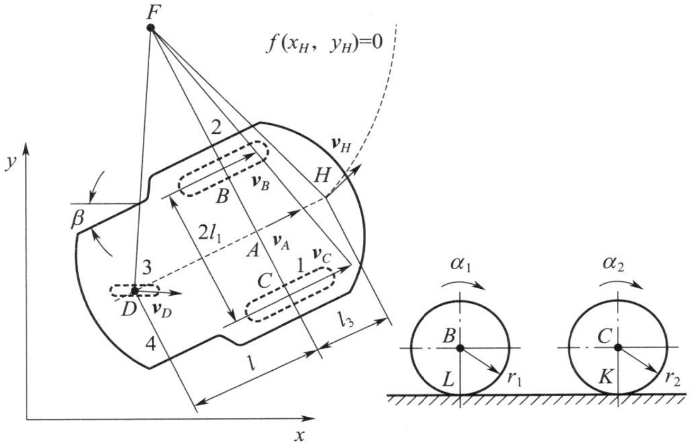

图 2-2　轮式移动机器人框架上各个点的速度示意图

在逆运动学问题的分析中，假定 WMR 上的选定点 H 以期望的速度在给定的路径上移动。轨迹的实现是通过为 WMR 的驱动轮 1 和 2 规划适当的旋转角速度来保证的。另外，假设 WMR 的轮子滚动时不打滑，同时假设特征点 A 的速度向量位于与运动平面平行的平面内，并且垂直于 B 点和 C 点之间的连线[7,21]。

在 B 点和 C 点的速度满足 $v_B < v_C$ 的情况下，WMR 的框架处于平面运动状态，图 2-2 所示的 F 点是框架的瞬时旋转中心。

WMR 上 A 点的速度向量在静止坐标系的 x 轴和 y 轴上的投影满足如下关系式

$$\dot{y}_A = \dot{x}_A \tan\beta \tag{2-1}$$

其中，β 为 WMR 框架的瞬时旋转角度。

由式（2-1）可以看出，A 点的速度向量受到非完整约束的限制。根据 WMR 的几何形状，可以确定出 xy 坐标系下 H 点和 A 点之间的关系为

$$x_H = x_A + l_3 \cos\beta \tag{2-2}$$

$$y_H = y_A + l_3 \sin\beta \tag{2-3}$$

对上式进行时间微分，得到

$$\dot{x}_H = \dot{x}_A - l_3 \dot{\beta} \sin\beta \tag{2-4}$$

$$\dot{y}_H = \dot{y}_A + l_3 \dot{\beta} \cos\beta \tag{2-5}$$

考虑到 v_A 是 A 点速度向量的大小，故该速度向量在静止坐标系的 x 轴和 y 轴上的投影如下

$$\dot{x}_A = v_A \cos\beta \tag{2-6}$$

① 本书 vector 统一翻译为向量。——译者注

$$\dot{y}_A = v_A \sin\beta \tag{2-7}$$

将式（2-6）和式（2-7）代入式（2-4）和式（2-5）中，得到

$$\dot{x}_H = v_A \cos\beta - l_3 \dot{\beta} \sin\beta \tag{2-8}$$

$$\dot{y}_H = v_A \sin\beta + l_3 \dot{\beta} \cos\beta \tag{2-9}$$

假设 H 点在 xy 平面内运动，其路径可解析地表示为

$$f(x_H, y_H) = 0 \tag{2-10}$$

对式（2-10）进行时间微分，可以得到

$$\dot{f}(x_H, y_H) = 0 \tag{2-11}$$

给定 A 点的速度和 H 点的期望路径，通过式（2-8）、式（2-9）和式（2-11）可以计算出下列参数的变化曲线

$$\begin{gathered} x_H = x_H(t) \\ y_H = y_H(t) \\ \beta = \beta(t) \end{gathered} \tag{2-12}$$

B 点和 C 点的速度可以描述为如下向量形式

$$\begin{gathered} \boldsymbol{v}_C = \boldsymbol{v}_A + \boldsymbol{v}_{CA} \\ \boldsymbol{v}_B = \boldsymbol{v}_A + \boldsymbol{v}_{BA} \end{gathered} \tag{2-13}$$

也可以描述为如下标量形式

$$\begin{gathered} v_C = v_A + v_{CA} \\ v_B = v_A + v_{BA} \end{gathered} \tag{2-14}$$

其中

$$\begin{gathered} v_{CA} = \dot{\beta} l_1 \\ v_{BA} = -\dot{\beta} l_1 \end{gathered} \tag{2-15}$$

因为假设 WMR 的驱动轮滚动时不打滑，所以下列关系式成立

$$\begin{gathered} v_B = \dot{\alpha}_1 r_1 \\ v_C = \dot{\alpha}_2 r_2 \end{gathered} \tag{2-16}$$

其中，$r_1 = r_2 = r$ 为 WMR 驱动轮的半径。

考虑到式（2-14）～式（2-16），WMR 的两个驱动轮的角速度 $\dot{\alpha}_1$ 和 $\dot{\alpha}_2$ 可以写成

$$\begin{bmatrix} \dot{\alpha}_1 \\ \dot{\alpha}_2 \end{bmatrix} = \frac{1}{r} \begin{bmatrix} 1 & l_1 \\ 1 & -l_1 \end{bmatrix} \begin{bmatrix} v_A \\ \dot{\beta} \end{bmatrix} \tag{2-17}$$

式（2-17）的逆形式为

$$\begin{bmatrix} v_A \\ \dot{\beta} \end{bmatrix} = \frac{r}{2} \begin{bmatrix} 1 & 1 \\ l_1^{-1} & -l_1^{-1} \end{bmatrix} \begin{bmatrix} \dot{\alpha}_1 \\ \dot{\alpha}_2 \end{bmatrix} \tag{2-18}$$

由式（2-17）和式（2-18）描述的运动学关系将在本书的后面使用。为了求解逆运动学问题，需要在给定 H 点的期望路径和 A 点的速度 v_A 的情况下，通过式（2-8）、式（2-

9)、式（2－11）和式（2－17）计算以下变量的值

$$
\begin{aligned}
x_H &= x_H(t) \\
y_H &= y_H(t) \\
\beta &= \beta(t) \\
\dot{\alpha}_1 &= \dot{\alpha}_1(t) \\
\dot{\alpha}_2 &= \dot{\alpha}_2(t)
\end{aligned} \tag{2-19}
$$

假设距离 $l_3=0$，且基于期望的路径，已经生成了 A 点的两条轨迹。第一条是环形路径，其环形半径为 $R=0.75\ \mathrm{m}$，第二条是由两个相连的环组成的 8 字形路径，每个环的半径为 $R=0.75\ \mathrm{m}$。

2.1.1.1　环形路径逆运动学仿真

WMR 上的 A 点在期望环形路径上的运动，从初始位置 S 点到期望终点位置 G 点，被分为以下五个特征段[7]。

1）启动（直线路径上的运动）

$$v_A=\frac{v_A^*}{t_r-t_p}(t-t_p),\quad t_p\leqslant t<t_r,\quad \dot{\alpha}_1=\dot{\alpha}_2=\frac{v_A}{r},\quad \dot{\beta}=0$$

其中，v_A 为 A 点的线速度；t 为时间；v_A^* 为 A 点的最大期望线速度；t_p 为（运动）初始时间；t_r 为启动段的结束时间；$\dot{\alpha}_1$ 和 $\dot{\alpha}_2$ 为 WMR 驱动轮的期望旋转角速度；r 为驱动轮半径；$\dot{\beta}$ 为 WMR 框架的瞬时旋转角速度。

2）以期望的速度运动，期间 $v_A=v_A^*=$常值

$$\dot{\alpha}_1=\dot{\alpha}_2=\frac{v_A}{r},\quad t_r\leqslant t<t_{c1},\quad \dot{\beta}=0$$

其中，t_{c1} 为曲线运动段的起始时间。

3）在半径为 R 的圆形路径上运动，期间 $v_A=v_A^*=$常值，$R=0.75\ \mathrm{m}$

$$\dot{\alpha}_1=\frac{v_A}{r}+l_1\dot{\beta},\quad \dot{\alpha}_2=\frac{v_A}{r}-l_1\dot{\beta},\quad t_{c1}\leqslant t<t_{c2}$$

其中，t_{c2} 为曲线运动段的结束时间；l_1 为由 WMR 的几何形状确定的长度。

4）包含过渡期的曲线出口段，随后以恒定的速度在直线路径上运动，期间 $v_A=v_A^*=$常值

$$\dot{\alpha}_1=\dot{\alpha}_{p1}-\left(\dot{\alpha}_{p1}-\frac{v_A}{r}\right)(1-\mathrm{e}^{-\varsigma t}),\quad \dot{\alpha}_2=\dot{\alpha}_{p2}-\left(\frac{v_A}{r}-\dot{\alpha}_{p2}\right)(1-\mathrm{e}^{-\varsigma t}),$$
$$t_{c2}\leqslant t<t_h$$

其中，t_h 为制动段的开始时间；ς 为近似过渡曲线的常数；$\dot{\alpha}_{p1}$ 和 $\dot{\alpha}_{p2}$ 为过渡期开始时车轮的角速度值。引入近似可以使得在实现系统运动时，速度和加速度等参数的变化比较平滑。

5）制动段

$$v_A=v_A^*-\frac{v_A^*}{t_k-t_h}(t-t_h),\quad t_h\leqslant t<t_k,\quad \dot{\alpha}_1=\dot{\alpha}_2=\frac{v_A}{r},\quad \dot{\beta}=0$$

其中，t_k 为结束时间。

制动和启动阶段采用了相同的时间长度。其余阶段的开始时间值分别为：$t_p=3$ s，$t_r=5$ s，$t_{c1}=7.5$ s，$t_{c2}=20.5$ s，$t_h=23$ s，$t_k=25$ s。WMR 上 A 点的最大线速度值为 $v_A^*=0.4$ m/s。为了避免速度按折线规律变化时轨迹角加速度的不连续性，利用以下关系式近似地生成速度的变化曲线

$$v_A=v_A^*\cdot\frac{1}{(1+\exp^{-c_1(t-t_1)})(1+\exp^{c_1(t-t_2)})}\tag{2-20}$$

其中，$c_1=12\ \mathrm{s}^{-1}$，为 sigmoid 函数的斜率系数；t_1 为运动的平均开始时间，$t_1=0.5(t_r+t_p)=4$ s；t_2 为制动的平均开始时间，$t_2=0.5(t_k+t_h)=24$ s。

图 2-3（a）和（b）分别给出了所采用的折线形速度变化曲线及其近似曲线。

根据期望的速度变化曲线［见图 2-3（b）］、WMR 上 A 点的期望运动路径［见图 2-4（a）］和 WMR 的几何形状，对逆运动学问题进行求解，可以得到与 WMR 驱动轮旋转相关的角度变量。图 2-4（b）给出了 WMR 驱动轮的旋转角度 α_1 和 α_2 的曲线。图 2-4（c）给出了角速度 $\dot{\alpha}_1$ 和 $\dot{\alpha}_2$ 的曲线，图 2-4（d）给出了角加速度 $\ddot{\alpha}_1$ 和 $\ddot{\alpha}_2$ 的曲线。

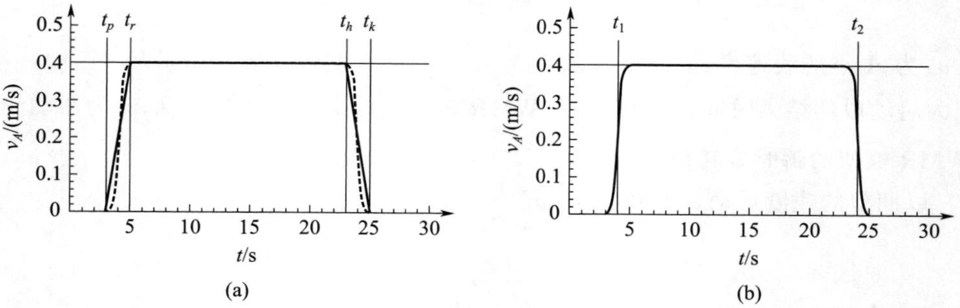

图 2-3　（a）WMR 上 A 点的折线形速度曲线；（b）A 点的折线形速度曲线的近似

2.1.1.2　8 字形路径的逆运动学仿真

WMR 上的 A 点在理想的 8 字形路径上的运动，从初始位置 S 点到理想终点位置 G 点，可分为两个特征阶段（Ⅰ和Ⅱ），每个特征阶段都是一个环形路径运动。两个特征运动阶段由中间点 P 隔开。每个特征运动阶段又由九个子阶段组成。

1）启动（直线路径上的运动）

$$v_A=\frac{v_A^*}{t_{r1}-t_{p1}}(t-t_{p1}),\quad t_{p1}\leqslant t<t_{r1},\quad \dot{\alpha}_1=\dot{\alpha}_2=\frac{v_A}{r},\quad \dot{\beta}=0$$

其中，t_{p1} 为运动阶段Ⅰ的初始时间；t_{r1} 为运动阶段Ⅰ的启动结束时间。

2）以期望的速度运动，期间 $v_A=v_A^*=$ 常值

$$\dot{\alpha}_1=\dot{\alpha}_2=\frac{v_A}{r},\quad t_{r1}\leqslant t<t_{c1},\quad \dot{\beta}=0$$

其中，t_{c1} 为运动阶段Ⅰ中曲线运动的开始时间。

3）沿着半径为 R 的圆形路径的运动，期间 $v_A=v_A^*=$ 常值，$R=0.75$ m

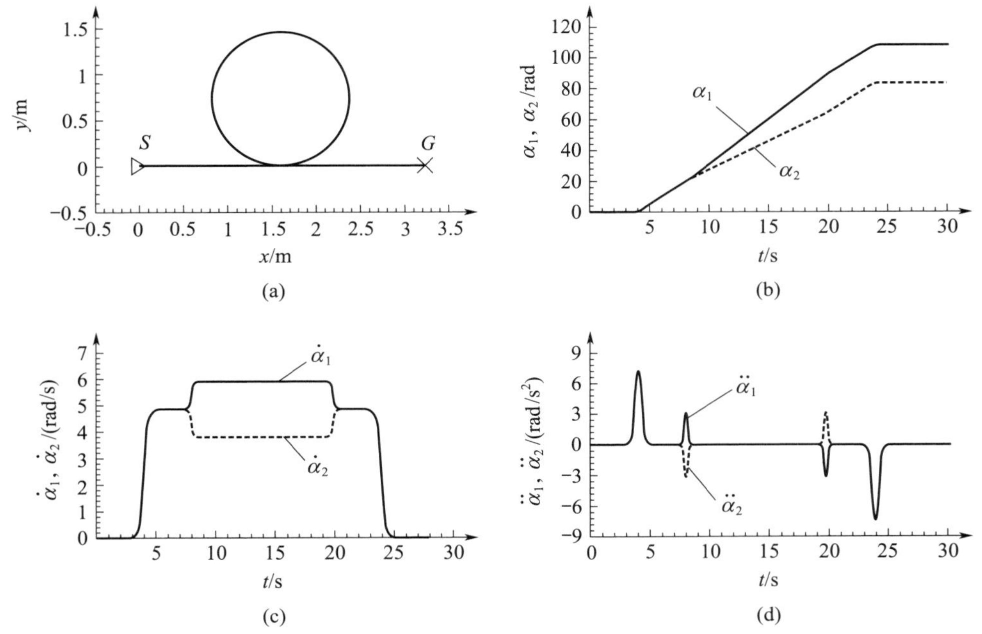

图 2-4　(a) WMR 上 A 点的期望运动路径；(b) WMR 驱动轮的旋转角度 α_1 和 α_2；(c) 角速度 $\dot{\alpha}_1$ 和 $\dot{\alpha}_2$；(d) 角加速度 $\ddot{\alpha}_1$ 和 $\ddot{\alpha}_2$

$$\dot{\alpha}_1=\frac{v_A}{r}+l_1\dot{\beta},\quad \dot{\alpha}_2=\frac{v_A}{r}-l_1\dot{\beta},\quad t_{c1}\leqslant t<t_{a1}$$

其中，t_{a1} 为曲线运动中速度下降（减速）的起始时间。

4）沿着半径为 R 的圆形路径运动中的减速

$$\dot{\alpha}_1=\frac{v_A^*-(v_A^*-v_A^{**})\cdot(t-t_{a2})}{r(t_{a2}-t_{a1})}+l_1\dot{\beta},\quad \dot{\alpha}_2=\frac{v_A^*-(v_A^*-v_A^{**})\cdot(t-t_{a2})}{r(t_{a2}-t_{a1})}-l_1\dot{\beta},$$

$$t_{a1}\leqslant t<t_{a2}$$

其中，t_{a2} 为曲线运动中减速的结束时间；v_A^{**} 为 WMR 上选定点 A 的最小期望线速度。

5）沿着半径为 R 的圆形路径的运动，期间 $v_A=v_A^{**}=$常值，$R=0.75$ m

$$\dot{\alpha}_1=\frac{v_A}{r}+l_1\dot{\beta},\quad \dot{\alpha}_2=\frac{v_A}{r}-l_1\dot{\beta},\quad t_{a2}\leqslant t<t_{a3}$$

其中，t_{a3} 为曲线运动中速度增加（加速）的起始时间。

6）沿着半径为 R 的圆形路径运动中的加速

$$\dot{\alpha}_1=\frac{v_A^*-(v_A^*-v_A^{**})\cdot(t_{a3}-t)}{r(t_{a3}-t_{a4})}+l_1\dot{\beta},\quad \dot{\alpha}_2=\frac{v_A^*-(v_A^*-v_A^{**})\cdot(t_{a3}-t)}{r(t_{a3}-t_{a4})}-l_1\dot{\beta},$$

$$t_{a3}\leqslant t<t_{a4}$$

其中，t_{a4} 为曲线运动中加速的结束时间。

7）沿着半径为 R 的圆形路径的运动，期间 $v_A=v_A^*=$常值，$R=0.75$ m

$$\dot{\alpha}_1=\frac{v_A}{r}+l_1\dot{\beta},\quad \dot{\alpha}_2=\frac{v_A}{r}-l_1\dot{\beta},\quad t_{a4}\leqslant t<t_{c2}$$

其中，t_{c2} 为运动阶段Ⅰ中曲线运动的结束时间。

8）包括过渡期在内的曲线出口段，随后以恒定的速度在直线路径上运动，期间 $v_A=v_A^*$ =常值

$$\dot{\alpha}_1=\dot{\alpha}_{p1}-\left(\dot{\alpha}_{p1}-\frac{v_A}{r}\right)(1-\mathrm{e}^{-\varsigma t}),\quad \dot{\alpha}_2=\dot{\alpha}_{p2}-\left(\frac{v_A}{r}-\dot{\alpha}_{p2}\right)(1-\mathrm{e}^{-\varsigma t}),$$
$$t_{c2}\leqslant t<t_{h1}$$

其中，t_{h1} 为运动阶段Ⅰ中制动段的开始时间；ς 为近似过渡曲线的常数；$\dot{\alpha}_{p1}$ 和 $\dot{\alpha}_{p2}$ 为运动阶段Ⅰ中过渡期开始时轮子的角速度值。

9）制动段

$$v_A=v_A^*-\frac{v_A^*}{t_{k1}-t_{h1}}(t-t_{p1}),\quad t_{h1}\leqslant t<t_{k1},\quad \dot{\alpha}_1=\dot{\alpha}_2=\frac{v_A}{r},\quad \dot{\beta}=0$$

WMR 上的 A 点在环形路径上运动的特征阶段Ⅱ由相同的运动子阶段组成。

制动和启动段采用了相等的时间长度，而在曲线运动段，假设速度减小和增加的时间长度相等。随后各段的起始时间值分别为：$t_{p1}=3$ s，$t_{r1}=5$ s，$t_{c1}=7.5$ s，$t_{a1}=10$ s，$t_{a2}=11$ s，$t_{a3}=13.85$ s，$t_{a4}=14.85$ s，$t_{c2}=18$ s，$t_{h1}=18.4$ s，$t_{k1}=20.4$ s，$t_{p2}=24.6$ s，$t_{r1}=26.6$ s，$t_{c3}=22.2$ s，$t_{b1}=30.1$ s，$t_{b2}=31.1$ s，$t_{b3}=34.1$ s，$t_{b4}=35.1$ s，$t_{c4}=32.8$ s，$t_{h2}=40$ s，$t_{k2}=42$ s。WMR 上 A 点的速度最大值为 $v_A^*=0.4$ m/s，最小值为 $v_A^{**}=0.3$ m/s。由于折线形速度曲线会导致角加速度不连续，为了消除这一现象，利用以下关系式生成一个近似速度曲线

$$\begin{aligned}v_A=&v_A^*\cdot\sum_{m=0}^{1}\frac{1}{(1+\exp^{-c_1(t-t_{1+4m})})(1+\exp^{c_1(t-t_{4+4m})})}-\\&(v_A^*-v_A^{**})\cdot\sum_{m=0}^{1}\frac{1}{(1+\exp^{-c_2(t-t_{2+4m})})(1+\exp^{c_2(t-t_{3+4m})})}\end{aligned}\tag{2-21}$$

其中，$c_1=6\ \mathrm{s}^{-1}$，$c_2=12\ \mathrm{s}^{-1}$，为 sigmoid 函数的斜率系数；t_1 为运动阶段Ⅰ中启动段的平均开始时间，$t_1=0.5(t_{r1}+t_{p1})=4$ s；t_2 为运动阶段Ⅰ中曲线运动时减速段的平均起始时间，$t_2=0.5(t_{a1}+t_{a2})=10.5$ s；t_3 为曲线运动时加速段的平均起始时间，$t_3=0.5(t_{a3}+t_{a4})=14.35$ s；t_4 为运动阶段Ⅰ中制动段的平均起始时间，$t_4=0.5(t_{k1}+t_{h1})=19.4$ s；t_5 为运动阶段Ⅱ中启动段的平均开始时间，$t_5=0.5(t_{r2}+t_{p2})=25.6$ s；t_6 为运动阶段Ⅱ中曲线运动时减速段的平均开始时间，$t_6=0.5(t_{b1}+t_{b2})=30.6$ s；t_7 为曲线运动时加速段的平均起始时间，$t_7=0.5(t_{b3}+t_{b4})=33.6$ s；t_8 为运动阶段Ⅱ中制动段的平均开始时间，$t_8=0.5(t_{k2}+t_{h2})=41$ s。图 2－5（a）和（b）分别给出了所取的折线形速度曲线及其近似曲线。

根据期望的速度曲线［见图 2－5（b）］、WMR 上 A 点的期望运动路径［见图 2－6（a）］和 Pioneer 2－DX 的几何形状，对逆运动学问题进行求解，生成了 WMR 驱动轮旋转的角度变量。图 2－6（b）给出了 WMR 的驱动轮的旋转角度 α_1 和 α_2 的曲线。图 2－6

（c）给出了角速度 $\dot{\alpha}_1$ 和 $\dot{\alpha}_2$ 的曲线，图 2－6（d）给出了角加速度 $\ddot{\alpha}_1$ 和 $\ddot{\alpha}_2$ 的曲线。

将逆运动学问题的求解结果作为 WMR 的期望轨迹，可用于对特定类型控制系统的跟踪性能进行质量分析。

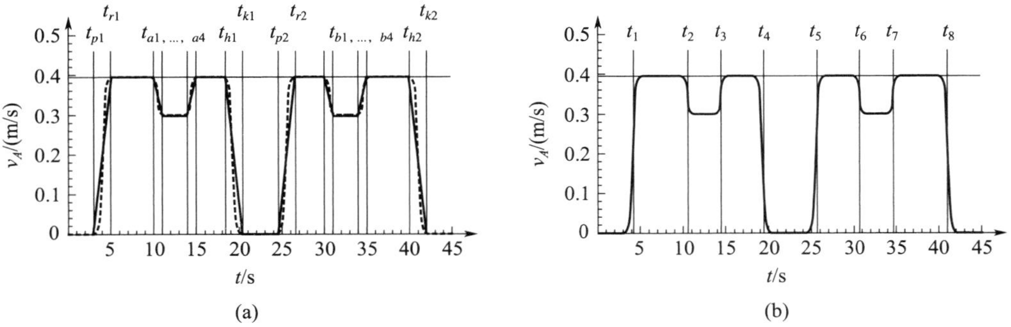

图 2－5　（a）WMR 上 A 点的折线形速度曲线；（b）A 点的折线形速度曲线的近似

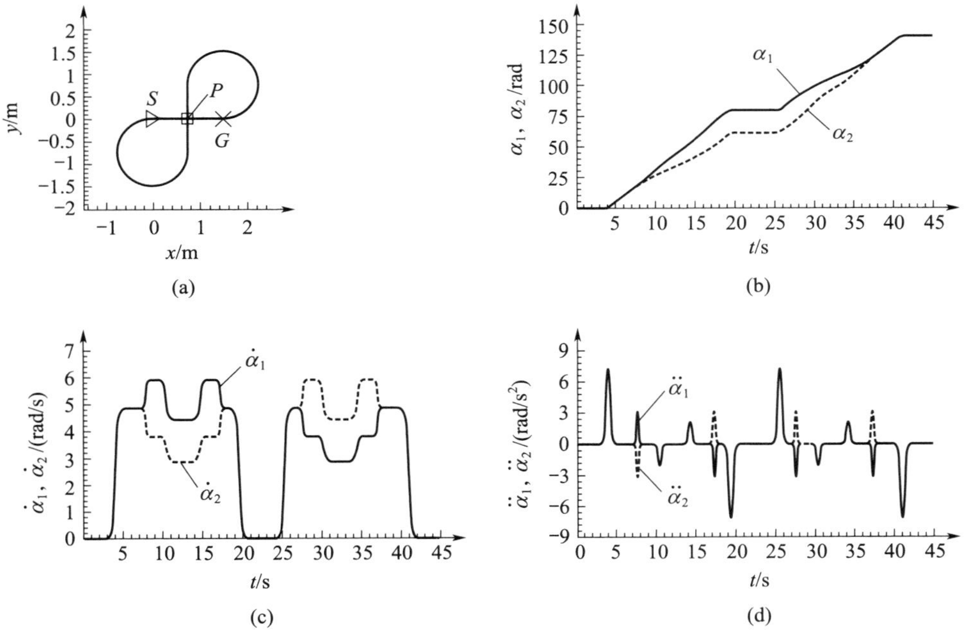

图 2－6　（a）　WMR 上 A 点的期望运动路径；（b）WMR 驱动轮旋转角度 α_1 和 α_2；（c）角速度 $\dot{\alpha}_1$ 和 $\dot{\alpha}_2$；（d）角加速度 $\ddot{\alpha}_1$ 和 $\ddot{\alpha}_2$

2.1.2　移动机器人的动力学描述

WMR 的动力学分析旨在寻求系统运动参数和运动发生机制之间的关系。正动力学问题即根据已知的广义力，确定系统的运动参数，而逆动力学问题的求解则是在 WMR 沿着运动参数已知的期望轨迹运动时，确定所需的广义力[21]。

对 WMR 进行动力学分析会得到一个由常微分方程表示的数学模型，其可用于对控制系统做进一步的分析、参数辨识和综合[11]。由于计算的复杂性和某些数据的测量困难，描述 WMR 动态特性的模型只是对实际系统行为的近似，并没有考虑到系统的所有相关因素。

WMR 是一个复杂的机械系统，具有非完整约束和非线性动态描述。这类系统的动力学可以用带乘子的拉格朗日方程[7,21]来描述，从而获得右边为隐式形式的动态运动方程。一旦它们被化简为具有非完整约束的运动方程，WMR 的正动力学和逆动力学问题就可以求解了。用带乘子的拉格朗日方程来描述 WMR 的动力学，使我们能够确定作用在 WMR 驱动轮和运动平面接触点上的摩擦力，从而确定是否可以滚动而不打滑地实现期望轨迹。这种方法的缺点是计算复杂，且难以确定拉格朗日乘子的值，对此，可以借助一种变换，使得乘子能够与驱动力矩解耦。WMR 的动力学特性可以使用 Maggi 数学形式化方法来描述[7,8,10]。这样获得的模型具有方便计算的形式，使我们能够计算 WMR 驱动轮的驱动力矩。

选择 Maggi 方程来描述 WMR 的动力学特性。广义坐标下动态系统的运动可用 Maggi 方程描述为

$$\sum_{j=1}^{h} C_{i,j}\left[\frac{\mathrm{d}}{\mathrm{d}t}\left(\frac{\partial E}{\partial \dot{q}_j}\right)-\frac{\partial E}{\partial q_j}\right]=\Theta_i \tag{2-22}$$

其中，$i=1,\cdots,g$，g 为用广义坐标 q_j 表示的系统独立参数的个数，等于系统的自由度个数；$j=1,\cdots,h$，h 为广义坐标的个数；$E=E(\dot{\boldsymbol{q}})$ 为系统的动能；$C_{i,j}$ 为系数。

WMR 的示意图如图 2－7 所示。

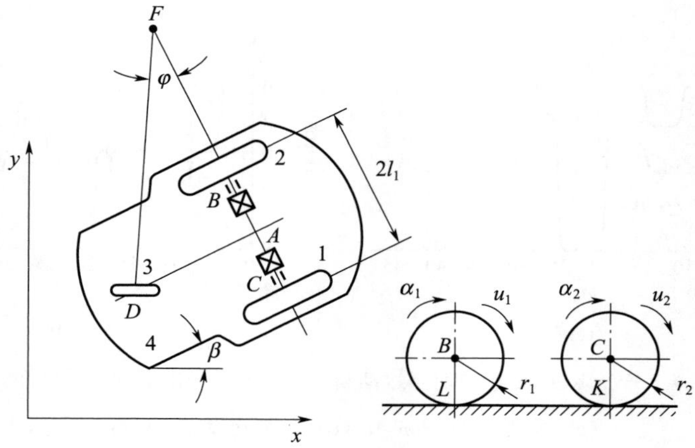

图 2－7　WMR 的示意图

所有的广义速度都写成如下形式

$$\dot{q}_j=\sum_{i=1}^{g} C_{i,j}\dot{e}_i+G_j \tag{2-23}$$

其中，$\dot{e}_i$ 为广义坐标下系统的运动参数；G_j 为系数。

式（2－22）的右边是系统外力虚拟功表达式中变分 $\delta\dot{e}_i$ 的系数。这些系数定义如下[10]

$$\sum_{i=1}^{g}\Theta_i\delta e_i=\sum_{i=1}^{g}\delta e_i\sum_{j=1}^{h}C_{i,j}Q_{Fj} \tag{2-24}$$

其中，$\boldsymbol{Q}_F$ 表示已知 WMR 驱动轮 1 和 2 的驱动力矩和滚动阻力时的广义力向量。

利用上述 Maggi 方程来描述 WMR 上 A 点的运动。假设机器人的运动是在单一平面内进行的。为了清晰地确定其位置和方向，需要提供 A 点的位置，即坐标 x_A，y_A，这些坐标与框架的瞬时旋转角 β 以及驱动轮 1 和 2 的旋转角度（分别用 α_1 和 α_2 表示）有关。广义坐标向量和广义速度向量定义如下

$$\boldsymbol{q}=[x_A,y_A,\beta,\alpha_1,\alpha_2]^{\mathrm{T}} \tag{2-25}$$

$$\dot{\boldsymbol{q}}=[\dot{x}_A,\dot{y}_A,\dot{\beta},\dot{\alpha}_1,\dot{\alpha}_2]^{\mathrm{T}} \tag{2-26}$$

在分析作用于动态系统的外力时，必须考虑发生在驱动轮和运动平面之间的干摩擦力。这些力如图 2－8 所示，其中 $\boldsymbol{T}_{1\tau}$ 和 $\boldsymbol{T}_{2\tau}$ 为周向干摩擦力，$\boldsymbol{T}_{1n}$ 和 $\boldsymbol{T}_{2n}$ 为横向干摩擦力[7]。

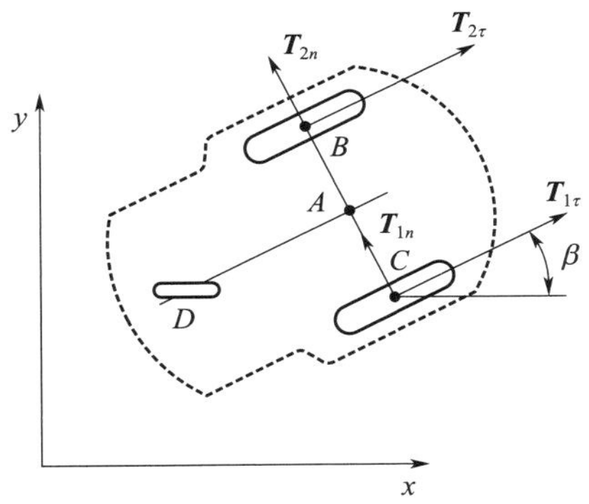

图 2－8　作用于 WMR 驱动轮的摩擦力

这里考虑的 WMR 是一个具有二自由度的系统。WMR 的运动是在 xy 平面上分析的。选取驱动轮的旋转角度 α_1 和 α_2 为独立坐标。根据速度向量相对于 A、B 和 C 点的分布，可以得到如下速度方程

$$\begin{aligned}\dot{x}_A&=\frac{r}{2}(\dot{\alpha}_1+\dot{\alpha}_2)\cos\beta\\ \dot{y}_A&=\frac{r}{2}(\dot{\alpha}_1+\dot{\alpha}_2)\sin\beta\\ \dot{\beta}&=\frac{r}{2l_1}(\dot{\alpha}_1-\dot{\alpha}_2)\end{aligned} \tag{2-27}$$

根据式（2－23），广义速度可写成

$$
\begin{aligned}
&\dot{q}_1=\dot{x}_A=\frac{r}{2}(\dot{\alpha}_1+\dot{\alpha}_2)\cos\beta=\frac{r}{2}(\dot{e}_1+\dot{e}_2)\cos\beta=C_{1,1}\dot{e}_1+C_{2,1}\dot{e}_2+G_1\\
&\dot{q}_2=\dot{y}_A=\frac{r}{2}(\dot{\alpha}_1+\dot{\alpha}_2)\sin\beta=\frac{r}{2}(\dot{e}_1+\dot{e}_2)\sin\beta=C_{1,2}\dot{e}_1+C_{2,2}\dot{e}_2+G_2\\
&\dot{q}_3=\dot{\beta}=\frac{r}{2l_1}(\dot{\alpha}_1-\dot{\alpha}_2)=\frac{r}{2l_1}(\dot{e}_1-\dot{e}_2)=C_{1,3}\dot{e}_1+C_{2,3}\dot{e}_2+G_3\\
&\dot{q}_4=\dot{\alpha}_1=\dot{e}_1=C_{1,4}\dot{e}_1+C_{2,4}\dot{e}_2+G_4\\
&\dot{q}_5=\dot{\alpha}_2=\dot{e}_2=C_{1,5}\dot{e}_1+C_{2,5}\dot{e}_2+G_5
\end{aligned}
\tag{2-28}
$$

其中，系数 $C_{i,j}$ 和 G_j 的表达式如下

$$
\left.
\begin{array}{lll}
C_{1,1}=\dfrac{r}{2}\cos\beta, & C_{2,1}=\dfrac{r}{2}\cos\beta, & G_1=0\\
C_{1,2}=\dfrac{r}{2}\sin\beta, & C_{2,2}=\dfrac{r}{2}\sin\beta, & G_2=0\\
C_{1,3}=\dfrac{r}{2l_1}, & C_{2,3}=-\dfrac{r}{2l_1}, & G_3=0\\
C_{1,4}=1, & C_{2,4}=0, & G_4=0\\
C_{1,5}=0, & C_{2,5}=1, & G_5=0
\end{array}
\right\}
\tag{2-29}
$$

根据由式（2-24）描述的广义力，以及由式（2-29）给出的系数 $C_{i,j}$，WMR 的动态方程可以写为

$$
\begin{aligned}
&\Theta_1=C_{1,1}Q_{F1}+C_{1,2}Q_{F2}+C_{1,3}Q_{F3}+C_{1,4}Q_{F4}+C_{1,5}Q_{F5}=u_1-N_1f_1\\
&\Theta_2=C_{2,1}Q_{F1}+C_{2,2}Q_{F2}+C_{2,3}Q_{F3}+C_{2,4}Q_{F4}+C_{2,5}Q_{F5}=u_2-N_2f_2
\end{aligned}
\tag{2-30}
$$

在当前的例子中，Maggi 方程具有以下形式

$$
\begin{aligned}
&(2m_1+m_4)\left(\frac{r}{2}\right)^2(\ddot{\alpha}_1+\ddot{\alpha}_2)+2m_4\left(\frac{r}{2l_1}\right)^2 rl_2(\dot{\alpha}_2-\dot{\alpha}_1)\dot{\alpha}_2+I_{z1}\ddot{\alpha}_1+\\
&(2m_1l_1^2+m_4l_2^2+2I_{x4}+I_{z4})\frac{r}{2l_1}(\ddot{\alpha}_1-\ddot{\alpha}_2)=u_1-N_1f_1,\\
&(2m_1+m_4)\left(\frac{r}{2}\right)^2(\ddot{\alpha}_1+\ddot{\alpha}_2)+2m_4\left(\frac{r}{2l_1}\right)^2 rl_2(\dot{\alpha}_1-\dot{\alpha}_2)\dot{\alpha}_1+I_{z2}\ddot{\alpha}_2-\\
&(2m_1l_1^2+m_4l_2^2+2I_{x1}+I_{z4})\frac{r}{2l_1}(\ddot{\alpha}_1-\ddot{\alpha}_2)=u_2-N_2f_2
\end{aligned}
\tag{2-31}
$$

其中，$m_1=m_2$ 为 WMR 驱动轮 1 和 2 的替代质量；m_4 为 WMR 框架的替代质量；$I_{x1}=I_{x2}$ 为驱动轮 1 和 2 的替代惯性质量矩，分别相对于轴 x_1 和 x_2 确定，这两个轴分别与相应的驱动轮固连；$I_{z1}=I_{z2}$ 为驱动轮 1 和 2 相对于各自旋转轴的替代惯性质量矩；I_{z4} 为 WMR 框架相对于与框架固连的轴 z_4 的替代惯性质量矩，假设由 WMR 部件所界定的参考框架的轴是中心惯性主轴；N_1，N_2 为相对于轮子 1 和 2 的法向力；f_1，f_2 为相对于各 WMR 车轮的滚动摩擦系数，u_1，u_2 为驱动力矩（控制信号）；l，l_1，l_2，h_1 分别为由系统的几何形状决定的长度；$r_1=r_2=r$ 为两个车轮的半径。

WMR 的动力学由 Maggi 方程式（2-31）描述，其向量/矩阵形式如下[7,8]

$$\begin{bmatrix} (2m_1+m_4)\left(\frac{r}{2}\right)^2+I_{z1}+ & (2m_1+m_4)\left(\frac{r}{2}\right)^2- \\ (2m_1l_1^2+m_4l_2^2+2I_{x1}+I_{z4})\frac{r}{2l_1}, & (2m_1l_1^2+m_4l_2^2+2I_{x1}+I_{z4})\frac{r}{2l_1} \\ (2m_1+m_4)\left(\frac{r}{2}\right)^2- & (2m_1+m_4)\left(\frac{r}{2}\right)^2+I_{z2}+ \\ (2m_1l_1^2+m_4l_2^2+2I_{x1}+I_{z4})\frac{r}{2l_1}, & (2m_1l_1^2+m_4l_2^2+2I_{x1}+I_{z4})\frac{r}{2l_1} \end{bmatrix}\begin{bmatrix}\ddot{\alpha}_1\\ \ddot{\alpha}_2\end{bmatrix}$$

$$+\begin{bmatrix} 0, & 2m_4\left(\frac{r}{2l_1}\right)^2 rl_2(\dot{\alpha}_2-\dot{\alpha}_1) \\ 2m_4\left(\frac{r}{2l_1}\right)^2 rl_2(\dot{\alpha}_1-\dot{\alpha}_2), & 0 \end{bmatrix}\begin{bmatrix}\dot{\alpha}_1\\ \dot{\alpha}_2\end{bmatrix}$$

$$+\begin{bmatrix}N_1f_1\operatorname{sgn}(\dot{\alpha}_1)\\ N_2f_2\operatorname{sgn}(\dot{\alpha}_2)\end{bmatrix}=\begin{bmatrix}u_1\\ u_2\end{bmatrix} \tag{2-32}$$

可以引入如下记号来简化 WMR 的动态方程

$$\begin{aligned} a_1 &= (2m_1+m_4)\left(\frac{r}{2}\right)^2 \\ a_2 &= (2m_1l_1^2+m_4l_2^2+2I_{x1}+I_{z4})\frac{r}{2l_1} \\ a_3 &= I_{z1}=I_{z2} \\ a_4 &= 2m_4\left(\frac{r}{2l_1}\right)^2 rl_2 \\ a_5 &= N_1f_1 \\ a_6 &= N_2f_2 \end{aligned} \tag{2-33}$$

基于上述记号，式（2-32）可写为

$$\boldsymbol{M}\ddot{\boldsymbol{\alpha}}+\boldsymbol{C}(\dot{\boldsymbol{\alpha}})\dot{\boldsymbol{\alpha}}+\boldsymbol{F}(\dot{\boldsymbol{\alpha}})+\boldsymbol{\tau}_d(t)=\boldsymbol{u} \tag{2-34}$$

其中，$\boldsymbol{M}$ 为 WMR 的惯量矩阵；$\boldsymbol{C}(\dot{\boldsymbol{\alpha}})\dot{\boldsymbol{\alpha}}$ 为离心力和科氏力的力矩向量；$\boldsymbol{F}(\dot{\boldsymbol{\alpha}})$ 为摩擦向量；$\boldsymbol{\tau}_d(t)=[\tau_{d1}(t),\tau_{d2}(t)]^{\mathrm{T}}$ 为有界干扰向量，也和 WMR 中的未建模动态有关；$\boldsymbol{u}$ 为控制向量，包括各驱动单元的控制信号，表现为驱动力矩的形式；$\dot{\boldsymbol{\alpha}}=[\dot{\alpha}_1,\dot{\alpha}_2]^{\mathrm{T}}$ 为 WMR 驱动轮旋转的角速度向量。

矩阵 $\boldsymbol{M}$、$\boldsymbol{C}(\dot{\boldsymbol{\alpha}})$ 和向量 $\boldsymbol{F}(\dot{\boldsymbol{\alpha}})$ 的表达式如下

$$\boldsymbol{M}=\begin{bmatrix}a_1+a_2+a_3, & a_1-a_2\\ a_1-a_2, & a_1+a_2+a_3\end{bmatrix}$$
$$\boldsymbol{C}(\dot{\boldsymbol{\alpha}})=\begin{bmatrix}0, & a_4(\dot{\alpha}_2-\dot{\alpha}_1)\\ a_4(\dot{\alpha}_1-\dot{\alpha}_2), & 0\end{bmatrix} \tag{2-35}$$
$$\boldsymbol{F}(\dot{\boldsymbol{\alpha}})=\begin{bmatrix}a_5\operatorname{sgn}(\dot{\alpha}_1)\\ a_6\operatorname{sgn}(\dot{\alpha}_2)\end{bmatrix}$$

Maggi 方程可以使我们避免对拉格朗日方程中的乘子进行解耦，该过程对于复杂的动态系统来说是很耗时的。这样获得的关系式使得 WMR 的正动力学和反动力学问题能够被求解。

式（2－34）可以写成参数 $\boldsymbol{a}$ 的线性形式

$$\boldsymbol{Y}(\dot{\boldsymbol{\alpha}},\ddot{\boldsymbol{\alpha}})^{\mathrm{T}}\boldsymbol{a}+\boldsymbol{\tau}_d(t)=\boldsymbol{u} \tag{2-36}$$

其中，$\boldsymbol{Y}(\dot{\boldsymbol{\alpha}},\ddot{\boldsymbol{\alpha}})$ 为回归矩阵，其形式如下

$$\boldsymbol{Y}(\dot{\boldsymbol{\alpha}},\ddot{\boldsymbol{\alpha}})=\begin{bmatrix}\ddot{\alpha}_1+\ddot{\alpha}_2, & \ddot{\alpha}_1-\ddot{\alpha}_2, & \ddot{\alpha}_1, & \dot{\alpha}_2^2-\dot{\alpha}_1\dot{\alpha}_2, & \operatorname{sgn}(\dot{\alpha}_1), & 0\\ \ddot{\alpha}_1+\ddot{\alpha}_2, & \ddot{\alpha}_2-\ddot{\alpha}_1, & \ddot{\alpha}_2, & -\dot{\alpha}_1^2+\dot{\alpha}_1\dot{\alpha}_2, & 0, & \operatorname{sgn}(\dot{\alpha}_2)\end{bmatrix}^{\mathrm{T}} \tag{2-37}$$

WMR Poineer 2－DX 的参数取其名义值，用 $\boldsymbol{a}$ 表示。而用 $\boldsymbol{a}_d$ 表示当 WMR 承载 $m_{RL}=4$ kg 载荷时的第二套参数。这套参数用于仿真 WMR 在运动过程中受到干扰的情况。这两组参数见表 2－1。

表 2－1 Pioneer 2－DX WMR 采用的参数值

参数	值(无负载)($\boldsymbol{a}$)	参数	值(有负载)($\boldsymbol{a}_d$)	单位
a_1	0.120 7	a_{d1}	0.134 3	kg · m^2
a_2	0.076 8	a_{d2}	0.094 5	kg · m^2
a_3	0.037	a_{d3}	0.037	kg · m^2
a_4	0.001	a_{d4}	0.001	kg · m^2
a_5	2.025	a_{d5}	2.296	N · m
a_6	2.025	a_{d6}	2.296	N · m

可以用式（2－34）定义移动机器人的逆动力学模型。根据式（2－34），可得

$$\ddot{\boldsymbol{\alpha}}=\boldsymbol{M}^{-1}[\boldsymbol{u}-\boldsymbol{C}(\dot{\boldsymbol{\alpha}})\dot{\boldsymbol{\alpha}}-\boldsymbol{F}(\dot{\boldsymbol{\alpha}})-\boldsymbol{\tau}_d(t)] \tag{2-38}$$

式（2－38）将在本书中被进一步用于移动机器人的运动建模。

使用欧拉方法通过差分（前向矩形规则）对连续导数进行近似，将 WMR 的连续动力学模型式（2－38）离散化。在离散时间段内，运动参数 $\boldsymbol{\alpha}(t_{\{k\}})$ 和 $\dot{\boldsymbol{\alpha}}(t_{\{k\}})$ 被计算（在仿真中）或被测量（在实验中），其中，$t_{\{k\}}=kh$，k 为整数，表示迭代的第 k 步，$k=1,\cdots,N$，N 为迭代的总步数，$h=t_{\{k+1\}}-t_{\{k\}}$ 为时间离散参数，$\boldsymbol{\alpha}(t_{\{k\}})$ 和 $\boldsymbol{\alpha}(t_{\{k+1\}})$ 为 WMR 驱动轮在离散时间点 $t_{\{k\}}$ 和 $t_{\{k+1\}}$（对应于第 k 和第 $k+1$ 步）的旋转角度。将 $\boldsymbol{z}_1=\boldsymbol{\alpha}$，$\boldsymbol{z}_2=\dot{\boldsymbol{\alpha}}$ 代入式（2－38），得到 WMR 动力学的离散描述如下

$$
\begin{aligned}
& \boldsymbol{z}_{1\{k+1\}} = \boldsymbol{z}_{1\{k\}} + h\,\boldsymbol{z}_{2\{k\}}, \\
& \boldsymbol{z}_{2\{k+1\}} = \boldsymbol{z}_{2\{k\}} - h\,\boldsymbol{M}^{-1}\left[\boldsymbol{C}(\boldsymbol{z}_{2\{k\}})\,\boldsymbol{z}_{2\{k\}} + \boldsymbol{F}(\boldsymbol{z}_{2\{k\}}) + \boldsymbol{\tau}_{d\{k\}} - \boldsymbol{u}_{\{k\}}\right]
\end{aligned}
\tag{2-39}
$$

其中，$\boldsymbol{z}_{1\{k\}} = [z_{11\{k\}},\ z_{12\{k\}}]^{\mathrm{T}}$ 为与连续向量 $\boldsymbol{\alpha}$ 相对应的驱动轮的离散旋转角度向量；$\boldsymbol{z}_{2\{k\}} = [z_{21\{k\}},\ z_{22\{k\}}]^{\mathrm{T}}$ 为与连续向量 $\dot{\boldsymbol{\alpha}}$ 相对应的离散角速度向量。

通过 Maggi 方程推导出的移动机器人动力学方程式（2－34）或式（2－38）将在本书中被进一步用于被控对象的运动建模，而其离散形式式（2－39）则将被用于机器人跟踪控制算法的综合。

在跟踪控制算法的综合中将会用到 WMR 动力学模型式（2－34）的结构特性，下面将对这些特性进行介绍。

WMR 数学模型的结构特性

由式（2－34）描述的 WMR 的动力学模型满足以下假设[6,11,14]：

1）惯量矩阵 $\boldsymbol{M}$ 是对称的和正定的，并且满足如下条件

$$\sigma_{\min}(\boldsymbol{M})\boldsymbol{I} \leqslant \boldsymbol{M} \leqslant \sigma_{\max}(\boldsymbol{M})\boldsymbol{I} \tag{2-40}$$

其中，$\boldsymbol{I}$ 为单位矩阵；$\sigma_{\min}(\boldsymbol{M})$ 和 $\sigma_{\max}(\boldsymbol{M})$ 分别为惯量矩阵的最小和最大特征值，严格为正。

2）矩阵 $\boldsymbol{C}(\dot{\boldsymbol{\alpha}})$ 满足使矩阵

$$\boldsymbol{S}(\dot{\boldsymbol{\alpha}}) = \dot{\boldsymbol{M}} - 2\boldsymbol{C}(\dot{\boldsymbol{\alpha}}) \tag{2-41}$$

为斜对称矩阵。因此有如下关系

$$\boldsymbol{\xi}^{\mathrm{T}}\boldsymbol{S}(\dot{\boldsymbol{\alpha}})\boldsymbol{\xi} = \boldsymbol{0} \tag{2-42}$$

其中，$\boldsymbol{\xi}$ 为任意给定的适当维数的向量。

3）作用于 WMR 上的干扰向量 $\boldsymbol{\tau}_d(t)$ 有界，即有 $\|\tau_{dj}(t)\| \leqslant b_{dj}$，其中 b_{dj} 为正常数，$j=1,\ 2$。

4）动力学方程（2－34）可以写成参数 $\boldsymbol{a}$ 的线性形式，即

$$\boldsymbol{M}\ddot{\boldsymbol{\alpha}} + \boldsymbol{C}(\dot{\boldsymbol{\alpha}})\dot{\boldsymbol{\alpha}} + \boldsymbol{F}(\dot{\boldsymbol{\alpha}}) + \boldsymbol{\tau}_d(t) = \boldsymbol{Y}(\dot{\boldsymbol{\alpha}}, \ddot{\boldsymbol{\alpha}})^{\mathrm{T}}\boldsymbol{a} + \boldsymbol{\tau}_d(t) = \boldsymbol{u} \tag{2-43}$$

其中，参数向量 $\boldsymbol{a}$ 由一组最小数量的线性无关的元素组成。

2.1.2.1　*逆动力学问题仿真——WMR 在环形路径上的运动*

在 WMR 的运动仿真中，机器人的特征点 A 跟随环形路径期望轨迹。采用第 2.1.1.1 节中通过逆运动学求解得到的轨迹。基于期望的 WMR 参数值，如角速度（$\dot{\alpha}_1$，$\dot{\alpha}_2$）和角加速度（$\ddot{\alpha}_1$，$\ddot{\alpha}_2$），并根据式（2－34）产生控制信号 u_1 和 u_2。给定驱动轮期望的角速度和角加速度，这些控制信号决定了 WMR 在期望路径上的运动。WMR 的模型参数 $\boldsymbol{a}$ 取其名义值，见表 2－1。

图 2－9（a）给出了 A 点的期望运动路径，图 2－9（b）和图 2－9（c）分别给出了驱动轮的期望角速度（$\dot{\alpha}_1$，$\dot{\alpha}_2$）和角加速度（$\ddot{\alpha}_1$，$\ddot{\alpha}_2$）曲线，图 2－9（d）给出了所产生的控制信号的曲线。

值得注意的是，图 2－9（d）所示的波形变化直接对应着期望轨迹的不同运动阶段。

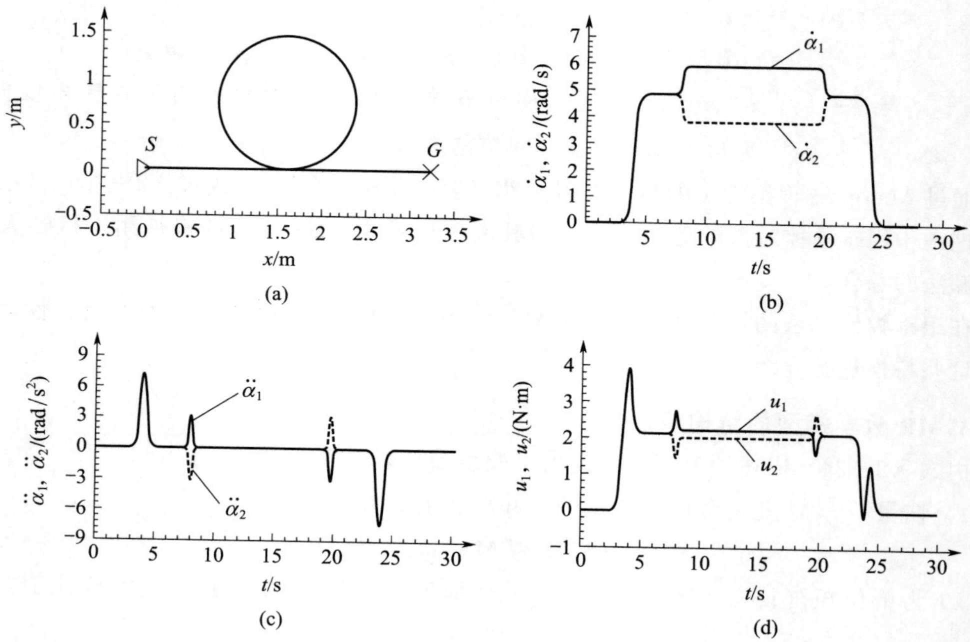

图 2-9　(a) WMR 上 A 点的期望路径；(b) 角速度 $\dot{\alpha}_1$ 和 $\dot{\alpha}_2$；(c) 角加速度 $\ddot{\alpha}_1$ 和 $\ddot{\alpha}_2$；(d) 控制信号 u_1 和 u_2

在初始时刻，WMR 上点 A 的位置在 S 点。在加速期 ($t \in [3, 5]$ s)，产生了控制信号。尽管机器人有内在的惯性和运动阻力，但是该控制信号启动了机器人质量块的运动。因此，在这一阶段的运动中，可以看到控制信号 u_1 和 u_2 出现最大值。在下一阶段，即在直线路径上的恒速运动阶段 ($t \in [5, 7.5]$ s)，角加速度的值等于零，因此根据式 (2-34)，控制信号的值仅由与运动阻力相关的模型效应决定。另一个阶段是沿圆形路径（半径为 $R=0.75$ m）的运动阶段，它开始于曲线入口过渡阶段，结束于曲线出口过渡阶段。曲线入口阶段需要增大轮子 1 的角速度而减小轮子 2 的角速度，这导致在 $t \in [7.5, 8.5]$ s 时控制信号 u_1 的值增大而控制信号 u_2 的值减小。在圆形路径上的恒速运动中 ($t \in [7.5, 20.5]$ s)，控制信号受到离心力和科氏力的力矩向量的影响，因此在这个运动阶段两个驱动轮控制信号的值不同。在曲线出口阶段之后，是另一个在直线路径上的恒速运动阶段 ($t \in [20.5, 23]$ s)。运动的最后阶段是制动段 ($t \in [23, 25]$ s)，当 WMR 完全停止于 G 点时，角速度趋于零，控制信号也归于零。

2.1.2.2　逆动力学问题仿真——WMR 在 8 字形路径上的运动

在 WMR 的运动仿真中，机器人的特征点 A 在一个 8 字形路径上运动。采用第 2.1.1.2 节中通过对逆运动学求解得到的轨迹。仿真条件与第 2.1.2.1 节相同。图 2-10 (a) 给出了为点 A 定义的运动路径，图 2-10 (b)、(c) 分别给出了驱动轮的期望角速度 ($\dot{\alpha}_1$，$\dot{\alpha}_2$) 和角加速度 ($\ddot{\alpha}_1$，$\ddot{\alpha}_2$) 曲线，图 2-10 (d) 给出了所产生的控制信号的曲线。

期望的轨迹包括两个主要阶段。第一个主要阶段包括点 A 从其初始位置 S 点开始的直线运动，然后是向左的曲线运动，曲线出口和直线运动，制动并在 P 点停止。运动的第二个主要阶段从 P 点开始，包括直线运动，然后是向右的曲线运动和直线运动，制动并在 G 点停止。每个主要阶段都包含类似于第 2.1.2.1 节所述的子阶段，只是在曲线路径上的运动中，当 $t \in [10, 15]$ s 和 $t \in [30, 35]$ s 时，A 点的速度有从 $v_A = 0.4$ m/s 到 $v_A = 0.3$ m/s 的额外下降。在上述两个时段内，驱动轮旋转角速度的减小导致了控制信号变小。

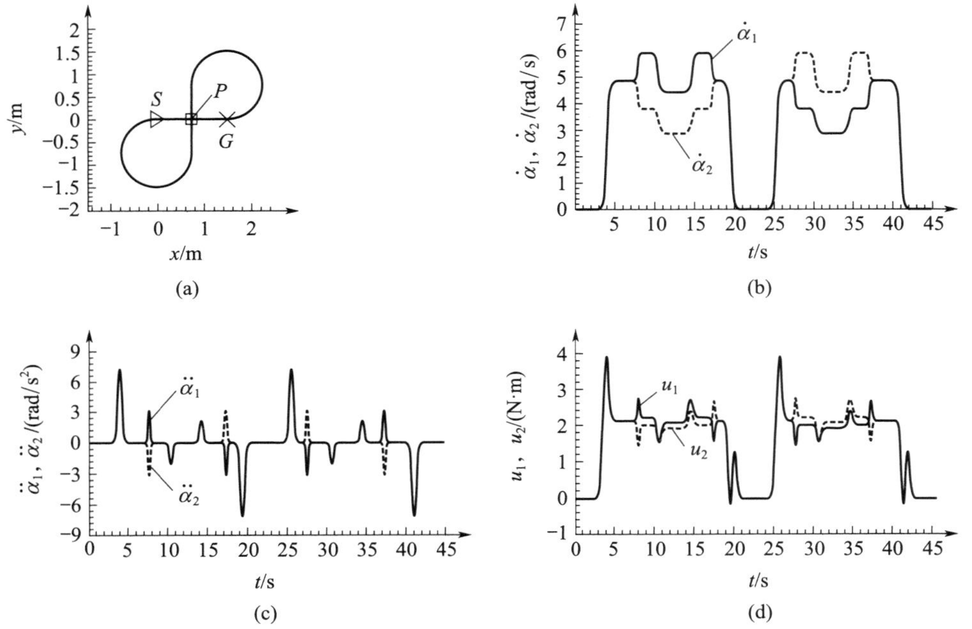

图 2-10　(a) WMR 上 A 点的期望路径；(b) 角速度 $\dot{\alpha}_1$ 和 $\dot{\alpha}_2$；(c) 角加速度 $\ddot{\alpha}_1$ 和 $\ddot{\alpha}_2$；(d) 控制信号 u_1 和 u_2

2.2　机械手

Scorbot-ER 4pc 是一个实验室用的五自由度机械手（RM），由手臂-手腕旋转运动对组成。该机械手是为了模拟工业机器人而设计和开发的，它的独特之处在于其开放的机械结构，使人们可以观察手臂机构的运动，同时其控制系统也具有开放结构。Scorbot-ER 4pc[17] 机械手如图 2-11 (a) 所示，其结构原理图如图 2-11 (b) 所示。

抓手是机器人的末端执行器，可以通过机器人三自由度手臂的运动达到期望的位置。另外两个自由度允许抓手任意定向，并且通过一个伺服电机让抓手的爪子闭合。机器人由若干驱动单元驱动，这些驱动单元由 12 V 直流电动机、齿轮和增量编码器组成。在连杆 1、2 和 3 的驱动单元中安装了减速齿轮，其传动比为 $i_1 = i_2 = i_3 = 1:127.1$，在连杆 4 和 5 的驱动单元中，减速齿轮的传动比为 $i_4 = i_5 = 1:65.5$。驱动连杆 2（上臂）、3（前臂）和抓手的电机安装在连杆 1（底座）中，因此它们不会增加连杆的重量，从而使得连杆的质量和转动惯量相对较小。动力由齿形带传输。考虑到驱动单元在连杆 1 中的位置，齿形

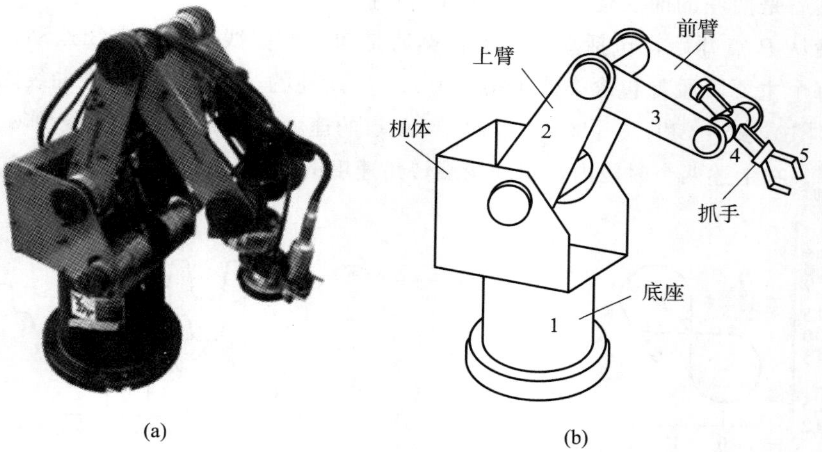

图 2-11　（a）Scorbot-ER 4pc 机械手；（b）机械手的原理图

带的柔性对机械臂的运动影响不大。机器人（包括抓手）的有效负载能力为 $m_L = 1$ kg，机器人的质量为 $m_R = 11.5$ kg。

机械手控制系统的开放结构以及 dSpace 测量和诊断工具使得人们能够对机械手的不同建模和控制方法进行实验验证。为了对动态系统运动控制算法的综合进行研究，需要了解系统的数学模型。该模型应该简单，即在建模中只考虑最重要的影响因素。

因此，做如下假设[23]：

- 机械手运动链有三个自由度，抓手的运动忽略不计。
- 机械手的连杆在建模中视为刚体。
- 抓手建模为质点 C，其位于机械臂的末端。
- 齿轮的柔性和齿隙忽略不计。
- 由于电机的时间常数较小，所以不考虑执行器的动态特性。
- 连杆 1 被建模为一个圆柱体。
- 连杆 2 和 3 的对称轴与它们各自的关节轴相交。

2.2.1　机械手的运动学描述

机械手的运动学问题包括正运动学问题和逆运动学问题。正运动学问题是指根据关节坐标（配置坐标），确定工具中心点（TCP）的位置和工具在机械手工作空间内的方向。为了求解逆运动学问题，须根据工具在工作空间内的设定运动来确定关节的坐标、速度和加速度。从数学的角度看，求解逆运动学问题比求解正运动学问题更困难，但它对机器人技术来说更加重要。通过逆运动学问题的分析，可以确定跟踪控制系统所要执行的轨迹[23]。除特殊情况外，求解逆运动学问题是很困难的，这是由解的模糊性和不连续性以及运动学的奇异性所造成的。

本部分利用 Denavit-Hartenberg（D-H）方法[2,9,15,16,19,20]来建立 Scorbot-ER 4pc

RM 的运动学方程；该方法采用了齐次坐标和变换矩阵[15,16,19]。Scorbot – ER 4pc 的手臂有一个关节运动结构（拟人化的）。根据所采用的 D – H 方法，第 i 个坐标系与机械手运动链的第 i 个连杆固连。齐次变换矩阵 $\mathbf{A}_{i-1}^{i}$ 将一个选定点的坐标从第 i 个坐标系变换到第 $i-1$ 个坐标系。它由四个变换组合而成[19]，根据以下关系式得到

$$\mathbf{A}_{i-1}^{i}=\mathbf{Rot}_{z,\Theta i}\mathbf{Trans}_{z,di}\mathbf{Trans}_{x,ai}\mathbf{Rot}_{x,ai} \tag{2-44}$$

其中，各个旋转和平移矩阵表示第 i 个坐标系相对于第 $i-1$ 个坐标系的旋转角度和位移，$\mathbf{Rot}_{z,\Theta i}$ 是围绕 z 轴旋转角度 Θ_i 对应的矩阵，由下式给出

$$\mathbf{Rot}_{z,\Theta_i}=\begin{bmatrix}\cos\Theta_i & -\sin\Theta_i & 0 & 0\\ \sin\Theta_i & \cos\Theta_i & 0 & 0\\ 0 & 0 & 1 & 0\\ 0 & 0 & 0 & 1\end{bmatrix} \tag{2-45}$$

平移矩阵 $\mathbf{Trans}_{z,di}$ 表示沿 z 轴平移距离 d_i，其表达式为

$$\mathbf{Trans}_{z,di}=\begin{bmatrix}1 & 0 & 0 & 0\\ 0 & 1 & 0 & 0\\ 0 & 0 & 1 & d_i\\ 0 & 0 & 0 & 1\end{bmatrix} \tag{2-46}$$

平移矩阵 $\mathbf{Trans}_{x,ai}$ 表示沿 x 轴平移距离 a_i，其表达式为

$$\mathbf{Trans}_{x,ai}=\begin{bmatrix}1 & 0 & 0 & a_i\\ 0 & 1 & 0 & 0\\ 0 & 0 & 1 & 0\\ 0 & 0 & 0 & 1\end{bmatrix} \tag{2-47}$$

旋转矩阵 $\mathbf{Rot}_{x,ai}$ 表示绕 x 轴旋转角度 α_i，其表达式为

$$\mathbf{Rot}_{x,ai}=\begin{bmatrix}1 & 0 & 0 & 0\\ 0 & \cos\alpha_i & -\sin\alpha_i & 0\\ 0 & \sin\alpha_i & \cos\alpha_i & 0\\ 0 & 0 & 0 & 1\end{bmatrix} \tag{2-48}$$

其中，运动学链的第 i 个连杆的参数为：Θ_i 为关节的旋转角度；d_i 为关节的偏移量；a_i 为连杆的长度；α_i 为连杆的扭转角度。为了应用 D – H 方法，选择与连杆相固连的坐标系如下[19]：

- 第 i 个坐标系的 x_i 轴与第 $i-1$ 个坐标系的 z_{i-1} 轴垂直。
- 第 i 个坐标系的 x_i 轴与第 $i-1$ 个坐标系的 z_{i-1} 轴相交。

其中参数 Θ_i、d_i、a_i 和 α_i 是明确确定的，并满足关系式（2 – 44）。

最终，矩阵 $\mathbf{A}_{i-1}^{i}$ 具有如下形式

$$\mathbf{A}_{i-1}^{i}=\begin{bmatrix}\cos\Theta_i & -\sin\Theta_i\cos\alpha_i & \sin\Theta_i\sin\alpha_i & a_i\cos\Theta_i\\ \sin\Theta_i & \cos\Theta_i\cos\alpha_i & -\cos\Theta_i\sin\alpha_i & a_i\sin\Theta_i\\ 0 & \sin\alpha_i & \cos\alpha_i & d_i\\ 0 & 0 & 0 & 1\end{bmatrix} \tag{2-49}$$

图 2-12 给出了机械手的结构原理图以及与 D-H 方法相关的运动学参数。

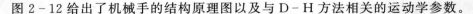

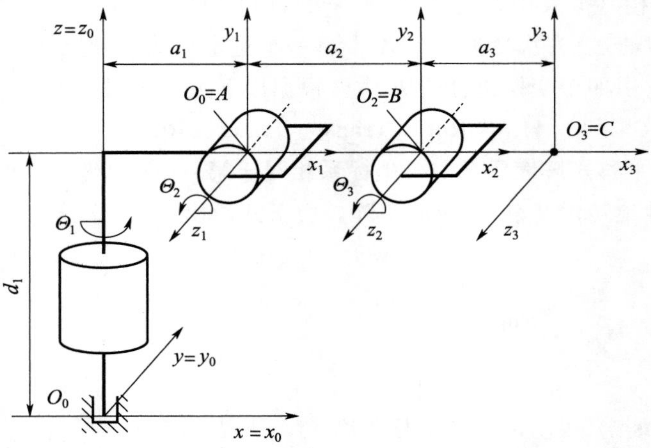

图 2-12 带有坐标系和 Denavit-Hartenberg 参数的 Scorbot-ER 4 pc 机械手示意图

表 2-2 列出了各连杆的相关运动学参数。

表 2-2 与 Denavit-Hartenberg 方法相关的 Scorbot-ER 4pc 运动学参数

Czon	Θ_i /rad	a_i /m	d_i /m	α_i /rad
1	Θ_1	$l_1=0.026$	$d_1=0.35$	$\pi/2$
2	Θ_2	$l_2=0.22$	0	0
3	Θ_3	$l_3=0.22$	0	0

Scorbot-ER 4pc 机械手[9,23]的各个齐次变换矩阵具有如下形式

$$\boldsymbol{A}_0^1(\Theta_1)=\begin{bmatrix}\cos\Theta_1 & 0 & \sin\Theta_1 & l_1\cos\Theta_1\\ \sin\Theta_1 & 0 & -\cos\Theta_1 & l_1\sin\Theta_1\\ 0 & 1 & 0 & d_1\\ 0 & 0 & 0 & 1\end{bmatrix}\tag{2-50}$$

$$\boldsymbol{A}_1^2(\Theta_2)=\begin{bmatrix}\cos\Theta_2 & -\sin\Theta_2 & 0 & l_2\cos\Theta_2\\ \sin\Theta_2 & \cos\Theta_2 & 0 & l_2\sin\Theta_2\\ 0 & 0 & 1 & 0\\ 0 & 0 & 0 & 1\end{bmatrix}\tag{2-51}$$

$$\boldsymbol{A}_2^3(\Theta_3)=\begin{bmatrix}\cos\Theta_3 & -\sin\Theta_3 & 0 & l_3\cos\Theta_3\\ \sin\Theta_3 & \cos\Theta_3 & 0 & l_3\sin\Theta_3\\ 0 & 0 & 1 & 0\\ 0 & 0 & 0 & 1\end{bmatrix}\tag{2-52}$$

考虑到机械手的机械结构和 Scorbot-ER 4pc 机械手各连杆旋转角度的测量方法，引入一个新的配置坐标向量

$$\boldsymbol{q}=\begin{bmatrix} q_1 \\ q_2 \\ q_3 \end{bmatrix}=\begin{bmatrix} \Theta_1 \\ \Theta_2 \\ \Theta_2+\Theta_3 \end{bmatrix} \tag{2-53}$$

以及由坐标 q_i 定义的新的齐次变换矩阵，形式如下

$$\boldsymbol{A}_0^1(q_1)=\begin{bmatrix} \cos q_1 & 0 & \sin q_1 & l_1\cos q_1 \\ \sin q_1 & 0 & -\cos q_1 & l_1\sin q_1 \\ 0 & 1 & 0 & d_1 \\ 0 & 0 & 0 & 1 \end{bmatrix} \tag{2-54}$$

$$\boldsymbol{A}_1^2(q_2)=\begin{bmatrix} \cos q_2 & -\sin q_2 & 0 & l_2\cos q_2 \\ \sin q_2 & \cos q_2 & 0 & l_2\sin q_2 \\ 0 & 0 & 1 & 0 \\ 0 & 0 & 0 & 1 \end{bmatrix} \tag{2-55}$$

$$\boldsymbol{A}_2^3(q_2,q_3)=\begin{bmatrix} \cos(q_3-q_2) & -\sin(q_3-q_2) & 0 & l_3\cos(q_3-q_2) \\ \sin(q_3-q_2) & \cos(q_3-q_2) & 0 & l_3\sin(q_3-q_2) \\ 0 & 0 & 1 & 0 \\ 0 & 0 & 0 & 1 \end{bmatrix} \tag{2-56}$$

上述矩阵将在本书中被进一步用于确定机械手的 Jacobian 矩阵。

第 j 个坐标系到第 $i-1$ 个坐标系的变换由矩阵 $\boldsymbol{T}_{i-1}^j\in\mathbf{R}^{4\times4}$ 定义，其形式为[20]

$$\boldsymbol{T}_{i-1}^j=\prod_{k=i}^{j}\boldsymbol{A}_{k-1}^k(\boldsymbol{q}) \tag{2-57}$$

其广义形式为

$$\boldsymbol{T}_{i-1}^j=\left[\begin{array}{c|c} \boldsymbol{R}_{i-1}^j & \boldsymbol{p}_{i-1}^j \\ \hline \mathbf{0} & 1 \end{array}\right] \tag{2-58}$$

其中，$\boldsymbol{R}^j\in\mathbf{R}^{3\times3}$ 为第 j 个坐标系相对于第 $i-1$ 个坐标系的旋转矩阵；$\boldsymbol{p}_{i-1}\in\mathbf{R}^{3\times1}$ 为第 j 个坐标系相对于第 $i-1$ 个坐标系的平移向量。

Jacobian 矩阵（在机器人学中也被称为 Jacobian）对于机械手的建模、运动规划和控制至关重要。科技文献中存在几种不同类型的雅可比矩阵[19,20]，本书只给出解析 Jacobian 矩阵[19,20,23]。

机械手的解析 Jacobian 矩阵来自所谓的运动学函数，其中关节坐标（配置坐标）$\boldsymbol{q}$ 与机械手连杆的任务坐标 $\boldsymbol{y}$（例如工具在机器人任务空间中的位置和方向）有关。

任务坐标定义为

$$\boldsymbol{y}=\boldsymbol{k}(\boldsymbol{q}) \tag{2-59}$$

其中，$\boldsymbol{k}(\boldsymbol{q})\in\mathbf{R}^{m\times1}$ 为运动学函数；$\boldsymbol{q}\in\mathbf{R}^{n\times1}$ 为配置坐标向量；m 为机械手任务空间的维数；n 为机械手配置空间的维数。

任务空间中的速度和关节速度之间的关系可以通过解析 Jacobian 矩阵表示为

$$\dot{\boldsymbol{y}}=\boldsymbol{J}(\boldsymbol{q})\dot{\boldsymbol{q}} \tag{2-60}$$

其中，$\dot{\boldsymbol{y}} \in \mathbf{R}^{m\times 1}$ 为任务坐标下的速度向量；$\dot{\boldsymbol{q}} \in \mathbf{R}^{n\times 1}$ 为配置速度向量；$\boldsymbol{J}(\boldsymbol{q}) \in \mathbf{R}^{m\times n}$ 为解析 Jacobian 矩阵，其形式为

$$\boldsymbol{J}(\boldsymbol{q})=\frac{\partial \boldsymbol{k}(\boldsymbol{q})}{\partial \boldsymbol{q}} \tag{2-61}$$

机械手的任务坐标 $\boldsymbol{y}$ 的选择对 Jacobian 矩阵的维数和形式有很大影响[19,20,23]。n 连杆机械手的解析 Jacobian 矩阵由列 $\boldsymbol{J}_i$ 组成，$i=1,\ 2,\ \cdots,\ n$，即

$$\boldsymbol{J}(\boldsymbol{q})=[\boldsymbol{J}_1 \quad \cdots \quad \boldsymbol{J}_i \quad \cdots \quad \boldsymbol{J}_n] \tag{2-62}$$

其中旋转关节 Jacobian 矩阵的第 i 列表示为

$$\boldsymbol{J}_i=\begin{bmatrix} \boldsymbol{R}_{0\ \ 3th\ \ col}^{i-1} \times (\boldsymbol{p}_0^n - \boldsymbol{p}_0^{i-1}) \\ \boldsymbol{R}_{0\ \ 3th\ \ col}^{i-1} \end{bmatrix} \tag{2-63}$$

而对于棱柱形的关节，则有

$$\boldsymbol{J}_i=\begin{bmatrix} \boldsymbol{R}_{0\ \ 3th\ \ col}^{i-1} \\ \boldsymbol{0} \end{bmatrix} \tag{2-64}$$

其中，$\boldsymbol{R}_{0\ \ 3th\ \ col}^{i-1}$ 为由式（2-58）得到的旋转矩阵的第三列。

Scorbot-ER 4pc 的解析 Jacobian 矩阵是在假设任务空间为 6 维的情况下确定的，其中机械手运动链 C 点的坐标 $\boldsymbol{y}=[y_1,\ y_2,\ y_3,\ y_4,\ y_5,\ y_6]^{\mathrm{T}}$，描述了末端执行器相对于基座坐标系的位置（$y_1,\ y_2,\ y_3$）和方向（$y_4,\ y_5,\ y_6$）。利用配置坐标式（2-53），解析 Jacobian 矩阵（2-61）的形式为

$$\boldsymbol{J}(\boldsymbol{q})=\begin{bmatrix} -(l_1+l_2\cos q_2+l_3\cos q_3)\sin q_1 & -l_2\sin q_2\cos q_1 & -l_3\sin q_3\cos q_1 \\ (l_1+l_2\cos q_2+l_3\cos q_3)\cos q_1 & -l_2\sin q_2\sin q_1 & -l_3\sin q_3\sin q_1 \\ 0 & l_2\cos q_2 & l_3\cos q_3 \\ 0 & 0 & \sin q_1 \\ 0 & 0 & -\cos q_1 \\ 1 & 0 & 0 \end{bmatrix} \tag{2-65}$$

机械手运动学分析的另一个重要问题是通过 Jacobian 矩阵的分析确定奇异配置[20,23]。理论表明，如果机械手的自由度个数低于任务空间的维数，机械手就只有奇异配置。在本书的分析中，对于在配置空间中有三个坐标的机械手［式（2-53）］，采用 6 维的任务空间。这样，机械手可以使末端执行器到达期望的位置（在这种情况下，末端执行器的方向取决于位置），或者到达期望的方向（在这种情况下，末端执行器的位置取决于方向）。Scorbot-ER 4pc 机械手奇异配置的确定在文献[23]中有详细描述。

2.2.1.1 逆运动学问题

下面只考虑运动学链的前三个自由度。在此情况下，Scorbot-ER 4pc 机械手无法到达 6 维任务空间中所有任意的位置和方向。再进一步考虑位置运动学，这需要把任务坐标分为与末端执行器位置有关的坐标 $\boldsymbol{y}_p=[y_1,\ y_2,\ y_3]^{\mathrm{T}}$ 和与末端执行器方向有关的坐标 $\boldsymbol{y}_o=[y_4,\ y_5,\ y_6]^{\mathrm{T}}$[23]。

对于解析 Jacobian 矩阵（2－65）也可以做类似的划分，其中与位置有关的部分为 $\boldsymbol{J}_p \in \mathbf{R}^{3\times3}$

$$\boldsymbol{J}_p(\boldsymbol{q}) = \begin{bmatrix} -(l_1 + l_2\cos q_2 + l_3\cos q_3)\sin q_1 & -l_2\sin q_2\cos q_1 & -l_3\sin q_3\cos q_1 \\ (l_1 + l_2\cos q_2 + l_3\cos q_3)\cos q_1 & -l_2\sin q_2\sin q_1 & -l_3\sin q_3\sin q_1 \\ 0 & l_2\cos q_2 & l_3\cos q_3 \end{bmatrix} \tag{2-66}$$

而与机械手末端执行器方向有关的部分为 $\boldsymbol{J}_o \in \mathbf{R}^{3\times3}$

$$\boldsymbol{J}_o(\boldsymbol{q}) = \begin{bmatrix} 0 & 0 & \sin q_1 \\ 0 & 0 & -\cos q_1 \\ 1 & 0 & 0 \end{bmatrix} \tag{2-67}$$

末端执行器点 C 的速度与机械手的关节速度之间的关系如下

$$\dot{\boldsymbol{y}}_p = \boldsymbol{J}_p(\boldsymbol{q})\dot{\boldsymbol{q}} \tag{2-68}$$

机械手的正运动学问题和逆运动学问题可以通过式（2－68）来求解。然而，求解逆运动学问题是很困难的，如前所述，这是由机械手运动学的奇异性以及解的模糊性和不连续性造成的。当求出逆运动学问题的解之后，就可得到期望的轨迹，用于机械手的跟踪控制。

下面，给定末端执行器点 C 的期望运动路径和速度大小，讨论机械手逆运动学问题的求解。在一般情况下，点 C 的运动路径是在任务空间中定义的一条曲线

$$\begin{cases} f_1(x_C, z_C) = 0 \\ f_2(x_C, y_C) = 0 \end{cases} \tag{2-69}$$

其中，x_C、y_C 和 z_C 为末端执行器点 C 在基座坐标系 xyz 中的坐标，对应于位置坐标 $\boldsymbol{y}_p$。点 C 的速度向量的形式如下

$$\boldsymbol{v}_C = \begin{bmatrix} \dot{x}_C \\ \dot{y}_C \\ \dot{z}_C \end{bmatrix} = \dot{\boldsymbol{y}}_p \tag{2-70}$$

其大小为

$$v_C = \sqrt{\dot{x}_C^2 + \dot{y}_C^2 + \dot{z}_C^2} \tag{2-71}$$

点 C 的速度向量方向必与运动路径相切，因此有如下关系

$$\begin{cases} \operatorname{grad} f_1(x_C, z_C)\,\boldsymbol{v}_C = 0 \\ \operatorname{grad} f_2(x_C, y_C)\,\boldsymbol{v}_C = 0 \end{cases} \tag{2-72}$$

上式可以写成

$$\begin{cases} \left[\dfrac{\partial f_1(x_C,z_C)}{\partial x_C} \quad \dfrac{\partial f_1(x_C,z_C)}{\partial y_C} \quad \dfrac{\partial f_1(x_C,z_C)}{\partial z_C}\right]\begin{bmatrix}\dot{x}_C\\ \dot{y}_C\\ \dot{z}_C\end{bmatrix}=0 \\ \left[\dfrac{\partial f_2(x_C,z_C)}{\partial x_C} \quad \dfrac{\partial f_2(x_C,z_C)}{\partial y_C} \quad \dfrac{\partial f_2(x_C,z_C)}{\partial z_C}\right]\begin{bmatrix}\dot{x}_C\\ \dot{y}_C\\ \dot{z}_C\end{bmatrix}=0 \end{cases} \tag{2-73}$$

记 $f_{1x}=\dfrac{\partial f_1(x_C,\ z_C)}{\partial x_C}$，$f_{1y}=\dfrac{\partial f_1(x_C,\ z_C)}{\partial y_C}$，$f_{1z}=\dfrac{\partial f_1(x_C,\ z_C)}{\partial z_C}$，$f_{2x}=\dfrac{\partial f_2(x_C,\ z_C)}{\partial x_C}$，$f_{2y}=\dfrac{\partial f_2(x_C,\ z_C)}{\partial y_C}$，$f_{2z}=\dfrac{\partial f_2(x_C,\ z_C)}{\partial z_C}$，则式（2－71）和式（2－73）的解满足方程组

$$\begin{cases} \dot{x}_C=\mp v_C\dfrac{f_{1y}f_{2z}-f_{1z}f_{2y}}{\sqrt{(f_{1x}f_{2y}-f_{2x}f_{1y})^2+(f_{1x}f_{2z}-f_{2x}f_{1z})^2+(f_{1y}f_{2z}-f_{2y}f_{1z})^2}} \\ \dot{y}_C=\pm v_C\dfrac{f_{1x}f_{2z}-f_{1z}f_{2x}}{\sqrt{(f_{1x}f_{2y}-f_{2x}f_{1y})^2+(f_{1x}f_{2z}-f_{2x}f_{1z})^2+(f_{1y}f_{2z}-f_{2y}f_{1z})^2}} \\ \dot{z}_C=\mp v_C\dfrac{f_{1x}f_{2y}-f_{1y}f_{2x}}{\sqrt{(f_{1x}f_{2y}-f_{2x}f_{1y})^2+(f_{1x}f_{2z}-f_{2x}f_{1z})^2+(f_{1y}f_{2z}-f_{2y}f_{1z})^2}} \end{cases} \tag{2-74}$$

通过求解微分方程组（2－74），并考虑到初始条件以及点 C 速度大小的设定值，可以确定出点 C 速度向量的各分量随时间变化的曲线，以及坐标 x_C、y_C 和 z_C 随时间变化的曲线。式（2－68）可以变换为

$$\dot{\boldsymbol{q}}=[\boldsymbol{J}_p(\boldsymbol{q})]^{-1}\ \dot{\boldsymbol{y}}_p \tag{2-75}$$

基于确定出的点 C 的速度分量，通过求解微分方程（2－75），有可能确定出机械手各连杆的旋转角度和角速度随时间变化的曲线。对角速度进行时间微分可以得到角加速度。这样获得的变量可以构成期望的参考轨迹，由控制系统进行跟踪。为了避免奇异配置［即 Jacobian 矩阵 $\boldsymbol{J}_p(\boldsymbol{q})$ 的逆不存在］问题，必须恰当地规划末端执行器的运动路径。

2.2.1.2　半圆路径上的逆运动学问题仿真

下面的例子对机械手的逆运动学问题进行求解。假设与末端执行器固连的点 C 的运动路径是一个半圆，圆心为点 E，半径为 R，位于 xy 平面内。

由于点 C 在 z 轴方向没有运动，坐标 z_C＝常值，且点 C 沿 z 轴的速度为 $\dot{z}_C=0$。假设点 C 的运动路径方程为

$$\begin{gathered}(x_C-x_E)^2+(y_C-y_E)^2-R^2=0\\ z_C-d_1=0\end{gathered} \tag{2-76}$$

其中，x_E 和 y_E 为 E 点（圆心）的坐标，$x_E=0.36$ m，$y_E=0$ m；R 为半径，$R=0.1$ m。假设点 C 的速度大小由下式给出

$$v_C = v_C^* \cdot \sum_{m=0}^{5} \frac{(-1)^m}{(1+\exp^{-c_1(t-t_{1+2m})})(1+\exp^{c_1(t-t_{2+2m})})} \tag{2-77}$$

其中，v_C^* 为末端执行器点 C 的最大速度，$v_C^* = 0.08$ m/s；c_1 为单极 sigmoid 函数的斜率系数，$c_1 = 10\ \mathrm{s}^{-1}$；$t \in [0, 40]$ s，t_{1+2m} 为第 m 个加速段的平均开始时间，t_{2+2m} 为第 m 个制动段的平均开始时间，$m=0$，…，5，$t_1=4$ s，$t_2=7.93$ s，$t_3=10$ s，$t_4=13.93$ s，$t_5=16$ s，$t_6=19.93$ s，$t_7=22$ s，$t_8=25.93$ s，$t_9=28$ s，$t_{10}=31.93$ s，$t_{11}=34$ s，$t_{12}=37.93$ s。

由式（2-77）描述的速度曲线是对折线形速度曲线的近似，这种做法的目的是为了消除折线形速度曲线带来的轨迹角加速度不连续现象。在给出的例子中，$f_{1x}=2(x_C - x_E)$，$f_{1y}=2y_C$，$f_{1z}=f_{2x}=f_{2y}=0$，$f_{2z}=1$，且方程组（2-74）具有如下简单的形式

$$\begin{cases} \dot{x}_C = \mp v_C \dfrac{f_{1y}}{\sqrt{f_{1x}^2 + f_{1y}^2}} \\ \dot{y}_C = \pm v_C \dfrac{f_{1x}}{\sqrt{f_{1x}^2 + f_{1y}^2}} \\ \dot{z}_C = 0 \end{cases} \tag{2-78}$$

在求解微分方程组（2-78）时，初始条件假设如下：$x_C(0)=0.46$ m，$y_C(0)=0$ m；在求解微分方程（2-75）时，假设机械手臂的旋转角度的初始值为 $q_1(0)=0$ rad，$q_2(0)=0.165\ 3$ rad，$q_3(0)=-0.165\ 3$ rad。所采用的 Scorbot-ER 4pc 机械手的几何尺寸与表 2-2 中的参数相对应。

由式（2-77）计算出的末端执行器点 C 的速度大小 v_C 的曲线如图 2-13（a）所示。在各个运动时段内，速度向量在与点的运动路径相切的轴上的投影，要么始终为正，要么始终为负。在 $m=0$，…，5 的六个时段中，每一个时段都包括加速阶段，即 v_C 从 $v_C = 0$ m/s 变为 $v_C = \pm v_C^*$；恒速阶段，即 $v_C = \pm v_C^* =$ 常值；以及制动阶段，即点 C 的速度趋于零。图 2-13（b）给出了由微分方程（2-78）计算出的点 C 的路径。点 C 以设定的速度大小在环形路径上运动；初始位置为 S 点，在图 2-13（b）中以三角形标记。G 点是折返点，末端执行器点 C 在此停顿，接下来是第二时段，点 C 沿着同样的路径从 G 点移动到 S 点。这两个时段构成一个完整的运动周期，在 $t \in [0, 40]$ s 内重复三次。

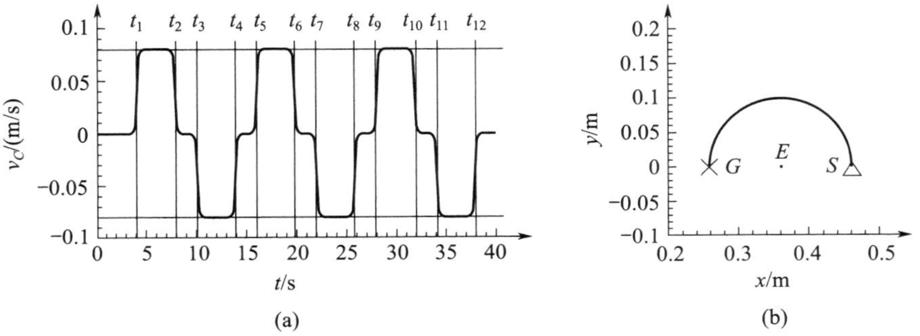

图 2-13　（a）末端执行器点 C 的速度大小曲线；（b）点 C 的运动路径

上述案例说明了一个典型的路径规划/路径执行问题，它是工业机械手在拣选和放置过程中需要解决的一个具有挑战性的问题。

基于假设的路径和点 C 的速度大小，通过求解逆运动学问题确定了机器人在配置空间中的轨迹，即通过求解微分方程（2-75）计算了关节变量，可以得到旋转角度 q_1，q_2，q_3［见图 2-14（a）］，角速度 $\dot{q}_1$，$\dot{q}_2$，$\dot{q}_3$［见图 2-14（b）］和角加速度 $\ddot{q}_1$，$\ddot{q}_2$，$\ddot{q}_3$［见图 2-14（c）］。

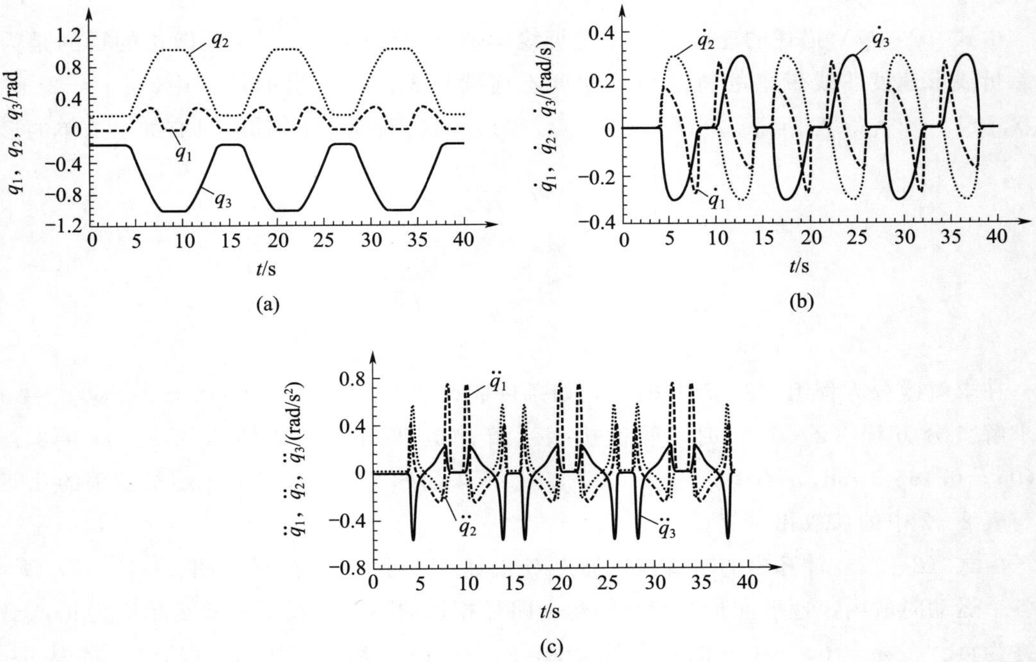

图 2-14　（a）机械手的连杆旋转角度 q_1，q_2，q_3；（b）角速度 $\dot{q}_1$，$\dot{q}_2$，$\dot{q}_3$；（c）角加速度 $\ddot{q}_1$，$\ddot{q}_2$，$\ddot{q}_3$

这样求得的逆运动学问题的解是以关节变量的形式表示的，它们可构成期望的参考轨迹，由 Scorbot-ER 4pc 的跟踪控制系统进行跟踪。

2.2.2　机械手的动力学描述

机械手是具有非线性动力学描述的机械系统，这是由其结构的复杂性导致的。这种系统的动力学模型可以通过经典力学方法或通过第二类拉格朗日方程来建立。与机械手动力学建模相关的基本问题在文献［2-4，15，18-20，23］中有讨论。

机械手的动力学分析，其实就是寻找出系统的运动参数和运动产生机制之间的关系。正动力学问题是在受力已知的情况下，确定机械手的运动参数；而逆动力学问题则是在给定运动参数的情况下，确定实现系统的运动所需的控制变量。

对机械手进行动力学分析可以得到一个用常微分方程描述的数学模型，它具有特定的结构和参数。该模型的参数是以运动微分方程中的系数形式出现的。但是，它们的值难以直接计算，其原因是它们依赖于系统的几何形状、质量分布和运动阻力。因此可以通过参数辨识对它们加以确定[3,5,12,13,18,21-23]。除了参数辨识外，动力学模型还可用于机械手跟踪控制系统的综合。由于计算的复杂性和某些量测量的困难性，该模型通常只能体现机械手运动中存在的最基本的影响因素。鉴于所用的电动马达时间常数较小，执行器的动态特性通常可以忽略不计，因此这里也不予考虑。

这里存在的一个重要问题是数学模型对参数变化的灵敏度[5,21-23]。通过灵敏度分析，可以确定每个参数对数学模型准确性的影响，从而可以剥离那些对模型没有显著影响的参数，使数学模型得到简化。模型复杂度的降低使其能够用在基于实时运行模型的控制中。对 Scorbot-ER 4pc 动力学模型灵敏度分析的介绍可以在文献［22，23］中找到。

本章介绍 Scorbot-ER 4pc 三自由度机械手的一个动力学模型。该模型是利用第二类拉格朗日方程[22,23]推导出来的。如图 2-15 给出了机械手的运动链示意图。

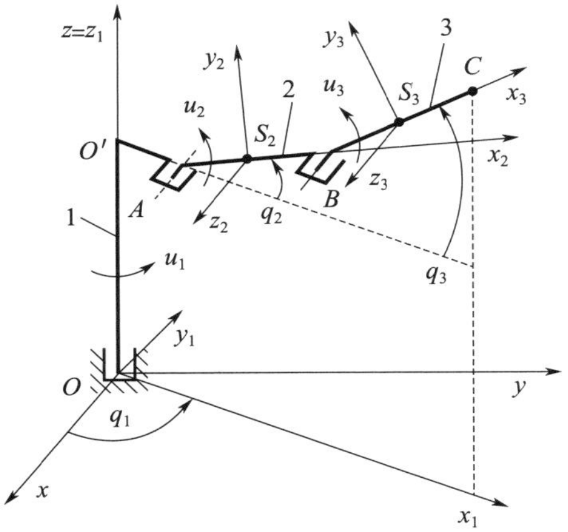

图 2-15　Scorbot-ER 4pc 机械手的示意图

图 2-15 中使用了以下表示符号：点 C 为工具中心点（TCP）；$|OO'|=d_1$，$|O'A|=l_1$，$|AB|=l_2$，$|BC|=l_3$，为由机械手运动链的几何形状决定的尺寸；u_1、u_2、u_3 为连杆运动控制信号。机械手基座上的 O 点与静止直角坐标系 xyz 的原点重合。机械手的连杆 1 与动坐标系 $x_1y_1z_1$ 的 z_1 轴重合，该坐标系的原点在 O 点，其 z_1 轴与基座坐标系的 z 轴相同。连杆 1 绕 z_1 轴旋转的角度为 q_1。连杆 2 和 3 分别绕各自的关节轴旋转的角度为 q_2 和 q_3，这些关节轴的方向与 x_1z_1 平面垂直，并分别通过 A 点和 B 点。连杆 3 的旋转角度 q_3 独立于连杆 2 的旋转角度 q_2，连杆 2 和 3 产生的运动包括这些连杆相对关节的旋转运动和由连杆 1 引起的连杆 2 的牵连运动，以及由连杆 1 和 2 引起的连杆 3 的牵连运动。

基于第 2.2 节中的假设，利用第二类拉格朗日方程推导机械手的动力学模型。第二类拉格朗日方程的一般形式为

$$\frac{\mathrm{d}}{\mathrm{d}t}\left(\frac{\partial L}{\partial \dot{q}_j}\right)-\frac{\partial L}{\partial q_j}=Q_j \tag{2-79}$$

其中，q_j 为第 j 个广义坐标；Q_j 为第 j 个广义力；L 为拉格朗日函数，定义为

$$L=E-U \tag{2-80}$$

其中，E 为系统的动能；U 为系统的势能。要写出拉格朗日方程的具体形式，必须确定系统的动能和势能，以及作用在系统上的广义力。多连杆系统的动能为

$$E=\frac{1}{2}\dot{\boldsymbol{q}}^{\mathrm{T}}\boldsymbol{M}(\boldsymbol{q})\dot{\boldsymbol{q}} \tag{2-81}$$

其中，$\boldsymbol{M}(\boldsymbol{q})$ 为转动惯量矩阵，$\boldsymbol{M}(\boldsymbol{q})\in\mathbf{R}^{n\times n}$。由于没有考虑形变，机械手的势能只来自运动链各个连杆在地球引力场内的重力势能，并由一个广义坐标的函数表示。因此，拉格朗日函数写为

$$L=\frac{1}{2}\dot{\boldsymbol{q}}^{\mathrm{T}}\boldsymbol{M}(\boldsymbol{q})\dot{\boldsymbol{q}}-\boldsymbol{U}(\boldsymbol{q}) \tag{2-82}$$

将式（2-82）代入拉格朗日方程（2-79），并进行模型灵敏度分析以及必要的计算[22,23]，可以得到机械手的动力学方程如下

$$\boldsymbol{M}(\boldsymbol{q})\ddot{\boldsymbol{q}}+\boldsymbol{C}(\boldsymbol{q},\dot{\boldsymbol{q}})\dot{\boldsymbol{q}}+\boldsymbol{F}(\dot{\boldsymbol{q}})+\boldsymbol{G}(\boldsymbol{q})+\boldsymbol{\tau}_d(t)=\boldsymbol{u} \tag{2-83}$$

其中，$\boldsymbol{q}$ 为广义坐标向量，包括机械手的连杆旋转角度；$\boldsymbol{C}(\boldsymbol{q},\dot{\boldsymbol{q}})\dot{\boldsymbol{q}}$ 为离心力和科氏力产生的力矩向量；$\boldsymbol{F}(\dot{\boldsymbol{q}})$ 为运动阻力矩向量；$\boldsymbol{G}(\boldsymbol{q})$ 为地球引力产生的力矩向量；$\boldsymbol{\tau}_d(t)$ 为有界干扰力矩向量；$\boldsymbol{u}$ 为控制信号向量。

矩阵 $\boldsymbol{M}(\boldsymbol{q})$、$\boldsymbol{C}(\boldsymbol{q},\dot{\boldsymbol{q}})$ 和向量 $\boldsymbol{F}(\dot{\boldsymbol{q}})$、$\boldsymbol{G}(\boldsymbol{q})$、$\boldsymbol{\tau}_d(t)$、$\boldsymbol{u}$ 的形式如下

$$\begin{aligned}
\boldsymbol{M}(\boldsymbol{q})&=\begin{bmatrix} M_{1,1} & 0 & 0\\ 0 & p_6 & M_{2,3}\\ 0 & M_{3,2} & p_7\end{bmatrix}\\
\boldsymbol{C}(\boldsymbol{q},\dot{\boldsymbol{q}})&=\begin{bmatrix} -b\dot{q}_2-c\dot{q}_3 & -b\dot{q}_1 & -c\dot{q}_1\\ b\dot{q}_1 & 0 & C_{2,3}\\ c\dot{q}_1 & C_{3,2} & 0\end{bmatrix}\\
\boldsymbol{F}(\dot{\boldsymbol{q}})&=\begin{bmatrix} p_8\dot{q}_1+p_{11}\operatorname{sgn}(\dot{q}_1)\\ p_9\dot{q}_2+p_{12}\operatorname{sgn}(\dot{q}_2)\\ p_{10}\dot{q}_3+p_{13}\operatorname{sgn}(\dot{q}_3)\end{bmatrix}\\
\boldsymbol{G}(\boldsymbol{q})&=\begin{bmatrix} 0\\ p_1 g\cos(q_2)\\ p_2 g\cos(q_3)\end{bmatrix}\\
\boldsymbol{\tau}_d(t)&=\begin{bmatrix}\tau_{d1}\\ \tau_{d2}\\ \tau_{d3}\end{bmatrix}\\
\boldsymbol{u}(t)&=\begin{bmatrix}u_1\\ u_2\\ u_3\end{bmatrix}
\end{aligned} \tag{2-84}$$

其中

$$M_{1,1}=2p_1l_1\cos(q_2)+2p_2(l_1+l_2\cos(q_2))\cos(q_3)+\frac{1}{2}p_3\cos(2q_2)+\frac{1}{2}p_4\cos(2q_3)+p_5$$
$$M_{2,3}=M_{3,2}=p_2l_2\cos(q_3-q_2)$$
$$b=p_1l_1\sin(q_2)+p_2l_2\sin(q_2)\cos(q_3)+\frac{1}{2}p_3\sin(2q_2)$$
$$c=p_2(l_1+l_2\cos(q_2))\sin(q_3)+\frac{1}{2}p_4\sin(2q_3)$$
$$C_{2,3}=-p_2l_2\sin(q_3-q_2)\dot{q}_3,$$
$$C_{3,2}=p_2l_2\sin(q_3-q_2)\dot{q}_2 \tag{2-85}$$

其中，$\boldsymbol{p}=[p_1, \cdots, p_{13}]^{\mathrm{T}}$ 为参数向量，取决于机械手的几何尺寸、质量分布和运动阻力，g 为重力加速度，$g=9.81\ \mathrm{m/s^2}$。

各个参数的计算公式如下

$$p_1=m_2l_{c2}+(m_3+m_C)l_2$$
$$p_2=m_3l_{c3}+m_Cl_3$$
$$p_3=m_2l_{c2}^2+(m_3+m_C)l_2^2-I_{2xx}+I_{2yy}$$
$$p_4=m_3l_{c3}^2+m_Cl_3^2-I_{3xx}+I_{3yy}$$
$$p_5=I_{1yy}+\frac{1}{2}(I_{2xx}+I_{2yy}+I_{3xx}+I_{3yy})+m_2(l_1^2+\frac{1}{2}l_{c2}^2)+ m_3(l_1^2+\frac{1}{2}l_2^2+\frac{1}{2}l_{c3}^2)+m_C(l_1^2+\frac{1}{2}l_2^2+\frac{1}{2}l_3^2) \tag{2-86}$$
$$p_6=m_2(l_2^2+l_{c2}^2)+m_Cl_2^2+I_{2zz}$$
$$p_7=m_3l_{c3}^2+l_3^2+I_{3zz}$$
$$p_8=F_{v1}$$
$$p_9=F_{v2}$$
$$p_{10}=F_{v3}$$
$$p_{11}=F_{C1}$$
$$p_{12}=F_{C2}$$
$$p_{13}=F_{C3}$$

其中，m_i 为机械手第 i 个连杆的质量；m_C 为集中在 TCP 的抓手质量；l_i 为第 i 个连杆的长度；l_{ci} 为第 i 个连杆的质心到第 $i-1$ 个连杆的端点的距离；I_{ixx}、I_{iyy}、I_{izz} 为第 i 个连杆相对于 x_i，y_i，z_i 轴的转动惯量；F_{vi} 为第 i 个连杆的黏性摩擦系数；F_{Ci} 为干摩擦力矩（$i=1, 2, 3$）。在运动阻力矩向量 $\boldsymbol{F}(\boldsymbol{q})$ 的构建中，应用黏性摩擦力（$F_{vi}\dot{q}_i$）和干摩擦力 $[F_{Ci}\operatorname{sgn}(\dot{q}_i)]$ 产生的力矩，对每个运动对的运动阻力矩进行了近似。

方程组（2－83）可以写成关于参数 $\boldsymbol{p}$ 的线性形式

$$\boldsymbol{Y}(\boldsymbol{q},\dot{\boldsymbol{q}},\ddot{\boldsymbol{q}})^{\mathrm{T}}\boldsymbol{p}+\boldsymbol{\tau}_d(t)=\boldsymbol{u} \tag{2-87}$$

其中，$\boldsymbol{Y}(\boldsymbol{q}, \dot{\boldsymbol{q}}, \ddot{\boldsymbol{q}})$ 为回归矩阵，形式如下

$$
\boldsymbol{Y}(\boldsymbol{q},\dot{\boldsymbol{q}},\ddot{\boldsymbol{q}})=\begin{bmatrix} Y_{11} & Y_{12} & Y_{13} & Y_{14} & \ddot{q}_1 & 0 & 0 & \dot{q}_1 & 0 & 0 & \mathrm{sgn}(\dot{q}_1) & 0 & 0 \\ Y_{21} & Y_{22} & Y_{23} & 0 & 0 & \ddot{q}_2 & 0 & 0 & \dot{q}_2 & 0 & 0 & \mathrm{sgn}(\dot{q}_2) & 0 \\ 0 & Y_{32} & 0 & Y_{34} & 0 & 0 & \ddot{q}_3 & 0 & 0 & \dot{q}_3 & 0 & 0 & \mathrm{sgn}(\dot{q}_3) \end{bmatrix}^{\mathrm{T}} \tag{2-88}
$$

其中

$$
\begin{aligned}
Y_{11} &= 2l_1\cos(q_2)\ddot{q}_1-2l_1\sin(q_2)\dot{q}_2\dot{q}_1\\
Y_{12} &= 2(l_1+l_2\cos(q_2))(\cos(q_3)\ddot{q}_1-\sin(q_3)\dot{q}_3\dot{q}_1)-2l_2\sin(q_2)\cos(q_3)\dot{q}_2\dot{q}_1\\
Y_{13} &= \frac{1}{2}\cos(2q_2)\ddot{q}_1-\sin(2q_2)\dot{q}_2\dot{q}_1\\
Y_{14} &= \frac{1}{2}\cos(2q_3)\ddot{q}_1-\sin(2q_3)\dot{q}_3\dot{q}_1\\
Y_{21} &= l_1\sin(q_2)\dot{q}_1^2-g\cos(q_2)\\
Y_{22} &= l_2\cos(q_3-q_2)\ddot{q}_3+l_2\sin(q_2)\cos(q_3)\dot{q}_1^2-l_2\sin(q_3-q_2)\dot{q}_3^2\\
Y_{23} &= \frac{1}{2}\sin(2q_2)\dot{q}_1^2\\
Y_{32} &= l_2\cos(q_3-q_2)\ddot{q}_2+(l_1+l_2\cos(q_2))\sin(q_3)\dot{q}_1^2+l_2\sin(q_3-q_2)\dot{q}_2^2+g\cos(q_3)\\
Y_{34} &= \frac{1}{2}\sin(2q_3)\dot{q}_1^2
\end{aligned} \tag{2-89}
$$

假设 Scorbot - ER 4pc 机械手有一组名义参数，用 $\boldsymbol{p}$ 表示；而另一组参数用 $\boldsymbol{p}_d$ 表示，对应机械手的抓手有负载 $m_L=1$ kg 的情况。参数 $\boldsymbol{p}_d$ 用来模拟机器人在运动过程中受扰动的情况。这两组参数都在表 2 - 3 中列出。

表 2 - 3　Scorbot - ER 4pc 机械手的假定参数值

参数	值(无负载)($\boldsymbol{p}$)	参数	值(有负载)($\boldsymbol{p}_d$)	单位
p_1	0.006 5	p_{d1}	0.008 2	kg · m
p_2	0.001 8	p_{d2}	0.004 1	kg · m
p_3	0.011 3	p_{d3}	0.016 1	kg · m^2
p_4	0.006 4	p_{d4}	0.011 3	kg · m^2
p_5	0.011 4	p_{d5}	0.016 3	kg · m^2
p_6	0.011 3	p_{d6}	0.016 2	kg · m^2
p_7	0.006 5	p_{d7}	0.011 3	kg · m^2
p_8	0.527 6	p_{d8}	0.534 5	N · m · s
p_9	0.523 2	p_{d9}	0.534 0	N · m · s
p_{10}	0.523 5	p_{d10}	0.534 2	N · m · s
p_{11}	0.019 5	p_{d11}	0.022 1	N · m
p_{12}	0.018 2	p_{d12}	0.021 6	N · m
p_{13}	0.018 3	p_{d13}	0.021 7	N · m

可以根据式（2-83）定义 RM 的逆动力学模型。根据式（2-83），可得

$$\ddot{\boldsymbol{q}}=\boldsymbol{M}^{-1}(\boldsymbol{q})[\boldsymbol{u}-\boldsymbol{C}(\boldsymbol{q},\dot{\boldsymbol{q}})\dot{\boldsymbol{q}}-\boldsymbol{F}(\dot{\boldsymbol{q}})-\boldsymbol{G}(\boldsymbol{q})-\boldsymbol{\tau}_d(t)] \tag{2-90}$$

式（2-90）将在本书中被进一步用于机械手的运动建模。

利用欧拉方法对连续导数进行差分近似，并将 $\boldsymbol{z}_1=\boldsymbol{q}$，$\boldsymbol{z}_2=\dot{\boldsymbol{q}}$ 代入式（2-90），采用与第 2.1.2 节中相同的方式，得到机械手动力学模型的离散描述如下

$$\begin{aligned}&\boldsymbol{z}_{1\{k+1\}}=\boldsymbol{z}_{1\{k\}}+h\boldsymbol{z}_{2\{k\}}\\&\boldsymbol{z}_{2\{k+1\}}=\boldsymbol{z}_{2\{k\}}-h\boldsymbol{M}^{-1}(\boldsymbol{z}_{1\{k\}})[\boldsymbol{C}(\boldsymbol{z}_{1\{k\}},\boldsymbol{z}_{2\{k\}})\boldsymbol{z}_{2\{k\}}+\boldsymbol{F}(\boldsymbol{z}_{2\{k\}})+\boldsymbol{G}(\boldsymbol{z}_{1\{k\}})+\boldsymbol{\tau}_{d\{k\}}-\boldsymbol{u}_{\{k\}}]\end{aligned} \tag{2-91}$$

其中，$\boldsymbol{z}_{1\{k\}}=[z_{11}\{k\},\ z_{12}\{k\},\ z_{13}\{k\}]^{\mathrm{T}}$为对应于连续向量 $\boldsymbol{q}$ 的连杆离散旋转角向量；$\boldsymbol{z}_{2\{k\}}=[z_{21\{k\}},\ z_{22\{k\}},\ z_{23\{k\}}]^{\mathrm{T}}$ 为对应于连续向量 $\dot{\boldsymbol{q}}$ 的离散角速度向量；k 表示迭代的第 k 步，h 为时间离散参数。通过第二类拉格朗日方程得出的机械手动力学方程（2-83）或（2-90）将在本书中进一步用于被控对象的运动建模，而其离散形式（2-91）则将用于机械手的 TCP 跟踪控制算法的综合。

机械手动态模型（2-83）的结构特性将用于跟踪控制算法的综合。下面对这些特性进行介绍。

机械手数学模型的结构特性

式（2-83）描述的机械手动力学模型满足如下假设[4,18,19]。

1）转动惯量矩阵 $\boldsymbol{M}(\boldsymbol{q})$ 对称且正定，并且满足以下条件

$$\sigma_{\min}(\boldsymbol{M}(\boldsymbol{q}))\boldsymbol{I}\leqslant\boldsymbol{M}(\boldsymbol{q})\leqslant\sigma_{\max}(\boldsymbol{M}(\boldsymbol{q}))\boldsymbol{I} \tag{2-92}$$

其中，$\boldsymbol{I}$ 为单位矩阵；$\sigma_{\min}(\boldsymbol{M}(\boldsymbol{q}))$ 和 $\sigma_{\max}(\boldsymbol{M}(\boldsymbol{q}))$ 分别为转动惯量矩阵的最小和最大特征值，严格为正。

2）矩阵 $\boldsymbol{C}(\boldsymbol{q},\ \dot{\boldsymbol{q}})$ 满足

$$\boldsymbol{S}(\boldsymbol{q},\dot{\boldsymbol{q}})=\dot{\boldsymbol{M}}-2\boldsymbol{C}(\boldsymbol{q},\dot{\boldsymbol{q}}) \tag{2-93}$$

为斜对称矩阵。因此，下列关系式成立

$$\boldsymbol{\xi}^{\mathrm{T}}\boldsymbol{S}(\boldsymbol{q},\dot{\boldsymbol{q}})\boldsymbol{\xi}=\boldsymbol{0} \tag{2-94}$$

其中，$\boldsymbol{\xi}$ 为任意给定的适当维数的向量。

3）作用在机械手上的干扰向量 $\boldsymbol{\tau}_d(t)$ 有界，即有 $\|\tau_{dj}(t)\|\leqslant b_{dj}$，其中 b_{dj} 为正常数，$j=1,\ 2,\ 3$。

4）机械手的动态方程（2-83）可以写成参数 $\boldsymbol{p}$ 的线性形式，即有

$$\boldsymbol{M}(\boldsymbol{q})\ddot{\boldsymbol{q}}+\boldsymbol{C}(\boldsymbol{q},\dot{\boldsymbol{q}})\dot{\boldsymbol{q}}+\boldsymbol{F}(\dot{\boldsymbol{q}})+\boldsymbol{G}(\boldsymbol{q})+\boldsymbol{\tau}_d(t)=\boldsymbol{Y}(\boldsymbol{q},\dot{\boldsymbol{q}},\ddot{\boldsymbol{q}})^{\mathrm{T}}\boldsymbol{p}+\boldsymbol{\tau}_d(t)=\boldsymbol{u} \tag{2-95}$$

其中，参数向量 $\boldsymbol{p}$ 由一组最小数量的线性无关的元素组成。

5）下列关系式对任意两个向量 $\boldsymbol{x}$ 和 $\boldsymbol{y}$ 都成立

$$\boldsymbol{C}(\boldsymbol{q},\boldsymbol{x})\boldsymbol{y}=\boldsymbol{C}(\boldsymbol{q},\boldsymbol{y})\boldsymbol{x} \tag{2-96}$$

6）矩阵 $\boldsymbol{C}(\boldsymbol{q},\ \dot{\boldsymbol{q}})$ 满足

$$\|\boldsymbol{C}(\boldsymbol{q},\dot{\boldsymbol{q}})\|\leqslant K_C\|\dot{\boldsymbol{q}}\| \tag{2-97}$$

其中，$K_C > 0$。

7）矩阵 $\boldsymbol{C}(\boldsymbol{q},\dot{\boldsymbol{q}})\dot{\boldsymbol{q}}$ 满足

$$\|\boldsymbol{C}(\boldsymbol{q},\dot{\boldsymbol{q}})\dot{\boldsymbol{q}}\| \leqslant k_C \|\dot{\boldsymbol{q}}\|^2 \tag{2-98}$$

其中，$k_C > 0$。

8）向量 $\boldsymbol{F}(\dot{\boldsymbol{q}})$ 满足

$$\|\boldsymbol{F}(\dot{\boldsymbol{q}})\| \leqslant K_F \|\dot{\boldsymbol{q}}\| + \boldsymbol{k}_F \tag{2-99}$$

其中，$K_F > 0$ 且 $k_F > 0$。

9）向量 $\boldsymbol{G}(\boldsymbol{q})$ 满足

$$\|\boldsymbol{G}(\boldsymbol{q})\| \leqslant k_G \tag{2-100}$$

其中，$k_G > 0$。

2.2.2.1　机械手的逆动力学仿真

在机械手的运动仿真中，其 TCP 沿着期望的以 E 为圆心、$R=0.1$ m 为半径的半圆形路径上运动。这里用到了 2.2.1.2 节的逆运动学问题的解。基于机械手的运动参数（例如转角 $\boldsymbol{q}$、角速度 $\dot{\boldsymbol{q}}$ 和角加速度 $\ddot{\boldsymbol{q}}$），利用式（2-83）生成了控制信号 u_1、u_2 和 u_3。控制信号使得机械手的工具中心点（TCP）沿着指定的路径运动。关节变量取它们的设定值。假设机械手参数 $\boldsymbol{p}$ 的名义值如表 2-3 中所定义。工具中心点（TCP）的指定运动路径如图 2-16（a）所示，事先确定的机械手连杆转角（q_1，q_2，q_3）和角速度（$\dot{q}_1$，$\dot{q}_2$，$\dot{q}_3$）的曲线分别如图 2-16（b）和（c）所示，图 2-16（d）给出了所生成的控制信号 u_1、u_2 和 u_3 的曲线。

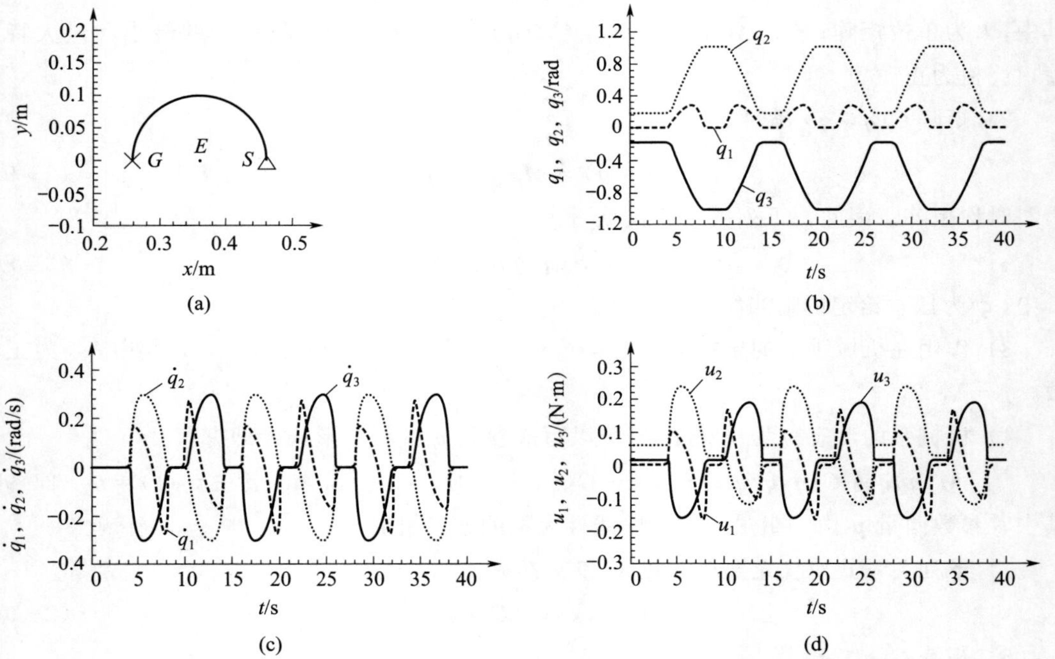

图 2-16　（a）与机械臂固连的点 C 的期望运动轨迹；（b）连杆的转角 q_1，q_2，q_3；（c）角速度 $\dot{q}_1$，$\dot{q}_2$，$\dot{q}_3$；（d）控制信号 u_1，u_2，u_3

期望的参考轨迹由几个运动阶段组成，这些运动阶段来自取放任务中所定义的 TCP 的运动路径，其中 S 点表示 TCP 的初始位置，G 点是路径的折返点。在轨迹实现中，TCP 的周期运动（从 S 点到 G 点，然后返回）被执行三次。每次机械手的 TCP 都会在 S 点和 G 点停止，时长 $t=2$ s。在仿真的初始阶段（$t\in[0,\ 4]$ s），尽管机械手没有运动，但是连杆 2 和 3 的运动控制信号非零，其原因是动力学模型（2 - 83）中包含重力产生的力矩向量 $\boldsymbol{G}(\boldsymbol{q})$，该向量必须由控制信号来平衡，以保证运动参数的性能。对于连杆 1，其转轴与全局坐标系的 z 轴平行，因此重力矩对连杆运动没有影响。在接下来的运动阶段中，控制信号取决于运动参数 $\boldsymbol{q}$、$\dot{\boldsymbol{q}}$ 和 $\ddot{\boldsymbol{q}}$，其中最主要的影响因素是运动阻力产生的力矩向量 $\boldsymbol{F}(\dot{\boldsymbol{q}})$，它是连杆角速度向量 $\dot{\boldsymbol{q}}$ 的函数。

参 考 文 献

[1] Active Media Robotics Pioneer 2/PeopleBot Operations Manual, Active Media, version 9, Peterborough (2001).

[2] Angeles, J. : Fundamentals of Robotic Mechanical Systems: Theory, Methods, and Algorithms. Springer, New York (2007).

[3] Canudas de Wit, C. , Siciliano, B. , Bastin, G. : Theory of Robot Control. Springer, London (1996).

[4] Craig, J. J. : Introduction to Robotics. Prentice Hall, Upper Saddle River (2005).

[5] Eykhoff, P. : Identification in Dynamical Systems. (in Polish) PWN, Warsaw (1980).

[6] Fierro, R. , Lewis F. L. : Control of a nonholonomic mobile robot using neural networks. IEEE Trans. Neural Netw. 9 (4), 589 - 600 (1998).

[7] Giergiel, J. , Hendzel, Z. , Zylski, W. : Modeling and Control of Wheeled Mobile Robots. (in Polish) Scientific Publishing PWN, Warsaw (2002).

[8] Giergiel, J. , Zylski, W. : Description of motion of a mobile robot by Maggie' s equations. JTAM43, 511 - 521 (2005).

[9] Gierlak, P. : Analysis of the kinematics of the 5DOF manipulator. (in Polish) Scientific Letters of Rzeszow University of Technology, Mechanics 86, 491 - 500 (2014).

[10] Gutowski, R. : Analytical Mechanics. (in Polish) PWN, Warsaw (1971).

[11] Hendzel, Z. : Tracking Control of Wheeled Mobile Robots. (in Polish) Rzeszow University of Technology Publishing House, Rzeszow (1996).

[12] Hendzel, Z. , Nawrocki, M. : Neural identification for Scorbot manipulator. (in Polish) Modelling. Eng. 36, 135 - 142 (2008).

[13] Hendzel, Z. , Nawrocki, M. : Identification of the robot model parameters. (in Polish) Acta Mech. Autom. 4, 69 - 73 (2010).

[14] Hendzel, Z. , Trojnacki, M. : Neural Network Control of Mobile Wheeled Robots. (in Polish) Rzeszow University of Technology Publishing House, Rzeszow (2008).

[15] Kozowski, K. , Dutkiewicz, P. , Wrblewski, W. : Modeling and Control of Robots. (in Polish) Scientific Publishing PWN, Warsaw (2003).

[16] Morecki, A. , Knapczyk, J. : Basis of Robotics: Theory and Elements of Manipulators and Robots. WNT, Warsaw (1999).

[17] SCORBOT - ER 4pc User' s Manual, Eshed Robotec, version A, Rosh Haayin (1999).

[18] Slotine, J. J. , Li, W. : Applied Nonlinear Control. Prentice Hall, New Jersey (1991).

[19] Spong, M. W. , Vidyasagar, M. : Robot Dynamics and Control. (in Polish) WNT, Warsaw (1997).

[20] Tcho, K. , Mazur, A. , Dulba, I. , Hossa R. , Muszyski, R. : Mobile Manipulators and

Robots. (in Polish) Academic Publ. Company PLJ, Warsaw (2000).

[21] Zylski, W.: Kinematics and Dynamics of Wheeled Mobile Robotos. (in Polish) Rzeszow University of Technology Publishing House, Rzeszow (1996).

[22] Zylski, W., Gierlak, P.: Modelling of Movement of Selected Manipulator. (in Polish) Acta Mech. Autom. 4, 112-119 (2010).

[23] Zylski, W., Gierlak, P.: Tracking Control of Robotic Manipulator. (in Polish) Rzeszow University of Technology Publishing House, Rzeszow (2014).

第3章　机电系统的智能控制

在机电系统控制的各种方法中，智能控制采用现代算法来补偿被控系统的非线性。这些算法可以使其参数适应变化的工作条件，它们包括人工智能方法，如人工神经网络和模糊逻辑算法。根据人工智能算法的类型，可以区分模糊控制和神经网络控制。这类算法还包括自适应控制算法，其结构依赖于被控对象的模型结构，而其参数值可以自适应地调整以确保获得期望的控制性能。

3.1　非线性系统的控制方法

由于具有复杂的机械结构，因此从数学的角度看，WMR是一个用非线性动态方程描述的对象，并受到非完整约束，这影响了其稳定控制律的综合[6,7]。跟踪控制系统可以理解为WMR分层控制系统的运动实现层，而期望轨迹是由上一级的层产生的。而机械手则是一个受完整约束的机电系统[34]。它的动力学是由非线性运动方程描述的，其中一些参数可能未知，或者随着设备工作点的变化而变化，因此这样的对象难以控制。为了提升机器人领域实践的可靠性，需要为机械手和轮式移动机器人开发有效的跟踪控制算法。机电系统控制方面的文献提供了多种类型的控制算法。本章重点讨论非线性对象控制系统的一种特定结构。

机电对象的控制系统大多只含线性PID（比例-积分-导数）控制器，该控制器利用了误差信号及其积分和导数[3,7,20,30]。将线性控制律应用于由非线性动态方程描述的对象时，会导致在实现期望轨迹时出现较大误差。上述算法的优点是其结构简单，不需要知道被控对象的数学模型。其主要缺点是，由于没有对被控对象的非线性进行补偿，可能导致跟踪运动的性能低下。

为了提高非线性动态对象跟踪运动的质量，应采用一个更加精巧的控制系统（见图3-1）。图中所示的控制系统由两个基本要素组成，一个是补偿器，一个是稳定器。补偿器对被控对象的非线性进行补偿，稳定器则产生控制动作，消除因不完全补偿而产生的跟踪误差。该控制系统的一个可选要素是鲁棒控制算法，它确保大干扰情况下控制系统的稳定性。

这种控制系统概念带来了一种灵活结构。在这里，不同控制系统组件的性能取决于在控制算法的综合阶段所采用的假设[6,7,34]。

在使用经典方法（如最优控制算法或其他代数方法）对非线性动态对象的跟踪控制算法进行综合的过程中，往往需要知道被控对象的数学模型。这不是一件容易的工作，它需要选择相关的模型类别，给定类别中最合适的模型结构，以及模型的系数，因此会带来诸

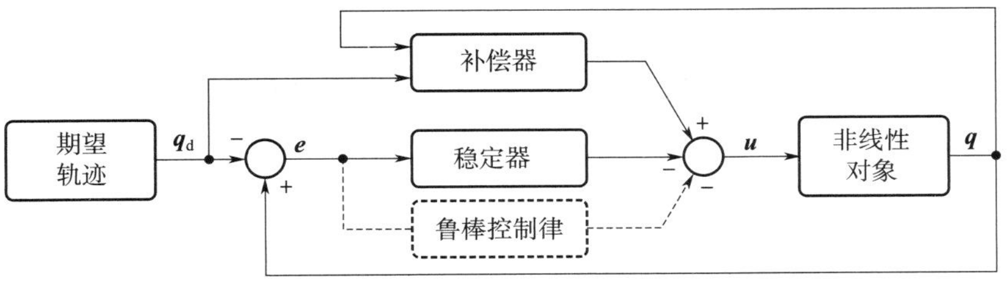

图 3-1　非线性对象跟踪控制系统的结构示意图

多不便。对实际对象进行映射，即创建一个模型来描述实际对象内部发生的效应，其准确性与模型的复杂度有关。模型的复杂度影响到微处理器系统在执行控制任务时的计算量。

被控对象的特性变化可能是由多种因素造成的，如部件老化、工作条件的变化（如 WMR 进入不同参数的运动平面时运动阻力的变化）、转动惯量的变化以及作用于起重机械手手臂的重力的变化。这些因素会影响特定工作条件下模型的准确性。例如，WMR 框架的转动惯量会随着所载货物的质量分布和质量大小的变化而变化。在实践中，描述动态对象的模型只是对象实际特性的近似，因此它们被称为具有不确定性的模型[29]。为控制算法选择一个合适的对象模型是一项既不方便又困难的工作。因此，人们力图提出不需要高度精确的模型的控制系统设计方法。

自适应控制就是这样的一种控制系统设计方法[7,10,13,29,30]。它的设计方式是，如果被控对象的参数发生变化，它可以独立地实时修正自身的属性。这一特点使得其在被控对象参数发生显著变化时，仍然能够实现高精度的跟踪控制。自适应控制算法属于直接算法的范畴，它可以实现全局稳定，并且在理想情况下可以确保跟踪运动的实现。在实际应用中，存在外部干扰，且被控对象的参数可能会发生变化，这时缺乏对自适应结构的适当激励可能会导致不希望的情况发生。对此，可以通过施加持续激励输入信号[1,16,23,29]或适当修正控制算法的方式来防止[16,23,24,31]。

对于非线性对象动力学描述中出现的非线性问题，现代人工智能方法已经通过其在跟踪控制算法中的应用，被证明是有积极作用的。这些方法包括人工神经网络（NN）方法。NN 可以逼近任何非线性函数，它具有学习能力，而且可以调整自身的参数和结构。因此，NN 方法已经成为很有吸引力的工具，被广泛应用于非线性系统的现代控制算法中[3,4,7,11,13,15,18,21,22,31]。然而，由于结构的复杂性以及参数自适应调整所需的时间不同，因此，并非所有已知的 NN 模型都适合用在动态对象的运动控制算法中。由于硬件限制和实时计算的需要，神经网络跟踪控制系统主要采用比较简单的 NN，如单层 NN，其隐藏层的神经元数量固定，神经元激活函数的值容易计算；以及本体发生 NN[4,11,17,19,22]，其可以根据正在解决的问题相应地调整其结构的复杂性。

目前，强化学习方法在非线性控制领域的应用越来越普遍，其中包括神经动态规划算法[2,5,8,9,12,26-28,32,33]，它是经典的优化理论和现代人工智能方法（如 NN）的结合。该方法适用于多种类型的问题，并能对非线性对象（如 RM 或 WMR）的控制过程进行优化。第 5.2 节将给出强化学习概念的全面介绍，而第 6 章则将对选定的神经动态规划算法进行详细描述。

自适应方法可以有效地解决工作条件不断变化的非线性对象的控制问题。神经网络控制算法是这样的一种方法：它的主要特征是使用了可以自适应地调整自身参数的结构，并且能够根据被控对象的特性变化而调整所生成的控制信号，从而确保跟踪运动的高性能。下面将讨论一种神经网络控制算法，以及所用到的一些 NN 模型的例子。

3.2 神经网络控制

在神经网络控制系统中，对象的非线性补偿是通过 NN 实现的。NN 的特点之一是它能够逼近任何非线性函数。可以证明，由两层神经元组成的 NN 能够以预设的精度逼近一个给定的连续函数。

NN 参数（如权重）的自适应调整或训练可以采用多种方法进行，例如有导师学习的梯度算法。第 5 章将讨论 NN 的学习方法。

权值自适应调整指的是根据选定的自适应算法更新 NN 中的权重的过程。这个过程是利用进入 NN 的连续数据流在线进行的。权值在线更新的概念给所采用的 NN 的结构带来某些限制。因为输出必须在给定的时间间隔内计算出来，所以 NN 的结构不能太复杂。神经网络控制算法大多基于的是具有一个自适应权重层的线性神经网络。图 3－2 所示为一个神经网络控制算法的示意图。

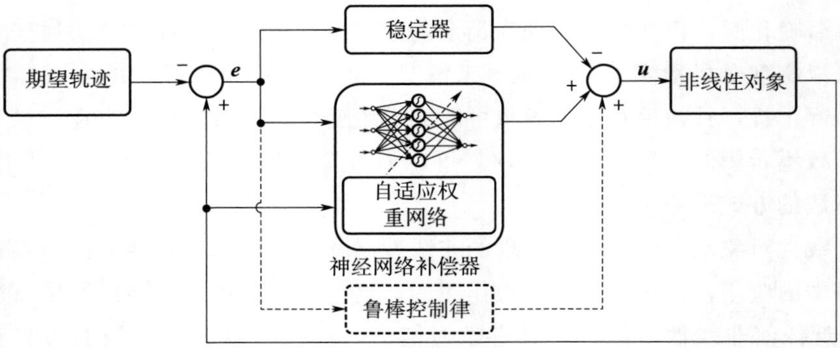

图 3－2　非线性对象神经网络控制系统的一般示意图

权值训练是根据所采用的学习算法调整权重值的过程，在监督学习中，这一过程旨在尽量减小对于学习数据集内所有样本表示的跟踪误差。需要注意的是，被训练的 NN 参数的数量可能从几十到几百不等，而来自学习集的模式表示的数量则可能高达几十万，这决定于期望的映射质量。

当将 NN 应用于控制算法时，必须将 NN 的输入信号 $\boldsymbol{x}$ 归一化：$\boldsymbol{x}_N=\boldsymbol{\kappa}_{N_*}\boldsymbol{x}$，$x_{Ni}\in[-1,1]$，$i=1,\cdots,M$，$M$ 为 NN 输入的个数，$\boldsymbol{\kappa}_{N_*}$ 为 NN 的输入缩放系数组成的对角矩阵。图 3－3 所示为一个三层多输入多输出（MIMO）神经网络的一般示意图。这种神经网络的结构非常灵活，并且根据神经元激活函数的类型，可以有一个特定的构架。

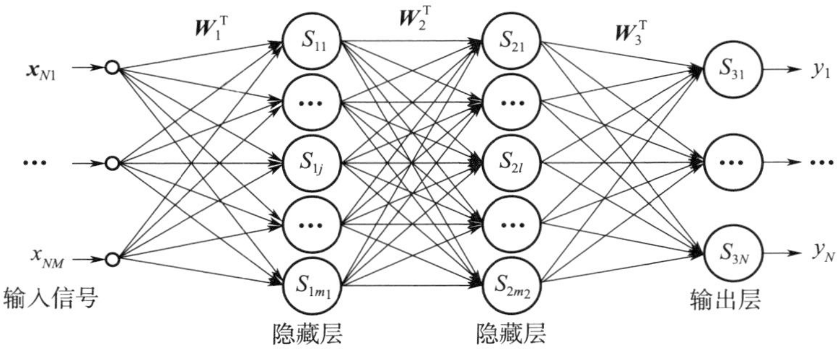

图 3-3　三层神经网络结构的一般示意图

三层 NN 的各层如下：

- 第一隐藏层，具有输入 x_{Ni}、输出 S_{1j} 和权值 $W_{1i,j}$。
- 第二隐藏层，具有输入 S_{1j}、输出 S_{2l} 和权值 $W_{2j,l}$。
- 输出层，具有输入 S_{2l}、输出 y_g 和权值 $W_{3l,g}$。

其中，j、l、g 分别为索引号，$j=1,\cdots,m_1$、$l=1,\cdots,m_2$，$g=1,\cdots,N$；m_1 为第一隐藏层的神经元数量；m_2 为第二隐藏层的神经元数量；N 为 NN 输出的个数；$\boldsymbol{S}_1$、$\boldsymbol{S}_2$、$\boldsymbol{S}_3$ 为各层的神经元激活函数向量；$\boldsymbol{W}_1$、$\boldsymbol{W}_2$、$\boldsymbol{W}_3$ 为权值矩阵。用于逼近的 NN 可以使用不同类型的神经元激活函数，如连续的局部函数（如高斯函数、双中心函数）或非局部函数（如线性函数、单极和双极 sigmoid 函数）。也有一些 NN 使用不连续的神经元激活函数，如单位阶跃函数，但它们一般用于信号分类。下面举例说明神经元的描述。第二隐藏层的第 l 个神经元可用如下公式描述

$$S_{2l}=S\Big(\sum_{j=1}^{m1}W_{2j,l}S_{1j}\Big) \tag{3-1}$$

当使用单极 sigmoid 激活函数时，第二层的第 l 个神经元的值为

$$S_{2l}=\frac{1}{1+\exp(-\beta_N(\boldsymbol{W}_{2:,l}^{\mathrm{T}}\boldsymbol{S}_1+W_{b2l}))} \tag{3-2}$$

其中，β_N 为 sigmoid 函数在拐点处的斜率系数；$\boldsymbol{W}_{2:,l}$ 为 NN 第二层的输入权值矩阵的第 l 列；W_{b2l} 为第二层第 l 个神经元的额外权值，即所谓的偏置，它是由所使用的神经元激活函数的特定性质产生的。

图 3-4 给出了单极 sigmoid 神经元的激活函数与不同的系数 β_N 的关系。

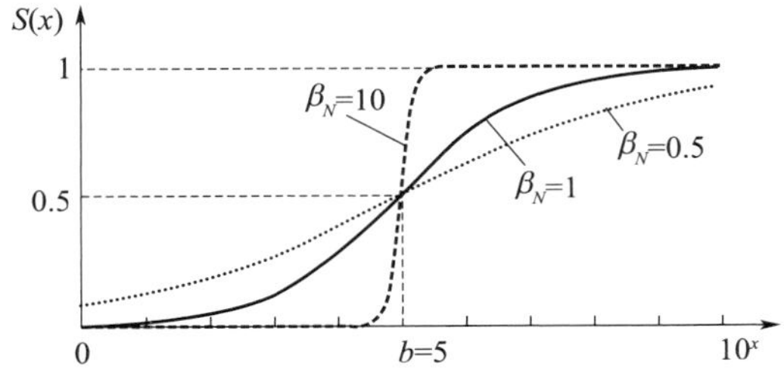

图 3-4　单极 sigmoid 函数的值

本书的控制系统综合所采用的是随机向量函数链 NN 和具有高斯型激活函数的 NN，这些将在后文中讨论。

3.2.1 随机向量函数链神经网络

具有函数扩展的随机向量函数链（RVFL）NN[7,14,21]是一个关于输出层权重 $\boldsymbol{W}$ 的单层线性网络，其输入层权值具有固定值 $\boldsymbol{D}_{N_*}$， 在初始化过程中随机选定，并且具有双极 sigmoid 神经元激活函数

$$S(\boldsymbol{x}_N)=\frac{2}{1+\exp(-\beta_N(\boldsymbol{D}_{N*}^{\mathrm{T}}\boldsymbol{x}_N+D_{Nb}))}-1 \tag{3-3}$$

其中，D_{Nb} 为与神经元相关的额外权值，即所谓的偏置。通过引入 RVFL 的输入增广向量 $\boldsymbol{x}_N=\boldsymbol{\kappa}_N[1,\ \boldsymbol{x}^{\mathrm{T}}]^{\mathrm{T}}$， 式（3-3）可以得到简化，其中 $\boldsymbol{\kappa}_N$ 是 $\boldsymbol{\kappa}_{N*}$ 的增广矩阵，因此 D_{Nb} 在描述神经元激活函数时不再考虑。

RVFL NN 的输出由以下公式给出

$$y=\boldsymbol{W}^{\mathrm{T}}\boldsymbol{S}(\boldsymbol{D}_N^{\mathrm{T}}\boldsymbol{x}_N) \tag{3-4}$$

其中，$\boldsymbol{D}_N$ 为 RVFL NN 输入层固定权值的增广向量，$\boldsymbol{D}_N=[D_{Nb},\ \boldsymbol{D}_{N*}^{\mathrm{T}}]^{\mathrm{T}}$。

图 3-5 所示为具有一个输出的 RVFL NN 的示意图。

RVFL NN 具有简单的结构，而且对于输出层的权重是线性的。RVFL NN 输出层权值的自适应调整是通过梯度方法进行的，因此网络的自适应调整过程不需要很大的计算量。

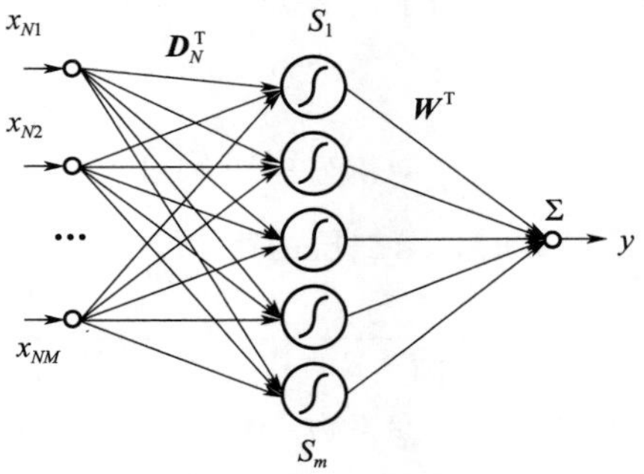

图 3-5 RVFL NN 的一般示意图

3.2.2 具有高斯型激活函数的神经网络

具有高斯型激活函数的单层 NN[25]是一个关于输出层权值的线性网络。一维高斯型激活函数由以下关系式描述

$$S(x_N)=\exp\left(-\frac{(x_N-c_G)^2}{2r_G^2}\right) \tag{3-5}$$

其中，c_G 为函数中心的位置；r_G 为高斯函数的宽度。高斯函数如图 3-6 所示。

具有高斯型激活函数的单层 NN 的输出可以写为

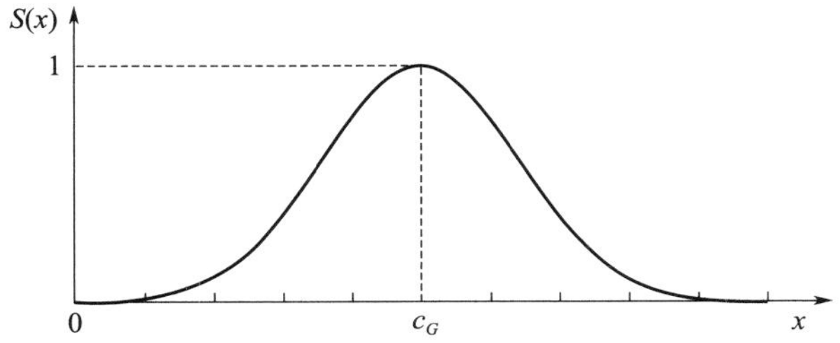

图 3 - 6　高斯型激活函数

$$y = \boldsymbol{W}^{\mathrm{T}} \boldsymbol{S}(\boldsymbol{x}_N) \tag{3-6}$$

图 3 - 7 所示为具有高斯型激活函数的 NN 的结构示意图。

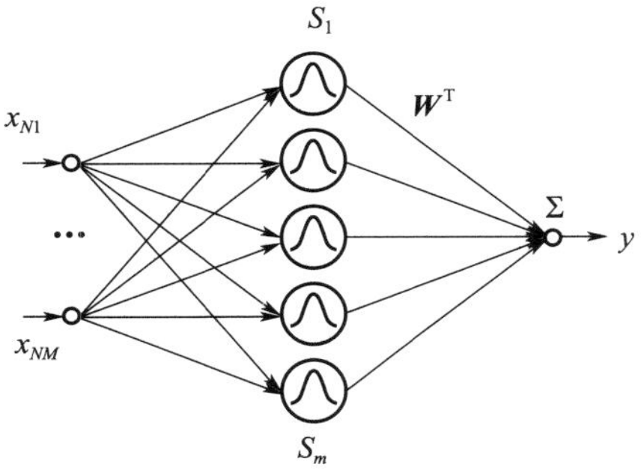

图 3 - 7　具有高斯型激活函数的 NN 的一般示意图

具有高斯型激活函数的单层 NN 有简单的结构。然而，高斯曲线是局部函数，因此输入向量的增加会导致 NN 的神经元数量迅速增长。因此，具有高斯型激活函数的 NN 只适用于逼近具有少数变量的函数。

参考文献

[1] Astrom, K. J., Wittenmark, B.: Adaptive Control. Addison-Wesley, New York (1979).

[2] Barto, A., Sutton, R., Anderson, C.: Neuronlike adaptive elements that can solve difficult learning problems. IEEE Trans. Syst. Man Cybern. Syst. 13, 834-846 (1983).

[3] Burns, R. S.: Advanced Control Engineering. Butterworth-Heinemann, Oxford (2001).

[4] Fabri, S., Kadirkamanathan, V.: Dynamic structure neural networks for stable adaptive control of nonlinear systems. IEEE Trans. Neural. Netw. 12, 1151-1167 (1996).

[5] Ferrari, S., Stengel, R. F.: An adaptive critic global controller. In: Proceedings of American Control Conference, vol. 4, pp. 2665-2670. Anchorage, Alaska (2002).

[6] Giergiel, J., Hendzel, Z., ylski, W.: Kinematics, Dynamics and Control of Wheeled Mobile Robots in Mechatronic Aspect. (in Polish) Faculty IMiR AGH, Krakow (2000).

[7] Giergiel, J., Hendzel, Z., ylski, W.: Modeling and Control of Wheeled Mobile Robots. (in Polish) Scientific Publishing PWN, Warsaw (2002).

[8] Gierlak, P., Szuster, M., ylski, W.: Discrete Dual-heuristic Programming in 3DOF Manipulator Control. Lecture Notes in Artificial Intelligence. vol. 6114, 256-263 (2010).

[9] Hendzel, Z.: An adaptive critic neural network for motion control of a wheeled mobile robot. Nonlinear Dyn. 50, 849-855 (2007).

[10] Hendzel, Z., Burghardt, A.: Behavioural Control of Wheeled Mobile Robots. (in Polish) Rzeszow University of Technology Publishing House, Rzeszow (2007).

[11] Hendzel, Z., Szuster, M.: A dynamic structure neural network for motion control of a wheeled mobile robot. In: Rutkowski, L., Tadeusiewicz, R., Zadeh, L. A., Zurada, J. (eds.) Computational Inteligence: Methods and Applications, pp. 365-376. EXIT, Warsaw (2008).

[12] Hendzel, Z., Szuster, M.: Discrete neural dynamic programming in wheeled mobile robot control. Commun. Nonlinear. Sci. Numer. Simul. 16, 2355-2362 (2011).

[13] Hendzel, Z., Trojnacki, M.: Neural Network Control of Mobile Wheeled Robots. (in Polish) Rzeszow University of Technology Publishing House, Rzeszow (2008).

[14] Igelnik, B., Pao, Y.-H.: Stochastic choice of basis functions in adaptive function approximation and the functional-link net. IEEE Trans. Neural. Netw. 6, 1320-1329 (1995).

[15] Jamshidi, M., Zilouchian, A.: Intelligent Control Systems Using Soft Computing Methodologies. CRC Press, London (2001).

[16] Janecki, D.: The Role of Uniformly Excitation Signals in Adaptive Control Systems. (in Polish) IPPT PAS, Warsaw (1995).

[17] Jankowski, N.: Ontogenic Neural Networks. (in Polish) Exit, Warsaw (2003).

[18] Kecman, V.: Learning and Soft Computing. MIT Press, Cambridge (2001).

[19] Kim, Y. H., Lewis, F. L.: A dynamical recurrent neural-network-based adaptive observer for a

class of nonlinear systems. Automatica 33，1539－1543（1997）.

[20] Kozowski，K.，Dutkiewicz，P.，Wrblewski，W.：Modeling and Control of Robots.（in Polish）Scientific Publishing PWN，Warsaw（2003）.

[21] Levis，F. L.，Liu，K.，Yesildirek，A.：Neural net robot controller with guaranteed tracking performance. IEEE Trans. Neural. Netw. 6，703－715（1995）.

[22] Liu，G. P.：Nonlinear Identification and Control. Springer，London（2001）.

[23] Niderliski，A.，Mociski，J.，Ogonowski，Z.：Adaptive Regulation.（in Polish）PWN，Warsaw（1995）.

[24] Ortega，R.，Spong，M. W.：Adaptive motion control of rigid robots：a tutorial. Automatica 25，877－888（1989）.

[25] Osowski，S.：Neural Networks－An Algorithmic Approach.（in Polish）WNT，Warsaw（1996）.

[26] Powell，W. B.：Approximate Dynamic Programming：Solving the Curses of Dimensionality. Princeton，Wiley－Interscience（2007）.

[27] Prokhorov，D.，Wunch，D.：Adaptive critic designs. IEEE Trans. Neural. Netw. 8，997－1007（1997）.

[28] Si，J.，Barto，A. G.，Powell，W. B.，Wunsch，D.：Handbook of Learning and Approximate Dynamic Programming. IEEE Press，Wiley－Interscience（2004）.

[29] Slotine，J. J.，Li，W.：Applied Nonlinear Control. Prentice Hall，New Jersey（1991）.

[30] Spong，M. W.，Vidyasagar，M.：Robot Dynamics and Control.（in Polish）WNT，Warsaw（1997）.

[31] Spooner，J. T.，Passio，K. M.：Stable adaptive control using fuzzy systems and neural networks. IEEE Trans. Fuzzy. Syst. 4，339－359（1996）.

[32] Syam，R.，Watanabe，K.，Izumi，K.：Adaptive actor－critic learning for the control of mobile robots by applying predictive models. Soft. Comput. 9，835－845（2005）.

[33] Visnevski，N.，Prokhorov，D.：Control of a nonlinear multivariable system with adaptive critic designs. In：Proceedings of Artificial Neural Networks in Engineering. vol. 6，pp. 559－565（1996）.

[34] Zylski，W.，Gierlak，P.：Tracking Control of Robotic Manipulator.（in Polish）Rzeszow University of Technology Publishing House，Rzeszow（2014）.

第 4 章　机电系统的最优控制方法

人们已经想出了许多方法来处理最优控制问题，其中包括 Bellman 动态规划。动态规划是一种非常常用的方法，使用它可以对线性二次型最优调节器进行算法综合。同样有趣的是使用 Pontryagin 最大值原理的控制律综合方法。本章简要介绍上述两种方法以及它们在一阶离散线性对象最优控制中的应用实例。

4.1　Bellman 动态规划

动态规划（DP）方法是由 Richard Bellman 于 1957 年提出的[1,2,5-7]，它可以作为最优控制理论中变分法的一种替代。使用这种方法能够确定动态对象的最优控制律。

一个非线性动态系统可以描述如下

$$\boldsymbol{x}_{\{k+1\}}=\boldsymbol{f}(\boldsymbol{x}_{\{k\}},\boldsymbol{u}_{\{k\}}) \tag{4-1}$$

其中，$\boldsymbol{x}_{\{k\}}$ 为对象的状态向量；$\boldsymbol{u}_{\{k\}}$ 为控制向量；k 为离散时间下标，$k=0$，…，n。

采用一个性能指标，称之为 n 步有限时域价值函数，如下所示

$$V_{\{k\}}(\boldsymbol{x}_{\{k\}},\boldsymbol{u}_{\{k\}})=\gamma^{n}\Phi(\boldsymbol{x}_{\{n\}})+\sum_{k=0}^{n-1}\gamma^{k}L_{C\{k\}}(\boldsymbol{x}_{\{k\}},\boldsymbol{u}_{\{k\}}) \tag{4-2}$$

其中，$\Phi(\boldsymbol{x}_{\{n\}})$ 为第 n 步迭代中的局部代价；$L_{C\{k\}}(\boldsymbol{x}_{\{k\}},\ \boldsymbol{u}_{\{k\}})$ 为第 k 步迭代中的局部代价；γ 为后续迭代中局部代价的折扣系数，$\gamma\in[0,\ 1]$。在进一步讨论中，假设 $\gamma=1$。局部代价 $L_{C\{k\}}(\boldsymbol{x}_{\{k\}},\ \boldsymbol{u}_{\{k\}})$ 一般也被称为强化或代价函数，它取决于对象的状态和控制，由下式给出

$$L_{C\{k\}}(\boldsymbol{x}_{\{k\}},\boldsymbol{u}_{\{k\}})=\frac{1}{2}(\boldsymbol{x}_{\{k\}}^{\mathrm{T}}\boldsymbol{R}\boldsymbol{x}_{\{k\}}+\boldsymbol{u}_{\{k\}}^{\mathrm{T}}\boldsymbol{Q}\boldsymbol{u}_{\{k\}}) \tag{4-3}$$

其中，$\boldsymbol{R}$，$\boldsymbol{Q}$ 为正定的设计矩阵，它们衡量了对象的状态 $\boldsymbol{x}_{\{k\}}$ 和控制 $\boldsymbol{u}_{\{k\}}$ 对代价函数的影响。第 $k=n$ 步是迭代过程的最后阶段，因此，根据定义，不存在将对象转移到状态 $\boldsymbol{x}_{\{n+1\}}$ 的控制 $\boldsymbol{u}_{\{n\}}$。由式（4-3），局部代价 $\Phi(\boldsymbol{x}_{\{n\}})$ 的形式为

$$\Phi(\boldsymbol{x}_{\{n\}})=\frac{1}{2}(\boldsymbol{x}_{\{n\}}^{\mathrm{T}}\boldsymbol{R}_{F}\boldsymbol{x}_{\{n\}}) \tag{4-4}$$

其中，$\boldsymbol{R}_F$ 为正定的对角设计矩阵。矩阵 $\boldsymbol{R}$ 和 $\boldsymbol{R}_F$ 可能不同，这是因为与其他迭代阶段相比，在迭代过程最后的第 n 步更强调状态向量值的减小。在特定情况下，$\boldsymbol{R}=\boldsymbol{R}_F$。

在无限时域即 $n\to\infty$ 的情况下，式（4-2）的形式变为

$$V_{\{k\}}(\boldsymbol{x}_{\{k\}},\boldsymbol{u}_{\{k\}})=\lim_{n\to\infty}\sum_{k=0}^{n}L_{C\{k\}}(\boldsymbol{x}_{\{k\}},\boldsymbol{u}_{\{k\}}) \tag{4-5}$$

在对象处于任何物理上允许的状态 $\boldsymbol{x}_{\{k\}}$ 的情况下，价值函数与系统从第 k 步状态过渡

到第 n 步状态的代价有关，如下所示[1,3]

$$V_{\{k\}}(\boldsymbol{x}_{\{k\}},\boldsymbol{u}_{\{k\}},\cdots,\boldsymbol{u}_{\{n-1\}})=L_{C\{k\}}(\boldsymbol{x}_{\{k\}},\boldsymbol{u}_{\{k\}})+V_{\{k+1\}}(\boldsymbol{x}_{\{k+1\}},\boldsymbol{u}_{\{k+1\}},\cdots,\boldsymbol{u}_{\{n-1\}}) \tag{4-6}$$

其中，$\boldsymbol{x}_{\{k+1\}}$ 为对象在第 $k+1$ 步的状态，它取决于第 k 步的状态 $\boldsymbol{x}_{\{k\}}$ 和控制 $\boldsymbol{u}_{\{k\}}$。被控对象在迭代过程中任何一步的状态可以根据状态 $\boldsymbol{x}_{\{k\}}$ 和所选控制序列 $\boldsymbol{u}_{\{k\}}$，…，$\boldsymbol{u}_{\{n-1\}}$ 来确定，因此是一个马尔科夫链[7]。

根据 Bellman 最优性原理可得

$$V^*_{\{k\}}(\boldsymbol{x}^*_{\{k\}},\boldsymbol{u}_{\{k\}})=\min_{\boldsymbol{u}_{\{k\}},\cdots,\boldsymbol{u}_{\{n-1\}}}\{L_{C\{k\}}(\boldsymbol{x}^*_{\{k\}},\boldsymbol{u}_{\{k\}})+V^*_{\{k+1\}}(\boldsymbol{x}^*_{\{k+1\}},\boldsymbol{u}_{\{k+1\}},\cdots,\boldsymbol{u}_{\{n-1\}})\} \tag{4-7}$$

其中，$V^*_{\{k\}}(\boldsymbol{x}^*_{\{k\}},\boldsymbol{u}_{\{k\}})$ 为最优价值函数。根据假设的性能指标，满足式（4－7）的控制律 $\boldsymbol{u}_{\{k\}}$，…，$\boldsymbol{u}_{\{n-1\}}$ 就是最优控制律 $\boldsymbol{u}^*_{\{k\}}$，…，$\boldsymbol{u}^*_{\{n-1\}}$。迭代过程中第 k 步的最优轨迹的价值函数 $V^*_{\{k\}}$ 与对象在前面阶段的状态无关，而且最优控制策略具有以下特性：无论初始状态和初始决策是什么，后面的决策必须构成初始决策所产生的状态的最优策略[1]，因此有

$$V^*_{\{k\}}(\boldsymbol{x}^*_{\{k\}},\boldsymbol{u}_{\{k\}})=\min_{\boldsymbol{u}\{k\}}\{L_{C\{k\}}(\boldsymbol{x}^*_{\{k\}},\boldsymbol{u}_{\{k\}})+V^*_{\{k+1\}}(\boldsymbol{x}^*_{\{k+1\}},\boldsymbol{u}^*_{\{k+1\}},\cdots,\boldsymbol{u}^*_{\{n-1\}})\} \tag{4-8}$$

为了减少和简化符号，将最优价值函数 $V^*_{\{k+1\}}(\boldsymbol{x}^*_{\{k+1\}},\boldsymbol{u}^*_{\{k+1\}},\cdots,\boldsymbol{u}^*_{\{n-1\}})$ 写成 $V^*_{\{k+1\}}(\boldsymbol{x}^*_{\{k+1\}},\boldsymbol{u}^*_{\{k+1\}})$。

式（4－8）是离散系统 Bellman 最优原理的递归数学形式。尽管 DP 的数学形式很简洁，但它在实践中却难以实现。

在离散状态空间中，对状态的最优轨迹 $\boldsymbol{x}^*_{\{k\}}$ 和相应的最优控制 $\boldsymbol{u}^*_{\{k\}}$ 的确定，是从迭代过程的最后一步 $k=n$ 开始，并逐步倒退到第一步 $k=0$。假设在过程最后的第 n 步，系统的目标状态是 m，在第 $k=n-1$ 步，系统可能处于状态 g、h、j、k 中任何物理位置，从这些位置出发，通过设置相应的控制动作 $u_{gm\{n-1\}}$、$u_{hm\{n-1\}}$、$u_{jm\{n-1\}}$、$u_{km\{n-1\}}$，可以使系统转移到状态 m，其转移的局部代价分别为 $L_{Cgm\{n-1\}}$、$L_{Chm\{n-1\}}$、$L_{Cjm\{n-1\}}$、$L_{Ckm\{n-1\}}$，而 $V_{gm\{n-1\}}=L_{Cgm\{n-1\}}+\Phi_{m\{n\}}$，其中 $\Phi_{m\{n\}}$ 为迭代过程最后的第 n 步的局部代价。类似地，$V_{hm\{n-1\}}=L_{Chm\{n-1\}}+\Phi_{m\{n\}}$，$V_{jm\{n-1\}}=L_{Cjm\{n-1\}}+\Phi_{m\{n\}}$，$V_{km\{n-1\}}=L_{Ckm\{n-1\}}+\Phi_{m\{n\}}$。然后，在第 $k=n-2$ 步，系统可能处于任何物理上允许的状态 a，…，q，从这些位置出发，通过设置适当的控制动作，可以使系统转移到状态 g、h、j 或 k，并相应地产生一定的局部代价 $L_{C\{k\}}$。例如，对于设置的控制 $u_{ag\{n-2\}}$，从状态 a 转移到状态 g 的局部代价为 $L_{Cag\{n-2\}}$。价值函数 $V_{agm\{n-2\}}$ 的值为 $V_{agm\{n-2\}}=L_{Cag\{n-2\}}+L_{Cgm\{n-1\}}+\Phi_{m\{n\}}$。以此类推，可以确定出所有的代价函数值、状态向量序列以及任何物理可行的状态轨迹的控制。与确定控制 $u_{\{k\}}$ 和局部代价 $L_{C\{k\}}$ 有关的计算次数随着系统可到达的状态数和迭代步数的增加而增加，这种现象被称为“维度诅咒”[1]。一旦完成该过程所有阶段的计算，就可以得到系统状态 $\boldsymbol{x}_{\{k=0,\cdots,n\}}$ 的特定轨迹和相应的控制序列 $\boldsymbol{u}_{\{k=0,\cdots,n-1\}}$，在系统状态达到预先定义的最终位置的同时产生一定的转移代价。最优轨迹 $\boldsymbol{x}^*_{\{k=0,\cdots,n\}}$ 是这样的一个轨迹：沿着该轨迹，函数 $V_{\{k\}}$ 的值是最小的，并且实现该轨迹的控制是最优的 $\boldsymbol{u}^*_{\{k=0,\cdots,n-1\}}$。Bellman 动态规划中的状态轨迹的确定过程如图 4－1 所示。在最优控制律 $\boldsymbol{u}^*_{\{k=0,\cdots,n-1\}}$ 的作用下确

定最优状态轨迹 $\boldsymbol{x}^*_{\{k=0,\ \cdots,\ n\}}$ 的动态规划方法，是从离散过程的最后一步 $k=n$ 开始，逐步倒退到第一步 $k=0$，因此这种最优控制方法无法得到实时在线的应用。

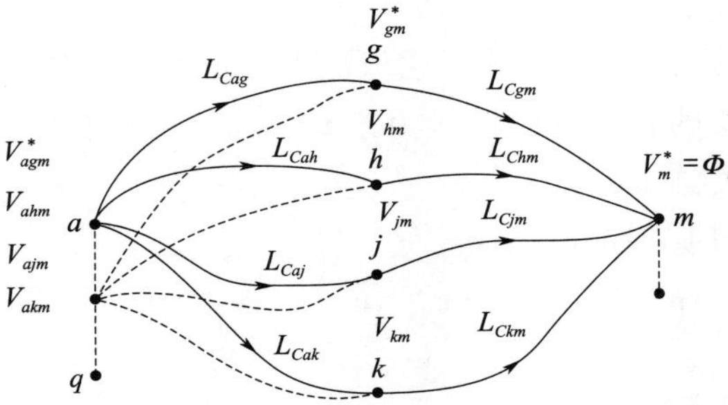

图 4-1　动态规划状态轨迹确定示意图

Bellman 动态规划的局限性如下：

1）被控对象或过程的模型必须是已知的。

2）在迭代过程的每一步，要对所有允许的对象状态计算控制值和代价函数值。

3）计算的复杂性高。

4）计算是从离散过程的最后一步到第一步进行的。

5）最优状态轨迹无法在线确定。

由于上述原因，动态规划的应用主要局限于短时域的简单问题。在过去的 20 年里，微处理器技术的快速发展使得动态规划的应用扩展到了复杂系统的最优控制律的确定方面。尽管如此，其计算过程仍然很耗时。给对象的状态向量和控制向量施加约束可以降低计算的复杂性，从而使动态规划方法能被用来确定最优控制律。

线性动态系统最优控制中的 Bellman 动态规划

某离散动态系统由如下方程描述

$$x_{\{k+1\}}=Fx_{\{k\}}+Gu_{\{k\}} \tag{4-9}$$

其中，$F=1$，$G=1$。确定最优控制律 $u^*_{DP\{k\}}$，使系统沿着最优状态轨迹 $x^*_{\{k\}}$，从初始状态 $x_{\{0\}}=8.9$ 转移到状态 $x_{\{n\}}$，$n=9$，并使价值函数 $V_{\{k\}}$ 的值达到最小，其中代价函数给定如下

$$L_{C\{k\}}(x_{\{k\}},u_{\{k\}})=\frac{1}{2}(Rx^2_{\{k\}}+Qu^2_{\{k\}}) \tag{4-10}$$

其中，$R=1$，$Q=3$。为了降低计算的复杂性，在用 Bellman 动态规划方法求解问题时，将允许的系统状态空间和控制空间离散化，得到状态空间 $x_{\{k\}}\in\{0,\ 0.1,\ \cdots,\ 9.9,\ 10\}$ 和控制空间 $u_{\{k\}}\in\{-5,\ -4.9,\ \cdots,\ -0.1,\ 0\}$。

给定离散时间过程的步数，利用 Bellman 动态规划得到的最优控制律 $u^*_{DP\{k\}}$，使得系统沿最优状态轨迹 $x^*_{\{k\}}$ 从初始状态 $x_{\{0\}}$ 转移到状态 $x_{\{n\}}$，$n=9$，且将价值函数 $V_{\{k\}}$ 的值最小化。在 10 个迭代步骤 $k=0,\ \cdots,\ 9$ 中，各个变量的值如表 4-1 所示。

表 4-1　最优状态轨迹 $x^*_{\{k\}}$、控制 $u^*_{DP\{k\}}$ 和价值函数 $V^*_{\{k\}}$ 的值

k	$x^*_{\{k\}}$	$u^*_{DP\{k\}}$	$V^*_{\{k\}}$
0	8.9	−3.9	91.22
1	5	−2.2	28.8
2	2.8	−1.2	9.04
3	1.6	−0.7	2.96
4	0.9	−0.4	0.945
5	0.5	−0.2	0.3
6	0.3	−0.1	0.115
7	0.2	−0.1	0.055
8	0.1	−0.1	0.02
9	0	0	0

利用 Bellman 动态规划求解线性对象最优控制实例问题所得到的最优状态轨迹 $x^*_{\{k\}}$、最优控制律 $u^*_{DP\{k\}}$ 和最优价值函数 $V^*_{\{k\}}$ 如图 4-2 所示。

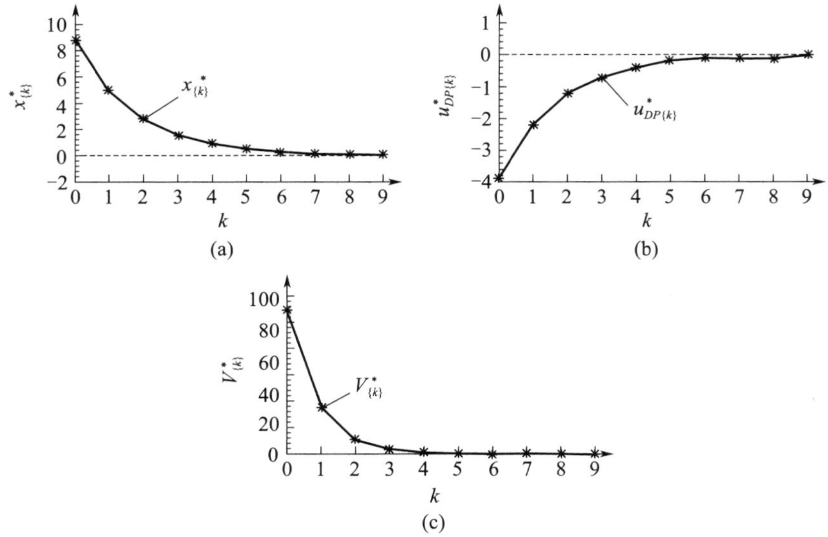

图 4-2　(a) 最优状态轨迹 $x^*_{\{k\}}$，$k=0, \cdots, 9$；(b) 最优控制 $u^*_{DP\{k\}}$；(c) 最优价值函数 $V^*_{\{k\}}$

4.2　线性二次型调节器

线性二次型调节器 (LQR)[4,7] 的综合是在离散时域的有限区间上进行的。

考虑一个离散线性定常的动态系统，其描述如下

$$\boldsymbol{x}_{\{k+1\}} = \boldsymbol{F}\boldsymbol{x}_{\{k\}} + \boldsymbol{G}\boldsymbol{u}_{\{k\}} \tag{4-11}$$

其中，系统状态 $\boldsymbol{x}_{\{k\}}$ 和控制 $\boldsymbol{u}_{\{k\}}$ 不受任何约束，$k=0, \cdots, n$。给定代价函数 (4-3) 和

(4-4)，并假设 $\gamma=1$，确定依赖于系统状态的最优控制律 $\boldsymbol{u}^*_{\{k\}}(\boldsymbol{x}_{\{k\}})$，使得由式（4-2）定义的性能指标值最小。价值函数由以下公式给出

$$V_{\{k\}}(\boldsymbol{x}_{\{k\}},\boldsymbol{u}_{\{k\}})=\frac{1}{2}(\boldsymbol{x}^{\mathrm{T}}_{\{n\}}\boldsymbol{R}_F\boldsymbol{x}_{\{n\}})+\frac{1}{2}\sum_{k=0}^{n-1}(\boldsymbol{x}^{\mathrm{T}}_{\{k\}}\boldsymbol{R}\boldsymbol{x}_{\{k\}}+\boldsymbol{u}^{\mathrm{T}}_{\{k\}}\boldsymbol{Q}\boldsymbol{u}_{\{k\}}) \tag{4-12}$$

其中，$\boldsymbol{R}$、$\boldsymbol{R}_F$、$\boldsymbol{Q}$ 为正定的对角设计矩阵。矩阵 $\boldsymbol{R}$ 和 $\boldsymbol{R}_F$ 可能不同，这是因为与其他迭代阶段相比，在过程最后的第 n 步更强调状态向量值的减小。在特定的情况下，$\boldsymbol{R}=\boldsymbol{R}_F$。

定义第 $k=n$ 步中的价值函数 $V_{\{n\}}(\boldsymbol{x}_{\{n\}})$ 如下

$$V_{\{n\}}(\boldsymbol{x}_{\{n\}})=\frac{1}{2}(\boldsymbol{x}^{\mathrm{T}}_{\{n\}}\boldsymbol{R}_F\boldsymbol{x}_{\{n\}})\equiv\frac{1}{2}(\boldsymbol{x}^{\mathrm{T}}_{\{n\}}\boldsymbol{P}_{\{n\}}\boldsymbol{x}_{\{n\}}) \tag{4-13}$$

其中，$\boldsymbol{R}_F\equiv\boldsymbol{P}_{\{n\}}$。价值函数的最优值为 $V^*_{\{n\}}(\boldsymbol{x}_{\{n\}})$，而系统状态向量的最优值为 $\boldsymbol{x}^*_{\{n\}}$，第 $k=n-1$ 步中的价值函数如下

$$V_{\{n-1\}}(\boldsymbol{x}_{\{n-1\}},\boldsymbol{u}_{\{n-1\}})=\frac{1}{2}(\boldsymbol{x}^{\mathrm{T}}_{\{n-1\}}\boldsymbol{R}\boldsymbol{x}_{\{n-1\}}+\boldsymbol{u}^{\mathrm{T}}_{\{n-1\}}\boldsymbol{Q}\boldsymbol{u}_{\{n-1\}})+\frac{1}{2}(\boldsymbol{x}^{\mathrm{T}}_{\{n\}}\boldsymbol{P}_{\{n\}}\boldsymbol{x}_{\{n\}}) \tag{4-14}$$

考虑到 Bellman 最优性原理[1]，并将式（4-11）代入式（4-14），可得第 $n-1$ 步中价值函数的最优值为

$$\begin{aligned}V^*_{\{n-1\}}(\boldsymbol{x}^*_{\{n-1\}},\boldsymbol{u}^*_{\{n-1\}})=\min_{\boldsymbol{u}_{\{n-1\}}}\Big\{&\frac{1}{2}(\boldsymbol{x}^{*\mathrm{T}}_{\{n-1\}}\boldsymbol{R}\boldsymbol{x}^*_{\{n-1\}}+\boldsymbol{u}^{\mathrm{T}}_{\{n-1\}}\boldsymbol{Q}\boldsymbol{u}_{\{n-1\}})\\&+\frac{1}{2}[\boldsymbol{F}\boldsymbol{x}^*_{\{n-1\}}+\boldsymbol{G}\boldsymbol{u}_{\{n-1\}}]^{\mathrm{T}}\boldsymbol{P}_{\{n\}}[\boldsymbol{F}\boldsymbol{x}^*_{\{n-1\}}+\boldsymbol{G}\boldsymbol{u}_{\{n-1\}}]\Big\}\end{aligned} \tag{4-15}$$

其中，$\boldsymbol{x}^*_{\{n-1\}}$ 为状态向量的最优值。系统从状态 $\boldsymbol{x}^*_{\{n-1\}}$ 沿最优轨迹转移到 $\boldsymbol{x}^*_{\{n\}}$，需要定义最优控制 $\boldsymbol{u}^*_{\{n-1\}}$，其满足以下关系

$$\frac{\partial V_{\{n-1\}}(\boldsymbol{x}^*_{\{n-1\}},\boldsymbol{u}_{\{n-1\}})}{\partial\boldsymbol{u}_{\{n-1\}}}=0 \tag{4-16}$$

由此可以得到方程

$$\boldsymbol{Q}\boldsymbol{u}_{\{n-1\}}+\boldsymbol{G}^{\mathrm{T}}\boldsymbol{P}_{\{n\}}[\boldsymbol{F}\boldsymbol{x}^*_{\{n-1\}}+\boldsymbol{G}\boldsymbol{u}_{\{n-1\}}]=0 \tag{4-17}$$

由方程（4-17）解出的控制 $\boldsymbol{u}_{\{n-1\}}$ 可能对应于价值函数（4-15）的极小值或极大值。因此，有必要检验价值函数相对于控制变量的二阶偏导数矩阵的行列式

$$\frac{\partial^2 V_{\{n-1\}}(\boldsymbol{x}^*_{\{n-1},\boldsymbol{u}_{\{n-1\}})}{\partial\boldsymbol{u}^2_{\{n-1\}}}=\boldsymbol{Q}+\boldsymbol{G}^{\mathrm{T}}\boldsymbol{P}_{\{n\}}\boldsymbol{G} \tag{4-18}$$

由于矩阵 $\boldsymbol{G}$、$\boldsymbol{Q}$ 和 $\boldsymbol{R}_F$ 是正定的，因此矩阵 $\boldsymbol{P}_{\{n\}}=\boldsymbol{R}_F$ 和 $\boldsymbol{G}^{\mathrm{T}}\boldsymbol{P}_{\{n\}}\boldsymbol{G}$ 也是正定的。正定矩阵之和 $\boldsymbol{Q}+\boldsymbol{G}^{\mathrm{T}}\boldsymbol{P}_{\{n\}}\boldsymbol{G}$ 也是一个正定矩阵。由于价值函数（4-15）是关于控制 $\boldsymbol{u}_{\{n-1\}}$ 的二次函数，且矩阵 $\boldsymbol{G}^{\mathrm{T}}\boldsymbol{P}_{\{n\}}\boldsymbol{G}$ 是正定的，所以满足方程（4-17）的控制 $\boldsymbol{u}^*_{\{n-1\}}$ 使得价值函数具有全局最小值 $V^*_{\{n-1\}}(\boldsymbol{x}^*_{\{n-1\}},\ \boldsymbol{u}^*_{\{n-1\}})$。关于 $\boldsymbol{u}_{\{n-1\}}$ 的方程（4-17）的解构成了最优控制律，由下列公式给出

$$\begin{aligned}\boldsymbol{u}^*_{\{n-1\}}&=-[\boldsymbol{Q}+\boldsymbol{G}^{\mathrm{T}}\boldsymbol{P}_{\{n\}}\boldsymbol{G}]^{-1}\boldsymbol{G}^{\mathrm{T}}\boldsymbol{P}_{\{n\}}\boldsymbol{F}\boldsymbol{x}^*_{\{n-1\}}\\&\equiv-\boldsymbol{K}_{LQ\{n-1\}}\boldsymbol{x}^*_{\{n-1\}}\end{aligned} \tag{4-19}$$

其中，$\boldsymbol{K}_{LQ\{n-1\}}$ 为线性二次型调节器的增益矩阵。由于矩阵 $\boldsymbol{Q}+\boldsymbol{G}^{\mathrm{T}}\boldsymbol{P}_{\{n\}}\boldsymbol{G}$ 是正定的，它存在逆矩阵。将最优控制律（4－19）代入式（4－15），可以得到一个关系式，利用它可以计算出价值函数的最优值

$$\begin{aligned}V^{*}_{\{n-1\}}(\boldsymbol{x}^{*}_{\{n-1\}},\boldsymbol{u}^{*}_{\{n-1\}})&=\frac{1}{2}\boldsymbol{x}^{*\mathrm{T}}_{\{n-1\}}\{\boldsymbol{R}+\boldsymbol{K}^{\mathrm{T}}_{LQ\{n-1\}}\boldsymbol{Q}\boldsymbol{K}_{LQ\{n-1\}}+\\&\quad[\boldsymbol{F}-\boldsymbol{G}\boldsymbol{K}_{LQ\{n-1\}}]^{\mathrm{T}}\boldsymbol{P}_{\{n\}}[\boldsymbol{F}-\boldsymbol{G}\boldsymbol{K}_{LQ\{n-1\}}]\}\boldsymbol{x}^{*}_{\{n-1\}}\\&\equiv\frac{1}{2}\boldsymbol{x}^{*\mathrm{T}}_{\{n-1\}}\boldsymbol{P}_{\{n-1\}}\boldsymbol{x}^{*}_{\{n-1\}}\end{aligned}\tag{4-20}$$

可以看出，由式（4－13）计算得到的价值函数的最优值 $V^{*}_{\{n\}}(\boldsymbol{x}^{*}_{\{n\}})$ 和由方程（4－20）得到的价值函数的最优值 $V^{*}_{\{n-1\}}(\boldsymbol{x}^{*}_{\{n-1\}},\ \boldsymbol{u}^{*}_{\{n-1\}})$ 具有相同的形式。

对 $k=n-2$ 步继续计算，可得到表达式

$$\begin{aligned}\boldsymbol{u}^{*}_{\{n-2\}}&=-[\boldsymbol{Q}+\boldsymbol{G}^{\mathrm{T}}\boldsymbol{P}_{\{n-1\}}\boldsymbol{G}]^{-1}\boldsymbol{G}^{\mathrm{T}}\boldsymbol{P}_{\{n-1\}}\boldsymbol{F}\boldsymbol{x}^{*}_{\{n-2\}}\\&\equiv-\boldsymbol{K}_{LQ\{n-2\}}\boldsymbol{x}^{*}_{\{n-2\}}\end{aligned}\tag{4-21}$$

和

$$\begin{aligned}V^{*}_{\{n-2\}}(\boldsymbol{x}^{*}_{\{n-2\}},\boldsymbol{u}^{*}_{\{n-2\}})&=\frac{1}{2}\boldsymbol{x}^{*\mathrm{T}}_{\{n-2\}}\{\boldsymbol{R}+\boldsymbol{K}^{\mathrm{T}}_{LQ\{n-2\}}\boldsymbol{Q}\boldsymbol{K}_{LQ\{n-2\}}+\\&\quad[\boldsymbol{F}-\boldsymbol{G}\boldsymbol{K}_{LQ\{n-2\}}]^{\mathrm{T}}\boldsymbol{P}_{\{n-1\}}[\boldsymbol{F}-\boldsymbol{G}\boldsymbol{K}_{LQ\{n-2\}}]\}\boldsymbol{x}^{*}_{\{n-2\}}\\&\equiv\frac{1}{2}\boldsymbol{x}^{*\mathrm{T}}_{\{n-2\}}\boldsymbol{P}_{\{n-2\}}\boldsymbol{x}^{*}_{\{n-2\}}\end{aligned}\tag{4-22}$$

上述推导出的方程可以通过引入指数 $j=0$，…，n 来概括。在第 $k=n-j$ 步中，最优控制律 $\boldsymbol{u}^{*}_{\{k\}}$ 和最优价值函数 $V^{*}_{\{k\}}(\boldsymbol{x}^{*}_{\{k\}},\ \boldsymbol{u}^{*}_{\{k\}})$ 可以根据

$$\begin{aligned}\boldsymbol{u}^{*}_{\{k\}}&=-[\boldsymbol{Q}+\boldsymbol{G}^{\mathrm{T}}\boldsymbol{P}_{\{k+1\}}\boldsymbol{G}]^{-1}\boldsymbol{G}^{\mathrm{T}}\boldsymbol{P}_{\{k+1\}}\boldsymbol{F}\boldsymbol{x}^{*}_{\{k\}}\\&\equiv-\boldsymbol{K}_{LQ\{k\}}\boldsymbol{x}^{*}_{\{k\}}\end{aligned}\tag{4-23}$$

和

$$\begin{aligned}V^{*}_{\{k\}}(\boldsymbol{x}^{*}_{\{k\}},\boldsymbol{u}^{*}_{\{k\}})&=\frac{1}{2}\boldsymbol{x}^{*\mathrm{T}}_{\{k\}}\{\boldsymbol{R}+\boldsymbol{K}^{\mathrm{T}}_{LQ\{k\}}\boldsymbol{Q}\boldsymbol{K}_{LQ\{k\}}+[\boldsymbol{F}-\boldsymbol{G}\boldsymbol{K}_{LQ\{k\}}]^{\mathrm{T}}\boldsymbol{P}_{\{k+1\}}[\boldsymbol{F}-\boldsymbol{G}\boldsymbol{K}_{LQ\{k\}}]\}\boldsymbol{x}^{*}_{\{k\}}\\&\equiv\frac{1}{2}\boldsymbol{x}^{*\mathrm{T}}_{\{k\}}\boldsymbol{P}_{\{k\}}\boldsymbol{x}^{*}_{\{k\}}\end{aligned}\tag{4-24}$$

来计算，其中 $\boldsymbol{P}_{\{k\}}$ 为如下 Riccati 方程的解

$$\boldsymbol{P}_{\{k\}}=\boldsymbol{R}+\boldsymbol{K}_{LQ\{k\}}\boldsymbol{Q}\boldsymbol{K}^{\mathrm{T}}_{LQ\{k\}}+[\boldsymbol{F}-\boldsymbol{G}\boldsymbol{K}_{LQ\{k\}}]^{\mathrm{T}}\boldsymbol{P}_{\{k+1\}}[\boldsymbol{F}-\boldsymbol{G}\boldsymbol{K}_{LQ\{k\}}]\tag{4-25}$$

从式（4－23）和式（4－24）可得出一个重要结论：每个迭代步骤中的最优控制律 $\boldsymbol{u}^{*}_{\{k\}}$ 是被控对象的最优状态 $\boldsymbol{x}^{*}_{\{k\}}$ 和线性二次调节器的增益矩阵 $\boldsymbol{K}_{LQ\{k\}}$ 的线性函数。在控制过程中应用 LQR 时，一个不方便之处在于，必须从离散过程的最后一步 $k=n$ 开始计算调节器的矩阵 $\boldsymbol{P}_{\{k\}}$ 和增益矩阵 $\boldsymbol{K}_{LQ\{k\}}$，直至倒退到第一步 $k=0$。这些矩阵首先被存起来，然后被用于计算最优控制律 $\boldsymbol{u}^{*}_{\{k\}}$ 和系统状态的最优轨迹 $\boldsymbol{x}^{*}_{\{k\}}$。

应该注意的是，尽管矩阵 $\boldsymbol{F}$、$\boldsymbol{G}$、$\boldsymbol{Q}$ 和 $\boldsymbol{R}$ 是常值，但 LQR 的增益矩阵 $\boldsymbol{K}_{LQ\{k\}}$ 取决于迭

代过程的第 k 步。

线性动态系统最优控制中的线性二次型调节器

第 4.1 节的问题可以通过用线性二次型调节器解决，用它产生信号来控制由式（4－9）所描述的线性动态对象。

各个参数的值按照第 4.1 节中的定义选取。对象参数 $F=1$，$G=1$，代价函数参数 $R=R_F=1$，$Q=3$，系统的初始状态 $x_{\{0\}}=8.9$，第 n 步迭代中的最终状态自由。这里只给出了 $n=9$ 时的结果，以便于将产生的结果与其他方法产生的结果进行比较。

应用由式（4－23）定义的 LQR，得到最优控制律

$$u_{LQ\{k\}}^{*}=-[Q+G^{2}P_{\{k+1\}}]^{-1}GP_{\{k+1\}}Fx_{\{k\}}^{*}=-K_{LQ\{k\}}x_{\{k\}}^{*} \tag{4-26}$$

该控制律可以确保系统通过确定的步数，从初始状态 $x_{\{0\}}$ 出发，沿最优状态轨迹 $x_{\{k\}}^{*}$，转移到最终状态 $x_{\{n\}}$，$n=9$，并使价值函数 $V_{\{k\}}$ 取最小值。需要指出的是，在这个示例中，系统状态 $x_{\{k\}}$、控制 $u_{LQ\{k\}}^{*}$、系数 F、G、Q、R，以及 LQR 增益 $K_{LQ\{k\}}$ 都是标量。变量 $P_{\{k\}}$ 的值由如下 Riccati 方程计算得出

$$P_{\{k\}}=R+K_{LQ\{k\}}QK_{LQ\{k\}}+[F-GK_{LQ\{k\}}]^{2}P_{\{k+1\}} \tag{4-27}$$

表 4－2 列出了在 $k=0$，…，9 这 10 步迭代中，最优状态轨迹 $x_{\{k\}}^{*}$、最优控制律 $u_{LQ\{k\}}^{*}$、最优价值函数 $V_{\{k\}}^{*}$ 和 LQR 增益系数 $K_{LQ\{k\}}$ 的值。

应用 LQR 解决上述示例问题，所得到的 LQR 的最优状态轨迹 $x_{\{k\}}^{*}$ 以及最优控制律 $u_{LQ\{k\}}^{*}$、最优价值函数 $V_{\{k\}}^{*}$ 和增益系数 $K_{LQ\{k\}}$ 的曲线如图 4－3 所示。

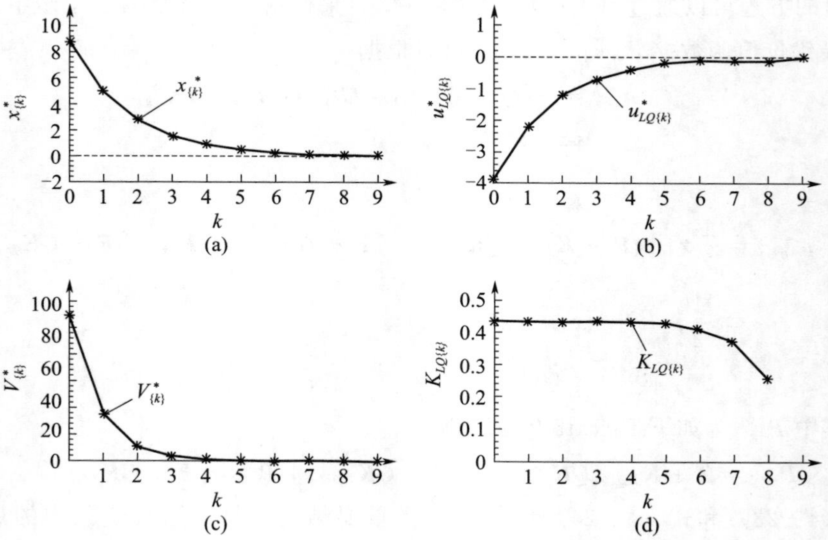

图 4－3 （a）最优状态轨迹 $x_{\{k\}}^{*}$，$k=0\cdots$，9；（b）最优控制 $u_{LQ\{k\}}^{*}$；（c）最优价值函数 $V_{\{k\}}^{*}$；（d）增益系数 $K_{LQ\{k\}}$

最优控制（4－26）将动态系统从给定的初始状态 $x_{\{0\}}$ 沿最优轨迹转移到自由的最终状态 $x_{\{n\}}^{*}$，在此过程中，价值函数的最小值 $V_{\{k\}}^{*}$ 得以保持。最优控制律的确定从过程的最

后一步 $k=9$ 开始，到第一步 $k=0$ 结束，它需要求解 Riccati 方程（4－27）并生成增益系数 $K_{LQ\{k\}}$。

分析 LQR 增益系数 $K_{LQ\{k\}}$ 的生成过程，可以发现，从最后一步 $k=9$ 到第一步 $k=0$，增益值从 $K_{LQ\{8\}}=0.25$ 增加到 $K_{LQ\{5\}}=0.43$，并最终变得稳定。由此可以得出结论：假设由状态得到的最优控制律为 $u_{P\{k\}}=-K_P x_{\{k\}}$，其中增益系数值固定为 $K_P=0.43$，则可以得到一个次优的系统响应，其在过程的前几步 $k=0$，…，6 不会偏离最优解。

表 4－2　用 LQR 算法得到的最优状态轨迹 $x^*_{\{k\}}$、最优控制律 $u^*_{LQ\{k\}}$、最优价值函数 $V^*_{\{k\}}$ 和系数 $K_{LQ\{k\}}$ 的数值

k	$x^*_{\{k\}}$	$u^*_{LQ\{k\}}$	$V^*_{\{k\}}$	$K_{LQ\{k\}}$
0	8.9	−3.86	91.20	0.43
1	5.04	−2.19	29.19	0.43
2	2.85	−1.24	9.34	0.43
3	1.61	−0.7	2.99	0.43
4	0.91	−0.39	0.96	0.43
5	0.52	−0.22	0.31	0.43
6	0.3	−0.12	0.1	0.41
7	0.18	−0.06	0.03	0.37
8	0.12	−0.03	0.01	0.25
9	0.09	—	0	—

4.3　Pontryagin 最大值原理

Pontryagin 最大值原理[4,5,7]给出了控制最优性的必要条件，对于线性系统，这些条件是必要和充分的，但对于非线性系统，它们却是不充分的，因此，确定非线性系统的最优控制律并非易事。

对于一个在连续时间域 t 内由一组微分方程描述的，并具有给定的价值函数的 M 阶被控对象，可由 $(M+1)$ 维向量微分方程描述如下

$$\frac{\mathrm{d}\boldsymbol{X}}{\mathrm{d}t}=\boldsymbol{C}(\boldsymbol{x},\boldsymbol{u}) \tag{4-28}$$

其中，增广的状态向量 $\boldsymbol{X}$ 的第一个状态变量 x_0 是性能指标 V，称为价值函数

$$V(\boldsymbol{x},\boldsymbol{u})=\int_0^{t_1} c_0(\boldsymbol{x},\boldsymbol{u})\mathrm{d}t \tag{4-29}$$

而其余的状态变量 x_1，…，x_M 是被控非线性对象的状态向量 $\boldsymbol{x}$ 的分量，$\boldsymbol{u}$ 是 r 维控制向量，可能受到约束 $\boldsymbol{u}\in\boldsymbol{U}$。应当注意的是，$\boldsymbol{x}$，$\boldsymbol{u}$ 和它们的所有函数都依赖于时间 t（$\boldsymbol{x}(t)$，$\boldsymbol{u}(t)$），但为了简化符号，不显示表达这种依赖关系。

现在的目标是寻找最优控制 $\boldsymbol{u}^*$，将对象从初始状态 $\boldsymbol{x}(0)$ 转移到期望的最终状态 $\boldsymbol{x}(t_1)$，并使性能指标（4－29）的值达到最小。

引入 $(M+1)$ 维共轭向量 $\boldsymbol{\Psi}$，有时称之为伴随向量，它由以下齐次线性关系定义

$$\frac{\mathrm{d}\boldsymbol{\Psi}}{\mathrm{d}t}=-\begin{bmatrix}\frac{\partial c_0}{\partial x_0} & \frac{\partial c_1}{\partial x_0} & \cdots & \frac{\partial c_M}{\partial x_0}\\ \vdots & & & \vdots\\ \frac{\partial c_0}{\partial x_M} & \frac{\partial c_1}{\partial x_M} & \cdots & \frac{\partial c_M}{\partial x_M}\end{bmatrix}\boldsymbol{\Psi} \tag{4-30}$$

根据式（4-28）和共轭向量 $\boldsymbol{\Psi}$，定义 Hamiltonian 标量函数如下

$$H(\boldsymbol{\Psi},\boldsymbol{x},\boldsymbol{u})=\boldsymbol{\Psi}^{\mathrm{T}}\boldsymbol{C}=\boldsymbol{\Psi}^{\mathrm{T}}\frac{\mathrm{d}\boldsymbol{X}}{\mathrm{d}t}=\sum_{i=0}^{M}\psi_i c_i(\boldsymbol{x},\boldsymbol{u}) \tag{4-31}$$

Hamiltonian 函数依赖于控制向量 $\boldsymbol{u}\in\boldsymbol{U}$，它关于 $\boldsymbol{u}$ 的最大值用 $M_H(\boldsymbol{\Psi},\boldsymbol{x})$ 表示，即

$$M_H(\boldsymbol{\Psi},\boldsymbol{x})=\max_{\boldsymbol{u}\in\boldsymbol{U}}H(\boldsymbol{\Psi},\boldsymbol{x},\boldsymbol{u}) \tag{4-32}$$

由 Pontryagin 最大值理论可以得到①：

令 $\boldsymbol{u}(t)$ 为容许控制，$0\leqslant t\leqslant t_1$，在时间 t_1 内将系统从给定的初始状态 $\boldsymbol{x}(0)$ 转移到期望的最终（终端）状态 $\boldsymbol{x}(t_1)$。为了使 $\boldsymbol{u}^*$ 和由此产生的轨迹 $\boldsymbol{X}^*(t)$ 在 $(M+1)$ 维状态空间中是最优的，必须存在一个与向量 $\boldsymbol{u}^*$ 和轨迹 $\boldsymbol{X}^*$ 相对应的非零连续向量 $\boldsymbol{\Psi}^*(t)$，使得对于区间 $0\leqslant t\leqslant t_1$ 上的任何时刻 t：

1）变量 $\boldsymbol{u}\in\boldsymbol{U}$ 的函数 $H(\boldsymbol{\Psi},\boldsymbol{x},\boldsymbol{u})$ 在 $\boldsymbol{u}=\boldsymbol{u}^*$ 点达到最大值

$$H(\boldsymbol{\Psi}^*,\boldsymbol{x}^*,\boldsymbol{u}^*)=M_H(\boldsymbol{\Psi}^*,\boldsymbol{x}^*) \tag{4-33}$$

2）$M_H(\boldsymbol{\Psi}^*,\boldsymbol{x}^*)$ 的终端值等于零，而 ψ_0 的终端值为非正值。

$M_H(\boldsymbol{\Psi}^*,\boldsymbol{x}^*)$ 的终端值为零，是因为这里考虑的是定常问题且终端时刻自由。因为 $M_H(\boldsymbol{\Psi}^*,\boldsymbol{x}^*)$ 的终端值为零，且关系式（4-30）是齐次的，所以可以确定 $M_H(\boldsymbol{\Psi}^*,\boldsymbol{x}^*)$ 和 ψ_0 在所选取的时间区间 $(0\leqslant t\leqslant t_1)$ 上是常数，进而可以假定在所选取的时间区间内 $\psi_0=-1$。

式（4-28）和式（4-30）可以写成如下关于 $H(\boldsymbol{\Psi},\boldsymbol{x},\boldsymbol{u})$ 的形式

$$\frac{\mathrm{d}x_i}{\mathrm{d}t}=\frac{\mathrm{d}H}{\mathrm{d}\psi_i},\ \frac{\mathrm{d}\psi_i}{\mathrm{d}t}=-\frac{\mathrm{d}H}{\mathrm{d}x_i} \tag{4-34}$$

其中，$i=0,\cdots,M$。

最大值原理也适用于离散系统，但需做一些修正。一般情况下，一个 M 维离散非线性定常系统由下式描述

$$\boldsymbol{x}_{\{k+1\}}=\boldsymbol{f}(\boldsymbol{x}_{\{k\}},\boldsymbol{u}_{\{k\}}) \tag{4-35}$$

其中，$\boldsymbol{f}(\boldsymbol{x}_{\{k\}},\boldsymbol{u}_{\{k\}})$ 为描述对象动态特性的非线性向量函数，其元素为 $f_{1\{k\}},\cdots,f_{M\{k\}}$。假设 $\gamma=1$，一个完整的 n 步迭代过程的性能指标 $V_{\{k\}}(\boldsymbol{x}_{\{k\}},\boldsymbol{u}_{\{k\}})$ 定义为

$$V_{\{k\}}(\boldsymbol{x}_{\{k\}},\boldsymbol{u}_{\{k\}})=\sum_{k=0}^{n-1}L_{C\{k\}}(\boldsymbol{x}_{\{k\}},\boldsymbol{u}_{\{k\}}) \tag{4-36}$$

---

① Takahashi, Y., Rabins, M.J., Auslander, D.M.: Control and Dynamical Systems. (in Polish) WNT, Warsaw (1976), p. 568.

式（4－36）中各个量的含义已在第4.1节中做了详细讨论。类似于连续的情形，将性能指标（4－36）指定为增广状态向量 $\boldsymbol{X}_{\{k\}}$ 的第一个元素，如下所示

$$x_{0\{k+1\}}=x_{0\{k\}}+L_{C\{k\}}(\boldsymbol{f}(\boldsymbol{x}_{\{k\}},\boldsymbol{u}_{\{k\}}),\boldsymbol{u}_{\{k\}})\equiv d_0(\boldsymbol{x}_{\{k\}},\boldsymbol{u}_{\{k\}}) \tag{4-37}$$

其中，$d_0(\boldsymbol{x}_{\{k\}},\ \boldsymbol{u}_{\{k\}})$ 为列向量 $\boldsymbol{D}(\boldsymbol{x}_{\{k\}},\ \boldsymbol{u}_{\{k\}})$ 的第一个元素，这里，列向量 $\boldsymbol{D}(\boldsymbol{x}_{\{k\}},\ \boldsymbol{u}_{\{k\}})$ 包含了性能指标和被控对象非线性的描述（即式（4－35）的右边）。维度为（$M+1$）的增广状态向量 $\boldsymbol{X}_{\{k\}}$ 由 $x_{0\{k\}}$ 和被控对象的状态向量 $\boldsymbol{x}_{\{k\}}$ 组成。一个二阶被控对象的向量变分 $\delta\boldsymbol{X}_{\{k\}}$ 的运动方程为

$$\delta\boldsymbol{X}_{\{k+1\}}=\begin{bmatrix}1 & \dfrac{\partial d_0(\boldsymbol{x}_{\{k\}},\boldsymbol{u}_{\{k\}})}{\partial x_{1\{k\}}} & \dfrac{\partial d_0(\boldsymbol{x}_{\{k\}},\boldsymbol{u}_{\{k\}})}{\partial x_{2\{k\}}}\\ 0 & \dfrac{\partial d_1(\boldsymbol{x}_{\{k\}},\boldsymbol{u}_{\{k\}})}{\partial x_{1\{k\}}} & \dfrac{\partial d_1(\boldsymbol{x}_{\{k\}},\boldsymbol{u}_{\{k\}})}{\partial x_{2\{k\}}}\\ 0 & \dfrac{\partial d_2(\boldsymbol{x}_{\{k\}},\boldsymbol{u}_{\{k\}})}{\partial x_{1\{k\}}} & \dfrac{\partial d_2(\boldsymbol{x}_{\{k\}},\boldsymbol{u}_{\{k\}})}{\partial x_{2\{k\}}}\end{bmatrix}\delta\boldsymbol{X}_{\{k\}}\equiv\boldsymbol{M}_J\delta\boldsymbol{X}_{\{k\}} \tag{4-38}$$

Jacobian 矩阵的第一个元素等于1，这是由式（4－37）得到的，而第一列的其余元素等于0，其原因是 $d_1(\boldsymbol{x}_{\{k\}},\ \boldsymbol{u}_{\{k\}})$ 和 $d_2(\boldsymbol{x}_{\{k\}},\ \boldsymbol{u}_{\{k\}})$ 不是 $x_{0\{k\}}$ 的函数。

共轭向量 $\boldsymbol{\Psi}_{\{k\}}$ 由 Jacobian 矩阵的转置定义如下

$$\begin{bmatrix}\psi_{0\{k\}}\\ \psi_{1\{k\}}\\ \psi_{2\{k\}}\end{bmatrix}=\begin{bmatrix}1 & 0 & 0\\ \dfrac{\partial d_0(\boldsymbol{x}_{\{k\}},\boldsymbol{u}_{\{k\}})}{\partial x_{1\{k\}}} & \dfrac{\partial d_1(\boldsymbol{x}_{\{k\}},\boldsymbol{u}_{\{k\}})}{\partial x_{1\{k\}}} & \dfrac{\partial d_2(\boldsymbol{x}_{\{k\}},\boldsymbol{u}_{\{k\}})}{\partial x_{1\{k\}}}\\ \dfrac{\partial d_0(\boldsymbol{x}_{\{k\}},\boldsymbol{u}_{\{k\}})}{\partial x_{2\{k\}}} & \dfrac{\partial d_1(\boldsymbol{x}_{\{k\}},\boldsymbol{u}_{\{k\}})}{\partial x_{2\{k\}}} & \dfrac{\partial d_2(\boldsymbol{x}_{\{k\}},\boldsymbol{u}_{\{k\}})}{\partial x_{2\{k\}}}\end{bmatrix}\begin{bmatrix}\psi_{0\{k+1\}}\\ \psi_{1\{k+1\}}\\ \psi_{2\{k+1\}}\end{bmatrix}\equiv\boldsymbol{M}_J^{\mathrm{T}}\boldsymbol{\Psi}_{\{k+1\}} \tag{4-39}$$

其中，从 k 到 $k+1$ 的转移是逆向的。由式（4－38）和式（4－39）可得

$$\boldsymbol{\Psi}_{\{k\}}^{\mathrm{T}}\delta\boldsymbol{X}_{\{k\}}=(\boldsymbol{M}_J^{\mathrm{T}}\boldsymbol{\Psi}_{\{k+1\}})^{\mathrm{T}}\delta\boldsymbol{X}_{\{k\}}=\boldsymbol{\Psi}_{\{k+1\}}^{\mathrm{T}}(\boldsymbol{M}_J\delta\boldsymbol{X}_{\{k\}})=\boldsymbol{\Psi}_{\{k+1\}}^{\mathrm{T}}\delta\boldsymbol{X}_{\{k+1\}}=\mathrm{const} \tag{4-40}$$

由式（4－39）可知，$\psi_{0\{k\}}$ 为一个常量，因此，和连续系统一样，可以假设当 $k=0,\ \cdots,\ n$ 时，$\psi_{0\{k\}}=-1$。

Hamiltonian 函数的形式如下

$$H=\boldsymbol{\Psi}_{\{k+1\}}^{\mathrm{T}}\boldsymbol{D}(\boldsymbol{x}_{\{k\}},\boldsymbol{u}_{\{k\}})=-d_0(\boldsymbol{x}_{\{k\}},\boldsymbol{u}_{\{k\}})+\boldsymbol{\psi}_{\{k+1\}}^{\mathrm{T}}\boldsymbol{f}(\boldsymbol{x}_k,\boldsymbol{u}_k) \tag{4-41}$$

其中，$\boldsymbol{\psi}_{\{k\}}=[\psi_{1\{k\}},\ \cdots,\ \psi_{M\{k\}}]^{\mathrm{T}}$ 为 M 维列向量，由共轭向量 $\boldsymbol{\Psi}_{\{k\}}$ 得到。

和连续系统一样，可以得到离散系统的最大值原理，这意味着当控制 $\boldsymbol{u}_{\{k\}}$ 为最优时，Hamiltonian 函数（4－41）取得最大值。

离散系统的最大值原理不适用于对状态向量 $\boldsymbol{x}_{\{k\}}$ 或控制 $\boldsymbol{u}_{\{k\}}$ 有约束的系统，且 Hamiltonian 函数 H 的最大值不为常值或零值。

将 Pontryagin 最大原理的离散形式应用于离散线性对象的控制，能够推导出最优控制律，该控制律将对象从初始状态 $\boldsymbol{x}_{\{k=0\}}$ 转移到状态 $\boldsymbol{x}_{\{k=n\}}$，并使预先定义的性能指标 $V_{\{k\}}(\boldsymbol{x}_{\{k\}},\ \boldsymbol{u}_{\{k\}})$ 达到最小值。一般情况下，一个 M 维离散线性定常系统由以下关系式描述

$$\boldsymbol{x}_{\{k+1\}}=\boldsymbol{F}\boldsymbol{x}_{\{k\}}+\boldsymbol{G}\boldsymbol{u}_{\{k\}} \tag{4-42}$$

其中，$\boldsymbol{F}$ 为系统的状态矩阵；$\boldsymbol{G}$ 为控制矩阵。假设性能指标（4-36）取为式（4-12）的形式，它允许为最终状态分配不同的权重 $\boldsymbol{R}_F$，并含 $\boldsymbol{x}_{\{0\}}^{\mathrm{T}}\boldsymbol{R}\boldsymbol{x}_{\{0\}}$ 项，用以产生性能指标的初始值，即

$$V_{\{k\}}(\boldsymbol{x}_{\{k\}},\boldsymbol{u}_{\{k\}})=\frac{1}{2}\boldsymbol{x}_{\{n\}}^{\mathrm{T}}\boldsymbol{R}_F\boldsymbol{x}_{\{n\}}+\frac{1}{2}\sum_{k=0}^{n-1}(\boldsymbol{x}_{\{k\}}^{\mathrm{T}}\boldsymbol{R}\boldsymbol{x}_{\{k\}}+\boldsymbol{u}_{\{k\}}^{\mathrm{T}}\boldsymbol{Q}\boldsymbol{u}_{\{k\}}) \tag{4-43}$$

其中，$\boldsymbol{R}$、$\boldsymbol{R}_F$、$\boldsymbol{Q}$ 为适当的对称权重矩阵。式（4-39）可写成

$$\boldsymbol{\psi}_{\{k\}}=-\frac{\partial d_0(\boldsymbol{x}_{\{k\}},\boldsymbol{u}_{\{k\}})}{\partial \boldsymbol{x}_{\{k\}}}+\boldsymbol{F}^{\mathrm{T}}\boldsymbol{\psi}_{\{k+1\}} \tag{4-44}$$

而 Hamiltonian 函数（4-41）由下式给出

$$H=\boldsymbol{\Psi}_{\{k+1\}}^{\mathrm{T}}\boldsymbol{D}(\boldsymbol{x}_{\{k\}},\boldsymbol{u}_{\{k\}})=-d_0(\boldsymbol{x}_{\{k\}},\boldsymbol{u}_{\{k\}})+\boldsymbol{\psi}_{\{k+1\}}^{\mathrm{T}}(\boldsymbol{F}\boldsymbol{x}_{\{k\}}+\boldsymbol{G}\boldsymbol{u}_{\{k\}}) \tag{4-45}$$

由于除了对于第 n 步的终端状态，矩阵 $\boldsymbol{R}$ 的值为 $\boldsymbol{R}_F$ 以外，其余状态的矩阵 $\boldsymbol{R}$ 都为常值，因此可将问题当作一个定常问题来求解。定义如下代价增量

$$\begin{aligned}d_0(\boldsymbol{x}_{\{k\}},\boldsymbol{u}_{\{k\}})&=\frac{1}{2}(\boldsymbol{x}_{\{k+1\}}^{\mathrm{T}}\boldsymbol{R}_F\boldsymbol{x}_{\{k+1\}}-\boldsymbol{x}_{\{k\}}^{\mathrm{T}}\boldsymbol{R}_F\boldsymbol{x}_{\{k\}})+\frac{1}{2}\boldsymbol{x}_{\{k\}}^{\mathrm{T}}\boldsymbol{R}\boldsymbol{x}_{\{k\}}+\frac{1}{2}\boldsymbol{u}_{\{k\}}^{\mathrm{T}}\boldsymbol{Q}\boldsymbol{u}_{\{k\}}\\&=\frac{1}{2}(\boldsymbol{x}_{\{k\}}^{\mathrm{T}}\boldsymbol{F}^{\mathrm{T}}+\boldsymbol{u}_{\{k\}}^{\mathrm{T}}\boldsymbol{G}^{\mathrm{T}})\boldsymbol{R}_F(\boldsymbol{F}\boldsymbol{x}_{\{k\}}+\boldsymbol{G}\boldsymbol{u}_{\{k\}})-\frac{1}{2}\boldsymbol{x}_{\{k\}}^{\mathrm{T}}\boldsymbol{R}_F\boldsymbol{x}_{\{k\}}\\&\quad+\frac{1}{2}\boldsymbol{x}_{\{k\}}^{\mathrm{T}}\boldsymbol{R}\boldsymbol{x}_{\{k\}}+\frac{1}{2}\boldsymbol{u}_{\{k\}}^{\mathrm{T}}\boldsymbol{Q}\boldsymbol{u}_{\{k\}}\end{aligned} \tag{4-46}$$

将式（4-44）写为

$$\boldsymbol{\psi}_{\{k\}}=-\boldsymbol{F}^{\mathrm{T}}[\boldsymbol{R}_F\boldsymbol{x}_{\{k+1\}}-\boldsymbol{\psi}_{\{k+1\}}]+[\boldsymbol{R}_F-\boldsymbol{R}]\boldsymbol{x}_{\{k\}} \tag{4-47}$$

根据离散系统的 Pontryagin 最大值原理，最优控制满足条件 $\partial H/\partial \boldsymbol{u}_{\{k\}}^{*}=0$，因此有

$$-\frac{\partial d_0(\boldsymbol{x}_{\{k\}},\boldsymbol{u}_{\{k\}})}{\partial \boldsymbol{u}_{\{k\}}}+\boldsymbol{G}^{\mathrm{T}}\boldsymbol{\psi}_{\{k+1\}}=0 \tag{4-48}$$

因此

$$\boldsymbol{G}^{\mathrm{T}}[\boldsymbol{\psi}_{\{k+1\}}-\boldsymbol{R}_F\boldsymbol{x}_{\{k+1\}}]-\boldsymbol{Q}\boldsymbol{u}_{\{k\}}^{*}=0 \tag{4-49}$$

通过式（4-49）求解 $\boldsymbol{u}_{\{k\}}^{*}$，可得下述最优控制律

$$\boldsymbol{u}_{M\{k\}}^{*}=\boldsymbol{Q}^{-1}\boldsymbol{G}^{\mathrm{T}}[\boldsymbol{\psi}_{\{k+1\}}-\boldsymbol{R}_F\boldsymbol{x}_{\{k+1\}}] \tag{4-50}$$

其中，$\boldsymbol{Q}$ 为正定矩阵，因此它存在逆矩阵。

Pontryagin 最大值原理在线性动态系统最优控制中的应用

利用 Pontryagin 最大值原理求解第 4.1 节中的问题，即将其应用于由式（4-9）描述的线性动态对象，得到一个控制律。

各个参数的值如第 4.1 节所定义。对象参数 $F=1$，$G=1$，代价函数的参数 $R=R_F=1$，$Q=3$，系统的初始状态 $x_{\{0\}}=8.9$，终端状态自由，迭代步数为 n。这里只给出了 $n=9$ 时的结果，以便于将产生的结果与其他方法产生的结果进行比较。

在所考虑的例子中，Hamiltonian 函数由下式给出

$$H = -\frac{1}{2}[(R_F F^2 - R_F + R)x_{(k)}^2 + (R_F G^2 + Q)u_{(k)}^2 + 2R_F F G x_{(k)} u_{(k)}] + \psi_{1(k+1)}(Fx_{(k)} + Gu_{(k)}) \tag{4-51}$$

而最优控制律为

$$u_{M(k)}^* = Q^{-1}G[\psi_{1(k+1)} - R_F x_{(k+1)}] \tag{4-52}$$

将最优控制律 $u_{M(k)}^*$ 代入到对象方程（4-42）和（4-47），可以得到

$$\begin{bmatrix} x_{(k+1)} \\ \psi_{1(k)} \end{bmatrix} = \begin{bmatrix} \frac{3}{4} & \frac{1}{4} \\ -\frac{3}{4} & \frac{3}{4} \end{bmatrix} \begin{bmatrix} x_{(k)} \\ \psi_{1(k+1)} \end{bmatrix} \tag{4-53}$$

其中，$k=0$，…，9，$x_{(0)}=8.9$。共轭向量分量 $\psi_{1(9)}=0$，这是因为我们确实知道初始状态和离散过程的步数（在连续系统的情况下是过程的时间），而最终状态是未知的。

为了确定对象的最优状态序列 $x_{(k)}^*$ 和最优控制序列 $u_{M(k)}^*$，必须求解一个双边值问题，即必须求解一组 $2(n-1)$ 维方程。

表 4-3 给出了在给定的初始状态下，对象的最优状态轨迹 $x_{(k)}^*$ 的值，根据 Pontryagin 最大值原理的离散形式，由式（4-52）得到的最优控制律（MP）$u_{M(k)}^*$ 的值，以及最优函数 $V_{(k)}^*$ 和函数 $\psi_{1(k)}$ 的值。

表 4-3　用最大值原理算法得到的最优状态轨迹 $x_{(k)}^*$、最优控制 $u_{M(k)}^*$、最优价值函数 $V_{(k)}^*$ 和函数 $\psi_{1(k)}$ 的值

k	$x_{(k)}^*$	$u_{M(k)}^*$	$V_{(k)}^*$	$\psi_{1(k)}$
0	8.9	−3.86	91.20	−23.19
1	5.04	−2.19	29.19	−13.12
2	2.85	−1.24	9.34	−7.42
3	1.61	−0.7	2.99	−4.19
4	0.91	−0.39	0.96	−2.37
5	0.52	−0.22	0.31	−1.33
6	0.3	−0.12	0.1	−0.74
7	0.18	−0.06	0.03	−0.39
8	0.12	−0.03	0.01	−0.17
9	0.09	—	0	0

图 4-4 给出了应用 Pontryagin 最大值原理求解线性动态对象的最优控制问题得到的最优状态轨迹 $x_{(k)}^*$、最优控制律 $u_{M(k)}^*$、最优价值数 $V_{(k)}^*$ 以及函数 $\psi_{1(k)}$ 的曲线。

应用最优控制律 $u_{M(k)}^*$［式（4-52）］使系统在 n 步中从给定的初始状态 $x_{(0)}^*$ 转移到自由的终端状态 $x_{(n)}^*$，并使给定的性能指标达到最小值 $V_{(k)}^*$。根据离散形式的 Pontryagin 最大值原理，共轭向量的分量 $\boldsymbol{\psi}_{(k)}$ 在 $k=0$，…，$n-1$ 时取负值，而 $k=n$ 时，$\boldsymbol{\psi}_{(k)}=\mathbf{0}$。计算结果表明，$\psi_{1(k)}$ 的值满足上述规律。

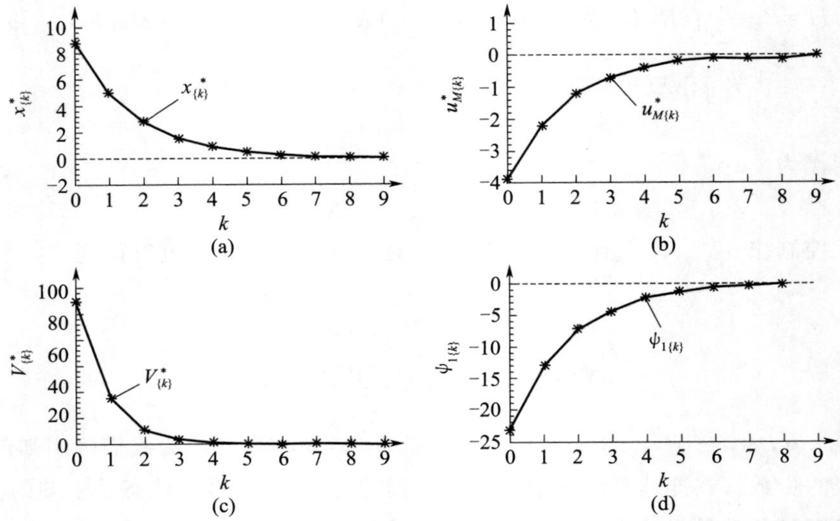

图 4-4　(a) 最优状态轨迹 $x^*_{\{k\}}$ 的曲线，$k=0, \cdots, 9$；(b) 最优控制律 $u^*_{M\{k\}}$ 的曲线；(c) 最优价值函数 $V^*_{\{k\}}$ 的曲线；(d) 函数 $\psi_{1\{k\}}$ 的曲线

动态对象控制的最佳效果是利用状态（向量）反馈实现的。对于由式（4-42）描述的、性能指标为式（4-43）的线性系统，这种控制律可以应用 Pontryagin 最大值原理得到。引入一个对称的、非定常的矩阵 $\boldsymbol{H}_{\{k+1\}}$，其定义如下

$$\boldsymbol{R}_F \boldsymbol{x}_{\{k+1\}} - \boldsymbol{\psi}_{\{k+1\}} = \boldsymbol{H}_{\{k+1\}} \boldsymbol{x}_{\{k+1\}} \tag{4-54}$$

将式（4-54）代入式（4-50）中，可以得到

$$\boldsymbol{u}^*_{MS\{k\}} = -\boldsymbol{Q}^{-1} \boldsymbol{G}^{\mathrm{T}} \boldsymbol{H}_{\{k+1\}} \boldsymbol{x}_{\{k+1\}} \tag{4-55}$$

因此，给定模型方程（4-42），依赖于状态的最优控制律可以写为

$$\begin{aligned} \boldsymbol{u}^*_{MS\{k\}} &= -[\boldsymbol{Q} + \boldsymbol{G}^{\mathrm{T}} \boldsymbol{H}_{\{k+1\}} \boldsymbol{G}]^{-1} \boldsymbol{G}^{\mathrm{T}} \boldsymbol{H}_{\{k+1\}} \boldsymbol{F} \boldsymbol{x}_{\{k\}} \\ &\equiv -\boldsymbol{K}_{MS\{k\}} \boldsymbol{x}_{\{k\}} \end{aligned} \tag{4-56}$$

其中，$\boldsymbol{K}_{MS\{k\}}$ 为最优状态反馈的增益矩阵，由最大值原理求得。为了确定矩阵 $\boldsymbol{K}_{MS\{k\}}$ 中的增益系数值，必须知道 $\boldsymbol{H}_{\{k+1\}}$ 的值，这可以通过比较第 k 步的式（4-47）和式（4-54）中的 $\boldsymbol{\psi}_{\{k\}}$ 而确定。

$$\begin{aligned} \boldsymbol{\psi}_{\{k\}} &= -\boldsymbol{H}_{\{k\}} \boldsymbol{x}_{\{k\}} + \boldsymbol{R}_F \boldsymbol{x}_{\{k\}} \\ \boldsymbol{\psi}_{\{k\}} &= -\boldsymbol{F}^{\mathrm{T}} \boldsymbol{H}_{\{k+1\}} \boldsymbol{x}_{\{k+1\}} + [\boldsymbol{R}_F - \boldsymbol{R}] \boldsymbol{x}_{\{k\}} \end{aligned} \tag{4-57}$$

通过比较式（4-57）的右边，可以得到一个对于每个 $\boldsymbol{x}_{\{k\}}$ 都必须满足的方程。用式（4-42）的右侧替换 $\boldsymbol{x}_{\{k+1\}}$，其中控制律 $\boldsymbol{u}^*_{\{k\}}$ 由式（4-56）给出，则得到 $\boldsymbol{H}_{\{k\}}$ 的 Riccati 方程如下所示

$$\boldsymbol{H}_{\{k\}} = \boldsymbol{F}^{\mathrm{T}} \boldsymbol{H}_{\{k+1\}} (\boldsymbol{F} - \boldsymbol{G}[\boldsymbol{Q} + \boldsymbol{G}^{\mathrm{T}} \boldsymbol{H}_{\{K+1\}} \boldsymbol{G}]^{-1} \boldsymbol{G}^{\mathrm{T}} \boldsymbol{H}_{\{k+1\}} \boldsymbol{F}) + \boldsymbol{R} \tag{4-58}$$

本例子研究的是一个最优控制的生成问题，其中初始状态和步数是已知的，而终端状态是自由的，因此从横截条件可以得到

$$\boldsymbol{\psi}_{\{n\}} = \boldsymbol{0} \tag{4-59}$$

因此，由式（4－58）可得

$$\boldsymbol{H}_{\{n\}}=\boldsymbol{R}_F \tag{4-60}$$

最优控制律的计算基于的是后向归纳法。从 Riccati 方程式（4－58）中的初始条件式（4－60）开始，在随后的第 $k=n-1$，$n-2$，…，1，0 步中计算矩阵 $\boldsymbol{H}_{\{k\}}$ 和增益矩阵 $\boldsymbol{K}_{MS\{k\}}$。然后，基于初始条件 $\boldsymbol{x}_{\{0\}}$，确定最优控制律 $\boldsymbol{u}^*_{MS\{k\}}$，使得对象在过程的 n 步中沿着最优轨迹 $\boldsymbol{x}^*_{\{k\}}$ 转移到自由的终端状态，并使预先定义的性能指标式（4－43）的值达到最小。

Pontryagin 最大值原理在线性动态系统的最优（状态依赖）控制中的应用

利用 Pontryagin 最大值原理求解第 4.1 节中的问题，即将其应用于由式（4－9）描述的线性动态对象，得到与状态有关的控制律。

假设各个参数的值与第 4.1 节中定义的相同。对象参数 $F=1$，$G=1$，代价函数参数 $R=R_F=1$，$Q=3$，系统的初始状态 $x_{\{0\}}=8.9$，第 n 步的终端状态自由。这里只给出了 $n=9$ 时的结果，以便于将产生的结果与其他方法产生的结果进行比较。

Riccati 方程（4－58）的形式为

$$H_{\{k\}}=FH_{\{k+1\}}\left(F-G\left[Q+G^2H_{\{k+1\}}\right]^{-1}GH_{\{k+1\}}F\right)+R \tag{4-61}$$

因此，给定初始条件 $H_{\{n\}}=R_F$，控制系统的增益序列 $K_{MS\{k\}}$ 可以根据下式加以确定

$$K_{MS\{k\}}=\left[Q+G^2H_{\{k+1\}}\right]^{-1}GH_{\{k+1\}}F \tag{4-62}$$

然后，根据

$$u^*_{MS\{k\}}=-K_{MS\{k\}}x^*_{\{k\}} \tag{4-63}$$

和初始条件 $x_{\{0\}}=8.9$，便可确定出最优控制律 $u^*_{MS\{k\}}$ 和最优状态轨迹 $x^*_{\{k\}}$。

表 4－4 给出了对象的最优状态 $x^*_{\{k\}}$ 的值，以及在初始状态预先给定的情况下，利用离散系统的 Pontryagin 最大值原理，根据式（4－63）得到的与状态相关的最优控制律（MPS）$u^*_{MS\{k\}}$ 的值；根据式（4－62）计算的最优价值函数 $V^*_{\{k\}}$ 和系数 $K_{MS\{k\}}$ 的值。计算得到的数值与第 4.2 节中 LQR 问题求解得到的数值相同。

表 4－4　利用 MPS 算法得到的最优状态 $x^*_{\{k\}}$，最优控制 $u^*_{MS\{k\}}$，最优价值函数 $V^*_{\{k\}}$，和增益系数 $K_{MS\{k\}}$ 的值

k	$x^*_{\{k\}}$	$u^*_{MS\{k\}}$	$V^*_{\{k\}}$	$K_{MS\{k\}}$
0	8.9	−3.86	91.20	0.43
1	5.04	−2.19	29.19	0.43
2	2.85	−1.24	9.34	0.43
3	1.61	−0.7	2.99	0.43
4	0.91	−0.39	0.96	0.43
5	0.52	−0.22	0.31	0.43
6	0.3	−0.12	0.1	0.41
7	0.18	−0.06	0.03	0.37
8	0.12	−0.03	0.01	0.25

续表

k	$x^*_{\{k\}}$	$u^*_{MS\{k\}}$	$V^*_{\{k\}}$	$K_{MS\{k\}}$
9	0.09	—	0	—

图 4-5 给出了最优状态轨迹 $x^*_{\{k\}}$ 、与状态相关的最优控制律 $u^*_{MS\{k\}}$ 、最优价值函数 $V^*_{\{k\}}$ 和增益系数 $K_{MS\{k\}}$ 的曲线，这些都是通过应用 Pontryagin 的最大原理，求解线性动态对象的最优控制问题得到的。

最优控制律式（4-63）是增益系数 $K_{MS\{k\}}$ 和对象状态 $x^*_{\{k\}}$ 的线性函数。它将动态系统从设定的初始状态 $x_{\{0\}}$ 沿着最优轨迹转移到自由的最终状态 $x^*_{\{n\}}$ ，并使价值函数的值达到最小 $V^*_{\{k\}}$ 。对最优控制律的计算从过程的最后一步 $k=9$ 开始，到第一步 $k=0$ 结束，通过求解离散的 Riccati 方程（4-61），从而得到增益系数的值 $K_{MS\{k\}}$ 。

通过分析调节器的增益系数 $K_{MS\{k\}}$ 的生成过程，从最后一步 $k=9$ 到第一步 $k=0$，可以发现，增益的值从 $K_{MS\{8\}}=0.25$ 增加到 $K_{MS\{5\}}=0.43$，并最终变得稳定。由此可以得出结论：若采用基于状态的线性控制律 $u_{P\{k\}}=-K_P x_{\{k\}}$，比例系数的值固定为 $K_P=0.43$，则可以得到一个次优的系统响应，其在过程前面的 $k=0$，…，6 步不会偏离最优解。

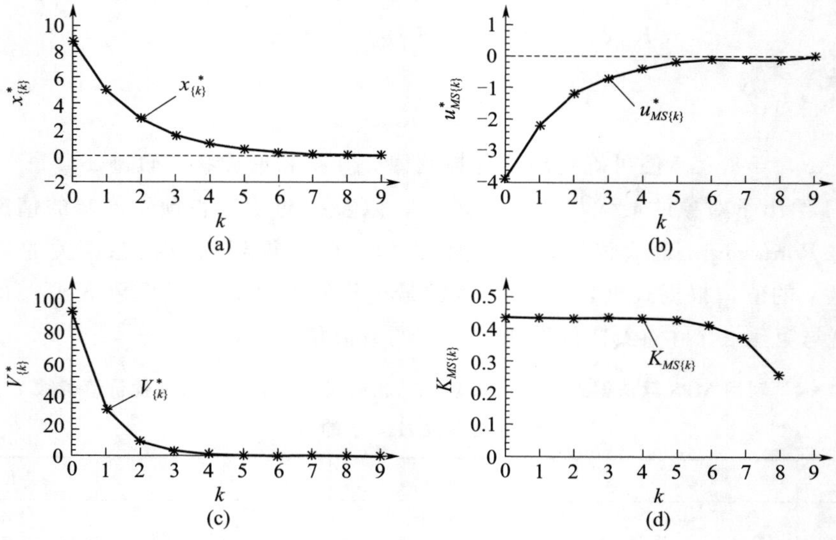

图 4-5　(a) 最优状态轨迹 $x^*_{\{k\}}$ 的曲线，$k=0$，…，9；(b) 最优控制律 $u^*_{MS\{k\}}$ 的曲线；(c) 最优价值函数 $V^*_{\{k\}}$ 的曲线；(d) 增益系数 $K_{MS\{k\}}$ 的曲线

4.4　本章小结

针对一阶定常线性对象，前面给出了多种算法来求解其最优控制问题，此处对相关计算结果进行比较，这些结果是在求解最优控制律的生成问题时产生的。涉及的算法包括

Bellman DP 算法（第 4.1 节）、LQR 算法（第 4.2 节）、基于 Pontryagin 最大值原理的算法（MP）（第 4.3 节），以及基于 Pontryagin 最大值原理的状态依赖形式的算法（MPS）（第 4.3 节）。

表 4-5 给出了在一阶定常线性对象中应用各种最优控制律的数值结果对比，这些控制律包括：由 Bellman 动态规划得到的 $u^*_{DP\{k\}}$，根据 LQR 解析计算得到的 $u^*_{LQ\{k\}}$，根据离散 Pontryagin 最大值原理确定的 $u^*_{M\{k\}}$，及根据离散 Pontryagin 最大值原理确定的状态依赖形式的控制律 $u^*_{MS\{k\}}$。

使用 LQR、MP 和 MPS 生成的最优控制具有相同的值，而使用 DP 产生的最优控制与其他三种略有不同，其原因是对 DP 的允许控制区间进行了离散化。

表 4-6 分别给出了应用 DP、LQR、MP 以及 MPS（根据离散 Pontryagin 最大值原理确定的状态依赖形式的控制算法）所得到的对象的最优状态轨迹 $x^*_{\{k\}}$ 的值。

表 4-5　对线性对象应用 Bellman DP（$u^*_{DP\{k\}}$）、LQR（$u^*_{LQ\{k\}}$）、MP（$u^*_{M\{k\}}$）以及 MPS（$u^*_{MS\{k\}}$）而得到的最优控制律的值

k	$u^*_{DP\{k\}}$	$u^*_{LQ\{k\}}$	$u^*_{M\{k\}}$	$u^*_{MS\{k\}}$
0	−3.9	−3.86	−3.86	−3.86
1	−2.2	−2.19	−2.19	−2.19
2	−1.2	−1.24	−1.24	−1.24
3	−0.7	−0.7	−0.7	−0.7
4	−0.4	−0.39	−0.39	−0.39
5	−0.2	−0.22	−0.22	−0.22
6	−0.1	−0.12	−0.12	−0.12
7	−0.1	−0.06	−0.06	−0.06
8	−0.1	−0.03	−0.03	−0.03
9	0	—	—	—

表 4-6　应用 Bellman DP、LQR、MP 和 MPS 求解最优控制问题得到的最优状态轨迹 $x^*_{\{k\}}$ 的值

k	$x^*_{\{k\}}$ DP	$x^*_{\{k\}}$ LQR	$x^*_{\{k\}}$ MP	$x^*_{\{k\}}$ MPS
0	8.9	8.9	8.9	8.9
1	5	5.04	5.04	5.04
2	2.8	2.85	2.85	2.85
3	1.6	1.61	1.61	1.61
4	0.9	0.91	0.91	0.91
5	0.5	0.52	0.52	0.52
6	0.3	0.3	0.3	0.3
7	0.2	0.18	0.18	0.18
8	0.1	0.12	0.12	0.12
9	0	0.09	0.09	0.09

对应用各种控制算法所得到的对象的状态值进行比较，可看出应用 LQR 和应用基于 Pontryagin 最大值原理的控制算法（MP 和 MPS）所得到的结果相同。这三组状态轨迹值与用 Bellman DP 得出的状态轨迹值略有差别。需要注意的是，使用 Bellman DP 时，系统的状态 $x_{\{k\}}$ 和控制 $u_{\{k\}}$ 的值被限制在离散集合中，而对于 LQR、MP 和 MPS，系统的状态和控制可以取任何值。

表 4－7 列出了对线性对象的最优控制问题进行求解得到的最优价值函数 $V^*_{\{k\}}$ 的值，所用算法包括：Bellman DP、LQR 和基于 Pontryagin 最大原理的控制算法（MP 和 MPS，包括状态依赖形式）。

表 4－7　应用 Bellman DP、LQR、MP 和 MPS 求解最优控制问题得到的最优价值函数 $V^*_{\{k\}}$ 的值

k	$V^*_{\{k\}}$ DP	$V^*_{\{k\}}$ LQR	$V^*_{\{k\}}$ MP	$V^*_{\{k\}}$ MPS
0	91.22	91.20	91.20	91.20
1	28.8	29.19	29.19	29.19
2	9.04	9.34	9.34	9.34
3	2.96	2.99	2.99	2.99
4	0.945	0.96	0.96	0.96
5	0.3	0.31	0.31	0.31
6	0.115	0.1	0.1	0.1
7	0.055	0.03	0.03	0.03
8	0.02	0.01	0.01	0.01
9	0	0	0	0

最优价值函数 $V^*_{\{k\}}$ 的值取决于对象的状态和所施加的控制。在采用 LQR、MP 和 MPS 的情况下，该函数的值相同，而采用 DP 所产生的值与采用其他三种算法所产生的值略有差别，这是由于对对象的状态和控制采用了离散化方法而导致的。

被控对象式（4－9）是一阶的，因此 LQR 算法中的增益矩阵退化成标量的增益系数 $K_{LQ\{k\}}$，利用离散最大值原理推导出的状态依赖控制算法（MPS）中的增益矩阵也退化成标量的增益系数 $K_{MS\{k\}}$。它们在各个迭代步的值见表 4－8。

表 4－8　LQR 算法的增益系数 $K_{LQ\{k\}}$ 的值和 MPS 算法的增益系数 $K_{MS\{k\}}$ 的值

k	$K_{LQ\{k\}}$	$K_{MS\{k\}}$
0	0.43	0.43
1	0.43	0.43
2	0.43	0.43
3	0.43	0.43
4	0.43	0.43
5	0.43	0.43
6	0.41	0.41

续表

k	$K_{LQ\{k\}}$	$K_{MS\{k\}}$
7	0.37	0.37
8	0.25	0.25
9	—	—

在每一步迭代中，对于设定的二次型性能指标和定常线性对象，LQR 和 MPS 的增益系数的值是相同的。对采用 LQR 情况下的式（4－23）和采用 MPS 情况下的式（4－56）进行比较，容易注意到两个控制算法在结构上的相似性。在这两种情况下，最优控制律都是增益系数 $\boldsymbol{K}_{LQ\{k\}}$ 或 $\boldsymbol{K}_{MS\{k\}}$ 与对象状态 $x^*_{\{k\}}$ 的线性函数。增益系数按照从 $k=9$ 到 $k=0$ 的顺序产生，在此过程中需要求解 Riccati 方程，在 LQR 情况下为方程（4－25），而在 MPS 情况下则为方程（4－58）。应该注意的是，对于定常对象和恒定的矩阵 $\boldsymbol{R}$、$\boldsymbol{R}_F$ 和 Q，增益矩阵 $\boldsymbol{K}_{LQ\{k\}}$ 或 $\boldsymbol{K}_{MS\{k\}}$ 并不取恒定值。考虑它们的生成过程，根据第 4.2 节和第 4.3 节中的计算，从最后一步 $k=9$ 到第一步 $k=0$，可以注意到增益系数从最初的小值 $K_{LQ\{8\}}=K_{MS\{8\}}=0.25$ 增加到 $K_{LQ\{5\}}=K_{MS\{5\}}=0.43$，并且最终保持稳定。同时可以得到结论：若采用基于状态的控制律 $u_{P\{k\}}=K_P x_{\{k\}}$，并将比例增益系数的值固定为 $K_P=0.43$，则可以得到一个次优的状态轨迹，其在过程前面的第 $k=0$，…，6 步不会从偏离最优解。

结果分析表明，应用 Bellman DP 算法和其他控制算法（LQR、MP 和 MPS）求得的解具有很强的收敛性。还应当注意到，Bellman DP 算法被应用到了被控对象的允许控制和状态的离散集上，这造成了其结果有所不同。尽管 LQR、MP 和 MPS 算法的结构各不相同，控制律的推导方法也不一样，但是它们产生了相同的最优控制信号。

线性对象的所有上述最优控制方法都有一个共同的缺点，即：为了能够应用它们，被控对象的数学模型必须已知。此外，对于 DP、LQR 和 MPS 方法来说，最优控制律的计算是从过程的最后一步 $k=n$ 到第一步 $k=0$ 进行的，而且对于 MP 方法，还必须求解双边值问题中的 $2(n-1)$ 维方程。这些都妨碍了它们在实时控制过程中的应用。

参考文献

[1] Bellman，R.：Dynamic Programming. Princeton University Press，New York (1957).

[2] Bertsekas，D. P.：Dynamic Programming and Optimal Control，vol. I. Athena Scientific，Belmont，II (2005).

[3] Ferrari，S.，Stengel，R. F.：Model - based adaptive critic designs in learning and approximate dynamic programming. In：Si，J.，Barto，A.，Powell，W.，Wunsch，D. J. (eds.) Handbook of Learning and Approximate Dynamic Programming，pp. 64 - 94. Wiley & Sons，New York (2004).

[4] Grecki，H.：Optimization and Control of Dynamic Systems. (in Polish) AGH University of Science and Technology Press，Krakow (2006).

[5] Kaczorek，T.：Control Theory. (in Polish) vol. II，PWN，Warsaw (1981).

[6] Kirk，D. E.：Optimal Control Theory. Dover Publications，New York (2004).

[7] Takahashi，Y.，Rabins，M. J.，Auslander，D. M.：Control and Dynamic Systems. (in Polish) WNT，Warsaw (1976).

第 5 章　智能系统的学习方法

本章介绍人工智能算法的学习方法。首先，对监督学习算法的一些知识进行介绍，这些算法构成了一类最受欢迎的 NN 学习方法，应用于近似描述值已知的问题。与其他学习方法相比，这些算法的特点是学习速度快，对期望信号的映射准确，且符号简单。然后，介绍强化学习方法。在没有足够信息作为监督学习训练实例的情况下，应用该方法可以解决策略选取的问题。本章还介绍了一部分无监督学习方法，它们适用于具有简单结构的神经网络，这些神经网络可以产生某些特征的描述（映射），常用于数据聚类、识别和压缩。

5.1　监督学习

监督学习，也被称为有导师学习，是神经网络学习的概念之一[6-9]。在监督学习中，数据是一组由向量对（即网络的输入向量和相应的输出值）组成的训练实例。对 NN 的训练是离线进行的：根据学习算法，调整网络的自适应参数，比如权值 $\boldsymbol{W}_{\{k\}}$。训练过程应以这样的方式进行：对于给定的输入向量 $\boldsymbol{x}_j$，网络的第 g 个输出值 $\hat{f}_{g\{k\}}$ 应与训练集中第 j 个例子的期望值 $d_{j,g}$ 一致，从而使以下目标函数的值最小

$$E(\boldsymbol{W}_{\{k\}})=\frac{1}{2}\sum_{j=1}^{p}\sum_{g=1}^{M}(\hat{f}_{g\{k\}}-d_{j,g})^2 \tag{5-1}$$

其中，$k=1$，…，n 表示学习过程中的第 k 步，n 为学习的总步数；$j=1$，…，p 表示训练样本的编号，p 表示训练样本的数量；$g=1$，…，M 表示网络输出的编号，M 为 NN 输出的数量。

对于只有一个训练样本的最简单情形，目标函数采用均方误差的形式。这种情况出现在神经网络权值的在线训练过程中，其中，在迭代过程的第 k 步中，只有与网络输入向量 $\boldsymbol{x}_{\{k\}}$ 相对应的当前训练样本 $\boldsymbol{d}_{\{k\}}$ 可用。这种类型的神经网络学习被称为权值自适应调整，此时，式（5－1）可写为

$$E(\boldsymbol{W}_{\{k\}})=\frac{1}{2}\sum_{g=1}^{M}(\hat{f}_{g\{k\}}-d_{g\{k\}})^2 \tag{5-2}$$

考虑到基于期望值和网络输出值之间的映射误差的目标函数的连续性，最有效的网络

学习方法是基于梯度的优化方法，其中权值向量根据下式更新

$$\boldsymbol{W}_{\{k+1\}}=\boldsymbol{W}_{\{k\}}+\boldsymbol{\Gamma}_N\boldsymbol{p}(\boldsymbol{W}_{\{k\}}) \tag{5-3}$$

其中，$\boldsymbol{\Gamma}_N$ 为正定的强化系数对角矩阵，$\boldsymbol{p}(\boldsymbol{W}_{\{k\}})$ 为多维空间 $\boldsymbol{W}_{\{k\}}$ 的方向。基于梯度法的多层 NN 学习需要确定关于所有网络层权值的梯度向量。对于输出层的权值，这并不是困难的任务，但是其余各层的权值则需要应用反向传播算法。

最常用的监督学习方法包括最速下降算法、变尺度算法、Levenberg - Marquardt 算法和共轭梯度法。

5.1.1 最速下降算法

最速下降算法[7]基于的是目标函数 $E(\boldsymbol{W}_{\{k\}})$ 在已知解 $\boldsymbol{W}_{\{k\}}$ 的小邻域内的泰勒级数展开的线性近似，其中精度（截断误差）为 $O(h^2)$，即

$$E(\boldsymbol{W}_{\{k\}}+\boldsymbol{p}_{\{k\}})=E(\boldsymbol{W}_{\{k\}})+[\nabla\boldsymbol{E}_{\{k\}}]^{\mathrm{T}}\boldsymbol{p}_{\{k\}}+O(h^2) \tag{5-4}$$

其中，$\boldsymbol{p}_{\{k\}}=\boldsymbol{p}(\boldsymbol{W}_{\{k\}})$；$\nabla\boldsymbol{E}_{\{k\}}=\left[\dfrac{\partial E(\boldsymbol{W}_{\{k\}})}{\partial W_{1\{k\}}},\ \dfrac{\partial E(\boldsymbol{W}_{\{k\}})}{\partial W_{2\{k\}}},\ \cdots,\ \dfrac{\partial E(\boldsymbol{W}_{\{k\}})}{\partial W_{m\{k\}}}\right]^{\mathrm{T}}$ 为梯度向量；m 为网络神经元的数量。选择 NN 权值学习算法来最小化目标函数，由于 $E(\boldsymbol{W}_{\{k+1\}})<E(\boldsymbol{W}_{\{k\}})$，因此 $[\nabla\boldsymbol{E}_{\{k\}}]^{\mathrm{T}}\boldsymbol{p}_{\{k\}}<0$。假设以下条件满足

$$\boldsymbol{p}_{\{k\}}=-\nabla\boldsymbol{E}_{\{k\}} \tag{5-5}$$

则式（5 - 3）可以写成以下形式

$$\boldsymbol{W}_{\{k+1\}}=\boldsymbol{W}_{\{k\}}-\boldsymbol{\Gamma}_N\nabla\boldsymbol{E}_{\{k\}} \tag{5-6}$$

最速下降算法不使用 Hessian 矩阵中所含的信息，其收敛是线性的，且在梯度值较低的最优点附近学习过程会变慢。尽管存在上述缺点和低效率，但由于其简单且计算成本低，所以被广泛应用于多层 NN 的学习。最速下降算法的性能可以利用所谓的动量法来改善[7,9]。

5.1.2 变尺度算法

在变尺度算法[9]中，目标函数 $E(\boldsymbol{W}_{\{k\}})$ 在最近解 $\boldsymbol{W}_{\{k\}}$ 的邻域内的泰勒级数展开包含了二阶近似项，其精度（截断误差）为 $O(h^3)$，即

$$E(\boldsymbol{W}_{\{k\}}+\boldsymbol{p}_{\{k\}})=E(\boldsymbol{W}_{\{k\}})+[\nabla\boldsymbol{E}_{\{k\}}]^{\mathrm{T}}\boldsymbol{p}_{\{k\}}+\frac{1}{2}\boldsymbol{p}_{\{k\}}^{\mathrm{T}}\boldsymbol{H}(\boldsymbol{W}_{\{k\}})\boldsymbol{p}_{\{k\}}+O(h^3) \tag{5-7}$$

其中，$\boldsymbol{H}(\boldsymbol{W}_{\{k\}})$ 为二阶导数组成的对称方阵，通常称为 Hessian 矩阵

$$\boldsymbol{H}(\boldsymbol{W}_{\{k\}})=\begin{bmatrix}\dfrac{\partial E(\boldsymbol{W}_{\{k\}})}{\partial W_{1\{k\}}\partial W_{1\{k\}}} & \cdots & \dfrac{\partial E(\boldsymbol{W}_{\{k\}})}{\partial W_{m\{k\}}\partial W_{1\{k\}}}\\ \vdots & & \vdots\\ \dfrac{\partial E(\boldsymbol{W}_{\{k\}})}{\partial W_{1\{k\}}\partial W_{m\{k\}}} & \cdots & \dfrac{\partial E(\boldsymbol{W}_{\{k\}})}{\partial W_{m\{k\}}\partial W_{m\{k\}}}\end{bmatrix} \tag{5-8}$$

目标函数在考察点出现最小值的条件是，该函数在 $\boldsymbol{p}_{\{k\}}$ 方向上的一阶导数为零，Hessian 矩阵为正定。因此，对式（5 - 7）进行微分和变换，可以得到

$$\boldsymbol{p}_{\{k\}} = -[\boldsymbol{H}(\boldsymbol{W}_{\{k\}})]^{-1}\nabla\boldsymbol{E}_{\{k\}} \tag{5-9}$$

其中，$\boldsymbol{p}_{\{k\}}$ 为目标函数的下降方向。确定方向是使用牛顿法进行优化的关键，需要在其过程中的每一步计算梯度向量 $\nabla\boldsymbol{E}_{\{k\}}$ 和 Hessian 矩阵 $\boldsymbol{H}(\boldsymbol{W}_{\{k\}})$。

Hessian 矩阵应是正定的，这在一般情况下难以满足，因此在实际应用中取其近似值 $\boldsymbol{G}(\boldsymbol{W}_{\{k\}})$。

最常见的 Hessian 近似矩阵的逆矩阵的递归定义方法有 Davidon－Fletcher－Powell 公式和 Broyden－Goldfarb－Fletcher－Shanno 公式[7,9,10]。变尺度法优于最速下降算法，因为它具有二阶收敛的特点。由于需要在每一步确定 Hessian 矩阵的 m^2 个元素，使得变尺度算法计算复杂，尽管如此，只要所用的 NN 神经元的数量 m 不大，它仍然被认为是多变量函数优化的最佳方法之一。

5.1.3　Levenberg－Marquardt 算法

Levenberg－Marquardt 算法在 NN 权值训练过程中也使用牛顿法进行优化[7,9]。在 Levenberg－Marquardt 算法中，式（5－9）中的 Hessian 矩阵 $\boldsymbol{H}(\boldsymbol{W}_{\{k\}})$ 被其近似值 $\boldsymbol{G}(\boldsymbol{W}_{\{k\}})$ 所取代，该近似值是基于梯度向量定义的，并引入了正则化因子。

假设误差的形式如式（5－2）所示，相关文献给出了梯度向量的定义如下

$$\nabla\boldsymbol{E}_{\{k\}} = [\boldsymbol{J}(\boldsymbol{W}_{\{k\}})]^{\mathrm{T}}\boldsymbol{e}(\boldsymbol{W}_{\{k\}}) \tag{5-10}$$

以及近似 Hessian 矩阵如下

$$\boldsymbol{G}(\boldsymbol{W}_{\{k\}}) = [\boldsymbol{J}(\boldsymbol{W}_{\{k\}})]^{\mathrm{T}}\boldsymbol{J}(\boldsymbol{W}_{\{k\}}) + \boldsymbol{R}(\boldsymbol{W}_{\{k\}}) \tag{5-11}$$

其中，$\boldsymbol{R}(\boldsymbol{W}_{\{k\}})$ 为 Hessian 矩阵的扩展项，包括对于向量 $\boldsymbol{W}_{\{k\}}$ 的更高阶导数。

$$\boldsymbol{e}(\boldsymbol{W}_{\{k\}}) = [e_1(\boldsymbol{W}_{\{k\}}),\quad \cdots,\quad e_M(\boldsymbol{W}_{\{k\}})]^{\mathrm{T}} \tag{5-12}$$

是单个网络的输出误差向量，而

$$\boldsymbol{J}(\boldsymbol{W}_{\{k\}}) = \begin{bmatrix} \dfrac{\partial e_1(\boldsymbol{W}_{\{k\}})}{\partial W_{1\{k\}}} & \cdots & \dfrac{\partial e_1(\boldsymbol{W}_{\{k\}})}{\partial W_{m\{k\}}} \\ \vdots & & \vdots \\ \dfrac{\partial e_M(\boldsymbol{W}_{\{k\}})}{\partial W_{1\{k\}}} & \cdots & \dfrac{\partial e_M(\boldsymbol{W}_{\{k\}})}{\partial W_{m\{k\}}} \end{bmatrix} \tag{5-13}$$

$\boldsymbol{R}(\boldsymbol{W}_{\{k\}})$ 的值难以定义，因此对该项用正则化因子 $\boldsymbol{R}(\boldsymbol{W}_{\{k\}}) = v_L\boldsymbol{I}$ 近似，其中，v_L 是一个标量形式的 Levenberg－Marquardt 参数，其值在优化过程中会发生变化。下降方向 $\boldsymbol{p}_{\{k\}}$ 可写为

$$\boldsymbol{p}_{\{k\}} = -[[\boldsymbol{J}(\boldsymbol{W}_{\{k\}})]^{\mathrm{T}}\boldsymbol{J}(\boldsymbol{W}_{\{k\}}) + v_L\boldsymbol{I}]^{-1}[\boldsymbol{J}(\boldsymbol{W}_{\{k\}})]^{\mathrm{T}}\boldsymbol{e}(\boldsymbol{W}_{\{k\}}) \tag{5-14}$$

参数 v_L 在网络学习过程的初始阶段具有较大的数值，在接近最优解时趋向于零。尽管 Levenberg－Marquardt 算法有很高的收敛速率，但由于它涉及一个 $m \times m$ 维矩阵的求逆，所以在计算上很复杂。文献［12］中提出了一种改进的方法，避免了这一缺点。在网络结构不复杂的情况下，该算法可用于权值的在线自适应调整[4]。

5.1.4　共轭梯度法

共轭梯度法[7]不使用 Hessian 矩阵中包含的信息，而其建立的搜索方向 $\boldsymbol{p}_{\{k\}}$ 要保证与

之前的方向 $\boldsymbol{p}_{\{0\}}$，$\boldsymbol{p}_{\{1\}}$，…，$\boldsymbol{p}_{\{k-1\}}$ 都正交且共轭。上述条件得以满足的条件是关于矩阵 $\boldsymbol{G}$ 的下式成立

$$\boldsymbol{p}_{\{i\}}^{\mathrm{T}}\boldsymbol{G}\boldsymbol{p}_{\{j\}}=0,\quad i\neq j \tag{5-15}$$

其中，$i=0$，…，k，$j=0$，…，k，向量 $\boldsymbol{p}_{\{k\}}$ 的形式如下

$$\boldsymbol{p}_{\{k\}}=-\nabla\boldsymbol{E}_{\{k\}}+\sum_{i=0}^{k-1}\beta_{Si\{k\}}\boldsymbol{p}_{\{i\}} \tag{5-16}$$

其中，$\beta_{Si\{k\}}$ 为共轭系数。公式第二部分的求和项涉及之前的所有方向。对式（5-16）可以根据正交条件和给定向量之间的共轭关系进行简化，于是

$$\boldsymbol{p}_{\{k\}}=-\nabla\boldsymbol{E}_{\{k\}}+\beta_{S\{k-1\}}\boldsymbol{p}_{\{k-1\}} \tag{5-17}$$

代价函数的下降方向取决于求解点的梯度值、此前的搜索方向 $\boldsymbol{p}_{\{k-1\}}$ 与共轭系数 $\beta_{S\{k-1\}}$ 的乘积，该系数存储了此前搜索方向的信息。相关文献给出了许多确定该系数的公式，其中最著名的是[7]

$$\beta_{S\{k-1\}}=\frac{\nabla\boldsymbol{E}_{\{k\}}^{\mathrm{T}}(\nabla\boldsymbol{E}_{\{k\}}-\nabla\boldsymbol{E}_{\{k-1\}})}{\nabla\boldsymbol{E}_{\{k\}}^{T}\ \nabla\boldsymbol{E}_{\{k-1\}}} \tag{5-18}$$

实际上，在共轭梯度法中，由于在后续的计算周期中积累了舍入误差，下降方向向量之间的正交特性会丧失，这就是为什么该方法每隔几步就必须重新启动的原因。共轭梯度法展现出比最速下降法更高的收敛速度和更低的计算复杂度，因此，对于有几千个甚至更多变量的问题，它被认为是唯一有效的优化算法。

5.2　评价学习

强化学习的要素是与环境的动态互动，在这种互动中，采取了一些动作，并以数值奖励的形式对其进行评估，这些奖励对应于特定的、以目标为导向的行为[1,3]。学习过程的思路是建立一个对动作进行选择的策略，使奖励的值（也称为强化值）最大化。

强化学习源于对自然的观察，主要是对动物学习的研究。强化学习这个词与人工智能算法的自适应性和实验心理学的术语有关。前面提到的观察表明，如果在一个动作之后有一个满意的状态，或当前的状态得到了改善，则产生该动作的趋势就会得以加强（强化）。在动物学习中，食物或电击可以作为这种强化物。上述类比意味着强化值，通常被称为奖励，在某些情况下也可以被认为是一种惩罚。然而，对于人工智能算法的自适应过程来说，这些术语不应从字面上理解，其原因是没有固定的阈值来确定某个强化物是奖励还是惩罚。这些术语也是相对而言的，例如，在收到高奖励的系统状态下，较低的强化值可以被认为是一种惩罚，而在其他状态下，即使是低得多的强化值也可以被认为是一种奖励。在这些情形下，强化值的符号是次要的。它并不决定我们是在处理奖励还是惩罚。因此，在本书中，无论取值如何，奖励、强化或代价函数这些等价的术语都将适用。

强化学习被归类为一种无导师的学习方法。它使用训练信息来评估智能体的动作，而不是使用要采取哪些动作的指导信号。这种评估知识可以被理解为来自评价器而不是导师。因此，强化学习方法通常被称为评价学习方法，在本书中，它们可以互换通用。学习

过程是在一个对于智能体来说是未知的环境中进行的，而且这个环境往往是非确定性的和非静态的。简单来说，强化学习可以被定义为试错学习。在这种学习模式下，智能体在周围环境中应该以某种方式动作。由于没有对决策的先验评估知识，智能体的动作容易出错，然而评估性反馈会表明所采取的动作有多好，并允许改进控制策略，以使奖励最大化。强化学习的理念是根据观察到的状态、所采取动作的历史和收到的奖励来改进动作选择策略。

利用强化学习方法的自适应算法通常在离散时间域中运行。在这些决策过程中，根据第 k 步迭代中对象或环境的状态 $\boldsymbol{x}_{\{k\}}$ 和采取的动作 $\boldsymbol{u}_{\{k\}}$，来确定状态 $\boldsymbol{x}_{\{k+1\}}$。第 k 步的强化学习过程需要了解对象的状态 $\boldsymbol{x}_{\{k\}}$、当前控制策略下采取的动作 $\boldsymbol{u}_{\{k\}}$ 和强化值 $L_{C\{k\}}$，或者说，在状态 $\boldsymbol{x}_{\{k\}}$ 下采取动作 $\boldsymbol{u}_{\{k\}}$ 的值以及通过该动作达到的状态 $\boldsymbol{x}_{\{k+1\}}$。基于这样获得的一组信息，强化学习算法对当前控制策略进行改进。

学习环境可能不为智能体所知，并涉及不确定性。这会显著影响任务执行的难度和评价学习方法在实际中的可用性。环境的不确定性意味着，在所采取动作下，强化生成和状态转移的机制可能是随机的，而且在给定的状态 $\boldsymbol{x}_{\{k\}}$ 下多次执行相同的动作 $\boldsymbol{u}_{\{k\}}$ 可能会产生不同的状态 $\boldsymbol{x}_{\{k+1\}}$ 和强化值 $L_{C\{k\}}$。环境模型的相关知识并不是应用强化学习方法的必要条件，但是关于智能体-环境的额外信息可以被一些算法用来加速学习过程。

强化学习的目标是找到一个控制策略，使根据智能体收到的奖励定义的性能标准最大化。标准的选择决定了强化学习的类型，在相关文献中最常见的标准是性能指标，通过它使收到的奖励在长时间范围内最大化。在这种情况下，所应用的策略在短期内可能不是最优的，但它会使长期奖励最大化。这种类型的强化学习需要考虑到动作的延迟后果，并被称为从延迟奖励中学习，所用的算法解决了时间性奖励分配的问题。它根据长期控制目标对当前采取的动作进行评估，其中强化值不仅取决于动作的即时效果，还取决于它对未来任务实现的预测性影响。相反，在瞬时强化的学习中，被智能体最大化的性能标准是一个只与当前动作相关的奖励函数，而忽略了这些动作对未来的影响。

总而言之，在强化学习方法中，智能体没有训练样本可用，但它根据所选的目标函数使用信息来评估所采取的动作。其学习具有交互性，并通过试错法进行。在试错法中，智能体可以任意选择一个策略来实现目标。在强化学习中，没有学习阶段和算法测试阶段的区分，这两个过程是同时发生的。

最常见的使用强化学习的算法包括神经动态规划算法、Q 学习算法、R 学习算法和 SARSA 算法等。下面介绍 Q 学习算法，对神经动态规划算法的详细介绍可以在第 6 章中找到。

5.2.1 Q 学习算法

Q 学习算法是一种强化学习算法。该算法的初始版本工作于离散时间域中[11]。由于其优点，它已被广泛应用[1-3,5,13]，并经历了多次改进。在其最简单的形式，即所谓的单步 Q 学习算法中，算法的执行涉及对控制和代价函数 $Q_{L\{k\}}(\boldsymbol{x}_{\{k\}}, \boldsymbol{u}_{\{k\}})$ 的估计。

$$Q_{L\{k\}}(\boldsymbol{x}_{\{k\}},\boldsymbol{u}_{\{k\}})=\sum_{k=0}^{n}\gamma^{k}L_{C\{k\}}(\boldsymbol{x}_{\{k\}},\boldsymbol{u}_{\{k\}}) \tag{5-19}$$

其中，n 为迭代过程的总步数；γ 为未来奖励/惩罚折扣系数，从区间 $0\leqslant\gamma\leqslant 1$ 中选取；$L_{C\{k\}}(\boldsymbol{x}_{\{k\}},\ \boldsymbol{u}_{\{k\}})$ 为第 k 步的代价函数，也称为局部代价或强化系数；$\boldsymbol{x}_{\{k\}}$ 为状态向量；$\boldsymbol{u}_{\{k\}}$ 为第 k 步采取的动作所产生的控制信号向量。在 Q 学习算法中，代价函数总是依赖于对象的当前状态值和控制信号值。

对函数 $Q_{L\{k\}}(\boldsymbol{x}_{\{k\}},\ \boldsymbol{u}_{\{k\}})$ 估计的目标是最小化时序差分误差 $e_{TD\{k\}}$

$$e_{TD\{k\}}=L_{C\{k\}}(\boldsymbol{x}_{\{k\}},\boldsymbol{u}_{\{k\}})+\gamma\min_{\boldsymbol{u}_{\{k\}}}Q_{L\{k+1\}}(\boldsymbol{x}_{\{k+1\}},\boldsymbol{u}_{\{k\}})-Q_{L\{k\}}(\boldsymbol{x}_{\{k\}},\boldsymbol{u}_{\{k\}}) \tag{5-20}$$

在最简单的情况下，对函数 $Q_{L\{k\}}$ 的估计需要将与每组状态 $\boldsymbol{x}_{\{k\}}$ 与动作 $\boldsymbol{u}_{\{k\}}$ 对应的函数 $Q_{L\{k\}}(\boldsymbol{x}_{\{k\}},\ \boldsymbol{u}_{\{k\}})$ 的值输入到一个表中。这种方法只适用于离散系统，不能应用于连续时间域中的对象控制。有大量的文献对连续时域中的 Q 学习问题进行了研究[2,5,13]。基于函数 $Q_{L\{k\}}$ 的表格化表示，在第 k 步中，选择使函数 $Q_{L\{k\}}$ 的值最小的控制 $\boldsymbol{u}_{\{k\}}$，这就是所谓的贪婪策略。在文献［11］中已经证明，当 $k\to\infty$ 时，由 Q 学习算法产生的控制会收敛到最优值，其前提是每个状态 $\boldsymbol{x}_{\{k\}}$ 都被充分经常地访问到。

与动作器-评价器算法相比，Q 学习算法的主要优势在于其探索过程的强度。在 Q 学习算法中，无论当前应用什么控制策略，自适应过程都可以进行。与神经动态规划算法生成平滑的控制信号不同，前面所考虑的 Q 学习算法版本的缺点是输入空间是离散化的并且生成的是离散的控制律。在连续时间域运行的 Q 学习算法则没有这种缺点。为了执行 Q 学习算法，只需要一个自适应结构（例如表格形式）将函数 $Q_{L\{k\}}$ 的值映射到状态和控制空间，而动作器-评价器算法则需要两个自适应结构。

5.3 无导师学习

无导师学习[7,9]也被称为无监督学习，其学习序列只包含网络输入值，没有期望的输出信号。这类方法被应用于自组织网络的训练。它们通常是单层 NN，结构不复杂，常用于模式识别、数据聚类和压缩。在竞争性学习中，NN 的神经元相互竞争，目标是通过选择其权值来排列竞争性神经元，从而使性能指标最小化。该性能指标可以理解为输入向量 $\boldsymbol{x}_j$ 和获胜神经元的权值之间的误差，其中 j 为训练样本编号，$j=1$，…，p，p 为所有训练样本的数量。如果训练集包含 p 个网络输入向量形式的训练样本，那么通过应用欧几里得范数，性能指标可以表示为

$$E(\boldsymbol{W}_{\{k\}})=\frac{1}{p}\sum_{j=1}^{p}\|\boldsymbol{x}_j-\boldsymbol{W}_{i\{k\}}\| \tag{5-21}$$

其中，$\boldsymbol{W}_{i\{k\}}$ 为第 i 个神经元的权值向量，该神经元在网络学习过程的第 k 个周期中得到向量 $\boldsymbol{x}_j$ 时被认为是胜者，$k=0$，…，n；$\boldsymbol{W}_{\{k\}}=[\boldsymbol{W}_{1\{k\}},\ \cdots,\ \boldsymbol{W}_{m\{k\}}]^{\mathrm{T}}$，$m$ 为神经元数量。

自组织网络可以分为两类，这里的分类标准是如何通过权值的学习过程选取神经元/

神经元组。第一类是用 WTA（Winner Takes All）算法训练的 NN，第二类是用 WTM（Winner Takes Most）算法训练的网络。

5.3.1 胜者通吃网络

在自组织网络中，NN 输入信号的第 j 个向量 $\boldsymbol{x}_j=[x_{j,1},\ \cdots,\ x_{j,N}]^{\mathrm{T}}$ 被送到所有 m 个神经元的输入端，其中输入信号 $\boldsymbol{x}_j$ 和所有权值向量 $\boldsymbol{W}_{i(k)}$ 之间的距离主要通过使用以下欧几里得距离来度量

$$d_i(\boldsymbol{x}_j,\boldsymbol{W}_{i(k)})=\|\boldsymbol{x}_j-\boldsymbol{W}_{i(k)}\|=\sqrt{\sum_{h=1}^{N}(x_{j,h}-W_{i,h(k)})^2} \tag{5-22}$$

根据式（5－22）计算出的具有最短距离的神经元产生的输出值为 1，因此被称为胜者，而其余神经元的输出值为 0。获胜神经元的权值根据下式调整

$$\boldsymbol{W}_{i(k+1)}=\boldsymbol{W}_{i(k)}+\boldsymbol{\Gamma}_{N(k)}[\boldsymbol{x}_j-\boldsymbol{W}_{i(k)}] \tag{5-23}$$

其中，$\boldsymbol{\Gamma}_{N(k)}$ 为由 NN 权值强化系数组成的正定对角矩阵，这些系数的值取决于学习过程的第 k 步。它们的初始值比较高，后续会降低。在自组织网络中，关键问题是对输入到 NN 中的信号进行归一化。

自组织网络的运行，其实质是将 p 个训练样本分为 m 个类别，这些类别由网络的神经元代表。一旦学习过程完成，权值向量 $\boldsymbol{W}_{i(n)}$ 就会成为 NN 所识别的类的中心。

5.3.2 胜者多吃网络

在没有导师的情况下，采用 WTA 方法的学习中，只有一个神经元的权值被调整，在给定的距离下，该神经元与输入向量的值最接近。而在 WTM 学习算法中，不仅要调整获胜者的权值，还要调整获胜者附近的神经元的权值。Kohonen 算法是自组织网络的一个例子，其权值训练是通过 WTM 方法进行的。在 Kohonen 网络中，相邻神经元被永久性地排列成一个网格。在学习过程中，必须找到一个获胜的神经元，其权值向量根据采用的距离范数最接近 NN 的输入向量。最佳结果可以应用如下高斯型隶属函数来获得

$$G(i,\boldsymbol{x}_j)=\exp\left(-\frac{d_i^2(\boldsymbol{x}_j,\boldsymbol{W}_{i(k)})}{2l_K^2}\right) \tag{5-24}$$

其中，l_K 是邻域半径。根据邻域半径和距离式（5－22）的值，获胜者邻域中的神经元的权值按照下式发生不同程度的变化。

$$\boldsymbol{W}_{i(k+1)}=\boldsymbol{W}_{i(k)}+\Gamma_{Ni,i(k)}G(i,\boldsymbol{x}_j)[\boldsymbol{x}_j-\boldsymbol{W}_{i(k)}] \tag{5-25}$$

其中，强化系数对角矩阵 $\boldsymbol{\Gamma}_{N(k)}$ 的值最初很高，然后随着学习过程的继续而降低。

将 WTM 应用于无导师训练的网络神经元排列的另一个例子是神经气（Neural Gas）算法，其所有神经元的权值向量和输入向量之间的距离是根据所采用的距离范数来计算的。神经元按距离［式（5－22）］递增的顺序排列，并有一个指定的编号 h_{NGi}，其中获胜的神经元 $h_{NGi}=0$，而具有最远权值向量的神经元 $h_{NGi}=m-1$。下列隶属度函数定义了第 i 个神经元权值调整的程度

$$G(i, \boldsymbol{x}_j) = \exp\left(-\frac{h_{NGi}}{l_{NG}}\right) \tag{5-26}$$

其中，l_{NG} 是邻域半径，它随着 NN 学习过程的继续而减小。在 $l_{NG}=0$ 的情况下，该算法实际上是按照 WTA 方法运行的。神经元的权值根据式（5-25）训练。

神经气算法被认为是组织神经元的有效算法，而且只要适当选择过程参数，它的表现比 Kohonen 算法更好。

参考文献

[1] Barto, A., Sutton, R.: Reinforcement Learning: An Introduction. MIT Press, Cambridge (1998).

[2] Barto, A., Mahadevan, S.: Recent advances in hierarchical reinforcement learning. Discret. Event Dyn. Syst. **13**, 343-379 (2003).

[3] Cichosz, P.: Learning Systems (in Polish). WNT, Warsaw (2000).

[4] Dias, F. M., et al.: Using the Levenberg-Marquardt for on-line training of a variant system. Lecture Notes in Computer Science, vol. 3697, pp. 359-364 (2005).

[5] Hagen, S., Krose, B.: Neural Q-learning. Neural Comput. Appl. **12**, 81-88 (2003).

[6] Jamshidi, M., Zilouchian, A.: Intelligent Control Systems Using Soft Computing Methodologies. CRC Press, London (2001).

[7] Osowski, S.: Neural Networks (in Polish). Warsaw University of Technology Publishing House, Warsaw (1996).

[8] Osowski, S.: Neural Networks - An Algorithmic Approach (in Polish). WNT, Warsaw (1996).

[9] Rutkowski, L.: Computational Intelligence - Methods and Techniques (in Polish). Polish Scientific Publishers PWN, Warsaw (2005).

[10] Stadnicki, J.: Theory and Practice of Optimization Task Solving (in Polish). WNT, Warsaw (2006).

[11] Watkins, C.: Learning from delayed rewards. Ph. D. thesis, Cambridge University, Cambridge, England (1989).

[12] Wilamowski, B., Kaynak, O.: An algorithm for fast convergence in training neural networks. In: Proceedings of IJCNN, vol. 3, pp. 1178-1782 (2001).

[13] Zelinsky, A., Gaskett, C., Wettergreen, D.: Q-learning in continuous state and action spaces. In: Proceedings of the Australian Joint Conference on Artificial Intelligence, pp. 417-428. Springer, Berlin (1999).

第 6 章　自适应动态规划——离散形式

本章介绍如何在 Bellman DP 方法中应用自适应结构来近似价值函数。这种应用产生了一系列的神经动态规划算法，这些算法可用于动态对象的在线控制。本章还将考察上述这一系列算法的主要特点，并将对所选定的一些动作器-评价器方法进行描述，如启发式动态规划算法、双启发式动态规划算法和全局双启发式动态规划算法，这些方法假定数学模型可用；以及无模型方法，即动作依赖启发式动态规划算法。

6.1　神经动态规划

神经动态规划（NDP）算法通常采用动作器-评价器结构，也被称为自适应评价设计(ACD)[1,6,9,14,30,41-43]。动作器和评价器可以通过任意类型的自适应结构形式来实现，例如 NN。本章所描述的 NDP 算法是在离散时间域中运行的。

在基于 NDP 算法的控制中，次优控制律和相应的次优状态轨迹的确定是从迭代过程的第一步到最后一步进行的。NDP 中状态轨迹确定的原理图如图 6－1 所示。在迭代过程的第一步 $k=0$，系统的状态是 c，要从这里转移到状态 h。由于在 NDP 算法中应用了自适应结构来实现动作器和评价器，在第一次试验（$\xi=1$）中［一次试验可理解为由过程的所有离散步 k（$k=0$，…，n，其中 n 是迭代的总步数）组成的序列的一次在线运行］，所确定的次优状态轨迹 1 可能偏离最优轨迹 5。这种偏离是由自适应参数（如 NN 权值）的初值选择导致的。因此，自适应过程的第一个序列的价值函数 V_{ch} 可能不是最优的。

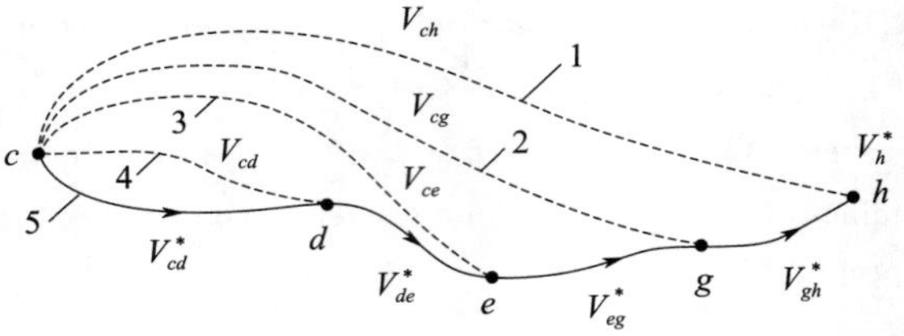

图 6－1　利用 NDP 算法确定次优状态轨迹原理图

将知识库保留在自适应结构中（例如以 NN 存储的权值的形式），可以使第二次试验（$\xi=2$）确定的次优轨迹 2 比前一次试验得到的次优轨迹“更接近”期望的最优轨迹。第二个序列的价值函数是 $V_{cg}+V_{gh}^*$，其值低于第一个序列产生的价值函数值，即 $V_{cg}+V_{gh}^*<V_{ch}$。同样，在第三次试验（$\xi=3$）中，价值函数是 $V_{ce}+V_{eg}^*+V_{gh}^*$。在一个在线过程中继续进行动作器-评价器的参数自适应调整，可以确定出接近最优的次优轨迹和次优控制律。

NDP 算法不像 Bellman DP 那样受到限制，它具有以下优势：

1）由于应用了 NN，计算复杂度较低。

2）在一个给定的迭代步中，只针对对象的当前状态计算控制量和价值函数。

3）计算是从迭代过程的第一步到最后一步进行的。

4）在线过程中可能会产生次优控制。

NDP 结构的目标是产生控制律 $\boldsymbol{u}_{A\{k\}}$，使价值函数 $V_{\{k\}}$ 最小化，该函数定义了从过程的当前状态 $k=0$ 转移到最终状态 $k=n$ 的代价，定义如下

$$V_{\{k\}}(\boldsymbol{x}_{\{k\}},\boldsymbol{u}_{A\{k\}})=\sum_{k=0}^{n}\gamma^{k}L_{C\{k\}}(\boldsymbol{x}_{\{k\}},\boldsymbol{u}_{A\{k\}}) \tag{6-1}$$

其中，n 为迭代过程的总步数，$\gamma(0\leqslant\gamma\leqslant 1)$ 为所谓的未来奖励/惩罚折扣系数，$L_{C\{k\}}(\boldsymbol{x}_{\{k\}},\boldsymbol{u}_{A\{k\}})$ 为代价函数，也被称为第 k 步的局部代价，$\boldsymbol{x}_{\{k\}}$ 为对象的状态向量，$\boldsymbol{u}_{A\{k\}}$ 为由动作器的自适应结构产生的控制信号向量（在动作器中，控制算法不包含其他产生控制信号的组成部分，如 PD 控制器或鲁棒控制项）。

代价函数通常被选取为对象的状态和/或控制的二次型形式

$$L_{C\{k\}}(\boldsymbol{x}_{\{k\}},\boldsymbol{u}_{A\{k\}})=\frac{1}{2}(\boldsymbol{x}_{\{k\}}^{\mathrm{T}}\boldsymbol{R}\boldsymbol{x}_{\{k\}}+\boldsymbol{u}_{A\{k\}}^{\mathrm{T}}\boldsymbol{Q}\boldsymbol{u}_{A\{k\}}) \tag{6-2}$$

其中，$\boldsymbol{R}$、$\boldsymbol{Q}$ 为正定的常值设计矩阵。

一般情况下，NDP 结构包括：

1）预测模型，其任务是预测第 $k+1$ 步的过程状态 $\boldsymbol{x}_{\{k+1\}}$。在缺乏被控过程解析描述的情况下，可以使用自适应模型，例如 NN。一些 NDP 算法不需要对象模型。

2）动作器，其任务是生成次优控制律 $\boldsymbol{u}_{A\{k\}}$。当动作器的结构以 NN 形式实现时，动作器的权值根据评价器 NN 产生的信号进行调整。

3）评价器，其任务是对价值函数 $V_{\{k\}}$ 或其相对于状态的导数 $\boldsymbol{\lambda}_{\{k\}}=\partial V_{\{k\}}(\boldsymbol{x}_{\{k\}},\boldsymbol{u}_{A\{k\}})/\partial\boldsymbol{x}_{\{k\}}$ 进行近似（取决于所用算法的类型）。

根据评价器结构所执行的函数、动作器-评价器所用的参数自适应调整算法，以及对被控对象模型的要求的不同，NDP 算法可以作如下分类[12-14,41,42,44,45]：

1）启发式动态规划（HDP），这是基本的 NDP 算法，其评价器自适应结构对价值函数 $V_{\{k\}}$ 进行近似，而动作器自适应结构则产生次优控制律 $\boldsymbol{u}_{A\{k\}}$。

2）双启发式动态规划（DHP），与 HDP 算法的不同之处在于，DHP 评价器结构对价值函数相对于被控对象状态的导数 $\boldsymbol{\lambda}_{\{k\}}=\partial V_{\{k\}}(\boldsymbol{x}_{\{k\}},\boldsymbol{u}_{A\{k\}})/\partial\boldsymbol{x}_{\{k\}}$ 进行近似，这使得动作器-评价器 NN 权值的自适应调整算法复杂化，但加快了 NN 参数自适应调整的过程，提高了所生成的控制的性能。

3）全局化双启发式动态规划（GDHP），其中动作器和评价器的构建方式与 HDP 算法相同。其评价器结构的自适应算法包含了 HDP 和 DHP 所特有的算法，因此其评价器结构的自适应调整过程也更加复杂。

4）动作依赖启发式动态规划（ADHDP），与 HDP 算法的不同之处在于，其动作器产生的控制信号被送进评价器 NN 的输入端，从而简化了动作器的参数自适应调整算法。

5）动作依赖双启发式动态规划（ADDHP），与 DHP 算法的不同之处在于，其评价

器 NN 的输入向量包含生成的控制信号，从而简化了动作器的参数自适应调整算法。

6）动作依赖全局化双启发式动态规划（ADGDHP），与 GDHP 的不同之处在于，评价器 NN 的输入向量包括生成的控制信号，从而简化了动作器的参数自适应调整算法。

NDP 算法系列如图 6-2 所示。

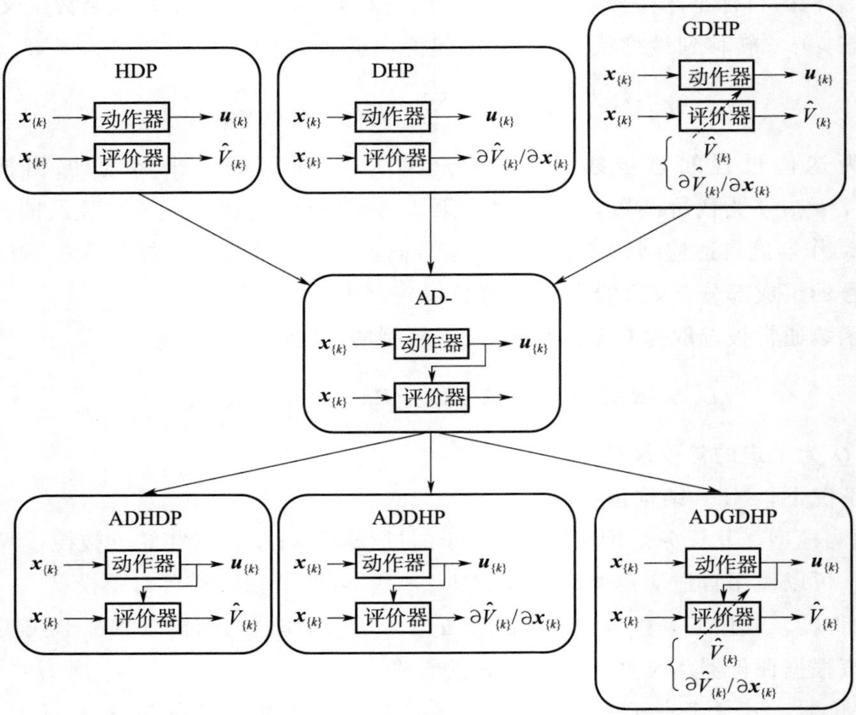

HDP—启发式动态规划
DHP—双启发式动态规划
GDHP—全局双启发式动态规划
AD—动作依赖

图 6-2　NDP 算法系列的示意图

NDP 算法经常用于非线性对象的控制，如 WMR[57]，其原因是它们的性能优于经典的 Bellman DP 算法。在具有转向不足倾向的非线性系统的控制中使用自适应评价设计，这方面最早发表的论文之一是文献［6］。对 NDP 结构的全面描述可以在文献［4，14，31，32，42，44，62，65］中找到。NDP 算法最初是以离散形式[6,42,44]表述的，然后被扩展到连续形式[2,18,53,54,58]。

人们对强化学习算法的兴趣日益增加，这一点可以从其在各个领域应用的文献数量看出。强化学习算法的使用有助于解决与空中机器人（如无人驾驶直升机）[39]或水下机器人（如自主潜水艇）[7]的自主控制有关的难题。世界范围内的科技文献对强化学习算法的应用给出了大量描述，如移动机器人的轨迹规划[28]、交通灯控制[3]、电力系统控制[10]。然而，它们大多数应用的是 Q 学习算法[4,5,8,16,67]。

近年来，只有少量文献对 NDP 算法的应用给予了关注，例如，将 ADHDP 算法用于和多机动力系统相连的静态补偿器[35]，或将 HDP 和 DHP 算法用于目标识别[27]。文献［51］和文献［34］分别介绍了 NDP 算法在移动机器人的控制和轨迹生成中的应用。文献［59，68］描述了 HDP 算法在非线性系统控制中的应用，并给出了仿真结果。文献［29］用 DHP 算法对四轮车的控制进行了数值仿真。文献［52］用自适应评价设计对双轮移动机器人进行了跟踪控制，并给出了数值仿真结果。文献［17］针对受限条件下的导弹，采用动作器-评价器算法成功地进行了次优控制设计，而其他方法被作者证明是无效的。针对涡轮发电机的控制，文献［55］将离线训练的 HDP 和 DHP 算法同传统的 PID 控制器进行了比较，发现 NDP 算法可以获得更好的结果。文献［64］针对 WMR 上选定点的跟踪控制，为 PD 控制器参数的自动选取设计了自适应评价算法。文献［63］也给出了令人感兴趣的结果，它基于 HDP 和 DHP 结构，提出了新内核版本的算法，与标准版本的算法相比效率更高。文献［61］介绍了 GDHP 算法在线性对象控制中的实现，文献［11，33，60］介绍了其在非线性对象控制中的实现，而文献［56］则介绍了其在涡轮发电机控制中的应用。文献［40］提出了一种新型的强化学习算法架构——自然动作器-评价器(NAC)，并利用车杆平衡问题对所提出的算法进行了数值测试。最近的文献［53，54，58］介绍了 NDP 算法在模型未知的动态对象控制中的应用研究结果。NDP 算法的另一个研究方向是用第三个组件，即所谓的目标网络，来对动作器-评价器结构进行扩展。其价值函数是根据目标网络的输出来表示的，这改善了动作器-评价器结构的自适应过程，并提高了控制性能[36-38,69]。需要注意的是，在世界范围内，与 NDP 结构在控制系统中的应用有关的文献主要限于理论研究和数值仿真测试。

本章的后续部分将详细描述采用 HDP[21,23]、DHP[15,19,20,23-25,48]、GDHP[26,47,49,50]和 ADHDP[22]型 NDP 结构，它们已被用于 WMR 和机械手跟踪控制算法的综合。由于本书所涉及问题的特殊性，下面的讨论只限于上述 NDP 算法。为了能够以实时的方式，通过控制系统快速原型设计的途径，对 WMR 上的选定点和机械手实施所设计的 NDP 结构的跟踪控制算法，要求所提出的算法具有简单的形式和易于算法化的程序，以用于动作器-评价器结构参数的自适应调整。

6.2　基于模型的学习方法

在六种 NDP 算法中，有五种需要被控对象的数学模型。数学模型的信息可能为动作器 NN 权值的自适应调整过程所需要，为评价器 NN 权值的自适应调整过程所需要，为这两个 NN 参数自适应调整过程所需要，或者根本不被需要，这取决于评价器结构所逼近的函数（价值函数 $V_{\{k\}}$ 或其相对于对象状态的导数 $\boldsymbol{\lambda}_{\{k\}}=\partial V_{\{k\}}(\boldsymbol{x}_{\{k\}},\boldsymbol{u}_{A\{k\}})/\partial \boldsymbol{x}_{\{k\}}$），以及是否通过生成的控制信号对评价网络输入向量进行扩展。表 6-1 列出了 NDP 动作器-评价器的参数自适应调整过程对数学模型的要求情况。符号“＋”是指在给定结构的参数自适应调整算法的综合中需要有一个模型，而符号“－”的意思是不需要这种模型的信息。

表 6－1　NDP 结构自适应过程对模型的要求

算法	动作器	评价器
HDP	＋	－
DHP	＋	＋
GDHP	＋	＋
ADHDP	－	－
ADDHP	－	＋
ADGDHP	－	＋

本节将讨论三种 NDP 结构，即 HDP、DHP 和 GDHP，它们的动作器和评价器的自适应过程都需要有被控对象的数学描述。

6.2.1　启发式动态规划

HDP 算法是 NDP 算法系列中的基本算法。其组成如下：

1）预测模型：其任务是预测被控对象在第 $k+1$ 步的状态 $\boldsymbol{x}_{\{k+1\}}$。

2）动作器：可以以某种自适应结构（例如 NN）的形式实现，该自适应结构需能映射任何非线性函数。动作器按下式产生第 k 步的次优控制律 $\boldsymbol{u}_{A\{k\}}$

$$\boldsymbol{u}_{A\{k\}}(\boldsymbol{x}_{A\{k\}},\boldsymbol{W}_{A\{k,l\}})=\boldsymbol{W}_{A\{k,l\}}^{\mathrm{T}}\boldsymbol{S}(\boldsymbol{x}_{A\{k\}}) \tag{6-3}$$

其中，$\boldsymbol{W}_{A\{k,l\}}$ 为动作器 NN 输出层的权值矩阵，对应过程的第 k 步，权重自适应调整内部计算循环的第 l 步；$\boldsymbol{x}_{A\{k\}}$ 为动作器 NN 的输入向量，其构造取决于被控过程的具体特征；$\boldsymbol{S}(\boldsymbol{x}_{A\{k\}})$ 为神经元激活函数向量。一般情况下，$\boldsymbol{x}_{A\{k\}}=[\boldsymbol{\kappa}_A\boldsymbol{x}_{\{k\}}]$，其中，$\boldsymbol{\kappa}_A$ 是动作器 NN 输入的缩放系数矩阵，它是正定的对角矩阵。

在 HDP 算法中，动作器 NN 权值自适应调整程序的目标是最小化性能指标

$$\boldsymbol{e}_{A\{k\}}=\frac{\partial L_{C\{k\}}(\boldsymbol{x}_{\{k\}},\boldsymbol{u}_{A\{k\}})}{\partial \boldsymbol{u}_{A\{k\}}}+\gamma\left[\frac{\partial \boldsymbol{x}_{\{k+1\}}}{\partial \boldsymbol{u}_{A\{k\}}}\right]^{\mathrm{T}}\frac{\partial \hat{V}_{\{k+1\}}(\boldsymbol{x}_{C\{k+1\}},\boldsymbol{W}_{C\{k,l\}})}{\partial \boldsymbol{x}_{\{k+1\}}} \tag{6-4}$$

在此过程中可以使用任何权值自适应调整方法，例如，根据下式进行权值调整

$$\boldsymbol{W}_{A\{k,l+1\}}=\boldsymbol{W}_{A\{k,l\}}-\boldsymbol{e}_{A\{k\}}\boldsymbol{\Gamma}_A\frac{\partial \boldsymbol{u}_{A\{k\}}(\boldsymbol{x}_{A\{k\}},\boldsymbol{W}_{A\{k,l\}})}{\partial \boldsymbol{W}_{A\{k,l\}}} \tag{6-5}$$

其中，$\boldsymbol{\Gamma}_A$ 为动作器 NN 权值学习的强化系数矩阵，它是正定的常值对角矩阵，$\Gamma_{Ai,i}\in[0,1]$，i 为下标。

3）评价器：可以以某种自适应结构（例如 NN）的形式实现，该自适应结构需能映射任何非线性函数。评价器对价值函数 $V_{\{k\}}(\boldsymbol{x}_{\{k\}},\boldsymbol{u}_{A\{k\}})$ 进行估计。评价器 NN 在第 k 步的输出可写为

$$\hat{V}_{\{k\}}(\boldsymbol{x}_{C\{k\}},\boldsymbol{W}_{C\{k,l\}})=\boldsymbol{W}_{C\{k,l\}}^{\mathrm{T}}\boldsymbol{S}(\boldsymbol{x}_{C\{k\}}) \tag{6-6}$$

其中，$\boldsymbol{W}_{C\{k,l\}}$ 为评价器 NN 输出层的权值向量，对应过程的第 k 步，权值自适应调整内部计算循环的第 l 步；$\boldsymbol{x}_{C\{k\}}$ 为评价器 NN 的输入向量，其构造基于所采用的价值函数；$\boldsymbol{S}(\boldsymbol{x}_{C\{k\}})$ 为神经元激活函数向量。一般情况下，当局部代价 $L_{C\{k\}}(\boldsymbol{x}_{\{k\}},\boldsymbol{u}_{A\{k\}})$ 是对象状态

$\boldsymbol{x}_{\{k\}}$ 和控制 $\boldsymbol{u}_{A\{k\}}$ 的函数时，$\boldsymbol{x}_{C\{k\}}=[\boldsymbol{\kappa}_C[\boldsymbol{x}_{\{k\}}^{\mathrm{T}},\ \boldsymbol{u}_{A\{k\}}^{\mathrm{T}}]^{\mathrm{T}}]$，其中 $\boldsymbol{\kappa}_C$ 是评价器 NN 输入的缩放系数矩阵，它是正定的对角矩阵。

评价器 NN 输出层权值 $\boldsymbol{W}_{C\{k,\ l\}}$ 的自适应调整是通过最小化如下时序差分误差 $e_{C\{k\}}$ 来实现的

$$e_{C\{k\}}=L_{C\{k\}}(\boldsymbol{x}_{\{k\}},\boldsymbol{u}_{A\{k\}})+\gamma\hat{V}_{\{k+1\}}(\boldsymbol{x}_{C\{k+1\}},\boldsymbol{W}_{C\{k,l\}})-\hat{V}_{\{k\}}(\boldsymbol{x}_{C\{k\}},\boldsymbol{W}_{C\{k,l\}}) \quad (6-7)$$

其中，$\boldsymbol{x}_{C\{k+1\}}$ 是第 $k+1$ 步进入评价器 NN 的输入向量，其由预测模型获得，$\boldsymbol{u}_{A\{k\}}=\boldsymbol{u}_{A\{k\}}(\boldsymbol{x}_{A\{k\}},\ \boldsymbol{W}_{A\{k,\ l+1\}})$。评价器 NN 输出层的权值 $\boldsymbol{W}_{C\{k,\ l\}}$ 根据下式进行自适应调整

$$\boldsymbol{W}_{C\{k,l+1\}}=\boldsymbol{W}_{C\{k,l\}}-e_{C\{k\}}\boldsymbol{\Gamma}_C\frac{\partial\hat{V}_{\{k\}}(\boldsymbol{x}_{C\{k\}},\boldsymbol{W}_{C\{k,l\}})}{\partial\boldsymbol{W}_{C\{k,l\}}} \quad (6-8)$$

其中，$\boldsymbol{\Gamma}_C$ 为评价器 NN 权值学习的强化系数矩阵，它是常值对角矩阵，$\Gamma_{Ci,\ i}\in[0,\ 1]$。

图 6-3 给出了 HDP 型 NDP 结构的一般示意图。

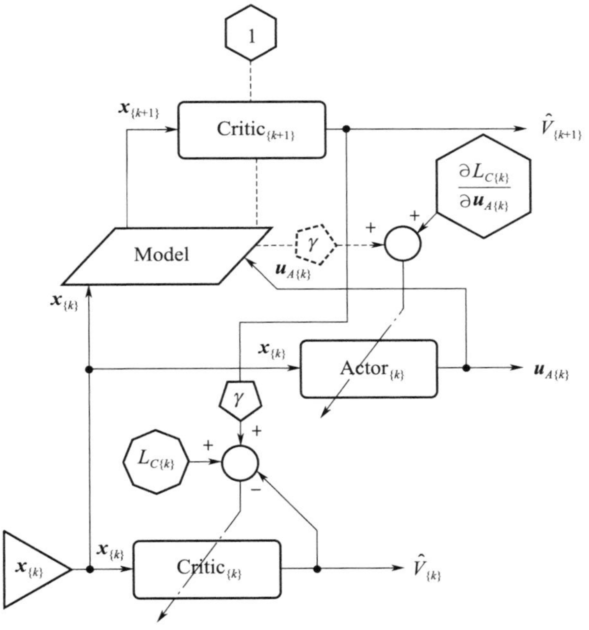

图 6-3　HDP 型 NDP 结构的示意图

HDP 算法的自适应程序[14]由两个自适应过程组成，它们在第 k 步循环执行。

1）策略改进程序是在过程的第 k 步，通过内部循环迭代 $l=0,\ 1,\ \cdots,\ l_{AC}$ 对控制律进行循环式调整。其目的是通过调整动作器 NN 的权重 $\boldsymbol{W}_{A\{k,\ l\}}$，使得当 $l=0,\ 1,\ \cdots,\ l_{AC}$ 时，所产生的控制信号 $\boldsymbol{u}_{A\{k\}}(\boldsymbol{x}_{A\{k\}},\ \boldsymbol{W}_{A\{k,\ l\}})$ 收敛到最优值 $\boldsymbol{u}_{A\{k\}}^{*}$，其中 l_{AC} 为过程的第 k 步的内部循环迭代总步数。参数 l_{AC} 在离散过程的每一步中可以是常数或变量。

HDP 算法的策略改进程序按照下列方式进行：

a）下述变量的值是已知的：$\boldsymbol{x}_{\{k\}}$，$\boldsymbol{u}_{A\{k\}}(\boldsymbol{x}_{A\{k\}},\ \boldsymbol{W}_{A\{k,\ l\}})$ 和 $\hat{V}_{\{k\}}(\boldsymbol{x}_{C\{k\}},\ \boldsymbol{W}_{C\{k,\ l\}})$，其中 $l=0$，$\boldsymbol{W}_{A\{k,\ l=0\}}=\boldsymbol{W}_{A\{k-1,\ l_{AC}\}}$，$\boldsymbol{W}_{C\{k,\ l=0\}}=\boldsymbol{W}_{C\{k-1,\ l_{AC}\}}$。

b）在过程的第 k 步的内部循环（$l=0$，1，…，l_{AC}）中，进行以下计算：

· 计算局部代价 $L_{C\{k\}}(\boldsymbol{x}_{\{k\}},\boldsymbol{u}_{A\{k\}})$ 相对于生成的控制变量 $\boldsymbol{u}_{A\{k\}}$ 的导数值

$$\frac{\partial L_{C\{k\}}(\boldsymbol{x}_{\{k\}},\boldsymbol{u}_{A\{k\}})}{\partial \boldsymbol{u}_{A\{k\}}} \tag{6-9}$$

· 根据预测模型确定对象在第 $k+1$ 步的状态值 $\boldsymbol{x}_{\{k+1\}}$

$$\boldsymbol{x}_{\{k+1\}}=\boldsymbol{f}(\boldsymbol{x}_{\{k\}},\boldsymbol{u}_{A\{k\}}) \tag{6-10}$$

· 按照下式计算价值函数的估计 $\hat{V}_{\{k+1\}}(\boldsymbol{x}_{C\{k+1\}},\boldsymbol{W}_{C\{k,l\}})$ 相对于状态 $\boldsymbol{x}_{\{k+1\}}$ 的导数值

$$\frac{\partial \hat{V}_{\{k+1\}}(\boldsymbol{x}_{C\{k+1\}},\boldsymbol{W}_{C\{k,l\}})}{\partial \boldsymbol{x}_{\{k+1\}}} \tag{6-11}$$

· 确定对象在第 $k+1$ 步的状态相对于控制信号的导数值

$$\frac{\partial \boldsymbol{x}_{\{k+1\}}}{\partial \boldsymbol{u}_{A\{k\}}} \tag{6-12}$$

· 根据式（6-4），计算误差值 $\boldsymbol{e}_{A\{k\}}$。

· 根据式（6-5），通过梯度法对动作器 NN 输出层的权值进行自适应调整。

c）通过实施策略改进程序，得到了动作器 NN 的权值 $\boldsymbol{W}_{A\{k,l+1\}}$ 和 $\boldsymbol{u}_{A\{k\}}(\boldsymbol{x}_{A\{k\}},\boldsymbol{W}_{A\{k,l+1\}})$ 的新值。

2）价值确定运算是在被控过程的第 k 步，通过内部循环迭代 $l=0$，…，l_{AC} 对价值函数的估计进行循环调整。其目的是通过调整评价器 NN 的权值 $\boldsymbol{W}_{C\{k,l\}}$，使得当 $l=0$，1，…，l_{AC} 时，价值函数估计的生成信号 $\hat{V}_{\{k\}}(\boldsymbol{x}_{C\{k\}},\boldsymbol{W}_{C\{k,l\}})$ 收敛到最优值 $V^*_{\{k\}}$。

确定 HDP 结构的价值函数的算法是按以下方式执行的：

a）已知以下变量的值：$\boldsymbol{x}_{\{k\}}$，$\boldsymbol{u}_{A\{k\}}(\boldsymbol{x}_{A\{k\}},\boldsymbol{W}_{A\{k,l+1\}})$ 和 $\hat{V}_{\{k\}}(\boldsymbol{x}_{C\{k\}},\boldsymbol{W}_{C\{k,l\}})$。

b）在过程的第 k 步的内部循环（$l=0$，1，…，l_{AC}）中，进行以下计算：

· 根据对象的状态 $\boldsymbol{x}_{\{k\}}$ 和从策略改进程序中获得的动作器 NN 控制信号 $\boldsymbol{u}_{A\{k\}}(\boldsymbol{x}_{A\{k\}},\boldsymbol{W}_{A\{k,l+1\}})$ 计算代价函数 $L_{C\{k\}}(\boldsymbol{x}_{\{k\}},\boldsymbol{u}_{A\{k\}})$。

· 根据预测模型和经过自适应调整的控制律 $\boldsymbol{u}_{A\{k\}}(\boldsymbol{x}_{A\{k\}},\boldsymbol{W}_{A\{k,l+1\}})$，确定对象在第 $k+1$ 步的状态值 $\boldsymbol{x}_{\{k+1\}}$

$$\boldsymbol{x}_{\{k+1\}}=\boldsymbol{f}(\boldsymbol{x}_{\{k\}},\boldsymbol{u}_{A\{k\}}) \tag{6-13}$$

· 计算代价函数的估计值 $\hat{V}_{\{k+1\}}(\boldsymbol{x}_{C\{k+1\}},\boldsymbol{W}_{C\{k,l\}})$。

· 根据式（6-7），确定误差 $e_{C\{k\}}$。

· 根据式（6-8），通过梯度法对评价器 NN 输出层的权值进行自适应调整。

c）如果不满足 $l=l_{AC}$ 或其他任何假设的收敛条件，内部循环计算将在过程的第 k 步中重复进行，从而自适应调整动作器-评价器 NN 的权值。

对于采用 HDP 型 NDP 结构，其动作器-评价器 NN 的权值自适应调整过程实际上就是在离散过程的第 k 步循环地执行控制律改进程序和价值函数确定运算。图 6-4 给出了内部计算循环的 l_{AC} 次迭代过程的示意图，其中 $\boldsymbol{u}_{A\{k,l\}}=\boldsymbol{u}_{A\{k\}}(\boldsymbol{x}_{A\{k\}},\boldsymbol{W}_{A\{k,l\}})$，$\hat{V}_{\{k,l\}}=$

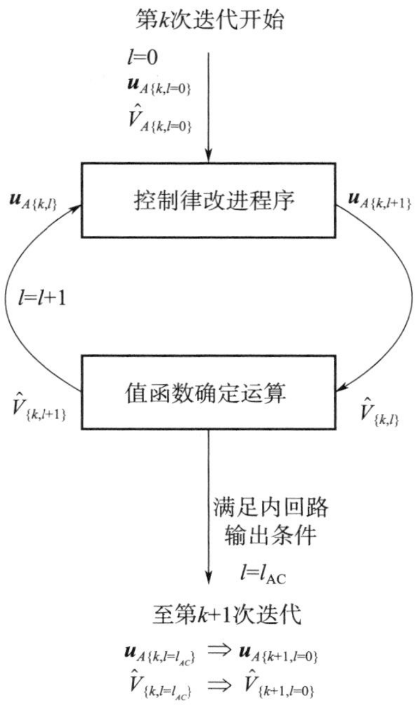

图 6－4　HDP 结构 NN 的内部循环权值自适应调整过程示意图

$\hat{V}_{\{k\}}(\boldsymbol{x}_{C\{k\}}, \boldsymbol{W}_{C\{k,l\}})$。图 6－5 给出了 HDP 型 NDP 结构的 NN 权值自适应调整过程示意图。

6.2.2　双启发式动态规划

DHP 算法属于高级 ACD 的范畴，其组成如下：

1）预测模型：其任务是预测被控对象在第 $k+1$ 步的状态 $\boldsymbol{x}_{\{k+1\}}$。

2）动作器：可以以某种自适应结构（例如 NN）的形式实现，该自适应结构需能映射任何非线性函数。动作器根据下式产生第 k 步的次优控制律 $\boldsymbol{u}_{A\{k\}}$

$$\boldsymbol{u}_{A\{k\}}(\boldsymbol{x}_{A\{k\}}, \boldsymbol{W}_{A\{k,l\}}) = \boldsymbol{W}_{A\{k,l\}}^{\mathrm{T}} \boldsymbol{S}(\boldsymbol{x}_{A\{k\}}) \tag{6-14}$$

在 DHP 算法中，动作器 NN 权值自适应调整程序的目标是最小化性能指标

$$\boldsymbol{e}_{A\{k\}} = \frac{\partial L_{C\{k\}}(\boldsymbol{x}_{\{k\}}, \boldsymbol{u}_{A\{k\}})}{\partial \boldsymbol{u}_{A\{k\}}} + \gamma \left[\frac{\partial \boldsymbol{x}_{\{k+1\}}}{\partial \boldsymbol{u}_{A\{k\}}}\right]^{\mathrm{T}} \hat{\boldsymbol{\lambda}}_{\{k+1\}}(\boldsymbol{x}_{C\{k+1\}}, \boldsymbol{W}_{C\{k,l\}}) \tag{6-15}$$

在此过程中，可以根据如下关系式进行权值调整

$$\boldsymbol{W}_{A\{k,l+1\}} = \boldsymbol{W}_{A\{k,l\}} - \boldsymbol{e}_{A\{k\}} \boldsymbol{\Gamma}_A \frac{\partial \boldsymbol{u}_{A\{k\}}(\boldsymbol{x}_{A\{k\}}, \boldsymbol{W}_{A\{k,l\}})}{\partial \boldsymbol{W}_{A\{k,l\}}} \tag{6-16}$$

其中，$\boldsymbol{\Gamma}_A$ 为动作器 NN 权值学习的强化系数矩阵，它是常值对角矩阵，$\Gamma_{Ai,i} \in [0, 1]$。

3）评价器：可以以某种自适应结构（例如 NN）的形式实现，该自适应结构需能映射任何非线性函数。评价器估计价值函数相对于被控对象状态的导数 $\boldsymbol{\lambda}_{\{k\}} = \partial V_{\{k\}}(\boldsymbol{x}_{\{k\}}, \boldsymbol{u}_{A\{k\}})/\partial \boldsymbol{x}_{\{k\}}$。评价器 NN 在第 k 步的输出可写为

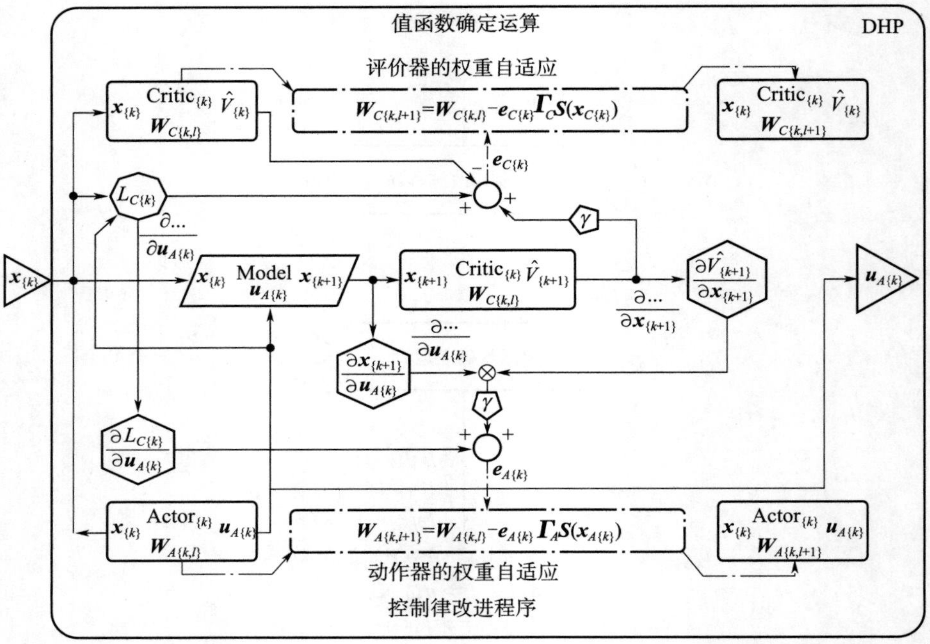

图 6-5　DHP 型 NDP 结构的 NN 权值自适应调整过程示意图

$$\hat{\lambda}_{\{k\}}(\boldsymbol{x}_{C\{k\}},\boldsymbol{W}_{C\{k,l\}})=\boldsymbol{W}_{C\{k,l\}}^{\mathrm{T}}\boldsymbol{S}(x_{C\{k\}}) \tag{6-17}$$

其中，$\boldsymbol{W}_{C\{k,l\}}$ 为评价器 NN 的输出层权值向量；$\boldsymbol{x}_{C\{k\}}$ 为评价器 NN 的输入向量，其构造基于所采用的价值函数。

评价器 NN 的输出层权值 $\boldsymbol{W}_{C\{k,l\}}$ 是通过最小化如下所示的时序差分误差 $\boldsymbol{e}_{C\{k\}}$ 来调整的

$$\boldsymbol{e}_{C\{k\}}=\frac{\partial L_{C\{k\}}(\boldsymbol{x}_{\{k\}},\boldsymbol{u}_{A\{k\}})}{\partial\boldsymbol{x}\{k\}}+\left[\frac{\partial\boldsymbol{u}_{A\{k\}}}{\partial\boldsymbol{x}_k}\right]^{\mathrm{T}}\frac{\partial L_{C\{k\}}(\boldsymbol{x}_{\{k\}},\boldsymbol{u}_{A\{k\}})}{\partial\boldsymbol{u}_{A\{k\}}}+$$
$$\gamma\left[\frac{\partial\boldsymbol{x}_{\{k+1\}}}{\partial\boldsymbol{x}_{\{k\}}}+\left[\frac{\partial\boldsymbol{u}_{A\{k\}}}{\partial\boldsymbol{x}_{\{k\}}}\right]^{\mathrm{T}}\frac{\partial\boldsymbol{x}_{k+1}}{\partial\boldsymbol{u}_{A\{k\}}}\right]^{\mathrm{T}}\hat{\lambda}_{\{k+1\}}(\boldsymbol{x}_{C\{k+1\}},\boldsymbol{W}_{C\{k,l\}})-\hat{\lambda}_{\{k\}}(\boldsymbol{x}_{C\{k\}},\boldsymbol{W}_{C\{k,l\}}) \tag{6-18}$$

其中，$\boldsymbol{x}_{C\{k+1\}}$ 是第 $k+1$ 步进入评价器 NN 的输入向量，它由被控对象的预测模型得到。

评价器 NN 的输出层权值 $\boldsymbol{W}_{C\{k,l\}}$ 根据下式进行调整

$$\boldsymbol{W}_{C\{k,l+1\}}=\boldsymbol{W}_{C\{k,l\}}-\boldsymbol{e}_{C\{k\}}\boldsymbol{\Gamma}_C\frac{\partial\hat{\lambda}_{\{k\}}(\boldsymbol{x}_{C\{k\}},\boldsymbol{W}_{C\{k,l\}})}{\partial\boldsymbol{W}_{C\{k,l\}}} \tag{6-19}$$

其中，$\boldsymbol{\Gamma}_C$ 为评价器 NN 权值学习的强化系数矩阵，它是正定的常值对角矩阵，$\Gamma_{Ci,i}\in[0,1]$，i 为下标。

图 6-6 给出了 DHP 型 NDP 结构的一般示意图。

DHP 算法的动作器-评价器 NN 权值自适应调整程序，与第 6.2.1 节描述的 HDP 结构所用的程序类似。图 6-7 给出了 DHP 结构的 NN 权值自适应调整程序的示意图。

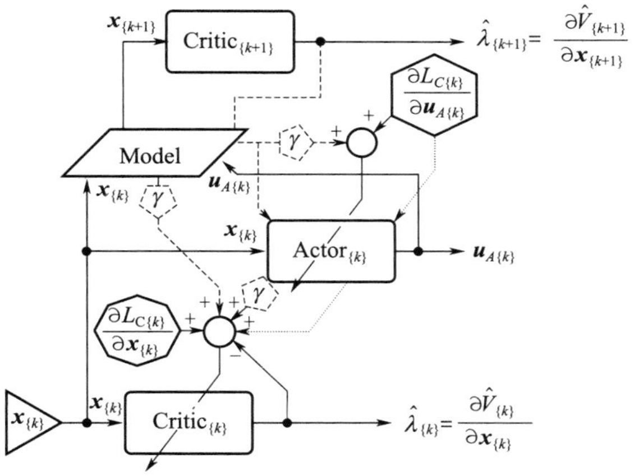

图 6－6　DHP 型 NDP 结构的示意图

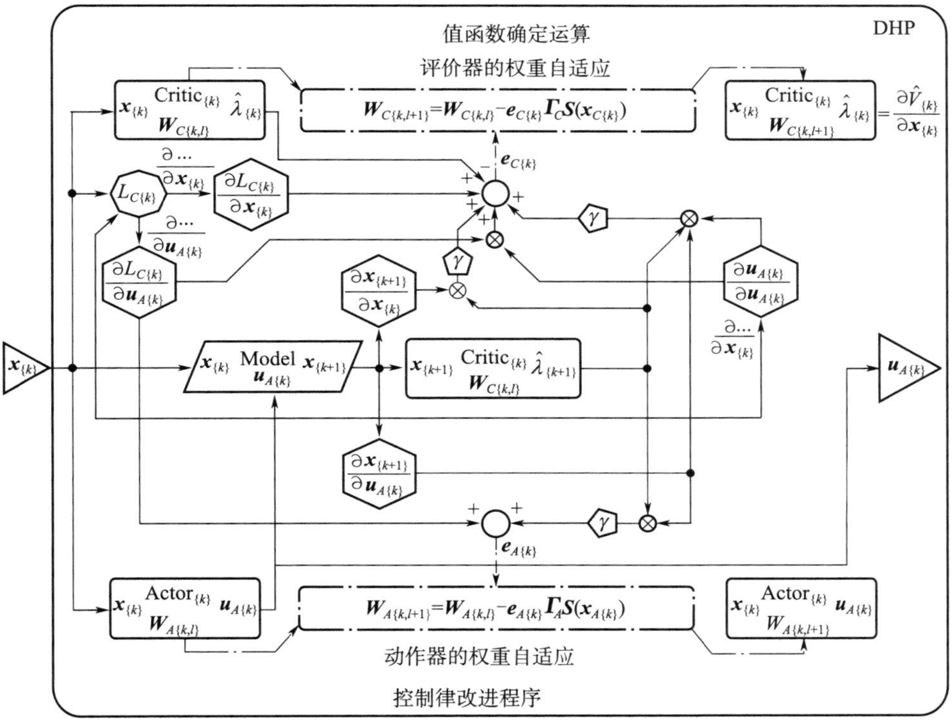

图 6－7　DHP 型 NDP 结构的自适应调整过程示意图

6.2.2.1　DHP 算法在线性动态系统最优控制中的应用

根据 DHP 型 NDP 算法求解第 4.1 节中的问题，为式（4－9）描述的线性动态对象生成控制信号。

在 DHP 算法中，动作器和评价器结构是以单层 RVFL NN 的形式实现的。这种 NN 对于输出层的权值是线性的，其双极 sigmoid 神经元激活函数由下式描述

$$S_i(\boldsymbol{D}_A^{\mathrm{T}}\boldsymbol{x}_{N\{k\}})=\frac{2}{1+\exp(-\beta_N\boldsymbol{D}_{A:,i}^{\mathrm{T}}\boldsymbol{x}_{N\{k\}})}-1 \tag{6-20}$$

为了进行数值测试，DHP 算法的自适应结构采用了以下参数值：

1) $m_A=8$ 为动作器 NN 的神经元数量。

2) $m_C=8$ 为评价器 NN 的神经元数量。

3) $\boldsymbol{\Gamma}_A=\mathrm{diag}\{0.4\}$ 为动作器 NN 权值自适应调整的强化系数矩阵。

4) $\boldsymbol{\Gamma}_C=\mathrm{diag}\{0.6\}$ 为评价器 NN 权值自适应调整的强化系数矩阵。

5) $\boldsymbol{W}_{A\{k=0\}}=\boldsymbol{0}$，$\boldsymbol{W}_{C\{k=0\}}=\boldsymbol{0}$ 表示自适应调整过程的第一阶段 $\xi=1$ 中 NN 输出层权值的初始值为零。

6) $\boldsymbol{D}_A$，$\boldsymbol{D}_C$ 为动作器和评价器 NN 输入层的权值向量，在初始化过程中从区间 $D_{Aj}\in[-0.5,\ 0.5]$，$D_{Cj}\in[-0.5,\ 0.5]$ 中随机选择，$j=1,\ \cdots,\ m$。

7) β_N 为双极 sigmoid 函数在拐点处的斜率系数。

8) $\boldsymbol{\kappa}_u=0.2$ 为 NN 输入控制信号 $u_{A\{k\}}$ 的缩放系数。

9) $\boldsymbol{\kappa}_x=0.1$ 为对象状态 $x_{\{k\}}$ 在 NN 输入端的缩放系数。

10) $l_{AC}=3$ 为动作器和评价器结构自适应调整过程的内部循环迭代步数。

11) $\gamma=1$ 为后续迭代步骤中局部代价的折扣系数。

假设 $x_{\{k=0\}}=8.9$ 为动态对象状态的初始值，$n=9$ 为离散过程的总步数。

(1) 试验 1（$\xi=1$）

在 NN 权值自适应调整过程的第一次试验（$\xi=1$）中，给动作器和评价器 NN 输出层的权值都赋了零初值，这意味着自适应结构中没有保留关于被控对象的信息，因而是最不利的情况。这就造成了由动作器 NN 产生的次优控制信号 $u_{A\{k\}}$ 与第 4.1 节中使用 DP 方法得到的最优控制信号 $u^*_{DP\{k\}}$ 之间有明显的差别。图 6－8 对 $x_{\{k\}}$、$u_{A\{k\}}$ 和 $\hat{V}_{\{k\}}$ 的值与用 DP 求得的最优值进行了比较。

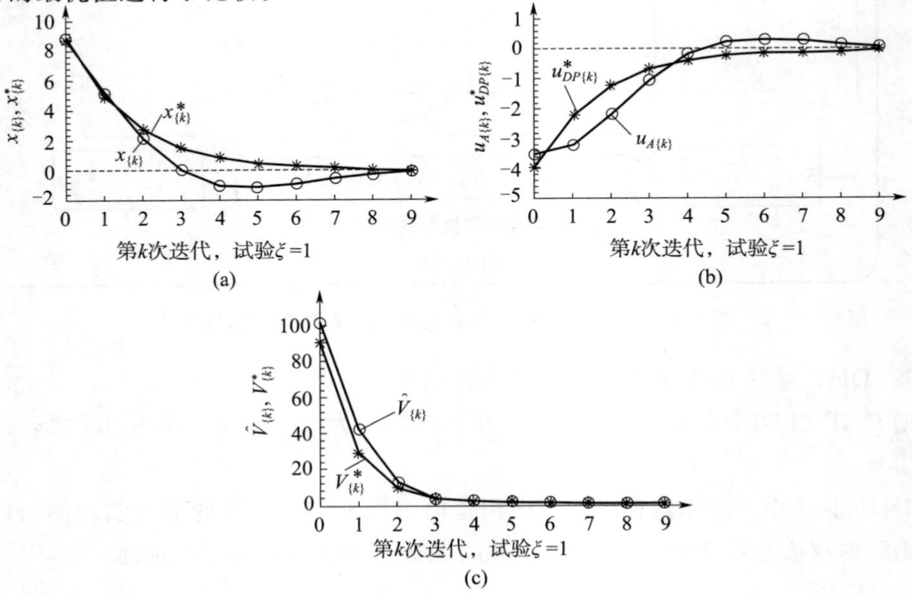

图 6－8　(a) 在试验 $\xi=1$ 中，最优状态轨迹 $x^*_{\{k\}}$ 和状态轨迹 $x_{\{k\}}$，$k=0,\ \cdots,\ 9$；(b) 最优控制信号 $u^*_{DP\{k\}}$ 和控制信号 $u_{A\{k\}}$；(c) 最优价值函数 $V^*_{\{k\}}$ 和价值函数 $\hat{V}_{\{k\}}$

动作器 NN 产生的状态轨迹 $x_{\{k\}}$ 和控制信号 $u_{A\{k\}}$ 偏离最优值，因此 $\hat{V}_{\{k\}}$ 的值比 $V^*_{\{k\}}$ 的值高。图 6 - 9 给出了动作器和评价器 NN 的权值。

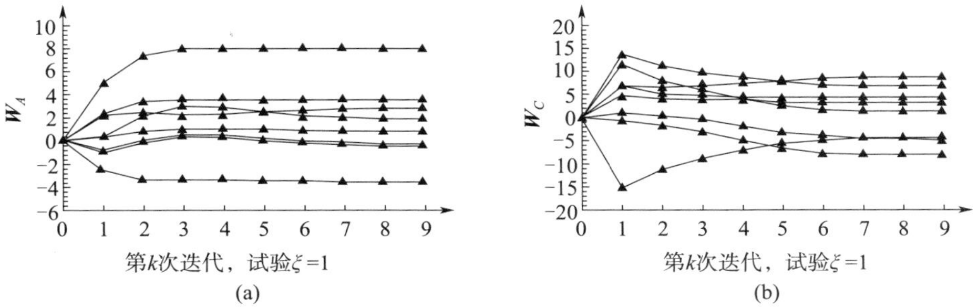

图 6 - 9　(a) 在试验 $\xi=1$ 中，动作器 NN 的权值；(b) 评价器 NN 的权值

由于采用了权值自适应调整算法，动作器和评价器 NN 的权值从零初始值出发发生变化，并稳定在特定的数值附近。

(2) 试验 2（$\xi=2$）

在 NN 权值自适应调整过程的第二次试验（$\xi=2$）中，动作器和评价器 NN 输出层的权值初始值是在第一次试验的最后一步中得到的。第一次试验为自适应结构提供了一些关于被控对象的信息，这些信息以输出层权值的形式被记录下来，使得有可能生成更接近最优控制的控制律。如图 6 - 10（a）所示，系统的状态轨迹 $x_{\{k\}}$ 更接近于最优的轨迹 $x^*_{\{k\}}$，这是因为由动作器结构生成的次优控制律 $u_{A\{k\}}$［见图 6 - 10（b）］更接近于最优控制律 $u^*_{DP\{k\}}$。次优价值函数 $\hat{V}_{\{k\}}$ 的值与 $V^*_{\{k\}}$ 的值相似［见图 6 - 10（c）］。

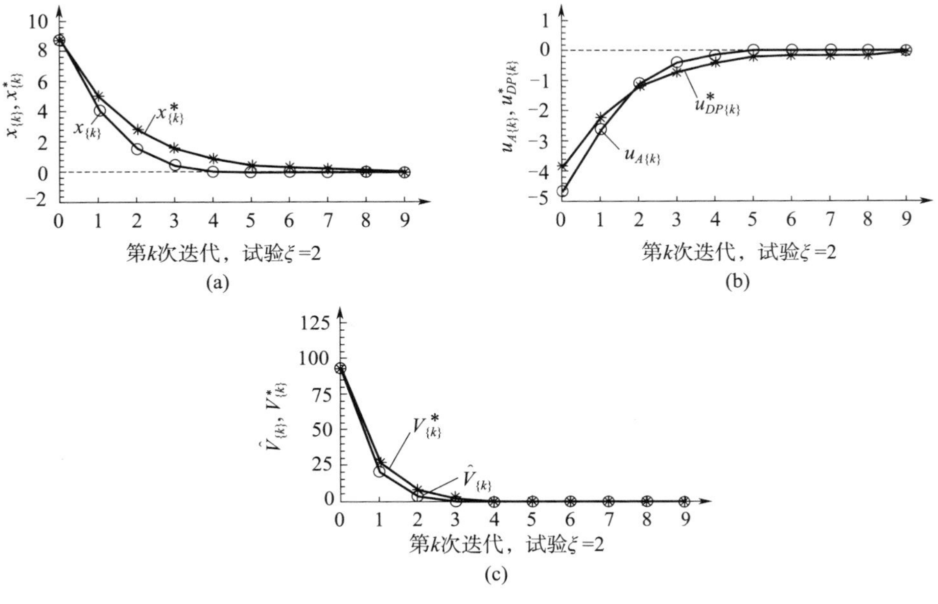

图 6 - 10　(a) 在试验 $\xi=2$ 中，最优状态轨迹 $x^*_{\{k\}}$ 和状态轨迹 $x_{\{k\}}$，$k=0, \cdots, 9$；(b) 最优控制信号 $u^*_{DP\{k\}}$ 和控制信号 $u_{A\{k\}}$；(c) 最优价值函数 $V^*_{\{k\}}$ 和价值函数 $\hat{V}_{\{k\}}$

动作器和评价器 NN 输出层的权值如图 6－11 所示。

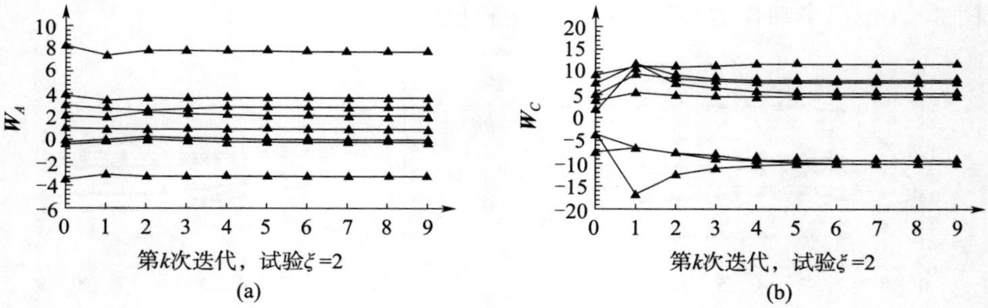

图 6－11　(a) 在试验 $\xi=2$ 中，动作器 NN 的权值；(b) 评价器 NN 的权值

第二次权值调整测试在离散过程的每一步中只是令动作器和评价器 NN 的权值产生了微小变化。

(3) 试验 5（$\xi=5$）

在 NN 权值自适应调整过程的第五次试验（$\xi=5$）中，动作器和评价器 NN 输出层权值的初始值是在前一次试验（$\xi=4$）的最后一步中得到的。如图 6－12 (a) 所示，系统的状态轨迹 $x_{\{k\}}$ 接近于最优轨迹 $x^*_{\{k\}}$，这是因为由动作器结构产生的次优控制律 $u_{A\{k\}}$［见图 6－12 (b)］收敛于最优控制律 $u^*_{DP\{k\}}$。次优价值函数 $\hat{V}_{\{k\}}$ 的值与 $V^*_{\{k\}}$ 的值相似［见图 6－12 (c)］。

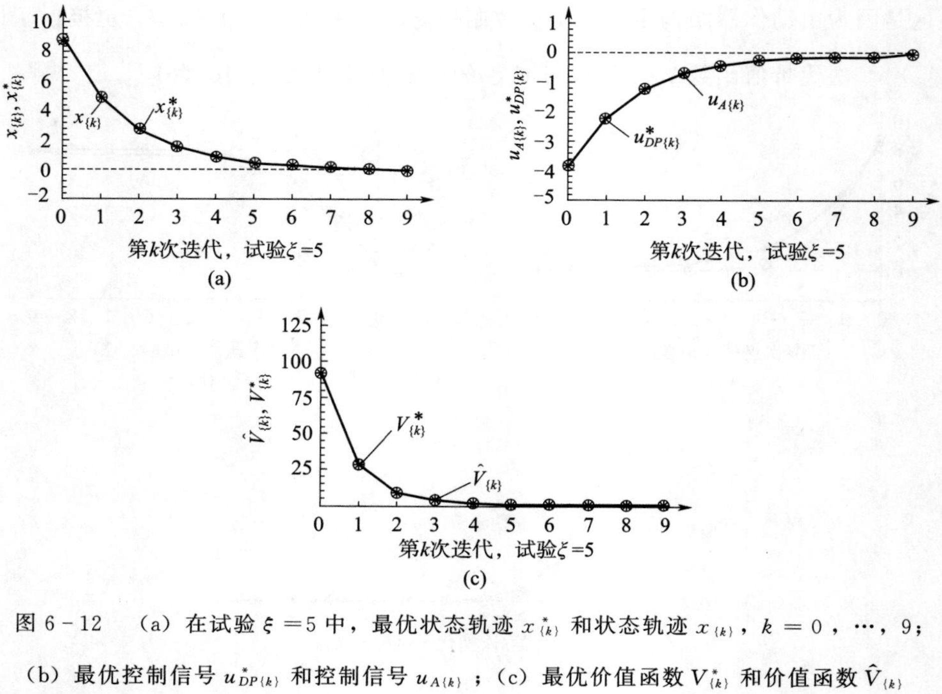

图 6－12　(a) 在试验 $\xi=5$ 中，最优状态轨迹 $x^*_{\{k\}}$ 和状态轨迹 $x_{\{k\}}$，$k=0, \cdots, 9$；(b) 最优控制信号 $u^*_{DP\{k\}}$ 和控制信号 $u_{A\{k\}}$；(c) 最优价值函数 $V^*_{\{k\}}$ 和价值函数 $\hat{V}_{\{k\}}$

动作器和评价器 NN 输出层的权值如图 6-13 所示，可以看出权值已经趋于稳定。

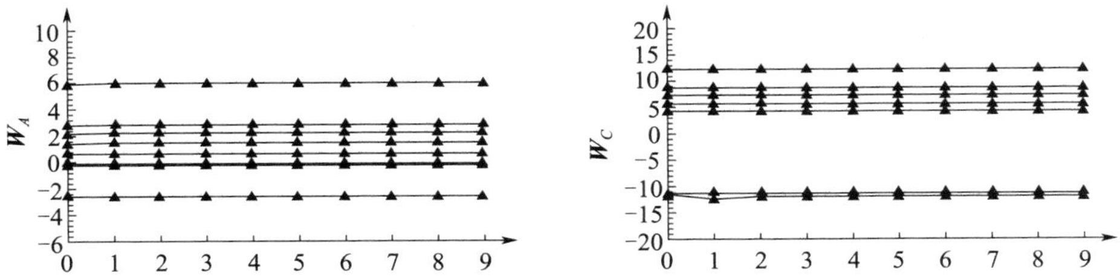

图 6-13　(a) 在试验 $\xi=5$ 中，动作器 NN 的权值；(b) 评价器 NN 的权值

(4) 结果对比 ($\xi=1$，2，5)

图 6-14 给出了在试验 $\xi=1$，2，5 中，次优状态轨迹 $\boldsymbol{x}_{\{k\}}$、动作器 NN 产生的次优控制律 $\boldsymbol{u}_{A\{k\}}$ 和次优价值函数 $\hat{V}_{\{k\}}$ 与它们的最优值的比较。

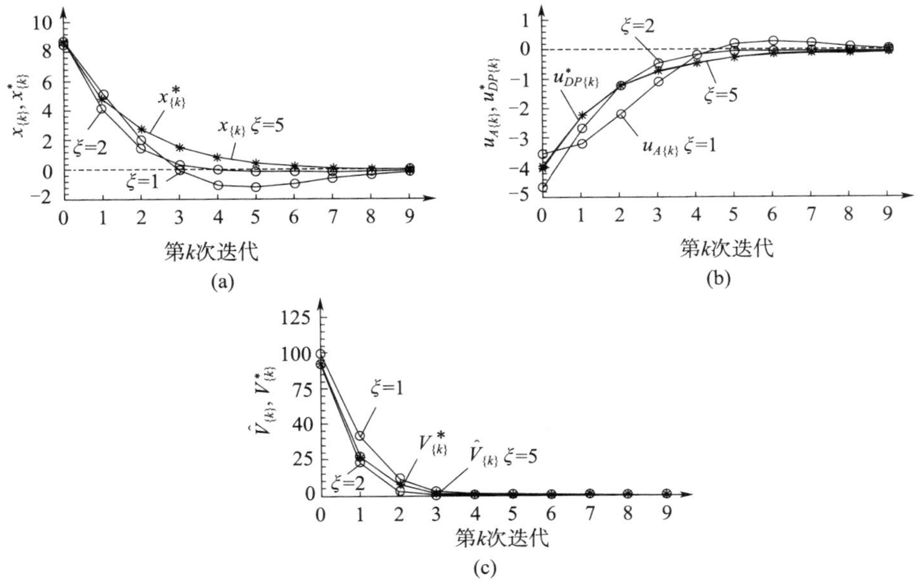

图 6-14　(a) 在试验 $\xi=1$，2，5 中，最优状态轨迹 $x^*_{\{k\}}$ 和状态轨迹 $x_{\{k\}}$，$k=0$，…，9；(b) 最优控制信号 $u^*_{DP\{k\}}$ 和控制信号 $u_{A\{k\}}$；(c) 最优价值函数 $V^*_{\{k\}}$ 和价值函数 $\hat{V}_{\{k\}}$

由该图可以看出，在动作器和评价器 NN 权值自适应调整的每一次试验中，各个量是如何收敛到它们的最佳值 $x^*_{\{k\}}$、$u^*_{DP\{k\}}$ 和 $V^*_{\{k\}}$ 的。

在动作器和评价器 NN 权值自适应调整过程的试验 $\xi=5$ 中得到的结果与第 4.1 节中使用 DP 方法得到的最优值进行了比较，也与 4.3 节中使用 Pontryagin 最大值原理 (MP) 得到的结果进行了比较。因 LQR 和 MPS 的控制结果与使用 MP 得到的结果相同，故未将它们包含在比较中。应该指出的是，应用DP方法求解线性对象控制问题所得到的状态轨迹和控制信号，在设定的条件下取值于所定义的离散区间。而在应用MP或DHP算法求解问题时，这些值可以是任意的。但是，在所考虑的案例中，它们被四舍五入，只保留小数点后两位有效数值，以方便对结果进行解释。

表6-2给出了当$\xi=5$时，对于线性对象，应用Bellman DP、MP所确定的最优控制律$u^*_{DP\{k\}}$和$u^*_{M\{k\}}$的值，以及由DHP算法的动作器NN产生的次优控制律$u_{A\{k\}}$的值。

表6-2 应用Bellman DP和MP得到的线性对象的最优控制律$u^*_{DP\{k\}}$和$u^*_{M\{k\}}$的值，以及由DHP算法的动作器NN产生的次优控制律$u_{A\{k\}}$，$\xi=5$

k	$u^*_{DP\{k\}}$	$u^*_{M\{k\}}$	$u_{A\{k\}}$
0	−3.9	−3.86	−3.88
1	−2.2	−2.19	−2.22
2	−1.2	−1.24	−1.21
3	−0.7	−0.7	−0.67
4	−0.4	−0.39	−0.38
5	−0.2	−0.22	−0.22
6	−0.1	−0.12	−0.13
7	−0.1	−0.06	−0.07
8	−0.1	−0.03	−0.04
9	0	—	−0.03

由动作器NN产生的次优控制律$u_{A\{k\}}$会收敛到最优控制律$u^*_{DP\{k\}}$和$u^*_{M\{k\}}$。

表6-3列出了应用Bellman DP和MP求解问题所得到的最优状态轨迹$x^*_{\{k\}}$的值，以及在动作器和评价器NN权值自适应调整过程中经过$\xi=5$次测试后得到的次优状态轨迹$x_{\{k\}}$的值。

将次优控制律$u_{A\{k\}}$施加到定常线性对象上，会使其沿着次优状态轨迹从初始状态$x_{\{0\}}$转移到最终状态$x_{\{n\}}$，且次优状态轨迹逐渐收敛到最优轨迹。

表6-3 应用Bellman DP和MP求解最优控制问题所得到的最优状态轨迹$x^*_{\{k\}}$的值，以及应用DHP算法进行问题求解所得到的次优状态轨迹$x_{\{k\}}$的值，$\xi=5$

k	$x^*_{\{k\}}$ DP	$x^*_{\{k\}}$ MP	$x_{\{k\}}$ DHP
0	8.9	8.9	8.9
1	5	5.04	5.02
2	2.8	2.85	2.8
3	1.6	1.61	1.59
4	0.9	0.91	0.92
5	0.5	0.52	0.54
6	0.3	0.3	0.32
7	0.2	0.18	0.19

续表

k	$x^*_{(k)}$ DP	$x^*_{(k)}$ MP	$x_{(k)}$ DHP
8	0.1	0.12	0.12
9	0	0.09	0.08

表 6-4 列出了当 $\xi=5$ 时，使用 Bellman DP 和 MP 求解线性对象的最优控制问题所得到的最优函数 $V^*_{(k)}$ 的值，以及使用 DHP 算法求解线性对象控制问题所得到的次优函数 $\hat{V}_{(k)}$ 的值。

表 6-4　应用 Bellman DP、MP 求解最优控制问题所获得的最优函数 $V^*_{(k)}$ 的值，以及应用 DHP 算法求解问题所获得的次优函数 $\hat{V}_{(k)}$ 的值，$\xi=5$

k	$V^*_{(k)}$ DP	$V^*_{(k)}$ MP	$\hat{V}_{(k)}$ DHP
0	91.22	91.20	91.21
1	28.8	29.19	29.03
2	9.04	9.34	9.02
3	2.96	2.99	2.9
4	0.945	0.96	0.96
5	0.3	0.31	0.32
6	0.115	0.1	0.11
7	0.055	0.03	0.04
8	0.02	0.01	0.01
9	0	0	0

在各个迭代步中的函数 $V_{(k)}$ 的值取决于对象的状态和控制信号。次优代价函数 $\hat{V}_{(k)}$ 收敛于通过 MP 算法确定的最优函数 $V^*_{(k)}$ 。

表 6-5 给出了 NN 权值自适应调整的每次试验（$\xi=1$，2，3，4，5）中的价值函数 $\hat{V}_{(0)}$ 与最优价值函数 $V^*_{(0)}$ 之间的对比，这些最优价值函数是在使用 Bellman DP 和 MP 求解线性对象的最优控制问题时得到的。可以看到，权值自适应调整过程的前三次试验（$\xi=1$，2，3）在价值函数向最优值收敛方面最为关键（在给定系统参数的情况下）。值得注意的是，在这个过程的每一步中，随着控制律改进程序和价值函数确定运算（内部计算循环，有 l_{AC} 步）的应用，NN 的权值被更新。进而，根据包含在 NN 权值中的自适应评价结构的当前信息，搜索控制空间并选择近似最优的信号。

表 6-5　第 ξ 次测试中次优价值函数 $\hat{V}_{(0)}$ 的值和最优价值函数 $V^*_{(0)}$ 的值，$k=0$

	ξ	$k=0$
$\hat{V}_{(0)}$ DHP	1	100.72
	2	95.46
	3	91.64
	4	91.23
	5	91.21

续表

	ξ	$k=0$
$V^*_{\{0\}}$ DP	—	91.22
$V^*_{\{0\}}$ MP	—	91.20

由 DHP 型 NDP 结构生成的次优控制律 $u_{A\{k\}}$ 收敛于由 Bellman DP 和 MP 生成的最优控制律 $u^*_{\{k\}}$ 。然而，与使用 DP 和 MP 计算的最优控制相反，次优控制可以从迭代步 $k=0$ 到迭代步 $k=n$ 在线生成。

6.2.3 全局双启发式动态规划

GDHP 算法与 DHP 一样，属于高级 ACD 的范畴，其由以下几个部分组成。

1）预测模型：其任务是预测被控对象在第 $k+1$ 步的状态 $\boldsymbol{x}_{\{k+1\}}$ 。

2）动作器：可以以某种自适应结构（如 NN）的形式实现。动作器根据下式产生第 k 步的次优控制律 $\boldsymbol{u}_{A\{k\}}$

$$\boldsymbol{u}_{A\{k\}}(\boldsymbol{x}_{A\{k\}},\boldsymbol{W}_{A\{k,l\}})=\boldsymbol{W}^{\mathrm{T}}_{A\{k,l\}}\boldsymbol{S}(\boldsymbol{x}_{A\{k\}}) \tag{6-21}$$

其中，$\boldsymbol{W}_{A\{k,l\}}$ 为在第 k 步的权值自适应调整内部计算循环进行到第 l 步时，动作器 NN 输出层的权值矩阵；$\boldsymbol{x}_{A\{k\}}$ 为动作器 NN 的输入向量；$\boldsymbol{S}(\boldsymbol{x}_{A\{k\}})$ 为神经元激活函数向量。

在 GDHP 算法中，动作器 NN 的权值自适应调整程序旨在使下列性能指标最小化

$$\boldsymbol{e}_{A\{k\}}=\frac{\partial L_{C\{k\}}(\boldsymbol{x}_{\{k\}},\boldsymbol{u}_{A\{k\}})}{\partial \boldsymbol{u}_{A\{k\}}}+\gamma\left[\frac{\partial \boldsymbol{x}_{\{k+1\}}}{\partial \boldsymbol{u}_{A\{k\}}}\right]^{\mathrm{T}}\frac{\partial \hat{V}_{\{k+1\}}(\boldsymbol{x}_{C\{k+1\}},\boldsymbol{W}_{C\{k,l\}})}{\partial \boldsymbol{x}_{\{k+1\}}} \tag{6-22}$$

在此过程中，可以应用任何权值调整方法，例如，根据下式调整

$$\boldsymbol{W}_{A\{k,l+1\}}=\boldsymbol{W}_{A\{k,l\}}-\boldsymbol{e}_{A\{k\}}\boldsymbol{\Gamma}_A\boldsymbol{S}(\boldsymbol{x}_{A\{k\}}) \tag{6-23}$$

其中，$\boldsymbol{\Gamma}_A$ 为动作器 NN 权值自适应调整的强化系数矩阵，它是常值对角矩阵，$\Gamma_{Ai,i}\in[0,1]$。

3）评价器：可以以某种自适应结构（如 NN）的形式实现。评价器对价值函数 $V_{\{k\}}(\boldsymbol{x}_{\{k\}},\boldsymbol{u}_{\{k\}})$ 进行估计，因此它的构造方式与第 6.2.1 节 HDP 结构中评价器的构造方式相同。评价器 NN 在第 k 步的输出可写成如下形式

$$\hat{V}_{\{k\}}(\boldsymbol{x}_{C\{k\}},\boldsymbol{W}_{C\{k,l\}})=\boldsymbol{W}^{\mathrm{T}}_{C\{k,l\}}\boldsymbol{S}(\boldsymbol{x}_{C\{k\}}) \tag{6-24}$$

其中，$\boldsymbol{W}_{C\{k,l\}}$ 为在第 k 步的权值自适应调整内部计算循环进行到第 l 步时，评价器 NN 输出层的权值向量；$\boldsymbol{x}_{C\{k\}}$ 为评价器 NN 的输入向量，其构造依赖于所采用的价值函数；$\boldsymbol{S}(\boldsymbol{x}_{C\{k\}})$ 为神经元激活函数向量。

评价器 NN 的输出层权值 $\boldsymbol{W}_{C\{k,l\}}$ 是通过最小化两个性能指标来调整的。第一个指标是时序差分误差 $e_{C1\{k\}}$ ，它是第 6.2.1 节中 HDP 算法的评价器结构自适应调整的特征，由下式描述：

$$\boldsymbol{e}_{C1\{k\}}=L_{C\{k\}}(\boldsymbol{x}_{\{k\}},\boldsymbol{u}_{A\{k\}})+\gamma\hat{V}_{\{k+1\}}(\boldsymbol{x}_{C\{k+1\}},\boldsymbol{W}_{C\{k,l\}})-\hat{V}_{\{k\}}(\boldsymbol{x}_{C\{k\}},\boldsymbol{W}_{C\{k,l\}}) \tag{6-25}$$

其中，$\boldsymbol{x}_{C\{k+1\}}$ 为第 $k+1$ 步进入评价器 NN 的输入向量，由预测模型获得，$\boldsymbol{u}_{A\{k\}}=$

$\boldsymbol{u}_{A\{k\}}(\boldsymbol{x}_{A\{k\}}, \boldsymbol{W}_{A\{k,l+1\}})$。

第二个性能指标是时序差分误差 $e_{C2\{k\}}$ 相对于被控对象的状态向量 $\boldsymbol{x}_{\{k\}}$ 的导数。这个指标是第 6.2.2 节中 DHP 算法的评价器结构自适应调整的特征，可写为

$$\boldsymbol{e}_{C2\{k\}} = \boldsymbol{I}_D^{\mathrm{T}} \left\{ \frac{\partial L_{C\{k\}}(\boldsymbol{x}_{\{k\}}, \boldsymbol{u}_{A\{k\}})}{\partial \boldsymbol{x}_{\{k\}}} + \left[\frac{\partial \boldsymbol{u}_{A\{k\}}}{\partial \boldsymbol{x}\{k\}} \right]^{\mathrm{T}} \frac{\partial L_{C\{k\}}(\boldsymbol{x}_{\{k\}}, \boldsymbol{u}_{A\{k\}})}{\partial \boldsymbol{u}_{A\{k\}}} + \right.$$
$$\left. \gamma \left[\frac{\partial \boldsymbol{x}_{\{k+1\}}}{\partial \boldsymbol{x}_{\{k\}}} + \left[\frac{\partial \boldsymbol{u}_{A\{k\}}}{\partial \boldsymbol{x}_{\{k\}}} \right]^{\mathrm{T}} \frac{\partial \boldsymbol{x}_{\{k+1\}}}{\partial \boldsymbol{u}_{A\{k\}}} \right]^{\mathrm{T}} \frac{\partial \hat{V}_{\{k+1\}}(\boldsymbol{x}_{C\{k+1\}}, \boldsymbol{W}_{C\{k\}})}{\partial \boldsymbol{x}_{\{k+1\}}} - \frac{\partial \hat{V}_{\{k\}}(\boldsymbol{x}_{C\{k\}}, \boldsymbol{W}_{C\{k\}})}{\partial \boldsymbol{x}_{\{k\}}} \right\} \tag{6-26}$$

其中，$\boldsymbol{I}_D$ 为常值向量，$\boldsymbol{I}_D = [1, \cdots, 1]^{\mathrm{T}}$。

评价器 NN 输出层的权值 $\boldsymbol{W}_{C\{k,l\}}$ 根据下式进行自适应调整

$$\boldsymbol{W}_{C\{k,l+1\}} = \boldsymbol{W}_{C\{k,l\}} - \eta_1 e_{C1\{k,l\}} \boldsymbol{\Gamma}_C \frac{\partial \hat{V}_{\{k,l\}}(\boldsymbol{x}_{C\{k\}}, \boldsymbol{W}_{C\{k,l\}})}{\partial \boldsymbol{W}_{C\{k,l\}}} - \eta_2 e_{C2\{k,l\}} \boldsymbol{\Gamma}_C \frac{\partial^2 \hat{V}_{\{k,l\}}(\boldsymbol{x}_{C\{k\}}, \boldsymbol{W}_{C\{k,l\}})}{\partial \boldsymbol{x}_{\{k\}} \partial \boldsymbol{W}_{C\{k,l\}}} \tag{6-27}$$

其中，$\boldsymbol{\Gamma}_C$ 为评价器 NN 权值自适应调整的强化系数矩阵，它是正定的常值对角矩阵，$\Gamma_{Ci,i} \in [0, 1]$；η_1、η_2 为正常数。

图 6-15 给出了 GDHP 型 NDP 结构的一般示意图。

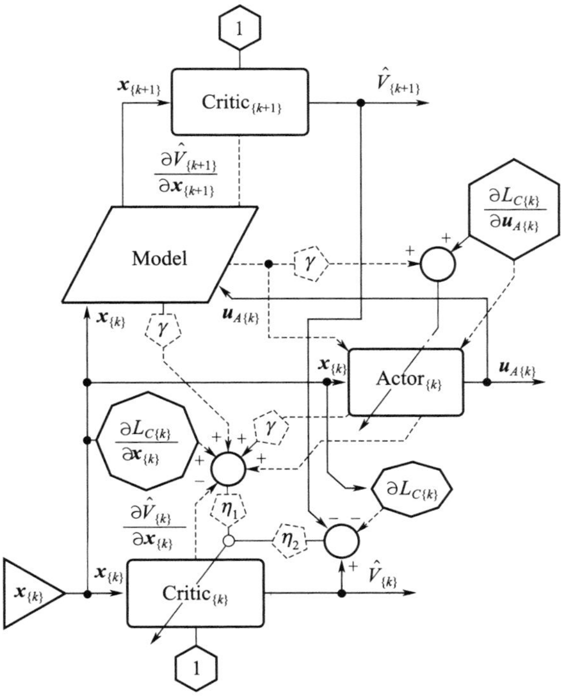

图 6-15　GDHP 型 NDP 结构的示意图

GDHP 算法中动作器-评价器 NN 权值的自适应调整程序与 HDP 和 DHP 算法中动作

器-评价器 NN 权值的自适应调整程序相似。

NDP 算法系列中各个算法的计算复杂度不同，其主要取决于与被控对象的状态向量维数相关的评价器结构的设计和功能，以及动作器和评价器 NN 权值自适应调整方法的复杂性。在 HDP 和 GDHP 算法中，评价器由一个用于近似价值函数的 NN 组成。而在 DHP 算法中，评价器则用于近似价值函数相对于被控对象状态向量的导数。在这种情况下，评价器的设计取决于状态向量的维数。例如，在 WMR 的跟踪控制中，状态向量选取为二维，则评价器由 $n=2$ 个 NN 组成，其原因是价值函数相对于状态向量的导数是一个二元向量。类似地，动作器由 $n=2$ 个 NN 组成，这是因为控制信号是由两个独立的车轮驱动单元生成的。在同样的情况下，HDP 或 GDHP 算法应包括一个评价器 NN 和两个动作器 NN。与 HDP 和 GDHP 算法相比，DHP 算法在结构复杂性方面的劣势，随着被控对象状态向量维数的增加而变得更加明显。在六自由度机械手的跟踪控制中，给定含 $n=6$ 个分量的状态向量，DHP 算法含有 $n=6$ 个动作器 NN 和 $n=6$ 个评价器 NN。在同样的情况下，HDP 和 GDHP 算法中的评价器结构应由一个 NN 组成，这是因为这些算法中的评价器函数是价值函数的近似。图 6-16 为 NDP 算法系列中各个算法复杂度差异的示意图。对于上面所讨论的各个算法的动作依赖（AD）版本，也有类似的结果。

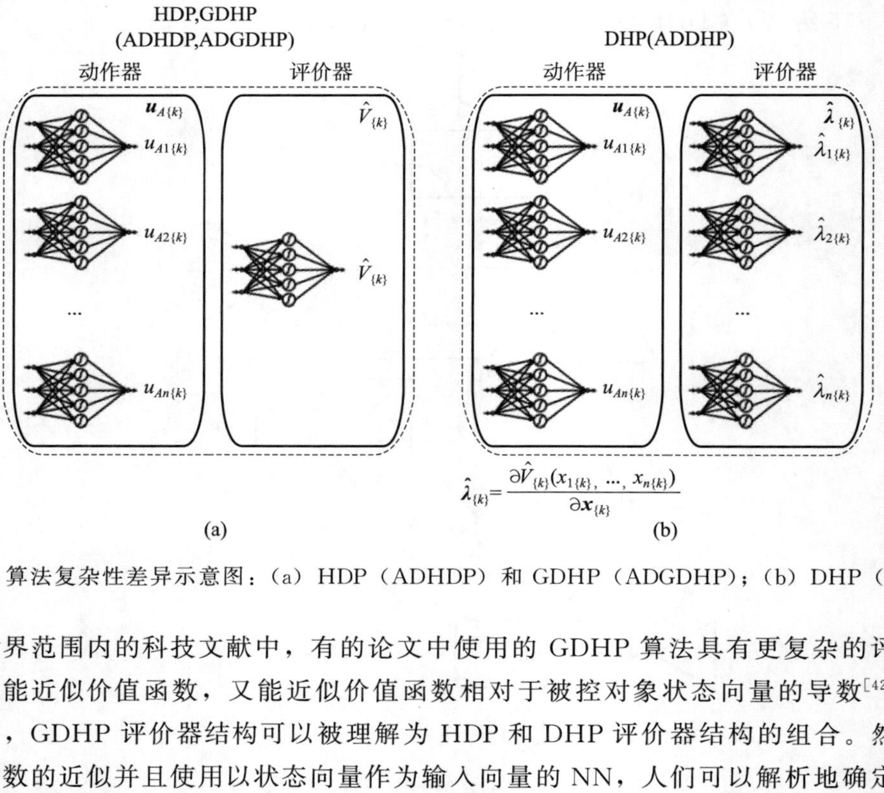

图 6-16　算法复杂性差异示意图：(a) HDP（ADHDP）和 GDHP（ADGDHP）；(b) DHP（ADDHP）

在世界范围内的科技文献中，有的论文中使用的 GDHP 算法具有更复杂的评价器结构，它既能近似价值函数，又能近似价值函数相对于被控对象状态向量的导数[42]。在这种情况下，GDHP 评价器结构可以被理解为 HDP 和 DHP 评价器结构的组合。然而，基于价值函数的近似并且使用以状态向量作为输入向量的 NN，人们可以解析地确定近似价值函数相对于状态向量（即 NN 的输入）的导数。上述逼近价值函数的附加 NN 方法在本书中并没有给出，其原因就在于可以通过解析计算确定价值函数相对于状态向量的导数，从而满足动作器和评价器 NN 权值自适应调整算法的要求。

6.3 无模型学习方法

只有一种 NDP 算法的动作器和评价器结构的参数自适应调整程序不需要被控对象的数学模型，那就是 ADHDP 算法。在该算法中，控制信号直接呈现给评价器结构，从而可以简化动作器的自适应调整律。因此，动作器自适应调整律的综合可以不需要被控对象的数学模型。ADHDP 算法的这一独特属性使其适用于模型未知的过程的控制，例如，轮式移动机器人在未知环境中的轨迹生成。

6.3.1 动作依赖启发式动态规划

ADHDP 是 NDP 算法系列中唯一一种在动作器-评价器的自适应调整过程中不需要控制对象的数学模型的算法[42,44]。动作依赖型算法的一个特点是，需要将动作器产生的控制信号作为输入提供给评价器的 NN。

ADHDP 算法的组成如下。

1）动作器：可以以某种自适应结构（如 NN）的形式实现。动作器根据下式产生第 k 步的次优控制律 $\boldsymbol{u}_{A\{k\}}$

$$\boldsymbol{u}_{A\{k\}}(\boldsymbol{x}_{A\{k\}},\boldsymbol{W}_{A\{k,l\}})=\boldsymbol{W}_{A\{k,l\}}^{\mathrm{T}}\boldsymbol{S}(\boldsymbol{x}_{A\{k\}}) \tag{6-28}$$

其中，$\boldsymbol{W}_{A\{k,l\}}$ 为过程在第 k 步的内部循环的第 l 次迭代中，动作器 NN 输出层的权值矩阵；$\boldsymbol{S}(\boldsymbol{x}_{A\{k\}})$ 为神经元激活函数向量；$\boldsymbol{x}_{A\{k\}}$ 为动作器 NN 的输入向量。

在 ADHDP 算法中，动作器 NN 的权值自适应调整程序旨在最小化如下性能指标

$$\boldsymbol{e}_{A\{k\}}=\frac{\partial L_{C\{k\}}(\boldsymbol{x}_{\{k\}},\boldsymbol{u}_{A\{k\}})}{\partial \boldsymbol{u}_{A\{k\}}}+\gamma\frac{\partial \hat{V}_{\{k+1\}}(\boldsymbol{x}_{C\{k+1\}},\boldsymbol{W}_{C\{k,l\}})}{\partial \boldsymbol{u}_{A\{k+1\}}} \tag{6-29}$$

为此，可以采用如下关系式进行权值自适应调整

$$\boldsymbol{W}_{A\{k,l+1\}}=\boldsymbol{W}_{A\{k,l\}}-\boldsymbol{e}_{A\{k\}}\boldsymbol{\Gamma}_A\frac{\partial \boldsymbol{u}_{A\{k\}}(\boldsymbol{x}_{A\{k\}},\boldsymbol{W}_{A\{k,l\}})}{\partial \boldsymbol{W}_{A\{k,l\}}} \tag{6-30}$$

其中，$\boldsymbol{\Gamma}_A$ 为动作器 NN 权值学习的强化系数矩阵，它为常值对角矩阵，$\Gamma_{Ai,i}\in[0,1]$。动作器产生的控制信号是评价器 NN 输入向量的组成部分，因此在式（6-29）中，$\hat{V}_{\{k+1\}}$ 相对于控制信号的导数可以作为评价器 NN 对控制信号的反向传播直接计算。

2）评价器：可以以某种自适应结构（如 NN）的形式实现。评价器对价值函数 $V_{\{k\}}(\boldsymbol{x}_{\{k\}},\boldsymbol{u}_{A\{k\}})$ 进行逼近。评价器 NN 在第 k 步的输出可写为

$$\hat{V}_{\{k\}}(\boldsymbol{x}_{C\{k\}},\boldsymbol{W}_{C\{k,l\}})=\boldsymbol{W}_{C\{k,l\}}^{\mathrm{T}}\boldsymbol{S}(\boldsymbol{x}_{C\{k\}}) \tag{6-31}$$

其中，$\boldsymbol{W}_{C\{k,l\}}$ 为过程在第 k 步的内循环的第 l 次迭代中，评价器 NN 输出层的权值向量；$\boldsymbol{S}(\boldsymbol{x}_{C\{k\}})$ 为神经元激活函数向量；$\boldsymbol{x}_{C\{k\}}$ 为评价器 NN 的输入向量。

评价器 NN 输出层权值 $\boldsymbol{W}_{C\{k,l\}}$ 的自适应调整通过最小化如下时序差分误差 $e_{C\{k\}}$ 这一方式来实现的

$$e_{C\{k\}} = L_{C\{k\}}(x_{\{k\}}, u_{A\{k\}}) + \gamma\hat{V}_{\{k+1\}}(x_{C\{k+1\}}, W_{C\{k,l\}}) - \hat{V}_{\{k\}}(x_{C\{k\}}, W_{C\{k,l\}}) \quad (6-32)$$

其中，$x_{C\{k+1\}}$ 为评价器 NN 在 $k+1$ 步的输入向量，它由所有进入 ADHDP 结构 NN 的输入信号经过一个离散步长的延迟而得到。

评价器 NN 的输出层权值 $W_{C\{k,l\}}$ 根据下式进行自适应调整

$$W_{C\{k,l+1\}} = W_{C\{k,l\}} - e_{C\{k\}}\Gamma_C \frac{\partial\hat{V}_{\{k\}}(x_{C\{k\}}, W_{C\{k,l\}})}{\partial W_{C\{k,l\}}} \quad (6-33)$$

其中，Γ_C 为评价器 NN 权值自适应调整的强化系数矩阵，它为常值对角矩阵，$\Gamma_{Ci,i} \in [0,1]$。

图 6-17 为 ADHDP 的结构示意图。

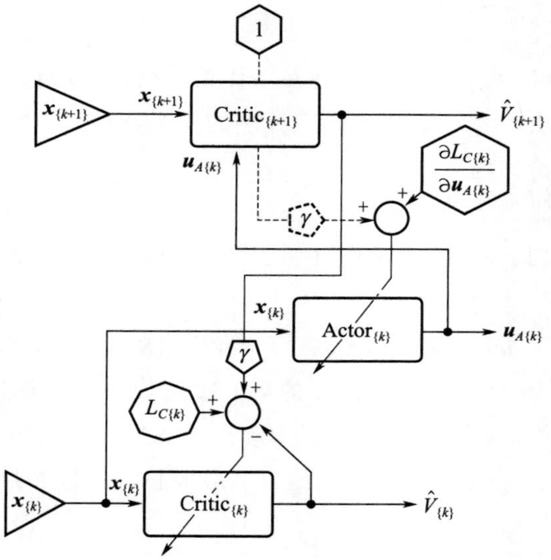

图 6-17　ADHPD 型 NDP 结构的示意图

图 6-18 为 ADHDP 型 NDP 结构的 NN 权值自适应调整过程示意图。与其他 NDP 算法一样，ADHDP 算法的 NN 权值自适应调整是在内部循环中进行的，如图 6-4 所示。内部计算循环迭代是在该过程的每一步中进行的。该迭代过程用下标 l 进行索引表示，其涉及对控制律和价值函数近似的交替自适应调整。

与 HDP 和 DHP 结构相比，ADHDP 算法在设计上得到简化，并使用了不太复杂的 NN 权值自适应调整方法。

本书的后续章节中，在 NDP 算法的内部迭代循环中其值发生改变的量的符号中不再包括索引号 l（相当于令 $l_{AC}=1$），因此，将会出现符号 $u_{A\{k\}}(x_{A\{k\}}, W_{A\{k\}})$，$\hat{V}_k(x_{C\{k\}}, W_{C\{k\}})$。这种简化应被理解为在离散过程的每一步中执行一步 NDP 算法自适应调整程序，包括控制律改进程序和价值函数确定运算。这样做只是为了减少符号。但是应当注意的是，在所设计的具有 NDP 结构的全部控制算法中，NDP 算法的自适应调整程序的实际运行步数 $l_{AC}>1$。

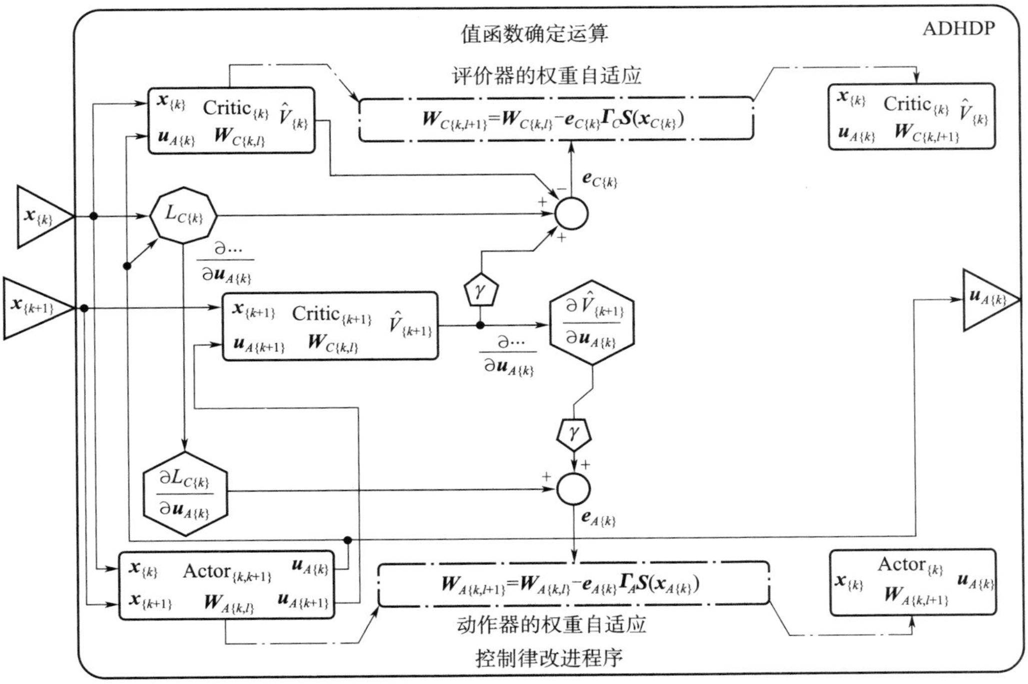

图 6-18　ADHPD 型 NDP 结构的自适应调整示意图

参 考 文 献

[1] Astrom, K. J., Wittenmark, B.: Adaptive Control. Addison-Wesley, New York (1979).

[2] Baird Ⅲ, L. C.: Reinforcement learning in continuous time: advantage updating. In: Proceedings of the IEEE International Conference on Neural Networks, pp. 2448-2453 (1994).

[3] Balaji, P. G., German, X., Srinivasan, D.: Urban traffic signal control using reinforcement learning agents. IET Intell. Transp. Sy. 4, 177-188 (2010).

[4] Barto, A., Sutton, R.: Reinforcement Learning: An Introduction. MIT Press, Cambridge (1998).

[5] Barto, A., Mahadevan, S.: Recent advances in hierarchical reinforcement learning. Discrete Event Dyn. Syst. 13, 343-379 (2003).

[6] Barto, A., Sutton, R., Anderson, C.: Neuronlike adaptive elements that can solve difficult learning problems. EEE Trans. Syst., Man, Cybern., Syst. I 13, 834-846 (1983).

[7] Carreras, M., Yuh, J., Batlle, J., Ridao, P.: A behavior based scheme using reinforcement learning for autonomous underwater vehicles. IEEE J. Ocean. Eng. 30, 416-427 (2005).

[8] Cichosz, P.: Learning Systems. (in Polish). WNT, Warsaw (2000).

[9] Doya, K.: Reinforcement learning in continuous time and space. Neural Comput. 12, 219-245 (2000).

[10] Ernst, D., Glavic M., Wehenkel, L.: Power systems stability control: reinforcement learning framework. IEEE Trans. Power Syst. 19, 427-435 (2004).

[11] Fairbank, M., Alonso, E., Prokhorov, D.: Simple and fast calculation of the second-order gradients for globalized dual heuristic dynamic programming in neural networks. IEEE Trans. Neural Netw. Learn. Syst. 23, 1671-1676 (2012).

[12] Ferrari, S.: Algebraic and Adaptive Learning in Neural Control Systems. Ph. D. Thesis, Princeton University, Princeton (2002).

[13] Ferrari, S., Stengel, R. F.: An adaptive critic global controller. In: Proceedings of American Control Conference, vol. 4, pp. 2665-2670. Anchorage, Alaska (2002).

[14] Ferrari, S., Stengel, R. F.: Model-based adaptive critic designs in learning and approximate dynamic programming. In: Si, J., Barto, A., Powell, W., Wunsch, D. J. (eds.) Handbook of Learning and Approximate Dynamic Programming, pp. 64-94. Wiley, New York (2004).

[15] Gierlak, P., Szuster, M., ylski, W.: Discrete dual-heuristic programming in 3DOF manipulator control. Lect. Notes Artif. Int. 6114, 256-263 (2010).

[16] Hagen, S., Krose, B.: Neural Q-learning. Neural. Comput. Appl. 12, 81-88 (2003).

[17] Han, D., Balakrishnan, S.: Adaptive critic based neural networks for control-constrained agile missile control. Proc. Am. Control Conf. 4, 2600-2605 (1999).

[18] Hanselmann, T., Noakes, L., Zaknich, A.: Continuous-time adaptive critics. IEEE Trans.

Neural Netw. 18, 631 - 647 (2007).

[19] Hendzel, Z., Burghardt, A., Szuster, M.: Reinforcement learning in discrete neural control of the underactuated system. Lect. Notes Artif. Int. 7894, 64 - 75 (2013).

[20] Hendzel, Z., Szuster, M.: Discrete model - based dual heuristic programming in wheeled mobile robot control. In: Awrejcewicz, J., Kamierczak, M., Olejnik, P., Mrozowski, J. (eds.) Dynamical Systems—Theory and Applications, pp. 745 - 752. Left Grupa, Lodz (2009).

[21] Hendzel, Z., Szuster, M.: Heuristic dynamic programming in wheeled mobile robot control. In: Kaszyski, R., Pietrusewicz, K. (eds.) Methods and Models in Automation and Robotics, pp. 513 - 518. IFAC, Poland (2009).

[22] Hendzel, Z., Szuster, M.: Discrete action dependant heuristic dynamic programming in wheeled mobile robot control. Solid State Phenom. 164, 419 - 424 (2010).

[23] Hendzel, Z., Szuster, M.: Discrete model - based adaptive critic designs in wheeled mobile robot control. Lect. Notes Artif. Int. 6114, 264 - 271 (2010).

[24] Hendzel, Z., Szuster, M.: Discrete neural dynamic programming in wheeled mobile robot control. Commun. Nonlinear. Sci. Numer. Simul. 16, 2355 - 2362 (2011).

[25] Hendzel, Z., Szuster, M.: Adaptive dynamic programming methods in control of wheeled mobile robot. Int. J. Appl. Mech. Eng. 17, 837 - 851 (2012).

[26] Hendzel, Z., Szuster, M.: Globalised dual heuristic dynamic programming in control of nonlinear dynamical system. In: Awrejcewicz, J., Kamierczak, M., Olejnik, P., Mrozowski, J. (eds.) Dynamical Systems: Applications, pp. 123 - 134. WPL, Lodz (2013).

[27] Iftekharuddin, K. M.: Transformation invariant on - line target recognition. IEEE Trans. Neural Netw. 22, 906 - 918 (2011).

[28] Kareem Jaradat, M. A., Al - Rousan M., Quadan, L.: Reinforcement based mobile robot navigation in dynamic environment. Robot. Cim. - Int. Manuf. 27, 135 - 149 (2011).

[29] Lendaris, G., Schultz, L., Shannon, T.: Adaptive critic design for intelligent steering and speed control of a 2 - axle vehicle. In: Proceedings of the IEEE INNS - ENNS International Joint Con - ference on Neural Networks, vol. 3, pp. 73 - 78 (2000).

[30] Lendaris, G., Shannon, T.: Application considerations for the DHP methodology. In: Proceed - ings of the IEEE International Joint Conference on Neural Networks, vol. 2, pp. 1013 - 1018 (1998).

[31] Lewis, F. L., Liu, D., Lendaris, G. G.: Guest editorial: special issue on adaptive dynamic pro - gramming and reinforcement learning in feedback control. IEEE Trans. Syst. Man Cybern. B Cybern. 38, 896 - 897 (2008).

[32] Lewis, F. L., Vrabie, D.: Reinforcement learning and adaptive dynamic programming for feed - back control. IEEE Circuits Syst. Mag. 9, 32 - 50 (2009).

[33] Liu, D., Wang, D., Yang X.: An iterative adaptive dynamic programming algorithm for optimal control of unknown discrete - time nonlinear systems with constrained inputs. Inform. Sci. 220, 331 - 342 (2013).

[34] Millán, J., del R.: Reinforcement learning of goal-directed obstacle-avoiding reaction strategies in an autonomous mobile robot. Robot. Auton. Syst. 15, 275-299 (1995).

[35] Mohagheghi, S., Venayagamoorthy, G. K., Harley, R. G.: Adaptive critic design based neuro-fuzzy controller for a static compensator in a multimachine power system. IEEE Trans. Power Syst. 21, 1744-1754 (2006).

[36] Ni, Z., He, H.: Heuristic dynamic programming with internal goal representation. Soft Comput. 17, 2101-2108 (2013).

[37] Ni, Z., He, H., Wen, J., Xu, X.: Goal representation heuristic dynamic programming on maze navigation. IEEE Trans. Neural Netw. Learn. Syst. 24, 2038-2050 (2013).

[38] Ni, Z., He, H., Zhao, D., Xu, X., Prokhorov, D. V.: Grdhp: A general utility function representation for dual heuristic dynamic programming. IEEE Trans. Neural Netw. Learn. Syst 26, 614-627 (2015).

[39] Ng, A. Y., Kim, H. J., Jordan, M. I., Sastry, S.: Autonomous helicopter flight via reinforcement learning. Adv. Neural Inf. Process. Syst. 16 (2004).

[40] Peters, J., Schaal, S.: Natural actor-critic. Neurocomputing 71, 1180-1190 (2008).

[41] Powell, W. B.: Approximate Dynamic Programming: Solving the Curses of Dimensionality. Princeton, Willey-Interscience (2007).

[42] Prokhorov, D., Wunch, D.: Adaptive critic designs. IEEE Trans. Neural Netw. 8, 997-1007 (1997).

[43] Rutkowski, L.: Computational Intelligence—Methods and Techniques (in Polish). Polish Scientific Publishers PWN, Warsaw (2005).

[44] Si, J., Barto, A. G., Powell, W. B., Wunsch, D.: Handbook of Learning and Approximate Dynamic Programming. IEEE Press, Wiley-Interscience, Hoboken (2004).

[45] Shannon, T., Lendaris, G.: A new hybrid critic-training method for approximate dynamic programming. In: Proceedings of International Society for the System Sciences (2000).

[46] Szuster, M., Hendzel, Z., Burghardt, A.: Fuzzy sensor-based navigation with neural tracking control of the wheeled mobile robot. Lect. Notes Artif. Int. 8468, 302-313 (2014).

[47] Szuster, M., Hendzel, Z.: Discrete globalised dual heuristic dynamic programming in control of the two-wheeled mobile robot. Math. Probl. Eng. 2014, 1-16 (2014).

[48] Szuster, M., Gierlak, P.: Approximate dynamic programming in tracking control of a robotic manipulator. Int. J. Adv. Robot. Syst. 13, 1-18 (2016).

[49] Szuster, M., Gierlak, P.: Globalised dual heuristic dynamic programming in control of robotic manipulator. AMM 817, 150-161 (2016).

[50] Szuster, M.: Globalised dual heuristic dynamic programming in tracking control of the wheeled mobile robot. Lect. Notes Artif. Int. 8468, 290-301 (2014).

[51] Syam, R., Watanabe, K., Izumi, K.: Adaptive actor-critic learning for the control of mobile robots by applying predictive models. Soft. Comput. 9, 835-845 (2005).

[52] Syam, R., Watanabe, K., Izumi, K., Kiguchi, K.: Control of nonholonomic mobile robot by

an adaptive-critic method with simulated experience based value functions. In: Proceedings of the IEEE International Conference of Robotics and Automation, vol. 4, pp. 3960-3965 (2002).

[53] Vamvoudakis, K. G., Lewis, F. L.: Online actor-critic algorithm to solve the continuous-time infinite horizon optimal control problem. Automatica 46, 878-888 (2010).

[54] Vamvoudakis, K. G., Lewis, F. L.: Multi-player non-zero-sum games: online adaptive learning solution of coupled Hamilton-Jacobi equations. Automatica 47, 1556-1569 (2011).

[55] Venayagamoorthy, G. K., Harley, R. G., Wunsch, D. C.: Comparison of heuristic dynamic programming and dual heuristic programming adaptive critics of a turbogenerator. IEEE Trans. Neural Netw. 13, 764-773 (2002).

[56] Venayagamoorthy, G. K., Wunsch, D. C., Harley, R. G.: Adaptive critic based neuro-controller for turbogenerators with global dual heuristic programming. In: Proceedings of the IEEE Power Engineering Society Winter Meeting, vol. 1, pp. 291-294 (2000).

[57] Visnevski, N., Prokhorov, D.: Control of a nonlinear multivariable system with adaptive critic designs. In: Proceedings of Artificial Neural Networks in Engineering, vol. 6, pp. 559-565 (1996).

[58] Vrabie, D., Lewis, F.: Neural network approach to continuous-time direct adaptive optimal control for partially unknown nonlinear systems. Neural Netw. 22, 237-246 (2009).

[59] Wang, D., Liu, D., Wei, Q.: Finite-horizon neuro-optimal tracking control for a class of discrete-time nonlinear systems using adaptive dynamic programming approach. Neurocomputing 78, 14-22 (2012).

[60] Wang, D., Liu D., Wei, Q., Zhao D., Jin, N.: Optimal control of unknown nonaffine nonlinear discrete-time systems based on adaptive dynamic programming. Automatica 48, 1825-1832 (2012).

[61] Wang, D., Liu, D., Zhao, D., Huang, Y., Zhang, D.: A neural network-based iterative GDHP approach for solving a class of nonlinear optimal control problems with control constraints. Neural Comput. Appl. 22, 219-227 (2013).

[62] Wang, F.-Y., Zhang H., Liu D.: Adaptive dynamic programming: an introduction. IEEE Comput. Intell. Mag. 4, 39-47 (2009).

[63] Xu, X., Hou, Z., Lian, C., He, H.: Online learning control using adaptive critic designs with sparse kernel machines. IEEE Trans. Neural Netw. Learn. Syst. 24, 762-775 (2013).

[64] Xu, X., Wang, X., Hu, D.: Mobile robot path-tracking using an adaptive critic learning PD controller. Lect. Notes Comput. Sci. 3174, 25-34 (2004).

[65] Xu, X., Zuo, L., Huang, Z.: Reinforcement learning algorithms with function approximation: recent advances and applications. Inform. Sci. 261, 1-31 (2014).

[66] Zhang, H., Cui, L., Zhang, X., Luo, Y.: Data-driven robust approximate optimal tracking control for unknown general nonlinear systems using adaptive dynamic programming method. IEEE Trans. Neural Netw. 22, 2226-2236 (2011).

[67] Zelinsky, A., Gaskett, C., Wettergreen, D.: Q-learning in continuous state and action spaces.

In: Proceedings of Australian Joint Conference on Artificial Intelligence, pp. 417 - 428. Springer (1999).

[68] Zhang, X., Zhang, H., Luo, Y.: Adaptive dynamic programming - based optimal control of unknown nonaffine nonlinear discrete - time systems with proof of convergence. Neurocomputing 91, 48 - 55 (2012).

[69] Zhong, X., Ni, Z., He, H.: A theoretical foundation of goal representation heuristic dynamic programming. IEEE Trans. Neural Netw. Learn. Syst., pp. 1 - 13 (2015).

第 7 章　机电系统的控制

本章讨论非线性系统应用智能算法的一些控制方法，并指出它们的优点和缺点。在非线性系统实现跟踪运动的精度方面，考虑的标准是将得到的结果与仅基于 PD 控制器测试得到的值进行比较。目前用于非线性对象的控制算法的结构大多由控制器和补偿器组成，也可能含鲁棒控制项，这一点在第 3.1 节已经讨论过。补偿器补偿被控对象的非线性，稳定器（如 PD 控制器）将不准确补偿造成的跟踪误差最小化。而鲁棒项则确保控制系统在有重大干扰时的稳定性。补偿控制的实施可以看作是一个逆动力学问题，其中控制信号是基于被控对象的数学描述生成的，从而确保期望运动参数的实现。鉴于非线性补偿算法需要满足几个要求，所以这并不容易实现。确保控制系统的稳定性是至关重要的，同时还须考虑被控对象工作条件的变化，这些变化源自负载变化、质量分布变化以及由此引起的转动惯量矩变化，或运动平面类型的变化（移动机器人就是这种情况）。

有些相关文献提供的控制算法未能满足最后一项要求。例如，基于数学模型的计算力矩算法[15,64,82,91,95]，它的缺点是要求有一个模型结构及相关参数来对控制系统进行综合。确定数学模型的结构并不困难，这是因为有许多数学公式可用来创建描述被控对象的运动方程，但确定模型的参数却不是一件容易的工作。此外，对于计算力矩算法，参数值被假定是常值，这就使得控制算法无法适应被控对象工作条件的变化。

这些缺点在某种程度上可通过借鉴变结构系统理论的鲁棒控制方法来消除[3,15,30,80-82,95]。这些算法可用于对那些具有显著建模不确定性的，描述不准确的系统进行跟踪控制。假设对象的每一个参数都从一个确定的区间中取值，该区间的端点根据被控对象的可用信息定义。当参数扰动满足假设的约束条件时，基于鲁棒算法的控制就会被恰当地执行。在鲁棒算法中引入开关组件可以最大限度地减小由于对对象模型缺乏了解而产生的误差。该算法的缺点是经常使用由大不确定性带来的参数约束的过高估计值。

而那些在出现干扰时能够自适应调整其参数，从而确保控制过程能合理实现的算法就没有这些缺点。这类解决方案包括自适应控制算法[15,30,50,81,82,91]，其设计使得算法的参数能够按照所选取的自适应算法，随着对象工作条件的变化而自适应调整。它们的综合只需要有被控对象模型的结构，其参数是在对象的运动过程中实时估计的。它们的值无须收敛到实际参数就能确保控制的正确实现。

针对被控对象的动态模型中存在的非线性，现代人工智能方法在控制算法中的应用已被证明有积极的作用。特别是 NN，得益于其对任何非线性函数的逼近能力、学习能力和参数自适应性，已经成为用于非线性对象控制算法的一个很有吸引力的工具[12,14,22,27,30,40,50,56,58,68,69,83,94]。模糊逻辑系统（FLS）[16,17,19,20,33,37,83,89,92]也被广泛用于动态对象的控制系统中。这是因为这些算法可以逼近任何非线性函数，并可应用于那些对象特性只能由模型近似描述的系统控制。另一个重要因素是通过知识库能明确表示模糊模型中包含的信息，并且在创建模糊模型的规则时有可能获得关于对象控制的专家知识。模糊逻辑系统的缺点是，它们无法使模糊前提和结论集随着对象工作条件的变化而自适应调整。神经模糊系统（NFS）则不存在这个缺点[32,34,67,74,76,78]，这是因为它们选取的模糊集参数可以实时自适应调整。

人工智能方法的发展使得 NDP 算法得以出现，该算法结合了基于 Bellman DP 的经典优化理论和智能算法（如 NN）。这些算法能够在正向过程中生成动态对象的次优控制律，通过动作器－评价器结构来实现，并用于非线性对象的控制系统[4,5,13,18,21,24,25,35,46,49,66,70,72,77,84,88]。基于 NDP 的控制系统在结构上比神经控制算法更复杂，但是对于应用其他控制系统无法达到预期效果的任务，应用 NDP 算法往往可以达到控制目标。本章讨论机电系统运动控制的一些策略，给出动态对象控制算法的综合，以及对所选系统的运动仿真测试。在这些研究中，PD 控制器（第 7.1 节）被用于跟踪控制，其控制器的功能相当于一个稳定器，是控制系统的关键部分。在接下来的各节所介绍的控制算法中，将通过被控对象的非线性补偿算法对控制系统的结构进行补充。第 7.2 节讨论自适应算法在运动控制中的应用。第 7.3 节采用神经网络控制算法，作为问题的另一种解决方案，随后的各节讨论 NDP 算法对动态对象控制系统的适用性。第 7.4 节给出采用 HDP 算法的控制系统，第 7.5 节重点介绍 DHP 算法的应用，第 7.6 节描述 GDHP 算法在动态对象控制系统中的实现，第 7.7 节讨论 ADHDP 算法在控制系统中的应用，最后的第 7.8 节论述使用 NDP 算法的 WMR 的行为控制方法。

7.1 应用 PD 控制器的 WMR 和 RM 跟踪控制

想要合理地实现跟踪，需要被控对象按照逆运动学问题求解所生成的参数来移动。对于由复杂非线性运动方程描述的动态对象，如 RM 或 WMR，期望轨迹的合理实现取决于一个适当的控制系统的应用。第 3.1 节的图 3－1 给出了非线性对象控制系统的典型结构。控制系统的关键部分是 PD/PID 控制器，用来稳定跟踪误差。一些相关文献讨论了 PD/PID 控制器在动态对象控制中的应用，如 RM[15,82,91,95]、WMR[30,50,65] 或欠驱动系统[59,75,93]，其中 PD/PID 控制器或产生全部控制信号，或作为复杂控制算法的一部分。如果被控对象是线性的（这是理论假设），并且如果对象没有快速运动，则 PD 控制器能提供良好的控制性能。本节重点讨论应用 PD 控制器的 WMR 和 RM 的跟踪控制。

7.1.1 PD 控制的综合

文献［30］中详细介绍了应用 PD 控制器的 WMR 跟踪控制系统，而文献［95］对 RM 的 PD 控制系统进行了充分描述。

所谓跟踪问题，是在变量 $\boldsymbol{q}_d$、$\dot{\boldsymbol{q}}_d$、$\ddot{\boldsymbol{q}}_d$ 受到约束的情况下，寻找控制律 $\boldsymbol{u}$，使得实现的对象轨迹跟踪期望的轨迹。跟踪误差 $\boldsymbol{e}$ 定义为

$$e = q - q_d \tag{7-1}$$

引入滤波跟踪误差 s ，它是跟踪误差及其导数的线性组合，基于式（7－1）定义为

$$s = \dot{e} + \Lambda e \tag{7-2}$$

其中，Λ 正定对角设计参数矩阵。

比例-微分（PD）控制器的控制信号由如下公式表示

$$u = u_{PD} = K_D s \tag{7-3}$$

其中，K_D 为控制器增益，是一个正定的设计参数矩阵。$K_D s$ 相当于一个传统的、带有微分（D）项和比例（P）项的 PD 控制器，两项的增益分别是 K_D 和 $K_P = K_D \Lambda$ 。

图 7－1 给出了应用 PD 控制器的 WMR 跟踪控制系统的示意图。

图 7－1 中的符号在第 2.1 节中已经介绍过，其中 α 是 WMR 的驱动轮旋转角度向量，对应于向量 q 。

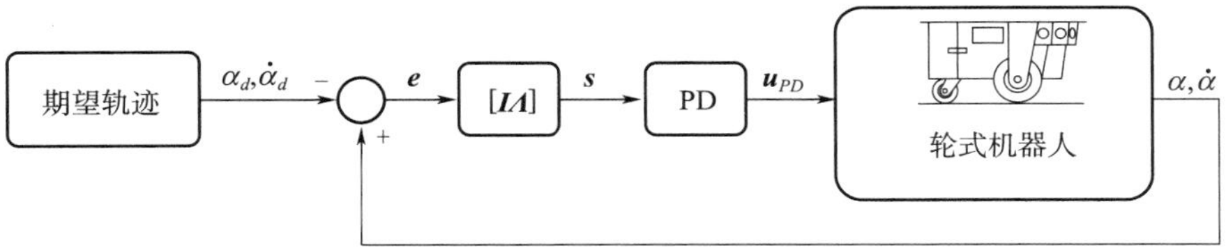

图 7－1　应用 PD 控制器的 WMR 跟踪控制系统示意图

7.1.2　仿真测试

仿真测试包括应用 PD 控制器对 WMR 和 RM 的跟踪控制。

7.1.2.1　应用 PD 控制器的 WMR 运动控制数值测试

在虚拟计算环境中，将 PD 控制器应用在 WMR 上 A 点的跟踪控制中，并对此进行仿真测试。选取其中两组数值测试的结果。这些结果是基于第 2.1.1.2 节中给出的 8 字形轨迹获得的。研究了两种情形，一种是考虑参数扰动，模型参数的变化与 WMR 承载额外的质量有关；另一种是不考虑这种扰动。

用 PD 控制器进行数值测试是为了随后与其他控制算法进行跟踪控制精度的比较。

在所有的数值测试中使用了以下参数。

1）PD 控制器参数：

a）$K_D = I$：PD 控制器增益常值对角矩阵。

b）$\Lambda = 0.5I$ ：常值对角矩阵。

2）$h = 0.01$ s：数值测试的计算步长。

所用的 PD 控制器参数对应的比例增益系数为 $K_P = K_D \Lambda$ 。仿真测试中采用的矩阵 Λ 的值使得系统对 WMR 模型的参数变化和其他干扰不太敏感，同时允许对一个真实的对象（即 Pioneer 2－DX WMR）进行控制。由于所使用的执行器的特性，若矩阵 Λ 中元素的值过高，则产生的控制信号将不能用于实际对象。矩阵 K_D 的值的选取原则是为 WMR 上 A 点的跟踪控制提供良好的性能。应注意，这些值不能太高，否则可能导致系统不稳定。

采用以下性能指标对所生成的控制信号和所完成的跟踪质量进行评估：

1）WMR 的驱动轮 1 和 2 的角位移误差的最大绝对值 $e_{\max j}$

$$e_{\max j}=\max_{k}(|e_{j\{k\}}|) \tag{7-4}$$

其中，$j=1, 2$。

2）第 j 个轮子的角位移 e_j 的均方根误差

$$\varepsilon_j=\sqrt{\frac{1}{n}\sum_{k=1}^{n}e_{j\{k\}}^2} \tag{7-5}$$

其中，k 表示迭代的第 k 步，n 为总步数。

3）第 j 个轮子的角速度误差的最大绝对值 $\dot{e}_{\max j}$

$$\dot{e}_{\max j}=\max_{k}(|\dot{e}_{j\{k\}}|) \tag{7-6}$$

4）第 j 个轮子的角速度误差 $\dot{e}_j$ 的均方根误差

$$\dot{\varepsilon}_j=\sqrt{\frac{1}{n}\sum_{k=1}^{n}\dot{e}_{j\{k\}}^2} \tag{7-7}$$

5）第 j 个轮子的滤波跟踪误差的最大绝对值 $s_{\max j}$

$$s_{\max j}=\max_{k}(|s_{j\{k\}}|) \tag{7-8}$$

6）第 j 个轮子滤波跟踪误差 s_j 的均方根

$$\sigma_j=\sqrt{\frac{1}{n}\sum_{k=1}^{n}s_{j\{k\}}^2} \tag{7-9}$$

7）WMR 的 A 点在 xy 平面上的期望位置（$x_{dA\{k\}}$，$y_{dA\{k\}}$）与实际位置（$x_{A\{k\}}$，$y_{A\{k\}}$）之间的距离 $d_{\{k\}}$ 的均方误差

$$\rho_d=\sqrt{\frac{1}{n}\sum_{k=1}^{n}d_{\{k\}}^2} \tag{7-10}$$

其中，$d_{\{k\}}=\sqrt{(x_{A\{k\}}-x_{dA\{k\}})^2+(y_{A\{k\}}-y_{dA\{k\}})^2}$

8）最大距离 $d_{\max}$

$$d_{\max}=\max_{k}(d_{\{k\}}) \tag{7-11}$$

9）当运动完成后，即 $k=n$ 时，移动机器人 A 点的期望位置（$x_{dA\{k\}}$，$y_{dA\{k\}}$）与实际位置（$x_{A\{k\}}$，$y_{A\{k\}}$）之间的距离 d_n。

WMR 的 8 字形轨迹离散测量的数据量为 $n=4\ 500$，而 RM 的半圆轨迹离散测量的数据量为 $n=4\ 000$。

7.1.2.2 无干扰时 8 字形路径 PD 控制测试的考察

数值测试采用了第 2.1.1.2 节中讨论的具有 8 字形路径的期望轨迹。通过求解逆运动学问题得到的运动参数值用 d 表示，作为运动的期望参数。对应用 PD 控制器的 WMR 跟踪控制进行了仿真。

图 7-2 给出了 WMR 上 A 点期望的和实现的路径。左图给出了 WMR 上 A 点期望的（虚线）和实现的（实线）路径，三角形表示 A 点的初始位置，“×”表示期望的最终位

置，菱形表示 WMR 上 A 点的实际最终位置。右边的图是左边的图的局部放大。

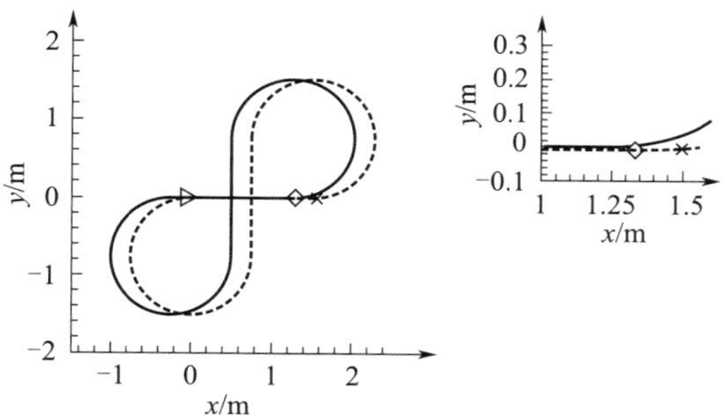

图 7－2　WMR 上 A 点期望的和实现的运动路径

WMR 上 A 点所实现的路径是将跟踪控制算法产生的信号发送给机器人的执行器所得到的结果。图 7－3（a）中给出了轮 1 和 2 的控制信号 u_{PD1} 和 u_{PD2} 的变化曲线，图 7－3（b）给出了驱动轮期望的角速度（虚线，$\dot{\alpha}_{d1}$，$\dot{\alpha}_{d2}$）和实现的角速度（实线，$\dot{\alpha}_1$，$\dot{\alpha}_2$）的变化曲线。

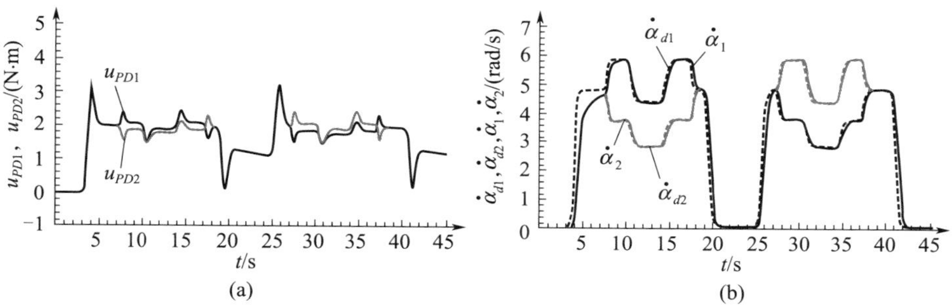

图 7－3　（a）控制信号 u_{PD1} 和 u_{PD2}；（b）驱动轮期望的角速度（$\dot{\alpha}_{d1}$，$\dot{\alpha}_{d2}$）和实现的角速度（$\dot{\alpha}_1$，$\dot{\alpha}_2$）

WMR 上 A 点的期望和实现路径之间的差异是由于期望轨迹的错误实现导致的。图 7－4 中分别给出了 WMR 驱动轮 1 和 2 的旋转角度误差（e_1，e_2）和角速度误差（$\dot{e}_1$，$\dot{e}_2$）的变化曲线。

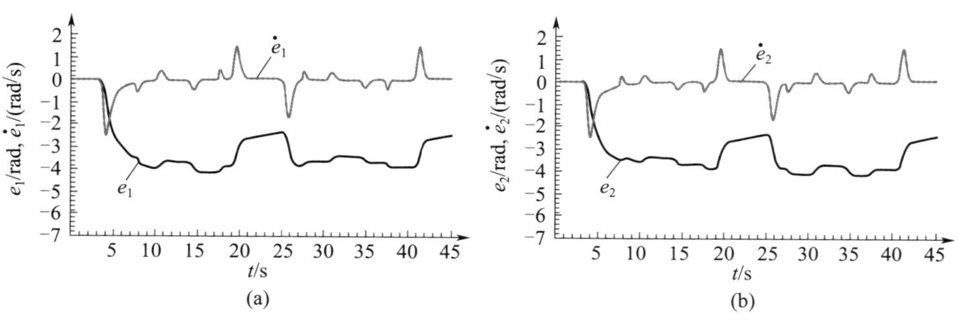

图 7－4　（a）跟踪误差 e_1 和 $\dot{e}_1$；（b）跟踪误差 e_2 和 $\dot{e}_2$

应该注意的是，这里所考察的跟踪控制算法的目标是使跟踪误差最小化。表 7-1 和表 7-2 给出了由 PD 控制器得到的跟踪控制的各个性能指标的值。

表 7-1 部分性能指标的值

指标	$e_{\max j}$/rad	ε_j/rad	$\dot{e}_{\max j}$/(rad/s)	$\dot{\varepsilon}_j$/(rad/s)	$s_{\max j}$/(rad/s)	σ_j/(rad/s)
轮 1，$j=1$	4.16	3.31	2.56	0.47	3.25	1.74
轮 2，$j=2$	4.16	3.31	2.56	0.47	3.25	1.74

表 7-2 路径实现的部分性能指标的值

指标	$d_{\max}$/m	d_n/m	ρ_d/m
值	0.316	0.197	0.229

计算所选取的性能指标时，将实现的 8 字形轨迹分成了两个阶段。其中阶段Ⅰ（$t\in[0.01, 22.5]$ s，对应离散测量 $k=1, \cdots, 2\ 250$）包含沿着向左方向的弯曲路径的运动，从初始位置 S 点到完全停止于 P 点［见图 2-6（a）］。阶段Ⅱ包含沿着向右方向的弯曲路径的运动，从 P 点到 G 点（$t\in[22.51, 45]$ s，对应 $k=2\ 251, \cdots, 4\ 500$）。在计算性能指标时将轨迹分为两个阶段，其目的是考察存储在自适应结构的参数中的信息对所生成控制的质量的影响。应用所给的轨迹，对其运动的实现可以理解为两个实验，实验中算法的参数经历了调整。在第一个实验中，调整的参数采取了零初始值，而在第二个实验中，参数的初始值是在第一个实验中获得的参数。表 7-3 给出了各个运动阶段所选性能指标的值。

当没有将自适应算法（如 NN）应用于控制系统结构时，在两部分数值测试中，所选指标的值都类似。当用 PD 控制器对 WMR 上的 A 点进行跟踪控制时，就会出现这种情况。

表 7-3 在运动阶段Ⅰ和Ⅱ所选性能指标的值

指标	$e_{\max j}$/rad	ε_j/rad	$\dot{e}_{\max j}$/(rad/s)	$\dot{\varepsilon}_j$/(rad/s)	$s_{\max j}$/(rad/s)	σ_j/(rad/s)
阶段Ⅰ，$k=1,\cdots,2\ 250$						
轮 1，$j=1$	4.16	3.22	2.56	0.55	3.11	1.74
轮 2，$j=2$	3.91	3.03	2.56	0.54	3.11	1.65
阶段Ⅱ，$k=2\ 251,\cdots,4\ 500$						
轮 1，$j=1$	3.91	3.03	2.56	0.54	3.11	1.65
轮 2，$j=2$	4.16	3.22	2.56	0.55	3.11	1.74

7.1.2.3 有干扰时 8 字形路径 PD 控制测试的考察

数值测试中采用了第 2.1.1.2 节讨论的具有 8 字形路径的期望轨迹。参数干扰被引入了两次。第一次涉及 WMR 模型参数的变化，对应于机器人框架在 $t_{d1}=12.5$ s 时刻被施加一个 $m_{RL}=4.0$ kg 的额外负载。第二次干扰的情况是额外负载在 $t_{d2}=32.5$ s 时刻被移除。

图 7－5（a）给出了 WMR 上 A 点期望的和实现的路径。左边的图给出了 WMR 上 A 点的期望路径（虚线）和实现（实线）路径，三角形表示 A 点的初始位置，“×”表示期望的最终位置，菱形表示 WMR 上 A 点的实际最终位置。图 7－5（b）中的曲线给出了反映发生参数干扰的信号 d_p 的值。如果 $d_p=0$，则表 2－1 中的标称参数集 $\boldsymbol{a}$ 被用于 WMR 的动态模型，如果 $d_p=1$，则使用参数集 $\boldsymbol{a}_d$，对应于由 WMR 携带的额外质量引起的参数干扰。

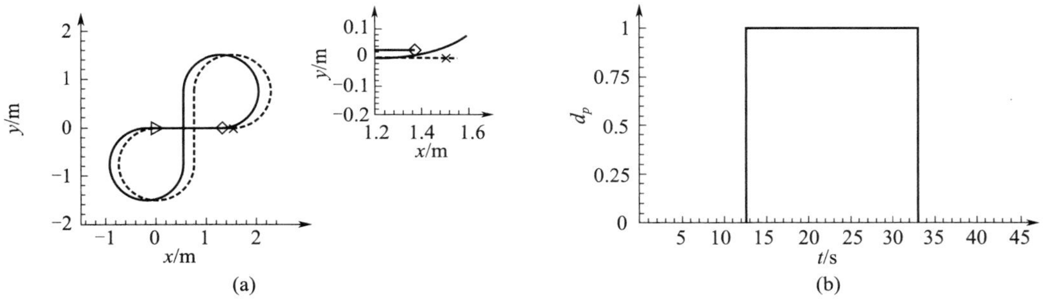

图 7－5　（a）WMR 上 A 点期望的和实现的路径；（b）参数扰动信号 d_p

图 7－6（a）给出了驱动轮 1 和 2 的控制信号 u_{PD1} 和 u_{PD2} 的变化曲线，图 7－6（b）给出了驱动轮期望的角速度（$\dot{\alpha}_{d1}$，$\dot{\alpha}_{d2}$）和实现的角速度（$\dot{\alpha}_1$，$\dot{\alpha}_2$）的变化曲线。图形中标椭圆的部分说明了参数干扰对所得到的数值的影响。可以注意到，在 t_{d1} 时刻的第一个扰动发生后，由于被控对象动态特性的变化，控制信号的值有所增加。可以观察到实际角速度值的瞬间下降。在 t_{d2} 时刻，WMR 携带的负载质量减少，导致控制信号的值减少，驱动轮的实际角速度值瞬间增加。

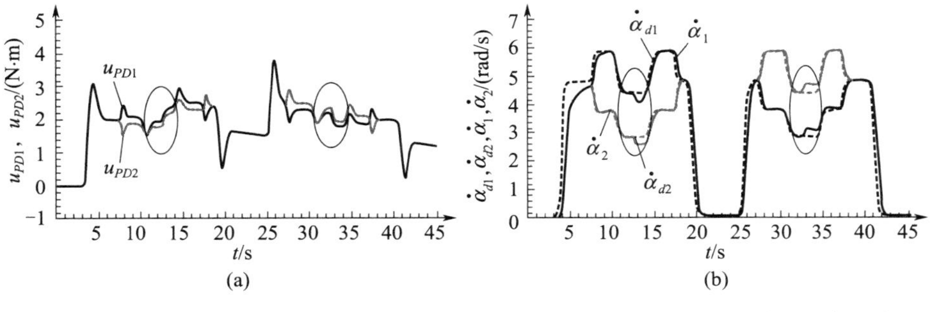

图 7－6　（a）控制信号 u_{PD1} 和 u_{PD2}；（b）驱动轮期望的角速度（$\dot{\alpha}_{d1}$，$\dot{\alpha}_{d2}$）和实现的角速度（$\dot{\alpha}_1$，$\dot{\alpha}_2$）

图 7－7 分别给出了 WMR 驱动轮 1 和 2 的旋转角度误差（e_1，e_2）和角速度误差（$\dot{e}_1$，$\dot{e}_2$）的变化曲线。分析轨迹误差可以看到，与无扰动情形的仿真相比，误差值在 t_{d1} 时刻后增加，在 t_{d2} 时刻后减少。

在存在参数扰动的测试中，表 7－4 和表 7－5 给出采用 PD 控制器的跟踪控制的各个性能指标的值。

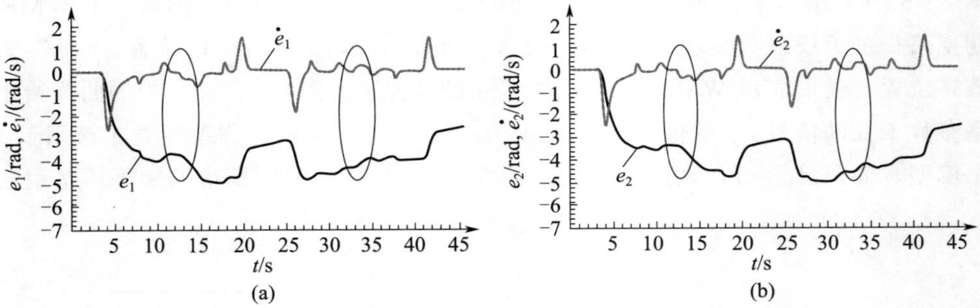

图 7 - 7 （a）跟踪误差 e_1 和 $\dot{e}_1$；（b）跟踪误差 e_2 和 $\dot{e}_2$

表 7 - 4 所选性能指标的值

指标	$e_{\max j}$/rad	ε_j/rad	$\dot{e}_{\max j}$/(rad/s)	$\dot{\varepsilon}_j$/(rad/s)	$s_{\max j}$/(rad/s)	σ_j/(rad/s)
轮 1，$j=1$	4.89	3.69	2.56	0.49	3.76	1.93
轮 2，$j=2$	4.98	3.7	2.56	0.49	3.76	1.93

表 7 - 5 路径实现的所选性能指标的值

指标	$d_{\max}$/m	d_n/m	ρ_d/m
值	0.301	0.13	0.188

扰动测试中得到的性能指标的值比无扰动测试中得到的性能指标的值要高。例如，当参数扰动发生时，性能指标 σ_j 的值高出 11% 左右。

如同在第 7.1.2.2 节中的仿真一样，所选的性能指标的值是通过将 8 字形路径的实现轨迹分为两个阶段计算的。表 7 - 6 中给出了各个运动阶段所选性能指标的值。运动阶段Ⅰ和Ⅱ的性能指标的值略有不同。

表 7 - 6 运动阶段Ⅰ和Ⅱ中所选性能指标的值

指标	$e_{\max j}$/rad	ε_j/rad	$\dot{e}_{\max j}$/(rad/s)	$\dot{\varepsilon}_j$/(rad/s)	$s_{\max j}$/(rad/s)	σ_j/(rad/s)
阶段Ⅰ，$k=1,\cdots,2\ 250$						
轮 1，$j=1$	4.89	3.54	2.56	0.57	3.11	1.92
轮 2，$j=2$	4.72	3.36	2.56	0.56	3.11	1.84
阶段Ⅱ，$k=2\ 251,\cdots,4\ 500$						
轮 1，$j=1$	4.25	3.33	2.89	0.61	3.51	1.81
轮 2，$j=2$	4.67	3.53	2.89	0.63	3.51	1.91

在本书的后续部分，上述所获得的性能指标的值将被用来同应用其他控制算法得到的跟踪控制精度进行比较。

7.1.2.4 应用 PD 控制器的 RM 运动控制数值测试

下面的仿真测试是关于 PD 控制器在 RM 的 TCP 跟踪控制中的应用，在虚拟计算环境中进行。从多次数值测试中选取一个结果。它是基于第 2.2.1.2 节中给出的曲线轨迹获得的，包含了一个参数扰动，其中模型参数的变化对应于施加在机械手上的负载质量 m_{ML} 。

数值测试中使用了以下参数：

1）PD 控制器参数：

a) $\boldsymbol{K}_D=\boldsymbol{I}$：PD 控制器增益常值对角矩阵。

b) $\boldsymbol{\Lambda}=\boldsymbol{I}$ ：常值对角矩阵。

2) $h=0.01$ s：数值测试计算步长。

所用的 PD 控制器参数对应的比例增益系数为 $\boldsymbol{K}_P=\boldsymbol{K}_D\boldsymbol{\Lambda}$ 。仿真测试中采用的矩阵 $\boldsymbol{\Lambda}$ 的值使得系统对机械手模型的参数变化和其他扰动不太敏感，同时能够控制一个实际对象，即 Scorbot ER4pc RM。由于所使用的执行器的特性，如果矩阵 $\boldsymbol{\Lambda}$ 中元素的值过大，则产生的控制信号将无法作用于实际对象。矩阵 $\boldsymbol{K}_D$ 的选取原则是要使机械手的 TCP 跟踪控制具有良好的性能。应该注意的是，这些值不能太大，以免造成系统的不稳定。

对生成的控制和完成的跟踪进行质量评估时，其性能指标与 WMR 情形的性能指标类似。不过，所考察的 RM 有三个自由度，因此 $j=1, 2, 3$，而跟踪误差与关节变量（即关节的旋转角度和角速度）有关。

7.1.2.5 有扰动时半圆路径 PD 控制测试的考察

在应用 PD 控制器对 RM 进行跟踪控制的数值测试中，采用第 2.2.1.2 节中讨论的半圆路径理想轨迹。引入一个参数扰动来改变机械手模型的参数。该扰动对应以下情形：在时间段 $t_{d1}\in[21, 27]$ s 和 $t_{d2}\in[33, 40]$ s 中，抓手携带有 $m_{RL}=1.0$ kg 的负载。

图 7-8（a）给出了末端执行器上点 C 的期望的路径（绿线）和实现的路径（红线）。三角形表示初始位置（ S 点），“×”表示期望路径的折返位置（ G 点），菱形表示机械手上点 C 的实际最终位置。图 7-8（b）给出了末端执行器上 C 点的路径误差，$e_x=x_{Cd}-x_C$，$e_y=y_{Cd}-y_C$，$e_z=z_{Cd}-z_C$ ，其中 x_{Cd}，y_{Cd}，z_{Cd} 是预先设定的 C 点坐标。图形中用圆角矩形表示的部分说明了参数干扰对得到的数值的影响。图 7-8（c）中的曲线给出了表明发生参数扰动的信号 d_p 的值。如果 $d_p=0$，则在机械手的动力学模型中使用表 2-3 中的名义参数集 $\boldsymbol{p}$ ；如果 $d_p=1$，则使用参数集 $\boldsymbol{p}_d$ ，该参数集对应着由抓手携带的附加质量所导致的参数扰动。

图 7-9（a）给出了机械手各环节驱动单元的控制信号 u_{PD1}，u_{PD2} 和 u_{PD3} 的变化曲线，图 7-9（b）给出了末端执行器点 C 的期望速度和实现速度的绝对值（$|v_{Cd}|$ 和 $|v_C|$）。在参数扰动阶段 t_{d1} 和 t_{d2} 期间，与无负载机械手的数值相比，各个信号的数值有明显的变化。最明显的是控制信号 u_{PD3} 的值的变化。

图 7-10 中分别给出了机械手连杆 1、2、3 的旋转角度误差（ e_1，e_2，e_3 ）和角速度误差（$\dot{e}_1$，$\dot{e}_2$，$\dot{e}_3$）的变化曲线。

分析轨迹误差可以看到，与无扰动情形的仿真相比，在 t_{d_1} 和 t_{d_2} 时间段的误差值有所增加。

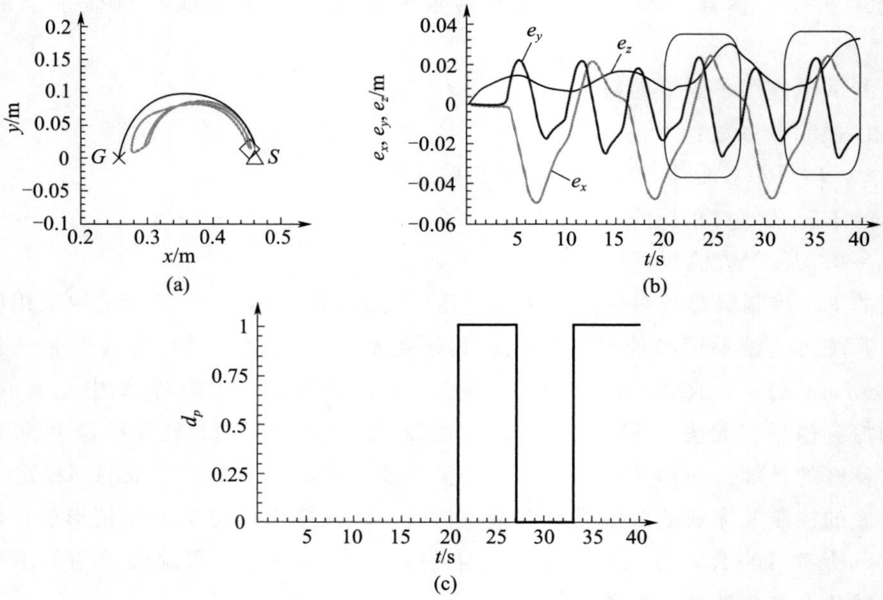

图 7-8 （a）末端执行器上 C 点的期望和实现路径；
（b）路径误差 e_x，e_y，e_z；（c）参数扰动信号 d_p（见彩插）

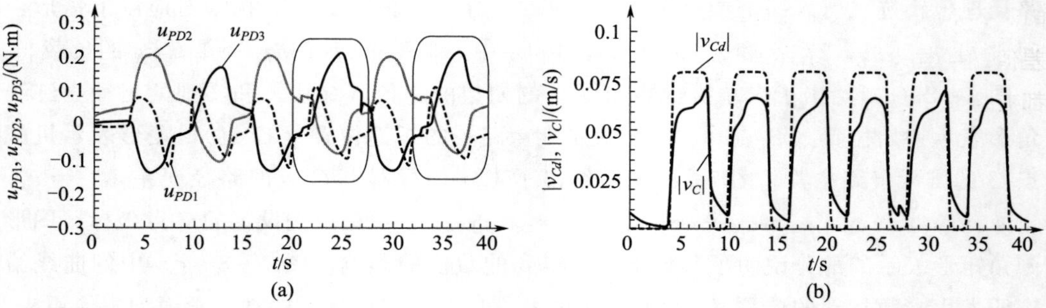

图 7-9 （a）控制信号 u_{PD1}、u_{PD2} 和 u_{PD3}；（b）末端执行器上 C 点的期望速度和执行速度的绝对值（$|v_{Cd}|$ 和 $|v_C|$）

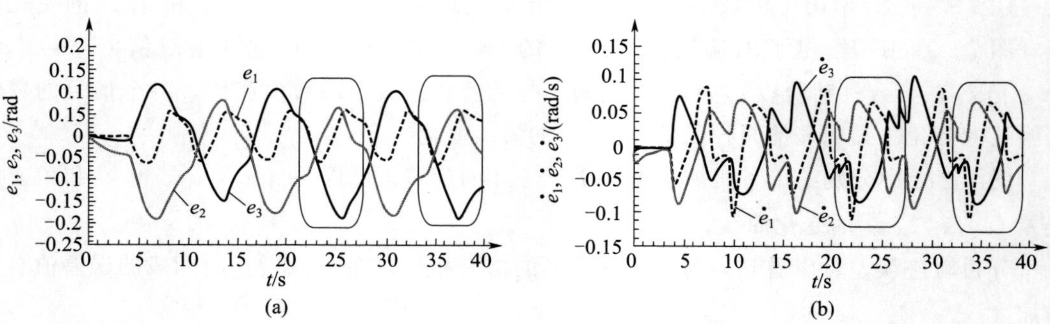

图 7-10 （a）连杆的旋转角度误差 e_1、e_2 和 e_3；（b）连杆的角速度误差 $\dot{e}_1$、$\dot{e}_2$ 和 $\dot{e}_3$

表 7－7 和表 7－8 给出了在有参数扰动情形的仿真中，采用 PD 控制器进行跟踪控制获得的各个性能指标的值。

表 7－7　所选性能指标的值

指标	$e_{\max j}$/rad	ε_j/rad	$\dot{e}_{\max j}$/(rad/s)	$\dot{\varepsilon}_j$/(rad/s)	$s_{\max j}$/(rad/s)	σ_j/(rad/s)
连杆 1，$j=1$	0.064	0.04	0.11	0.045	0.122	0.06
连杆 2，$j=2$	0.186	0.096	0.1	0.046	0.21	0.107
连杆 3，$j=3$	0.188	0.094	0.11	0.048	0.213	0.106

表 7－8　实现路径的所选性能指标的值

指标	$d_{\max}$/m	d_n/m	ρ_d/m
值	0.051 2	0.036 2	0.032 3

以上所获得的性能指标值在本书后面将被用来同用其他控制算法得到的跟踪控制精度进行比较。

7.1.3　结论

所采用的性能指标的数值较大，这反映了基于 PD 的跟踪控制性能较低。旋转角度误差和角速度误差在初始运动阶段（即加速阶段）的数值较大。轨迹误差的产生与 PD 控制器的工作有关，它们的值在整个运动期间变化很小。在参数发生扰动时，可以观察到轨迹误差值的明显增加。当仿真中加入额外负载时，在 WMR 和机械手的整个运动过程中误差值都有增加。

7.2　WMR 的自适应跟踪控制

在跟踪控制系统中，控制系统的目的是生成控制信号，确保跟踪运动的实现，也就是使机器人上选定点沿着给定路径运动。在自适应控制系统中[3,68,81]，确保实现期望轨迹的控制信号是通过对被控对象的非线性进行逼近而生成的。这使得算法的参数能够适应对象工作条件的变化。自适应控制算法的综合需要有被控对象的数学模型结构。对参数的估计是在对象的运动中实时进行的。为了达到控制目标，对参数的估计并不需要收敛到真实的参数上。

7.2.1　自适应控制算法的综合

在对自适应控制算法进行综合时，假定函数 $f(\boldsymbol{x}_a)$ 包含被控对象的所有非线性，并作为对象的可用参数 a_i 和信号 $Y_i(\boldsymbol{x}_a)$ 的组合，写为

$$f(\boldsymbol{x}_a)=\sum_{i=1}^{m}Y_i(\boldsymbol{x}_a)a_i=\boldsymbol{Y}(\boldsymbol{x}_a)^{\mathrm{T}}\boldsymbol{a} \tag{7-12}$$

其中，$\boldsymbol{x}_a$ 为表征对象运动的变量构成的向量。自适应控制算法的综合目的在于对被控对象

的参数进行估计得到 $\hat{a}$ ，并确保跟踪误差和被估计参数的值有界。下面对 WMR 进行自适应控制算法的综合。假设已知期望的对象轨迹，其满足：$\boldsymbol{\alpha}_d$ ，$\dot{\boldsymbol{\alpha}}_d$ ，$\ddot{\boldsymbol{\alpha}}_d$ 是连续且有界的。

给定 WMR 的动力学运动方程如下

$$\boldsymbol{M}\ddot{\boldsymbol{\alpha}}+\boldsymbol{C}(\dot{\boldsymbol{\alpha}})\dot{\boldsymbol{\alpha}}+\boldsymbol{F}(\dot{\boldsymbol{\alpha}})+\boldsymbol{\tau}_d(t)=\boldsymbol{u} \tag{7-13}$$

干扰向量 $\boldsymbol{\tau}_d(t)$ 的值一般假设是有界的，即 $\|\tau_{dj}(t)\|\leqslant b_{dj}$ 。这里假设 $b_{dj}=0(j=1,2)$，即假设对象没有受到干扰。

在为 WMR 上的 A 点设计自适应跟踪控制算法时，有必要确定控制律 $\boldsymbol{u}$ 和参数向量 $\hat{\boldsymbol{a}}$ 的自适应调整算法，以确保实现的运动参数 $\boldsymbol{\alpha}$ 、$\dot{\boldsymbol{\alpha}}$ 收敛到期望值 $\boldsymbol{\alpha}_d$ 、$\dot{\boldsymbol{\alpha}}_d$ 。

期望轨迹的误差定义为

$$\begin{aligned}\boldsymbol{e}&=\boldsymbol{\alpha}-\boldsymbol{\alpha}_d\\ \dot{\boldsymbol{e}}&=\dot{\boldsymbol{\alpha}}-\dot{\boldsymbol{\alpha}}_d\end{aligned} \tag{7-14}$$

而滤波跟踪误差 $\boldsymbol{s}$ 定义为

$$\boldsymbol{s}=\dot{\boldsymbol{e}}+\boldsymbol{\Lambda}\boldsymbol{e} \tag{7-15}$$

其中，$\boldsymbol{\Lambda}$ 为常值正定对角设计参数矩阵。

对式（7-15）进行微分，并考虑式（7-13），由滤波跟踪误差 $\boldsymbol{s}$ 表示的闭环系统模型如下所示

$$\boldsymbol{M}\dot{\boldsymbol{s}}=\boldsymbol{u}-\boldsymbol{C}(\dot{\boldsymbol{\alpha}})\boldsymbol{s}-\boldsymbol{M}(\ddot{\boldsymbol{\alpha}}_d+\boldsymbol{\Lambda}\dot{\boldsymbol{e}})-\boldsymbol{C}(\dot{\boldsymbol{\alpha}})(\dot{\boldsymbol{\alpha}}_d+\boldsymbol{\Lambda}\boldsymbol{e})-\boldsymbol{F}(\dot{\boldsymbol{\alpha}}) \tag{7-16}$$

定义辅助信号

$$\begin{aligned}\boldsymbol{v}&=\dot{\boldsymbol{\alpha}}_d-\boldsymbol{\Lambda}\boldsymbol{e}\\ \dot{\boldsymbol{v}}&=\ddot{\boldsymbol{\alpha}}_d-\boldsymbol{\Lambda}\dot{\boldsymbol{e}}\end{aligned} \tag{7-17}$$

并把它们代入式（7-16），可以推导出闭环控制系统描述如下

$$\boldsymbol{M}\dot{\boldsymbol{s}}=\boldsymbol{u}-\boldsymbol{C}(\dot{\boldsymbol{\alpha}})\boldsymbol{s}-\boldsymbol{f}(\boldsymbol{x}_v) \tag{7-18}$$

其中

$$\boldsymbol{f}(\boldsymbol{x}_v)=\boldsymbol{M}\dot{\boldsymbol{v}}+\boldsymbol{C}(\dot{\boldsymbol{\alpha}})\boldsymbol{v}+\boldsymbol{F}(\dot{\boldsymbol{\alpha}}) \tag{7-19}$$

且 $\boldsymbol{x}_v=[\boldsymbol{v}\mathrm{T},\dot{\boldsymbol{v}}\mathrm{T},\dot{\boldsymbol{\alpha}}^{\mathrm{T}}]^{\mathrm{T}}$ 。

采用的控制信号包含了对象非线性的补偿

$$\boldsymbol{u}=\boldsymbol{f}(\boldsymbol{x}_v)-\boldsymbol{u}_{PD} \tag{7-20}$$

其中

$$\boldsymbol{u}_{PD}=\boldsymbol{K}_D\boldsymbol{s} \tag{7-21}$$

$\boldsymbol{u}_{PD}$ 为控制器，$\boldsymbol{K}_D$ 为控制器增益常值正定设计参数矩阵。$\boldsymbol{K}_D\boldsymbol{s}$ 相当于一个传统的、带有微分项和比例项的 PD 控制器，微分和比例增益分别为 $\boldsymbol{K}_D$ 和 $\boldsymbol{K}_P=\boldsymbol{K}_D\boldsymbol{\Lambda}$ 。

如果描述 WMR 动态特性的模型是精确的，控制式（7-20）将确保跟踪的实现。然而，被控对象模型的参数通常是不知道的，或者只知道它们的近似值。如果是这种情况，则应对函数 $\boldsymbol{f}(\boldsymbol{x}_v)$ 进行估计。

根据 WMR 的数学模型的特性，非线性函数 $\boldsymbol{f}(\boldsymbol{x}_v)$ 可以写成关于参数的线性形式为

$$f(\boldsymbol{x}_v)=\boldsymbol{M}\dot{\boldsymbol{v}}+\boldsymbol{C}(\dot{\boldsymbol{\alpha}})\boldsymbol{v}+\boldsymbol{F}(\dot{\boldsymbol{\alpha}})=\boldsymbol{Y}_v(\boldsymbol{v},\dot{\boldsymbol{v}},\dot{\boldsymbol{\alpha}})\boldsymbol{a} \tag{7-22}$$

其中，$\boldsymbol{Y}_v(\boldsymbol{v},\ \dot{\boldsymbol{v}},\ \dot{\boldsymbol{\alpha}})$ 为前面定义的信号矩阵，根据式（7－19）构建。通过与式（7－22）进行类比，非线性函数 $\boldsymbol{f}(\boldsymbol{x}_v)$ 的估计由下式给出

$$\hat{f}(\boldsymbol{x}_v)=\hat{\boldsymbol{M}}\dot{\boldsymbol{v}}+\hat{\boldsymbol{C}}(\dot{\boldsymbol{\alpha}})\boldsymbol{v}+\hat{\boldsymbol{F}}(\dot{\boldsymbol{\alpha}})=\boldsymbol{Y}_v(\boldsymbol{v},\dot{\boldsymbol{v}},\dot{\boldsymbol{\alpha}})\hat{\boldsymbol{a}} \tag{7-23}$$

其中，$\hat{\boldsymbol{f}}(\boldsymbol{x}_v)$ 为函数 $\boldsymbol{f}(\boldsymbol{x}_v)$ 的估计。矩阵 $\hat{\boldsymbol{M}}$ 、$\hat{\boldsymbol{C}}(\dot{\boldsymbol{\alpha}})$ 和向量 $\hat{\boldsymbol{F}}(\dot{\alpha})$ 的结构与 $\boldsymbol{M}$、$\boldsymbol{C}(\dot{\alpha})$ 和 $\boldsymbol{F}(\dot{\alpha})$ 相同，但包括的是估计参数 $\hat{\boldsymbol{a}}$ 。

改进后的控制律式（7－20）形式如下

$$\boldsymbol{u}=\hat{\boldsymbol{f}}(\boldsymbol{x}_v)-\boldsymbol{u}_{PD}=\boldsymbol{Y}_v(\boldsymbol{v},\dot{\boldsymbol{v}},\dot{\boldsymbol{\alpha}})\hat{\boldsymbol{a}}-\boldsymbol{K}_D\boldsymbol{s} \tag{7-24}$$

将控制信号式（7－24）代入闭环控制系统的描述式（7－18），得到

$$\boldsymbol{M}\dot{\boldsymbol{s}}+\boldsymbol{C}(\dot{\boldsymbol{\alpha}})\boldsymbol{s}=\boldsymbol{Y}_v(\boldsymbol{v},\dot{\boldsymbol{v}},\dot{\boldsymbol{\alpha}})\tilde{\boldsymbol{a}}-\boldsymbol{K}_D\boldsymbol{s} \tag{7-25}$$

其中，$\tilde{\boldsymbol{a}}$ 为 WMR 模型参数估计误差，$\tilde{\boldsymbol{a}}=\hat{\boldsymbol{a}}-\boldsymbol{a}$ 。

图 7－11 给出了 WMR 上 A 点的自适应跟踪控制系统的示意图。

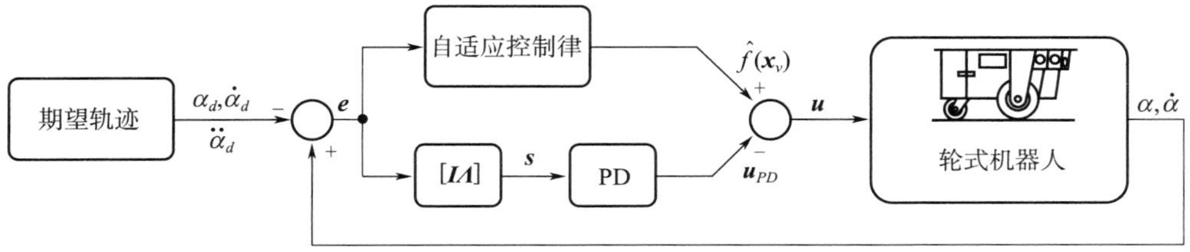

图 7－11　WMR 自适应跟踪控制系统的结构

控制算法的参数自适应律 $\hat{\boldsymbol{a}}$ 是通过应用 Lyapunov 稳定性理论确定的。所采用的正定候选 Lyapunov 函数如下

$$L=\frac{1}{2}[\boldsymbol{s}^{\mathrm{T}}\boldsymbol{M}\boldsymbol{s}+\tilde{\boldsymbol{a}}^{\mathrm{T}}\boldsymbol{\Gamma}^{-1}\tilde{\boldsymbol{a}}] \tag{7-26}$$

其中，$\boldsymbol{\Gamma}$ 为由正元素组成的对角设计参数矩阵。

函数 L 的导数由下式给出

$$\dot{L}=\boldsymbol{s}^{\mathrm{T}}\boldsymbol{M}\dot{\boldsymbol{s}}+\frac{1}{2}\boldsymbol{s}^{\mathrm{T}}\dot{\boldsymbol{M}}\boldsymbol{s}+\tilde{\boldsymbol{a}}^{\mathrm{T}}\boldsymbol{\Gamma}^{-1}\dot{\hat{\boldsymbol{a}}} \tag{7-27}$$

$\boldsymbol{M}\dot{\boldsymbol{s}}$ 由式（7－25）推导得到，将其代入式（7－27），可得

$$\dot{L}=-\boldsymbol{s}^{\mathrm{T}}\boldsymbol{K}_D\boldsymbol{s}+\frac{1}{2}\boldsymbol{s}^{\mathrm{T}}[\dot{\boldsymbol{M}}-2\boldsymbol{C}(\dot{\boldsymbol{\alpha}})]\boldsymbol{s}+\boldsymbol{s}^{\mathrm{T}}\boldsymbol{Y}_v(\boldsymbol{v},\dot{\boldsymbol{v}},\dot{\boldsymbol{\alpha}})\tilde{\boldsymbol{a}}+\tilde{\boldsymbol{a}}^{\mathrm{T}}\boldsymbol{\Gamma}^{-1}\dot{\hat{\boldsymbol{a}}} \tag{7-28}$$

基于第 2.1.2 节所述的关于 WMR 数学模型结构特性方面的假设，矩阵 $\boldsymbol{D}(\dot{\boldsymbol{\alpha}})=\dot{\boldsymbol{M}}-2\boldsymbol{C}(\dot{\boldsymbol{\alpha}})$ 是斜对称的。根据上述特性，式（7－28）的形式变为

$$\dot{L}=-\boldsymbol{s}^{\mathrm{T}}\boldsymbol{K}_D\boldsymbol{s}+\tilde{\boldsymbol{a}}^{\mathrm{T}}[\boldsymbol{Y}_v^{\mathrm{T}}(\boldsymbol{v},\dot{\boldsymbol{v}},\dot{\boldsymbol{\alpha}})\boldsymbol{s}+\boldsymbol{\Gamma}^{-1}\dot{\hat{\boldsymbol{a}}}] \tag{7-29}$$

参数自适应律 $\hat{\boldsymbol{a}}$ 选取为下式的形式

$$\dot{\hat{\boldsymbol{a}}}=-\boldsymbol{\Gamma}\boldsymbol{Y}_v^{\mathrm{T}}(\boldsymbol{v},\dot{\boldsymbol{v}},\dot{\boldsymbol{\alpha}})\boldsymbol{s} \tag{7-30}$$

最后可以得到

$$\dot{L}=-\boldsymbol{s}^{\mathrm{T}}\boldsymbol{K}_D\boldsymbol{s}\leqslant 0 \tag{7-31}$$

函数 L 在变量空间 $[\boldsymbol{s}^{\mathrm{T}},\tilde{\boldsymbol{a}}^{\mathrm{T}}]^{\mathrm{T}}$ 中是正定的，而 $\dot{L}$ 是半负定的，因此函数 L 是 Lyapunov 函数。根据 Lyapunov 稳定性理论，信号 $\boldsymbol{s}$ 和 $\tilde{\boldsymbol{a}}$ 是有界的。根据 Barbalat 引理[81]，可以证明滤波后的跟踪误差 $\boldsymbol{s}$ 收敛到零，从而使跟踪误差向量 $\boldsymbol{e}$ 和 $\dot{\boldsymbol{e}}$ 收敛到零。然而，它不能说明模型的参数估计误差 $\tilde{\boldsymbol{a}}$ 是否收敛为零，这一点对跟踪运动的合理实现也是非必要的。

7.2.2 仿真测试

在 WMR 跟踪控制的仿真测试中应用自适应算法。测试是在虚拟计算环境中进行的。进行多次数字测试，选取其中一个结果。它是基于第 2.1.1.2 节给出的 8 字形轨迹得到的。仿真中引入了一个参数扰动，模型参数的变化与 WMR 承载额外的质量有关。

数值测试中使用了以下自适应控制系统参数。

1）PD 控制器参数：

a）$\boldsymbol{K}_D=\boldsymbol{I}$：PD 控制器增益常值对角矩阵。

b）$\boldsymbol{\Lambda}=0.5\boldsymbol{I}$： 常值对角矩阵，

2）$\boldsymbol{\Gamma}=\mathrm{diag}\{0.003\,75,\ 0.037\,5,\ 0.007\,5,\ 0.001\,5,\ 0.75,\ 0.75\}$：自适应参数 $\hat{\boldsymbol{a}}$ 的增益系数对角矩阵。

3）$\hat{\boldsymbol{a}}(t_0)=\boldsymbol{0}$：$t_0=0$ [s] 时刻参数估计 $\hat{a}_1$，…，$\hat{a}_6$ 的零初始值。

4）$h=0.01$ s：数值测试的计算步长。

在对生成的控制和实现的跟踪运动进行质量评估时，采用第 7.1.2 节的性能指标。下面给出的选定结果是对自适应算法进行数值测试得出的，测试中采用一个 8 字形路径轨迹和一个模型参数扰动。

7.2.2.1 有扰动时采用 8 字形路径自适应控制测试的考察

基于第 2.1.1.2 节给出的 8 字形路径的轨迹，对自适应算法进行仿真测试。在机器人的运动过程中引入两次参数扰动。第一次涉及的 WMR 模型参数变化对应于机器人框架在 $t_{d1}=12.5$ s 时刻承受 $m_{RL}=4.0$ kg 的额外负载。第二次扰动情况对应于额外负载在 $t_{d2}=33$ s 时刻被移除。所使用的符号与之前数值测试中的符号相同。

图 7-12（a）给出自适应控制系统的总控制信号 u_1 和 u_2 的变化曲线，这些信号是在实现 WMR 上点 A 的跟踪运动的数值测试中得到的，其期望轨迹为 8 字形。总控制信号包括 WMR 的非线性补偿信号（$\hat{f}_1$ 和 $\hat{f}_2$），以及 PD 控制器产生的控制信号（u_{PD1} 和 u_{PD2}），分别由图 7-12（b）和图 7-12（c）给出。给出 PD 控制信号的负值（$-u_{PD1}$和 $-u_{PD2}$）是为了便于与其他算法的 PD 控制信号进行比较，以及更方便地评估它们对自适应控制系统总控制信号的影响。图 7-12（d）给出了 WMR 的参数估计值，初始估计值假定为零。可以看出，值最大的是自适应系统的参数 $\hat{a}_5$ 和 $\hat{a}_6$ 。它们是对表征 WMR 运动阻

力的参数的估计。在参数扰动时，这些参数的值发生改变，以补偿被控对象动态特性的变化。

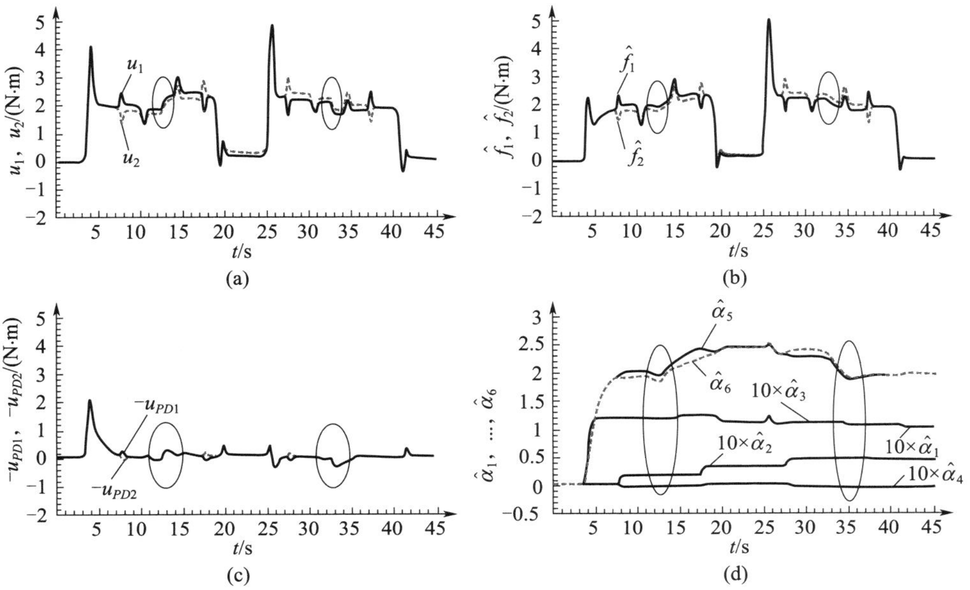

图 7－12　(a) 驱动轮 1 和 2 的控制信号 u_1 和 u_2；(b) WMR 的非线性补偿信号 $\hat{f}_1$ 和 $\hat{f}_2$；(c) 控制信号 $-u_{PD1}$ 和 $-u_{PD2}$；(d) 参数估计 $\hat{a}_1$，…，$\hat{a}_6$

在运动阶段Ⅰ的开始（即加速段），总控制信号中发挥主要作用的是 PD 控制信号，这是由于自适应算法参数的初始值为零。随着参数自适应过程的推进，由自适应算法产生的控制信号值在增加，而 PD 控制信号的值则降至最小并接近于零。在扰动发生的 t_{d1} 时刻，由于要对 WMR 的动态特性变化进行补偿，控制信号的值增加。在第二次扰动发生时，即 t_{d2} 时刻，控制信号的值下降，这是由于移除了 WMR 承受的额外负载所致。

图 7－13 给出了 WMR 驱动轮 1 和 2 的旋转角度误差（e_1，e_2）和角速度误差（$\dot{e}_1$，$\dot{e}_2$）的变化曲线。在阶段Ⅰ的开始（即加速段），由于自适应系统的参数初始值为零，可以观察到跟踪误差出现最大值。在运动阶段Ⅰ的开始，总控制信号由 PD 控制器产生，WMR 的非线性补偿没有发生，因此跟踪误差的值最大。在参数自适应过程中，随着系统产生补偿 WMR 非线性的控制信号，轨迹误差的值逐渐减小。分析跟踪误差可以看出，由于参数干扰，误差值在 t_{d1} 和 t_{d2} 时刻之后有所增加。参数干扰对跟踪运动实现的影响被自适应系统加以补偿，该系统产生的控制信号包含了 WMR 动态特性的变化。

图 7－14 中的左图给出了 WMR 上 A 点的期望运动路径（虚线）和实现运动路径。右图是左图的局部放大图。使用的相关符号与之前数字测试中的符号相同。

表 7－9 和表 7－10 列出了应用自适应控制系统实现跟踪运动的各个性能指标的值。

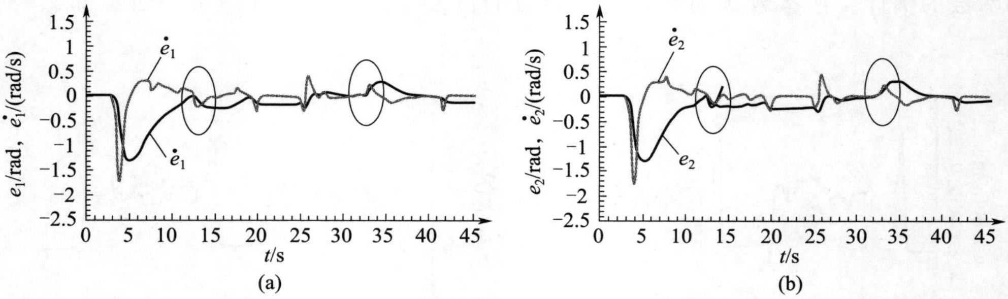

图 7-13　(a) 轨迹误差 e_1 和 $\dot{e}_1$；(b) 轨迹误差 e_2 和 $\dot{e}_2$

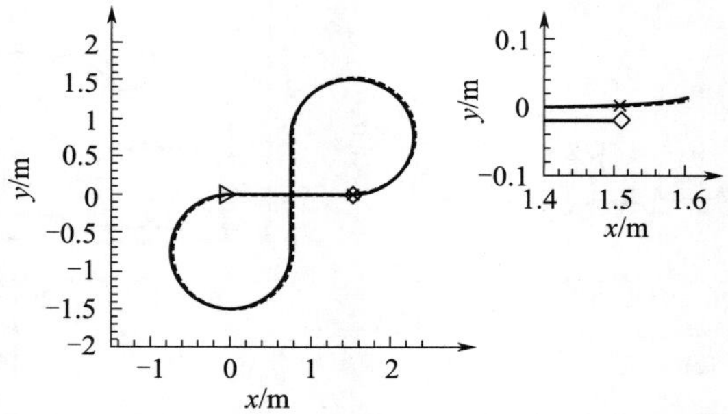

图 7-14　WMR 上 A 点期望的和实现的运动路径

表 7-9　所选性能指标的值

指标	$e_{\max j}$/rad	ε_j/rad	$\dot{e}_{\max j}$/(rad/s)	$\dot{\varepsilon}_j$/(rad/s)	$s_{\max j}$/(rad/s)	σ_j/(rad/s)
轮 1，$j=1$	1.3	0.35	1.76	0.21	2.04	0.28
轮 2，$j=2$	1.3	0.35	1.76	0.21	2.04	0.28

表 7-10　实现路径的所选性能指标的值

指标	$d_{\max}$/m	d_n/m	ρ_d/m
值	0.108	0.02	0.032

可以看出，所有的性能指标都比仅基于 PD 控制器的控制系统在实现轨迹时获得的性能指标数值更低。

表 7-11 列出了沿 8 字形路径的运动阶段Ⅰ和Ⅱ的所选性能指标的值。它们是按照第 7.1.2.3 节数值测试中给出的方法计算的。

表 7-11　运动阶段Ⅰ和Ⅱ中所选性能指标的值

指标	$e_{\max j}$/rad	ε_j/rad	$\dot{e}_{\max j}$/(rad/s)	$\dot{\varepsilon}_j$/(rad/s)	$s_{\max j}$/(rad/s)	σ_j/(rad/s)
阶段Ⅰ，$k=1,\cdots,2\ 250$						
轮 1，$j=1$	1.3	0.49	1.76	0.29	2.04	0.37
轮 2，$j=2$	1.3	0.48	1.76	0.29	2.04	0.37

续表

指标	$e_{\max j}$ /rad	ε_j /rad	$\dot{e}_{\max j}$ /(rad/s)	$\dot{\varepsilon}_j$ /(rad/s)	$s_{\max j}$ /(rad/s)	σ_j /(rad/s)
阶段Ⅱ，$k=2\ 251,\cdots,4\ 500$						
轮 1，$j=1$	0.29	0.11	0.42	0.1	0.47	0.11
轮 2，$j=2$	0.33	0.12	0.42	0.1	0.47	0.12

阶段Ⅱ的性能指标值低于阶段Ⅰ的，这是由于被控对象的信息在自适应系统的参数中得以积累，并在阶段Ⅱ的开始被进一步用来产生控制信号。由被控对象的非线性补偿算法产生的控制信号确保了阶段Ⅱ跟踪运动的合理实现，而 PD 控制信号的值接近于零。

7.2.3　结论

与基于 PD 控制系统的仿真结果相比，通过自适应系统对被控对象的非线性进行补偿，轨迹性能指标的数值有所下降。自适应系统参数的初始值对运动性能有很大影响。在本例中，选取了最坏的情况，即参数 $\hat{a}_1$，…，$\hat{a}_6$ 的初始值为零。这就是跟踪误差的最大值出现在 WMR 运动阶段Ⅰ的开始时的原因。在发生参数扰动时，自适应算法对施加在机器人框架上的额外负载所引起的被控对象的动态特性变化进行了补偿。

7.3　WMR 的神经网络跟踪控制

在机电系统的神经网络跟踪控制系统中，通过应用 NN 在自适应算法中引入被控对象的非线性近似，可以生成确保实现期望轨迹的控制信号。由于 NN 具有映射任意非线性函数的能力或自适应能力等特性，它们被广泛用于复杂非线性系统的建模和控制[29,40,50,68,73,83]。

7.3.1　神经网络控制算法的综合

神经网络控制算法的综合是在 WMR 上进行的。在神经网络跟踪控制算法的综合中，假设 WMR 运动的动力学方程如下

$$\boldsymbol{M}\ddot{\boldsymbol{\alpha}}+\boldsymbol{C}(\dot{\boldsymbol{\alpha}})\dot{\boldsymbol{\alpha}}+\boldsymbol{F}(\dot{\boldsymbol{\alpha}})+\boldsymbol{\tau}_d(t)=\boldsymbol{u} \tag{7-32}$$

其中，$\boldsymbol{\tau}_d(t)$ 为有界的扰动向量，即 $\|\tau_{dj}(t)\|\leqslant b_{dj}$，$b_{dj}$ 为正常数，$j=1$，2。

采用第 7.2.1 节中对跟踪误差的定义。轨迹误差 $\boldsymbol{e}$、$\dot{\boldsymbol{e}}$ 和滤波跟踪误差 $\boldsymbol{s}$ 的定义如下

$$\begin{aligned}\boldsymbol{e}&=\boldsymbol{\alpha}_d-\boldsymbol{\alpha}\\ \dot{\boldsymbol{e}}&=\dot{\boldsymbol{\alpha}}_d-\dot{\boldsymbol{\alpha}}\\ \boldsymbol{s}&=\dot{\boldsymbol{e}}+\boldsymbol{\Lambda}\boldsymbol{e}\end{aligned} \tag{7-33}$$

其中，$\boldsymbol{\Lambda}$ 为常值正定对角设计参数矩阵。

由滤波跟踪误差 $\boldsymbol{s}$ 表示的闭环系统模型如下

$$\boldsymbol{M}\dot{\boldsymbol{s}}=-\boldsymbol{C}(\dot{\boldsymbol{\alpha}})\boldsymbol{s}+\boldsymbol{M}(\ddot{\boldsymbol{\alpha}}_d+\boldsymbol{\Lambda}\dot{\boldsymbol{e}})+\boldsymbol{C}(\dot{\boldsymbol{\alpha}})(\dot{\boldsymbol{\alpha}}_d+\boldsymbol{\Lambda}\boldsymbol{e})+\boldsymbol{F}(\dot{\boldsymbol{\alpha}})+\boldsymbol{\tau}_d(t)-\boldsymbol{u} \tag{7-34}$$

定义辅助信号

$$\boldsymbol{v}=\dot{\boldsymbol{\alpha}}_d+\boldsymbol{\Lambda}\boldsymbol{e}$$
$$\dot{\boldsymbol{v}}=\ddot{\boldsymbol{\alpha}}_d+\boldsymbol{\Lambda}\dot{\boldsymbol{e}} \tag{7-35}$$

并把它们代入式（7-34），可以得到

$$\boldsymbol{M}\dot{\boldsymbol{s}}=-\boldsymbol{C}(\dot{\boldsymbol{\alpha}})s+\boldsymbol{f}(\boldsymbol{x}_v)+\boldsymbol{\tau}_d(t)-\boldsymbol{u} \tag{7-36}$$

其中

$$\boldsymbol{f}(\boldsymbol{x}_v)=\boldsymbol{M}\dot{\boldsymbol{v}}+\boldsymbol{C}(\dot{\boldsymbol{\alpha}})\boldsymbol{v}+\boldsymbol{F}(\dot{\boldsymbol{\alpha}}) \tag{7-37}$$

且 $\boldsymbol{x}_v=[\boldsymbol{v}^{\mathrm{T}},\ \dot{\boldsymbol{v}}^{\mathrm{T}},\ \dot{\boldsymbol{\alpha}}^{\mathrm{T}}]^{\mathrm{T}}$ 。

根据 WMR 数学模型的特性，非线性函数 $\boldsymbol{f}(\boldsymbol{x}_v)$ 可以写成关于参数的线性形式为

$$\boldsymbol{f}(\boldsymbol{x}_v)=\boldsymbol{M}\dot{\boldsymbol{v}}+\boldsymbol{C}(\dot{\boldsymbol{\alpha}})\boldsymbol{v}+\boldsymbol{F}(\dot{\boldsymbol{\alpha}})=\boldsymbol{Y}_v(\boldsymbol{v},\dot{\boldsymbol{v}},\dot{\boldsymbol{\alpha}})\boldsymbol{a} \tag{7-38}$$

其中，$\boldsymbol{Y}_v(\boldsymbol{v},\ \dot{\boldsymbol{v}},\ \dot{\boldsymbol{\alpha}})$ 为前面定义的信号矩阵，根据式（7-37）构造。

当设计一个能为 WMR 的非线性提供补偿的跟踪控制系统时，确定一个关于参数估计 $\hat{a}$ 的算法至关重要，该算法应确保被估参数的估计值和跟踪误差有界。在神经网络控制算法中，用了一个单层 RVFL NN 来对非线性函数 $\boldsymbol{f}(\boldsymbol{x}_v)$ 式（7-37）进行逼近，对象的参数表示为 $\boldsymbol{W}$ ，它们的估计值（即 NN 的权值）表示为 $\hat{\boldsymbol{W}}$ 。对 RVFL NN 的应用在第 3.2.1 节有详细描述。在初始化过程中随机选取定常的输入层权值，并采用双极 sigmoid 神经元激活函数，考虑到输出层权值，NN 是线性的。

如果 NN 的神经元激活函数向量 $\boldsymbol{S}(\boldsymbol{x}_N)$ 被选取为一组基函数，那么具有函数扩展和理想权值 W 的 NN 就能以期望的精度逼近在紧集上定义的任何连续函数[61,90]。

基于上述假设，式（7-38）中出现的非线性函数 $\boldsymbol{f}(\boldsymbol{x}_v)$ 可以写成

$$\boldsymbol{f}(\boldsymbol{x}_v)=\boldsymbol{W}^{\mathrm{T}}\boldsymbol{S}(\boldsymbol{x}_N)+\boldsymbol{\tau}_N \tag{7-39}$$

其中，$\boldsymbol{x}_N$ 为 NN 输入信号向量，按照关系式 $\boldsymbol{x}_N=\boldsymbol{\kappa}_N\boldsymbol{x}_v$ 比例缩放到区间 $x_{Ni}\in[-1,\ 1]$ 内，$\boldsymbol{\kappa}_N$ 为由 NN 输入比例缩放系数组成的正定对角设计参数矩阵，$i=1,\ \cdots,\ M$，M 为 NN 输入向量的维数。用 NN 逼近非线性函数的误差向量 $\boldsymbol{\tau}_N$ 的元素的取值满足 $|\tau_{Ni}|\leqslant d_{Nj}$ ，其中 d_{Nj} 是一个正常数，$j=1,\ 2$。

假设 NN 的理想权值 $\boldsymbol{W}$ 是有界的，则函数 $\boldsymbol{f}(\boldsymbol{x}_v)$ 的估计为

$$\hat{\boldsymbol{f}}(\boldsymbol{x}_v)=\hat{\boldsymbol{W}}^{\mathrm{T}}\boldsymbol{S}(\boldsymbol{x}_N) \tag{7-40}$$

其中，$\hat{\boldsymbol{W}}$ 为 NN 理想权值的估计，依据采用的自适应律在自适应过程中确定。

控制信号包含对对象非线性的补偿

$$\boldsymbol{u}=\boldsymbol{u}_N+\boldsymbol{u}_{PD} \tag{7-41}$$

其中

$$\boldsymbol{u}_N=\hat{\boldsymbol{W}}^{\mathrm{T}}\boldsymbol{S}(\boldsymbol{x}_N) \tag{7-42}$$

$\boldsymbol{u}_N$ 是一个由 NN 产生的控制信号，用于补偿被控制对象的非线性，而

$$\boldsymbol{u}_{PD}=\boldsymbol{K}_D\boldsymbol{s} \tag{7-43}$$

$\boldsymbol{u}_{PD}$ 为 PD 控制器，$\boldsymbol{K}_D$ 是控制器增益常值正定设计参数矩阵。$\boldsymbol{K}_D\boldsymbol{s}$ 相当于一个传统 PD 控制器，带有微分项（D）和比例项（P），微分增益和比例增益分别为 $\boldsymbol{K}_D$ 和 $\boldsymbol{K}_P=\boldsymbol{K}_D\boldsymbol{\Lambda}$ 。

非线性函数 $\boldsymbol{f}$ 的逼近误差源自 NN 的理想权值 $\boldsymbol{W}$ 和其估计 $\hat{\boldsymbol{W}}$ 之差

$$\tilde{\boldsymbol{W}}=\boldsymbol{W}-\hat{\boldsymbol{W}} \tag{7-44}$$

逼近误差可以写成

$$\tilde{\boldsymbol{f}}(\boldsymbol{x}_v)=\boldsymbol{W}^{\mathrm{T}}\boldsymbol{S}(\boldsymbol{x}_N)-\hat{\boldsymbol{W}}^{\mathrm{T}}\boldsymbol{S}(\boldsymbol{x}_N)+\boldsymbol{\tau}_N \tag{7-45}$$

其中，$\boldsymbol{\tau}_N$ 为 NN 对非线性函数的逼近误差，它是有界的。

将控制律式（7-41）代入式（7-36），并考虑到式（7-45），闭环控制系统的描述如下

$$\boldsymbol{M}\dot{\boldsymbol{s}}+\boldsymbol{C}(\dot{\boldsymbol{\alpha}})\boldsymbol{s}=-\boldsymbol{K}_D\boldsymbol{s}+\boldsymbol{\tau}_d(t)+\tilde{\boldsymbol{W}}^{\mathrm{T}}\boldsymbol{S}(\boldsymbol{x}_N)+\boldsymbol{\tau}_N \tag{7-46}$$

图 7-15 给出了 WMR 的神经网络跟踪控制系统的示意图，该系统应用 RVFL NN 来补偿 WMR 的非线性。

神经网络控制算法的 NN 权值自适应律 $\hat{\boldsymbol{W}}$ 是通过 Lyapunov 稳定性理论求得的[30,36,68]。所采用的正定候选 Lyapunov 函数如下

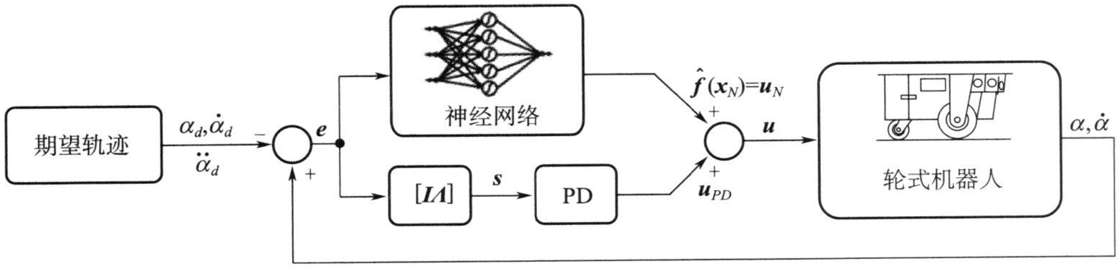

图 7-15　应用 RVFLNN 的 WMR 上 A 点的神经网络跟踪控制系统的结构

$$L=\frac{1}{2}[\boldsymbol{s}^{\mathrm{T}}\boldsymbol{M}\boldsymbol{s}+\mathrm{tr}(\tilde{\boldsymbol{W}}^{\mathrm{T}}\boldsymbol{\Gamma}_N^{-1}\tilde{\boldsymbol{W}})] \tag{7-47}$$

其中，$\boldsymbol{\Gamma}_N$ 为正定对角矩阵。函数 L 的导数由下式给出

$$\dot{L}=\boldsymbol{s}^{\mathrm{T}}\boldsymbol{M}\dot{\boldsymbol{s}}+\frac{1}{2}\boldsymbol{s}^{\mathrm{T}}\dot{\boldsymbol{M}}\boldsymbol{s}+\mathrm{tr}(\tilde{\boldsymbol{W}}^{\mathrm{T}}\boldsymbol{\Gamma}_N^{-1}\dot{\tilde{\boldsymbol{W}}}) \tag{7-48}$$

其中，$\boldsymbol{M}\dot{\boldsymbol{s}}$ 由描述闭环系统的式（7-46）推导得到，将其代入式（7-48）中，可以得到

$$\dot{L}=-\boldsymbol{s}^{\mathrm{T}}\boldsymbol{K}_D\boldsymbol{s}+\frac{1}{2}\boldsymbol{s}^{\mathrm{T}}[\dot{\boldsymbol{M}}-2\boldsymbol{C}(\dot{\boldsymbol{\alpha}})]\boldsymbol{s}+ \mathrm{tr}[\tilde{\boldsymbol{W}}^{\mathrm{T}}(\boldsymbol{\Gamma}_N^{-1}\dot{\tilde{\boldsymbol{W}}}+\boldsymbol{S}(\boldsymbol{x}_N)\boldsymbol{s}^{\mathrm{T}})]+\boldsymbol{s}^{\mathrm{T}}(\boldsymbol{\tau}_N+\boldsymbol{\tau}_d(t)) \tag{7-49}$$

根据第 2.1.2 节中关于 WMR 数学模型结构特性的假设，矩阵 $\boldsymbol{D}(\dot{\boldsymbol{\alpha}})=\dot{\boldsymbol{M}}-2\boldsymbol{C}(\dot{\boldsymbol{\alpha}})$ 是斜对称的。

将 NN 权值的自适应律 $\hat{\boldsymbol{W}}$ 选取如下

$$\dot{\hat{\boldsymbol{W}}}=-\boldsymbol{\Gamma}_N\boldsymbol{S}(\boldsymbol{x}_N)\boldsymbol{s}^{\mathrm{T}} \tag{7-50}$$

最终可以得到

$$\dot{L}=-\boldsymbol{s}^{\mathrm{T}}\boldsymbol{K}_{D}\boldsymbol{s}+\boldsymbol{s}^{\mathrm{T}}(\boldsymbol{\tau}_{N}+\boldsymbol{\tau}_{d}(t))\leqslant -K_{D\min}\|\boldsymbol{s}\|^{2}+(\|\boldsymbol{b}_{d}\|+\|\boldsymbol{b}_{N}\|)\|\boldsymbol{s}\| \tag{7-51}$$

其中，$K_{D\min}$ 是矩阵 $\boldsymbol{K}_D$ 的最小特征值。

因为误差向量 $\boldsymbol{\tau}_N$ 和 $\boldsymbol{\tau}_d(t)$ 的各个分量的绝对值的上界是常数，所以只要满足以下条件，式（7-47）即是一个 Lyapunov 函数，其导数 $\dot{L}\leqslant 0$。

$$\boldsymbol{s}\in\Psi=\{\boldsymbol{s}:\|\boldsymbol{s}\|>(\|\boldsymbol{b}_{d}\|+\|\boldsymbol{b}_{N}\|)/K_{D\min}\equiv b_{s}\} \tag{7-52}$$

从式（7-52）可以看出，滤波跟踪误差 $\boldsymbol{s}$ 一致最终有界，且最终被限制在集合 Ψ 中，实际的界用 b_s 表示。此外，从这个式子还可以看出，跟踪误差是有界的，并且通过改变设计矩阵 $\boldsymbol{K}_D$ 中的元素的值来增加 PD 控制器的增益系数，可以使得滤波跟踪误差 $\boldsymbol{s}$ 减小，从而减小跟踪误差 $\boldsymbol{e}$ 和 $\dot{\boldsymbol{e}}$ 。通过这样表述与 WMR 上 A 点的神经网络跟踪控制综合有关的问题，所得到的控制律能确保闭环控制系统的正常工作。通过应用一个传统的 PD 控制器，其在最初的神经网络权值自适应调整过程中作为稳定器工作，直至神经网络补偿器开始产生补偿控制信号。这就允许跳过神经网络权值的预学习过程，因此设计的神经网络算法可用于控制信号的实时生成。

在神经网络控制系统中，使用了传统的 PD 控制器，该控制器设计简单，在没有被控对象非线性补偿信号的情况下，它能够为控制系统提供稳定性。PD 控制器的缺点是有偏差，对此可以通过在 PD 控制器中加入一个积分项来纠正。这样设计的 PID 控制器确实可以减少偏差，但结构更复杂，而且系统达到完全补偿状态所需的时间也很长。基于 PID 控制的特点是系统对变化的工作条件很敏感，而且控制非线性对象（如 WMR）时精度不够。

7.3.2 仿真测试

在虚拟计算环境中，将神经网络控制系统应用在 WMR 跟踪控制中，并对此进行仿真测试。从多次数值测试中选取一个结果。它是基于第 2.1.1.2 节所述的 8 字形轨迹获得的。测试场景中包含一个参数扰动，模型参数的变化与 WMR 承受额外的负载有关。

在数值测试中，神经网络控制系统使用了以下参数。

1）PD 控制器参数：

a）$\boldsymbol{K}_D=\boldsymbol{I}$：PD 控制器增益常值对角矩阵。

b）$\boldsymbol{\Lambda}=0.5\boldsymbol{I}$： 常值对角矩阵。

2）所用 NN 的类型：RVFL。

a）$m=8$：NN 神经元的个数。

b）$\boldsymbol{\Gamma}_N=\mathrm{diag}\{0.4\}$ ：神经元自适应权值 $\hat{\boldsymbol{W}}$ 的增益系数对角矩阵。

c）$\boldsymbol{D}_N$ ：NN 输入层权值，从区间 $D_{Ni,i}\in[-0.1, 0.1]$ 中随机选取。

d）$\hat{\boldsymbol{W}}_j(t_0)=\boldsymbol{0}$：输出层权值的零初值，$j=1, 2$，$t_0=0$ s。

e) $\beta_N = 2$：双极 sigmoid 神经元激活函数的斜率系数。

3) $h = 0.01$ s：数值测试计算步长。

采用第 7.1.2 节的性能指标来评估跟踪运动实现的质量。

下面给出的选定结果是通过神经控制仿真测试得到的，测试中采用了一个 8 字形路径轨迹和一个模型参数扰动。

7.3.2.1　有扰动时 8 字形路径神经网络控制测试的考察

基于第 2.1.1.2 节所述的 8 字形路径轨迹，对神经网络控制算法进行数值测试。在测试中引入两次参数扰动。第一次涉及的 WMR 模型参数变化，对应于机器人框架在 $t_{d1} = 12.5\ s$ 时刻承受了 $m_{RL} = 4.0$ kg 的额外负载。在第二次扰动情况中，额外负载在 $t_{d2} = 33$ s 时刻被移除。所使用的符号与之前数值测试中的符号相同。

图 7-16（a）给出了神经网络控制系统的总控制信号的变化曲线。它们包括由 NN 产生的补偿控制信号［见图 7-16（b）］和 PD 控制信号［见图 7-16（c）］。图 7-16（d）给出了 WMR 驱动轮的期望角速度（$\dot{\alpha}_{d1}$，$\dot{\alpha}_{d2}$）和实现角速度（$\dot{\alpha}_1$，$\dot{\alpha}_2$）的变化曲线。

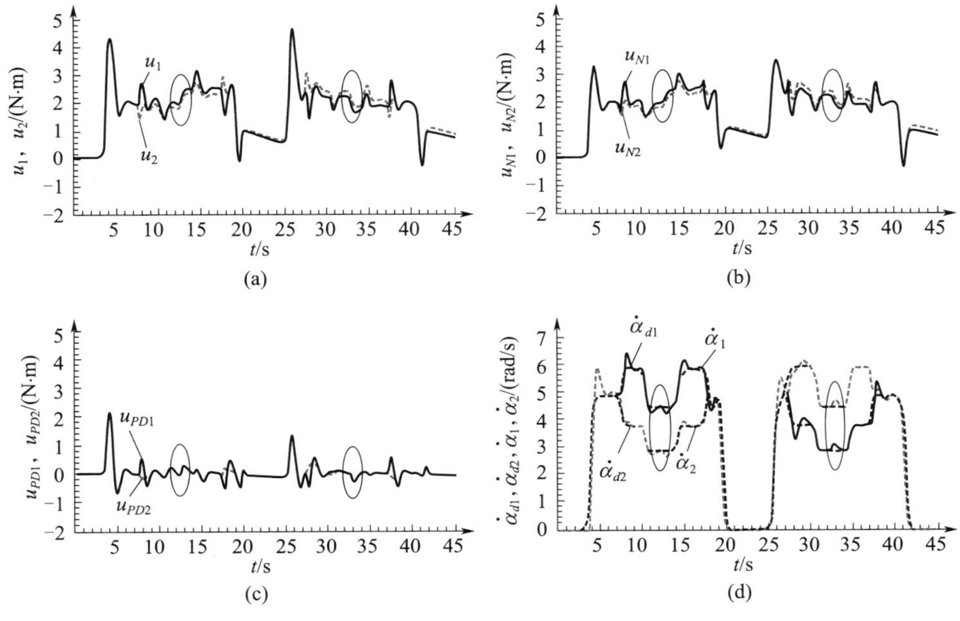

图 7-16　（a）轮 1 和轮 2 的总控制信号 u_1 和 u_2；（b）神经网络控制信号 u_{N1} 和 u_{N2}；（c）PD 控制信号 u_{PD1} 和 u_{PD2}；（d）WMR 驱动轮期望的角速度（$\dot{\alpha}_{d1}$，$\dot{\alpha}_{d2}$）和实现的角速度（$\dot{\alpha}_1$，$\dot{\alpha}_2$）

在阶段Ⅰ中开始实现期望轨迹时，PD 控制信号在整个控制信号中发挥了主要作用。这是由于 WMR 非线性补偿系统中 NN 权值的初始值为零。随着 NN 权值的自适应调整，神经网络控制信号值增加，在总控制信号中成为主导。在扰动发生的 t_{d1} 时刻，由于对 WMR 动态特性变化的补偿，可以看到控制信号的值有增加。当第二次扰动发生时，即 t_{d2} 时刻，可以观察到控制信号值下降，这是由于移除了 WMR 携带的额外负载。移除 WMR 的负载会导致跟踪误差的值瞬间增加，如图 7-17 所示。跟踪误差的最大值出现在阶段Ⅰ的开始段，此时没有对 WMR 的非线性进行补偿，总控制信号值与 PD 控制器产生的控制信号值接近。随着 NN 权值的自适应调整，WMR 的动态特性信息得以保留，这就增加了 NN 产生的控制信号在总控制信号中的比重，从而使后续运动阶段的跟踪误差值降低。

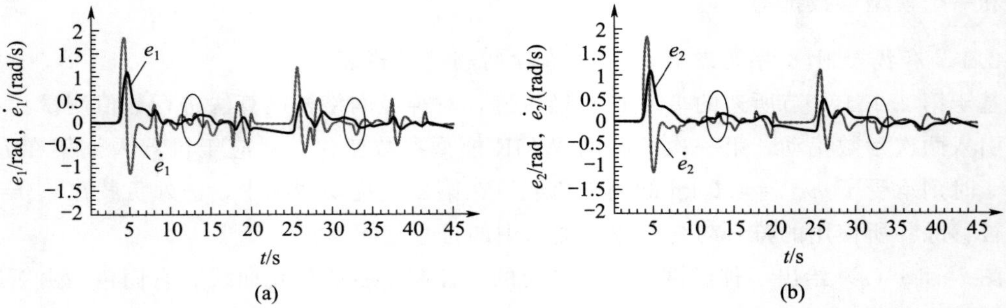

图 7－17　(a) 跟踪误差 e_1 和 $\dot{e}_1$ ；(b) 跟踪误差 e_2 和 $\dot{e}_2$

图 7－18 中给出了 NN 输出层权值的变化曲线。在 NN 的初始化过程中，选取初始的权值为零。NN 的权值保持有界，并稳定在某个值附近。在有参数扰动的时候，NN 的权值会自适应地发生变化。这是为了补偿被控对象动态特性的变化。图 7－19 给出了 WMR 上 A 点的期望运动路径（虚线）和实现运动路径，图中的相关符号与之前仿真中使用的符号相同，右图是左图的局部放大图。

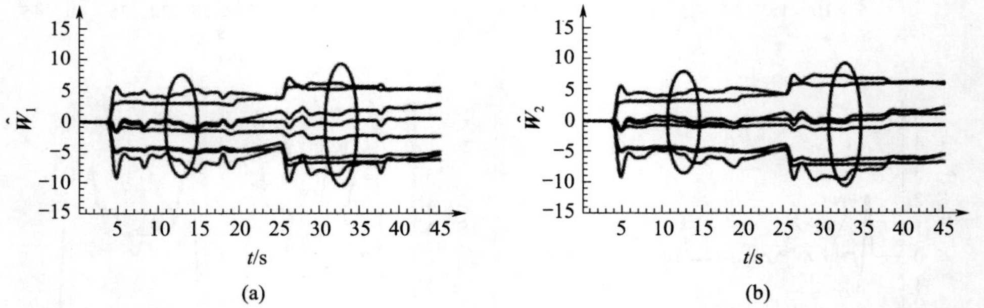

图 7－18　(a) NN 1 输出层权值 $\hat{\boldsymbol{W}}_1$ ；(b) NN 2 输出层权值 $\hat{\boldsymbol{W}}_2$

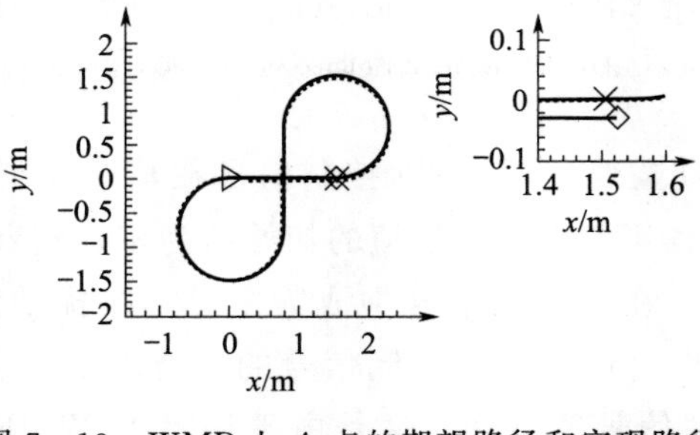

图 7－19　WMR 上 A 点的期望路径和实现路径

表 7－12 和表 7－13 给出了应用神经网络控制系统的跟踪运动的各个性能指标的值。

可以看出，这些性能指标比应用 PD 控制器实现轨迹时获得的数值要低，而与自适应控制算法的数值测试中得到的数值相当。

表 7－12　选定的性能指标的值

指标	$e_{\max j}$/rad	ε_j/rad	$\dot{e}_{\max j}$/(rad/s)	$\dot{\varepsilon}_j$/(rad/s)	$s_{\max j}$/(rad/s)	σ_j/(rad/s)
轮 1，$j=1$	1.13	0.21	1.87	0.3	2.19	0.32
轮 2，$j=2$	1.13	0.2	1.87	0.27	2.19	0.29

表 7－13　实现路径的选定性能指标的值

指标	$d_{\max}$/m	d_n/m	ρ_d/m
值	0.093	0.035	0.027

表 7－14 给出了沿 8 字形路径的运动阶段Ⅰ和Ⅱ的选定性能指标的值，它们是按照第 7.1.2.3 节所述方法计算的。

阶段Ⅱ的性能指标值低于阶段Ⅰ的性能指标值。这是因为阶段Ⅱ开始时使用的权值不为零。由于存储在 NN 权值中的被控对象的动态特性信息能够为 WMR 的非线性产生一个补偿信号，这提高了生成的跟踪控制的性能。

表 7－14　运动阶段Ⅰ和Ⅱ的选定性能指标的值

指标	$e_{\max j}$/rad	ε_j/rad	$\dot{e}_{\max j}$/(rad/s)	$\dot{\varepsilon}_j$/(rad/s)	$s_{\max j}$/(rad/s)	σ_j/(rad/s)
阶段Ⅰ，$k=1,\cdots,2\ 250$						
轮 1，$j=1$	1.13	0.25	1.87	0.35	2.19	0.37
轮 2，$j=2$	1.13	0.25	1.87	0.33	2.19	0.35
阶段Ⅱ，$k=2\ 251,\cdots,4\ 500$						
轮 1，$j=1$	0.4	0.11	0.65	0.19	0.76	0.2
轮 2，$j=2$	0.32	0.12	0.5	0.13	0.6	0.15

7.3.3　结论

在跟踪控制算法中，应用关于输出层权值的线性 NN 对 WMR 的非线性进行补偿，改善了生成的控制信号和实现的跟踪运动的性能，较低的性能指标值能够证明这一点。在初始化过程中，RVFL NN 输入层定常权值的选取对 WMR 非线性补偿的质量有很大影响。输出层权值初始值的选取对早期阶段的跟踪运动性能有决定性的影响。所给出的数值测试解释了存储在权值中的信息对非线性补偿过程的影响。为 NN 输出层选取零初始权值相当于最不利的情况，但它能够对控制算法进行评估（通过性能指标的值），并能够最小化权值的随机选取对控制信号生成过程带来的影响。NN 神经元的数量以及强化学习系数的值对 NN 权值的自适应调整过程有重大影响，这是因为它们是算法的设计参数。

7.4 WMR 跟踪控制中的启发式动态规划

HDP 型自适应评价器设计[26,42,44,77,79]是 ADP 算法系列中的基本算法。它由动作器-评价器结构以及一个被控对象的预测模型组成。需要有被控对象的数学模型，以便为动作器 NN 生成权值自适应律。在 HDP 算法中，价值函数是由评价器逼近的。由于该函数是一个标量，评价器的设计只限于一个自适应结构，例如一个 NN。动作器生成对象的控制律，因此它的设计依赖于控制执行器的独立信号的数量。例如，在一个二自由度 WMR 的跟踪控制系统中，动作器包含两个自适应结构，例如产生独立的信号用以控制机器人驱动单元的 NN。采用 HDP 型 NDP 算法，本节给出一个动态对象离散跟踪控制系统的综合。下面考虑的对象是 WMR。所提出的算法是在离散时间域中运行的，因此在控制系统的综合中采用 WMR 动态特性的离散模型。本节基于的是 HDP 型 ACD 的相关知识（其描述见第 6.2.1 节），以及第 2.1.2 节中对 WMR 动态特性的描述。

7.4.1 HDP 型控制的综合

跟踪运动问题可以定义为：针对设定的轨迹 $\boldsymbol{z}_{d\{k\}}=[\boldsymbol{z}_{d1\{k\}}^{\mathrm{T}},\ \boldsymbol{z}_{d2\{k\}}^{\mathrm{T}}]^{\mathrm{T}}$，寻找离散控制律 $\boldsymbol{u}_{\{k\}}$，使系统稳定，同时使基于式（2－39）并由下式确定的跟踪误差 $\boldsymbol{e}_{1\{k\}}$ 和 $\boldsymbol{e}_{2\{k\}}$ 最小（即尽量使 $\boldsymbol{z}_{\{k\}}\rightarrow\boldsymbol{z}_{d\{k\}}$，$k\rightarrow\infty$）。

$$
\begin{aligned}
\boldsymbol{e}_{1\{k\}}&=\boldsymbol{z}_{1\{k\}}-\boldsymbol{z}_{d1\{k\}}\\
\boldsymbol{e}_{2\{k\}}&=\boldsymbol{z}_{2\{k\}}-\boldsymbol{z}_{d2\{k\}}
\end{aligned}
\tag{7-53}
$$

根据式（7－53），滤波跟踪误差 $\boldsymbol{s}_{\{k\}}$ 定义为

$$
\boldsymbol{s}_{\{k\}}=\boldsymbol{e}_{2\{k\}}+\boldsymbol{\Lambda}\,\boldsymbol{e}_{1\{k\}}
\tag{7-54}
$$

其中，$\boldsymbol{\Lambda}$ 为常值正定对角设计参数矩阵。

基于 WMR 动态特性的离散描述式（2－39）和式（7－53）与式（7－54），滤波跟踪误差 $\boldsymbol{s}_{\{k+1\}}$ 的定义为

$$
\boldsymbol{s}_{\{k+1\}}=-\boldsymbol{Y}_f(\boldsymbol{z}_{2\{k\}})+\boldsymbol{Y}_d(\boldsymbol{z}_{\{k\}},\boldsymbol{z}_{d\{k+1\}})-\boldsymbol{Y}_{\tau\{k\}}+h\,\boldsymbol{M}^{-1}\,\boldsymbol{u}_{\{k\}}
\tag{7-55}
$$

其中

$$
\begin{aligned}
\boldsymbol{Y}_f(\boldsymbol{z}_{2\{k\}})&=h\,\boldsymbol{M}^{-1}\,[\boldsymbol{C}(\boldsymbol{z}_{2\{k\}})\,\boldsymbol{z}_{2\{k\}}+\boldsymbol{F}(\boldsymbol{z}_{2\{k\}})]\\
\boldsymbol{Y}_{\tau\{k\}}&=h\,\boldsymbol{M}^{-1}\,\boldsymbol{\tau}_{d\{k\}}\\
\boldsymbol{Y}_d(\boldsymbol{z}_{\{k\}},\boldsymbol{z}_{d\{k+1\}})&=\boldsymbol{z}_{2\{k\}}-\boldsymbol{z}_{d2\{k+1\}}+\boldsymbol{\Lambda}\,[\boldsymbol{z}_{1\{k\}}+h\,\boldsymbol{z}_{2\{k\}}-\boldsymbol{z}_{d1\{k+1\}}]\\
&=\boldsymbol{z}_{2\{k\}}-\boldsymbol{z}_{d2\{k\}}-h\,\boldsymbol{z}_{d3\{k\}}+\boldsymbol{\Lambda}\,[\boldsymbol{z}_{1\{k\}}-\boldsymbol{z}_{d1\{k\}}+h\,\boldsymbol{z}_{2\{k\}}-h\,\boldsymbol{z}_{d2\{k\}}]\\
&=\boldsymbol{s}_{\{k\}}+\boldsymbol{Y}_e(\boldsymbol{z}_{\{k\}},\boldsymbol{z}_{d\{k\}},\boldsymbol{z}_{d3\{k\}})\\
\boldsymbol{Y}_e(\boldsymbol{z}_{\{k\}},\boldsymbol{z}_{d\{k\}},\boldsymbol{z}_{d3\{k\}})&=h\boldsymbol{\Lambda}\,\boldsymbol{e}_{2\{k\}}-h\,\boldsymbol{z}_{d3\{k\}}
\end{aligned}
\tag{7-56}
$$

$\boldsymbol{z}_{d3\{k\}}$ 为期望的角加速度向量，可以通过应用欧拉前向法写出 $\boldsymbol{z}_{d2\{k+1\}}$ 而得到。向量 $\boldsymbol{Y}_f(\boldsymbol{z}_{2\{k\}})$ 包含 WMR 的全部非线性。

在为 WMR 上的 A 点设计的跟踪控制系统中，使用 HDP 型 NDP 算法，其中动作器-评价器的结构是以 NN 的形式实现的。HDP 算法要求有被控对象的模型，以便动作器的 NN 能够进行权值自适应调整。

根据机器人的设计，实现 WMR 上 A 点的跟踪运动需要为两个独立的驱动单元生成控制信号。控制系统设计有两个 NDP 算法，每个算法都由动作器-评价器结构组成。

在给出的控制算法中，HDP 结构将生成次优控制律 $\boldsymbol{u}_{A\{k\}}=[u_{A1\{k\}},\ u_{A2\{k\}}]^{\mathrm{T}}$，来最小化价值函数 $\boldsymbol{V}_{\{k\}}(\boldsymbol{s}_{\{k\}})=[V_{1\{k\}}(\boldsymbol{s}_{\{k\}}),\ V_{2\{k\}}(\boldsymbol{s}_{\{k\}})]^{\mathrm{T}}$，其中，

$$V_{j\{k\}}(\boldsymbol{s}_{\{k\}})=\sum_{k=0}^{n}\gamma^{k}L_{Cj\{k\}}(\boldsymbol{s}_{\{k\}}) \tag{7-57}$$

其中的代价函数为

$$L_{Cj\{k\}}(\boldsymbol{s}_{\{k\}})=\frac{1}{2}R_{j}s_{j\{k\}}^{2} \tag{7-58}$$

其中，$j=1,\ 2$；R_1，R_2，为正的设计系数。给定价值函数式（7-57）以及代价函数式（7-58），HDP 型 NDP 结构的目标是生成一个控制律，使滤波跟踪误差 $\boldsymbol{s}_{\{k\}}$ 最小。

图 7-20 为 HDP 型 NDP 结构的示意图，其中 $\boldsymbol{u}_{PD\{k\}}$、$\boldsymbol{u}_{S\{k\}}$ 和 $\boldsymbol{u}_{E\{k\}}$ 是附加的控制信号，对它们的使用源于系统的稳定性要求。

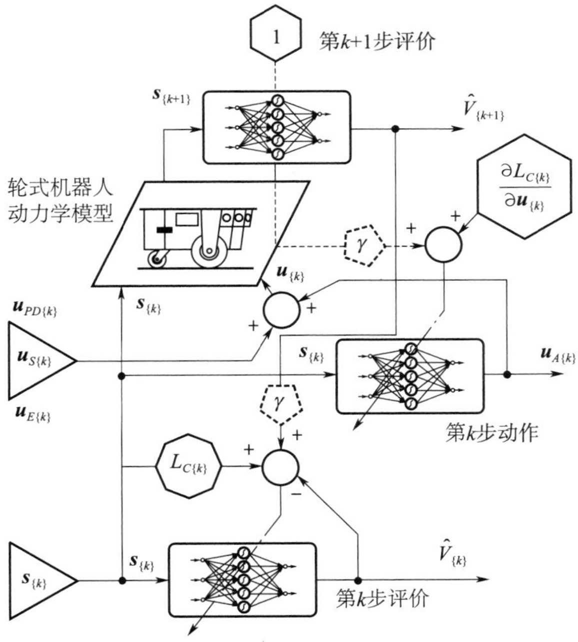

图 7-20　HDP 型 NDP 结构的示意图

如第 6.2.1 节所述，HDP 算法由一个预测模型和两个自适应结构组成：

1）预测模型：根据式（7-55），按照如下所示的 WMR 滤波跟踪误差的动态预测模型生成离散过程第 $k+1$ 步状态 $\boldsymbol{s}_{\{k+1\}}$ 的预测

$$\boldsymbol{s}_{\{k+1\}}=-\boldsymbol{Y}_{f}(\boldsymbol{z}_{2\{k\}})+\boldsymbol{Y}_{d}(\boldsymbol{z}_{\{k\}},\boldsymbol{z}_{d\{k+1\}})+h\,\boldsymbol{M}^{-1}\,\boldsymbol{u}_{\{k\}} \tag{7-59}$$

2）动作器：以两个 RVFL NN 的形式实现，在第 k 步根据以下关系式生成次优控制律 $\boldsymbol{u}_{A\{k\}}$

$$u_{Aj\{k\}}(\boldsymbol{x}_{Aj\{k\}},\boldsymbol{W}_{Aj\{k\}})=\boldsymbol{W}_{Aj\{k\}}^{\mathrm{T}}\boldsymbol{S}(\boldsymbol{D}_A^{\mathrm{T}}\boldsymbol{x}_{Aj\{k\}}) \tag{7-60}$$

其中，$j=1$，2；$\boldsymbol{W}_{Aj\{k\}}$ 为第 j 个动作器的 RVFL NN 输出层权值向量；$\boldsymbol{x}_{Aj\{k\}}=\boldsymbol{\kappa}_A[1，s_{j\{k\}}，\boldsymbol{z}_{2\{k\}}^{\mathrm{T}}，z_{d2j\{k\}}，z_{d3j\{k\}}]^{\mathrm{T}}$ 为第 j 个动作器的 NN 输入向量；$\boldsymbol{\kappa}_A$ 为由动作器 NN 输入值的正比例缩放系数构成的常值对角矩阵；$\boldsymbol{S}(\boldsymbol{D}_A^{\mathrm{T}}\boldsymbol{x}_{Aj\{k\}})$ 为神经元激活函数向量；$\boldsymbol{D}_A$ 为动作器 NN 输入层的常值权值矩阵，在初始化过程中随机选取。采用了双极 sigmoid 神经元激活函数。

对于所设计的控制系统的 HDP 算法，动作器 NN 权值的自适应过程是使下式中的性能指标最小

$$e_{Aj\{k\}}=\frac{\partial L_{Cj\{k\}}(\boldsymbol{s}_{\{k\}})}{\partial u_{j\{k\}}}+\gamma\left[\frac{\partial s_{j\{k+1\}}}{\partial u_{j\{k\}}}\right]^{\mathrm{T}}\frac{\partial\hat{V}_{j\{k+1\}}(\boldsymbol{x}_{Cj\{k+1\}},\boldsymbol{W}_{Cj\{k\}})}{\partial s_{j\{k+1\}}} \tag{7-61}$$

其中，$\boldsymbol{x}_{Cj\{k+1\}}=\kappa_C[s_{j\{k+1\}}]$ 为评价器在第 $k+1$ 步的 NN 输入向量，根据预测模型计算得到。

NN 输出层的权值按照下式进行更新

$$\boldsymbol{W}_{Aj\{k+1\}}=\boldsymbol{W}_{Aj\{k\}}-\boldsymbol{e}_{Aj\{k\}}\boldsymbol{\Gamma}_{Aj}\boldsymbol{S}(\boldsymbol{D}_A^{\mathrm{T}}\boldsymbol{x}_{Aj\{k\}}) \tag{7-62}$$

其中，$\boldsymbol{\Gamma}_{Aj}$ 为动作器的第 j 个 NN 神经元的学习系数组成的常值对角矩阵。

3）评价器：用以估计价值函数式（7－57），该过程通过两个具有高斯型神经元激活函数的 NN 实现。其生成如下信号

$$\hat{V}_{j\{k\}}(\boldsymbol{x}_{Cj\{k\}},\boldsymbol{W}_{Cj\{k\}})=\boldsymbol{W}_{Cj\{k\}}^{\mathrm{T}}\boldsymbol{S}(\boldsymbol{x}_{Cj\{k\}}) \tag{7-63}$$

其中，$j=1$，2；$\boldsymbol{W}_{Cj\{k\}}$ 为动作器的第 j 个 NN 的输出层权值向量；$\boldsymbol{x}_{Cj\{k\}}=\kappa_C[\boldsymbol{s}_{j\{k\}}]$ 为评价器 NN 的输入向量；κ_C 为评价器 NN 输入的常值正比例缩放系数；$\boldsymbol{S}(\boldsymbol{x}_{Cj\{k\}})$ 为高斯型神经元激活函数向量。在 HDP 算法中，评价器 NN 的输出层权值通过时序差分误差的反向传播进行调整，时序差分误差的定义如下

$$e_{Cj\{k\}}=L_{Cj\{k\}}(\boldsymbol{s}_k)+\gamma\hat{V}_{j\{k+1\}}(\boldsymbol{x}_{Cj\{k+1\}},\boldsymbol{W}_{Cj\{k\}})-\hat{V}_{j\{k\}}(\boldsymbol{x}_{Cj\{k\}},\boldsymbol{W}_{Cj\{k\}}) \tag{7-64}$$

其中，$\boldsymbol{s}_{\{k+1\}}$ 为由预测模型式（7－59）确定的信号。

评价器 NN 的输出层权值通过时序差分误差式（7－64）的反向传播，按照下式进行调整

$$\boldsymbol{W}_{Cj\{k+1\}}=\boldsymbol{W}_{Cj\{k\}}-e_{Cj\{k\}}\boldsymbol{\Gamma}_{Cj}\boldsymbol{S}(\boldsymbol{x}_{Cj\{k\}}) \tag{7-65}$$

其中，$\boldsymbol{\Gamma}_{Cj}$ 为评价器的第 j 个 NN 的正学习系数常值对角矩阵。

图 7－21 给出了 HDP 型 NDP 结构的 NN 权值自适应过程示意图，其中 $\boldsymbol{u}_{PD\{k\}}$，$\boldsymbol{u}_{S\{k\}}$ 和 $\boldsymbol{u}_{E\{k\}}$ 是附加的控制信号，对它们的使用源于系统的稳定性要求。

根据 Lyapunov 稳定性理论，对所提出的离散跟踪控制系统进行了稳定性分析。在所设计的控制系统中，总控制信号 $\boldsymbol{u}_{\{k\}}$ 包含动作器 NN 产生的控制信号 $\boldsymbol{u}_{A\{k\}}$、PD 控制信号 $\boldsymbol{u}_{PD\{k\}}$、额外的控制信号 $\boldsymbol{u}_{E\{k\}}$（其结构来自 WMR 的离散化数学模型）和监督项控制信号 $\boldsymbol{u}_{S\{k\}}$（其结构来自 Lyapunov 稳定性定理）。图 7－22 为应用 HDP 算法对 WMR 上的 A 点进行跟踪控制的示意图。

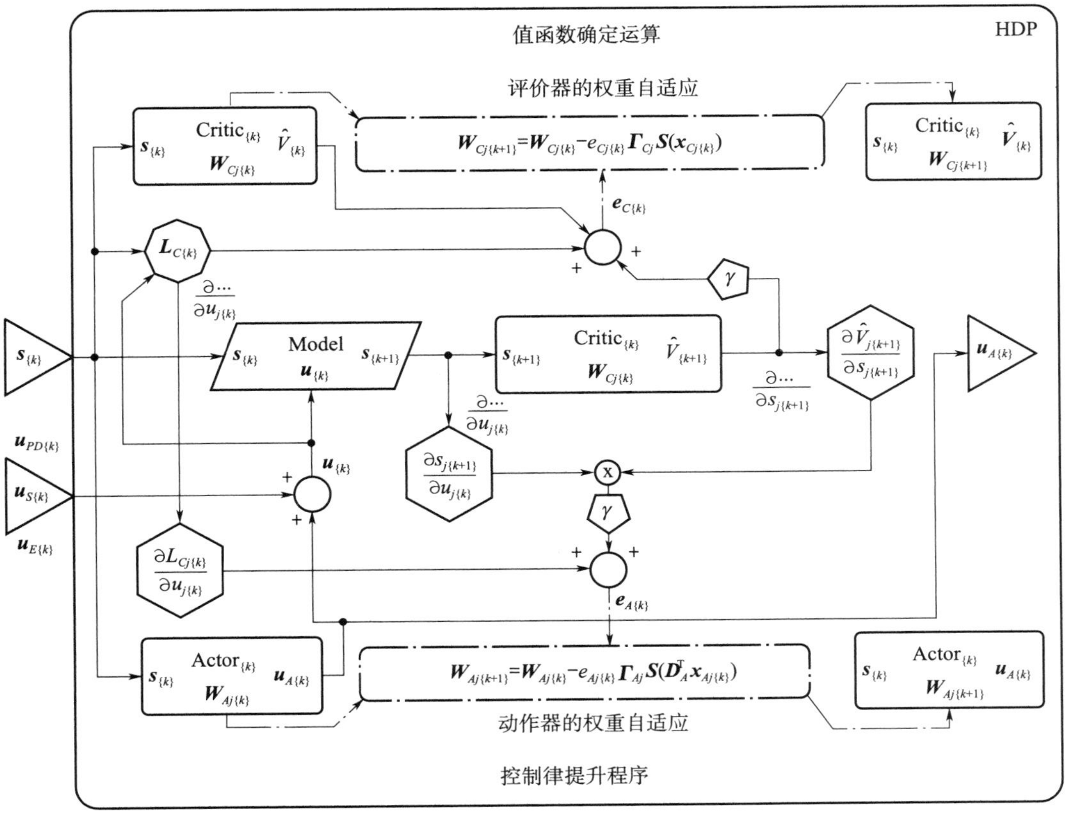

图 7－21　HDP 型 NDP 结构的 NN 权值自适应调整过程示意图

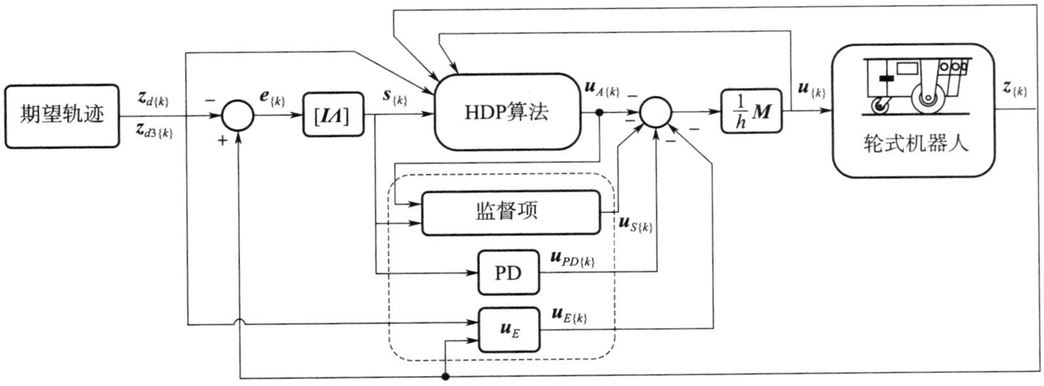

图 7－22　应用 HDP 算法的 WMR 跟踪控制系统示意图

监督项控制信号 $\boldsymbol{u}_{S\{k\}}$ 保证了闭环系统的稳定性，这意味着滤波跟踪误差 $\boldsymbol{s}_{\{k\}}$ 是有界的。总控制信号的形式为

$$\boldsymbol{u}_{\{k\}}=-\frac{1}{h}\boldsymbol{M}\left[\boldsymbol{u}_{A\{k\}}-\boldsymbol{u}_{S\{k\}}+\boldsymbol{u}_{PD\{k\}}+\boldsymbol{u}_{E\{k\}}\right] \tag{7-66}$$

其中

$$\begin{aligned} \boldsymbol{u}_{PD\{k\}} &= \boldsymbol{K}_D \boldsymbol{s}_{\{k\}} \\ \boldsymbol{u}_{E\{k\}} &= h\left[\boldsymbol{\Lambda} \boldsymbol{e}_{2\{k\}} - \boldsymbol{z}_{d3\{k\}}\right] \\ \boldsymbol{u}_{S\{k\}} &= \boldsymbol{I}_S \boldsymbol{u}^*_{S\{k\}} \end{aligned} \tag{7-67}$$

其中，$\boldsymbol{K}_D$ 为常值正定设计参数矩阵；$\boldsymbol{I}_S$ 为对角切换矩阵，当 $|s_{j\{k\}}| \geqslant \rho_j$ 时，$I_{Sj,j}=1$，当 $|s_{j\{k\}}| < \rho_j$ 时，$I_{Sj,j}=0$，ρ_j 为常数设计值；$\boldsymbol{u}^*_{S\{k\}}$ 为监督项控制信号，将在本节中进一步推导；$j=1$，2。假设 $I_{Sj,j}=1$，将式（7-66）代入式（7-55），可以得到

$$\boldsymbol{s}_{\{k+1\}} = \boldsymbol{Y}_d(\boldsymbol{z}_{\{k\}}, \boldsymbol{z}_{d\{k+1\}}) - \boldsymbol{Y}_f(z_{2\{k\}}) - \boldsymbol{Y}_{\tau\{k\}} - \boldsymbol{u}_{A\{k\}} - \boldsymbol{K}_D \boldsymbol{s}_{\{k\}} + \boldsymbol{u}^*_{S\{k\}} - \boldsymbol{u}_{E\{k\}} \tag{7-68}$$

假定一个正定的 Lyapunov 候选函数

$$L_{\{k\}} = \boldsymbol{s}^{\mathrm{T}}_{\{k\}} \boldsymbol{s}_{\{k\}} \tag{7-69}$$

其差分为

$$\Delta L_{\{k\}} = \boldsymbol{s}^{\mathrm{T}}_{\{k+1\}} \boldsymbol{s}_{\{k+1\}} - \boldsymbol{s}^{\mathrm{T}}_{\{k\}} \boldsymbol{s}_{\{k\}} < 0 \tag{7-70}$$

上式也可以写为

$$\|\boldsymbol{s}_{\{k+1\}}\|^2 < \|\boldsymbol{s}_{\{k\}}\|^2 \tag{7-71}$$

基于文献 [63]，式（7-71）可写为

$$\|\boldsymbol{s}_{\{k\}}\| \ \|\boldsymbol{s}_{\{k+1\}}\| < \|\boldsymbol{s}_{\{k\}}\|^2 \tag{7-72}$$

由 Cauchy-Schwarz 不等式，可以得到

$$|\boldsymbol{s}^{\mathrm{T}}_{\{k\}} \boldsymbol{s}_{\{k+1\}}| \leqslant \|\boldsymbol{s}_{\{k\}}\| \|\boldsymbol{s}_{\{k+1\}}\| \tag{7-73}$$

因此，不等式（7-72）等价于

$$|\boldsymbol{s}^{\mathrm{T}}_{\{k\}} \boldsymbol{s}_{\{k+1\}}| < \|\boldsymbol{s}_{\{k\}}\|^2 \tag{7-74}$$

式（7-74）等价于

$$\boldsymbol{s}^{\mathrm{T}}_{\{k\}} [\boldsymbol{s}_{\{k+1\}} - \boldsymbol{s}_{\{k\}}] < 0 \tag{7-75}$$

于是

$$\Delta L_{\{k\}} = \boldsymbol{s}^{\mathrm{T}}_{\{k\}} [\boldsymbol{s}_{\{k+1\}} - \boldsymbol{s}_{\{k\}}] < 0 \tag{7-76}$$

将式（7-68）代入式（7-76），可以得到

$$\Delta L_{\{k\}} = \boldsymbol{s}^{\mathrm{T}}_{\{k\}} [-\boldsymbol{K}_D \boldsymbol{s}_{\{k\}} - \boldsymbol{Y}_f(\boldsymbol{z}_{2\{k\}}) - \boldsymbol{Y}_{\tau\{k\}} - \boldsymbol{u}_{A\{k\}} + \boldsymbol{u}^*_{S\{k\}}] \tag{7-77}$$

若假设扰动向量的所有元素都是有界的，$|Y_{\tau j\{k\}}| < b_{dj}$，$b_{dj} > 0$，则可以得到

$$\Delta L_{\{k\}} \leqslant -\boldsymbol{s}^{\mathrm{T}}_{\{k\}} \boldsymbol{K}_D \boldsymbol{s}_{\{k\}} + \sum_{j=1}^{2} |s_{j\{k\}}| \ [|Y_{f\{k\}}(\boldsymbol{z}_{2\{k\}})| + b_{dj} + |u_{Aj\{k\}}|] + \sum_{j=1}^{2} s_{j\{k\}} u^*_{Sj\{k\}} \tag{7-78}$$

设计监督项控制信号 $\boldsymbol{u}^*_{S\{k\}}$ 为

$$u^*_{Sj\{k\}} = -\operatorname{sgn} s_{j\{k\}} [F_j + |u_{Aj\{k\}}| + b_{dj} + \sigma_j] \tag{7-79}$$

其中，$|Y_{fj}(\boldsymbol{z}_{2\{k\}})| \leqslant F_j$，$F_j > 0$，$\sigma_j$ 是一个很小的正常数；则从不等式（7-78）可以得到

$$\Delta L_{\{k\}} \leqslant 0 \tag{7-80}$$

Lyapunov 函数的差分是负定的。在 $|s_{j\{k\}}| \geqslant \rho_j$ 的情况下，所设计的控制信号可以减小滤波跟踪误差 $\boldsymbol{s}_{\{k\}}$ 。若初始条件满足 $|s_{j\{k=0\}}| < \rho_j$ ，则滤波跟踪误差一直有界，并满足 $|s_{j\{k\}}| < \rho_j$ ，$k \geqslant 0$，$j=1$，2。

关于 HDP 算法在 WMR 跟踪控制中的综合和研究结果可参见文献［42，44］。

7.4.2　仿真测试

在虚拟计算环境中对 WMR 的跟踪控制进行仿真测试，用的是 HDP 型 NDP 结构的离散控制算法。选定的数值测试结果是基于第 2.1.1.2 节所述的 8 字形路径轨迹获得的。仿真中引入了一个参数扰动，模型参数的变化与 WMR 承受额外的负载有关。

基于 HDP 的控制系统使用了以下参数。

1）PD 控制器参数：

a）$\boldsymbol{K}_D = 3.6h\boldsymbol{I}$ ，为 PD 控制器增益常值对角矩阵。

b）$\boldsymbol{\Lambda} = 0.5\boldsymbol{I}$ ，为常值对角矩阵。

2）采用的动作器的 NN 类型：RVFL。

a）$m_A = 8$，为动作器 NN 神经元的数量。

b）$\boldsymbol{\Gamma}_{Aj} = \mathrm{diag}\{0.1\}$，为自适应权值 $\boldsymbol{W}_{Aj}$ 的增益系数对角矩阵，$j=1$，2。

c）$\boldsymbol{D}_A$ 为 NN 输入层权值，从区间 $D_{A[i,g]} \in [-0.1, 0.1]$ 中随机选择。

d）$\boldsymbol{W}_{Aj\{k=0\}} = 0$，为输出层权值的零初始值。

3）采用的评价器 NN 类型：具有高斯型神经元激活函数的 NN。

a）$m_C = 8$，为评价器 NN 神经元的数量。

b）$\boldsymbol{\Gamma}_{Cj} = \mathrm{diag}\{0.01\}$ ，为自适应权值 $\boldsymbol{W}_{Cj}$ 的增益系数对角矩阵。

c）$\boldsymbol{c}_C = [-1.0, -0.6, -0.3, -0.1, 0.1, 0.3, 0.6, 1.0]^{\mathrm{T}}$ ，为高斯曲线的中心在输入空间中的位置。

d）$\boldsymbol{r}_C = [0.3, 0.175, 0.1, 0.085, 0.085, 0.1, 0.175, 0.3]^{\mathrm{T}}$ ，为高斯曲线的宽度。

e）$\boldsymbol{W}_{Cj\{k=0\}} = \boldsymbol{0}$，为第 7.4.2.1 节测试中输出层权值的零初始值。

f）$\boldsymbol{W}_{Cj\{k=0\}} = \boldsymbol{1}$，为第 7.4.2.2 节测试中输出层权值的非零初始值。

4）$\beta_N = 2$，为双极 sigmoid 神经元激活函数的斜率系数。

5）$R_j = 1$，为代价函数中的比例缩放系数。

6）$l_{AC} = 3$，为在迭代过程的第 k 步中，动作器和评价器结构自适应调整的内循环迭代步数。

7）$\rho_j = 2.5$，为监督算法参数。

8）$\sigma_j = 0.01$，为监督算法参数。

9）$h = 0.01$ s，为数值测试计算步长。

在研究所设计的基于 NN 算法的控制系统时，输入向量的元素被比例缩放到区间［−1，1］内。

对于具有 NDP 结构的离散控制系统，PD 控制器参数的选取基于数值测试和验证研究的结果。这些参数的选取与第 7.1.2 节中连续控制器的参数相对应，并提供完全相同的跟踪控制性能。下面的性能指标用于对生成的控制和实现的跟踪运动进行质量评估：WMR 的驱动轮 1 和 2 的角位移误差的最大绝对值

$$e_{\max 1j}=\max_{k}(|e_{1j\{k\}}|) \tag{7-81}$$

其中，$j=1$，2。

1）第 j 个轮子的角位移误差 e_{1j} 的均方根

$$\varepsilon_{1j}=\sqrt{\frac{1}{n}\sum_{k=1}^{n}e_{1j\{k\}}^{2}} \tag{7-82}$$

其中，k 为迭代的第 k 步，n 为总步数。

2）第 j 个轮子角速度误差的最大绝对值 $e_{\max 2j}$

$$e_{\max 2j}=\max_{k}(|e_{2j\{k\}}|) \tag{7-83}$$

3）第 j 个轮子的角速度误差 e_{2j} 的均方根

$$\varepsilon_{2j}=\sqrt{\frac{1}{n}\sum_{k=1}^{n}e_{2j\{k\}}^{2}} \tag{7-84}$$

其他性能指标的选取与第 7.1.2 节相同。WMR 的 8 字形路径轨迹的离散测量数据量为 $n=4\ 500$。

在描述离散时间算法的数值测试中，通过省略变量符号中表示过程的第 k 步索引号来对其进行简化。为了便于分析结果，并同前面给出的 WMR 控制系统的连续函数相比较，表示离散函数的图像的横轴按照时间 t 进行标定。

下面给出的选定结果是通过跟踪运动实现的数值测试得到的，测试中采用一个 8 字形路径轨迹和一个模型参数扰动。

7.4.2.1 有扰动、NN 初始权值为零时 8 字形路径 HDP 型控制测试的考察

应用 HDP 型 NDP 结构的跟踪控制算法对 WMR 上 A 点进行跟踪控制的数值测试时，假设动作器和评价器 NN 输出层的初始权值为零。该系统的任务是生成控制信号，以确保在发生两次参数扰动的情况下实现 WMR 上 A 点的 8 字形路径的期望轨迹。第一次扰动涉及的 WMR 模型参数变化，对应于机器人框架在 $t_{d1}=12.5$ s 时刻承受 $m_{RL}=4.0$ kg 的额外负载。在第二次扰动情况中，额外负载在 $t_{d2}=32.5$ s 时刻被移除。

控制系统各个结构的跟踪控制信号的变化曲线如图 7－23 所示。图 7－23（a）给出轮 1 和轮 2 的总控制信号，分别为 u_1 和 u_2。根据式（7－66），它们包含由 HDP 结构产生的控制信号 u_{A1} 和 u_{A2}［见图 7－23（b）］、PD 控制信号 u_{PD1} 和 u_{PD2}［见图 7－23（c）］、监督项控制信号 u_{S1} 和 u_{S2} 以及附加控制信号 u_{E1} 和 u_{E2}［见图 7－23（d）］。

在运动阶段Ⅰ的开始（即加速段），整个控制信号中起主要作用的是 PD 控制信号 $\boldsymbol{u}_{PD}$ 和信号 $\boldsymbol{u}_{E}$。由 HDP 结构生成的控制信号的值很小，这是因为动作器 NN 输出层的初始权值为零，当出现非零的滤波跟踪误差时，这些权值开始自适应调整。在阶段Ⅱ，被控对象的某些动态特性信息被保留在 NDP 结构的 NN 输出层权值中，而动作器 NN 控制信

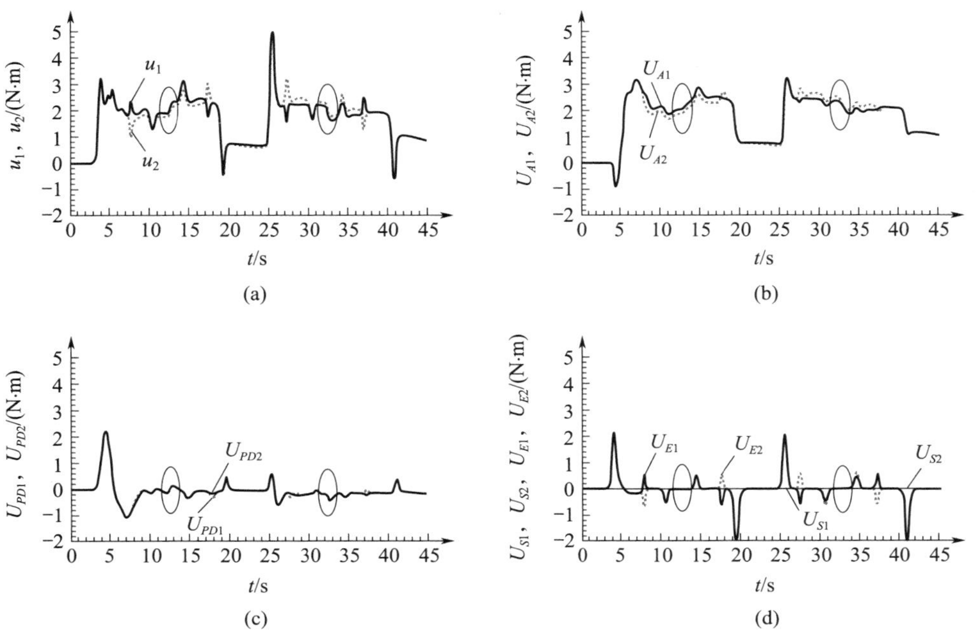

图 7－23　(a) 轮 1 和轮 2 的总控制信号 u_1 和 u_2；(b) 动作器的 NN 控制信号 U_{A1} 和 U_{A2}，$\boldsymbol{U}_A=-\frac{1}{h}\boldsymbol{M}\boldsymbol{u}_A$；(c) PD 控制信号 U_{PD1} 和 U_{PD2}，$\boldsymbol{U}_{PD}=-\frac{1}{h}\boldsymbol{M}\boldsymbol{u}_{PD}$；(d) 监督项控制信号 U_{S1} 和 U_{S2}，$\boldsymbol{U}_S=-\frac{1}{h}\boldsymbol{M}\boldsymbol{u}_S$，以及附加控制信号 u_{E1} 和 u_{E2}，$\boldsymbol{U}_E=-\frac{1}{h}\boldsymbol{M}\boldsymbol{u}_E$

号在 WMR 上 A 点的总跟踪控制信号中起主导作用。在 t_{d1} 时刻发生的第一次参数扰动导致由自适应评价器结构产生的控制信号值增加，从而补偿被控对象的动态特性变化。类似地，在 t_{d2} 时刻发生的第二次扰动导致 HDP 结构的控制信号值减小。控制信号 $\boldsymbol{u}_E$ 的值主要取决于 $\boldsymbol{z}_{d3}$，而跟踪误差值的变化对这些信号的影响可以忽略不计。监督项控制信号 $\boldsymbol{u}_S$ 的值保持为零，这是因为滤波跟踪误差 $\boldsymbol{s}$ 的值不超过给定的允许阈值。

图 7－24 分别给出了 WMR 驱动轮 1 和 2 的期望角速度和实现角速度的变化曲线。在阶段Ⅰ开始时，WMR 驱动轮的期望角速度和实现角速度之差最为明显。这是因为在自适应的初始阶段，由于 NN 输出层的初始权值为零，神经评价器系统对 WMR 的非线性补偿不足。在 t_{d1} 时刻，当扰动模拟 WMR 承受额外的负载时，角速度减小，其原因是运动阻力的增加，产生的控制信号不足以使 WMR 按照期望的速度运动。然后，由 HDP 结构产生的 WMR 非线性补偿信号值增加，这导致角速度增加，进而可以根据期望的运动参数实现轨迹。发生在 t_{d2} 时刻的第二次参数扰动模拟了施加在 WMR 上的额外负载的移除，这意味着模型参数又恢复到名义值。在此刻，由于无负载对象的运动阻力变小，生成的控制信号超过了所需的值。因此，WMR 上 A 点的实际速度值高于期望速度值。由于 HDP 结构的 NN 权值的自适应调整，控制信号 u_{A1} 和 u_{A2} 的值降低，速度下降并达到期望值。

图 7－25 (a) 和图 7－25 (b) 分别给出了 WMR 的轮 1 和轮 2 的跟踪误差变化曲线。

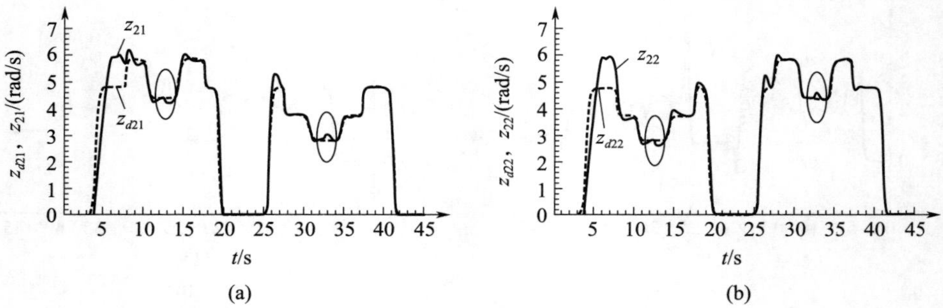

图 7-24　(a) WMR 的轮 1 的期望角速度（z_{d21}）和实现角速度（z_{21}）；(b) WMR 的轮 2 的期望角速度（z_{d22}）和实现角速度（z_{22}）

图 7-25（c）给出了滤波跟踪误差 s_1 的变化曲线，图 7-25（d）为轮 1 的滑动流形。在运动的初始阶段，可以看到跟踪误差的值最大。在运动过程中，随着 HDP 结构的 NN 权值的自适应调整，这些误差被最小化。在发生参数扰动时，跟踪误差的绝对值会增加，但由于 NN 的权值自适应调整，NDP 结构的控制信号会对被控对象的动态特性变化进行补偿。在阶段Ⅱ开始时，即沿着曲线路径向右运动时，跟踪误差值要比阶段Ⅰ开始时记录到的跟踪误差值低，这是因为被控制对象的动态特性信息被保留在了动作器 NN 的权值中。

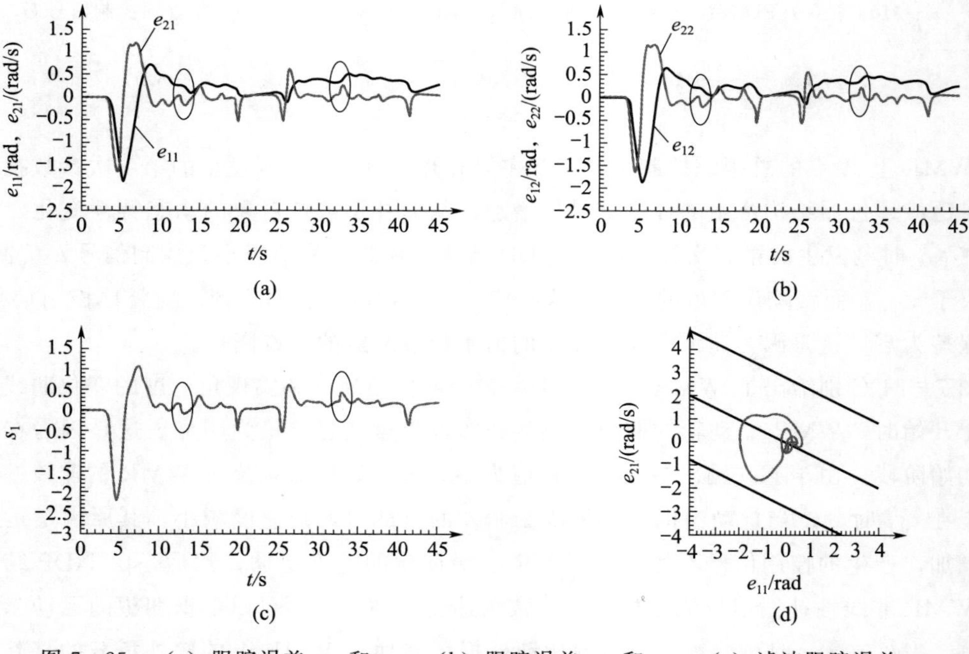

图 7-25　(a) 跟踪误差 e_{11} 和 e_{21}；(b) 跟踪误差 e_{12} 和 e_{22}；(c) 滤波跟踪误差 s_1；(d) 轮 1 的滑动流形

图 7-26 分别给出了第一个 HDP 结构的动作器和评价器的 NN 输出层权值的变化曲线。第二个 HDP 结构的 NN 输出层权值变化类似，该 HDP 结构为轮 2 生成控制信号。假

设 NN 的初始权值为零。这些权值稳定在特定的数值附近，并保持有界。在发生参数扰动时，动作器 NN 的权值会发生变化，这是因为生成的 WMR 非线性补偿信号会根据被控对象的参数变化进行调整。

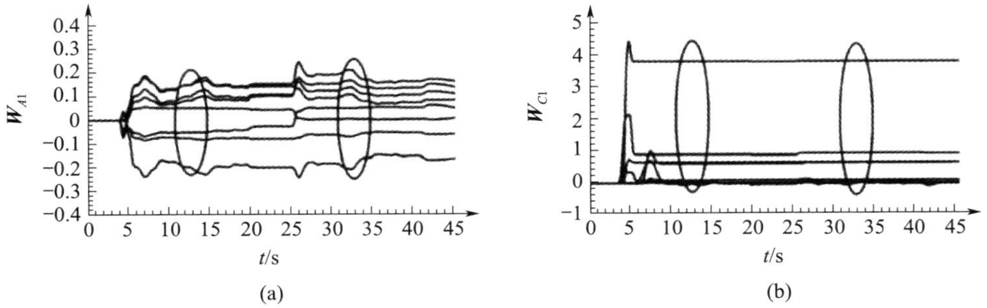

图 7－26　(a) 动作器 1 的 NN 输出层权值 $\boldsymbol{W}_{A1}$；(b) 评价器 1 的 NN 输出层权值 $\boldsymbol{W}_{C1}$

动作器结构采用了 RVFL NN 的形式，而评价器结构则采用具有高斯型神经元激活函数的 NN 来实现。

图 7－27 给出 WMR 上 A 点的期望运动路径（虚线）和实现运动路径（实线）。WMR 上 A 点的初始位置用三角形标记，目标最终位置用"×"标记，而 A 点实现的最终位置用菱形表示。

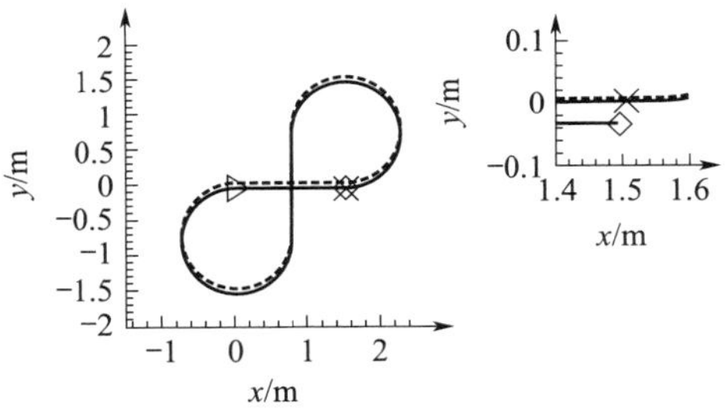

图 7－27　WMR 上 A 点的期望和实现运动路径

表 7－15 和表 7－16 给出了应用 HDP 型 NDP 算法的控制系统所实现的跟踪运动的各个性能指标的值。

表 7－15　选定性能指标的值

指标	$e_{\max 1j}$/rad	ε_{1j}/rad	$e_{\max 2j}$/(rad/s)	ε_{2j}/(rad/s)	$s_{\max j}$/(rad/s)	σ_j/(rad/s)
轮 1，$j=1$	1.9	0.46	1.66	0.35	2.22	0.42
轮 2，$j=2$	1.9	0.44	1.66	0.35	2.22	0.41

表 7-16 实现路径的选定性能指标的值

指标	$d_{\max}$/m	d_n/m	ρ_d /m
值	0.157	0.033	0.042

在实现轨迹时，与仅基于 PD 控制器的控制系统获得的性能指标值相比，上面的性能指标值更低。然而，这些指标值高于利用自适应和神经网络系统进行数值测试所得出的指标值。

表 7-17 列出了沿 8 字形路径运动的阶段Ⅰ和Ⅱ的选定性能指标的值，它们是按照第 7.1.2.2 节数值测试中描述的方法计算的。

表 7-17 运动阶段Ⅰ和Ⅱ选定的性能指标的值

指标	$e_{\max 1j}$/rad	ε_{1j}/rad	$e_{\max 2j}$ /(rad/s)	ε_{2j} /(rad/s)	$s_{\max j}$ /(rad/s)	σ_j/(rad/s)
阶段Ⅰ, $k=1,\cdots,2\ 250$						
轮 1, $j=1$	1.9	0.55	1.66	0.48	2.22	0.55
轮 2, $j=2$	1.9	0.55	1.66	0.48	2.22	0.55
阶段Ⅱ, $k=2\ 251,\cdots,4\ 500$						
轮 1, $j=1$	0.48	0.3	0.65	0.14	0.64	0.21
轮 2, $j=2$	0.45	0.29	0.65	0.14	0.6	0.2

阶段Ⅱ的性能指标值低于阶段Ⅰ。这是由于在阶段Ⅱ开始时，用于数值测试的 NN 输出层权值不为零。储存在 HDP 结构的 NN 输出层权值中的被控对象动态特性信息为 WMR 的非线性生成了补偿信号，这提高了跟踪运动的性能。

7.4.2.2 有扰动、NN 初始权值不为零时 8 字形路径 HDP 型控制测试的考察

应用 HDP 型 NDP 结构，对 WMR 上 A 点进行跟踪控制算法的数值测试。假设评价器 NN 输出层的初始权值不为零（$\boldsymbol{W}_{Cj\{k=0\}}=\mathbf{1}$，$j=1$，2），而动作器 NN 输出层的初始权值为零。该系统的任务是生成控制信号，以确保实现 WMR 上 A 点的 8 字形路径的期望轨迹。仿真中引入两次参数扰动。第一次扰动涉及的 WMR 模型参数变化，对应于机器人框架在 $t_{d1}=12.5$ s 时刻承受 $m_{RL}=4.0$ kg 的额外负载。在第二次扰动的情况中，额外负载在 $t_{d2}=32.5$ s 时刻被移除。

控制系统各个结构的跟踪控制信号的变化曲线如图 7-28 所示。图 7-28（a）给出了轮 1 和轮 2 的总控制信号，分别为 u_1 和 u_2。根据式（7-66），它们包括 HDP 结构生成的控制信号 u_{A1} 和 u_{A2} [见图 7-28（b）]、PD 控制信号 u_{PD1} 和 u_{PD2} [见图 7-28（c）]、监督项控制信号 u_{S1} 和 u_{S2}，以及附加控制信号 u_{E1} 和 u_{E2} [见图 7-28（d）]。

评价器 NN 输出层权值的非零初始值加速了 HDP 结构的自适应调整过程。通过控制信号 u_{A1} 和 u_{A2} 改善 WMR 非线性的补偿质量，使得 PD 控制信号 u_{PD1} 和 u_{PD2} 的值在阶段Ⅰ的开始段减小。在阶段Ⅱ（开始于 $t=22.5$ s 时刻），PD 控制信号的值接近于零。当扰动发生时，PD 控制信号的值会有稍微的变化。WMR 模型参数的变化对对象动态特性的影响，被 HDP 结构中动作器 NN 产生的控制信号值的变化所补偿。控制信号 $\boldsymbol{u}_E$ 的值主要

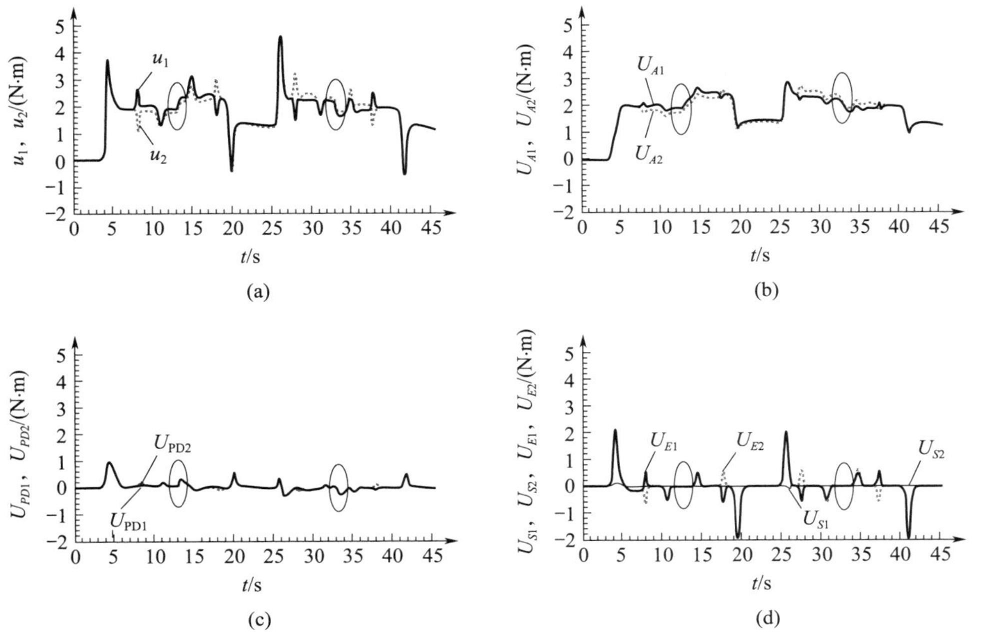

图 7-28　(a) 轮 1 和轮 2 的总控制信号 u_1 和 u_2；(b) 动作器的 NNs 控制信号 U_{A1} 和 U_{A2}，$U_A=-\frac{1}{h}\boldsymbol{M}\boldsymbol{u}_A$；(c) PD 控制信号 U_{PD1} 和 U_{PD2}，$\boldsymbol{U}_{PD}=-\frac{1}{h}\boldsymbol{M}\boldsymbol{u}_{PD}$；(d) 监督项控制信号 U_{S1} 和 U_{S2}，$\boldsymbol{U}_S=-\frac{1}{h}\boldsymbol{M}\boldsymbol{u}_S$，以及附加控制信号 u_{E1} 和 u_{E2}，$\boldsymbol{U}_E=-\frac{1}{h}\boldsymbol{M}\boldsymbol{u}_E$

取决于 $\boldsymbol{z}_{d3}$。跟踪误差值的变化对这些信号的影响可以忽略不计。监督项控制信号 $\boldsymbol{u}_S$ 的值保持为零，因为滤波跟踪误差 $\boldsymbol{s}$ 不超过给定的允许阈值。

如图 7-29 所示，WMR 驱动轮的实现角速度值接近于期望值。在 t_{d1} 时刻，当扰动模拟 WMR 承受额外的负载时，角速度值减小，这是因为运动阻力的增加，生成的控制信号不足以使 WMR 按照期望的速度运动。而后由 HDP 结构产生的 WMR 非线性补偿信号值增加，这导致角速度增加，进而可以按照期望的运动参数实现轨迹。在 t_{d2} 时刻发生的第二次参数扰动模拟了施加在 WMR 上的额外负载的移除，这意味着模型参数恢复到名义值。在这一时刻，由于无负载对象的运动阻力变小，生成的控制信号超过了所需的值。因此，WMR 上 A 点的速度值高于期望值。由于 HDP 结构 NN 输出层权值的自适应调整，控制信号 u_{A1} 和 u_{A2} 的值减小，速度下降并达到期望值。

跟踪误差的变化曲线如图 7-30 所示。由于在 HDP 算法中对评价器的 NN 输出层权值选取了非零的初始值，跟踪误差的值有所降低。参数扰动对跟踪运动性能的影响是有限的，而对于由被控对象动态特性的变化所引起的跟踪误差绝对值的增加，通过 NDP 结构中 NN 输出层权值的自适应调整进行了补偿。

图 7-31 给出了第一个 HDP 结构的动作器和评价器的 NN 输出层权值变化曲线。第二个 HDP 结构的 NN 输出层权值变化与此类似，该 HDP 结构为轮 2 生成控制信号。

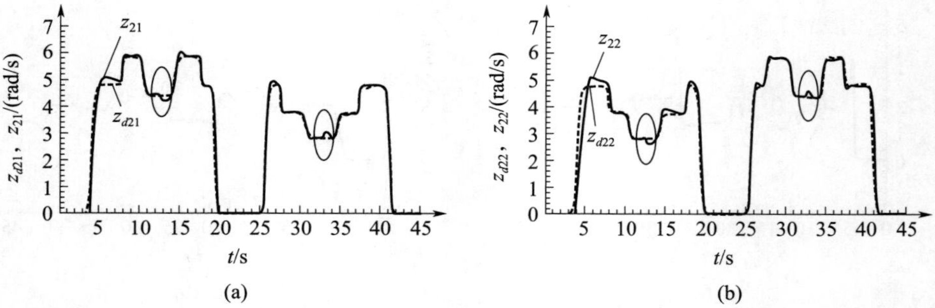

图 7－29　(a) WMR 的轮 1 的期望角速度（z_{d21}）和实现角速度（z_{21}）；
(b) WMR 的轮 2 的期望角速度（z_{d22}）和实现角速度（z_{22}）

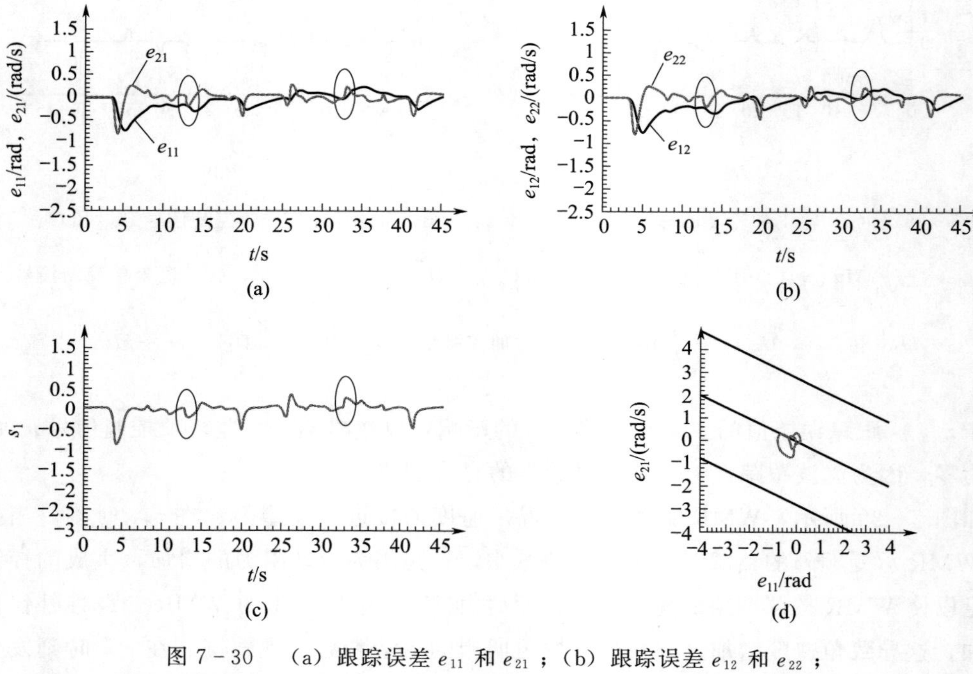

图 7－30　(a) 跟踪误差 e_{11} 和 e_{21}；(b) 跟踪误差 e_{12} 和 e_{22}；
(c) 滤波跟踪误差 s_1；(d) 轮 1 的滑动流形

假设动作器的 NN 初始权值为零，而评价器的 NN 输出层初始权值等于 1。这些权值稳定在特定的数值附近，并保持有界。在发生参数扰动时，动作器的 NN 权值会发生变化，这是因为生成的 WMR 非线性补偿信号会根据被控对象的参数变化进行调整。动作器结构采用 RVFL NN，而评价器的结构则是通过具有高斯型神经元激活函数的 NN 来实现。

图 7－32 给出了 WMR 上 A 点的期望运动路径（虚线）和实现运动路径（实线）。WMR 上 A 点的初始位置用三角形标记，目标最终位置用“×”标记，而 A 点实现的最终位置用菱形表示。

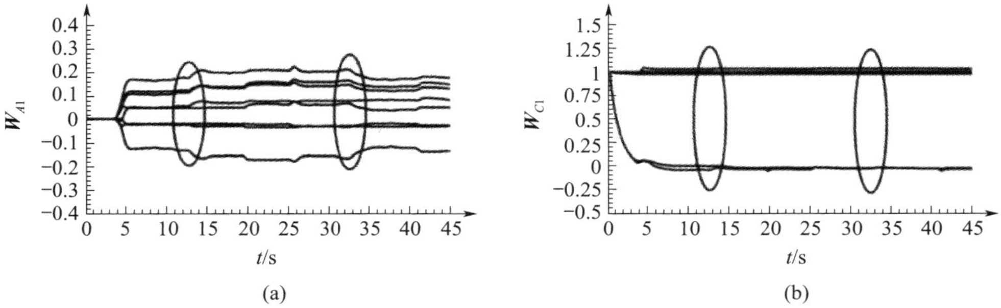

图 7-31 (a) 动作器 1 的 NN 输出层权值 $\boldsymbol{W}_{A1}$；(b) 评价器 1 的 NN 输出层权值 $\boldsymbol{W}_{C1}$

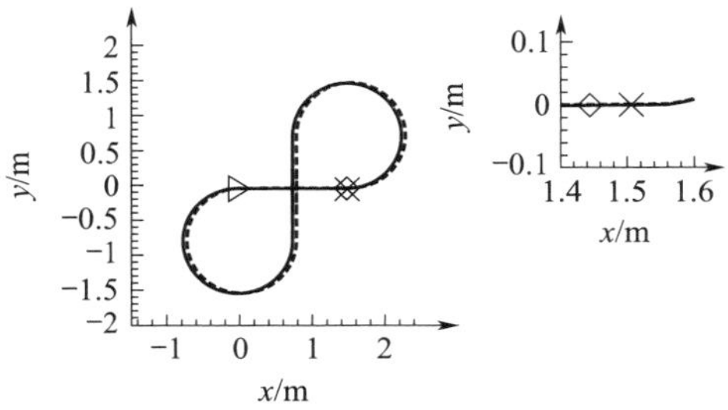

图 7-32 WMR 上 A 点期望的和实现的运动路径

表 7-18 和表 7-19 给出应用 HDP 型 ACD 的控制系统实现跟踪运动所得到的各个性能指标的值。

表 7-18 选定性能指标的值

指标	$e_{\max 1j}$/rad	ε_{1j}/rad	$e_{\max 2j}$/(rad/s)	ε_{2j}/(rad/s)	$s_{\max j}$/(rad/s)	σ_j/(rad/s)
轮 1，$j=1$	0.75	0.2	0.81	0.14	0.96	0.17
轮 2，$j=2$	0.75	0.21	0.81	0.14	0.96	0.18

表 7-19 实现路径的选定性能指标的值

指标	$d_{\max}$/m	d_n/m	ρ_d/m
值	0.083	0.061	0.04

从数值测试结果可以看出，这些性能指标的数值低于仅基于 PD 控制器的跟踪控制算法所获得的结果。在 HDP 结构中，由于评价器的 NN 输出层使用非零初始权值，使得跟踪运动的性能得到改善，这体现在性能指标数值的降低上。此外，这些指标值也低于用自适应和神经网络算法进行数值测试所得到的结果。

表 7-20 列出了沿 8 字形路径的运动阶段 Ⅰ 和 Ⅱ 的选定性能指标的值，它们是按照第 7.1.2.2 节数值测试中描述的方法计算的。

表 7-20　运动阶段Ⅰ和Ⅱ中选定性能指标的值

指标	$e_{\max 1j}$/rad	ε_{1j}/rad	$e_{\max 2j}$/(rad/s)	ε_{2j}/(rad/s)	$s_{\max j}$/(rad/s)	σ_j/(rad/s)
阶段Ⅰ，$k=1,\cdots,2\ 250$						
轮 1，$j=1$	0.75	0.26	0.81	0.17	0.96	0.22
轮 2，$j=2$	0.75	0.27	0.81	0.18	0.96	0.22
阶段Ⅱ，$k=2\ 251,\cdots,4\ 500$						
轮 1，$j=1$	0.24	0.11	0.41	0.1	0.47	0.12
轮 2，$j=2$	0.23	0.11	0.41	0.1	0.47	0.12

阶段Ⅱ的性能指标值低于阶段Ⅰ的性能指标值。这是由于阶段Ⅱ开始时用于数值测试的 NN 输出层权值是非零的。存储在 HDP 结构的 NN 权值中的被控对象的动态特性信息，能够为 WMR 的非线性生成一个补偿信号，这提高了生成的跟踪控制的性能。

7.4.3　结论

通过在跟踪控制系统中应用 HDP 型 NDP 结构，提高了生成的控制动作的质量。这一点体现在：与 PD 控制器得到的性能指标相比，所选性能指标的值更低。在数值测试中，与评价器 NN 输出层权值采用非零初始值相比，动作器和评价器 NN 输出层权值选取零初始值，会导致权值自适应调整过程变慢，跟踪运动的性能降低（见第 7.4.2.1 节的数值测试）。同样重要的是，HDP 结构中的评价器 NN 并不生成控制信号，而只是得到价值函数的估计。与采用自适应和神经网络算法进行跟踪控制测试所得到的性能指标值相比，第 7.4.2.2 节的数值测试得到的性能指标值更低。

在动作器的 RVFL NN 中，输出层权值自适应调整的速度取决于在 NN 初始化过程中对输入层定常权值的随机选取。在第 k 步离散过程中，内循环 HDP 结构的自适应周期数 l_{AC} 会影响权值自适应调整的速度，此外，NN 学习系数的值也会影响权值自适应调整的速度。太小的学习系数值会减慢自适应调整过程，而太高的系数值则可能导致过程的不稳定。在给定的动作器和评价器 NN 输出层权值自适应调整过程的第 k 个离散步骤中，内环计算周期数 l_{AC} 对生成的控制信号的性能有类似的影响。然而，增大该参数会导致实现算法的计算复杂度增加。随着过程的推进，根据所采用的判据（例如，当利用两个连续的内循环计算中由评价器 NN 产生的代价函数近似值的差来做判断时），l_{AC} 的值可能会变化。影响生成的控制信号性能的另一个重要因素是 NN 神经元的数量和神经元激活函数的类型。在本节的研究中，采用了隐蔽层有 8 个神经元的 NN，这是因为继续扩大 NN 的结构并没有明显降低所采用的性能指标的值，却导致计算成本按比例增加。本节使用了关于输出层权值的线性 NN。这些 NN 的特点是结构简单，自适应调整过程不复杂，这一点对在动态对象的控制系统中应用实时算法特别重要。HDP 算法的应用需要被控对象的数学模型。

7.5 WMR 和 RM 跟踪控制中的双启发动态规划

DHP 型自适应评价器结构[26,31,41,44,46,53,77,79,86]是一种比 HDP 算法更复杂的算法。它由动作器和评价器结构以及一个被控对象预测模型组成。被控对象的数学模型必须是已知的，以便为动作器和评价器的 NN 生成权值自适应律。它与 HDP 算法的区别在于评价函数。在 DHP 算法中，评价器逼近的是价值函数相对于被控对象状态的导数，因此评价器设计的复杂度与状态向量的维数相关。对于二自由度的 WMR，评价器包含两个自适应结构，如 NN。动作器生成对象的控制律，因此它的设计与控制执行器的独立信号的数量相关。例如，在一个二自由度 WMR 的跟踪控制系统中，动作器包括两个自适应结构，如 NN，用以生成控制机器人驱动单元的独立信号。在本节中，将对动态对象的离散跟踪控制系统进行综合，应用 HDP 型 NDP 算法。下面考虑的对象是一个 WMR 和一个具有三自由度的 RM。所提出的算法是在离散时间域中运行的，因此在控制系统的综合中，将使用 WMR 和三自由度 RM 的离散动力学模型。本节基于的是第 6.2.2 节中与 DHP 型自适应评价器设计相关的知识、第 2.1.2 节中 WMR 的动力学描述以及第 2.2.2 节中 RM 的动力学描述。

7.5.1 DHP 型控制的综合

应用 HDP 型 NDP 结构对动态对象进行控制算法的综合，其方式类似于第 7.4.1 节中基于 HDP 算法的控制系统的推导。该综合涉及 WMR 的控制系统和 RM 的控制系统。由于每个被控对象的动力学描述不同，其控制算法也应该不一样。下面详细介绍 WMR 的 DHP 结构控制算法的综合，而对 RM 的跟踪控制算法的分析，则着重指出其在综合和所获结果方面的差异，这些差异来自被控对象的具体特征。

7.5.1.1 应用 DHP 算法的 WMR 跟踪控制的综合

在 WMR 离散跟踪控制算法的综合中，跟踪误差 $\boldsymbol{e}_{1\{k\}}$ 和 $\boldsymbol{e}_{2\{k\}}$ 按照式（7－53）定义，滤波跟踪误差 $\boldsymbol{s}_{\{k\}}$ 按照式（7－54）定义，而 $\boldsymbol{s}_{\{k+1\}}$ 则按照第 7.4.1 节推导出的式（7－55）定义。

在为 WMR 上的 A 点设计的跟踪控制系统中，使用 DHP 型 NDP 算法，其中动作器和评价器结构均是以两个 RVFL NN 的形式实现的，其原因在于 WMR 控制执行器的独立信号的数量和模型动力学的状态向量的维数均是 2。DHP 算法需要已知被控对象的模型，以便能够进行动作器和评价器的 NN 权值自适应调整。

DHP 型 NDP 算法的目标是生成次优控制律 $\boldsymbol{u}_{A\{k\}}=[u_{A1\{k\}},\ u_{A2\{k\}}]^{\mathrm{T}}$，来最小化由下式给出的价值函数

$$V_{\{k\}}(\boldsymbol{s}_{\{k\}})=\sum_{k=0}^{n}\gamma^{k}L_{C\{k\}}(\boldsymbol{s}_{\{k\}}) \tag{7-85}$$

其中的代价函数为

$$L_{C\{k\}}(\boldsymbol{s}_{\{k\}})=\frac{1}{2}\boldsymbol{s}_{\{k\}}^{\mathrm{T}}\boldsymbol{R}\boldsymbol{s}_{\{k\}} \tag{7-86}$$

其中，$\boldsymbol{R}$ 为正定的常值对角矩阵。

图 7－33 给出了 DHP 型 NDP 结构的示意图。

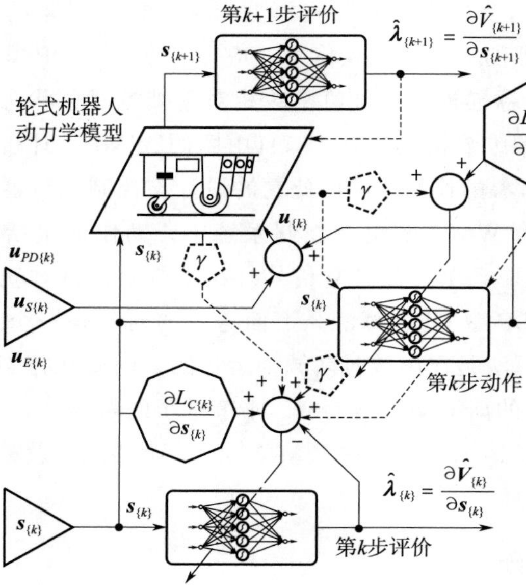

图 7－33　DHP 型 NDP 结构的示意图

第 6.2.2 节所述的 DHP 算法由一个预测模型和两个自适应结构组成。

1）预测模型：根据式（7－55），按照如下所示的 WMR 滤波跟踪误差动态预测模型生成离散过程第 $k+1$ 步状态 $\boldsymbol{s}_{\{k+1\}}$ 的预测值

$$\boldsymbol{s}_{\{k+1\}}=\boldsymbol{s}_{\{k\}}-\boldsymbol{Y}_f(\boldsymbol{z}_{2\{k\}})+\boldsymbol{Y}_e(\boldsymbol{z}_{\{k\}},\boldsymbol{z}_{d\{k\}},\boldsymbol{z}_{d3\{k\}})+h\boldsymbol{M}^{-1}\boldsymbol{u}_{\{k\}} \tag{7-87}$$

2）动作器：以两个 RVFL NN 的形式实现，按照下式生成第 k 步的次优控制律 $\boldsymbol{u}_{A\{k\}}$

$$u_{Aj\{k\}}(\boldsymbol{x}_{Aj\{k\}},\boldsymbol{W}_{Aj\{k\}})=\boldsymbol{W}_{Aj\{k\}}^{\mathrm{T}}\boldsymbol{S}(\boldsymbol{D}_A^{\mathrm{T}}\boldsymbol{x}_{Aj\{k\}}) \tag{7-88}$$

其中，$j=1$，2。DHP 算法的动作器 NN 的设计方式与第 7.4.1 节中介绍的 HDP 结构相似。

DHP 算法的动作器 NN 权值自适应调整过程的目的是最小化性能指标

$$\boldsymbol{e}_{A\{k\}}=\frac{\partial L_{C\{k\}}(\boldsymbol{s}_{\{k\}})}{\partial \boldsymbol{u}_{\{k\}}}+\gamma\left[\frac{\partial \boldsymbol{s}_{\{k+1\}}}{\partial \boldsymbol{u}_{\{k\}}}\right]^{\mathrm{T}}\hat{\boldsymbol{\lambda}}_{\{k+1\}}(\boldsymbol{x}_{C\{k+1\}},\boldsymbol{W}_{C\{k\}}) \tag{7-89}$$

为此，NN 权值按照下式进行更新

$$\boldsymbol{W}_{Aj\{k+1\}}=\boldsymbol{W}_{Aj\{k\}}-e_{Aj\{k\}}\boldsymbol{\Gamma}_{Aj}\boldsymbol{S}(\boldsymbol{D}_A^{\mathrm{T}}\boldsymbol{x}_{Aj\{k\}}) \tag{7-90}$$

其中，$\hat{\boldsymbol{\lambda}}_{\{k+1\}}(\boldsymbol{x}_{C\{k+1\}},\boldsymbol{W}_{C\{k\}})$ 是评价器 NN 第 $k+1$ 步的输出；$\boldsymbol{\Gamma}_{Aj}$ 是常值对角矩阵，由动作器的第 j 个 NN 输出层权值的正学习系数构成。

3）评价器：用以估计价值函数式（7－85）相对于被控对象状态向量的导数为

$$\boldsymbol{\lambda}\{k\}=\begin{bmatrix}\dfrac{\partial V_{\{k\}}(\boldsymbol{s}_{\{k\}})}{\partial s_{1\{k\}}}\\ \dfrac{\partial V_{\{k\}}(\boldsymbol{s}_{\{k\}})}{\partial s_{2\{k\}}}\end{bmatrix}\tag{7-91}$$

因此，它是以两个 RVFL NN 的形式实现的，每个 RVFL NN 估计式（7－91）定义的向量 $\boldsymbol{\lambda}_{\{k\}}$ 的一个分量。评价器 NN 的输出由下式表示

$$\hat{\lambda}_{j\{k\}}(\boldsymbol{x}_{Cj\{k\}},\boldsymbol{W}_{Cj\{k\}})=\boldsymbol{W}_{Cj\{k\}}^{\mathrm{T}}\boldsymbol{S}(\boldsymbol{D}_{C}^{\mathrm{T}}\boldsymbol{x}_{Cj\{k\}})\tag{7-92}$$

其中，$j=1,\ 2$；$\boldsymbol{W}_{Cj\{k\}}$ 为第 j 个评价器的 RVFL NN 的输出层权值向量；$\boldsymbol{x}_{Cj\{k\}}=\boldsymbol{\kappa}_{C}[1,\ s_{j\{k\}}]^{\mathrm{T}}$ 为评价器 NN 的输入向量；$\boldsymbol{\kappa}_{C}$ 为由评价器 NN 输入的正比例缩放系数构成的常值对角矩阵；$\boldsymbol{S}(\boldsymbol{D}_{C}^{\mathrm{T}}\boldsymbol{x}_{Cj\{k\}})$ 为双极 sigmoid 神经元激活函数向量；$\boldsymbol{D}_{C}$ 为评价器 NN 输入层的常值权值矩阵，在初始化过程中随机选取。

在 DHP 算法中，评价器 NN 的输出层权值是通过下式定义的性能指标的反向传播来自适应调整的

$$\begin{aligned}\boldsymbol{e}_{C\{k\}}=&\frac{\partial L_{C\{k\}}(\boldsymbol{s}_{\{k\}})}{\partial \boldsymbol{s}_{\{k\}}}+\left[\frac{\partial \boldsymbol{u}_{\{k\}}}{\partial \boldsymbol{s}_{\{k\}}}\right]^{\mathrm{T}}\frac{\partial L_{C\{k\}}(\boldsymbol{s}_{\{k\}})}{\partial \boldsymbol{u}_{\{k\}}}+\\&\gamma\left[\frac{\partial \boldsymbol{s}_{\{k+1\}}}{\partial \boldsymbol{s}_{\{k\}}}+\left[\frac{\partial \boldsymbol{u}_{\{k\}}}{\partial \boldsymbol{s}_{\{k\}}}\right]^{\mathrm{T}}\frac{\partial \boldsymbol{s}_{\{k+1\}}}{\partial \boldsymbol{u}_{\{k\}}}\right]^{\mathrm{T}}\hat{\boldsymbol{\lambda}}_{\{k+1\}}(\boldsymbol{x}_{C\{k+1\}},\boldsymbol{W}_{C\{k\}})-\\&\hat{\boldsymbol{\lambda}}_{\{k\}}(\boldsymbol{x}_{C\{k\}},\boldsymbol{W}_{C\{k\}})\end{aligned}\tag{7-93}$$

其中，$\boldsymbol{s}_{\{k+1\}}$ 为由预测模型式（7－87）确定的信号。

评价器 NN 的权值通过性能指标式（7－93）的反向传播，按照下式进行自适应调整

$$\boldsymbol{W}_{Cj\{k+1\}}=\boldsymbol{W}_{Cj\{k\}}-e_{Cj\{k\}}\boldsymbol{\Gamma}_{Cj}\boldsymbol{S}(\boldsymbol{D}_{C}^{\mathrm{T}}\boldsymbol{x}_{Cj\{k\}})\tag{7-94}$$

其中，$\boldsymbol{\Gamma}_{Cj}$ 是常值对角矩阵，由评价器第 j 个 NN 输出层权值的正学习系数构成。

图 7－34 是 DHP 型 NDP 结构 NN 权值自适应调整过程示意图，其中 $\boldsymbol{u}_{PD\{k\}}$，$\boldsymbol{u}_{S\{k\}}$ 和 $\boldsymbol{u}_{E\{k\}}$ 是附加控制信号，对其的应用源于系统的稳定性要求。

在应用 DHP 型 NDP 结构的 WMR 跟踪控制系统中，总控制信号 $\boldsymbol{u}_{\{k\}}$ 包括由动作器 NN 生成的控制信号 $\boldsymbol{u}_{A\{k\}}$、PD 控制信号 $\boldsymbol{u}_{PD\{k\}}$、信号 $\boldsymbol{u}_{E\{k\}}$ 和附加的监督项控制信号 $\boldsymbol{u}_{S\{k\}}$，其结构是通过应用 Lyapunov 稳定性定理对所设计的控制系统进行稳定性分析得出的。应用 DHP 结构的 WMR 上 A 点的跟踪控制系统结构如图 7－35 所示。

对闭环系统进行稳定性分析的方式类似于第 7.4.1 节，假设总控制信号是式（7－66）的形式，监督项控制信号 $\boldsymbol{u}_{S\{k\}}$ 如式（7－79）所定义。

应用 DHP 算法对 WMR 上选定点进行跟踪控制系统的综合和实验研究的结果可以参见文献［41，44，46］。

7.5.1.2　应用 DHP 算法的机械手跟踪控制的综合

在对 RM 的离散跟踪控制算法进行综合时，跟踪误差 $\boldsymbol{e}_{1\{k\}}$ 和 $\boldsymbol{e}_{2\{k\}}$ 是按照式（7－53）定义的，滤波跟踪误差 $\boldsymbol{s}_{\{k\}}$ 是按照第 7.4.1 节推导出的式（7－54）定义的。

根据 RM 的离散动力学模型式（2－91）及式（7－53）与式（7－54），滤波跟踪误差

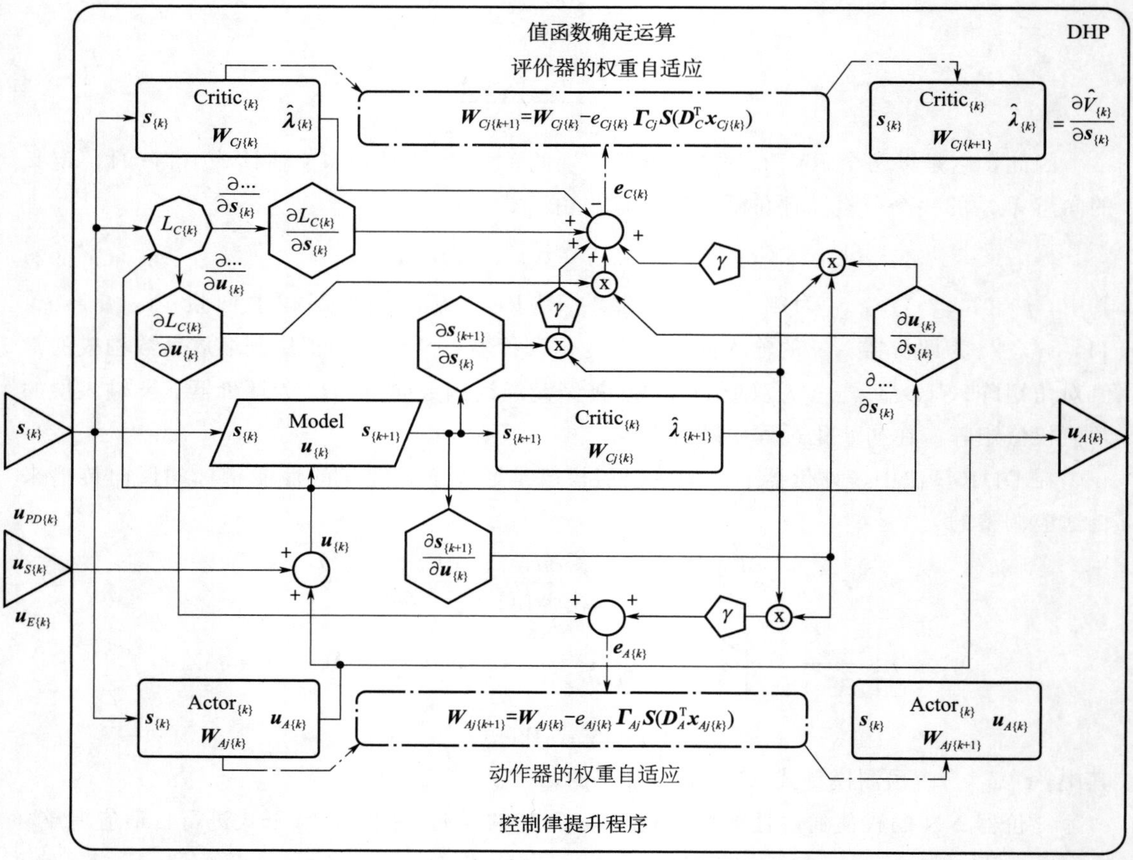

图 7-34 DHP 型 NDP 结构 NN 权值自适应调整过程示意图

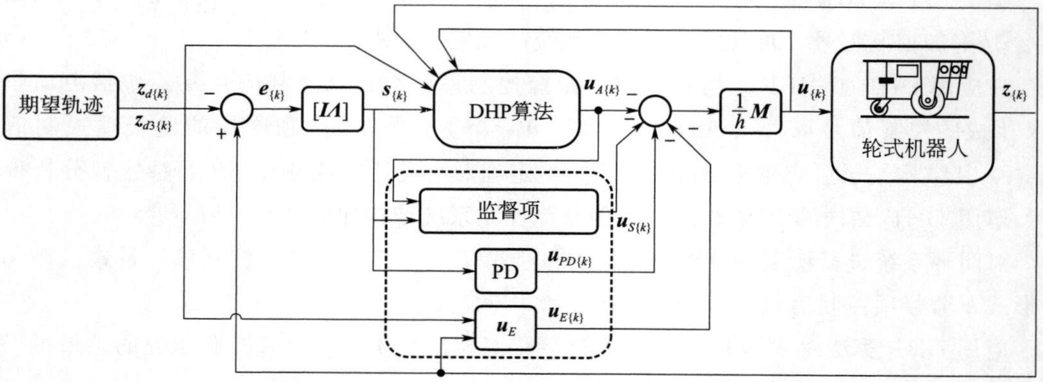

图 7-35 应用 DHP 算法的 WMR 跟踪控制系统示意图

$s_{\{k+1\}}$ 定义为

$$s_{\{k+1\}} = -Y_f(z_{1\{k\}}, z_{2\{k\}}) + Y_d(z_{\{k\}}, z_{d\{k+1\}}) - Y_{\tau\{k\}}(z_{1\{k\}}) + h[M(z_{1\{k\}})]^{-1} u_{\{k\}} \tag{7-95}$$

其中

$$
\begin{aligned}
&\boldsymbol{Y}_f(\boldsymbol{z}_{1\{k\}},\boldsymbol{z}_{2\{k\}})=h[\boldsymbol{M}(\boldsymbol{z}_{1\{k\}})]^{-1}[\boldsymbol{C}(\boldsymbol{z}_{1\{k\}},\boldsymbol{z}_{2\{k\}})\boldsymbol{z}_{2\{k\}}+\boldsymbol{F}(\boldsymbol{z}_{2\{k\}})+\boldsymbol{G}(\boldsymbol{z}_{1\{k\}})]\\
&\boldsymbol{Y}_{\tau\{k\}}(\boldsymbol{z}_{1\{k\}})=h[\boldsymbol{M}(\boldsymbol{z}_{1\{k\}})]^{-1}\boldsymbol{\tau}_{d\{k\}}\\
&\boldsymbol{Y}_d(\boldsymbol{z}_{\{k\}},\boldsymbol{z}_{d\{k+1\}})=\boldsymbol{z}_{2\{k\}}-\boldsymbol{z}_{d2\{k+1\}}+\boldsymbol{\Lambda}[\boldsymbol{z}_{1\{k\}}+h\boldsymbol{z}_{2\{k\}}-\boldsymbol{z}_{d1\{k+1\}}]\\
&\qquad=\boldsymbol{z}_{2\{k\}}-\boldsymbol{z}_{d2\{k\}}-h\boldsymbol{z}_{d3\{k\}}+\boldsymbol{\Lambda}[\boldsymbol{z}_{1\{k\}}-\boldsymbol{z}_{d1\{k\}}+h\boldsymbol{z}_{2\{k\}}-h\boldsymbol{z}_{d2\{k\}}]\\
&\qquad=\boldsymbol{s}_{\{k\}}+\boldsymbol{Y}_e(\boldsymbol{z}_{\{k\}},\boldsymbol{z}_{d\{k\}},\boldsymbol{z}_{d3\{k\}})\\
&\boldsymbol{Y}_e(\boldsymbol{z}_{\{k\}},\boldsymbol{z}_{d\{k\}},\boldsymbol{z}_{d3\{k\}})=h[\boldsymbol{\Lambda}\boldsymbol{e}_{2\{k\}}-\boldsymbol{z}_{d3\{k\}}]
\end{aligned}
\tag{7-96}
$$

且 $\boldsymbol{z}_{d3\{k\}}$ 为期望的角加速度向量，可以通过应用欧拉方法写出 $\boldsymbol{z}_{d2\{k+1\}}$ 得到。向量 $\boldsymbol{Y}_f(\boldsymbol{z}_{2\{k\}})$ 包含机械手的全部非线性。

在机械手末端执行器点 C 的跟踪控制系统中，使用 DHP 型 ADP 算法。它由动作器和评价器结构组成，每个结构都以三个 RVFL NN 的形式实现，这是由三自由度机械手动力学模型的状态向量维数决定的。DHP 算法需要已知被控对象的模型，以便能够进行动作器和评价器 NN 的权值自适应调整。

假设价值函数由式（7－85）定义，局部代价函数由式（7－86）定义。在所考虑的 RM 例子中，向量 $\boldsymbol{s}_{\{k\}}$ 的维数等于 3。

DHP 算法由一个预测模型和两个自适应结构组成：

1）预测模型：根据式（7－95），按照如下机械手滤波跟踪误差的动态预测模型生成离散过程第 $k+1$ 步状态 $\boldsymbol{s}_{\{k+1\}}$ 的预测值

$$
\boldsymbol{s}_{\{k+1\}}=-\boldsymbol{Y}_f(\boldsymbol{z}_{1\{k\}},\boldsymbol{z}_{2\{k\}})+\boldsymbol{Y}_d(\boldsymbol{z}_{\{k\}},\boldsymbol{z}_{d\{k+1\}})+h[\boldsymbol{M}(\boldsymbol{z}_{1\{k\}})]^{-1}\boldsymbol{u}_{\{k\}} \tag{7-97}
$$

2）动作器：以三个 RVFL NN 的形式实现，根据式（7－88）生成第 k 步的次优控制律 $\boldsymbol{u}_{A\{k\}}$。

DHP 算法的动作器 NN 权值的自适应调整过程的目标是根据下式将性能指标（7－89）最小化。

$$
\boldsymbol{W}_{Aj\{k+1\}}=\boldsymbol{W}_{Aj\{k\}}-e_{Aj\{k\}}\boldsymbol{\Gamma}_{Aj}\boldsymbol{S}(\boldsymbol{D}_A^{\mathrm{T}}\boldsymbol{x}_{Aj\{k\}})-k_A\,|e_{Aj\{k\}}|\,\boldsymbol{\Gamma}_{Aj}\boldsymbol{W}_{Aj\{k\}} \tag{7-98}
$$

其中，k_A 为正常数。式（7－98）中的最后一项是 NN 权值的正则化机制[94]，可以防止 NN 权值的过度拟合。

3）评价器：用以估计价值函数式（7－85）相对于被控对象状态向量的导数

$$
\boldsymbol{\lambda}_{\{k\}}=\begin{bmatrix}\dfrac{\partial V_{\{k\}}(\boldsymbol{s}_{\{k\}})}{\partial s_{1\{k\}}}\\[2ex]\dfrac{\partial V_{\{k\}}(\boldsymbol{s}_{\{k\}})}{\partial s_{2\{k\}}}\\[2ex]\dfrac{\partial V_{\{k\}}(\boldsymbol{s}_{\{k\}})}{\partial s_{3\{k\}}}\end{bmatrix} \tag{7-99}
$$

因此，评价器是以三个 RVFL NN 的形式实现的，每个 NN 估计式（7－99）定义的向量 $\lambda_{\{k\}}$ 的一个分量。评价器 NN 的输出由式（7－92）表示，它的权值自适应调整是通过使用反向传播方法，按照下式使性能指标式（7－93）最小化来进行的

$$\boldsymbol{W}_{Cj(k+1)} = \boldsymbol{W}_{Cj(k)} - e_{Cj(k)} \boldsymbol{\Gamma}_{Cj} \boldsymbol{S}(\boldsymbol{D}_C^{\mathrm{T}} \boldsymbol{x}_{Cj(k)}) - k_C \mid e_{Cj(k)} \mid \boldsymbol{\Gamma}_{Cj} \boldsymbol{W}_{Cj(k)} \tag{7-100}$$

其中，k_C 为正常数。

对闭环系统进行稳定性分析的方式类似于第 7.4.1 节。在应用 DHP 型 NDP 结构的机械手末端执行器点 C 的跟踪控制系统中，总控制信号 $\boldsymbol{u}_{(k)}$ 包括由动作器 NN 生成的控制信号 $\boldsymbol{u}_{A(k)}$、PD 控制信号 $\boldsymbol{u}_{PD(k)}$、信号 $\boldsymbol{u}_{E(k)}$ 和附加的监督项控制信号 $\boldsymbol{u}_{S(k)}$。图 7－36 给出应用 DHP 结构的机械手末端执行器上点 C 的跟踪控制系统结构。

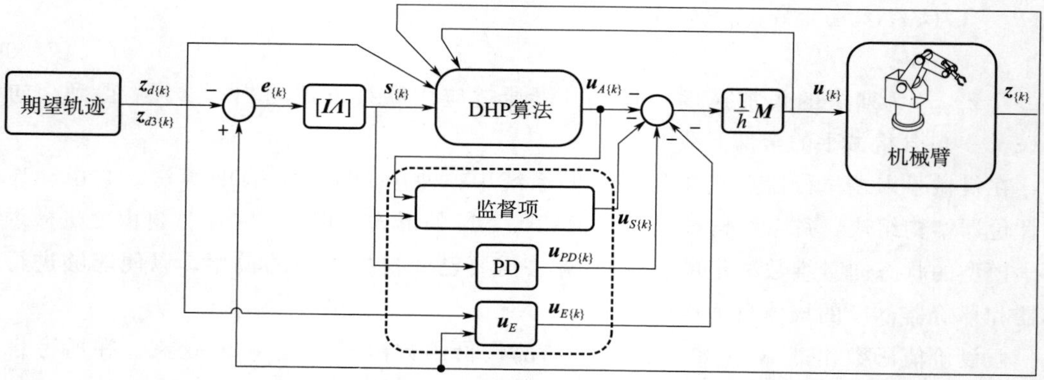

图 7－36　应用 DHP 算法的机械手跟踪控制系统示意图

假设总控制信号为

$$\boldsymbol{u}_{(k)} = -\frac{1}{h}\boldsymbol{M}(\boldsymbol{z}_{1(k)})[\boldsymbol{u}_{A(k)} - \boldsymbol{u}_{S(k)} + \boldsymbol{u}_{PD(k)} + \boldsymbol{u}_{E(k)}] \tag{7-101}$$

其中

$$\begin{aligned} \boldsymbol{u}_{PD(k)} &= \boldsymbol{K}_D \boldsymbol{s}_{(k)} \\ \boldsymbol{u}_{E(k)} &= h[\boldsymbol{\Lambda} \boldsymbol{e}_{2(k)} - \boldsymbol{z}_{d3(k)}] \\ \boldsymbol{u}_{S(k)} &= \boldsymbol{I}_S \boldsymbol{u}_{S(k)}^* \end{aligned} \tag{7-102}$$

其中，$\boldsymbol{K}_D$ 为常值正定设计参数矩阵，$\boldsymbol{I}_S$ 为对角切换矩阵，当 $|s_{j(k)}| \geqslant \rho_j$ 时，$I_{Sj,j}=1$，当 $|s_{j(k)}| < \rho_j$ 时，$I_{Sj,j}=0$。ρ_j 为常数设计值，$\boldsymbol{u}_{S(k)}^*$ 为监督项控制信号，将在本节中进一步推导得到，$j=1, 2, 3$。当 $I_{Sj,j}=1$ 时，将式（7－101）代入式（7－95），可以得到

$$\boldsymbol{s}_{(k+1)} = \boldsymbol{Y}_d(\boldsymbol{z}_{(k)}, \boldsymbol{z}_{d(k+1)}) - \boldsymbol{Y}_f(\boldsymbol{z}_{1(k)}, \boldsymbol{z}_{2(k)}) - \boldsymbol{Y}_{\tau(k)}(\boldsymbol{z}_{1(k)}) - \boldsymbol{u}_{A(k)} + \boldsymbol{u}_{S(k)}^* - \boldsymbol{u}_{PD(k)} - \boldsymbol{u}_{E(k)} \tag{7-103}$$

对闭环系统进行稳定性分析的方式类似于第 7.4.1 节，假设有一个正定的 Lyapunov 候选函数式（7－69），其差分可以写成式（7－76）。将式（7－103）代入式（7－76），可以得到

$$\Delta L_{(k)} = \boldsymbol{s}_{(k)}^{\mathrm{T}}[-\boldsymbol{K}_D \boldsymbol{s}_{(k)} - \boldsymbol{Y}_f(\boldsymbol{z}_{1(k)}, \boldsymbol{z}_{2(k)}) - \boldsymbol{Y}_{\tau(k)}(\boldsymbol{z}_{1(k)}) - \boldsymbol{u}_{A(k)} + \boldsymbol{u}_{S(k)}^*] \tag{7-104}$$

如果假定扰动向量的所有分量都是有界的，即 $|\boldsymbol{Y}_{\tau(k)}(\boldsymbol{z}_{1(k)})| < b_{dj}$，$b_{dj} > 0$，可以得到

$$\Delta L_{\{k\}} \leqslant -\boldsymbol{s}_{\{k\}}^{\mathrm{T}} \boldsymbol{K}_D \boldsymbol{s}_{\{k\}} + \sum_{j=1}^{3} | s_{j\{k\}} | [| Y_{f\{k\}}(\boldsymbol{z}_{1\{k\}}, \boldsymbol{z}_{2\{k\}}) | + b_{dj} + | u_{Aj\{k\}} |] + \sum_{j=1}^{3} s_{j\{k\}} u_{Sj\{k\}}^{*} \tag{7-105}$$

给定监督项控制信号 $\boldsymbol{u}_{S\{k\}}^{*}$ 为

$$u_{Sj\{k\}}^{*} = -\operatorname{sgn} s_{j\{k\}}[F_j + | u_{Aj\{k\}} | + b_{dj} + \sigma_j] \tag{7-106}$$

其中，$| Y_{fj}(\boldsymbol{z}_{1\{k\}}, \boldsymbol{z}_{2\{k\}}) | \leqslant F_j$，$F_j > 0$，且 σ_j 是一个小的正常数。由不等式（7－78）可以看出，Lyapunov 函数的差分是负定的。当 $| s_{j\{k\}} | \geqslant \rho_j$ 时，所设计的控制信号可以减小滤波跟踪误差 $s_{\{k\}}$。对于初始条件 $| s_{j\{k=0\}} | < \rho_j$，滤波跟踪误差一直有界，并且满足 $| s_{j\{k\}} | < \rho_j$，$\forall k \geqslant 0$，$j = 1$，2。

文献［31，86］中给出了应用 DHP 算法的机械手跟踪控制系统的综合和研究结果。

7.5.2　仿真测试

对动态对象的跟踪控制系统进行仿真测试。测试中使用的是 DHP 结构的 NDP 算法。第 7.5.2.1 节给出具有 DHP 结构的 WMR 控制系统参数，第 7.5.2.2 节介绍 WMR 运动仿真得到的结果。第 7.5.2.3 节给出具有 DHP 结构的 RM 控制系统参数，第 7.5.2.4 节介绍 RM 运动仿真得到的结果。

7.5.2.1　使用 DHP 算法的 WMR 运动控制的数值测试

在虚拟计算环境中，将 DHP 型 NDP 结构控制算法应用在 WMR 的跟踪控制中，并对此进行仿真测试。从多次数值测试中，选择基于第 2.1.1.2 节中所述的 8 字形路径进行轨迹实现所产生的序列。仿真中引入一个参数扰动，模型参数的变化源自 WMR 承载了额外的质量。

在数值测试中，具有 DHP 结构的控制系统使用以下参数。

1）PD 控制器参数：

a）$\boldsymbol{K}_D = 3.6h\boldsymbol{I}$：定常的控制器增益对角矩阵。

b）$\boldsymbol{\Lambda} = 0.5\boldsymbol{I}$：定常的对角矩阵。

2）采用的动作器 NN 类型：RVFL。

a）$m_A = 8$：动作器 NN 神经元的数量。

b）$\boldsymbol{\Gamma}_{Aj} = \mathrm{diag}\{0.25\}$：自适应权值 $\boldsymbol{W}_{Aj}$ 的增益系数对角矩阵，$j = 1$，2。

c）$\boldsymbol{D}_A$：NN 输入层权值，从区间 $D_{A[i,g]} \in [-0.1, 0.1]$ 中随机选择。

d）$\boldsymbol{W}_{Aj\{k=0\}} = \boldsymbol{0}$：输出层权值的零初始值。

3）采用的评价器 NNs 类型：RVFL。

a）$m_C = 8$：评价器 NN 神经元的数量。

b）$\boldsymbol{\Gamma}_{Cj} = \mathrm{diag}\{0.5\}$：自适应权值 W_{Cj} 的增益系数对角矩阵。

c) $\boldsymbol{D}_C$ ：NN 输入层权值，从区间 $D_{C[i,g]} \in [-0.2, 0.2]$ 中随机选择。

d) $\boldsymbol{W}_{Cj\{k=0\}}=0$：输出层权值的零初始值。

4) $\beta_N=2$：双极 sigmoid 神经元激活函数的斜率系数。

5) $\boldsymbol{R}=\mathrm{diag}\{1\}$：代价函数中的缩放系数矩阵。

6) $l_{AC}=3$：在迭代过程的第 k 步中，动作器和评价器结构自适应调整的内循环迭代步数。

7) $\rho_j=2.5$：监督算法参数。

8) $\boldsymbol{F}=[0.08, 0.08]^{\mathrm{T}}$ ：函数 $Y_{fj}(\boldsymbol{z}_{2\{k\}})$ 的假设范围常值向量。

9) $\sigma_j=0.01$：监督算法参数。

10) $h=0.01$ s：数值测试计算步长。

在基于 NN 算法设计的控制系统研究中，输入向量的分量被比例缩放到了区间 $[-1, 1]$ 上。

这里使用与第 7.4.2 节相同的 PD 控制器参数和性能指标。WMR 运动的离散测量数据量为 $n=4\ 500$，路径为 8 字形。

在描述离散时域中运行的算法的数值测试时，通过省略变量符号中表示过程的第 k 步索引号来对其简化。为了便于分析 WMR 上 A 点的跟踪控制系统的结果，以及将它们与连续序列进行对比，离散序列曲线的横轴按照时间 t 加以标定。

下面给出的选定结果是在有参数扰动的情况下进行跟踪运动实现的数值测试得到的，测试中使用的是 8 字形轨迹。

7.5.2.2 有扰动时 8 字形路径 DHP 型控制测试的考察

应用 DHP 型 NDP 结构对 WMR 上 A 点进行跟踪控制的数值测试，假设动作器和评价器的输出层权值初始值为零。控制系统的任务是生成控制信号，以确保 WMR 上 A 点沿着 8 字形的路径实现期望轨迹，期间出现两次参数扰动，体现为 WMR 模型参数的变化，对应于机器人框架在 $t_{d1}=12.5$ s 时刻承受 $m_{RL}=4.0$ kg 的额外负载，而在 $t_{d2}=32.5$ s 时刻移除额外负载。

控制系统各个结构的跟踪控制信号的变化曲线如图 7 - 37 所示。

图 7 - 37（a）给出轮 1 和轮 2 的总控制信号，分别为 u_1 和 u_2。根据式（7 - 66），它们包含 DHP 结构生成的控制信号 u_{A1} 和 u_{A2}［见图 7 - 37（b）］、PD 控制器的控制信号 u_{PD1}和 u_{PD2}［见图 7 - 37（c）］、监督控制信号 u_{S1}和 u_{S2} 以及附加控制信号 u_{E1}和 u_{E2}［见图 7 - 37（d）］。

与 HDP 结构的 NN 输出层使用零初始权值的情况相比，这里 DHP 结构参数自适应调整过程在运动阶段Ⅰ的初始阶段进行得更快，而且在 WMR 上点 A 运动的开始，所生成的控制信号在总控制信号中占有较大的比重。PD 控制器的控制信号在运动的初始阶段数值较小，然后降到接近零值。在 t_{d1}和 t_{d2} 时刻，由 DHP 结构生成的控制信号对被控对象的参数变化进行补偿。在运动阶段Ⅱ，在 $t=22.5$ s 时刻之后，NDP 结构对 WMR 的非线性进行补偿，获得了良好的跟踪性能，这是因为动作器 NN 的输出层权值中包含被控对

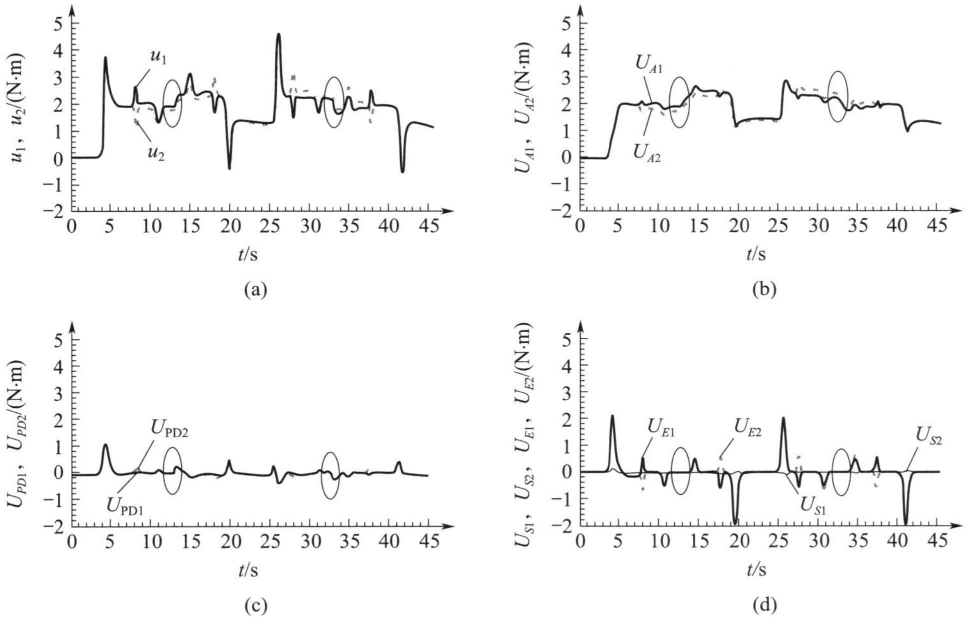

图 7-37 (a) 轮 1 和轮 2 的总控制信号 u_1 和 u_2；(b) 动作器 NN 控制信号 U_{A1}和 U_{A2}，$\boldsymbol{U}_A=-\frac{1}{h}\boldsymbol{M}\boldsymbol{u}_A$；(c) PD 控制信号 U_{PD1}和 U_{PD2}，$\boldsymbol{U}_{PD}=-\frac{1}{h}\boldsymbol{M}\boldsymbol{u}_{PD}$；(d) 监督项控制信号 U_{S1} 和 U_{S2}，$\boldsymbol{U}_S=-\frac{1}{h}\boldsymbol{M}\boldsymbol{u}_S$，以及附加控制信号 u_{E1} 和 u_{E2}，$\boldsymbol{U}_E=-\frac{1}{h}\boldsymbol{M}\boldsymbol{u}_E$

象动态特性的信息。控制信号 $\boldsymbol{u}_E$ 的值主要取决于 $\boldsymbol{z}_{d3}$。跟踪误差的变化对这些信号序列的影响很小。监督控制信号 $\boldsymbol{u}_S$ 的值仍然等于零，这是因为滤波跟踪误差 $\boldsymbol{s}$ 没有超过可接受的水平。

图 7-38 所示的 WMR 驱动轮实现角速度值与期望值相似。只是在第一个运动阶段的初期，可以注意到 z_{d21} 和 z_{d22}、z_{21} 和 z_{22} 序列之间有明显差异，这是由于 DHP 结构的 NN 输出层初始权值为零所致。在发生扰动的 t_{d1} 时刻，WMR 承受了额外的负载，实现运动的角速度值在减小，这是因为运动阻力的增加，导致所生成的控制信号不足以使 WMR 实现按期望速度的运动。随后，由 DHP 结构生成的 WMR 非线性补偿信号值增加，使得角速度值增加，进而可以按照期望的运动参数实现轨迹。同样，在第二次参数扰动发生的 t_{d2} 时刻，施加在 WMR 上的额外负载被移除，这意味着模型参数恢复到了额定值。由于质量减少，对象的运动阻力变小，生成的控制信号值与所需的信号值相比过大，因此 WMR 上 A 点的实现速度值大于期望值。随着 DHP 结构的 NN 输出层权值的自适应调整，控制信号 u_{A1}和 u_{A2} 的值降低，实现运动速度随之下降并达到期望值。

图 7-39 (a) 和 (b) 分别给出 WMR 的轮 1 和轮 2 的跟踪误差变化曲线。图 7-39 (c) 给出滤波跟踪误差 s_1 的变化曲线，滤波跟踪误差 s_2 的变化曲线与之类似。图 7-39 (d) 给出轮 1 的滑动流形。最大的跟踪误差值出现在运动的初始阶段，由于 DHP 结构的

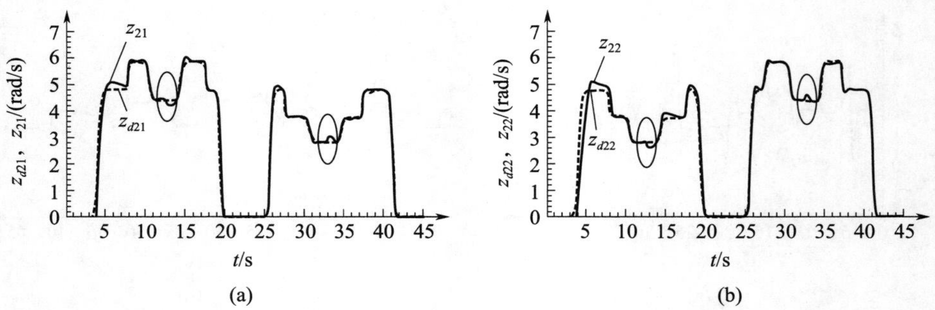

图 7－38　（a）WMR 的轮 1 的期望角速度（z_{d21}）和实现角速度（z_{21}）；（b）WMR 的轮 2 的期望角速度（z_{d22}）和实现角速度（z_{22}）

NN 输出层权值的自适应调整，它们被最小化。参数扰动对跟踪运动实现的质量影响很小。通过采用 NDP 结构的 NN 输出层权值，由被控对象动态特性变化所引起的实现轨迹误差绝对值的增加被消除。

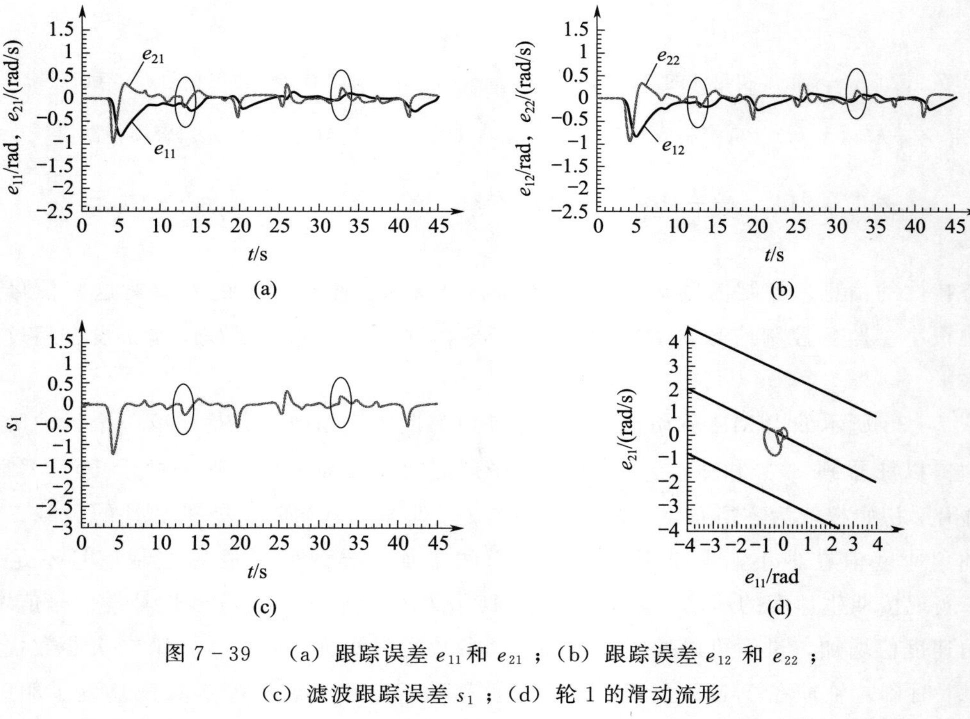

图 7－39　（a）跟踪误差 e_{11} 和 e_{21}；（b）跟踪误差 e_{12} 和 e_{22}；（c）滤波跟踪误差 s_1；（d）轮 1 的滑动流形

图 7－40 给出了与轮 1 有关的动作器和评价器的 NN 输出层权值。与轮 2 相关的动作器和评价器的 NN 输出层权值与之类似。假设动作器和评价器的 NN 输出层权值的初始值为零。在数值测试期间，权值稳定在特定的数值附近，或保持有界。在参数扰动期间，可能会注意到动作器的 NN 输出层权值的变化，其原因是所生成的控制信号需做出调整，以便补偿由被控对象参数变化引起的 WMR 的非线性。

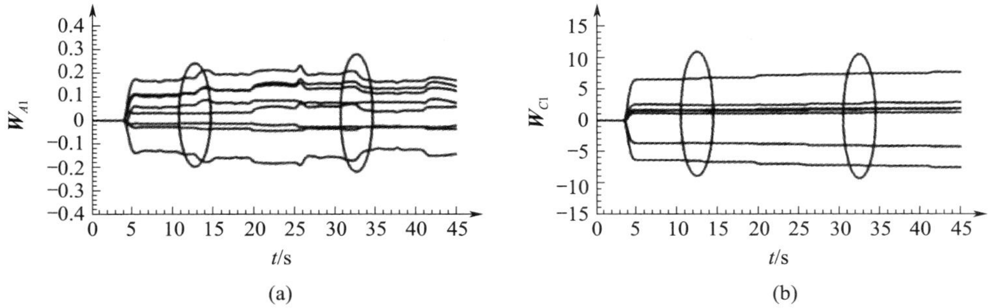

图 7－40　(a) 动作器 1 的 NN 输出层权值 $\boldsymbol{W}_{A1}$；(b) 评价器 1 的 NN 输出层权值 $\boldsymbol{W}_{C1}$

图 7－41 给出 WMR 上 A 点期望的运动路径（虚线）和实现的运动路径（实线）。用三角形标记 A 点的初始位置，用“×”标记期望的最终位置，用菱形标记 A 点的最终位置。

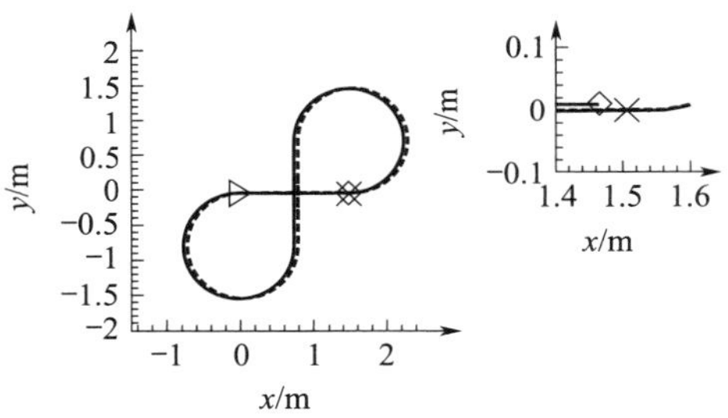

图 7－41　WMR 上 A 点期望的和实现的运动路径

表 7－21 和表 7－22 列出了应用 DHP 型 ACD 控制系统实现跟踪运动的各个性能指标的值。

表 7－21　选定的性能指标的值

指标	$e_{\max 1j}$/rad	ε_{1j}/rad	$e_{\max 2j}$/(rad/s)	ε_{2j}/(rad/s)	$s_{\max j}$/(rad/s)	σ_j/(rad/s)
轮 1，$j=1$	0.83	0.18	0.98	0.16	1.18	0.18
轮 2，$j=2$	0.83	0.19	0.98	0.16	1.18	0.18

表 7－22　实现路径的选定性能指标的值

指标	$d_{\max}$/m	d_n/m	ρ_d/m
值	0.069	0.043	0.034

通过数值测试可知，所得性能指标值低于在运动控制算法中采用 PD 调节器的情况。所得性能指标值也低于在第 7.4.2.1 节中描述的使用自适应、神经网络控制算法或具有 HDP 结构的控制算法（其中动作器和评价器的 NN 输出层初始权值为零）的情况，而与第 7.4.2.2 节的数值测试中获得的性能指标值相当，该节 HDP 算法中评价器的 NN 输出层采用了非零的初始权值。

表 7-23 列出了沿 8 字形路径运动的第 I 和第 Ⅱ 阶段的选定性能指标的值，它们是按照第 7.1.2.2 节数值测试中描述的方法计算的。

表 7-23 运动阶段 I 和 Ⅱ 的选定性能指标的值

指标	$e_{\max 1j}$ /rad	ε_{1j} /rad	$e_{\max 2j}$ /(rad/s)	ε_{2j} /(rad/s)	$s_{\max j}$ /(rad/s)	σ_j /(rad/s)
阶段 I，$k=1,\cdots,2\ 250$						
轮 1，$j=1$	0.83	0.25	0.98	0.2	1.18	0.23
轮 2，$j=2$	0.83	0.25	0.98	0.2	1.18	0.24
阶段 Ⅱ，$k=2\ 251,\cdots,4\ 500$						
轮 1，$j=1$	0.26	0.08	0.41	0.1	0.45	0.11
轮 2，$j=2$	0.26	0.08	0.41	0.1	0.45	0.11

在运动的第 Ⅱ 阶段，得到的性能指标值比第 I 阶段的低。这是因为在第 Ⅱ 阶段运动的初期，数值测试中采用了非零的 NN 输出层初始权值。存储在 DHP 结构 NN 输出层权值中的被控对象动态特性信息为 WMR 的非线性生成补偿信号，这提高了跟踪运动实现的质量。

7.5.2.3 使用 DHP 算法的 RM 运动控制的数值测试

在虚拟计算环境中，将 DHP 型 NDP 结构控制算法应用在 RM 的跟踪控制中，并对此进行仿真测试。所选取的数值测试中的结果是基于第 2.2.1.2 节中给出的半圆形路径轨迹获得的。此外，还进行了有参数扰动的数值测试，体现为模型参数的变化，对应于给 RM 的末端执行器加载了搬运质量。

在数值测试中，DHP 结构的控制系统采用了以下参数。

1）PD 控制器参数：

a) $\boldsymbol{K}_D=\mathrm{diag}\{0.4,\ 0.7,\ 0.7\}$：PD 控制器增益常值对角矩阵。

b) $\boldsymbol{\Lambda}=\boldsymbol{I}$ ：常值对角矩阵。

2）采用的动作器 NN 类型：RVFL。

a) $m_A=8$：动作器 NN 神经元的个数。

b) $\boldsymbol{\Gamma}_{A1}=\mathrm{diag}\{0.26\}$：自适应权值 $\boldsymbol{W}_{A1}$ 的增益系数对角矩阵。

c) $\boldsymbol{\Gamma}_{A2}=\boldsymbol{\Gamma}_{A3}=\mathrm{diag}\{0.2\}$：自适应权值 $\boldsymbol{W}_{A2}$ 和 $\boldsymbol{W}_{A3}$ 的增益系数对角矩阵。

d) $\boldsymbol{D}_A$ ：NN 输入层权值，从区间 $D_{A[i,g]}\in[-0.2,\ 0.2]$ 中随机选择。

e) $\boldsymbol{W}_{Aj\{k=0\}}=\boldsymbol{0}$：输出层权值的零初始值，$j=1,\ 2,\ 3$。

f) $k_A=0.1$：正常数。

3）采用的评价器 NN 类型：RVFL。

a) $m_C=8$：评价器 NN 神经元的个数。

b) $\boldsymbol{\Gamma}_{C1}=\mathrm{diag}\{2\}$ ：自适应权值 $\boldsymbol{W}_{C1}$ 的增益系数对角矩阵。

c) $\boldsymbol{\Gamma}_{C2}=\boldsymbol{\Gamma}_{C3}=\mathrm{diag}\{1\}$：自适应权值 $\boldsymbol{W}_{C2}$ 和 $\boldsymbol{W}_{C3}$ 的增益系数对角矩阵。

d) $\boldsymbol{D}_C$：NN 输入层权值，从区间 $D_{C[i,g]} \in [-0.2, 0.2]$ 中随机选择。

e) $\boldsymbol{W}_{Cj\{k=0\}} = \boldsymbol{0}$：输出层权值的零初始值。

f) $k_C = 0.1$：正常数。

4) $\beta_N = 2$：双极 sigmoid 神经元激活函数的斜率系数。

5) $\boldsymbol{R} = \mathrm{diag}\{1\}$：代价函数中的比例缩放系数矩阵。

6) $l_{AC} = 5$：在迭代过程的第 k 步中，动作器和评价器的结构自适应调整的内循环迭代步数。

7) $\rho_j = 0.2$：监督算法参数。

8) $\boldsymbol{F} = [0.25, 0.25, 0.35]^{\mathrm{T}}$：假设的函数 $Y_{fj}(\boldsymbol{z}_{1\{k\}}, \boldsymbol{z}_{2\{k\}})$ 限定范围的常数值向量。

9) $\sigma_j = 0.01$：监督算法参数。

10) $h = 0.01$ s：数值测试计算步长。

采用的性能指标与第 7.4.2 节相同。RM 的半圆形轨迹的离散测量数据量为 $n = 4\,000$。

在描述离散时域中运行的算法的数值测试时，通过省略变量符号中表示过程的第 k 步索引号来对变量进行简化。为了便于对结果进行分析，并和 RM 控制系统的连续函数结果进行比较，表示离散函数图像的横轴按照时间 t 进行标定。

下面是对跟踪运动进行数值测试的选定结果，使用的是半圆形轨迹，并考虑参数扰动。

7.5.2.4　有扰动时半圆形路径 DHP 型控制测试的考察

在使用 DHP 型 NDP 算法的 RM 控制的数值测试中，采用第 2.2.1.2 节所述的半圆形路径期望轨迹。测试中引入的参数扰动导致 RM 的参数发生变化，对应于抓手在 $t_{d1} \in [21, 27]$ s 期间和 $t_{d2} \in [33, 40]$ s 期间引入质量为 $m_{RL} = 1.0$ kg 的负载。

在图 7 - 42 (a) 中，绿线表示 RM 末端执行器点 C 的期望路径，红线表示实现路径。图中的三角形表示初始位置（S 点），“×”代表路径的期望折返位置（G 点），菱形代表 RM 的点 C 到达的最终位置。图 7 - 42 (b) 给出了 RM 末端执行器点 C 期望路径的误差变化曲线，$e_x = x_{Cd} - x_C$，$e_y = y_{Cd} - y_C$，$e_z = z_{Cd} - z_C$。图 7 - 42 (c) 给出了信号 d_p 的变化曲线，通过其可以了解参数扰动的发生。如果 $d_p = 0$，在 RM 动力学模型中采用表 2 - 3 中提供的参数 $\boldsymbol{p}$ 的名义集；如果 $d_p = 1$，则采用对应于发生参数扰动的参数集 $\boldsymbol{p}_d$，该扰动源于给抓手加载了额外的负载。

RM 末端执行器上点 C 的路径是通过在执行器系统中输入跟踪控制信号得到的，控制信号序列见图 7 - 43。图 7 - 43 (a) 给出连杆 1、连杆 2 和连杆 3 的总控制信号 u_1、u_2 和 u_3。根据式 (7 - 101)，它们包括由 DHP 结构生成的控制信号 u_{A1}、u_{A2} 和 u_{A3} [见图 7 - 43 (b)]，PD 控制器的控制信号 u_{PD1}、u_{PD2} 和 u_{PD3} [见图 7 - 43 (c)]，监督控制信号 u_{S1}、u_{S2} 和 u_{S3} 以及附加控制信号 u_{E1}、u_{E2} 和 u_{E3} [见图 7 - 43 (d)]。监督控制信号没有显示在任何图中，因为它们在数值测试中为零，这是由监督控制算法的参数 ρ_j 的设定值造成的。

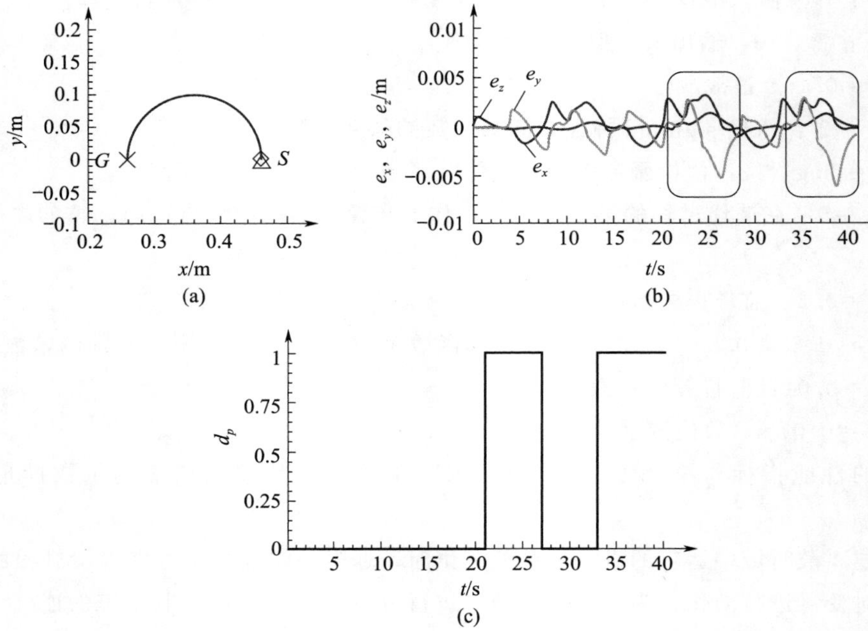

图 7-42　(a) 末端执行器点 C 期望的和实现的路径；(b) 路径误差 e_x，e_y，e_z；(c) 参数扰动信号 d_p（见彩插）

在 RM 手臂的初始位置，即当 $t=0$ s 时，各个环节的旋转角度为 $z_{11}=0$，$z_{12}=0.165\,33$，$z_{13}=-0.165\,33$ rad，末端执行器上点 C 与机器人的底座（S 点）之间的距离最大。尽管在数值测试的初始阶段，即当 $t\in[0,\ 3.5]$ s 时，RM 的各个连杆的期望角度值是固定的，在控制信号序列图上，控制连杆 2 和 3 运动的信号出现了非零值，这是由机械臂的配置和由重力引起的各个关节的相互力矩作用造成的。在总控制信号中，占主导的是由 DHP 算法的动作器结构生成的控制信号，而控制系统其他组件的控制信号值接近于零。给机械手末端执行器加载额外的负载，减小了连杆 2 的运动控制信号 u_2 的绝对值，这是因为额外出现的负载所产生的重力矩有助于实现连杆向右的期望旋转。对于连杆 3 和控制信号 u_3，则出现了相反的情况。在向左旋转的过程中给末端执行器加载额外的负载，搬运质量产生的重力力矩会阻碍期望的运动。因此，在参数扰动发生期间，从连杆 3 运动的控制信号图中，可以看到控制信号 u_3 的绝对值增加，这是因为它需要补偿连杆关节中增加的负载力矩。由 RM 抓手搬运负载带来的被控对象动态特性变化，通过适当调整 DHP 算法动作器 NN 的控制信号而得到了补偿。

图 7-44 (a) 给出了连杆 2 转动的期望角速度（红线）和实现角速度（绿线）的变化曲线。图 7-44 (b) 给出了 RM 抓手上点 C 期望速度的绝对值（$|v_{Cd}|$）和实现速度的绝对值（$|v_C|$）。在模拟给末端执行器加载额外负载（$t=21$ s，$t=33$ s）和移除额外负载（$t=27$ s）时，可以注意到期望的和实现的运动参数之间有微小的差异。

图 7-45 (a) 和图 7-45 (b) 给出了 RM 连杆 1、连杆 2 和连杆 3 的运动跟踪误差。

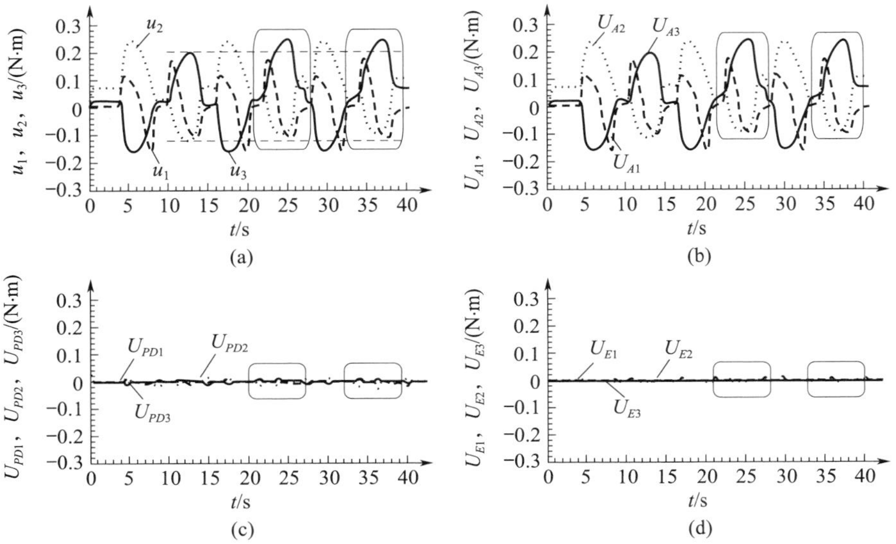

图 7－43　(a) 控制 RM 连杆运动的总信号 u_1，u_2 和 u_3；(b) 由动作器 NN 产生的控制信号 U_{A1}，U_{A2} 和 U_{A3}，$\boldsymbol{U}_A=-\frac{1}{h}\boldsymbol{M}\boldsymbol{u}_A$；(c) PD 控制器的控制信号 U_{PD1}，U_{PD2} 和 U_{PD3}，$\boldsymbol{U}_{PD}=-\frac{1}{h}\boldsymbol{M}\boldsymbol{u}_{PD}$；(d) 控制信号 U_{E1}，U_{E2} 和 U_{E3}，$\boldsymbol{U}_E=-\frac{1}{h}\boldsymbol{M}\boldsymbol{u}_E$

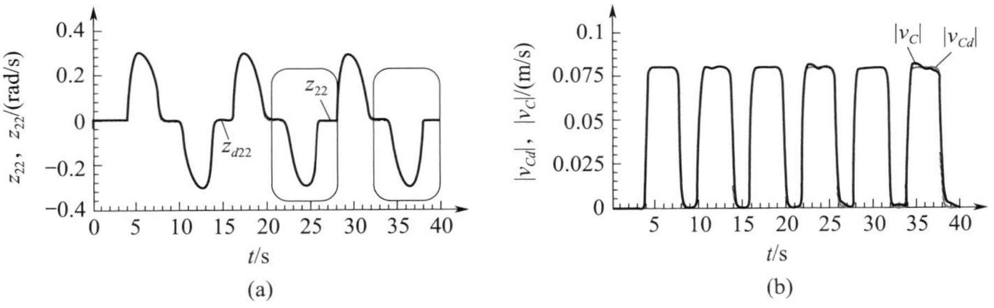

图 7－44　(a) RM 连杆 2 的期望旋转角速度（z_{d22}）和实现旋转角速度（z_{22}）；(b) 机械手末端执行器上点 C 期望速度的绝对值（$|v_{Cd}|$）和实现速度的绝对值（$|v_C|$）（见彩插）

图 7－45 (c) 给出了滤波跟踪误差 s_1、s_2 和 s_3 的序列。图 7－45 (d) 给出了连杆 1 的滑动流形。最大的跟踪误差值出现在给 RM 手臂加载额外负载的运动阶段中。然而，参数扰动对跟踪质量的影响很小。通过应用 DHP 结构 NN 的输出层权值，由被控对象动态特性变化引起的跟踪误差绝对值的增加被最小化。

图 7－46 给出了 DHP 结构的动作器和评价器 NN 输出层权值的变化曲线。动作器和评价器 NN 输出层权值的初始值为零。在数值仿真期间，权值稳定在了特定的数值附近并有界。当发生参数扰动时，可能会注意到动作器 NN 输出层权值有变化。其原因是所生成的控制信号做出了调整，以便补偿由被控对象参数变化引起的 RM 的非线性。当滤波跟踪

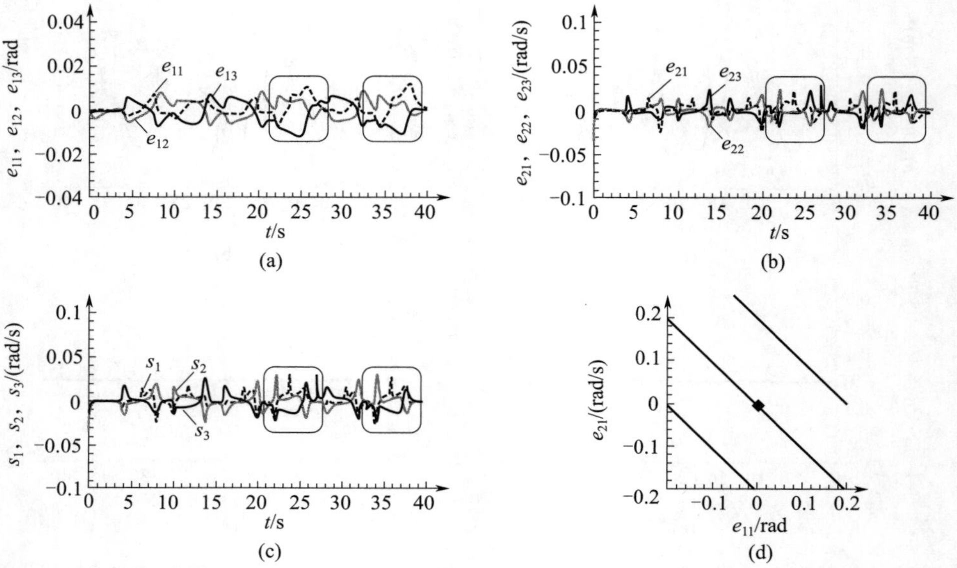

图 7-45 (a) 连杆转动角度的跟踪误差 e_{11}、e_{12} 和 e_{13}；(b) 角速度的跟踪误差 e_{21}、e_{22} 和 e_{23}；(c) 滤波跟踪误差 s_1、s_2 和 s_3；(d) 连杆 1 的滑动流形

误差 s_1 在 $t=3$ s 后出现非零值时，连杆 1 的 DHP 算法动作器和评价器结构的 NN 输出层权值开始自适应调整，生成连杆 1 的控制信号。相比之下，其他 DHP 算法结构的 NN 权值采用的是数值测试开始时的值，以生成连杆 2 和 3 的控制信号。必须生成连杆 2 和 3 的运动控制信号，以便消除由重力造成的力矩影响，并确保将 RM 末端执行器上点 C 移动到一个期望位置。

表 7-24 和表 7-25 列出了在应用 DHP 型 ACD 控制系统实现跟踪运动时得到的各个性能指标的值。

表 7-24 选定的性能指标的值

指标	$e_{\max 1j}$/rad	ε_{1j}/rad	$e_{\max 2j}$/(rad/s)	ε_{2j}/(rad/s)	$s_{\max j}$/(rad/s)	σ_j/(rad/s)
连杆 1，$j=1$	0.012 8	0.004	0.024 6	0.006 3	0.027 6	0.007 5
连杆 2，$j=2$	0.008 8	0.003 9	0.034 3	0.006 2	0.034 4	0.007 4
连杆 3，$j=3$	0.011 7	0.005 3	0.030 2	0.006	0.032 1	0.008 1

表 7-25 实现路径的选定性能指标的值

指标	$d_{\max}$/m	d_n/m	ρ_d/m
值	0.006 4	0.000 5	0.002 5

这里数值仿真所得的性能指标值明显低于在 RM 的跟踪控制算法中使用 PD 控制器的情况。

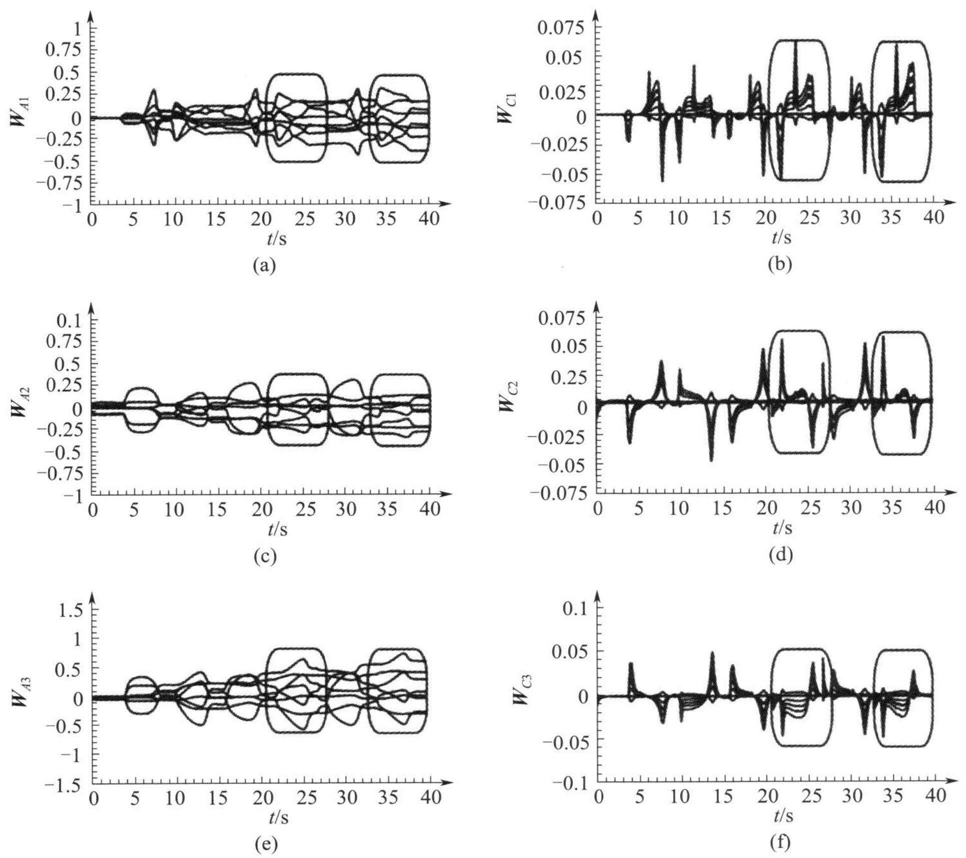

图 7-46　(a) 第一个动作器 NN 输出层权值 $\boldsymbol{W}_{A1}$；(b) 第一个评价器 NN 输出层权值 $\boldsymbol{W}_{C1}$；
(c) 第二个动作器 NN 输出层权值 $\boldsymbol{W}_{A2}$；(d) 第二个评价器 NN 输出层权值 $\boldsymbol{W}_{C2}$；
(e) 第三个动作器 NN 输出层权值 $\boldsymbol{W}_{A3}$；(f) 第三个评价器 NN 输出层权值 $\boldsymbol{W}_{C3}$

7.5.3　结论

在控制系统中使用 DHP 型 NDP 结构获得了高质量的运动实现，表现为性能指标的值很低。在最坏的情况下，即当 DHP 算法中动作器和评价器结构的 NN 输出层初始权值选取为零时，获得的性能指标值也低于使用 PD 控制器、自适应控制系统或神经网络控制系统实现运动时获得的性能指标值。在 DHP 结构中，评价器 NN 所逼近的是代价函数相对于系统状态向量的导数。这使动作器和评价器 NN 输出层的权值自适应律变得复杂，但提供了更好的运动品质，这一点已被上述数值测试所证实。

在动作器和评价器的 RVFL NN 输出层权值的自适应调整过程中，产生很大影响的是在网络初始化过程中对输入层定常权值的随机选取。输出层权值自适应调整过程的收敛性取决于所选取的学习系数的值。如果学习系数值太低，则权值自适应调整过程就会很慢。另一方面，如果取的数值过高，则会导致自适应调整过程的不稳定。在第 k 步中，动作器和评价器结构自适应调整的内循环计算周期数 l_{AC} 是 DHP 算法的一个重要构造参数，它可能由于采用的判据不同而发生变化。NDP 结构的其他构造参数对 DHP 算法 NN 输出层权值自适应调整过程的影响与 HDP 结构相同，其在前面已经讨论过。DHP 算法的综合需要知道被控对象的数学描述，而应用简化的模型，即使不完全反映真实对象的行为，也不会导致生成的控制质量有明显的下降。

7.6 WMR 和 RM 跟踪控制中的全局双启发动态规划

GDHP 型 NDP 算法[26,77,79,85,87,88]具有与 HDP 算法类似的结构，而与 DHP 算法的结构相比有所简化。该算法由动作器和评价器结构以及被控对象的预测模型组成。它需要知道被控对象的数学模型以便得到动作器和评价器的 NN 权值自适应律。GDHP 算法中的评价器逼近 HDP 算法中的价值函数，因此，它只使用一个自适应性结构，如 NN。有些文献中采用了其他版本的 GDHP 算法，它们的评价器逼近价值函数以及价值函数相对于被控对象状态向量的导数[77]。这类方法需要使用一个多输出的 NN 或多个单输出的 NN，以实现评价器的结构。由于在所提出的方法中，评价器 NN 所逼近的是价值函数，价值函数相对于被控对象状态向量的导数可以通过解析的方法确定。因此，对第二类算法，由于其评价器的结构更为复杂，这里将不作讨论。虽然 GDHP 算法的评价器结构相对于 DHP 算法的评价器结构有所简化，但 GDHP 算法的评价器 NN 权值自适应律比之前讨论的算法更复杂。它所最小化的性能指标包含了 HDP 结构和 DHP 结构的评价器 NN 权值调整自适应算法的特征。动作器生成对象的控制律，因此它的结构与控制执行机构的独立信号的数量有关。例如，在二自由度 WMR 的跟踪控制系统中，动作器由两个自适应结构（如 NN）组成，生成控制机器人驱动模块的独立信号。本节以 WMR 和三自由度 RM 为例，用 GDHP 型 NDP 算法对动态对象的离散跟踪控制系统进行综合。所提出的算法是在离散时域中运行的，并且在控制系统的综合中，采用了 WMR 和三自由度 RM 的离散动力学模型。本节基于 GDHP 算法的相关知识，其描述见第 6.2.3 节。WMR 的动力学描述见第 2.1.2 节，RM 的动力学描述见第 2.2.2 节。

7.6.1 GDHP 型控制的综合

对使用 GDHP 型 NDP 结构的动态对象控制算法的综合，与第 7.4.1 节中描述的使用 HDP 算法的控制系统的综合类似。对 WMR 和 RM 的跟踪控制系统进行了综合。由于所列被控对象的动力学描述存在差异，因此各个对象的控制算法也不同。对 WMR 的运动控制，详细介绍了其 GDHP 结构算法的综合，而对 RM 的跟踪控制系统，仅对由被控对象的性质不同所带来的综合过程和获得的结果的不同进行了说明。

7.6.1.1 应用 GDHP 算法的 WMR 跟踪控制综合

在 WMR 离散跟踪控制算法的综合中，跟踪误差 $\boldsymbol{e}_{1\{k\}}$ 和 $\boldsymbol{e}_{2\{k\}}$ 是根据式（7－53）定义的，滤波跟踪误差 $\boldsymbol{s}_{\{k\}}$ 是根据式（7－54）定义的，而 $\boldsymbol{s}_{\{k+1\}}$ 是根据式（7－55）定义的，这

些关系式在第 7.4.1 中已经给出。

在设计的 WMR 上 A 点的跟踪控制系统中，采用了 GDHP 型 NDP 算法。其中，依据控制机器人执行机构的独立信号的数量，动作器结构以两个 RVFL NN 的形式实现。评价器结构用一个 RVFL NN 来实现，这是因为评价器只需要逼近价值函数。

GDHP 型 NDP 算法的任务是生成一个次优控制律 $\boldsymbol{u}_{A\{k\}}=[u_{A1\{k\}},\ u_{A2\{k\}}]^{\mathrm{T}}$，使得价值函数

$$V_{\{k\}}(\boldsymbol{s}_{\{k\}})=\sum_{k=0}^{n}\gamma^{k}L_{C\{k\}}(\boldsymbol{s}_{\{k\}}) \tag{7-107}$$

最小，其中代价函数为

$$L_{C\{k\}}(\boldsymbol{s}_{\{k\}})=\frac{1}{2}\boldsymbol{s}_{\{k\}}^{\mathrm{T}}\boldsymbol{R}\boldsymbol{s}_{\{k\}} \tag{7-108}$$

其中，$\boldsymbol{R}$ 为正定的常值对角矩阵。GDHP 算法任务是：基于价值函数式（7－107）和局部代价函数式（7－108），生成一个控制律，使滤波跟踪误差 $\boldsymbol{s}_{\{k\}}$ 的值最小。

图 7－47 给出了 GDHP 型 NDP 结构的一般示意图。

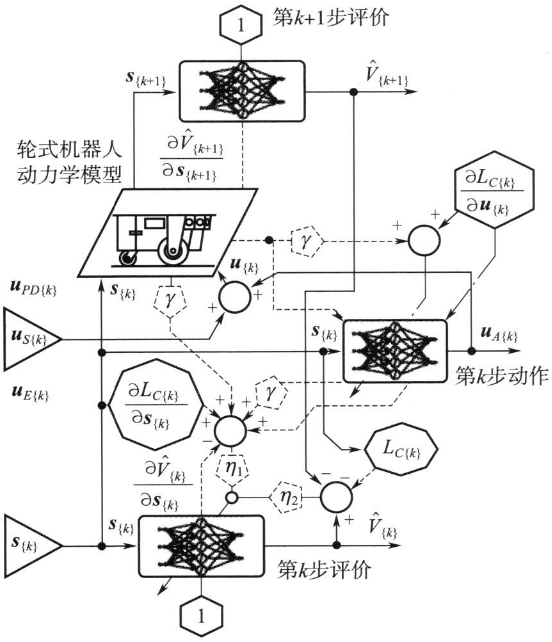

图 7－47　GDHP 型 NDP 结构方案图

如 6.2.3 节所述，GDHP 算法包括一个预测模型和两个自适应结构。

1）预测模型：根据式（7－55），按照如下 WMR 滤波跟踪误差的动态预测模型对离散过程第 $k+1$ 步的状态 $\boldsymbol{s}_{\{k+1\}}$ 进行预测

$$\boldsymbol{s}_{\{k+1\}}=\boldsymbol{s}_{\{k\}}-\boldsymbol{Y}_{f}(\boldsymbol{z}_{2\{k\}})+\boldsymbol{Y}_{e}(\boldsymbol{z}_{\{k\}},\boldsymbol{z}_{d\{k\}},\boldsymbol{z}_{d3\{k\}})+h\boldsymbol{M}^{-1}\boldsymbol{u}_{\{k\}} \tag{7-109}$$

2）动作器：通过两个 RVFL NN 来实现，根据以下关系式生成第 k 步的次优控制律 $\boldsymbol{u}_{A\{k\}}$

$$u_{Aj\{k\}}(\boldsymbol{x}_{Aj\{k\}},\boldsymbol{W}_{Aj\{k\}})=\boldsymbol{W}_{Aj\{k\}}^{\mathrm{T}}\boldsymbol{S}_{A}(\boldsymbol{D}^{\mathrm{T}}\boldsymbol{x}_{Aj\{k\}}) \tag{7-110}$$

其中，$j=1$，2。动作器 GDHP 算法的 NN 构造类似于第 7.4.1 节中 HDP 结构的 NN 构造。

GDHP 算法动作器 NN 权值的自适应调整旨在最小化如下性能指标：

$$\boldsymbol{e}_{A\{k\}}=\frac{\partial L_{C\{k\}}(\boldsymbol{s}_{\{k\}})}{\partial \boldsymbol{u}_{\{k\}}}+\gamma\left[\frac{\partial \boldsymbol{s}_{\{k+1\}}}{\partial \boldsymbol{u}_{\{k\}}}\right]^{\mathrm{T}}\frac{\partial \hat{V}_{\{k+1\}}(\boldsymbol{x}_{C\{k+1\}},\boldsymbol{W}_{C\{k\}})}{\partial \boldsymbol{s}_{\{k+1\}}} \tag{7-111}$$

为此，NN 权值按照下式进行更新

$$\boldsymbol{W}_{Aj\{k+1\}}=\boldsymbol{W}_{Aj\{k\}}-e_{Aj\{k\}}\boldsymbol{\Gamma}_{Aj}\boldsymbol{S}(\boldsymbol{D}_{A}^{\mathrm{T}}\boldsymbol{x}_{Aj\{k\}}) \tag{7-112}$$

其中，$\hat{V}_{\{k+1\}}(\boldsymbol{x}_{C\{k+1\}},\boldsymbol{W}_{C\{k\}})$ 为第 $k+1$ 步评价器 NN 的输出。

3）评价器：通过 RVFL NN 实现，逼近价值函数式（7－107）。评价器 NN 的输出表达式如下

$$\hat{V}_{\{k\}}(\boldsymbol{x}_{C\{k\}},\boldsymbol{W}_{C\{k\}})=\boldsymbol{W}_{C\{k\}}^{\mathrm{T}}\boldsymbol{S}(\boldsymbol{D}_{C}^{\mathrm{T}}\boldsymbol{x}_{C\{k\}}) \tag{7-113}$$

GDHP 算法评价器 NN 的构造与 7.4.1 节中 HDP 结构评价器 NN 的构造类似。

GDHP 算法评价器 NN 权值的自适应调整过程是将两个性能指标最小化。第一个指标是时序差分误差 $e_{C1\{k\}}$，它是 HDP 结构评价器算法自适应调整方式的一个特征，其表达式如下

$$e_{C1\{k\}}=L_{C\{k\}}(\boldsymbol{s}_{\{k\}})+\gamma\hat{V}_{\{k+1\}}(\boldsymbol{x}_{C\{k+1\}},\boldsymbol{W}_{C\{k\}})-\hat{V}_{\{k\}}(\boldsymbol{x}_{C\{k\}},\boldsymbol{W}_{C\{k\}}) \tag{7-114}$$

而第二个性能指标是时序差分误差 $e_{C1\{k\}}$ 相对于被控对象状态向量 $\boldsymbol{s}_{\{k\}}$ 的导数。该性能指标在 DHP 算法式（6－18）中用于自适应调整评价器结构，在 GHDP 算法中其表达式如下

$$\begin{aligned}e_{C2\{k\}}=\boldsymbol{I}_{D}^{\mathrm{T}}\Bigg\{&\frac{\partial L_{C\{k\}}(\boldsymbol{s}_{\{k\}})}{\partial \boldsymbol{s}_{\{k\}}}+\left[\frac{\partial \boldsymbol{u}_{\{k\}}}{\partial \boldsymbol{s}_{\{k\}}}\right]^{\mathrm{T}}\frac{\partial L_{C\{k\}}(\boldsymbol{s}_{\{k\}})}{\partial \boldsymbol{u}_{\{k\}}}+\\&\gamma\left[\frac{\partial \boldsymbol{s}_{\{k+1\}}}{\partial \boldsymbol{s}_{\{k\}}}+\left[\frac{\partial \boldsymbol{u}_{\{k\}}}{\partial \boldsymbol{s}_{\{k\}}}\right]^{\mathrm{T}}\frac{\partial \boldsymbol{s}_{\{k+1\}}}{\partial \boldsymbol{u}_{\{k\}}}\right]^{\mathrm{T}}\frac{\partial \hat{V}_{\{k+1\}}(\boldsymbol{x}_{C\{k+1\}},\boldsymbol{W}_{C\{k\}})}{\partial \boldsymbol{s}_{\{k+1\}}}-\\&\frac{\partial \hat{V}_{\{k\}}(\boldsymbol{x}_{C\{k\}},\boldsymbol{W}_{C\{k\}})}{\partial \boldsymbol{s}_{\{k\}}}\Bigg\}\end{aligned} \tag{7-115}$$

其中，$\boldsymbol{I}_{D}$ 为常值向量，$\boldsymbol{I}_{D}=[1,\ 1]^{\mathrm{T}}$，$\boldsymbol{s}_{\{k+1\}}$ 为由预测模型式（7－109）得到的信号。

评价器 NN 的权值是通过基于性能指标式（7－114）和式（7－115）的反向传播方法来调整的，如下所示

$$\begin{aligned}\boldsymbol{W}_{C\{k+1\}}=\boldsymbol{W}_{C\{k\}}&-\eta_{1}e_{C1\{k\}}\boldsymbol{\Gamma}_{C}\frac{\partial \hat{V}_{\{k\}}(\boldsymbol{x}_{C\{k\}},\boldsymbol{W}_{C\{k\}})}{\partial \boldsymbol{W}_{C\{k\}}}\\&-\eta_{2}e_{C2\{k\}}\boldsymbol{\Gamma}_{C}\frac{\partial^{2} \hat{V}_{\{k\}}(\boldsymbol{x}_{C\{k\}},\boldsymbol{W}_{C\{k\}})}{\partial \boldsymbol{s}_{\{k\}}\partial \boldsymbol{W}_{C\{k\}}}\end{aligned} \tag{7-116}$$

其中，$\boldsymbol{\Gamma}_{C}$ 为由评价器 NN 输出层权值的正学习系数构成的常值对角矩阵，η_{1}，η_{2} 为正常数。

在所设计的 GDHP 型 NDP 结构的 WMR 跟踪控制系统中，总控制信号 $\boldsymbol{u}_{\{k\}}$ 包括动作器 NN 生成的控制信号 $\boldsymbol{u}_{A\{k\}}$ 、PD 控制器生成的信号 $\boldsymbol{u}_{PD\{k\}}$ 、$\boldsymbol{u}_{E\{k\}}$ 信号和附加的监督控制信号 $\boldsymbol{u}_{S\{k\}}$ ，其结构是通过应用 Lyapunov 稳定性理论对所设计的控制系统进行稳定性分析而得到的。图 7－48 给出了采用 GDHP 算法的 WMR 跟踪控制系统的示意图。

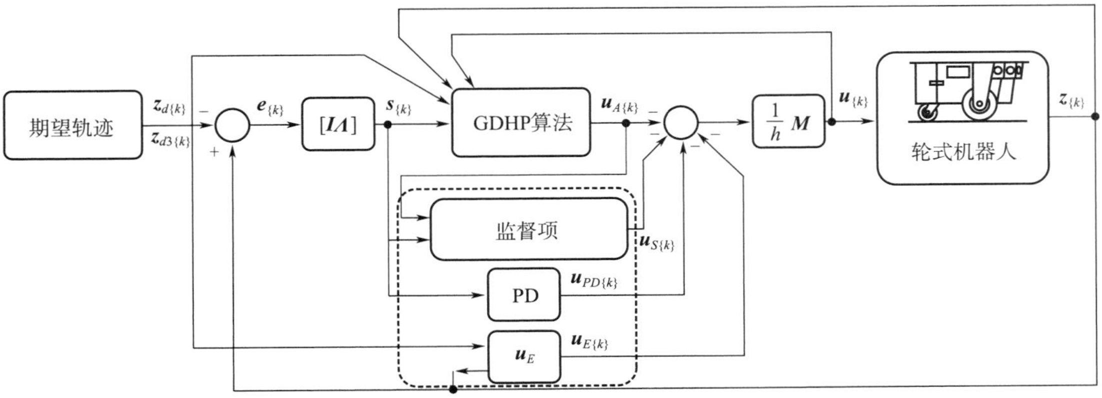

图 7－48　使用 GDHP 算法的 WMR 跟踪控制系统的示意图

对闭环控制系统的分析与第 7.4.1 节所述类似，应用如式（7－66）所示的总控制信号和如式（7－79）所示的监督控制信号 $\boldsymbol{u}_{S\{k\}}$ 。

应用 GDHP 算法对 WMR 跟踪控制系统进行综合和实验测试所得到的结果，在文献［85，88］中有介绍。

7.6.1.2　应用 GDHP 算法的 RM 跟踪控制综合

在 RM 离散跟踪控制算法的综合过程中，采用根据式（7－53）定义的跟踪误差 $\boldsymbol{e}_{1\{k\}}$ 和 $\boldsymbol{e}_{2\{k\}}$ ，以及根据式（7－54）定义的滤波跟踪误差 $\boldsymbol{s}_{\{k\}}$ ，这些在第 7.4.1 节中已经介绍过。

基于 RM 的离散动力学描述式（2－91）、式（7－53）和式（7－54），将滤波跟踪误差 $\boldsymbol{s}_{\{k+1\}}$ 定义为

$$\boldsymbol{s}_{\{k+1\}}=-\boldsymbol{Y}_f(\boldsymbol{z}_{1\{k\}},\boldsymbol{z}_{2\{k\}})+\boldsymbol{Y}_d(\boldsymbol{z}\{k\},\boldsymbol{z}_{d\{k+1\}})-\boldsymbol{Y}_{\tau\{k\}}(\boldsymbol{z}_{1\{k\}})+h\,[\boldsymbol{M}(\boldsymbol{z}_{1\{k\}})]^{-1}\boldsymbol{u}_{\{k\}} \tag{7-117}$$

其中

$$\begin{aligned}
\boldsymbol{Y}_f(\boldsymbol{z}_{1\{k\}},\boldsymbol{z}_{2\{k\}})&=h[\boldsymbol{M}(\boldsymbol{z}_{1\{k\}})]^{-1}\,[\boldsymbol{C}(\boldsymbol{z}_{1\{k\}},\boldsymbol{z}_{2\{k\}})\,\boldsymbol{z}_{2\{k\}}+\boldsymbol{F}(\boldsymbol{z}_{2\{k\}})+\boldsymbol{G}(\boldsymbol{z}_{1\{k\}})]\\
\boldsymbol{Y}_{\tau\{k\}}(\boldsymbol{z}_{1\{k\}})&=h[\boldsymbol{M}(\boldsymbol{z}_{1\{k\}})]^{-1}\,\boldsymbol{\tau}_{d\{k\}}\\
\boldsymbol{Y}_d(\boldsymbol{z}_{\{k\}},\boldsymbol{z}_{d\{k+1\}})&=\boldsymbol{z}_{2\{k\}}-\boldsymbol{z}_{d2\{k+1\}}+\boldsymbol{\Lambda}\,[\boldsymbol{z}_{1\{k\}}+h\,\boldsymbol{z}_{2\{k\}}-\boldsymbol{z}_{d1\{k+1\}}]\\
&=\boldsymbol{z}_{2\{k\}}-\boldsymbol{z}_{d2\{k\}}-h\,\boldsymbol{z}_{d3\{k\}}+\boldsymbol{\Lambda}\,[\boldsymbol{z}_{1\{k\}}-\boldsymbol{z}_{d1\{k\}}+h\,\boldsymbol{z}_{2\{k\}}-h\,\boldsymbol{z}_{d2\{k\}}]\\
&=\boldsymbol{s}_{\{k\}}+\boldsymbol{Y}_e(\boldsymbol{z}_{\{k\}},\boldsymbol{z}_{d\{k\}},\boldsymbol{z}_{d3\{k\}})\\
\boldsymbol{Y}_e(\boldsymbol{z}_{\{k\}},\boldsymbol{z}_{d\{k\}},\boldsymbol{z}_{d3\{k\}})&=h[\boldsymbol{\Lambda}\boldsymbol{e}_{2\{k\}}-\boldsymbol{z}_{d3\{k\}}]
\end{aligned} \tag{7-118}$$

其中，$\boldsymbol{z}_{d3\{k\}}$ 为期望的角加速度向量。向量 $\boldsymbol{Y}_f(\boldsymbol{z}_{2\{k\}})$ 中包含了 RM 的全部非线性。

在设计的 RM 臂上点 C 的跟踪控制系统中，采用了 GDHP 型 NDP 算法。在该系统中，考虑到控制机器人关节运动的独立信号数量，动作器的结构是以三个 RVFL NN 的形式实现。不过，评价器是通过一个 RBF NN 来实现的，这是因为它逼近的是 GDHP 算法中的价值函数。

采用价值函数式（7-107）和由式（7-108）定义的局部代价。这里考虑了向量 $\boldsymbol{s}_{\{k\}}$ 的维数，在解析的情况下，其维数为 3。

GDHP 算法由一个预测模型和两个自适应结构组成。

1）预测模型：根据式（7-117），按照如下所示的 RM 滤波跟踪误差的动态预测模型对离散过程的第 $k+1$ 步状态 $\boldsymbol{s}_{\{k+1\}}$ 进行预测

$$\boldsymbol{s}_{\{k+1\}}=-\boldsymbol{Y}_f(\boldsymbol{z}_{1\{k\}},\boldsymbol{z}_{2\{k\}})+\boldsymbol{Y}_d(\boldsymbol{z}_{\{k\}},\boldsymbol{z}_{d\{k+1\}})+h\left[\boldsymbol{M}(\boldsymbol{z}_{1\{k\}})\right]^{-1}\boldsymbol{u}_{\{k\}} \tag{7-119}$$

2）动作器：以三个 RVFL NN 的形式实现，根据式（7-110）生成第 k 步的次优控制律 $\boldsymbol{u}_{A\{k\}}$，其中 j=1，2，3。

GDHP 算法的动作器 NN 权值自适应调整程序按照下式使性能指标式（7-111）最小化

$$\boldsymbol{W}_{Aj\{k+1\}}=\boldsymbol{W}_{Aj\{k\}}-e_{Aj\{k\}}\boldsymbol{\Gamma}_{Aj}\boldsymbol{S}(\boldsymbol{D}_A^{\mathrm{T}}\boldsymbol{x}_{Aj\{k\}})-k_A\left|e_{Aj\{k\}}\right|\boldsymbol{\Gamma}_{Aj}\boldsymbol{W}_{Aj\{k\}} \tag{7-120}$$

其中，k_A 为正常数。式（7-120）中的最后一项作为 NN 权值的正则化机制[94]，防止 NN 权值的过度拟合。

3）评价器：逼近价值函数式（7-107），以一个 RBF NN 的形式实现，其输出由下式表示

$$\hat{V}_{\{k\}}(\boldsymbol{x}_{C\{k\}},\boldsymbol{W}_{C\{k\}})=\boldsymbol{W}_{C\{k\}}^{\mathrm{T}}\boldsymbol{S}(\boldsymbol{x}_{C\{k\}}) \tag{7-121}$$

其中，$\boldsymbol{W}_{C\{k\}}$ 为评价器 RBF NN 的输出层权值向量；$\boldsymbol{x}_{C\{k\}}=\boldsymbol{\kappa}_C\boldsymbol{s}_{\{k\}}$ 为评价器 NN 的输入向量；$\boldsymbol{\kappa}_C$ 为由评价器 NN 的输入值正比例缩放系数构成的常值对角矩阵；$\boldsymbol{S}(\boldsymbol{x}_{C\{k\}})$ 为高斯曲线类型的径向神经元激活函数向量，由式（3-5）描述。

在 GDHP 算法的 NN 输出层权值的自适应调整过程中，根据下式对第 7.6.1.1 节所提的性能指标 $e_{C1\{k\}}$ 式（7-114）和 $e_{C2\{k\}}$ 式（7-115）进行最小化

$$\begin{aligned}\boldsymbol{W}_{C\{k+1\}}=&\boldsymbol{W}_{C\{k\}}-\eta_1e_{C1\{k\}}\boldsymbol{\Gamma}_C\frac{\partial\hat{V}_{\{k\}}(\boldsymbol{x}_{C\{k\}},\boldsymbol{W}_{C\{k\}})}{\partial\boldsymbol{W}_{C\{k\}}}+k_{C1}\left|e_{C1\{k\}}\right|\boldsymbol{\Gamma}_C\boldsymbol{W}_{C\{k\}}-\\&\eta_2e_{C2\{k\}}\boldsymbol{\Gamma}_C\frac{\partial^2\hat{V}_{\{k\}}(\boldsymbol{x}_{C\{k\}},\boldsymbol{W}_{C\{k\}})}{\partial\boldsymbol{s}_{\{k\}}\partial\boldsymbol{W}_{C\{k\}}}-k_{C2}\left|e_{C2\{k\}}\right|\boldsymbol{\Gamma}_C\boldsymbol{W}_{C\{k\}}\end{aligned} \tag{7-122}$$

其中，k_{C1}、k_{C2} 为正常数。

对闭环控制系统的分析与第 7.5.1.2 节所述类似。所设计的 RM 臂上点 C 的跟踪控制系统采用 GDHP 型 NDP 结构，其总控制信号 $\boldsymbol{u}_{\{k\}}$ 包含由动作器 NN 产生的控制信号 $\boldsymbol{u}_{A\{k\}}$、由 PD 控制器产生的信号 $\boldsymbol{u}_{PD\{k\}}$、信号 $\boldsymbol{u}_{E\{k\}}$ 和附加的监督控制信号 $\boldsymbol{u}_{S\{k\}}$。图 7-49 给出了应用 GDHP 结构的 RM 臂上点 C 的跟踪控制系统示意图。

总的控制信号可以表示为

$$\boldsymbol{u}_{\{k\}}=-\frac{1}{h}\boldsymbol{M}(z_{1\{k\}})[\boldsymbol{u}_{A\{k\}}-\boldsymbol{u}_{S\{k\}}+\boldsymbol{u}_{PD\{k\}}+\boldsymbol{u}_{E\{k\}}] \tag{7-123}$$

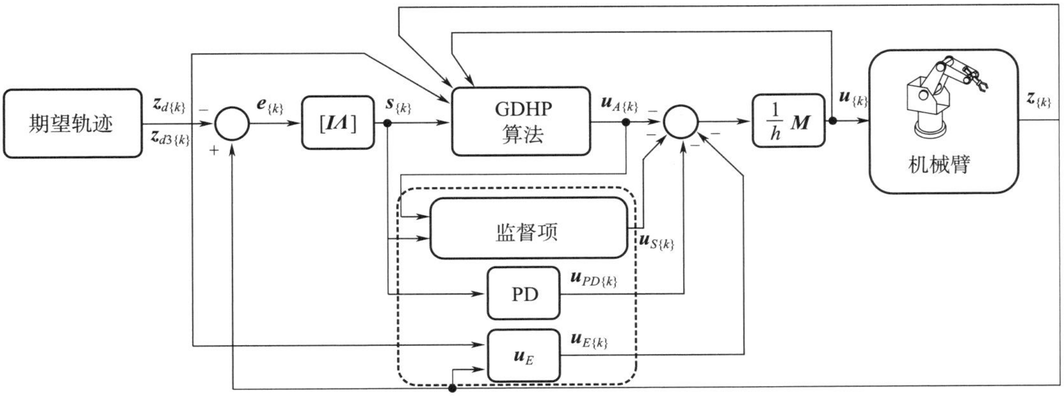

图 7－49　采用 GDHP 算法的 RM 跟踪控制系统示意图

其中

$$\begin{aligned}\boldsymbol{u}_{PD\{k\}}&=\boldsymbol{K}_D\,\boldsymbol{s}_{\{k\}}\\ \boldsymbol{u}_{E\{k\}}&=h\,[\boldsymbol{\Lambda}\,\boldsymbol{e}_{2\{k\}}-\boldsymbol{z}_{d3\{k\}}]\\ \boldsymbol{u}_{S\{k\}}&=\boldsymbol{I}_S\,\boldsymbol{u}^*_{S\{k\}}\end{aligned} \tag{7-124}$$

其中，$\boldsymbol{K}_D$ 为常值正定矩阵；$\boldsymbol{I}_S$ 为对角切换矩阵；当 $|s_{j\{k\}}|\geqslant\rho_j$ 时，$I_{Sj,j}=1$；若 $|s_{j\{k\}}|<\rho_j$，$I_{Sj,j}=0$；ρ_j 为常值设计参数，$j=1,2,3$；$\boldsymbol{u}^*_{S\{k\}}$ 为监督控制信号，定义如下

$$u^*_{Sj\{k\}}=-\mathrm{sgn}s_{j\{k\}}[F_j+|u_{Aj\{k\}}|+b_{dj}+\sigma_j] \tag{7-125}$$

其中，$|\boldsymbol{Y}_{\tau\{k\}}(\boldsymbol{z}_{1\{k\}})|<b_{dj}$，$b_{dj}>0$，$|Y_{fj}(\boldsymbol{z}_{1\{k\}},\boldsymbol{z}_{2\{k\}})|\leqslant F_j$，$F_j>0$，且 σ_j 为一个小的正常数。在此假设下，从不等式（7－105）可以看出，Lyapunov 函数的差分是负定的。当 $|s_{j\{k\}}|\geqslant\rho_j$ 时，设计的控制信号保证了滤波跟踪误差 $\boldsymbol{s}_{\{k\}}$ 的递减。在初始条件 $|s_{j\{k=0\}}|<\rho_j$ 的情况下，滤波跟踪误差仍然是有界的：$|s_{j\{k\}}|<\rho_j$，$\forall k\geqslant0$，$j=1,2,3$。

文献［87］也给出了采用 GDHP 算法的 RM 跟踪控制系统的综合和数值仿真结果。

7.6.2　仿真测试

在对动态对象跟踪控制系统的仿真测试中，使用了 GDHP 型 NDP 算法。第 7.6.2.1 节给出了采用 GDHP 结构的 WMR 控制系统的参数，第 7.6.2.2 节给出了 WMR 运动仿真的结果，第 7.6.2.3 节给出了采用 GDHP 结构的 RM 控制系统的参数，第 7.6.2.4 节给出了 RM 运动仿真的结果。

7.6.2.1　应用 GDHP 算法的 WMR 运动控制数值测试

在虚拟计算环境中，对 WMR 的跟踪控制进行了数值测试，其控制算法采用了 GDHP 型 NDP 结构。在已进行的数值测试中，选取了 8 字形路径的实现轨迹所产生的序列，如第 2.1.1.2 节中所述。数值测试中，参数扰动体现为模型参数的变化，相当于给

WMR 加载了额外的质量。

在数值测试中，具有 GDHP 结构的控制系统采用了以下参数。

1）PD 控制器参数：

a）$\boldsymbol{K}_D=3.6h\boldsymbol{I}$：PD 控制器增益常值对角矩阵。

b）$\boldsymbol{\Lambda}=0.5\boldsymbol{I}$：常值对角矩阵。

2）采用的动作器 NN 类型：RVFL。

a）$m_A=8$：动作器 NN 神经元数量。

b）$\boldsymbol{\Gamma}_{Aj}=\mathrm{diag}\{0.1\}$：权值 $\boldsymbol{W}_{Aj}$ 调整的对角增益系数矩阵，$j=1, 2$。

c）$\boldsymbol{D}_A$：NN 输入层权值，从区间 $D_{A[i,g]}\in[-0.1, 0.1]$ 中随机选取。

d）$\boldsymbol{W}_{Aj\{k=0\}}=\boldsymbol{0}$：输出层的零初始权值。

3）采用的评价器 NN 类型：RVFL。

a）$m_C=8$：评价器 NN 神经元的数量。

b）$\boldsymbol{\Gamma}_C=\mathrm{diag}\{0.9\}$：权值 $\boldsymbol{W}_{Cj}$ 调整的对角增益系数矩阵。

c）$\boldsymbol{D}_C$：NN 输入层权值，从区间 $D_{C[i,g]}\in[-0.2, 0.2]$ 中随机选取。

d）$\boldsymbol{W}_{Cj\{k=0\}}=\boldsymbol{0}$：输入层的零初始权值。

e）$\eta_1=\eta_2=1$：正常值，反映评价器的权值自适应调整过程中单个性能指标的影响。

4）$\beta_N=2$：双极 sigmoid 神经元激活函数的斜率系数。

5）$\boldsymbol{R}=\mathrm{diag}\{1\}$：代价函数中的比例缩放系数矩阵。

6）$l_{AC}=3$：迭代过程的第 k 步中，动作器和评价器结构自适应调整的内循环迭代步数。

7）$\rho_j=3$：监督算法参数。

8）$\boldsymbol{F}=[0.08, 0.08]^{\mathrm{T}}$：常值向量，表示函数 $Y_{fj}(\boldsymbol{z}_{2\{k\}})$ 假定的边界。

9）$\sigma_j=0.01$：监督算法参数。

10）$h=0.01$ s：数值仿真计算步长。

对设计的含 NN 算法的控制系统进行分析时，输入向量的元素被缩放到了区间 $[-1, 1]$ 中。

采用与第 7.4.2 节相同 PD 控制器参数和性能指标。WMR 的轨迹路径为 8 字形，其离散测量数据的数量为 $n=4\,500$。

在描述离散时域中运行的算法数值测试时，省掉了过程步骤中的索引号 k 以简化变量符号。为了便于分析结果，以及能同前面给出的 WMR 上 A 点跟踪控制系统的连续序列进行比较，这里把序列离散图的横轴标定为连续的时间 t。

以下是对带参数扰动的 8 字形轨迹进行跟踪实现数值仿真的结果。

7.6.2.2 有扰动时 8 字形路径的 GDHP 型控制测试的考察

对 WMR 上 A 点的跟踪控制算法进行了数值测试，该算法采用 GDHP 型 NDP 结构，动作器和评价器 NN 输出层的初始权值为零。控制系统的任务是生成控制信号，确保实现 WMR 上 A 点的期望轨迹，其路径为 8 字形。期间有两次参数扰动，即 WMR 模型参数的变化，对应于时刻 t_{d1}＝12.5 s 机器人框架承受了质量 m_{RL} ＝4.0 kg 的载荷，和时刻 t_{d2}＝32.5 s 所加载荷的移除。

图 7－50 给出了控制系统中各个结构的跟踪控制信号的值。图 7－50（a）给出了轮 1 和轮 2 的总控制信号，分别为 u_1 和 u_2。它们包括由 GDHP 结构产生的控制信号 u_{A1} 和 u_{A2}［见图 7－50（b）］、PD 控制器的控制信号 u_{PD1} 和 u_{PD2}［见图 7－50（c）］、监督控制信号 u_{S1} 和 u_{S2}，以及附加控制信号 u_{E1} 和 u_{E2}［见图 7－50（d）］。

在第一阶段运动的开始，若使用 NN 输出层初始权值为零的 HDP 结构，则 GDHP 参数的自适应调整过程较快，但若使用 DHP 算法则较慢。从 WMR 上 A 点运动的开始，GDHP 算法产生的控制信号在总控制信号中占有较大比例。PD 控制器的控制信号在运动的初始阶段数值较小，然后其值减少到接近零。在 t_{d1} 和 t_{d2} 的干扰发生期间，GDHP 结构生成的控制信号补偿了被控对象参数变化的影响。在运动的第二阶段，即 t ＝22.5 s，由于在 NN 输出层权值中包含了被控对象的动态信息，GDHP 结构对 WMR 的非线性实现了补偿，因此沿着期望的轨迹获得了良好的跟踪效果。控制信号 $\boldsymbol{u}_E$ 的值主要取决于 $\boldsymbol{z}_{d3}$；跟踪误差值的变化对这些信号序列的影响很小。监督控制信号 $\boldsymbol{u}_S$ 的值一致为零，其原因是滤波跟踪误差 $\boldsymbol{s}$ 没有超过设定的可接受水平。

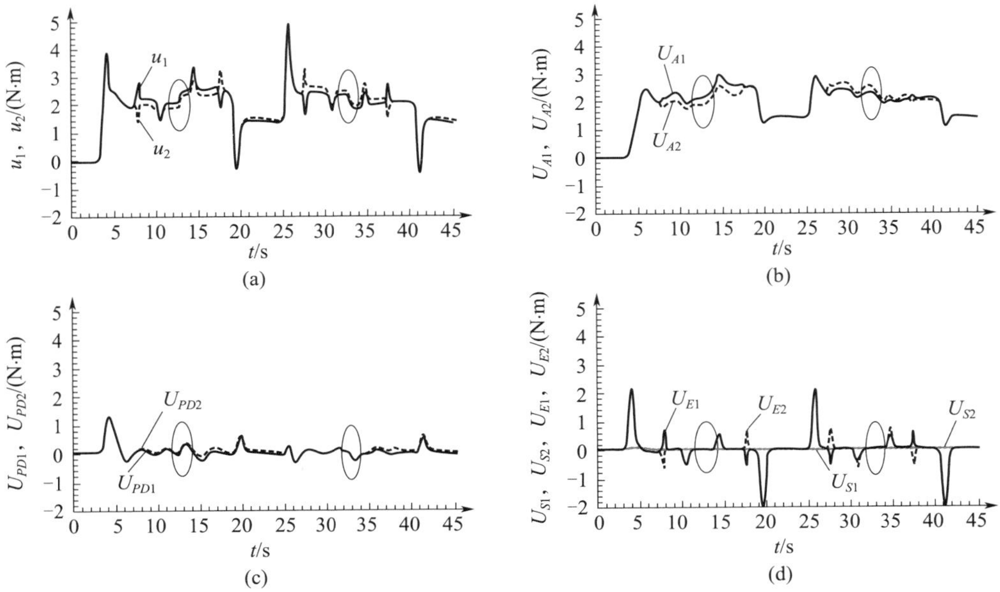

图 7－50　（a）轮 1 和轮 2 的总控制信号 u_1 和 u_2；（b）动作器的 NN 控制信号 U_{A1} 和 U_{A2}，$\boldsymbol{U}_A=-\dfrac{1}{h}\boldsymbol{M}\boldsymbol{u}_A$；（c）PD 控制信号 U_{PD1} 和 U_{PD2}，$\boldsymbol{U}_{PD}=-\dfrac{1}{h}\boldsymbol{M}\boldsymbol{u}_{PD}$；（d）监督项控制信号 U_{S1} 和 U_{S2}，$\boldsymbol{U}_S=-\dfrac{1}{h}\boldsymbol{M}\boldsymbol{u}_S$，以及附加控制信号 u_{E1} 和 u_{E2}，$\boldsymbol{U}_E=-\dfrac{1}{h}\boldsymbol{M}\boldsymbol{u}_E$

WMR 驱动轮实现的旋转角速度值如图 7－51 所示，与期望的角速度值相似。只有在运动第一阶段的开始，可以注意到 z_{d21}、z_{d22} 和 z_{21}、z_{22} 序列之间的明显差异，这些是由

GDHP 结构的 NN 输出层零初始权值引起的。在扰动发生期间，即在 t_{d1} 时刻模拟 WMR 加载了额外的质量时，实现的运动角速度值减少，这是由于运动阻力的增加，生成的控制信号不足以使 WMR 按期望的速度运动。而后，由 GDHP 结构生成的非线性补偿信号的值增加，导致角速度的值增加，进而可以实现期望运动参数的轨迹。类似地，在第二个参数扰动期间，即在 t_{d2} 时刻，当模拟去除 WMR 的附加质量，使模型的参数恢复到标称值时，由于没有了附加的质量载荷，对象的运动阻力较小，生成的控制信号值与所需的信号值相比过大。这就解释了为什么 WMR 上点 A 的实现速度值大于期望值。随着 GDHP 结构 NN 输出层权值的自适应调整，控制信号 u_{A1} 和 u_{A2} 的值降低，使得实现的运动速度下降并达到期望值。

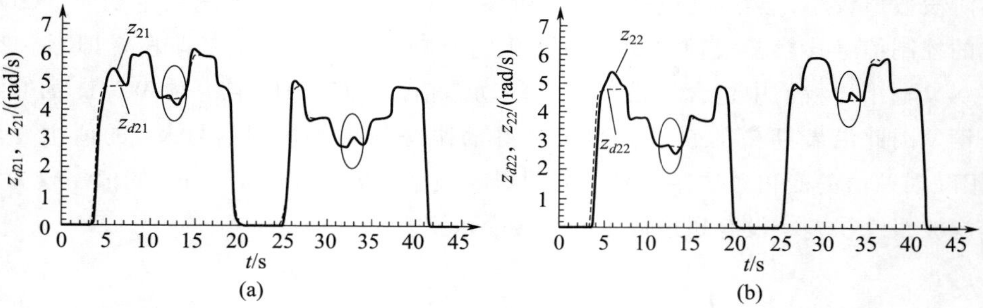

图 7-51　(a) WMR 轮 1 的期望角速度（z_{d21}）和实现角速度（z_{21}）；
(b) WMR 轮 2 的期望角速度（z_{d22}）和实现角速度（z_{22}）

图 7-52 (a) 和图 7-52 (b) 分别给出了 WMR 轮 1 和轮 2 的跟踪误差值。图 7-52 (c) 给出了滤波跟踪误差 s_1 的值，滤波跟踪误差 s_2 的序列也与之类似。图 7-52 (d) 显示了驱动轮 1 的滑动流形。跟踪误差的最大值出现在运动的初始阶段。随着 GDHP 结构的 NN 输出层权值的自适应调整，它们被最小化。参数扰动对跟踪质量的影响很小，通过采用 GDHP 算法的 NN 输出层权值，减少了由被控对象的动态变化引起的跟踪误差绝对值的增加。

图 7-53 给出了控制轮 1 运动的动作器 NN 输出层权值和 GDHP 算法的评价器 NN 输出层权值。控制轮 2 运动的动作器 NN 输出层权值与图 7-53 (a) 所示类似。动作器和评价器的 NN 输出层都采用了零初始权值。这些权值稳定在某些值附近，并在数值测试期间保持有界。在参数扰动期间，可以注意到动作器 NN 输出层权值的变化，这是因为需调整所生成的补偿 WMR 非线性的信号，以适应被控对象的参数变化。

图 7-54 给出了 WMR 上 A 点期望的轨迹（虚线）和实现的轨迹（实线）。WMR 上 A 点的初始位置用一个三角形标记，期望的最终位置用“×”标记，而 A 点的最终位置用一个菱形标记。

表 7-26 和表 7-27 给出了应用 GDHP 型 ACD 控制系统实现跟踪运动的各个性能指标的值。

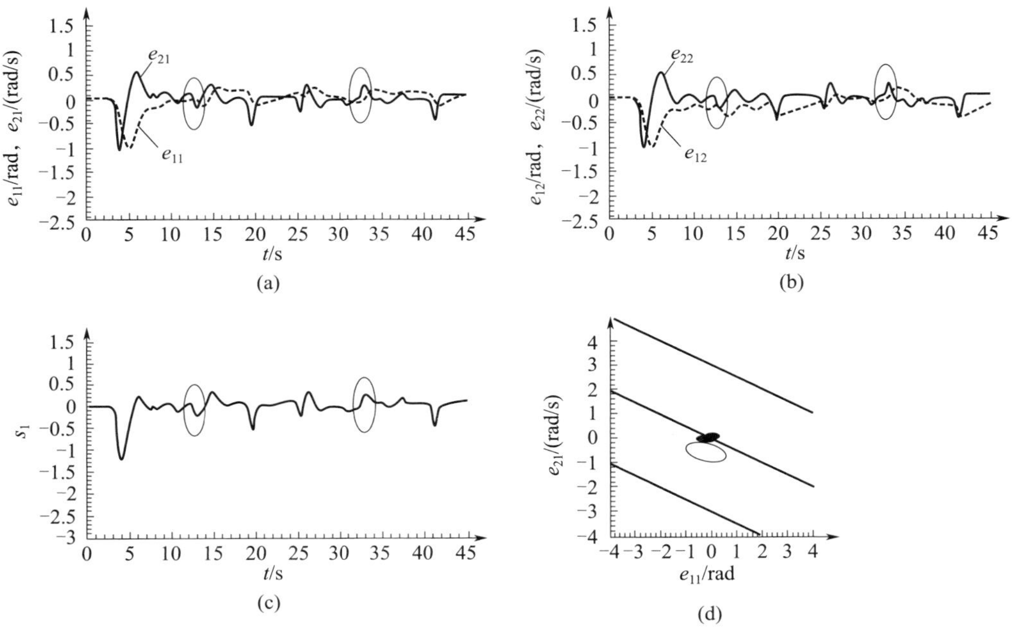

图 7-52　(a) 跟踪误差 e_{11} 和 e_{21}；(b) 跟踪误差 e_{12} 和 e_{22}；(c) 滤波跟踪误差 s_1；(d) 轮 1 的滑动流形

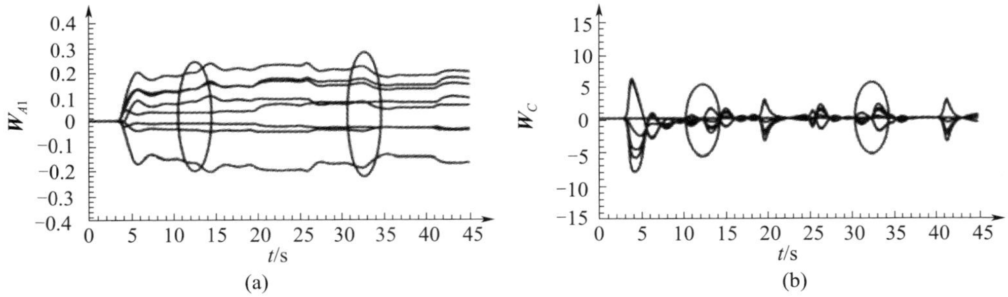

图 7-53　(a) 动作器 1 的 NN 输出层权值 $\boldsymbol{W}_{A1}$；(b) 评价器的 NN 输出层权值 $\boldsymbol{W}_C$

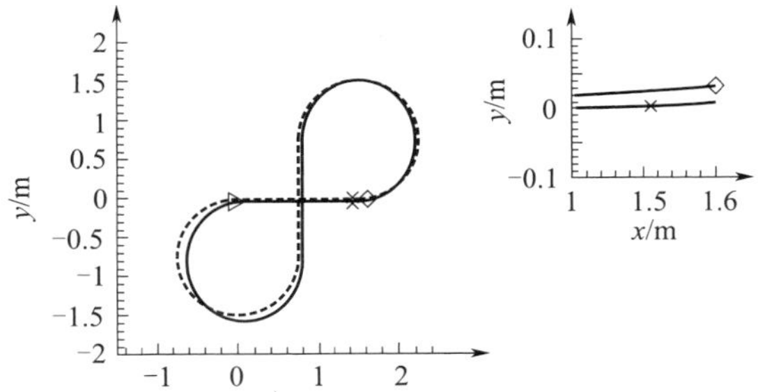

图 7-54　WMR 上 A 点期望的和实现的运动路径

表 7-26 选定的性能指标的值

指标	$e_{\max1j}$/rad	ε_{1j}/rad	$e_{\max2j}$/(rad/s)	ε_{2j}/(rad/s)	$s_{\max j}$/(rad/s)	σ_j/(rad/s)
轮 1，$j=1$	1.01	0.22	1.03	0.19	1.24	0.22
轮 2，$j=2$	1.01	0.26	1.03	0.19	1.24	0.23

表 7-27 路径实现的选定性能指标的值

指标	$d_{\max}$/m	d_n/m	ρ_d/m
值	0.158	0.096	0.096

这里数值测试所获得的结果中，性能指标值明显低于在跟踪控制算法中只应用 PD 控制器的情况。所获得的性能指标值低于在第 7.4.2 节中提出的应用自适应、神经网络控制系统或具有 HDP 结构的控制算法（其中动作器和评价器 NN 输出层初始权值为零）的情况。而高于第 7.4.2.2 节的数值测试中所得到的数值，那一节假设 HDP 算法中的评价器 NN 输出层权值初始为非零，也高于第 7.5.2.2 节的控制算法数值仿真所得到的数值。

表 7-28 列出了沿 8 字形路径的第一和第二阶段运动的选定性能指标的值，它们是根据第 7.1.2.2 节数值测试中描述的方法计算的。

表 7-28 运动的Ⅰ和Ⅱ阶段选定的性能指标的值

指标	$e_{\max1j}$/rad	ε_{1j}/rad	$e_{\max2j}$/(rad/s)	ε_{2j}/(rad/s)	$s_{\max j}$/(rad/s)	σ_j/(rad/s)
阶段Ⅰ，$k=1,\cdots,2\ 250$						
轮 1，$j=1$	1.01	0.29	1.03	0.25	1.24	0.28
轮 2，$j=2$	1.01	0.33	1.03	0.24	1.24	0.29
阶段Ⅱ，$k=2\ 251,\cdots,4\ 500$						
轮 1，$j=1$	0.24	0.11	0.46	0.11	0.49	0.13
轮 2，$j=2$	0.39	0.15	0.42	0.12	0.57	0.14

在运动的第二阶段获得的所选性能指标的值比第一阶段低。这是因为在数值测试的第二阶段运动的开始，采用了非零的 NN 输出层初始权值。GDHP 结构的 NN 输出层权值中包含了被控对象的动力学信息，可以生成补偿 WMR 非线性的信号，从而提高所获得的跟踪控制的质量。

7.6.2.3 采用 GDHP 算法的 RM 运动控制的数值测试

采用 GDHP 结构的 NDP 控制算法，在虚拟计算环境中对 RM 的跟踪控制进行了仿真测试。从所进行的数值测试中，选取半圆形路径轨迹实现中所获得的序列，如第 2.2.1.2 节中所述。

在数值测试中，具有 GDHP 结构的控制系统采用如下参数。

1）PD 控制器参数：

a）$\boldsymbol{K}_D=\mathrm{diag}\{0.4,0.7,0.7\}$：PD 控制器增益常值对角矩阵。

b）$\boldsymbol{\Lambda}=\boldsymbol{I}$：常值对角矩阵。

2）采用的动作器 NN 类型：RVFL。

a）m_A =8：动作器 NN 的神经元数量。

b）$\boldsymbol{\Gamma}_{A1}$ =diag {0.2}：权值 $\boldsymbol{W}_{A1}$ 调整的增益系数对角矩阵。

c）$\boldsymbol{\Gamma}_{A2}=\boldsymbol{\Gamma}_{A3}$ =diag {0.125}：权值 $\boldsymbol{W}_{A2}$ 和 $\boldsymbol{W}_{A3}$ 调整的增益系数对角矩阵。

d）$\boldsymbol{D}_A$ ：NN 输入层权值，从区间 $D_{A[i,g]}\in[-0.2, 0.2]$ 中随机选取。

e）$\boldsymbol{W}_{Aj\{k=0\}}=\boldsymbol{0}$：输出层的零初始权值，$j$ =1，2，3。

f）k_A =0.1：正常数。

3）采用的评价器 NN 类型：RBF。

a）$m_C=3^3=27$：评价器 NN 的神经元数量。

b）$\boldsymbol{\Gamma}_C$ =diag {0.000 5}：权值 $\boldsymbol{W}_C$ 调整的增益系数对角矩阵。

c）$\boldsymbol{W}_{C\{k=0\}}=\boldsymbol{0}$：输出层的零初始权值。

d）$k_{C1}=k_{C2}$ =0.1：正常数。

e）$\eta_1=\eta_2$ =1：正常数，反映评价器权值自适应调整过程中各个性能指标的影响。

4）β_N =2：双极 sigmoid 神经元激活函数的斜率系数。

5）$\boldsymbol{R}$ =diag {1}：代价函数中的比例缩放系数矩阵。

6）l_{AC} =5：第 k 步迭代过程中动作器和评价器结构自适应调整的内循环迭代步数。

7）ρ_j =0.2 ：监督算法参数。

8）$\boldsymbol{F}=[0.25, 0.25, 0.35]^T$ ：常值向量，表示函数 $Y_{fj}(\boldsymbol{z}_{1\{k\}}, \boldsymbol{z}_{2\{k\}})$ 假定的边界。

9）σ_j =0.01：监督算法参数。

10）h =0.01 s：数值仿真计算步长。

采用的性能指标和第 7.1.2 节所述相同。RM 末端执行器的轨迹为半圆，数据样本的数量为 n =4 000。

所描述的算法数值测试是在离散时域中运行。为了简化变量的符号，省略了表示过程第 k 步的索引号。为了便于分析结果并将所提出的 RM 上点 C 的跟踪控制系统与连续序列情形进行比较，离散序列的曲线的横轴以时间 t 标定。

以下是对半圆形的轨迹进行跟踪实现的一些数值仿真结果。

7.6.2.4　半圆路径的 GDHP 型控制的考察

在 GDHP 型 NDP 算法的 RM 控制数值测试中，采用了第 2.2.1.2 节中讨论的半圆形路径的期望轨迹。

在图 7-55 中，绿线代表 RM 上点 C 期望的运动路径，红线代表其实现的运动路径。图中初始位置（S 点）由一个三角形标记。“×”代表轨迹的返回位置（G 点），RM 上 C 点到达的终点位置用菱形标记。

图 7-56 给出了控制 RM 运动链执行器系统的信号序列。根据式（7-123），图 7-56（a）所示的总控制信号 u_1、u_2 和 u_3 包含由 GDHP 结构产生的控制信号 u_{A1}、u_{A2} 和 u_{A3}［见图 7-56（b）］，PD 控制器的控制信号 u_{PD1}、u_{PD2} 和 u_{PD3}［见图 7-56（c）］，监督控制信号 u_{S1}、u_{S2} 和 u_{S3} 以及附加控制信号 u_{E1}、u_{E2} 和 u_{E3}［见图 7-56（d）］。图中没

有给出监督控制信号，因为它们在数值测试中的值为零，这是由监督控制算法的参数 ρ_j 的取值造成的。

在 RM 臂的初始位置，即当 $t=0$ s 时，各个连杆的旋转角相当于 $z_{11}=0$ rad，$z_{12}=0.165\ 33$ rad，$z_{13}=-0.165\ 33$ rad。在这种情况下，机器人手臂末端执行器的点 C 与机器人底座（S 点）的距离最大。在数值测试的初始阶段，即当 $t\in[0,\ 3.5]$ s 时，机械手没有移动，然而，在控制信号图上，控制 2 号和 3 号连杆运动的信号出现了非零值。这是 GDHP 结构的 NN 自适应调整的结果，它可以防止机器人手臂的各个连杆因受重力的影响而发生意外运动。在总控制信号中占主导地位的是由 GDHP 算法的动作器结构产生的控制信号。控制系统其他组件的控制信号接近于零值。

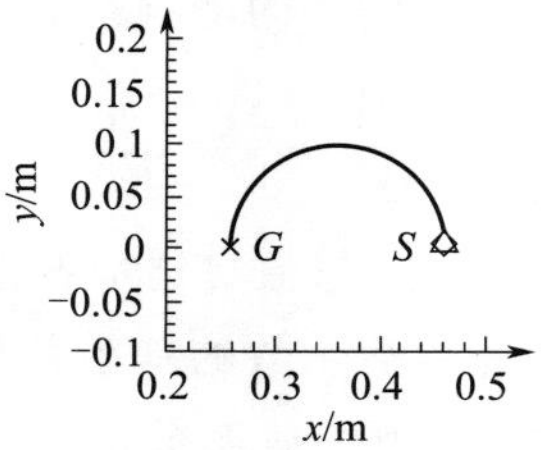

图 7－55　RM 末端执行器上点 C 的期望和实现路径（见彩插）

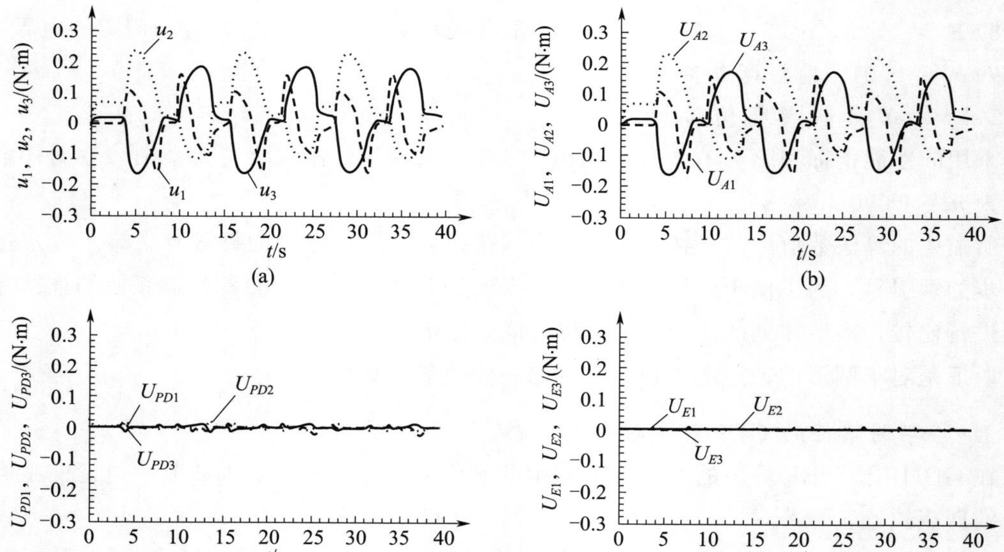

图 7－56　（a）控制 RM 连杆接运动的总信号 u_1、u_2 和 u_3；（b）由动作器 NN 产生的控制信号 U_{A1}、U_{A2} 和 U_{A3}，$\boldsymbol{U}_A=-\frac{1}{h}\boldsymbol{M}\boldsymbol{u}_A$；（c）PD 控制器的控制信号 U_{PD1}、U_{PD2} 和 U_{PD3}，$\boldsymbol{U}_{PD}=-\frac{1}{h}\boldsymbol{M}\boldsymbol{u}_{PD}$；（d）控制信号 U_{E1}、U_{E2} 和 U_{E3}，$\boldsymbol{U}_E=-\frac{1}{h}\boldsymbol{M}\boldsymbol{u}_E$

作为 RM 配置空间中期望轨迹实现的一个例子，图 7－57（a）给出了连杆 2 旋转的期望角速度（红线）和实现角速度（绿线）。图 7－57（b）给出了机械手末端执行器上点 C 的期望速度的绝对值（$|v_{Cd}|$）和实现速度的绝对值（$|v_C|$）曲线。

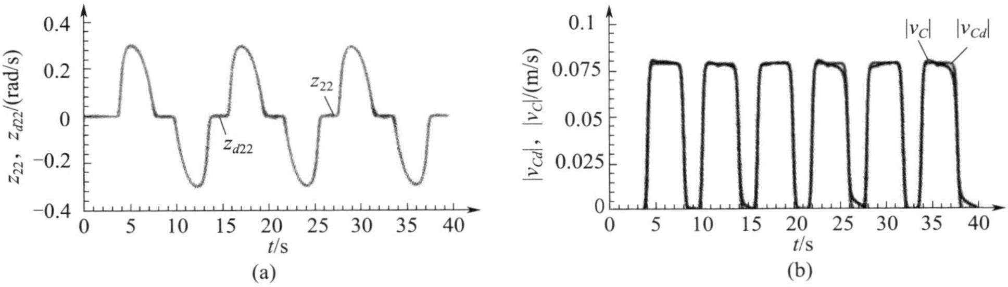

图 7－57　（a）RM 连杆 2 期望的旋转角速度（z_{d22}）和实现的旋转角速度（z_{22}）；（b）机械手末端执行器上点 C 的期望速度的绝对值（$|v_{Cd}|$）和实现速度的绝对值（$|v_C|$）（见彩插）

图 7－58（a）和图 7－58（b）给出了 RM 的连杆 1、连杆 2 和连杆 3 的跟踪误差值。图 7－58（c）给出了滤波跟踪误差 s_1、s_2 和 s_3 的值。图 7－58（d）给出了连杆 1 的滑动流形。最大的跟踪误差值出现在 RM 臂的第一个运动周期。然而，由于采用了 GDHP 结构的 NN 输出层权值自适应调整方法，各个运行周期的跟踪误差之间的差别并不明显。

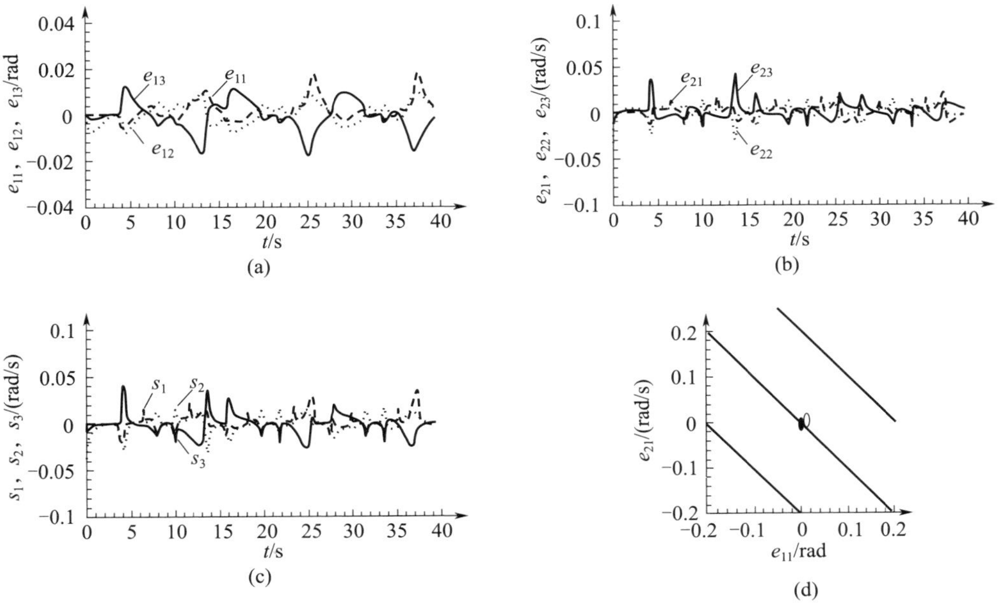

图 7－58　（a）连杆旋转角度的跟踪误差 e_{11}、e_{12} 和 e_{13}；（b）角速度的跟踪误差 e_{21}、e_{22} 和 e_{23}；（c）滤波跟踪误差 s_1、s_2 和 s_3；（d）连杆 1 的滑动流形

图 7－59 给出了 GDHP 结构中动作器 RVFL NN 的输出层权值和评价器 RBF NN 选定的输出层权值。动作器和评价器的 NN 输出层初始权值选取为零。这些权值稳定在某些

数值附近，并在数值测试期间始终有界。生成连杆 2 和连杆 3 的运动控制信号的动作器神经网络的输出层权值在数值测试开始时的选取，需考虑到要生成控制信号以抵抗机器人手臂在重力作用下的运动。从 $t=3$ s 开始，控制连杆 1 运动的动作器 NN 的输出层权值发生了变化，这是由于要开始实现期望的轨迹所致。

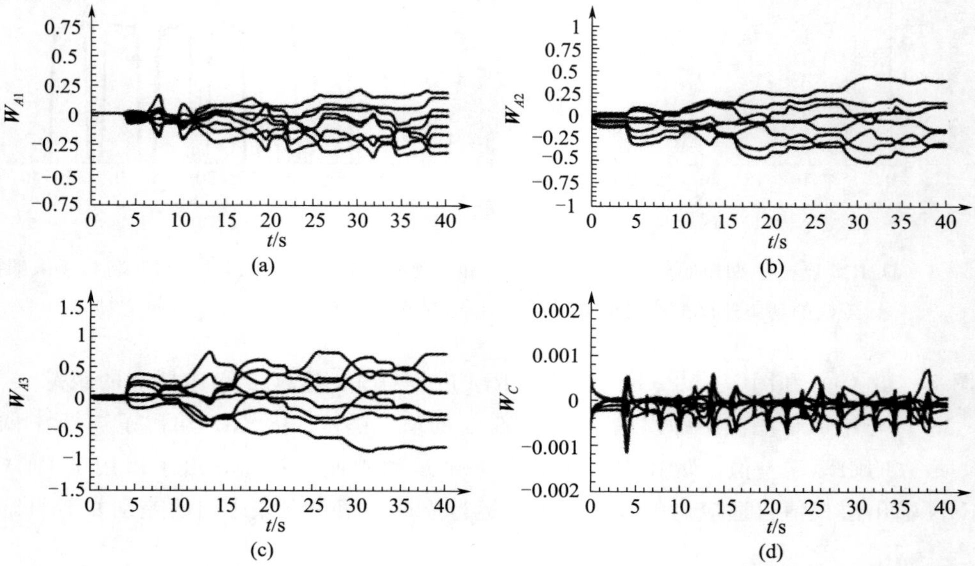

图 7－59　(a) 动作器 1 的 NN 输出层权值 $\boldsymbol{W}_{A1}$；(b) 动作器 2 的 NN 输出层权值 $\boldsymbol{W}_{A2}$；(c) 动作器 3 的 NN 输出层权值 $\boldsymbol{W}_{A3}$；(d) 评价器 NN 输出层权值 $\boldsymbol{W}_{C}$

表 7－29 和表 7－30 列出了采用 GDHP 型 NDP 结构的控制系统实现跟踪运动时的各个性能指标的值。

表 7－29　选定性能指标的值

指标	$e_{\max 1j}$/rad	ε_{1j}/rad	$e_{\max 2j}$/(rad/s)	ε_{2j}/(rad/s)	$s_{\max j}$/(rad/s)	σ_j/(rad/s)
连杆 1，$j=1$	0.017 7	0.004 7	0.021 9	0.005 9	0.035 3	0.007 4
连杆 2，$j=2$	0.009 5	0.004 5	0.034 3	0.006 1	0.034 5	0.007 5
连杆 3，$j=3$	0.018	0.006 8	0.042 8	0.007 8	0.041 8	0.010 2

表 7－30　路径实现的选定性能指标的值

指标	$d_{\max}$/m	d_n/m	ρ_d/m
值	0.008 4	0.001	0.002 8

从数值测试结果看，这里所获得的性能指标的值低于在 RM 的跟踪控制算法中只使用 PD 控制器时所获得的值。

7.6.3　结论

在控制系统中采用 GDHP 型 NDP 结构，保证了跟踪运动的高质量，表现为性能指标的值较低。在 GDHP 算法中，动作器和评价器结构的 NN 输出层初始权值为零，相当于选取了最坏的情况，所获得的性能指标值低于采用 PD 控制器、自适应控制系统或神经网络控制系统实现运动时所获得的性能指标值。所选取的表示跟踪运动实现质量的性能指标的值高于使用 HDP 算法（NN 输出层初始权值选取为零）的控制系统所获得的值，但低于采用 DHP 算法的控制系统的情况。采用 HDP 算法的控制系统所实现的运动质量更好，这是由于 GDHP 使用了更复杂的评价器 NN 输出层权值调整方法，即对 HDP 和 DHP 算法中典型的评价器 NN 输出层权值调整方法进行了组合。而采用 DHP 算法的控制系统所实现的运动质量较差，可能是因为在各个算法中确定价值函数相对于对象状态的导数的方式不同。在 DHP 算法中，价值函数相对于被控对象状态的导数是通过评价器 NN 近似计算的，而在所使用的 GDHP 算法中，是基于评价器 NN 对价值函数逼近的结果来解析计算的。这就是为什么它允许以较大的误差进行映射的原因。GDHP 算法的设计参数的值对动作器和评价器网络输出层权值自适应调整过程的影响与其他 NDP 算法类似，这在前面已经讨论过。为了进行 GDHP 算法的综合，需要对被控对象的数学模型有所了解。

7.7 动作依赖启发式动态规划在 WMR 跟踪控制中的应用

ADHDP 型 NDP 算法在结构上类似于 HDP 算法 [26, 43, 77, 79]，其评价器逼近价值函数，而动作器生成控制律。构造上的区别在于将动作器产生的控制信号纳入了评价器 NN 的输入向量中，这样就可以解析地预测价值函数相对于控制信号的导数，其是评价器 NN 反向传播控制信号的结果。这个量对于确定动作器 NN 的权值自适应律是必要的。在 HDP 算法中，它的计算需要知道被控对象的数学模型，而在 ADHDP 结构中，动作器生成的控制信号包含在评价器 NN 的输入向量中，因此，对被控对象模型的了解是不必要的。ADHDP 算法中的评价器逼近价值函数，这就是为什么它只使用一个自适应结构（如 NN）的原因。因此，与 HDP 算法中的评价器相比，它的结构被简化了。动作器的结构与控制动态对象的独立信号的数量有关。在本节中，利用 ADHDP 型 NDP 算法，对 WMR 的离散跟踪控制系统进行综合。所提出的算法在离散时域中运行。本节基于的 ADHDP 算法的知识的描述已在第 6.3.1 节中给出。

7.7.1 ADHDP 型控制的综合

采用 ADHDP 型 NDP 结构的 WMR 跟踪控制算法的综合，与第 7.4.1 节中描述的采用 HDP 算法的控制系统的实现类似。

在 WMR 离散跟踪控制算法的综合中，采用了以下变量：根据第 7.4.1 节中的式（7 - 53）定义的跟踪误差 $\boldsymbol{e}_{1\{k\}}$ 和 $\boldsymbol{e}_{2\{k\}}$，根据式（7 - 54）定义的滤波跟踪误差 $\boldsymbol{s}_{\{k\}}$，以及根据式（7 - 55）定义的 $\boldsymbol{s}_{\{k+1\}}$。

在设计的控制算法中应用了两种 ADHDP 型 NDP 算法。在每个 ADHDP 算法中，动作器的结构是以 RVFL NN 的形式实现的，而评价器的结构是采用具有高斯曲线类型的神经元激活函数的 NN 建立的。ADHDP 算法的一个特点是，在自适应调整动作器和评价器结构参数的过程中，不需要知道被控对象的数学模型。

ADHDP 结构的任务是生成一个次优控制律 $\boldsymbol{u}_{A\{k\}}$，使得价值函数

$$V_{j\{k\}}(\boldsymbol{s}_{\{k\}},\boldsymbol{u}_{\{k\}})=\sum_{k=0}^{n}\gamma^{k}L_{Cj\{k\}}(\boldsymbol{s}_{\{k\}},\boldsymbol{u}_{\{k\}}) \tag{7-126}$$

最小，其中代价函数为

$$L_{Cj\{k\}}(\boldsymbol{s}_{\{k\}},\boldsymbol{u}_{\{k\}})=\frac{1}{2}(R_{j}s_{j\{k\}}^{2})+\frac{1}{2}(Q_{j}u_{j\{k\}}^{2}) \tag{7-127}$$

其中，$j=1$，2；R_1，R_2，Q_1，Q_2为正设计系数。当将局部代价式（7－127）应用于价值函数式（7－126）时，ADHDP 型 NDP 结构的任务是生成一个控制律，使滤波跟踪误差 $\boldsymbol{s}_{\{k\}}$ 和控制信号 $\boldsymbol{u}_{\{k\}}$ 最小。

ADHDP 型 NDP 结构的示意图如图 7－60 所示。

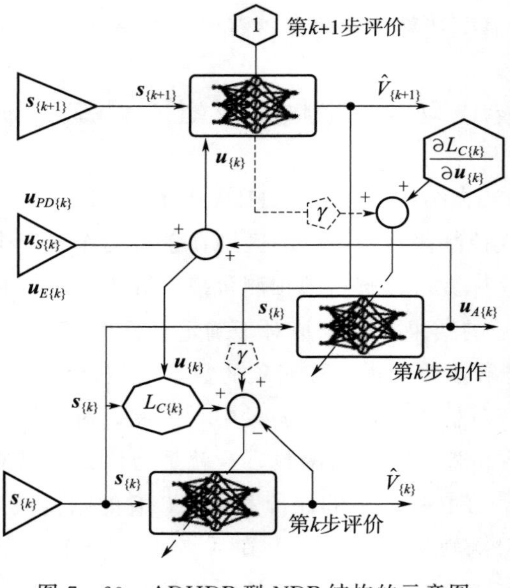

图 7－60　ADHDP 型 NDP 结构的示意图

WMR 的跟踪控制系统包含的每个 ADHDP 结构由以下部分组成。

1）动作器：以 RVFL NN 的形式实现，根据下式生成第 k 步的次优控制律 $u_{Aj\{k\}}$

$$u_{Aj\{k\}}(\boldsymbol{x}_{Aj\{k\}},\boldsymbol{W}_{Aj\{k\}})=\boldsymbol{W}_{Aj\{k\}}^{\mathrm{T}}\boldsymbol{S}(\boldsymbol{D}_{A}^{\mathrm{T}}\boldsymbol{x}_{Aj\{k\}}) \tag{7-128}$$

其中，$j=1$，2。ADHDP 算法的动作器 NN 的构建与第 7.4.1 节所示的 HDP 结构类似。所设计的控制系统中，ADHDP 算法的动作器 NN 输出层权值的自适应调整过程是使下列性能指标最小化

$$e_{Aj\{k\}}=\frac{\partial L_{Cj\{k\}}(\boldsymbol{s}_{\{k\}},\boldsymbol{u}_{\{k\}})}{\partial u_{j\{k\}}}+\gamma\frac{\partial\hat{V}_{j\{k+1\}}(\boldsymbol{x}_{Cj\{k+1\}},\boldsymbol{W}_{Cj\{k\}})}{\partial u_{j\{k\}}} \tag{7-129}$$

其中，$\hat{V}_{j\{k+1\}}(\boldsymbol{x}_{Cj\{k+1\}},\boldsymbol{W}_{Cj\{k\}})$ 是下一步确定的第 j 个评价器 NN 的输出值[77]。动作器

NN 输出层的权值根据下式进行更新

$$\boldsymbol{W}_{Aj\{k+1\}}=\boldsymbol{W}_{Aj\{k\}}-e_{Aj\{k\}}\boldsymbol{\Gamma}_{Aj}\boldsymbol{S}(\boldsymbol{D}_A^{\mathrm{T}}\boldsymbol{x}_{Aj\{k\}}) \tag{7-130}$$

其中，$\boldsymbol{\Gamma}_{Aj}$ 为由动作器的第 j 个 NN 输出层权值自适应调整的正增益系数构成的常值对角矩阵。

2）评价器：用以估计价值函数式（7－126），以 NN 的形式实现，其神经元激活函数为高斯曲线型，产生的信号为

$$\hat{V}_{j\{k\}}(\boldsymbol{x}_{Cj\{k\}},\boldsymbol{W}_{Cj\{k\}})=\boldsymbol{W}_{Cj\{k\}}^{\mathrm{T}}\boldsymbol{S}(\boldsymbol{x}_{Cj\{k\}}) \tag{7-131}$$

其中，$j=1$，2；$W_{Cj\{k\}}$ 为第 j 个评价器网络的输出层权值向量；$\boldsymbol{x}_{Cj\{k\}}=\boldsymbol{\kappa}_C[s_{j\{k\}},\ u_{j\{k\}}]^{\mathrm{T}}$ 为第 j 个评价器网络的输入向量；$\boldsymbol{\kappa}_C$ 为由评价器网络输入值的正比例缩放系数构成的常值对角矩阵；$\boldsymbol{S}(\boldsymbol{x}_{Cj\{k\}})$ 为高斯型神经元激活函数向量。在 ADHDP 算法中，评价器 NN 的输入向量包含生成的控制信号 $\boldsymbol{u}_{\{k\}}$。这是由于采用价值函数式（7－126）而造成的，其中的代价函数式（7－127）显式依赖于控制信号。

在 ADHDP 算法中，对评价器 NN 结构输出层权值的自适应调整是通过使用时序差分误差的反向传播方法进行的，该误差定义如下

$$e_{Cj\{k\}}=L_{Cj\{k\}}(\boldsymbol{s}_{\{k\}},\boldsymbol{u}_{\{k\}})+\gamma\hat{V}_{j\{k+1\}}(\boldsymbol{x}_{Cj\{k+1\}},\boldsymbol{W}_{Cj\{k\}})-\hat{V}_{j\{k\}}(\boldsymbol{x}_{Cj\{k\}},\boldsymbol{W}_{Cj\{k\}}) \tag{7-132}$$

权值自适应律采用以下形式

$$\boldsymbol{W}_{Cj\{k+1\}}=\boldsymbol{W}_{Cj\{k\}}-e_{Cj\{k\}}\boldsymbol{\Gamma}_{Cj}\boldsymbol{S}(\boldsymbol{x}_{Cj\{k\}}) \tag{7-133}$$

其中，$\boldsymbol{\Gamma}_{Cj}$ 为由第 j 个评价器的 NN 输出层权值自适应调整的正增益系数构成的常值对角矩阵。

在所设计的 ADHDP 型 NDP 结构的 WMR 跟踪控制系统中，总控制信号 $\boldsymbol{u}_{\{k\}}$ 包含由动作器 NN 生成的控制信号 $\boldsymbol{u}_{A\{k\}}$、由 PD 控制器产生的信号 $\boldsymbol{u}_{PD\{k\}}$、信号 $\boldsymbol{u}_{E\{k\}}$，以及附加的监督控制信号 $\boldsymbol{u}_{S\{k\}}$，其结构是在对所设计的控制系统进行稳定性分析时应用 Lyapunov 稳定性定理得到的。图 7－61 给出了采用 ADHDP 算法的 WMR 上 A 点的跟踪控制系统方案。

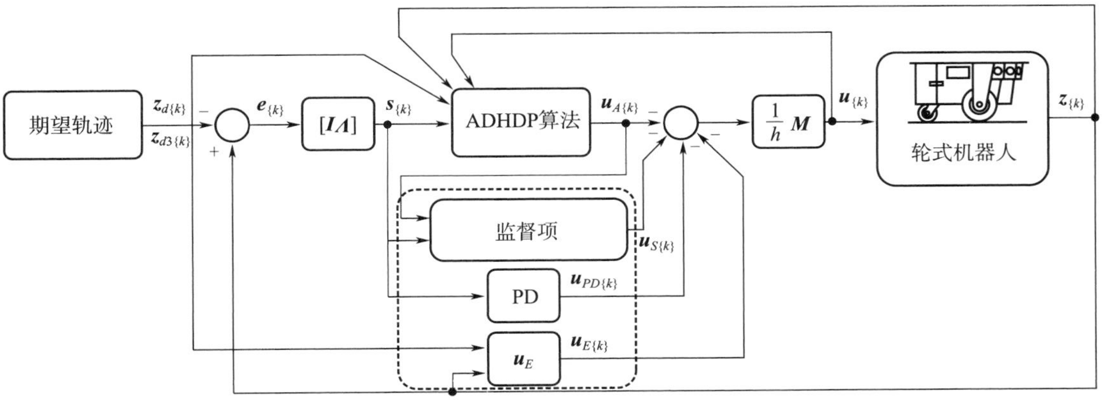

图 7－61　采用 ADHDP 算法的 WMR 跟踪控制系统方案图

闭环控制系统稳定性的分析如第 7.4.1 节所述，假设总控制信号采取式（7－66）的形式，监督控制信号 $\boldsymbol{u}_{S\{k\}}$ 采取式（7－79）的形式。

文献［43］给出了采用 ADHDP 算法的 WMR 跟踪控制系统的综合和实验测试结果。

7.7.2 仿真测试

在虚拟计算环境中，采用 ADHDP 型 NDP 结构的控制算法，对 WMR 的跟踪控制进行仿真测试。从中选取对第 2.1.1.2 节中描述的 8 字形路径进行轨迹实现得到的序列。数值测试中引入参数干扰，体现为模型参数的变化，相当于给 WMR 加载了额外的质量。

在数值测试中，具有 ADHDP 结构的控制系统采用以下参数。

1）PD 控制器参数：

a) $\boldsymbol{K}_D = 3.6h\boldsymbol{I}$ ：PD 控制器增益常值对角矩阵。

b) $\boldsymbol{\Lambda} = 0.5\boldsymbol{I}$ ：常值对角矩阵。

2）采用的动作器 NN 类型：RVFL。

a) $m_A = 8$：动作器 NN 神经元的数量。

b) $\boldsymbol{\Gamma}_{Aj} = \mathrm{diag}\{0.1\}$：权值 $\boldsymbol{W}_{Aj}$ 调整的增益系数对角矩阵，$j = 1, 2$。

c) $\boldsymbol{D}_A$ ：NN 输入层权值，从区间 $D_{A[i,g]} \in [-0.1, 0.1]$ 中随机选取。

d) $\boldsymbol{W}_{Aj\{k=0\}} = \boldsymbol{0}$：输出层的零初始权值。

3）采用的评价器 NN 类型：RBF。

a) $m_C = 19$：评价器 NN 神经元的数量。

b) $\boldsymbol{\Gamma}_{Cj} = \mathrm{diag}\{0.01\}$：权值 $\boldsymbol{W}_{Cj}$ 调整的增益系数对角矩阵。

c) $\boldsymbol{c}_C$ ：高斯曲线的中心在评价器 1 的 NN 二维输入空间中的位置，如图 7－62 所示；对于评价器 2 的 NN，函数中心的分布与之类似。

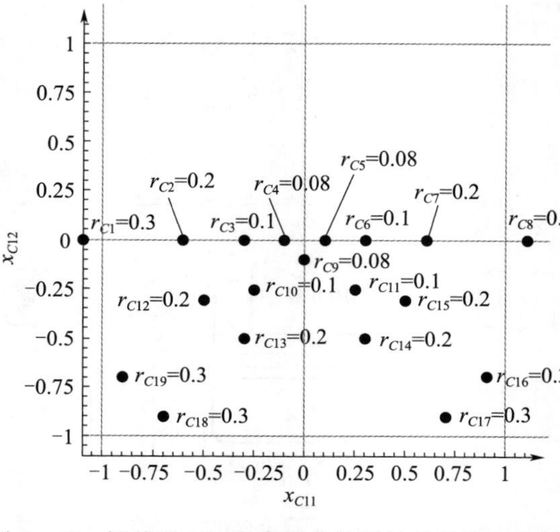

图 7－62　评价器 NN 的高斯曲线型神经元的中心位置

d) $\boldsymbol{\Gamma}_C$ = [0.3, 0.2, 0.1, 0.08, 0.08, 0.1, 0.2, 0.3, 0.08, 0.1, 0.1, 0.2, 0.2, 0.2, 0.2, 0.3, 0.3, 0.3, 0.3]^{T}：高斯曲线的宽度。

e) $\boldsymbol{W}_{Cj\{k=0\}}=\boldsymbol{0}$：评价器输出层的零初始权值。

4) $\beta_N=2$：双极 sigmoid 神经元激活函数的斜率系数。

5) $R_j=1$，$Q_j=0.01$：代价函数中的比例缩放系数。

6) $l_{AC}=3$：在迭代过程的第 k 步中，动作器和评价器的结构自适应调整的内循环迭代步数。

7) $\rho_j=3$：监督算法参数。

8) $\sigma_j=0.01$：监督算法参数。

9) $h=0.01$ [s]：数值仿真的计算步长。

为评估跟踪运动的质量，采用了第 7.4.2 节给出的性能指标。

以下是在有参数扰动情况下，对 8 字形路径的跟踪运动进行数值测试的选定结果。

7.7.2.1　有扰动时 8 字形路径的 ADHDP 型控制测试的考察

对 WMR 上 A 点的跟踪控制算法进行数值仿真，算法采用 ADHDP 型 NDP 结构，动作器和评价器 NN 输出层的初始权值为零。控制系统的任务是生成控制信号，确保实现 WMR 上 A 点的期望轨迹，其路径为 8 字形。有两次参数扰动，即 WMR 的参数变化，相当于在 $t_{d1}=12.5$ s 时刻，给机器人框架加载了 $m_{RL}=4.0$ kg 的质量，而在 $t_{d2}=32.5$ s 时刻，又将附加的质量移除。

控制系统中各个结构的跟踪控制信号的值如图 7-63 所示。轮 1 和轮 2 的总控制信号 u_1 和 u_2 如图 7-63 (a) 所示，它们包含由 ADHDP 结构生成的控制信号 u_{A1} 和 u_{A2} [见图 7-63 (b]、由 PD 控制器生成的控制信号 u_{PD1} 和 u_{PD2} [见图 7-63 (c]、监督控制信号 u_{S1} 和 u_{S2} 以及附加控制信号 u_{E1} 和 u_{E2} [见图 7-63 (d)]。

在运动第一阶段的初始加速期间，由 PD 控制器产生的 $\boldsymbol{u}_{PD}$ 信号和 $\boldsymbol{u}_E$ 信号在总控制信号 $\boldsymbol{u}$ 中起的作用很小。ADHDP 结构控制信号的值很小，其原因是动作器 NN 输出层选取了零初始权值，直到出现（非零）滤波跟踪误差后，这些权值才开始自适应调整。在下一个运动阶段中，NDP 结构 NN 输出层的权值中保留了被控对象动力学的某些知识，而动作器 NN 的控制信号在 WMR 上 A 点的总跟踪控制信号中占主导地位。在 t_{d1} 时刻发生的第一次参数扰动会导致 ADHDP 结构产生的控制信号值增加，对被控对象动力学的变化进行补偿。同样，在 t_{d2} 时刻发生的第二次干扰会导致 ADHDP 结构产生的控制信号值降低。另外，可以注意到 PD 控制器的控制信号值变化明显。控制信号 $\boldsymbol{u}_E$ 的值主要取决于 $\boldsymbol{z}_{d3}$ 。跟踪误差值的变化对这些信号序列的影响很小。监督控制信号 $\boldsymbol{u}_S$ 的值仍然保持为零，这是因为滤波跟踪误差 $\boldsymbol{s}$ 没有超过可接受的水平。

WMR 的驱动轮 1 和轮 2 的期望角速度和实现角速度如图 7-64 所示。WMR 驱动轮的期望角速度和实现值之间的最大差异出现在运动第一阶段的初期。在 t_{d1} 时刻发生第一次参数扰动，模拟 WMR 加载额外的质量，导致实现的运动角速度的值下降，其原因是运动的阻力增加，所生成的控制信号无法使 WMR 按照期望速度运动。随后，由 ADHDP

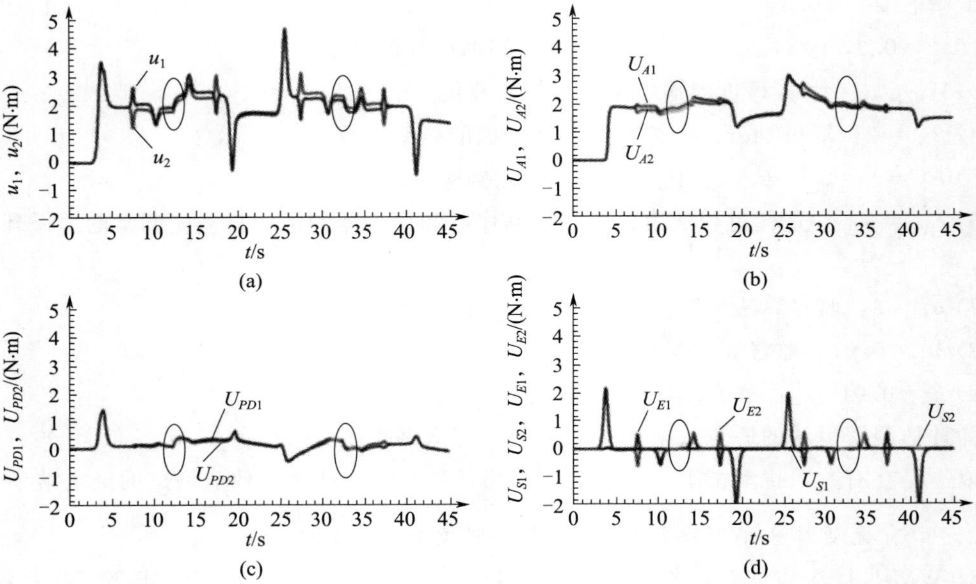

图 7－63　(a) 轮 1 和轮 2 的总控制信号 u_1 和 u_2；(b) 动作器的 NN 控制信号 U_{A1} 和 U_{A2}，$\boldsymbol{U}_A=-\frac{1}{h}\boldsymbol{M}\boldsymbol{u}_A$；(c) PD 控制信号 U_{PD1} 和 U_{PD2}，$\boldsymbol{U}_{PD}=-\frac{1}{h}\boldsymbol{M}\boldsymbol{u}_{PD}$；(d) 监督项控制信号 U_{S1} 和 U_{S2}，$\boldsymbol{U}_S=-\frac{1}{h}\boldsymbol{M}\boldsymbol{u}_S$，以及附加控制信号 u_{E1} 和 u_{E2}，$\boldsymbol{U}_E=-\frac{1}{h}\boldsymbol{M}\boldsymbol{u}_E$

结构生成的补偿非线性的信号值和 PD 控制器的控制信号值增加，提高了角速度的值，从而可以进一步实现期望运动参数的轨迹。类似地，在 t_{d2} 时刻发生第二次参数扰动，模拟 WMR 上额外质量被去除，使得模型的参数恢复到标称值。由于对象的运动阻力变小，生成的控制信号值超过了所需值，从而造成 WMR 上 A 点的实现速度值大于期望值。随着 ADHDP 结构的 NN 输出层权值的调整，控制信号 u_{A1} 和 u_{A2} 的值变小。同样，PD 控制器的控制信号值也变小，使得跟踪运动的速度也减小，从而达到期望值。

图 7－65 (a) 和 (b) 给出了 WMR 轮 1 和轮 2 的跟踪误差。图 7－65 (c) 给出了滤波跟踪误差 s_1 的曲线。图 7－65 (d) 给出了轮 1 的滑动流形。相比于之前测试过的 DHP 型和 HDP 型（其中评价器 NN 输出层具有非零初始权值）NDP 结构算法，这里的跟踪误差的绝对值更大。最大的误差值出现在运动第一阶段的初期，然后随着 ADHDP 结构的 NN 输出层权值的自适应调整而减小。在参数扰动发生时，跟踪误差的绝对值变大。由于 ADHDP 结构的调整过程较慢，由被控对象动力学变化引起的误差也比采用前面提到的算法衰减更慢。在第二阶段运动的开始，得益于动作器和评价器结构的 NN 输出层权值中包含的信息，沿着右转方向曲线轨迹的跟踪误差值比第一阶段运动开始时更低。

图 7－66 给出了第一个 ADHDP 结构的动作器和评价器的 NN 输出层权值。第二个 ADHDP 结构产生轮 2 的控制信号，其 NN 输出层的权值也类似。评价器结构中包含具有高斯曲线型神经元激活函数的 NN。动作器结构以 RVFL NN 的方式实现。动作器和评价

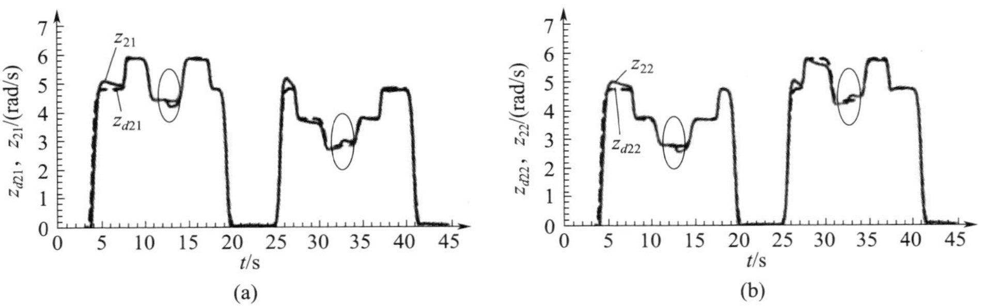

图 7-64　(a) WMR 轮 1 的期望角速度（z_{d21}）和实现角速度（z_{21}）；(b) WMR 轮 2 的期望角速度（z_{d22}）和实现角速度（z_{22}）

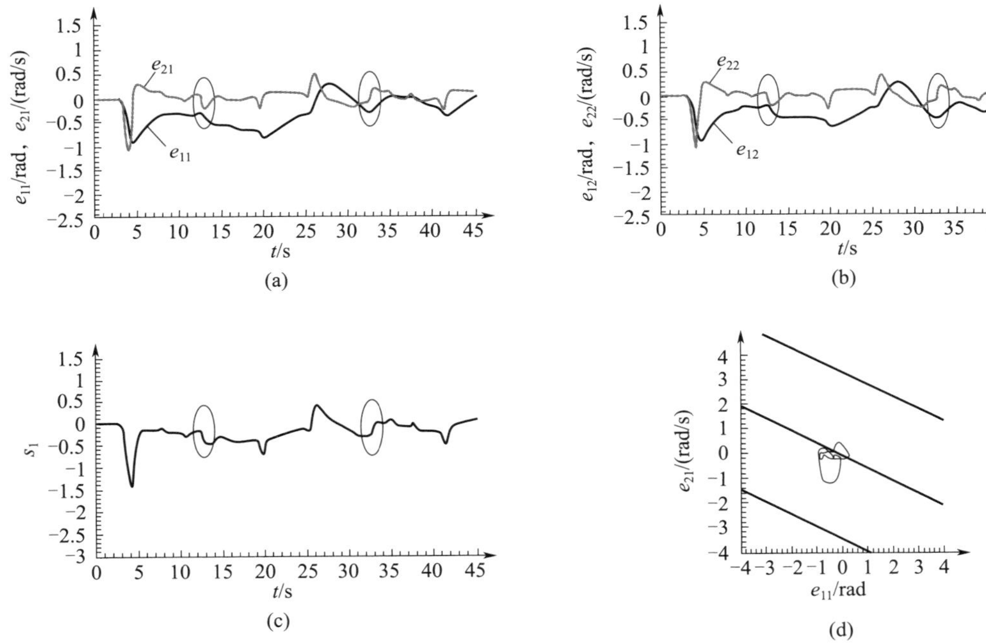

图 7-65　(a) 跟踪误差 e_{11} 和 e_{21}；(b) 跟踪误差 e_{12} 和 e_{22}；(c) 滤波跟踪误差 s_1；(d) 轮 1 的滑动流形

器的 NN 输出层采用了零初始权值。这些权值稳定在一些特定的数值附近，并保持有界。在参数扰动发生期间，可以注意到动作器 NN 输出层权值的微小变化。这是由 ADHDP 结构针对 WMR 动态的变化而缓慢自适应调整所造成的。

图 7-67 给出了 WMR 上 A 点期望的路径（虚线）和实现的路径（实线）。A 点的初始位置用三角形标记，其期望的最终位置用“×”标记，而 A 点的最终位置用菱形标记。

表 7-31 和表 7-32 给出了应用 ADHDP 型 ACD 的控制系统实现跟踪运动的各个性能指标的值。

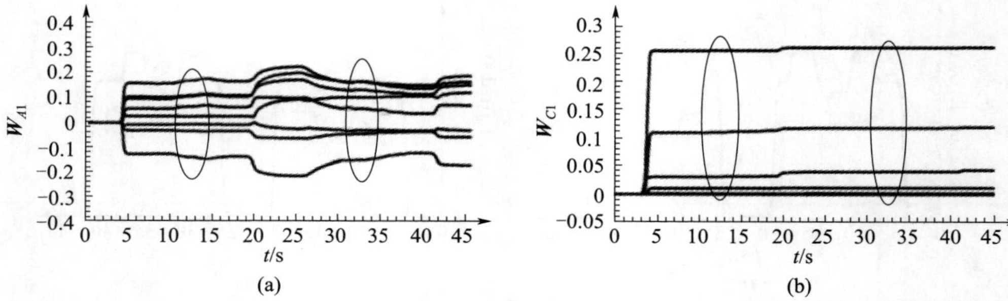

图 7-66 (a) 动作器 1 的 NN 输出层权值 $\boldsymbol{W}_{A1}$；(b) 评价器 1 的 NN 输出层权值 $\boldsymbol{W}_{C1}$

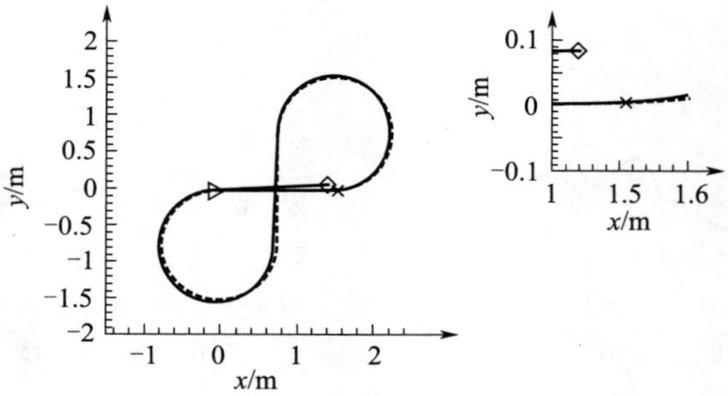

图 7-67 WMR 上 A 点期望的和实现的运动路径

表 7-31 选定性能指标的值

指标	$e_{\max 1j}$/rad	ε_{1j}/rad	$e_{\max 2j}$/(rad/s)	ε_{2j}/(rad/s)	$s_{\max j}$/(rad/s)	σ_j/(rad/s)
轮 1，$j=1$	0.91	0.41	1.1	0.18	1.38	0.27
轮 2，$j=2$	0.91	0.38	1.1	0.18	1.38	0.26

表 7-32 路径实现的选定性能指标的值

指标	$d_{\max}$/m	d_n/m	ρ_d/m
值	0.131	0.107	0.063

与评价器 NN 输出层初始权值不为零时，采用 DHP、GDHP 和 HDP 型 NDP 结构的控制算法进行数值测试所获得的数值相比，这里获得的性能指标的值更大。表 7-33 列出了沿 8 字形路径运动的第一和第二阶段的选定性能指标的值，它们是按照第 7.1.2.2 节数值测试中描述的方法计算的。

表 7-33 运动阶段Ⅰ和Ⅱ中选定的性能指标值

指标	$e_{\max 1j}$/rad	ε_{1j}/rad	$e_{\max 2j}$/(rad/s)	ε_{2j}/(rad/s)	$s_{\max j}$/(rad/s)	σ_j/(rad/s)
阶段Ⅰ，$k=1,\cdots,2\ 250$						
轮 1，$j=1$	0.91	0.52	1.1	0.21	1.38	0.35
轮 2，$j=2$	0.91	0.44	1.1	0.21	1.38	0.31

续表

指标	$e_{\max1j}$/rad	ε_{1j}/rad	$e_{\max2j}$/(rad/s)	ε_{2j}/(rad/s)	$s_{\max j}$/(rad/s)	σ_j/(rad/s)
阶段Ⅱ, $k=2\ 251,\cdots,4\ 500$						
轮 1, $j=1$	0.39	0.18	0.39	0.13	0.43	0.16
轮 2, $j=2$	0.73	0.45	0.35	0.14	0.53	0.27

在运动的第二阶段获得的选定性能指标的值比第一阶段更低。

7.7.3 结论

在 WMR 上 A 点的跟踪控制算法中，对被控对象的非线性进行了补偿，实现方式是采用 ADHDP 型 NDP 结构。该控制系统实现了质量良好的跟踪运动，表现为实现性能指标的值较低。在数值测试中采用了最不利的假设：NDP 结构的 NN 输出层初始权值为零。在控制系统的综合中无须知道被控对象的数学模型，这是 ADHDP 算法的特点，也使该算法区别于其他的 NDP 结构。从数值测试的结果看，被控对象模型信息的缺乏，导致了跟踪控制的质量较低。在这种情况下，评价器 NN 不仅要近似地描述价值函数与对象状态的关系，而且还要描述价值函数与所生成控制信号的关系。由于这个原因，我们正在进一步开发 ADHDP 算法的评价器 NN 结构。所提出的带有 ADHDP 算法的控制系统的特点是跟踪运动的实现质量与自适应和神经网络控制算法相当。

7.8 WMR 运动的行为控制

近年来，移动机器人技术得到蓬勃发展，大大拓宽了其应用范围，同时也提高了移动机器人执行复杂性任务的能力。这促进了相关算法的开发需求，用以控制移动平台的运动实现。WMR 设计复杂性的提高、周围环境可用信息量的增加，以及微处理器水平的提升，使得实时生成 WMR 轨迹的控制系统设计成为可能，并有可能对其进行在线修改以对环境条件（如障碍物）做出响应。最常见的自主 WMR 的控制任务是以分层控制系统的形式实现的，其中规划 WMR 上选定点的运动轨迹的层产生一个由跟踪控制系统实现的无碰撞轨迹。WMR 轨迹规划的方法有许多。以向控制系统提供的关于环境的可用信息量（以周围环境地图的形式）作为分类标准，它们可以分为以下两类。

第一类中所包含的算法使我们能够在已知环境中定义 WMR 的无碰撞轨迹，它们被称为全局方法。假设周围环境的精确地图是已知的，这样在运动开始前就有可能生成一个无碰撞的轨迹，然后由分层控制系统的跟踪控制层实现这个轨迹。这些方法的特点是计算成本高，对任务初始条件的变化（障碍物配置的变化，新的或移动障碍物的出现）几乎没有应对能力。此外，它们需要对环境有充分的了解，这就使它们无法应用于开放环境，或者由于经济原因而没有充分配备传感器的环境。全局运动规划方法的一个例子是人工势场法[2,7,23]。在该方法中，一个人工势场被分配到一个已知的环境地图上，其中的目标“吸引”机器人，而障碍物则产生一个排斥性的势。WMR 上给定点的运动路径是根据人工势场的梯度来确定的。人工势场法的一个缺点是有可能出现势能函数的局部最小值，会导致机器人被卡住。全局方法的其他例子还有 Voronoi 图法[6,28]和可见度图法[55,57]。

第二类算法称为局部方法，它们能够在未知环境中定义无碰撞轨迹。在这些任务中，环境地图是未知的，有关障碍物距离的信息是由机器人的传感系统在行进中持续获得的[19,23,37-39,71,72]，这使得它只能确定机器人当前状态周围的最近一段轨迹。最终的轨迹是由机器人运动时生成的诸多局部片段组合而成。这些算法被称为反应式算法，或基于传感器信号的算法。这种算法的例子包括产生行为（反应）控制的系统，其灵感来自动物世界[9,10,38,39,47,71,72]。这些行为很简单，可以观察到（例如在昆虫当中）。在这些行为中，有目标搜寻（GS）任务（如寻找食物来源），有“开放空间中心保持”任务，该任务可以被看作是避障（OA）任务。

图 7－68（a）和（b）给出了各种基本行为的实施方案。无论是 OA 还是 GS 类型，没有一个行为控制系统能够实现“OA 和 GS 行为的组合”（CB）这样的复杂任务，如图 7－68（c）所示。要实现这样的任务，可以通过将 GS 和 OA 的行为控制相结合，辅之以相关的切换机制。生成机器人运动轨迹的局部方法的其他例子还有势场法[1,60,62]或弹性带法[8]。

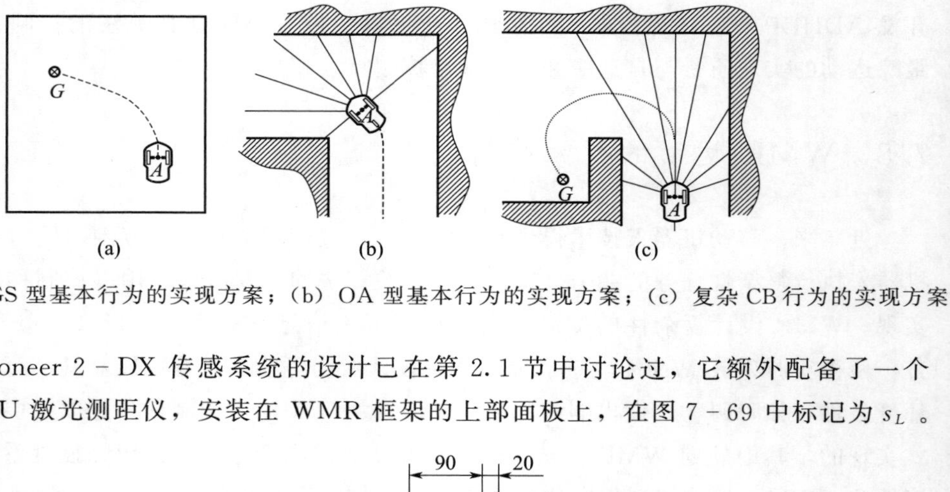

图 7－68　(a) GS 型基本行为的实现方案；(b) OA 型基本行为的实现方案；(c) 复杂 CB 行为的实现方案

WMR Pioneer 2－DX 传感系统的设计已在第 2.1 节中讨论过，它额外配备了一个 Banner LT3PU 激光测距仪，安装在 WMR 框架的上部面板上，在图 7－69 中标记为 s_L。

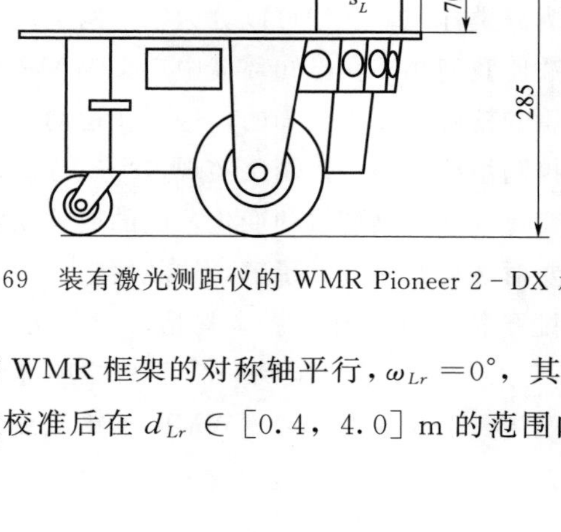

图 7－69　装有激光测距仪的 WMR Pioneer 2－DX 示意图

激光测距仪的光轴与 WMR 框架的对称轴平行，$\omega_{Lr}=0°$，其尺寸为 90 mm×70 mm×35 mm。激光测距仪经过校准后在 $d_{Lr}\in[0.4, 4.0]$ m 的范围内测量距离。它的电源为

12 V，输出信号 $U_L \in [0, 10]$ V，由数字信号处理板的 12 位 A/D 转换器转换为经过充分比例缩放的，从 WMR 上的所选点到障碍物的距离信息。

到障碍物的距离由 WMR Pioneer 2 - DX 的传感系统测量，包括各个超声波传感器 s_{u1}，…，s_{u8} 按预定顺序进行的周期性的测量。到障碍物的最大测量距离是 $d_{\max}=6$ m。位于 WMR 前面的障碍物的距离是由激光测距仪测量的，它独立于使用超声波传感器进行的测量。

图 7 - 70 给出了 WMR Pioneer 2 - DX 在测量环境中的示意图，其中使用了以下符号：l、l_1 为 WMR 的几何尺寸；β 为框架旋转角度；$A(x_A, y_A)$ 为 WMR 框架对称面和驱动轮轴的相交点；$G(x_G, y_G)$ 为 WMR 运动的选定目标；x_1，y_1 为与 A 点相连的动坐标系的轴，x_1 轴与 WMR 框架的对称轴相同；p_G 为通过 A 和 G 点的直线；ψ_G 为直线 p_G 与 x_1 轴之间的夹角；φ_G 为直线 p_G 与固定坐标系的 x 轴之间的夹角；d_{Li}、d_{Ri} 为对障碍物距离的测量，由 WMR 的传感系统得到，从所有测量中选择，并分配给 WMR 框架左侧和右侧的距离测量组，$i=1, 2$；d_F 为 WMR 框架前面障碍物距离的测量，由激光测距仪得到，$d_F = d_{Lr}$；ω_{Li}、ω_{Ri} 为各个测量轴与动坐标系 x_1 轴之间的夹角。WMR 到目标的距离 d_G 定义为线段 AG 的长度 $d_G=|AG|$。

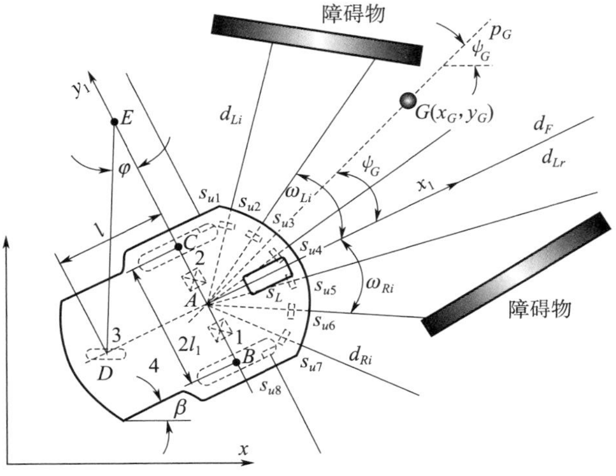

图 7 - 70　测量环境中的 WMR Pioneer 2 - DX 示意图

因此，扩展的 WMR Pioneer 2 - DX 传感系统由 8 个超声波声纳，s_{u1}，…，s_{u8} 和一个激光测距仪 s_L 组成。为了实现行为控制的生成任务，选定的传感器被分配到三个组。第一组传感器的任务是测量 WMR 框架左边障碍物的距离；它包括传感器 s_{u2} 和 s_{u3}，其测量值相应地用 $d_{L1\{k\}}(s_{u2})$ 和 $d_{L2\{k\}}(s_{u3})$ 表示。位于 WMR 前方的障碍物的距离由激光测距仪 s_L 测量，测量值用 $d_{Lr\{k\}}$ 表示。第三组传感器的任务是测量 WMR 框架右侧障碍物的距离。第三组传感器包括声纳 s_{u6} 和 s_{u7}，其测量值分别用 $d_{R1\{k\}}(s_{u6})$、$d_{R2\{k\}}(s_{u7})$ 表示。

生成行为控制信号的算法基于的是从环境获得的反馈信息，这些反馈信息由 WMR 的传感系统提供，包括各组传感器测量的障碍物距离值。通过信号的适当转换，分层控制系统的轨迹生成层的输入信号按比例被缩减到区间［0，1］内。位于 WMR 前面的障碍物的归一化距离是根据激光测距仪的信号，通过式 $d^{*}_{F\{k\}}=d_{Lr\{k\}}/d_{F\max}$ 计算得到的，其中 $d_{F\max}=4$ m 是激光测距仪的量程。为了避免与障碍物相撞，从 WMR Pioneer 2-DX 框架左右两侧的传感器组信号中，分别根据式 $d_{Lm\{k\}}=\min(d_{L1\{k\}}(s_{u2}),\ d_{L2\{k\}}(s_{u3}))$，$d_{Rm\{k\}}=\min(d_{R1\{k\}}(s_{u6}),\ d_{R2\{k\}}(s_{u7}))$ 选择最小值。然后，对这些值进行缩放。$d^{*}_{L\{k\}}=2[d_{Lm\{k\}}/(d_{Lm\{k\}}+d_{Rm\{k\}})-0.5]$ 是到 WMR 框架左侧障碍物的归一化距离，$d^{*}_{R\{k\}}=2[d_{Rm\{k\}}/(d_{Lm\{k\}}+d_{Rm\{k\}})-0.5]$ 是到 WMR 框架右侧障碍物的归一化距离。

7.8.1 行为控制综合

WMR 实现自主运动的困难在于必须获得和处理来自环境的信息，以便检测机器人附近的障碍物，或确定运动的目标。对环境信息的获取可以通过各种方式进行。其中一种是应用超声波距离传感器，其优点是传感器成本低和测量处理简便，其缺点是测量范围通常限于几米，容易受到干扰，使用多传感器时测量还有交叉干扰，以及测量时间较长。另一种测量系统是激光测距仪，近年来越来越多地被用于 WMR，与超声波传感器相比，激光测距仪的测量范围更大，测量精度更高，测量时间更短，对干扰的敏感性更低。此外，成组使用这样的传感器获取信息，不会导致各个传感器的测量结果出现交叉干扰。它们的缺点是价格相对较高，而且在机器人传感系统的应用场景中，是一种点对点的距离测量。如果想获得有关机器人周围障碍物的距离的数据，必须使用多个传感器。消除该缺陷的一个有效解决方案是采用激光扫描仪，它的光束利用旋转镜扫过传感器周围的空间，从而可以从相对传感器轴线的大角度范围获取信息。然而，采用这种测量方法，采集到与机器人周围障碍物的距离有关的数据耗时较长。目前，在机器人传感系统中，越来越多地使用视觉系统。这类系统能够获取大量的数据，在未知的环境中进行距离测量和导航，但它们要求控制单元有很大的计算能力来处理数据。实现 WMR 自主运动的另一个问题是处理从传感系统获得的信息，实时生成一个无碰撞的轨迹，并实现它。前面各节讨论了 WMR 的运动实现方法。本节讨论 GS 和 OA 类型的基本行为，并介绍如何在复杂的 CB 任务中使用 NDP 算法完成行为控制算法的综合。

7.8.1.1 “目标搜寻”任务

面向基本的 GS 任务的行为控制旨在生成控制信号，从而在此基础上计算出期望的轨迹，保证 WMR 上的选定点 A 到达选定的目标位置点 G。机器人框架在目标位置的方向无关紧要。这一任务可以看作是距离 $d_{G\{k\}}=|AG|$ 和角度 $\psi_{G\{k\}}$ 的最小化问题，该角度定义为 WMR 框架的轴线与通过 A 和 G 点的直线 p_G 之间的偏角。

在该任务中，除了定义 WMR 的框架轴线偏离通过 A、G 点的直线 p_G 的误差角 $\psi_{G\{k\}}$ 以外，还定义了速度误差 $e_{Gv\{k\}}$，它们的表达式分别为

$$\begin{aligned} e_{Gv\{k\}} &= f(d_{G\{k\}})-\frac{v_{A\{k\}}}{v_A^{*}} \\ \psi_{G\{k\}} &= \varphi_{G\{k\}}-\beta_{\{k\}} \end{aligned} \tag{7-134}$$

其中，$f(\cdot)$ 为比例缩放的双极 sigmoid 函数；$v_{A\{k\}}$ 为 WMR 上 A 点的运动实现速度；v_A^* 为 WMR 上 A 点的最大期望速度。$\varphi_{G\{k\}}$ 由下式确定

$$\varphi_{G\{k\}}=\arctan\left(\frac{y_{G\{k\}}-y_{A\{k\}}}{x_{G\{k\}}-x_{A\{k\}}}\right) \tag{7-135}$$

行为控制算法的任务是：基于 WMR 上点 A 的当前位置和目标 G 的信息，确定控制信号 $\boldsymbol{u}_{G\{k\}}=[u_{Gv\{k\}},\ u_{G\dot{\beta}\{k\}}]^{\mathrm{T}}$，使指标式（7 - 134）的值最小化。控制信号如下：$u_{Gv\{k\}}\in[0,\ 1]$ 为控制点 A 的期望速度的归一化信号，$u_{G\dot{\beta}\{k\}}\in[-1,\ 1]$ 为控制 WMR 框架自身旋转的期望角速度的归一化信号。生成的控制信号被进一步转换为从 WMR 上 A 点的当前位置到 G 点的期望轨迹。

7.8.1.2　“避障”任务

面向“开放空间中心保持”或 OA 任务的行为控制旨在生成控制信号，从而确定与障碍物的距离最大的 WMR 上的选定点 A 的期望运动轨迹，因此，沿该轨迹，WMR 上的所选点占据开放空间的中心。控制信号是基于来自机器人传感系统的信息产生的。

在 OA 类型的任务中，速度误差 $e_{Ov\{k\}}$ 和开放空间中心的保持误差 $e_{O\dot{\beta}\{k\}}$ 被定义为

$$\begin{aligned}e_{Ov\{k\}}&=f(d_{F\{k\}}^*)-\frac{v_{A\{k\}}}{v_A^*}\\e_{O\dot{\beta}\{k\}}&=d_{R\{k\}}^*-d_{L\{k\}}^*\end{aligned} \tag{7-136}$$

在 OA 类型的任务中，行为控制算法产生控制信号 $\boldsymbol{u}_{O\{k\}}=[u_{Ov\{k\}},\ u_{O\dot{\beta}\{k\}}]^{\mathrm{T}}$，使式（7 - 136）的误差值最小化，其中 $u_{Ov\{k\}}\in[0,\ 1]$ 为控制 WMR 上点 A 的期望速度的归一化信号，$u_{O\dot{\beta}\{k\}}\in[0,\ 1]$ 为控制 WMR 框架自身旋转的期望角速度的归一化信号。生成的控制信号被转换为 WMR 上 A 点期望的无碰撞运动轨迹，而运动目的地并没有被定义。

7.8.1.3　“带避障的目标搜寻”任务

在面向“带避障的目标搜寻”任务的分层控制系统中，无碰撞轨迹生成层的任务是在二维环境中生成 WMR 上 A 点的期望轨迹，确保实现一个复杂的任务：规避静态障碍的目标搜索。因此，该任务是 GS 和 OA 两个类型任务的组合。它可以通过多种方式实现，例如，可以将 GS 和 OA 类型任务中行为控制算法的控制信号的组合作为控制信号，并给各个任务的控制信号分配一个固定的权重[11,52]，或者使各个任务的控制信号的影响取决于环境信息。第二种解决方案需要应用一个附加算法生成一个信号，对各个行为控制算法的控制信号在轨迹生成层的总控制信号中的所占分量进行比例调节。举个例子，这种算法可以通过使用模糊逻辑控制器（FLC）来实现[45,52]。图 7 - 71 给出了 CB 任务中轨迹生成层的一个典型结构，通过使用 FLC 来调节各个行为控制的占比。

在本章中，一个 CB 任务是通过使用两个 ADHDP 型 NDP 结构和一个比例控制器实现的，从而简化了轨迹生成层的结构。轨迹生成器的总控制信号 $\boldsymbol{u}_{B\{k\}}=[u_{Bv\{k\}},\ u_{B\dot{\beta}\{k\}}]^{\mathrm{T}}$ 由两个 ADHDP 算法产生的控制信号 $\boldsymbol{u}_{BA\{k\}}=[u_{BAv\{k\}},\ u_{BA\dot{\beta}\{k\}}]^{\mathrm{T}}$ 和一个比例控制器 P 的控制信号 $\boldsymbol{u}_{BP\{k\}}$ 组成，如下所示

$$\boldsymbol{u}_{B\{k\}}=\boldsymbol{u}_{BA\{k\}}+\boldsymbol{u}_{BP\{k\}} \tag{7-137}$$

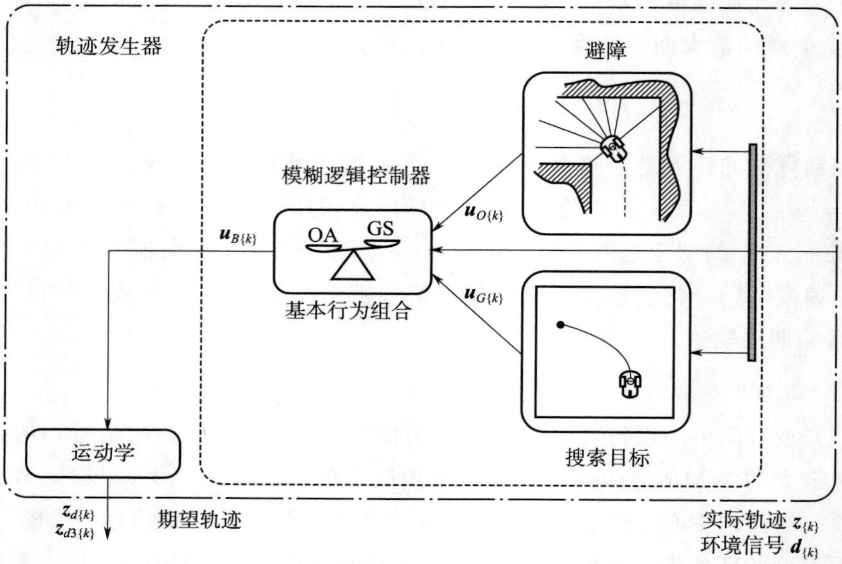

图 7-71　模糊逻辑控制器与行为控制相结合的轨迹生成层示意图

其中控制器 P 的控制信号由下式表示

$$\boldsymbol{u}_{BP\{k\}}=\boldsymbol{K}_{BP}\,\boldsymbol{e}_{B\{k\}} \tag{7-138}$$

其中，$\boldsymbol{e}_{B\{k\}}=[e_{Bv\{k\}},\ e_{O\dot{\beta}\{k\}},\ \psi_{G\{k\}}]^{\mathrm{T}}$ 为误差向量，定义为

$$\begin{aligned}e_{Bv\{k\}}&=\min(f(d^*_{F\{k\}}),f(d_{G\{k\}}))-\frac{v_{A\{k\}}}{v^*_A}\\ e_{O\dot{\beta}\{k\}}&=d^*_{R\{k\}}-d^*_{L\{k\}}\\ \psi_{G\{k\}}&=\varphi_{G\{k\}}-\beta_{\{k\}}\end{aligned} \tag{7-139}$$

上式中出现的符号如下：$f(\cdot)$ 为比例缩放的双极 sigmoid 函数，$\boldsymbol{K}_{BP}$ 为比例控制器增益矩阵，定义为

$$\boldsymbol{K}_{BP}=\begin{bmatrix}k_v & 0 & 0\\ 0 & k_O & k_\psi\end{bmatrix} \tag{7-140}$$

其中，k_v、k_O、k_ψ 为正常值设计参数。

控制信号 $u_{Bv\{k\}}\in[0,\ 1]$ 是无碰撞运动轨迹生成层的归一化信号，控制 WMR 上 A 点的期望速度，$u_{B\dot{\beta}\{k\}}\in[-1,\ 1]$ 是控制 WMR 框架自身旋转期望角速度的归一化信号。

图 7-72 给出了一个分层控制系统，该系统包含一个使用比例控制器和 ADHDP 结构实现的轨迹规划层，在 CB 任务中生成行为控制信号。运动实现层由跟踪控制系统构成，采用 DHP 型 NDP 算法，在第 7.5.1 节中对其有详细描述。在轨迹生成层，应用了 ADHDP 算法，因为它是 NDP 结构系列中唯一不需要在动作器和评价器 NN 权值自适应调整过程中知道控制对象模型的。这使得它有可能胜任在未知环境中规划 WMR 上 A 点轨迹的任务。所提出的控制算法在文献［48，49，51，54］中有讨论。

在运动规划层，应用了两种 ADHDP 算法。它们的任务是产生次优控制律，使以下价

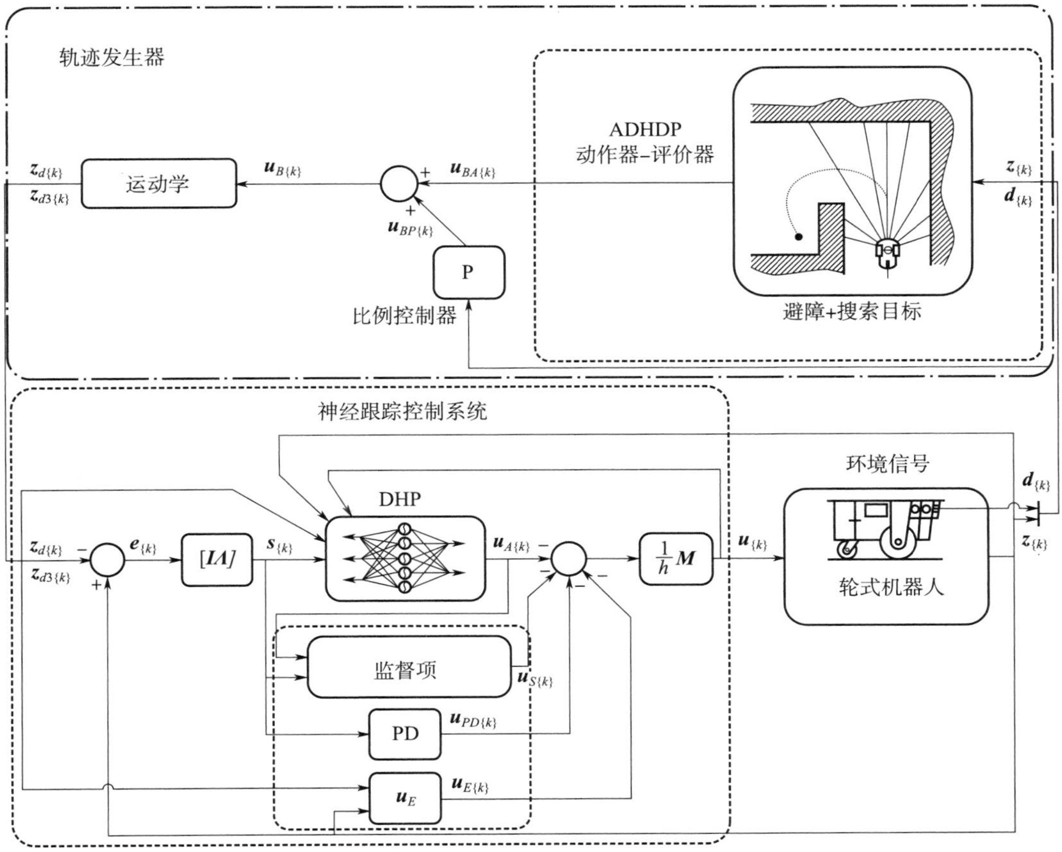

图 7-72　用于 CB 任务实现的分层 WMR 运动控制系统方案

值函数最小化

$$V_{Bv\{k\}}(e_{Bv\{k\}},u_{Bv\{k\}})=\sum_{k=0}^{n}\gamma^k L_{Bv\{k\}}(e_{Bv\{k\}},u_{Bv\{k\}})$$

$$V_{B\dot{\beta}\{k\}}(e_{O\dot{\beta}\{k\}},\psi_{G\{k\}},u_{B\dot{\beta}\{k\}})=\sum_{k=0}^{n}\gamma^k L_{B\dot{\beta}\{k\}}(e_{O\dot{\beta}\{k\}},\psi_{G\{k\}},u_{B\dot{\beta}\{k\}}) \tag{7-141}$$

其中，代价函数如下

$$L_{Bv\{k\}}(e_{Bv\{k\}},u_{Bv\{k\}})=\frac{1}{2}R_v f^2(e_{Bv\{k\}})+\frac{1}{2}Q_v u_{Bv\{k\}}^2$$

$$L_{B\dot{\beta}\{k\}}(e_{O\dot{\beta}},\psi_{G\{k\}},u_{B\dot{\beta}\{k\}})=\frac{1}{2}R_{O\dot{\beta}}e_{O\dot{\beta}\{k\}}^2+\frac{1}{2}R_{G\dot{\beta}}f^2(\psi_{G\{k\}})+\frac{1}{2}Q_{\dot{\beta}}u_{B\dot{\beta}\{k\}}^2 \tag{7-142}$$

其中，R_v、Q_v、$R_{O\dot{\beta}}$、$R_{G\dot{\beta}}$、$Q_{\dot{\beta}}$ 为正设计系数，它们决定各个误差和控制信号对代价函数值的影响。

考虑基于代价函数式（7-142）的价值函数式（7-141），ADHDP 算法的任务是生成一个控制律，使各个误差和控制信号的值最小。

在生成控制信号 $u_{BAv\{k\}}$ 和 $u_{B\dot{\beta}\{k\}}$ 的任务中，应用了两种 ADHDP 结构，它们为：

1）动作器：以 RVFL NN 的形式实现，产生一个次优控制律

$$
\begin{aligned}
u_{BAv\{k\}}(\boldsymbol{x}_{BAv\{k\}},\boldsymbol{W}_{BAv\{k\}}) &= \boldsymbol{W}_{BAv\{k\}}^{\mathrm{T}}\boldsymbol{S}(\boldsymbol{D}_{BAv}^{\mathrm{T}}\boldsymbol{x}_{BAv\{k\}})\\
u_{BA\dot{\beta}\{k\}}(\boldsymbol{x}_{BA\dot{\beta}\{k\}},\boldsymbol{W}_{BA\dot{\beta}\{k\}}) &= \boldsymbol{W}_{BA\dot{\beta}\{k\}}^{\mathrm{T}}\boldsymbol{S}(\boldsymbol{D}_{BA\dot{\beta}}^{\mathrm{T}}\boldsymbol{x}_{BA\dot{\beta}\{k\}})
\end{aligned}
\tag{7-143}
$$

其中，$\boldsymbol{x}_{BAv\{k\}}=[1,\ f(e_{Bv\{k\}})]^{\mathrm{T}}$、$\boldsymbol{x}_{BA\dot{\beta}\{k\}}=[1,\ e_{O\dot{\beta}\{k\}},\ f(\psi_{G\{k\}})]^{\mathrm{T}}$ 为各个动作器 NN 的输入向量；$\boldsymbol{D}_{BAv}$、$\boldsymbol{D}_{BA\dot{\beta}}$ 为动作器 NN 输入层的常值权值矩阵，在 NN 初始化过程中随机选取；$f(\cdot)$ 为比例缩放的双极 sigmoid 函数。

动作器 NN 的权值是通过使用性能指标的反向传播方法来自适应调整的

$$
\begin{aligned}
e_{BAv\{k\}} &= \frac{\partial L_{Bv\{k\}}(e_{Bv\{k\}},u_{Bv\{k\}})}{\partial u_{Bv\{k\}}}+\gamma\frac{\partial \hat{V}_{Bv\{k+1\}}(\boldsymbol{x}_{BCv\{k+1\}},\boldsymbol{W}_{BCv\{k\}})}{\partial u_{Bv\{k\}}}\\
e_{BA\dot{\beta}\{k\}} &= \frac{\partial L_{B\dot{\beta}\{k\}}(e_{O\dot{\beta}},\psi_{G\{k\}},u_{B\dot{\beta}\{k\}})}{\partial u_{B\dot{\beta}\{k\}}}+\gamma\frac{\partial \hat{V}_{B\dot{\beta}\{k+1\}}(\boldsymbol{x}_{BC\dot{\beta}\{k+1\}},\boldsymbol{W}_{BC\dot{\beta}\{k\}})}{\partial u_{B\dot{\beta}\{k\}}}
\end{aligned}
\tag{7-144}
$$

2）评价器：通过应用 RVFL NN 逼近价值函数式（7-141）。评价器生成以下形式的信号

$$
\begin{aligned}
u_{Bv\{k\}}(\boldsymbol{x}_{BCv\{k\}},\boldsymbol{W}_{BCv\{k\}}) &= \boldsymbol{W}_{BCv\{k\}}^{\mathrm{T}}\boldsymbol{S}(\boldsymbol{D}_{BCv}^{\mathrm{T}}\boldsymbol{x}_{BCv\{k\}})\\
u_{B\dot{\beta}\{k\}}(\boldsymbol{x}_{BC\dot{\beta}\{k\}},\boldsymbol{W}_{BC\dot{\beta}\{k\}}) &= \boldsymbol{W}_{BC\dot{\beta}\{k\}}^{\mathrm{T}}\boldsymbol{S}(\boldsymbol{D}_{BC\dot{\beta}}^{\mathrm{T}}\boldsymbol{x}_{BC\dot{\beta}\{k\}})
\end{aligned}
\tag{7-145}
$$

其中，$\boldsymbol{W}_{BCv\{k\}}$、$\boldsymbol{W}_{BC\dot{\beta}\{k\}}$ 为评价器 NN 输出层的权值向量；$\boldsymbol{x}_{BCv\{k\}}=[f(e_{Bv\{k\}}),\ u_{Bv\{k\}}]^{\mathrm{T}}$、$\boldsymbol{x}_{BC\dot{\beta}\{k\}}=[e_{O\dot{\beta}\{k\}},\ f(\psi_{G\{k\}}),\ u_{B\dot{\beta}\{k\}}]^{\mathrm{T}}$ 为评价器 NN 的输入向量；$\boldsymbol{D}_{BCv}$，$\boldsymbol{D}_{BC\dot{\beta}}$ 为评价器 NN 输入层的常值权值矩阵，在 NN 的初始化过程中随机选取。

评价器 NN 的权值是通过使用时间差分误差的反向传播方法来调整的

$$
\begin{aligned}
e_{BCv\{k\}} &= L_{Bv\{k\}}(e_{Bv\{k\}},u_{Bv\{k\}})+\gamma\hat{V}_{Bv\{k+1\}}(\boldsymbol{x}_{BCv\{k+1\}},\boldsymbol{W}_{BCv\{k\}})\\
&\quad -\hat{V}_{Bv\{k\}}(\boldsymbol{x}_{BCv\{k\}},\boldsymbol{W}_{BCv\{k\}})\\
e_{BC\dot{\beta}\{k\}} &= L_{B\dot{\beta}\{k\}}(e_{O\dot{\beta}},\psi_{G\{k\}},u_{B\dot{\beta}\{k\}})+\gamma\hat{V}_{B\dot{\beta}\{k+1\}}(\boldsymbol{x}_{BC\dot{\beta}\{k+1\}},\boldsymbol{W}_{BC\dot{\beta}\{k\}})\\
&\quad -\hat{V}_{B\dot{\beta}\{k\}}(\boldsymbol{x}_{BC\dot{\beta}\{k\}},\boldsymbol{W}_{BC\dot{\beta}\{k\}})
\end{aligned}
\tag{7-146}
$$

生成的控制信号 $u_{Bv\{k\}}$、$u_{B\dot{\beta}\{k\}}$ 使得系统能够确定 WMR 的驱动轮的期望旋转角速度。

在全局固定坐标系 xy 中，WMR 的位置由坐标 $[x_{A\{k\}},\ y_{A\{k\}},\ \beta_{\{k\}}]^{\mathrm{T}}$ 描述，其中 $x_{A\{k\}}$、$y_{A\{k\}}$ 为 WMR 上 A 点的坐标，$\beta_{\{k\}}$ 为 WMR 框架自身旋转的角度。为了生成 WMR 上 A 点的轨迹，采用第 2.1.1 节中提出的逆运动学问题的改进描述。在利用行为控制生成所需轨迹的任务中，全局坐标系 xy 内 A 点的位置参数和 WMR 框架方向参数的变化由下式定义

$$
\begin{bmatrix}\dot{x}_{Ad\{k\}}\\ \dot{y}_{Ad\{k\}}\\ \dot{\beta}_{d\{k\}}\end{bmatrix}=\begin{bmatrix}v_A^*\cos(\beta) & 0\\ v_A^*\sin(\beta) & 0\\ 0 & \dot{\beta}^*\end{bmatrix}\begin{bmatrix}u_{Bv\{k\}}\\ u_{B\dot{\beta}\{k\}}\end{bmatrix}
\tag{7-147}
$$

其中，v_A^* 为 WMR 上点 A 的最大期望速度，$\dot{\beta}^*$ 为 WMR 框架自身旋转的最大期望角速度。

考虑到式（7－147），式（2－17）有如下形式

$$\begin{bmatrix} z_{d21\{k\}} \\ z_{d22\{k\}} \end{bmatrix} = \frac{1}{r} \begin{bmatrix} v_A^* & \dot{\beta}^* l_1 \\ v_A^* & -\dot{\beta}^* l_1 \end{bmatrix} \begin{bmatrix} u_{Bv\{k\}} \\ u_{B\dot{\beta}\{k\}} \end{bmatrix} \quad (7-148)$$

其中，WMR 驱动轮自身旋转角速度的离散期望值根据行为控制信号 $u_{Bv\{k\}}$，$u_{B\dot{\beta}\{k\}}$ 生成。

生成的期望角速度值被转换为驱动轮自身旋转的期望角度 $z_{d11\{k\}}$、$z_{d12\{k\}}$，以及期望角加速度 $z_{d31\{k\}}$、$z_{d32\{k\}}$。生成的期望轨迹由跟踪控制系统实现。

7.8.2　仿真测试

对面向 CB 任务的轨迹规划层进行数值仿真，其中使用了两个 ADHDP 型 NDP 结构的算法，以下称之为神经网络轨迹发生器。分层控制系统的轨迹生成层的任务是规划 WMR 的无碰撞轨迹，通过实现该轨迹将 WMR 上的点 A 从初始位置移动到选定坐标的目的地 G 点。到达目标时，WMR 框架的方向无关紧要。为了完成 CB 任务，设计了一个复杂形状的虚拟测量环境，其中 WMR 上 A 点的初始位置选定在 S 点（0.5，1.0）。通过适当选取 WMR 运动的目标位置，使得单纯使用 OA 或 GS 类型的行为控制都不可能达到这些目标。单纯应用 OA 行为控制不能保证达到目标 G，而单纯使用 GS 控制则可能导致与障碍物的碰撞。所设计的 WMR 的轨迹规划算法实现了行为控制的软切换功能，以便在一个要求规避障碍物的目标搜寻复杂任务中生成一个轨迹。生成的期望轨迹由一个神经网络跟踪控制系统来实现，该系统使用 DHP 型 NDP 结构，对其详细的讨论见第 7.5.1 节。

分层控制系统的任务是生成并实现 WMR 上 A 点到虚拟测量环境的目标点 G_A(4.9，3.5)、G_B(10.3，3.0) 和 G_C(7.6，1.5) 的期望轨迹。图 7－73 给出了 WMR 上 A 点到各个目标位置的运动路径。

图中三角形表示 WMR 上 A 点的初始位置在 S 点（0.5，1.0），"×"表示目标的位置，菱形表示 WMR 上 A 点的最终位置。实线给出了点 A 的运动路径，而 WMR 框架的运动位置每 2 s 标记一次。

分层控制系统使用 ADHDP 结构的神经网络轨迹发生器和 DHP 结构的运动实现层来生成 WMR 上 A 点的无碰撞运动轨迹。在其仿真测试中使用了下述参数值。

1）生成控制信号 $u_{Bv\{k\}}$ 的 ADHDP 结构的参数。

a）动作器采用的 NN 类型：RVFL。

$m_A=8$：动作器 NN 神经元数量。

$\boldsymbol{\Gamma}_{BAv}=\text{diag}\{0.5\}$：权值 $\boldsymbol{W}_{BAv}$ 的自适应调整增益矩阵。

$\boldsymbol{D}_{BAv}$：NN 输入层权值，从区间 $D_{BAvi,i}\in[-0.5, 0.5]$ 中随机选取。

$\boldsymbol{W}_{BAv\{k=0\}}=\boldsymbol{0}$：输出层的零初始权值。

b）评价器采用的 NN 类型：RVFL。

$m_C=8$：评价器 NN 神经元数量。

$\boldsymbol{\Gamma}_{BCv}=\text{diag}\{0.9\}$：权值 $\boldsymbol{W}_{BCv}$ 的自适应调整增益矩阵。

$\boldsymbol{D}_{BCv}$：NN 输入层权值，从区间 $D_{BCvi,i}\in[-1, 1]$ 中随机选取。

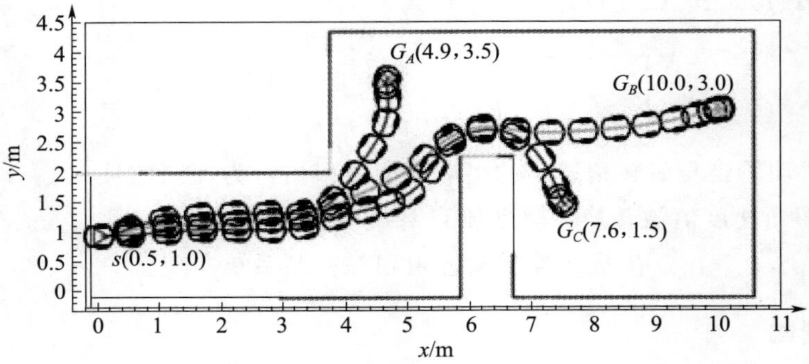

图 7-73　WMR 上 A 点到各个目标位置的运动路径（见彩插）

$\boldsymbol{W}_{BCv\{k=0\}}=\boldsymbol{0}$：输出层的零初始权值。

c) $R_v=1$，$Q_v=0.0001$：代价函数的比例缩放系数。

2）生成控制信号 $u_{BA\dot{\beta}}$ 的 ADHDP 结构参数。

a）采用的动作器 NN 类型：RVFL。

$m_A=8$：动作器 NN 神经元的数量。

$\boldsymbol{\Gamma}_{BA\dot{\beta}}=\mathrm{diag}\{0.02\}$：权值 $\boldsymbol{W}_{BA\dot{\beta}}$ 自适应调整增益矩阵。

$\boldsymbol{D}_{BA\dot{\beta}}$：NN 输入层权值，从区间 $D_{BA\dot{\beta}i,\,i}\in[-1,1]$ 中随机选取。

$\boldsymbol{W}_{BA\dot{\beta}\{k=0\}}=\boldsymbol{0}$：输出层的零初始权值。

b）采用的评价器 NN 类型：RVFL。

$m_C=8$：评价器 NN 神经元的数量。

$\boldsymbol{\Gamma}_{BC\dot{\beta}}=\mathrm{diag}\{0.02\}$：权值 $\boldsymbol{W}_{BC\dot{\beta}}$ 的自适应调整增益矩阵。

$\boldsymbol{D}_{BC\dot{\beta}}$：NN 输入层权值，从区间 $D_{BC\dot{\beta}i,\,i}\in[-1,1]$ 中随机选取。

$\boldsymbol{W}_{BC\dot{\beta}\{k=0\}}=\boldsymbol{0}$：输入层的零初始权值。

c) $R_{O\dot{\beta}}=1, R_{G\dot{\beta}}=1, Q_{\dot{\beta}}=1.5$：代价函数中的比例缩放系数。

3) $k_v=0.1$，$k_O=0.05$，$k_\psi=0.1/\pi$：比例控制器的增益。

4) $l_{AC}=3$：在迭代过程的第 k 步中，动作器和评价器结构自适应调整的内循环迭代步数。

5) $h=0.01$ s：数值仿真中计算步长的值。

在分层控制系统的运动实现层的所有数值仿真中，都采用了 DHP 结构的跟踪控制系统，其设置见第 7.5.2.1 节。只有跟踪控制系统的以下参数被改变：

1) $\boldsymbol{K}_D=1.8h\boldsymbol{I}$：PD 控制器增益矩阵。

2) $\boldsymbol{\Gamma}_{Aj}=\mathrm{diag}\{0.15\}$：动作器 NN 权值 $\boldsymbol{W}_{Aj}$（$j=1, 2$）的自适应调整增益矩阵。

3) $\boldsymbol{\Gamma}_{Cj}=\mathrm{diag}\{0.25\}$：评价器 NN 权值 $\boldsymbol{W}_{Cj}$ 的自适应调整增益矩阵。

在分层控制系统的数值和验证测试中，降低了 DHP 算法的动作器和评价器 NN 输出层的权值自适应调整增益系数值和运动实现层的 PD 控制器参数值。

生成 WMR 上 A 点轨迹的算法的数值测试是在离散时间域中进行的。对其描述时，为了简化变量符号，省略了变量符号中表示过程的第 k 步的索引号。为了便于分析结果，离散序列曲线的横轴用时间 t 进行标度。

7.8.2.1　行为控制研究

在运动规划层中，采用 ADHDP 型 NDP 算法，对在未知环境中生成 WMR 上 A 点的无碰撞运动轨迹的算法进行了数值测试。这一节将对数值测试详细讨论，其中分层控制系统的任务是在线生成 WMR 上 A 点从选定的初始位置 S 点（0.5，1.0）到目标位置 G_A 点（4.9，3.5）的期望轨迹，并实现该轨迹。该轨迹是在环境反馈的基础上规划的，反馈的形式是由模拟的距离传感器执行的测量。在图 7－74 中，WMR 上 A 点实现的运动路径用红线标记。

三角形表示 WMR 上 A 点的初始位置 S 点，菱形表示 A 点的最终位置，而“×”表示期望的最终位置 G_A（4.9，3.5）。WMR 框架的位置在非连续的时刻呈现，时间间隔为 2 s。红点表示由模拟的距离传感器检测到的障碍物位置。传感器的频率（f_S ＝100 Hz）等于仿真迭代步骤的频率。获得了大量的测量数据，这些测量数据在图 7－74 中的虚拟测量轨道墙壁周边上形成一条连续的红线。

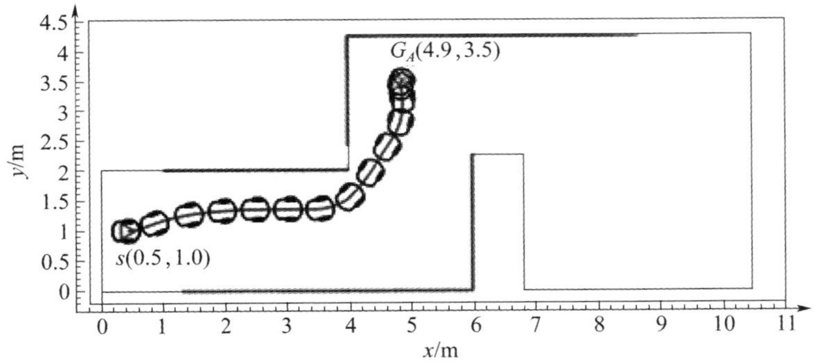

图 7－74　WMR 上 A 点到达目标点 G_A（4.9，3.5）的运动路径（见彩插）

WMR Pioneer 2－DX 模型在虚拟仿真环境中的运动路径是通过实现根据神经网络轨迹发生器的控制信号确定的轨迹而得到的。神经网络轨迹发生器的总控制信号（u_{Bv} 和 $u_{B\dot{\beta}}$）包含由动作器的 NN 产生的控制信号（u_{BAv} 和$u_{BA\dot{\beta}}$）和由比例控制器产生的控制信号（u_{BPv} 和$u_{BP\dot{\beta}}$）。这些信号的值如图 7－75 所示。

在神经轨迹生成器层中使用比例控制器，能够在运动的初始阶段就产生实现设定任务的控制信号，此时 ADHDP 结构的 NN 输出层权值还要从初始化时选择的零值开始进行调整。这种方法使得有可能通过“暗示”来对 NDP 结构执行的搜索进行约束，为找到次优控制提供正确的方向。随着 ADHDP 结构 NN 输出权值的自适应调整，控制信号 u_{BAv} 和 $u_{BA\dot{\beta}}$ 开始在总控制中占据主导地位，而比例控制器的控制信号的数值则接近于零。这种方法可以避免耗时的试错学习。

在动作器-评价器结构的初始化过程中，采用了最不利的情形，即 NN 输出层的权值等于零，这相当于没有初始知识。NN 输出层权值自适应调整过程按照采用的自适应算法

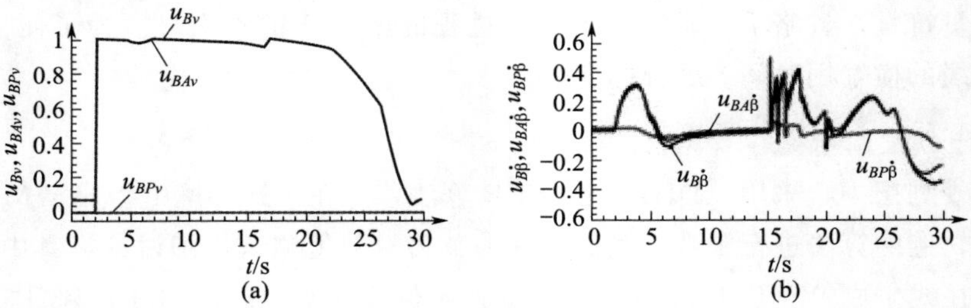

图 7－75　(a) 控制信号 u_{Bv}，u_{BAv}，u_{BPv}；(b) 控制信号 $u_{B\dot{\beta}}$，$u_{BA\dot{\beta}}$，$u_{BP\dot{\beta}}$（见彩插）

在线进行，图 7－76 给出了 ADHDP 结构中 NN 输出层的权值，它们是有界的。图 7－77 (a)给出了 WMR 上 A 点与目标之间的距离值 d_G，图 7－77 (b) 给出了角度 ψ_G 的值。与目标的距离 d_G 在运动中减小到接近于零的值。在运动的最后阶段，可以观察到角度 ψ_G 的值增加，这是因为我们假设机器人框架的轴线决定了方向，导致 WMR 上点 A 停在了一个比点 G 更远的地方。在这种情况下，角度 ψ_G 的值为 $\psi_G=\pi$ rad 或 $\psi_G=-\pi$ rad。

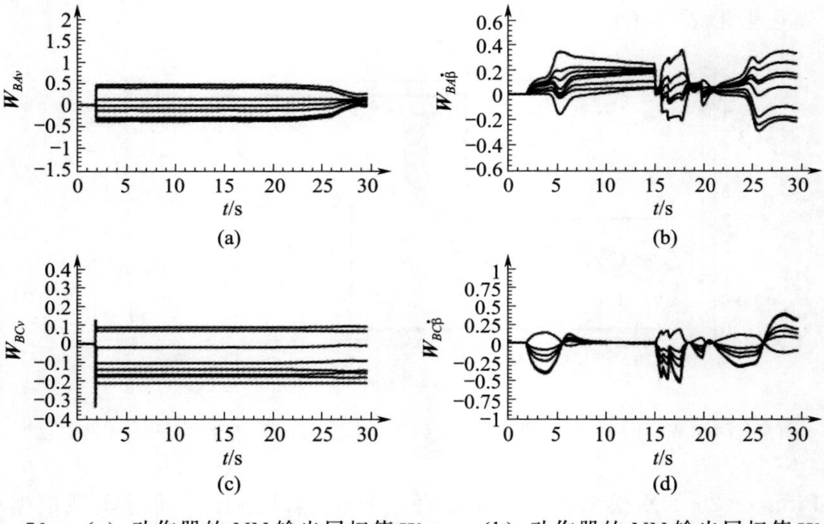

图 7－76　(a) 动作器的 NN 输出层权值 $\boldsymbol{W}_{BAv}$；(b) 动作器的 NN 输出层权值 $\boldsymbol{W}_{BA\dot{\beta}}$；(c) 评价器的 NN 输出层权值 $\boldsymbol{W}_{BCv}$；(d) 评价器的 NN 输出层权值 $\boldsymbol{W}_{BC\dot{\beta}}$

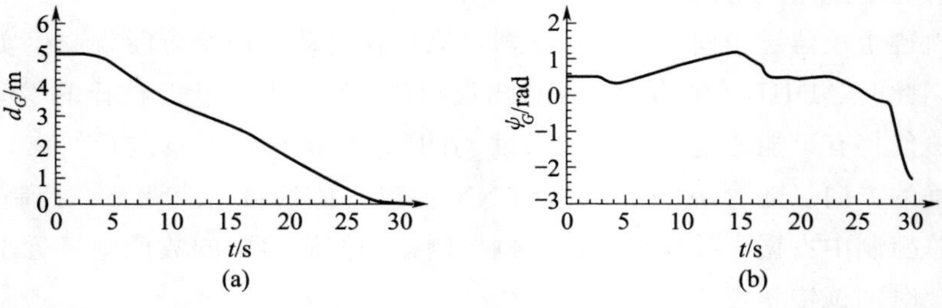

图 7－77　(a) WMR 上 A 点与目标点 G 之间的距离值 d_G；(b) 角度 ψ_G 的值

根据轨迹生成层的控制信号值，按照式（7－148）确定 WMR 驱动轮的运动参数值。

图 7－78（a）给出了 WMR 驱动轮自身旋转期望角速度的生成值 z_{d21} 和 z_{d22}。期望的轨迹由跟踪控制系统实现，其中应用了 DHP 算法来补偿被控对象的非线性。图 7－78（b）给出了控制轮 1 运动的总信号 u_1 的值、动作器 NN 的控制信号 U_{A1} 的值和 PD 控制信号 U_{PD1} 的比例缩放值。轨迹实现中有跟踪误差，对于 WMR 的轮 1，其轨迹跟踪误差由图 7－78（c）给出。DHP 算法中动作器结构的第一个 NN 输出层的权值 $\boldsymbol{W}_{A1}$ 如图 7－78（d）所示。

在运动实现层中，采用 DHP 动作器-评价器结构的 NN 输出层的初始权值为零，致使在运动的初始阶段跟踪误差值最大，这时生成的总控制信号中主要是 PD 控制器的控制信号 $\boldsymbol{u}_{PD}$。随着权值自适应调整过程的进行，动作器 NN 产生的控制信号值增加，开始在总控制信号中占主导地位，从而使跟踪误差减小。

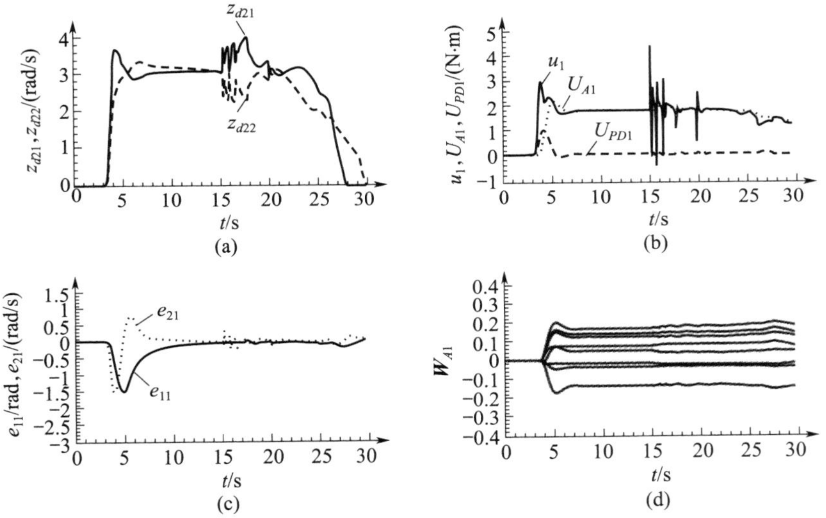

图 7－78　（a）驱动轮自身旋转的期望角速度值 z_{d21} 和 z_{d22}；（b）控制信号 u_1，由动作器 NN 产生的缩放控制信号 U_{A1}，$\boldsymbol{U}_A = -\frac{1}{h}\boldsymbol{M}\boldsymbol{u}_A$，由 PD 控制器产生的缩放控制信号 U_{PD1}，$\boldsymbol{U}_{PD} = -\frac{1}{h}\boldsymbol{M}\boldsymbol{u}_{PD}$；（c）跟踪误差 e_{11} 和 e_{21} 的值；（d）动作器 NN 输出层的权值 $\boldsymbol{W}_{A1}$

此外，在一个复杂的虚拟测量环境中对所提出的控制系统进行了数值仿真[48]。图 7－79 中给出了 WMR 上 A 点到各个目标位置的运动路径。

由于图 7－79 中的虚拟测量环境的复杂性和规模，无法在实验室条件下对该环境配置中的所提神经网络轨迹生成算法进行验证测试。对所提算法的验证测试是在图 7－73 所示的测量环境中进行的。

7.8.3　结论

WMR 在未知环境中运动的行为控制是一项复杂的任务，需要利用机器人的传感系统从环境中获取有关障碍物距离的信息，在现有信息的基础上确定机器人的位置和方向，并

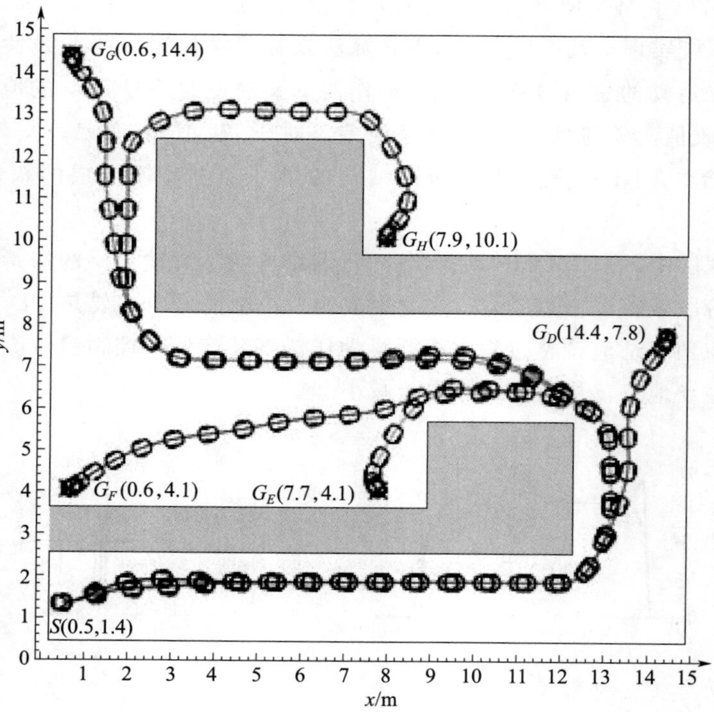

图 7-79　WMR 上 A 点到的各个目标位置的运动路径（见彩插）

控制执行器系统，以实时实现生成的轨迹。

所提的算法是在有静态障碍物的未知环境中生成 WMR 的无碰撞运动轨迹，执行轨迹规划的任务。通过实现生成的轨迹，机器人上的 A 点从选定的初始位置移动到位于测试路径上的一个特定的、可达的目标点。

仿真测试考察了所设计算法的运行情况，该算法生成的运动轨迹通向测试环境中选定的目标点。由于障碍物的分布，单纯使用 OA 或 GS 类型的行为控制无法使 WMR 上的 A 点抵达上述目标点。在这种情况下，朝着目标的运动是由轨迹规划层的控制来保证的，它通过在 OA 和 GS 两种类型的行为控制之间进行软切换，实现这两类行为控制的组合。这个问题是通过应用 ADHDP 型自适应评价器结构来解决的，它产生的控制信号使复杂的任务得以实现。

7.9　本章总结

这部分对 WMR 上 A 点的跟踪控制算法的数值测试进行总结。根据所选性能指标的值，对使用各种算法得到的运动实现的质量进行比较。跟踪控制系统的数值测试是在相同的条件下进行的，采用相同的轨迹，路径为“8”字形。

在各个数值仿真中获得的平均性能指标值是根据下列关系式确定的。

1）对于连续系统，实现驱动轮 1 和轮 2 自身期望旋转角度的平均最大误差值为

$$e_{\max a}=\frac{1}{2}(e_{\max 1}+e_{\max 2}) \tag{7-149}$$

或对于离散系统，该平均最大误差值为

$$e_{\max a}=\frac{1}{2}(e_{\max 11}+e_{\max 12}) \tag{7-150}$$

2）对于连续系统，实现期望旋转角度的平均均方根误差为

$$\varepsilon_{\mathrm{av}}=\frac{1}{2}(\varepsilon_1+\varepsilon_2) \tag{7-151}$$

或对于离散系统，该平均均方根误差为

$$\varepsilon_{\mathrm{av}}=\frac{1}{2}(\varepsilon_{11}+\varepsilon_{21}) \tag{7-152}$$

3）对于连续系统，实现期望角速度的平均最大误差值为

$$\dot{e}_{\max a}=\frac{1}{2}(\dot{e}_{\max 1}+\dot{e}_{\max 2}) \tag{7-153}$$

或对于离散系统，该平均最大误差值为

$$\dot{e}_{\max a}=\frac{1}{2}(e_{\max 21}+e_{\max 22}) \tag{7-154}$$

4）对于连续系统，实现期望角速度的平均均方根误差为

$$\dot{\varepsilon}_{\mathrm{av}}=\frac{1}{2}(\dot{\varepsilon}_1+\dot{\varepsilon}_2) \tag{7-155}$$

或对于离散系统，该平均均方根误差为

$$\dot{\varepsilon}_{\mathrm{av}}=\frac{1}{2}(\varepsilon_{21}+\varepsilon_{22}) \tag{7-156}$$

5）跟踪误差的平均最大值为

$$s_{\max a}=\frac{1}{2}(s_{\max 1}+s_{\max 2}) \tag{7-157}$$

6）平均均方根滤波跟踪误差为

$$\sigma_{\mathrm{av}}=0.5(\sigma_1+\sigma_2) \tag{7-158}$$

对以下跟踪控制算法的性能指标值进行了比较：

1）PD 控制器。

2）自适应控制系统。

3）神经网络控制系统。

4）采用 ADHDP 算法的控制系统。

5）采用 HDP 算法的控制系统，其评价器的 NN 输出层初始权值为零 $\boldsymbol{W}_{C\{0\}}=\boldsymbol{0}$（$\mathrm{HDP}_{W0}$）。

6）采用 HDP 算法的控制系统，其评价器的 NN 输出层初始权值不为零 $\boldsymbol{W}_{C\{0\}}=\boldsymbol{1}$（$\mathrm{HDP}_{W1}$）。

7）采用 GDHP 算法的控制系统。

8）采用 DHP 算法的控制系统。

在没有参数扰动的情况下，采用路径为“8”字形的轨迹，对 WMR 上 A 点跟踪运动实现的选定性能指标的值进行了比较。表 7－34 列出了这些性能指标值，表中对控制系统进行了相关编号，和对比柱状图中的顺序对应。在本节的后续部分都这样处理。

图 7－80 中的柱状图给出了性能指标 $s_{\max a}$ 和 σ_{av} 的值。白色（1）表示 PD 控制器的性能指标值；而灰色（2）表示自适应控制系统的性能指标值；绿色（3）是神经网络控制算法的性能指标值；采用 ADHDP 型 NDP 结构的控制系统的性能指标被标记为紫色（4）；采用 HDP 算法的控制系统（当评价器 NN 输出层的初始权值为零时）的性能指标标记为深蓝色（5）；采用 HDP 结构的控制系统（当评价器 NN 输出层的初始权值不为零时）其性能指标标记为浅蓝色（6）；采用 GDHP 型自适应评价器算法的跟踪控制系统得到的指标数值用红色（7）标记；采用 DHP 算法获得的指标数值用黄色（8）标记。

表 7－34　无扰动时，“8 ”字形运动路径的轨迹实现数值测试中的选定性能指标的值

No.	算法	$e_{\max a}$ /rad	ε_{av} /rad	$\dot{e}_{\max a}$ /(rad/s)	$\dot{\varepsilon}_{av}$ /(rad/s)	$s_{\max a}$ /(rad/s)	σ_{av} /(rad/s)
1	PD	4.16	3.31	2.56	0.47	3.25	1.74
2	Adaptive	1.3	0.34	1.76	0.21	2.04	0.27
3	Neural	1.13	0.2	1.87	0.28	2.19	0.29
4	ADHDP	0.91	0.32	1.1	0.18	1.38	0.24
5	HDP_{W0}	1.9	0.43	1.66	0.34	2.22	0.41
6	HDP_{W1}	0.75	0.2	0.81	0.13	0.96	0.17
7	GDHP	1.01	0.22	1.03	0.18	1.24	0.21
8	DHP	0.83	0.18	0.98	0.15	1.18	0.18

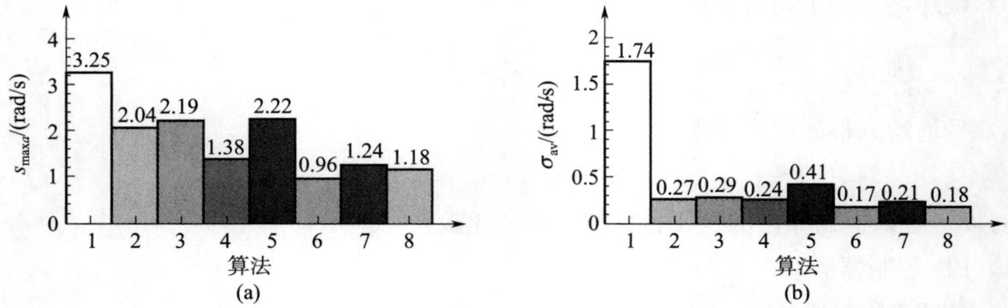

图 7－80　无扰动时，“8 ”字形运动路径的轨迹实现数值测试中的选定性能指标的值（见彩插）

从 WMR 运动跟踪控制质量分析的角度看，性能指标 σ_{av} 的值很重要，它取决于滤波跟踪误差的值（其为 WMR 驱动轮自身旋转角度误差和角速度误差的函数，在数值测试的每个离散步骤中确定）。如果使用自适应参数（如 NN 权值）的初始值为零的自适应算法，则轨迹实现误差的最大值 $e_{\max a}$ 、$\dot{e}_{\max a}$ 和 $s_{\max a}$ 也含有重要的信息，这些误差发生在运动的初始阶段，此时，系统处于最不利的条件下，其原因是 WMR 非线性补偿器的自适应参数中还没有关于被控对象动态特性的编码信息。根据跟踪误差的最大值，可以评价各种算法的自适应调整速度，这是因为控制系统参数的自适应调整越快，就越能保证在不利的条件下更精确地实现跟踪运动。

在分析比较各个控制系统中 WMR 上 A 点跟踪运动的实现质量时，把 PD 控制器的数值测试中所获得的选定性能指标的值作为参考，在表格中标记为 1。其他控制算法包括 PD 控制器和附加的模块，例如，逼近被控对象非线性的模块，附加的模块会提高 WMR 跟踪运动的实现质量。当比较性能指标 σ_{av}［见图 7－80（b）］的值时，实现 A 点运动的跟踪控制算法可以分为四组：A、B、C、D，其中 A 组包含能够确保最高质量的跟踪算法，体现在所选性能指标的值最低。

PD 控制器（1）的运动实现质量最低，表现为其性能指标值最大。这是由 PD 控制器的工作原理决定的，它必须先出现轨迹实现误差，才能产生控制信号。当对用非线性动力学方程描述的对象进行运动跟踪控制时，PD 控制器的精度较低，不如控制系统中有一个 PD 控制器和一个补偿被控对象非线性的自适应结构的情形。PD 控制器被归入 D 组，而采用 HDP_{W0} 算法的控制系统被归入 C 组。对于采用 HDP 算法且评价器 NN 输出层采用零初始权值的控制系统，其 σ_{av} 的较大值源自权值调整初始阶段的较大跟踪误差。令 NN 输出层的初始权值为 1 将提高生成的控制的质量。B 组包括自适应控制算法（2）、神经网络控制算法（3）和使用 ADHDP 型 NDP 结构的控制系统（4）；这些控制系统的 σ_{av} 值为 0.24～0.27。使用 HDP_{W1}（6）、GDHP（7）和 DHP（8）算法的跟踪控制系统被归入 A 组，它们确保 WMR 上 A 点高质量地实现跟踪运动。然而，应当记住，在 HDP_{W1} 算法（6）中，NN 输出层使用了非零的初始权值，这大大提高了控制的质量，特别是在机器人运动的初始阶段。而在其他控制算法中，则采用了最不利的情况，即自适应参数的初始值为零。因此，HDP_{W1} 算法（6）的结果应仅作为参考，与 HDP_{W0} 算法（5）的结果相比较，反映的是改变自适应参数（NN 的输出层的权值）的初始条件会带来的控制质量上的差异。所给出的控制系统的分类对其他性能指标也适用。采用 NDP 算法的控制系统实现了最高质量的跟踪运动。

表 7－35 列出了对 WMR 上的 A 点，使用前述的跟踪控制系统进行“8”字形路径下的轨迹实现的数值测试中，各个运动阶段的选定性能指标的值。

表 7－35　无扰动时，“8”字形运动路径的轨迹实现数值测试中的各运动阶段选定性能指标的值

		阶段 Ⅰ				阶段 Ⅱ			
		$k=1,\cdots,2\,250$				$k=2\,251,\cdots,4\,500$			
No.	算法	e_{maxa}/rad	ε_{av}/rad	s_{maxa}/(rad/s)	σ_{av}/(rad/s)	e_{maxa}/(rad)	ε_{av}/(rad)	s_{maxa}/(rad/s)	σ_{av}/(rad/s)
1	PD	4.04	3.13	3.11	1.7	4.04	3.13	3.11	1.7
2	Adaptive	1.3	0.48	2.04	0.37	0.13	0.06	0.42	0.09
3	Neural	1.13	0.25	2.19	0.36	0.49	0.12	0.93	0.19
4	ADHDP	0.91	0.33	1.38	0.27	0.74	0.33	0.75	0.22
5	HDP_{W0}	1.9	0.56	2.22	0.55	0.3	0.19	0.56	0.15

续表

		阶段 Ⅰ				阶段 Ⅱ			
		$k=1,\cdots,2\ 250$				$k=2\ 251,\cdots,4\ 500$			
6	HDP_{W1}	0.75	0.27	0.96	0.22	0.29	0.1	0.49	0.1
7	GDHP	1.01	0.3	1.24	0.28	0.27	0.1	0.53	0.11
8	DHP	0.83	0.25	1.18	0.23	0.24	0.08	0.44	0.1

图 7－81 给出了在各个运动阶段获得的选定性能指标的值的比较柱状图，其中符号和颜色的含义如前所述。与第二运动阶段的性能指标值相对应的柱状图用对角线填充，其数值用黑体字表示。

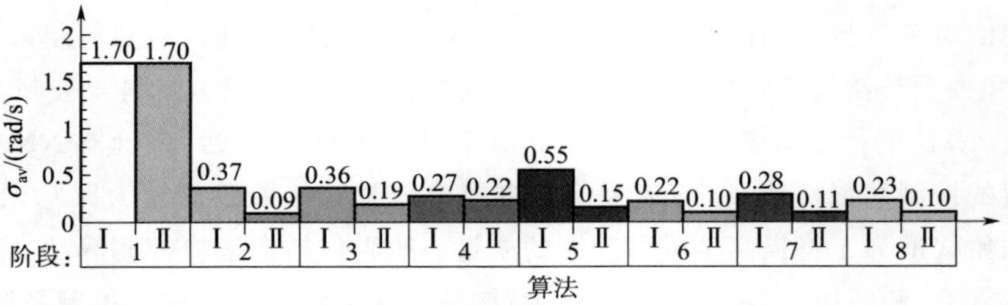

图 7－81　无扰动时，“8”字形运动路径的轨迹实现数值测试中的各运动阶段选定性能指标的值（见彩插）

继续进行的参数自适应调整过程对生成的控制质量有积极的影响，这可以从第 1 和第 2 运动阶段的选定性能指标的值的对比中看出。对于使用自适应控制算法和基于 HDP_{W0} 结构的控制系统，WMR 上 A 点跟踪运动的第 1 和第 2 阶段的 σ_{av} 值的巨大差异尤其引人注目。使用自适应控制系统时，第 2 运动阶段的性能指标数值最低，$\sigma_{av}=0.09$。

表 7－36 列出了有参数扰动的情况下，采用“8”字形运动路径，对 WMR 上 A 点的轨迹跟踪运动控制算法进行数值测试时所获得的选定性能指标的值。

表 7－36　有参数扰动时，“8”字形运动路径的轨迹实现数值测试中的选定性能指标的值

No.	算法	$e_{\max a}$ /rad	ε_{av} /rad	$\dot{e}_{\max a}$ /(rad/s)	$\dot{\varepsilon}_{av}$ /(rad/s)	$s_{\max a}$ /(rad/s)	σ_{av} /(rad/s)
1	PD	4.94	3.7	2.56	0.49	3.76	1.93
2	Adaptive	1.3	0.35	1.76	0.21	2.04	0.28
3	Neural	1.13	0.21	1.87	0.29	2.19	0.31
4	ADHDP	0.91	0.4	1.1	0.18	1.38	0.27
5	HDP_{W0}	1.9	0.45	1.66	0.35	2.22	0.42
6	HDP_{W1}	0.75	0.21	0.81	0.14	0.96	0.18
7	GDHP	1.01	0.24	1.03	0.19	1.24	0.23
8	DHP	0.83	0.19	0.98	0.16	1.18	0.18

图 7－82 给出了选定性能指标的值的对比柱状图，其中符号和颜色的含义如前所述。

在所有跟踪控制算法的数值测试中，引入的两次参数扰动导致性能指标 σ_{av} 的值略有

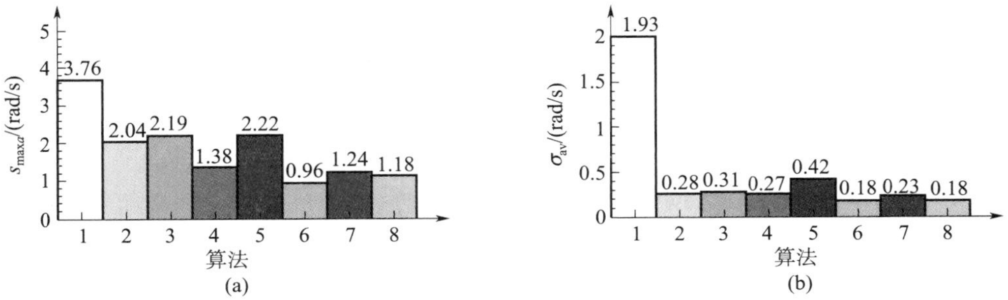

图 7-82　有参数扰动时，“8”字形运动路径的轨迹实现数值测试中的选定性能指标的值（见彩插）

增加，只有采用 DHP 型 NDP 结构的跟踪控制系统例外，其 σ_{av} 的值没有变化。

表 7-37 给出了有参数扰动的情况下，采用“8”字形运动路径，对 WMR 上 A 点的轨迹跟踪运动控制算法进行数值测试时，所获得的各个运动阶段的选定性能指标的值。

表 7-37　有扰动时，“8”字形运动路径的轨迹实现数值测试中的各运动阶段选定性能指标的值

		阶段 Ⅰ				阶段 Ⅱ			
		$k=1,\cdots,2\,250$				$k=2\,251,\cdots,4\,500$			
No.	算法	e_{maxa}/rad	ε_{av}/rad	s_{maxa}/(rad/s)	σ_{av}/(rad/s)	e_{maxa}/rad	ε_{av}/rad	s_{maxa}/(rad/s)	σ_{av}/(rad/s)
1	PD	4.81	3.45	3.11	1.88	4.46	3.43	3.51	1.86
2	Adaptive	1.3	0.49	2.04	0.37	0.31	0.12	0.47	0.12
3	Neural	1.13	0.25	2.19	0.36	0.36	0.12	0.68	0.18
4	ADHDP	0.91	0.48	1.38	0.33	0.56	0.32	0.48	0.22
5	HDP_{W0}	1.9	0.55	2.22	0.55	0.47	0.3	0.62	0.21
6	HDP_{W1}	0.75	0.27	0.96	0.22	0.24	0.11	0.47	0.12
7	GDHP	1.01	0.31	1.24	0.29	0.27	0.13	0.53	0.14
8	DHP	0.83	0.25	1.18	0.24	0.26	0.08	0.45	0.11

图 7-83 给出了在各个运动阶段获得的性能指标 σ_{av} 的值的柱状图对比。

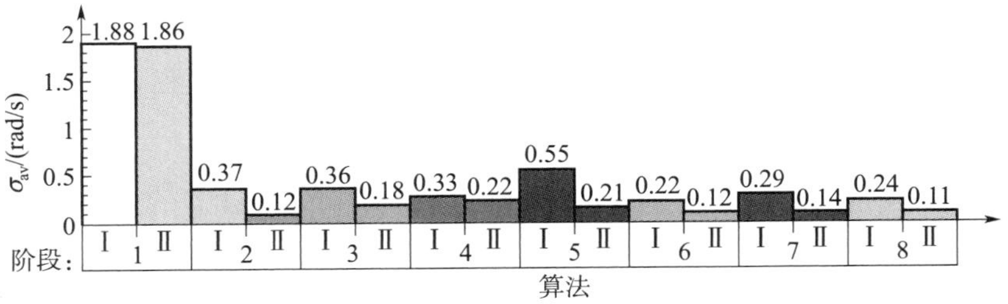

图 7-83　无扰动时，“8”字形运动路径的轨迹实现数值测试中的各运动阶段选定性能指标的值（见彩插）

引入的两次参数扰动导致大多数被测系统的跟踪运动实现质量变差。

在对使用 DHP、GDHP 和 HDP_{W_1}（其中评价 NN 输出层的初始权值被设置为非零）

型 NDP 算法的控制系统进行数值仿真时，WMR 上 A 点运动跟踪控制的选定性能指标的值最低。使用 ADHDP 算法的控制系统的性能指标值与在自适应和神经网络控制系统的数值测试中所获得的性能指标值相当。在第 2 运动阶段，使用基于 DHP 算法的跟踪控制系统，获得了最低的性能指标值 $\sigma_{av}=0.11$。

7.9.1 未来奖励折扣系数 γ 的选取

采用不同的未来奖励/惩罚折扣系数 γ，对使用 NDP 结构的控制系统进行了数值测试。控制系统采用的参数与其他数值测试相同，并且也选择了一个“8”字形运动路径下的轨迹。在数值测试中模拟了参数扰动。表 7－38 中列出了性能指标 σ_{av} 的数值。

表 7－38 γ 的选择对性能指标 σ_{av} 值的影响（数值测试中采用“8”字形运动路径下的轨迹，且考虑了参数扰动）

No.	算法	$\gamma=0.1$	$\gamma=0.3$	$\gamma=0.5$	$\gamma=0.9$
4	ADHDP	0.4	0.3	0.27	0.24
6	HDP_{W1}	–	0.35	0.18	0.27
7	GDHP	0.55	0.31	0.23	0.98[a]
8	DHP	0.31	0.21	0.18	0.16

注：[a]在采用 GDHP 算法对 WMR 上的 A 点进行跟踪控制的情况下，保持算法的其他设计参数不变，当 $\gamma>0.6$ 时，GDHP 控制算法的信号出现了振荡，这表明对于这个系数值，其他设计参数选择得过高（$\gamma=0.7$ 时 $\sigma_{av}=0.23$，而 $\gamma=0.8$ 时 $\sigma_{av}=0.49$）。

在使用 ADHDP 或 DHP 算法的情况下，保持控制系统的其他参数不变，系数 γ 的增加使得 WMR 上 A 点跟踪控制的质量提高。更具体地说，将系数 γ 的值从 $\gamma=0.5$ 增加到 $\gamma=0.9$，使得控制的质量略有提高，表现为性能指标的值大约降低了 10%。在使用 HDP 算法的情况下，使用 $\gamma=0.5$ 获得的性能指标 σ_{av} 的值最低，而当 $\gamma=0.1$ 时，自适应调整过程不正确。这可能是由于控制系统参数值的选取或者 NN 结构的选取不当所致。在采用 GDHP 结构的控制算法的情况下，跟踪运动的质量随着系数 γ 值的增加而提高，然而当 $\gamma>0.6$ 时，控制信号中开始出现振荡，其中当 $\gamma>0.7$ 时，控制质量变差。因此，为了便于对各种使用自适应评价器结构的控制系统实现的 WMR 的跟踪运动进行比较，在所有 NDP 算法中都采用了系数值 $\gamma=0.5$。应当记住的是，对于 NDP 算法这种复杂的结构，有许多设计参数影响着动作器和评价器的 NN 权值的自适应调整过程，并反映在生成的控制质量上。

参 考 文 献

[1] Adeli, H., Tabrizi, M. H. N., Mazloomian, A., Hajipour, E., Jahed, M.: Path planning for mobile robots using iterative artificial potential field method. IJCSI 8, 28-32 (2011).

[2] Arkin, R. C.: Behavior-Based Robotics. MIT Press, Cambridge (1998).

[3] Astrom, K. J., Wittenmark, B.: Adaptive Control. Addison-Wesley, New York (1979).

[4] Balaji, P. G., German, X., Srinivasan, D.: Urban traffic signal control using reinforcement learning agents. IET Intell. Transp. Syst. 4, 177-188 (2010).

[5] Barto, A., Sutton, R., Anderson, C.: Neuronlike adaptive elements that can solve difficult learning problems. IEEE Trans. Syst. Man Cybern. Syst. 13, 834-846 (1983).

[6] Bhattacharya, P., Gavrilova, M. L.: Voronoi diagram in optimal path planning. In: Proceedings of 4th International Symposium on Voronoi Diagrams in Science and Engineering, Glamorgan, pp. 38-47 (2007).

[7] Borenstain, J., Koren, J.: Real-time obstacle avoidance for fast mobile robots. IEEE Trans. Syst. Man Cybern. Syst. 19, 1179-1186 (1989).

[8] Brock, O., Khatib, O.: Elastic strips: a framework for motion generation in human environments. Int. J. Robot. Res. 21, 1031-1052 (2002).

[9] Burghardt, A.: Behavioral control of a mobile mini robot (in Polish). Meas. Autom. Monit. 11, 26-29 (2004).

[10] Burghardt, A.: Proposal for a rapid prototyping environment for algorithms intended for autonomous mobile robot control. Mech. Mech. Eng. 12, 5-16 (2008).

[11] Burghardt, A.: Accomplishing tasks in reaching the goal of robot formation. Solid State Phenom. 220-221, 27-32 (2015).

[12] Burghardt, A., Hendzel, Z.: Adaptive neural network control of underactuated system, In: Proceedings of 4th International Conference on Neural Computation Theory and Applications, Barcelona, pp. 505-509 (2012).

[13] Burghardt, A., Gierlak, P., Szuster, M.: Reinforcement learning in tracking control of 3DOF robotic manipulator. In: Awrejcewicz, J., Kamierczak, M., Olejnik, P., Mrozowski, J. (eds.) Dynamical Systems: Theory, pp. 163-174. WPL, Lodz (2013).

[14] Burns, R. S.: Advanced Control Engineering. Butterworth-Heinemann, Oxford (2001).

[15] Canudas de Wit, C., Siciliano, B., Bastin, G.: Theory of Robot Control. Springer, London (1996).

[16] Chang, Y.-H., Chan, W.-S., Chang, C.-W., Tao, C. W.: Adaptive fuzzy dynamic surface control for ball and beam system. Int. J. Fuzzy Syst. 13, 1-13 (2011).

[17] Chang, Y.-H., Chang, C.-W., Tao, C.-W., Lin, H.-W., Taur, J.-S.: Fuzzy sliding-mode control for ball and beam system with fuzzy ant colony optimization. Expert Syst. Appl. 39,

3624 - 3633 (2012).

[18] Doya, K.: Reinforcement learning in continuous time and space. Neural Comput. 12, 219 - 245 (2000).

[19] Drainkov, D., Saffiotti, A.: Fuzzy Logic Techniques for Autonomous Vehicle Navigation. Springer, New York (2001).

[20] Emhemed, A. A.: Fuzzy control for nonlinear ball and beam system. Int. J. Fuzzy Log. Intell. Syst. 3, 25 - 32 (2013).

[21] Ernst, D., Glavic, M., Wehenkel, L.: Power systems stability control: reinforcement learning framework. IEEE Trans. Power Syst. 19, 427 - 435 (2004).

[22] Fabri, S., Kadirkamanathan, V.: Dynamic structure neural networks for stable adaptive control of nonlinear systems. IEEE Trans. Neural Netw. 12, 1151 - 1167 (1996).

[23] Fahimi, F.: Autonomous Robots. Modeling, Path Planning, and Control. Springer, New York (2009).

[24] Fairbank, M., Alonso, E., Prokhorov, D.: Simple and fast calculation of the second - order gradients for globalized dual heuristic dynamic programming in neural networks. IEEE Trans. Neural Netw. Learn. Syst. 23, 1671 - 1676 (2012).

[25] Ferrari, S., Stengel, R. F.: An adaptive critic global controller. In: Proceedings of American Control Conference, vol. 4, pp. 2665 - 2670. Anchorage, Alaska (2002).

[26] Ferrari, S., Stengel, R. F.: Model - based adaptive critic designs in learning and approximate dynamic programming. In: Si, J., Barto, A., Powell, W., Wunsch, D. J. (eds.) Handbook of Learning and Approximate Dynamic Programming, pp. 64 - 94. Wiley, New York (2004).

[27] Fierro, R., Lewis, F. L.: Control of a nonholonomic mobile robot using neural networks. IEEE Trans. Neural Netw. 9, 589 - 600 (1998).

[28] Garrido, S., Moreno, L., Abderrahim M., Martin, F.: Path planning for mobile robot navigation using Voronoi diagram and fast marching. In: Proceedings of IEEE International Conference on Intelligent Robots and Systems, Beijing, China, pp. 2376 - 2381 (2006).

[29] Giergiel, J., Hendzel, Z., Zylski, W.: Kinematics, Dynamics and Control of Wheeled Mobile Robots in Mechatronic Aspect (in Polish). Faculty IMiR AGH, Krakow (2000).

[30] Giergiel, J., Hendzel, Z., Zylski, W.: Modeling and Control of Wheeled Mobile Robots (in Polish). Scientific Publishing PWN, Warsaw (2002).

[31] Gierlak, P., Szuster, M., Zylski, W.: Discrete dual - heuristic programming in 3DOF manipulator control. Lect. Notes Artif. Int. 6114, 256 - 263 (2010).

[32] Gierlak, P., Muszyska, M., Zylski, W.: Neuro - fuzzy control of robotic manipulator. Int. J. Appl. Mech. Eng. 19, 575 - 584 (2014).

[33] Glower, J. S., Munighan, J.: Designing fuzzy controllers from a variable structures standpoint. IEEE Trans. Fuzzy Syst. 5, 138 - 144 (1997).

[34] Godjevac, J., Steele, N.: Neuro - fuzzy control of a mobile robot. Neurocomputing 28, 127 - 143 (1999).

[35] Han, D., Balakrishnan, S.: Adaptive critic based neural networks for control - constrained agile missile control. Proc. Am. Control Conf. 4, 2600 - 2605 (1999).

[36] Hendzel, Z.: Tracking Control of Wheeled Mobile Robots (in Polisch). OWPRz, Rzeszw (1996).

[37] Hendzel, Z.: Fuzzy reactive control of wheeled mobile robot. JTAM 42, 503-517 (2004).

[38] Hendzel, Z., Burghardt, A.: Behavioral fuzzy control of basic motion of a mobile robot (in Polish). Meas. Autom. Monit. 11, 23-25 (2004).

[39] Hendzel, Z., Burghardt, A.: Behaviouralc Control of Wheeled Mobile Robots (in Polish). Rzeszow University of Technology Publishing House, Rzeszw (2007).

[40] Hendzel, Z., Szuster, M.: A dynamic structure neural network for motion control of a wheeled mobile robot. In: Rutkowski, L., Tadeusiewicz, R., Zadeh, L. A., Zurada, J. (eds.) Computational Intelligence: Methods and Applications, pp. 365-376. EXIT, Warszawa (2008).

[41] Hendzel, Z., Szuster, M.: Discrete model-based dual heuristic programming in wheeled mobile robot control. In: Awrejcewicz, J., Kamierczak, M., Olejnik, P., Mrozowski, J. (eds.) Dynamical Systems-Theory and Applications, pp. 745-752. Left Grupa, Lodz (2009).

[42] Hendzel, Z., Szuster, M.: Heuristic dynamic programming in wheeled mobile robot control. In: Kaszyski, R., Pietrusewicz, K. (eds.) Methods and Models in Automation and Robotics, pp. 513-518. IFAC, Poland (2009).

[43] Hendzel, Z., Szuster, M.: Discrete action dependant heuristic dynamic programming in wheeled mobile robot control. Solid State Phenom. 164, 419-424 (2010).

[44] Hendzel, Z., Szuster, M.: Discrete model-based adaptive critic designs in wheeled mobile robot control. Lect. Notes Artif. Int. 6114, 264-271 (2010).

[45] Hendzel, Z., Szuster, M.: Adaptive critic designs in behavioural control of a wheeled mobile robot. In: Awrejcewicz, J., Kamierczak, M., Olejnik, P., Mrozowski J. (eds.) Dynamical Systems, Nonlinear Dynamics and Control, pp. 133-138, WPL, £odz (2011).

[46] Hendzel, Z., Szuster, M.: Discrete neural dynamic programming in wheeled mobile robot control. Commun. Nonlinear Sci. Numer. Simulat. 16, 2355-2362 (2011).

[47] Hendzel, Z., Szuster, M.: Neural dynamic programming in behavioural control of WMR (in Polish). Acta Mech. Autom. 5, 28-36 (2011).

[48] Hendzel, Z., Szuster, M.: Neural dynamic programming in reactive navigation of wheeled mobile robot. Lect. Notes Comput. Sc. 7268, 450-457 (2012).

[49] Hendzel, Z., Szuster, M.: Approximate dynamic programming in sensor-based navigation of wheeled mobile robot. Solid State Phenom. 220-221, 60-66 (2015).

[50] Hendzel, Z., Trojnacki, M.: Neural Network Control of Mobile Wheeled Robots (in Polish). Rzeszow University of Technology Publishing House, Rzeszow (2008).

[51] Hendzel, Z., Burghardt, A., Szuster, M.: Artificial intelligence methods in reactive navigation of mobile robots formation. In: Proceedings of 4th International Conference on Neural Computation Theory and Applications, Barcelona, pp. 466-473 (2012).

[52] Hendzel, Z., Burghardt, A., Szuster, M.: Adaptive critic designs in control of robots formation in unknown environment. Lect. Notes Artif. Int. 7895, 351-362 (2013).

[53] Hendzel, Z., Burghardt, A., Szuster, M.: Reinforcement learning in discrete neural control of the underactuated system. Lect. Notes Artif. Int. 7894, 64-75 (2013).

［54］ Hendzel，Z.，Burghardt，A.，Szuster，M.：Artificial intelligence algorithms in behavioural control of wheeled mobile robots formation. SCI 577，263－277（2015）.

［55］ Huan，H. P.，Chung，S. Y.：Dynamic visibility graph for path planning. In：Proceedings of IEEE/RSJ International Conference on Intelligent Robots and Systems，Sendai，Japan，vol. 3，pp. 2813－2818（2004）.

［56］ Jamshidi，M.，Zilouchian，A.：Intelligent Control Systems Using Soft Computing Methodolo－gies. CRC Press，London（2001）.

［57］ Janet，J. A.，Luo，R. C.，Kay，M. G.：The essential visibility graph：an approach to global motion planning for autonomous mobile robots. In：Proceedings of IEEE International Conference on Robotics and Automation，Nagoya，Japan，vol. 2，pp. 1958－1963（1995）.

［58］ Kecman，V.：Learning and Soft Computing. MIT Press，Cambridge（2001）.

［59］ Keshmiri，M.，Jahromi，A. F.，Mohebbi，A.，Amoozgar，M. H.，Xie，W. F：Modeling and control of ball and beam system using model based and non－model based control approaches. Int. J. Smart Sens. Intell. Syst. 5，14－35（2012）.

［60］ Khatib，O.：Real－time obstacle avoidance for manipulators and mobile robots. Proc. IEEE Int. Conf. Robot. Autom. 2，500－505（1985）.

［61］ Kim，Y. H.，Lewis，F. L.：A dynamical recurrent neural－network－based adaptive observer for a class of nonlinear systems. Automatica 33，1539－1543（1997）.

［62］ Koren，Y.，Borenstein，J.：Potential field methods and their inherent limitations for mobile robot navigation. Proc. IEEE Int. Conf. Robot. Autom. 2，1398－1404（1991）.

［63］ Koshkouei，A. J.，Zinober，A. S.：Sliding mode control of discrete－time systems. J. Dyn. Syst. Meas. Control. 122，793－802（2000）.

［64］ Kozowski，K.，Dutkiewicz，P.，Wrblewski，W.：Modeling and Control of Robots（in Polish）. Scientific Publishing PWN，Warsaw（2003）.

［65］ Lee，G. H.，Jung，S.：Line tracking control of a two－wheeled mobile robot using visual feedback. Int. J. Adv. Robot. Syst. 10，1－8（2013）.

［66］ Lendaris，G.，Schultz，L.，Shannon，T.：Adaptive critic design for intelligent steering and speed control of a 2－axle vehicle. Proc. IEEE INNS－ENNS Int. Jt. Conf. Neural Netw. 3，73－78（2000）.

［67］ Lewis，F. L.，Campos，J.，Selmic，R.：Neuro－Fuzzy Control of Industrial Systems with Actuator Nonlinearities. Society for Industrial and Applied Mathematics，Philadelphia（2002）.

［68］ Levis，F. L.，Liu，K.，Yesildirek，A.：Neural net robot controller with guaranted tracking performance. IEEE Trans. Neural Netw. 6，703－715（1995）.

［69］ Liu，G. P.：Nonlinear Identification and Control. Springer，London（2001）.

［70］ Liu，D.，Wang，D.，Yang，X.：An iterative adaptive dynamic programming algorithm for optimal control of unknown discrete－time nonlinear systems with constrained inputs. Inform. Sci. 220，331－342（2013）.

［71］ Maaref，H.，Barret，C.：Sensor－based navigation of a mobile robot in an indoor environment. Robot. Auton. Syst. 38，1－18（2002）.

［72］ Millán，J.，del，R.：Reinforcement learning of goal－directed obstacle－avoiding reaction strategies in an autonomous mobile robot. Robot. Auton. Syst. 15, 275 - 299 (1995).

[73] Miller, W. T., Sutton, R. S., Werbos, P. J.: Neural Networks for Control. A Bradford Book, MIT Press, Cambridge (1990).

[74] Mohagheghi, S., Venayagamoorthy, G. K., Harley, R. G.: Adaptive critic design based neuro - fuzzy controller for a static compensator in a multimachine power system. IEEE Trans. Power Syst. 21, 1744 - 1754 (2006).

[75] Muskinja, N., Riznar, M.: Optimized PID position control of a nonlinear system based on correlating the velocity with position error. Math. Probl. Eng. 2015, 1 - 11 (2015).

[76] Ng, K. C., Trivedi, M. T.: A neuro - fuzzy controller for mobile robot navigation and multirobot convoying. IEEE Trans. Syst. Man Cybern. B Cybern. 28, 829 - 840 (1998).

[77] Prokhorov, D., Wunch, D.: Adaptive critic designs. IEEE Trans. Neural Netw. 8, 997 - 1007 (1997).

[78] Samarjit, K., Sujit, D., Ghosh, P. K.: Applications of neuro fuzzy systems: a brief review and future online. Appl. Soft Comput. 15, 243 - 259 (2014).

[79] Si, J., Barto, A. G., Powell, W. B., Wunsch, D.: Handbook of Learning and Approximate Dynamic Programming. IEEE Press, Wiley - Interscience, Hoboken (2004).

[80] Sira - Ramirez, H.: Differential geometric methods in variable - structure control. Int. J. Control 48, 1359 - 1390 (1988).

[81] Slotine, J. J., Li, W.: Applied Nonlinear Control. Prentice Hall, New Jersey (1991).

[82] Spong, M. W., Vidyasagar, M.: Robot Dynamics and Control (in Polish). WNT, Warsaw (1997).

[83] Spooner, J. T., Passio, K. M.: Stable adaptive control using fuzzy systems and neural networks. IEEE Trans. Fuzzy Syst. 4, 339 - 359 (1996).

[84] Syam, R., Watanabe, K., Izumi, K.: Adaptive actor - critic learning for the control of mobile robots by applying predictive models. Soft. Comput. 9, 835 - 845 (2005).

[85] Szuster, M.: Globalised dual heuristic dynamic programming in tracking control of the wheeled mobile robot. Lect. Notes Artif. Int. 8468, 290 - 301 (2014).

[86] Szuster, M., Gierlak, P.: Approximate dynamic programming in tracking control of a robotic manipulator. Int. J. Adv. Robot. Syst. 13, 1 - 18 (2016).

[87] Szuster, M., Gierlak, P.: Globalised dual heuristic dynamic programming in control of robotic manipulator. AMM 817, 150 - 161 (2016).

[88] Szuster, M., Hendzel, Z.: Discrete globalised dual heuristic dynamic programming in control of the two - wheeled mobile robot. Math. Probl. Eng. 2014, 1 - 16 (2014).

[89] Szuster, M., Hendzel, Z., Burghardt, A.: Fuzzy sensor - based navigation with neural tracking control of the wheeled mobile robot. Lect. Notes Artif. Int. 8468, 302 - 313 (2014).

[90] Tadeusiewicz, R.: Neural Networks (in Polish). AOWRM, Warsaw (1993).

[91] Tcho, K., Mazur, A., Dulba, I., Hossa, R., Muszyski, R.: Mobile Manipulators and Robots (in Polish). Academic Publishing Company PLJ, Warsaw (2000).

[92] Wang, L.: A Course in Fuzzy Systems and Control. Prentice - Hall, New York (1997).

[93] Yu, W.: Nonlinear PD regulation for ball and beam system. Int. J. Elec. Eng. Educ. 46, 59 - 73

(2009).

[94] Zylski, W., Gierlak, P.: Verification of multilayer neuralnet controller in manipulator tracking control. Solid State Phenom. 164, 99-104 (2010).

[95] Zylski, W., Gierlak, P.: Tracking Control of Robotic Manipulator (in Polish). Rzeszow University of Technology Publishing House, Rzeszow (2014).

第 8 章　强化学习在非线性连续系统控制中的应用

本章讨论如何将强化学习方法应用于非线性对象自适应控制系统的开发中，从而基于被控对象运动参数的测量数据实时学习最优解。从控制系统开发的角度来看，自适应控制和最优控制所基于的方法是不同的。最优控制的主要任务是通过求解 Hamilton - Jacobi - Bellman（HJB）方程，确定最优控制信号，使得选取的质量指标最小。该方程的求解是离线进行的。这种求解方法需要确定被控对象的精确数学模型，但从实际情况看，这是一项困难的任务。此外，确定非线性对象最优控制需要离线求解的非线性 HJB 方程可能是无解的。而在自适应控制中，针对被控对象的非线性以及可变工作条件的自适应调整过程是基于所测量的被控对象运动参数实时实现的。自适应控制不是最优控制，也就是说它不会使设计者选取的优化指标最小化。强化学习是机器学习过程的一部分。这种方法受到了人类和动物中发生的生物过程的启发，其学习过程基于与环境的互动，并通过一个设定的目标函数来评估环境对特定动作的反应。每个生物体都与环境相互作用，并利用这些相互作用来改进自身的动作，以求生存和发展。强化学习与自适应控制以及最优控制密切相关。它属于一类能够实时确定非线性对象最优自适应控制的方法。这种机器学习方法在离散状态空间的马尔科夫决策过程中得到了广泛应用。离散状态空间的马尔科夫决策过程已经在第 7 章中做了充分的论述。

自适应动态规划算法是一种控制算法，其学习过程中包含强化环节。这些算法在实际应用中是很有趣的选择。在理论领域和应用方面，自适应动态规划的应用是对现有解决方案的扩展。目前，强化学习在非线性连续系统中得到了大量的应用。其困难在于，离散系统中的 Hamiltonian 方程不依赖于被控对象的动态特性，而对于连续系统，Hamiltonian 方程则包含对象的动态特性。自适应动态规划基于对价值函数和控制信号的迭代计算，以及最优性原则和时间差分法。它使用两个参数化结构：评价器和动作器（ASE - ACE），可求得 Hamilton - Jacobi - Bellman 方程的近似解。

所提出的 WMR 运动综合方法旨在扩展现有的解决方案，其重点是在智能 WMR 控制方法的应用方面。本章针对 WMR 跟踪控制的五种强化学习综合方法，讨论其理论基础和实现。第 8.1 节讨论经典强化学习方法在 WMR 控制中的应用，实现二进制形式的强化信号，并对所采用的解决方案进行仿真。在第 8.2 节中，将在 WMR 的控制中应用经典强化学习的近似方法。第 8.3 节的主题是在机器人的跟踪控制中应用动作器-评价器结构。第 8.4 节介绍最优自适应控制中的动作器-评价器类型的强化学习，本节介绍的方法，主要是应用带评价学习的动作器-评价器参数化结构（ASE - ACE）。第 8.5 节介绍自适应评价结构在机器人最优跟踪控制中的应用。

8.1 经典强化学习

在经典的强化学习方法中，强化信号取二进制值+1 或−1，由评价器产生[2,3,13]。这意味着强化学习方法在确定自适应控制时很容易计算，这一点可以从 WMR 跟踪控制的例子中看出。

8.1.1 控制综合，系统稳定性和强化学习算法

WMR 运动的动力学方程可写成如下形式

$$\boldsymbol{M}\ddot{\boldsymbol{q}}+\boldsymbol{C}(\dot{\boldsymbol{q}})\dot{\boldsymbol{q}}+\boldsymbol{F}(\dot{\boldsymbol{q}})+\boldsymbol{\tau}_d(t)=\boldsymbol{\tau} \tag{8-1}$$

其中，矩阵 $\boldsymbol{M}$、$\boldsymbol{C}(\boldsymbol{q})$ 和向量 $\boldsymbol{F}(\boldsymbol{q})$、$\boldsymbol{\tau}$ 来自第 2.1.2 节介绍的采用 Maggi 形式的轮式移动机器人动力学描述，$\boldsymbol{\tau}_d(t)$ 是未知干扰向量。将式（8-1）写成状态空间形式为

$$\begin{aligned}\dot{\boldsymbol{x}}_1&=\boldsymbol{x}_2\\ \dot{\boldsymbol{x}}_2&=\boldsymbol{f}(\boldsymbol{x})+\boldsymbol{u}+\boldsymbol{d}\end{aligned} \tag{8-2}$$

其中，$\boldsymbol{x}_1=[\alpha_1,\ \alpha_2]^{\mathrm{T}}$，$\boldsymbol{x}_2=[\dot{\alpha}_1,\ \dot{\alpha}_2]^{\mathrm{T}}$，$\boldsymbol{u}=\boldsymbol{M}^{-1}\boldsymbol{\tau}\in\mathbf{R}^2$，$\boldsymbol{d}=-\boldsymbol{M}^{-1}\boldsymbol{\tau}_d(t)\in\mathbf{R}^2$，非线性函数为

$$\boldsymbol{f}(x)=-\boldsymbol{M}^{-1}(\boldsymbol{C}(\boldsymbol{x}_2)\boldsymbol{x}_2+\boldsymbol{F}(\boldsymbol{x}_2))\in\mathbf{R}^2 \tag{8-3}$$

假设转动惯量矩阵 $\boldsymbol{M}$ 是已知的，其逆存在，驱动轮的力矩通过使 $\boldsymbol{\tau}=\boldsymbol{M}\boldsymbol{u}$ 计算，此外，未知干扰向量满足上限约束 $\|\boldsymbol{d}(t)\|<d_{\max}$，$d_{\max}=\text{const.}>0$。机器人上 A 点的期望路径是已知的，$\boldsymbol{x}_d(t)=[\boldsymbol{x}_d(t),\ \dot{\boldsymbol{x}}_d(t)]^{\mathrm{T}}$。控制算法的综合是要确定这样一个控制律 $\boldsymbol{\tau}$，它能使机器人上选定点 A 的路径趋近于期望的路径。对期望轨迹的跟踪误差 $\boldsymbol{e}$ 及其滤波误差 $\boldsymbol{s}$（其可视为对控制质量或当前代价的度量）的定义如下

$$\boldsymbol{e}(t)=\boldsymbol{x}_d(t)-\boldsymbol{x}(t) \tag{8-4}$$

$$\boldsymbol{s}(t)=\dot{\boldsymbol{e}}(t)+\boldsymbol{\Lambda}\boldsymbol{e}(t) \tag{8-5}$$

其中，$\boldsymbol{\Lambda}$ 是一个正定对角矩阵。于是，式（8-1）可以写为如下形式

$$\dot{\boldsymbol{s}}=\boldsymbol{f}(\boldsymbol{x},\boldsymbol{x}_d)+\boldsymbol{u}+\boldsymbol{d} \tag{8-6}$$

选择的控制信号中包含对象非线性的补偿，

$$\boldsymbol{u}=-\hat{\boldsymbol{f}}(\boldsymbol{x},\boldsymbol{x}_d)-\boldsymbol{K}_D\boldsymbol{s}+\boldsymbol{v}(t) \tag{8-7}$$

其中，$\boldsymbol{K}_D=\boldsymbol{K}_D^{\mathrm{T}}>0$ 是一个设计矩阵，$\boldsymbol{K}_D\boldsymbol{s}$ 项是 PD 控制项，定义如下

$$\boldsymbol{K}_D\boldsymbol{s}=\boldsymbol{K}_D\dot{\boldsymbol{e}}+\boldsymbol{K}_D\boldsymbol{\Lambda}\boldsymbol{e} \tag{8-8}$$

$\boldsymbol{v}(t)$ 是一个鲁棒控制项，待进一步确定。鲁棒控制的任务是补偿由 NN 对机器人非线性的逼近误差 $\boldsymbol{\varepsilon}$ 和干扰向量 $\boldsymbol{d}$ 造成的偏差。则闭环控制系统的描述如下所示

$$\dot{\boldsymbol{s}}=-\boldsymbol{K}_D\boldsymbol{s}+\tilde{\boldsymbol{f}}(\boldsymbol{x},\boldsymbol{x}_d)+\boldsymbol{d}+\boldsymbol{v}(t) \tag{8-9}$$

其中，对 WMR 非线性的估计误差定义为 $\tilde{\boldsymbol{f}}(\boldsymbol{x},\ \boldsymbol{x}_d)=\boldsymbol{f}(\boldsymbol{x},\ \boldsymbol{x}_d)-\hat{\boldsymbol{f}}(\boldsymbol{x},\ \boldsymbol{x}_d)$。在逼近非

线性向量函数 $\boldsymbol{f}(\boldsymbol{x},\ \boldsymbol{x}_d)$ 时，采用关于输出层权值的线性 NN。因此，由神经网络逼近的非线性函数可表示为

$$\boldsymbol{f}(\boldsymbol{x},\boldsymbol{x}_d)=\boldsymbol{W}^{\mathrm{T}}\boldsymbol{\varphi}(\boldsymbol{x})+\boldsymbol{\varepsilon} \tag{8-10}$$

其中，$\boldsymbol{\varepsilon}$ 是逼近误差，满足约束 $\|\boldsymbol{\varepsilon}\|\leqslant\varepsilon_N$，$\varepsilon_N=\text{const.}>0$，且理想权值满足约束 $\|\boldsymbol{W}\|\leqslant W_{\max}$。函数 $\boldsymbol{f}(\boldsymbol{x},\ \boldsymbol{x}_d)$ 的估计表示如下

$$\hat{\boldsymbol{f}}(\boldsymbol{x},\boldsymbol{x}_d)=\hat{\boldsymbol{W}}^{\mathrm{T}}\boldsymbol{\varphi}(\boldsymbol{x}) \tag{8-11}$$

其中，$\hat{\boldsymbol{W}}$ 为 NN 理想权值的估计。将式（8－11）代入机器人的非线性补偿控制律式（8－7）中，得到如下形式的控制律

$$\boldsymbol{u}=-\hat{\boldsymbol{W}}^{\mathrm{T}}\boldsymbol{\varphi}(\boldsymbol{x})-\boldsymbol{K}_D\boldsymbol{s}+\boldsymbol{v}(t) \tag{8-12}$$

将式（8－10）和式（8－11）代入式（8－9），得到如下结果

$$\dot{\boldsymbol{s}}=-\boldsymbol{K}_D\boldsymbol{s}+\widetilde{\boldsymbol{W}}^{\mathrm{T}}\boldsymbol{\varphi}(\boldsymbol{x})+\boldsymbol{\varepsilon}+\boldsymbol{d}+\boldsymbol{v}(t) \tag{8-13}$$

该结果在推导中使用了如下关系式

$$\widetilde{\boldsymbol{f}}(\boldsymbol{x},\boldsymbol{x}_d)=\boldsymbol{f}(\boldsymbol{x},\boldsymbol{x}_d)-\hat{\boldsymbol{f}}(\boldsymbol{x},\boldsymbol{x}_d)=\boldsymbol{W}^{\mathrm{T}}\boldsymbol{\varphi}(\boldsymbol{x})-\hat{\boldsymbol{W}}^{\mathrm{T}}\boldsymbol{\varphi}(\boldsymbol{x})+\boldsymbol{\varepsilon}=\widetilde{\boldsymbol{W}}^{\mathrm{T}}\boldsymbol{\varphi}(\boldsymbol{x})+\boldsymbol{\varepsilon} \tag{8-14}$$

其中，$\widetilde{\boldsymbol{W}}=\boldsymbol{W}-\hat{\boldsymbol{W}}$ 为 NN 权值的估计误差。假设 NN 的理想权值 $\boldsymbol{W}$ 是受约束的。在强化学习控制问题中，假设强化信号是控制质量的一个度量函数，其形式如下所示

$$\boldsymbol{R}=\mathrm{sgn}(\boldsymbol{s}) \tag{8-15}$$

其中，$\mathrm{sgn}(\boldsymbol{s})=[\mathrm{sgn}(s_1),\ \mathrm{sgn}(s_1)]^{\mathrm{T}}$，各分量取值为 ±1。强化学习控制的目的是减少非线性和外部干扰对控制系统质量的影响。这些因素对非线性对象的控制系统的质量有很大影响[9,11,13,16]。闭环控制系统的方案图如图 8－1 所示。

定理 8.1　如果采用式（8－12）形式的控制律 $\boldsymbol{u}$，其中鲁棒控制项定义为

$$\boldsymbol{v}(t)=-k_s\boldsymbol{R}\|\boldsymbol{R}\|^{-1} \tag{8-16}$$

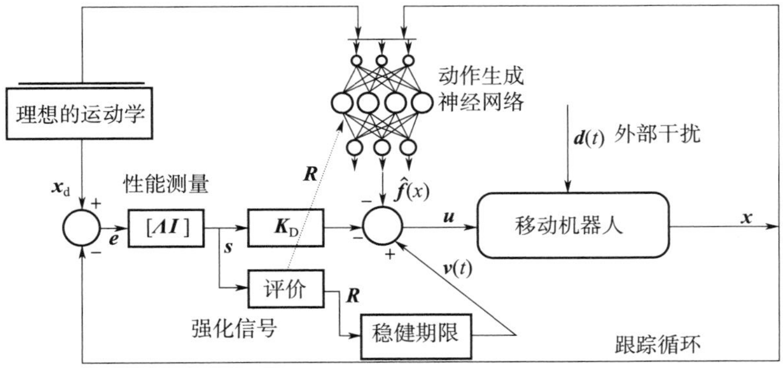

图 8－1　强化神经网络控制的构架

其系数满足 $k_s\geqslant d_{\max}$，强化学习信号式（8－15），神经网络权值学习律

$$\dot{\hat{\boldsymbol{W}}}=\boldsymbol{F}\boldsymbol{\varphi}(x)\boldsymbol{R}^{\mathrm{T}}-\gamma\boldsymbol{F}\hat{\boldsymbol{W}} \tag{8-17}$$

其中，$\boldsymbol{F}=\boldsymbol{F}^{\mathrm{T}}>0$，是一个设计矩阵；$\gamma>0$，是一个能使学习快速收敛的系数。那么滤波跟踪误差 $\boldsymbol{s}$（性能指标）和 NN 权值的估计误差 $\widetilde{\boldsymbol{W}}=\boldsymbol{W}-\hat{\boldsymbol{W}}$ 将分别被一致最终约束到由常数 ψ_s 和 ψ_W 刻画的集合中。

证明： 考虑如下形式的 Lyapunov 函数

$$V=\sum_{i=1}^{2}|s_i|+\frac{1}{2}\mathrm{tr}(\widetilde{\boldsymbol{W}}^{\mathrm{T}}\boldsymbol{F}^{-1}\widetilde{\boldsymbol{W}}) \tag{8-18}$$

函数 V 相对于时间的导数满足如下形式

$$\dot{V}=\mathrm{sgn}\,(\boldsymbol{s})^{\mathrm{T}}\dot{\boldsymbol{s}}+\mathrm{tr}(\widetilde{\boldsymbol{W}}^{\mathrm{T}}\boldsymbol{F}^{-1}\dot{\widetilde{\boldsymbol{W}}}) \tag{8-19}$$

将误差动态方程式（8-13）代入式（8-19），得到以下结果

$$\dot{V}=-\mathrm{sgn}\,(\boldsymbol{s})^{\mathrm{T}}\boldsymbol{K}_D s+\mathrm{sgn}\,(\boldsymbol{s})^{\mathrm{T}}(\boldsymbol{\varepsilon}+\boldsymbol{d}+\boldsymbol{v}(t))+\mathrm{tr}\{\widetilde{\boldsymbol{W}}^{\mathrm{T}}[\boldsymbol{F}^{-1}\dot{\widetilde{\boldsymbol{W}}}+\boldsymbol{\varphi}(\boldsymbol{x})\mathrm{sgn}\,(\boldsymbol{s})^{\mathrm{T}}]\} \tag{8-20}$$

在式（8-20）中代入网络权值学习律式（8-17）和鲁棒控制项式（8-16），可得到

$$\dot{V}\leqslant-\sqrt{2}\,\delta_{\min}(\boldsymbol{K}_D)\|\boldsymbol{s}\|+\varepsilon_{\max}\sqrt{2}+\gamma\,(\|\widetilde{\boldsymbol{W}}\|\boldsymbol{W}_{\max}-\|\widetilde{\boldsymbol{W}}\|^2) \tag{8-21}$$

其中应用了关系式 $\|\mathrm{sgn}(\boldsymbol{s})\|\leqslant\sqrt{2}$ 和 $\mathrm{tr}\{\widetilde{\boldsymbol{W}}^{\mathrm{T}}\hat{\boldsymbol{W}}\}=\mathrm{tr}\{\widetilde{\boldsymbol{W}}^{\mathrm{T}}(\boldsymbol{W}-\widetilde{\boldsymbol{W}})\}\leqslant\|\widetilde{\boldsymbol{W}}\|(\boldsymbol{W}_{\max}-\|\widetilde{\boldsymbol{W}}\|)$。

通过对二项式进行平方运算，可以得到以下结果

$$\dot{V}\leqslant-\sqrt{2}\,\delta_{\min}(\boldsymbol{K}_D)\|\boldsymbol{s}\|+\varepsilon_{\max}\sqrt{2}+\gamma\,(\|\widetilde{\boldsymbol{W}}\|-W_{\max}/2)^2+\gamma W_{\max}^2/4 \tag{8-22}$$

其中，$\delta_{\min}(\boldsymbol{K}_D)$ 为矩阵 $\boldsymbol{K}_D$ 的最小特征值。

当满足如下条件时，Lyapunov 函数的导数 $\dot{V}$ 为负定

$$\|\boldsymbol{s}\|>\frac{\sqrt{2}\,\varepsilon_{\max}+\gamma W_{\max}^2/4}{\sqrt{2}\,\delta_{\min}(\boldsymbol{K}_D)}=\psi_s \tag{8-23}$$

或

$$\|\widetilde{\boldsymbol{W}}\|>\sqrt{W_{\max}^2/4+\varepsilon_{\max}\sqrt{2}/\gamma}+W_{\max}/2=\psi_W \tag{8-24}$$

也就是说，Lyapunov 函数的导数 $\dot{V}$ 在下述集合之外是负的

$$\boldsymbol{\Omega}=\{(\boldsymbol{s},\widetilde{\boldsymbol{W}}),\quad 0\leqslant\|\boldsymbol{s}\|\leqslant\psi_s,\quad 0\leqslant\|\widetilde{\boldsymbol{W}}\|\leqslant\psi_W\} \tag{8-25}$$

这就保证了所设计控制系统的误差质量指标 s 和对神经网络权值的估计误差 $\widetilde{\boldsymbol{W}}$ 能够收敛到由常数 ψ_s、ψ_W 约束的集合 $\boldsymbol{\Omega}$ 中。总之，基于扩展的 Lyapunov 稳定性理论[15,16]，可证明误差被一致最终地约束到集合式（8-25）中。

注解：

1）从式（8-25）可以看出，滤波跟踪误差 $\boldsymbol{s}$ 被一致最终地约束到以 ψ_s 为界的 $\boldsymbol{\Omega}$ 集中。通过增大矩阵 $\boldsymbol{K}_D$ 的系数，可以减少跟踪误差 $\boldsymbol{s}$ 和误差 $\boldsymbol{e}$ 与 $\dot{\boldsymbol{e}}$（它们也是有界的）。这种形式的神经网络自适应控制的综合可以使带 PD 控制器的控制系统能正常工作，直到 NN 开始自适应调整。

2）所提出的解决方案不需要关于对象未知参数的线性描述，而这在一般自适应系统中是需要的。NN 的实施使我们能够以线性形式来描述被控对象的非线性，同时，使我们在无法实现对象非线性的线性参数化时，能够引入一个线性形式来描述对象的非线性。

3）在所提出的强化学习结构中，当前的代价函数式（8－15）可以被看成是一个强化信号，用来评估在有被控对象非线性和干扰的情况下所产生的控制的质量。

表 8－1　采用的 WMR 参数

参数	数值	单位
a_1	0.265	$kg\cdot m^2$
a_2	0.666	$kg\cdot m^2$
a_3	0.007	$kg\cdot m^2$
a_4	0.002	$kg\cdot m^2$
a_5	2.411	$N\cdot m$
a_6	2.411	$N\cdot m$

4）在所提的控制算法中，若把网络的初始权值选取为零，则系统的稳定性将首先由 PD 控制器提供，直到网络开始进行学习。这意味着在强化学习解决方案中，网络不需要预学习阶段，也不需要使用“试错”方法。

8.1.2　仿真测试

对所提的解决方案进行了仿真，使 WMR 上的选定点 A 沿着期望的路径运动，该路径如第 2.1.1 节中所描述，是由五个特征运动阶段组成的环形。方程式（8－1）中矩阵和向量的表达式见式（2－35）。向量 $\boldsymbol{a}=[a_1,\ \cdots,\ a_6]^{\mathrm{T}}$ 中包含与几何尺寸、质量分布以及机器人运动阻力相关的参数。它们选取的值由表 8－1 给出。

在仿真中，假定被控对象的初始条件为零：$\boldsymbol{\alpha}(0)=\boldsymbol{0}$，$\dot{\boldsymbol{\alpha}}(0)=\boldsymbol{0}$，其他参数为：$\boldsymbol{\Lambda}=\mathrm{diag}[1,\ 1]$，$\boldsymbol{K}_D=\mathrm{diag}[2,\ 2]$，$\boldsymbol{F}=\mathrm{diag}[10,\ \cdots,\ 10]$，$\gamma=0.0001$，$k_s=0.01$。仿真中采用的 NN 如图 8－2 所示，由六个双极 sigmoid 神经元组成。它也是一个具有扩展功能的网络，其第一层权值由随机数发生器从区间［－0.1，0.1］中产生。为非线性向量函数 $\boldsymbol{f}(\boldsymbol{x})=[f_1(\boldsymbol{x})\ f_2(\boldsymbol{x})]^{\mathrm{T}}$ 的每个元素都应用了单独的 NN，以便对每个非线性函数都进行逼近。计算是在 Matlab/Simulink 中进行，采用欧拉积分法，离散时间步长为 0.01 s。

为了说明强化学习算法的有效性，进行了两次仿真测试。

在第一次仿真测试中采用了 PD 控制器，没有对机器人的非线性进行神经网络补偿，并假设存在参数扰动。当时间 $t\geqslant 12$ s 时，发生了参数扰动 $\boldsymbol{a}+\Delta\boldsymbol{a}$，其中 $\Delta\boldsymbol{a}=[0\ 0\ 0\ 0\ 1\ 1]^{\mathrm{T}}$，它与运动阻力的变化（比如当 WMR 在不同类型表面的路径上行驶时）有关。仿真得到的运动参数和控制信号如图 8－3 所示。

图 8－3（a）和（b）分别给出了仿真得到的轮 1 和轮 2 的旋转角度和角速度的跟踪误差。在过渡阶段存在着控制误差，它们是由期望轨迹的变化和参数扰动引起的。从误差曲线可以看出，它们最终趋于零。图 8－3（c）和（d）中分别给出了反映控制质量的测量数

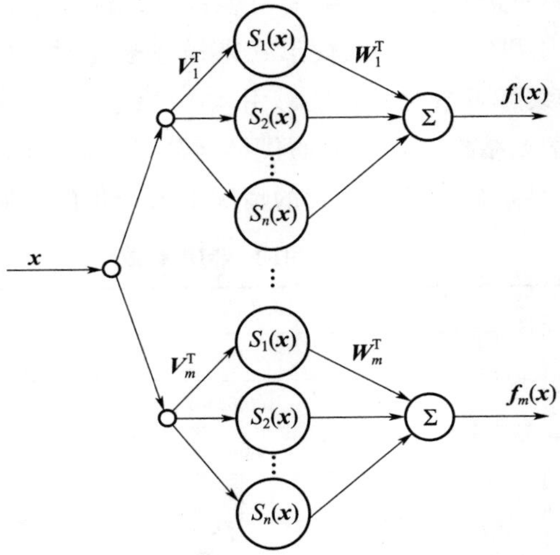

图 8-2　逼近非线性函数的 RVFL 型神经网络 $m=2$

据曲线和 PD 控制信号曲线。这些曲线反映了前述的机器人的可变工作条件。这些信号的数值不断变化，其变化源于 PD 控制器的描述，即式（8-8）。图 8-3（e）中给出了车轮角速度与其期望值之间的差异。最大误差发生在机器人加速和制动的过程中，以及当运动阻力发生变化的时候。这些误差如图 8-3（b）所示。图 8-3（f）给出了移动机器人上 A 点期望的路径（虚线）和其实现的路径。实现的路径相对于期望的路径有滞后，因此出现运动实现误差，其最大值达到 0.103 m。另外应该注意的是，在所分析的情形中，跟踪问题的解是稳定的，即所有的信号都受到约束。其原因是 PD 控制器对于参数扰动具有鲁棒性，这一点可以从误差和误差导数的相平面所呈现的 PD 控制器的特性看出。为了对所生成的控制和跟踪运动实现的质量进行定量评估，采用第 7.1.2 节中给出的性能指标。

表 8-2 和表 8-3 列出了采用 PD 控制器产生的控制信号实现跟踪运动而得到的各个性能指标值。

表 8-2　采用 PD 控制器时的选定性能指标的值

指标	$e_{\max j}$/rad	ε_j/rad	$\dot{e}_{\max j}$ /(rad/s)	$\dot{\varepsilon}_j$ /(rad/s)	σ_j/(rad/s)
轮 1，$j=1$	1.591	1.147	1.381	0.282 5	1.18
轮 2，$j=2$	1.525	1.072	1.381	0.280 6	1.108

表 8-3　采用 PD 控制器时轨迹实现的选定性能指标的值

指标	$d_{\max}$/m	ρ/m
数值	0.103	0.064 2

本次仿真的结果将作为参考基准，在本章的后续部分用于评估采用其他控制方法（含 PD 控制）所获得的 WMR 跟踪运动的质量。

在第二次仿真中采用了神经控制系统来实现机器人的跟踪运动。控制系统中包括了

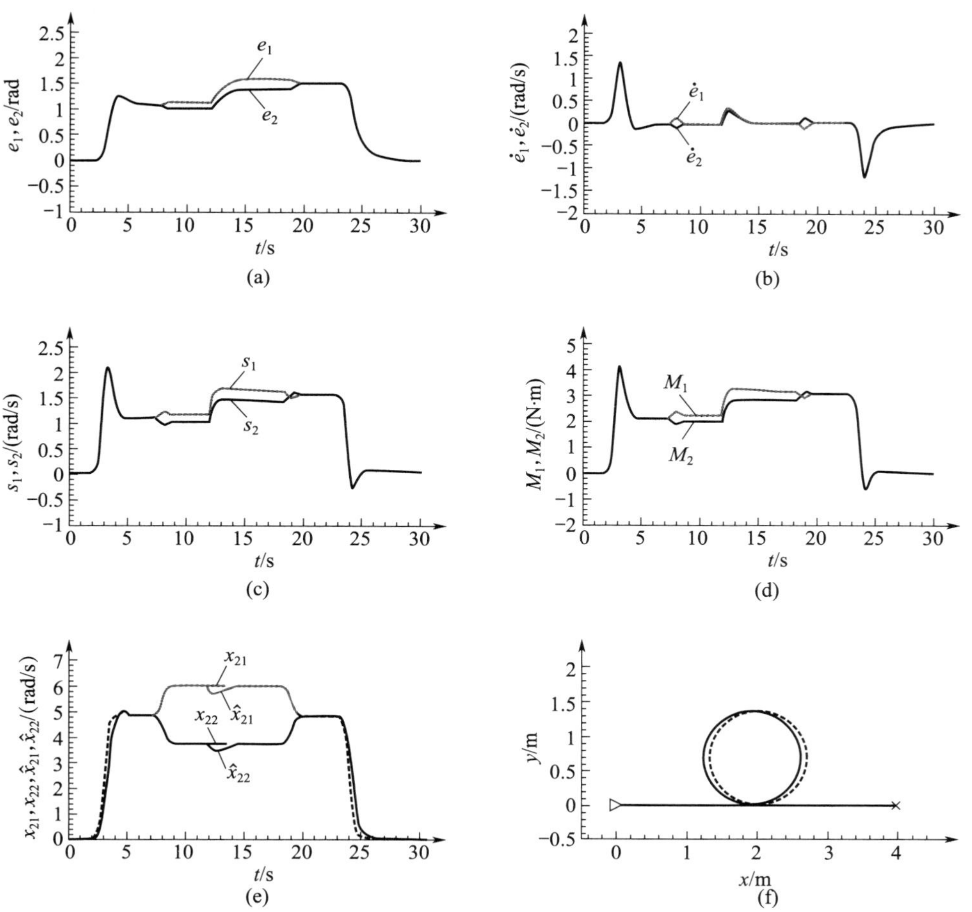

图 8－3　PD 控制的系统仿真结果：(a) 轮 1 和轮 2 的旋转角度跟踪误差值；(b) 轮 1 和轮 2 的角速度跟踪误差值；(c) 控制质量度量误差 s_1，s_2；(d) PD 控制信号；(e) 期望的（虚线）和实现的车轮旋转角速度；(f) WMR 上 A 点的期望路径（虚线）和实现路径（见彩插）

PD 控制器。此外，在仿真测试中，为非线性函数 $\boldsymbol{f}(\boldsymbol{x})=[f_1(\boldsymbol{x})\ f_2(\boldsymbol{x})]^{\mathrm{T}}$ 的每一个元素都引入了神经网络，以实现函数的逼近，如式（8－11）所示。在 NN 的初始化过程中，输出层采用了零初始权值，其他条件的设置与第一次仿真测试相同，所得到的控制信号和跟踪误差值如图 8－4 所示。

从得到的数值来看，采用基于强化信号的网络权值学习结构，对机器人的非线性进行神经网络补偿，取得了非常显著的实施效果。图 8－4（a）～（c）中给出的跟踪误差明显低于使用 PD 控制器进行控制时所产生的跟踪误差。跟踪误差值如表 8－4 和表 8－5 所示。PD 控制器在运动实现的初始阶段起主导作用，如图 8－4（f）所示，这是由于网络的初始权值为零，如图 8－5（c）、（d）所示。当神经网络学习了非线性时，PD 控制器的信号接近于零。总的控制信号如图 8－4（d）所示，其中补偿性控制［见图 8－4（e）］占主导地位。图 8－5 给出了 WMR 的期望角速度 $\dot{\alpha}_{d1}$、$\dot{\alpha}_{d2}$ 和其实现的角速度 $\dot{\alpha}_1$、$\dot{\alpha}_2$ 的对比，WMR

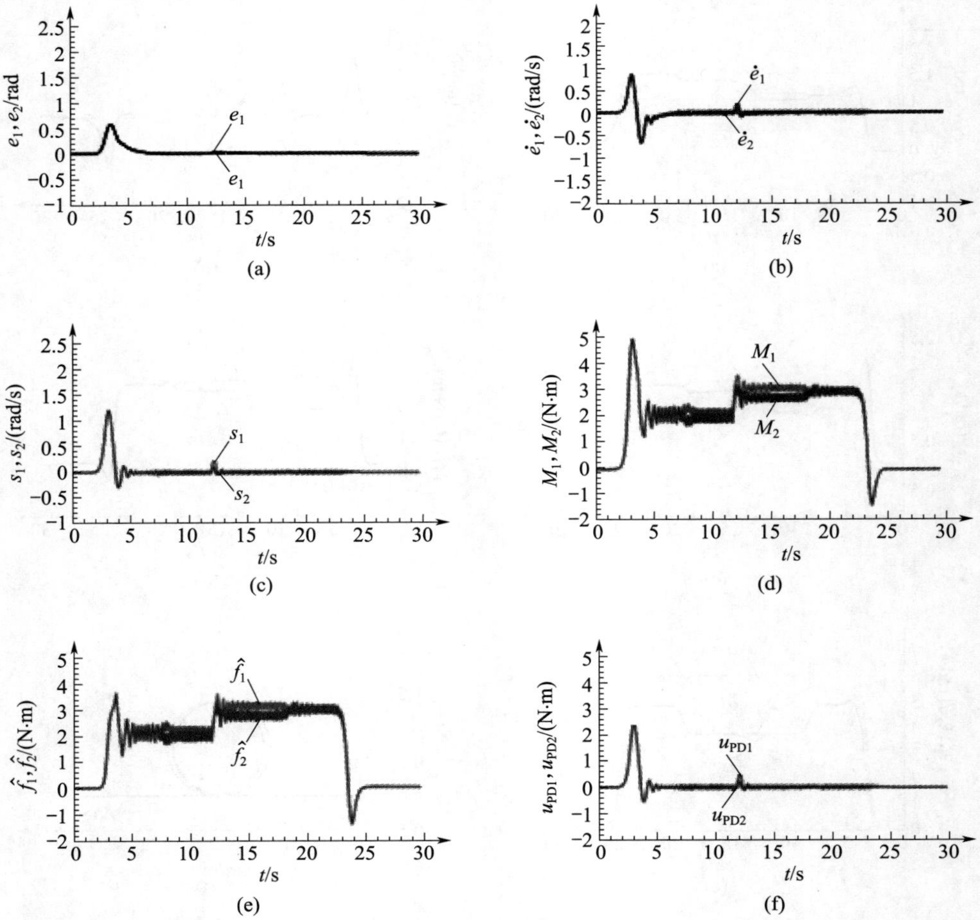

图 8-4 神经网络控制系统的仿真结果：(a) 轮 1 和轮 2 的旋转角度跟踪误差值；(b) 轮 1 和轮 2 的角速度跟踪误差值；(c) 控制质量度量误差 s_1，s_2；(d) 总控制信号；(e) 由 NN 产生的补偿控制信号；(f) PD 控制信号（见彩插）

上 A 点期望的和实现的运动路径，以及轮 1 和轮 2 的 NN 输出层权值。

表 8-4 采用神经网络控制系统时的选定性能指标的值

指标	$e_{\max j}$/rad	ε_j/rad	$\dot{e}_{\max j}$/(rad/s)	$\dot{\varepsilon}_j$/(rad/s)	σ_j/(rad/s)
轮 1，$j=1$	0.589 1	0.103 4	0.858 3	0.141 4	0.174 6
轮 2，$j=2$	0.589 1	0.103	0.858 3	0.140 1	0.173 3

表 8-5　采用神经网络控制系统时轨迹实现的选定性能指标的值

指标	d_{max}/m	ρ/m
数值	0.048 6	0.009 2

图 8-5（c）和（d）中给出的数值印证了关于 NN 权值受限的理论分析结果。图 8-5（b）给出了 WMR 上 A 点期望的路径和实现的路径。因为误差很小，所以看不出差别。在本次仿真中，运动误差的最大值为 0.048 6 m，与只使用 PD 控制器的情况相比，所实现的运动精度更高。表 8-4 和表 8-5 给出了采用神经网络控制系统产生的控制来实现跟踪运动时的各个性能指标值。

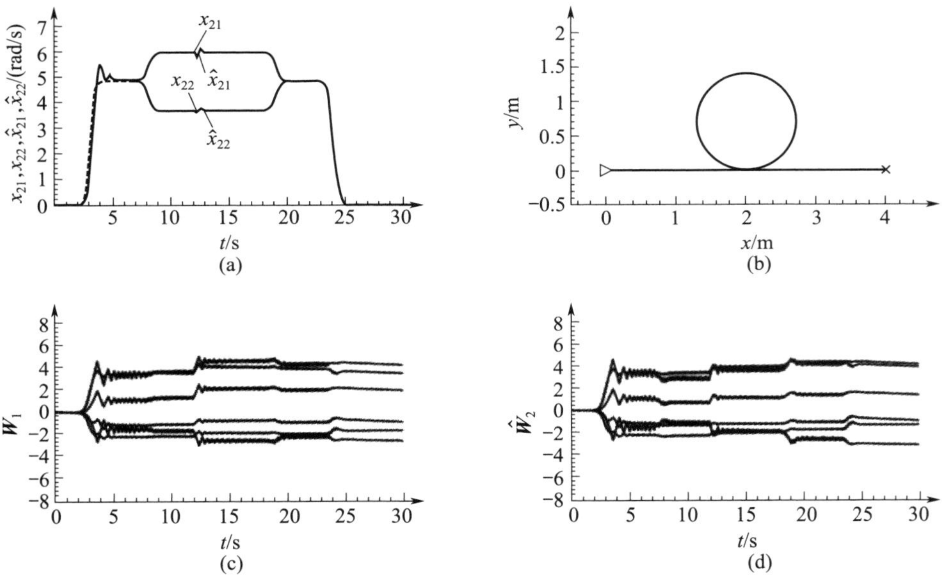

图 8-5　神经网络控制系统的仿真结果：（a）车轮旋转的期望角速度和实现角速度；（b）移动机器人上选定点 A 的期望路径和实现路径；（c）逼近非线性函数 f_1 的 NN 权值；（d）逼近非线性函数 f_2 的 NN 权值（见彩插）

8.1.3　结论

本节介绍了经典的强化学习方法在 WMR 跟踪控制中的应用结果。在训练 NN 时采用了二进制形式的强化信号，其任务是补偿机器人的非线性。对所采用的解决方案进行了仿真。对比采用 PD 控制器的情况和采用 NN 对非线性进行补偿的情况，并分析各个性能指标值的变化，可以说，通过使用强化学习算法，对机器人的非线性进行补偿，提高了移动机器人上的选定点实现期望路径的质量。然而，使用由式（8-15）生成的强化信号会导致控制信号的“抖振”，这会对控制执行机构产生不利影响。为了消除这些不利影响，下一节将对强化控制进行改进。

8.2　经典强化学习的近似

如第 8.1 节所示，在经典强化学习的实施中，强化信号采用二进制值 1 或 −1，因而计算非常简单，而且在确定自适应控制的过程中，WMR 上的选定点对期望路径的复现误差很小，这一点可以从 WMR 跟踪控制的例子中看出。然而，使用由式（8-15）生成的强化信号，会造成控制信号的“抖振”，这会对控制执行系统产生不利影响。为了避免这些不利影响，必须用连续的关系逼近强化信号中的非连续关系。这就是本节的研究内容。

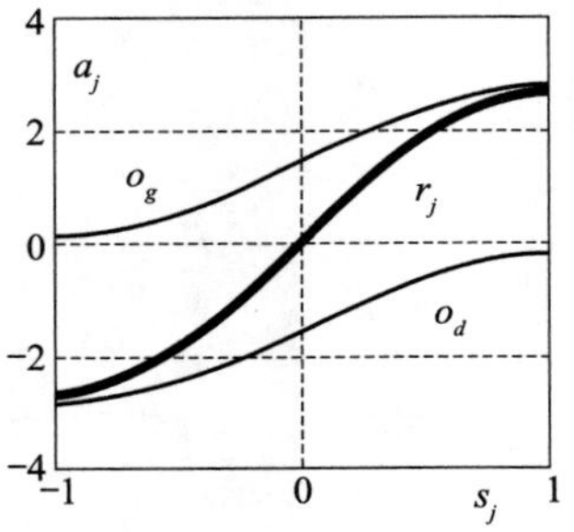

图 8-6　强化信号与控制质量度量信号 s_j 的依赖关系；$a_j = 3$，r_j 是强化信号，o_g 代表上限，o_d 代表下限

8.2.1　控制系统综合，系统稳定性和强化学习算法

与第 8.1 节类似，在这一节中，控制系统的任务是使得以式（8-2）、式（8-3）的形式描述的 WMR 的状态向量趋近于第 8.1.2 节中讨论的机器人上 A 点的期望路径下的期望轨迹。为此，定义跟踪误差和控制质量度量（当前代价）如下

$$\boldsymbol{e}(t) = \boldsymbol{x}_d(t) - \boldsymbol{x}(t) \tag{8-26}$$

$$\boldsymbol{s}(t) = \dot{\boldsymbol{e}}(t) + \boldsymbol{\Lambda}\boldsymbol{e}(t) \tag{8-27}$$

其中，$\boldsymbol{\Lambda}$ 为正定对角矩阵。在后续讨论中，采用的假设条件和第 8.1 节所述的类似。和文献 [13] 一样，引入评价器强化信号的近似式（8-15）

$$r_j(t) = \frac{a_j}{1 + \mathrm{e}^{-a_j s_j(t)}} - \frac{a_j}{1 + \mathrm{e}^{a_j s_j(t)}} \tag{8-28}$$

其中，$j = 1, 2$；a_j 为正常数。当 $a_j > 0$ 时，强化值 r_j 被限制在区间 $[-a_j, a_j]$ 中，如图 8-6 所示。

在式（8-28）中，采用控制质量度量 $s_j(t)$ 来评估为移动机器人的控制而生成的强化值。当度量 $s_j(t)$ 较小时，跟踪实现的质量较好。

定理 8.2　设控制信号 $\boldsymbol{u}$ 取（8-12）的形式，其中鲁棒控制项定义为

$$\boldsymbol{v}(t) = -k_s \boldsymbol{R} \| \boldsymbol{R} \|^{-1} \tag{8-29}$$

其系数满足关系 $k_s \geq d_{\max}$，强化信号取为式（8-28），网络权值的学习律取为

$$\dot{\hat{\boldsymbol{W}}} = \boldsymbol{F}\boldsymbol{\varphi}(\boldsymbol{x})\boldsymbol{R}^{\mathrm{T}} - \gamma \boldsymbol{F}\hat{\boldsymbol{W}} \tag{8-30}$$

其中，$\boldsymbol{F}=\boldsymbol{F}^{\mathrm{T}}>0$，为设计矩阵；$\gamma>0$，为保证学习快速收敛的系数。则控制质量度量 $\boldsymbol{s}$ 和 NN 权值的估计误差 $\widetilde{\boldsymbol{W}}=\boldsymbol{W}-\hat{\boldsymbol{W}}$ 将分别被一致最终约束到由常数 ψ_s 和 ψ_W 刻画的集合中。

证明： 考虑如下形式的 Lyapunov 函数

$$V=\sum_{j=1}^{2}\ln\{1+\exp(-s_j)\}+\ln\{1+\exp(-s_j)\}+\frac{1}{2}\mathrm{tr}(\widetilde{\boldsymbol{W}}^{\mathrm{T}}\boldsymbol{F}^{-1}\widetilde{\boldsymbol{W}}) \tag{8-31}$$

函数 V 相对于时间的导数可以写成

$$\dot{V}=\boldsymbol{R}^{\mathrm{T}}\dot{\boldsymbol{s}}+\mathrm{tr}(\widetilde{\boldsymbol{W}}^{\mathrm{T}}\boldsymbol{F}^{-1}\dot{\widetilde{\boldsymbol{W}}}) \tag{8-32}$$

将误差动态方程式（8－13）代入式（8－32），可得

$$\dot{V}=-\boldsymbol{R}^{\mathrm{T}}\boldsymbol{K}_D\boldsymbol{s}+\boldsymbol{R}^{\mathrm{T}}(\boldsymbol{\varepsilon}+\boldsymbol{d}+\boldsymbol{v}(t))+\mathrm{tr}\{\widetilde{\boldsymbol{W}}^{\mathrm{T}}[\boldsymbol{F}^{-1}\dot{\widetilde{\boldsymbol{W}}}+\boldsymbol{\varphi}(\boldsymbol{x})\boldsymbol{R}^{\mathrm{T}}]\} \tag{8-33}$$

在式（8－33）中代入网络权值学习律式（8－30）和鲁棒控制项式（8－29），可得

$$\dot{V}\leqslant-a\delta_{\min}(\boldsymbol{K}_D)\|\boldsymbol{s}\|+\varepsilon_{\max}a+\gamma(\|\widetilde{\boldsymbol{W}}\|W_{\max}-\|\widetilde{\boldsymbol{W}}\|^2) \tag{8-34}$$

其中应用了 $\|\boldsymbol{R}\|\leqslant a$ 和 $\mathrm{tr}\{\widetilde{\boldsymbol{W}}^{\mathrm{T}}\hat{\boldsymbol{W}}\}=\mathrm{tr}\{\widetilde{\boldsymbol{W}}^{\mathrm{T}}(\boldsymbol{W}-\widetilde{\boldsymbol{W}})\}\leqslant\|\widetilde{\boldsymbol{W}}\|(W_{\max}-\|\widetilde{\boldsymbol{W}}\|)$。

对二项式进行平方，可得如下结果

$$\dot{V}\leqslant-a\delta_{\min}(\boldsymbol{K}_D)\|\boldsymbol{s}\|+\varepsilon_{\max}a+\gamma(\|\widetilde{\boldsymbol{W}}\|-W_{\max}/2)^2+\gamma^2W_{\max}^2/4 \tag{8-35}$$

其中，$\delta_{\min}(\boldsymbol{K}_D)$ 是矩阵 $\boldsymbol{K}_D$ 最小特征值。

当满足如下条件时，Lyapunov 函数的导数 $\dot{V}$ 为负定

$$\|\boldsymbol{s}\|>\frac{a\varepsilon_{\max}+\gamma W_{\max}^2/4}{a\delta_{\min}(\boldsymbol{K}_D)}=\psi_s \tag{8-36}$$

或

$$\|\widetilde{\boldsymbol{W}}\|>\sqrt{W_{\max}^2/4+\varepsilon_{\max}a/\gamma}+W_{\max}/2=\psi_W \tag{8-37}$$

也就是说，Lyapunov 函数的导数 $\dot{V}$ 在下述集合之外是负的

$$\boldsymbol{\Omega}=\left\{(\boldsymbol{s},\widetilde{\boldsymbol{W}}),\quad 0\leqslant\|\boldsymbol{s}\|\leqslant\psi_s,\quad 0\leqslant\|\widetilde{\boldsymbol{W}}\|\leqslant\psi_W\right\} \tag{8-38}$$

这就保证了所设计控制系统的误差质量指标 $\boldsymbol{s}$ 和对神经网络权值的估计误差 $\widetilde{W}$ 能够收敛到到由常数 ψ_s、ψ_W 约束的集合 $\boldsymbol{\Omega}$ 中。总之，基于扩展的 Lyapunov 稳定性理论[15,16]，可证明误差被一致最终约束到集合式（8－38）中。

8.2.2　仿真测试

在仿真测试中，假定第 8.1.2 节提供的、在控制系统中实施 PD 控制器后得到的结果是已知的。这一节给出了对评价器强化信号进行式（8－28）所示的近似后的仿真测试结果。

在机器人跟踪运动实现的仿真测试中，采用了神经网络控制系统。在对神经网络初始化时，输出层初始权值取为零。其他条件与第 8.1.2 节中的设定类似。得到的控制和跟踪误差值如图 8－7 所示。

将得到的结果与图 8－4 中的结果进行比较，可以注意到这里得到的信号中没有了振

荡。此外，与图 8 - 4（a）～（c）中给出的误差相比，这里得到的跟踪误差要小得多。总的控制中包含的信号与图 8 - 7（d）～（f）中的信号相似。可以注意到，通过减少 PD 控制的影响，增大了机器人非线性的神经网络补偿控制的影响，这也可以从控制误差的减小得到印证。

图 8 - 8 给出了 WMR 的期望角速度 $\dot{\alpha}_{d1}$、$\dot{\alpha}_{d2}$ 和其实现的角速度 $\dot{\alpha}_1$、$\dot{\alpha}_2$ 的对比，以及 WMR 上 A 点期望的路径和实现的路径，以及轮 1 和轮 2 的 NN 输出层的权值。

对比图 8 - 8 所示结果与图 8 - 5 所示结果，它们在视觉上的差异并不明显。表 8 - 6 和表 8 - 7 列出了采用神经网络控制系统生成的控制来实现跟踪运动时的各个性能指标值，需要注意的是，在此处的控制生成中对评价器强化信号进行了近似。

在本次考察的情况下，对期望轨迹实现的精度提高了 50%以上，这可以通过对比期望路径和实现路径之间的最大距离误差看出来。对表 8 - 6 和表 8 - 7 中结果的定量分析证明了所采用方案的有效性。

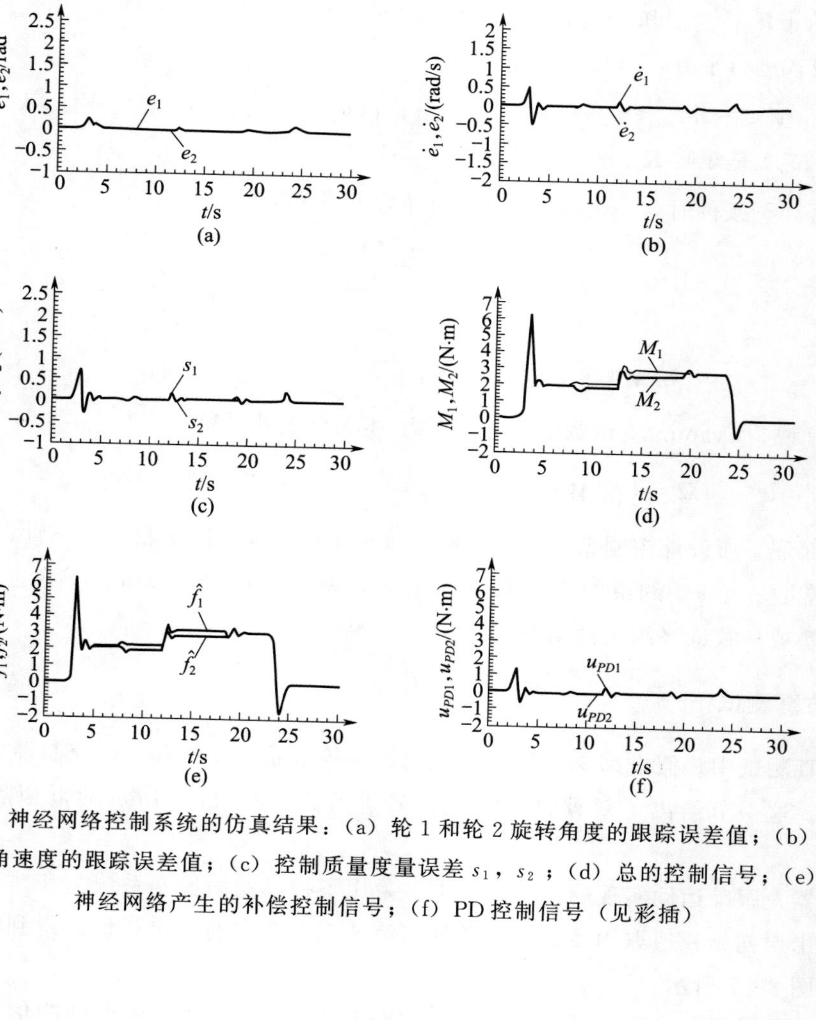

图 8 - 7　神经网络控制系统的仿真结果：（a）轮 1 和轮 2 旋转角度的跟踪误差值；（b）轮 1 和轮 2 角速度的跟踪误差值；（c）控制质量度量误差 s_1，s_2；（d）总的控制信号；（e）由神经网络产生的补偿控制信号；（f）PD 控制信号（见彩插）

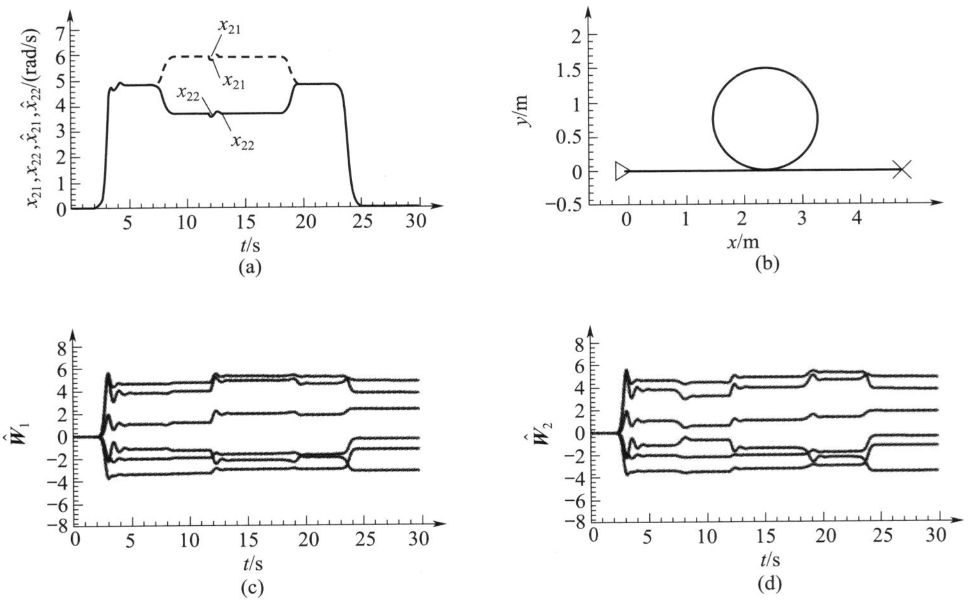

图 8-8　神经网络控制系统的仿真结果：(a) 轮子旋转的期望角速度和实现角速度；(b) 移动机器人上选定点 A 的期望路径和实现路径，由于误差较小，差异并不明显；(c) 逼近非线性函数 f_1 的神经网络权值；(d) 逼近非线性函数 f_2 的神经网络权值

8.2.3　结论

第 8.2 节在 WMR 控制中应用了经典强化学习的近似。对移动机器人跟踪控制算法的综合是基于 Lyapunov 稳定性理论进行的，并证明了误差能被一致最终约束到集合式（8-38）中。理论分析被仿真得到的结果所证实。所采用方案的仿真结果证实了机器人上的选定点能以更高的精度实现期望的运动。

表 8-6　采用神经网络控制系统时的选定性能指标的值

指标	$e_{\max j}$/rad	ε_j/rad	$\dot{e}_{\max j}$/(rad/s)	$\dot{\varepsilon}_j$/(rad/s)	σ_j/(rad/s)
轮 1，$j=1$	0.262	0.040 96	0.517 2	0.078 14	0.087 91
轮 2，$j=2$	0.262	0.041 03	0.517 2	0.077 82	0.087 66

表 8-7　采用神经网络控制系统时的选定性能指标的值

指标	$d_{\max}$/m	ρ/m
数值	0.021 61	0.004 1

8.3　动作器-评价器结构的强化学习

本节提出另一种方案：基于连续时间的动作器-评价器结构的强化学习方法，其中生成控制的元件（ASE-动作器）和生成强化信号的元件（ACE-评价器）以人工神经网络的形式实现。该系统不需要初始学习阶段。它可以在线工作，而无须知道被控对象的模型。通过考虑控制系统的稳定性，给出了基于 Lyapunov 稳定性理论设计的附加控制信号。

8.3.1 控制系统综合，系统稳定性和强化学习算法

与第 8.1 节类似，在这一节中，控制系统的任务是使形式如下的 WMR 的状态向量

$$\boldsymbol{M}\ddot{\boldsymbol{q}}+\boldsymbol{C}(\dot{\boldsymbol{q}})\dot{\boldsymbol{q}}+\boldsymbol{F}(\dot{\boldsymbol{q}})+\boldsymbol{\tau}_d(t)=\boldsymbol{\tau} \tag{8-39}$$

趋近于如第 8.1.2 节中所讨论的机器人 A 点的期望路径下的期望轨迹。跟踪误差 $\boldsymbol{e}$ 、滤波跟踪误差 $\boldsymbol{s}$ 和辅助变量 $\boldsymbol{v}$ 定义如下

$$\boldsymbol{e}=\boldsymbol{q}-\boldsymbol{q}_d \tag{8-40}$$

$$\boldsymbol{s}=\dot{\boldsymbol{e}}+\boldsymbol{\Lambda e} \tag{8-41}$$

$$\boldsymbol{v}=\dot{\boldsymbol{q}}_d-\boldsymbol{\Lambda e} \tag{8-42}$$

其中，$\boldsymbol{\Lambda}$ 是一个正定对角矩阵。则由式（8-39）可得

$$\boldsymbol{M}\dot{\boldsymbol{s}}=-\boldsymbol{u}-\boldsymbol{C}(\dot{\boldsymbol{q}})\boldsymbol{s}+\boldsymbol{M}\dot{\boldsymbol{v}}+\boldsymbol{C}(\dot{\boldsymbol{q}})+\boldsymbol{F}(\dot{\boldsymbol{q}})+\boldsymbol{\tau}_d(t) \tag{8-43}$$

采用如下非线性函数

$$\boldsymbol{f}(\boldsymbol{x})=\boldsymbol{M}\dot{\boldsymbol{v}}+\boldsymbol{C}(\dot{\boldsymbol{q}})\boldsymbol{v}+\boldsymbol{F}(\dot{\boldsymbol{q}}) \tag{8-44}$$

其中，$\boldsymbol{x}=[\boldsymbol{v}^{\mathrm{T}},\ \dot{\boldsymbol{v}}^{\mathrm{T}},\ \dot{\boldsymbol{q}}^{\mathrm{T}}]^{\mathrm{T}}$ ，将式（8-43）写成如下形式

$$\boldsymbol{M}\dot{\boldsymbol{s}}=-\boldsymbol{u}-\boldsymbol{C}(\dot{\boldsymbol{q}})\boldsymbol{s}+\boldsymbol{f}(\boldsymbol{x})+\boldsymbol{\tau}_d(t) \tag{8-45}$$

图 8-9 给出了双轮移动机器人的控制系统方案。系统产生的控制信号包含补偿控制信号 $\boldsymbol{u}_{RL}$ 和监督控制信号 $\boldsymbol{u}_S$ ，采用监督控制信号可确保闭环控制系统的稳定性，该控制系统中还包含了 PD 控制器。

在基于文献［4］所描述算法的控制系统中，文献［9，11，12］对该算法进行了改进，其中包含了连续时间强化学习的概念。在上述系统中，为了实现两个参数结构的任务，采用了两层 NN：动作器和评价器。

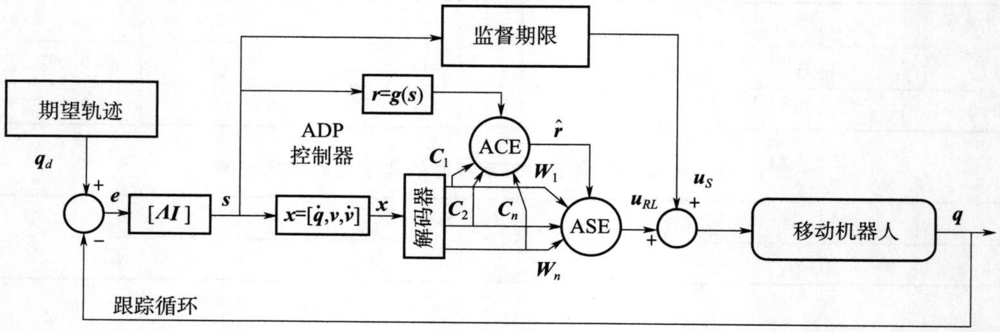

图 8-9　具有 ACE-ASE 结构的移动机器人跟踪控制系统方案

两层 NN 的输出可以表示如下

$$\boldsymbol{y}=\boldsymbol{W}^{\mathrm{T}}\boldsymbol{S}(\boldsymbol{V}^{\mathrm{T}}\boldsymbol{x}) \tag{8-46}$$

如果输入层的权值 $\boldsymbol{V}$ 是通过随机选取确定的，并且在网络的训练过程中保持不变，那么网络的输出值只取决于输出层权值 $\boldsymbol{W}$ 的调整。在所采用的方案中，图 8－10（a）所示的神经网络被分解为图 8－10（b）所示的 3 个组件：（D－R）解码器、ACE 结构和 ASE 结构。

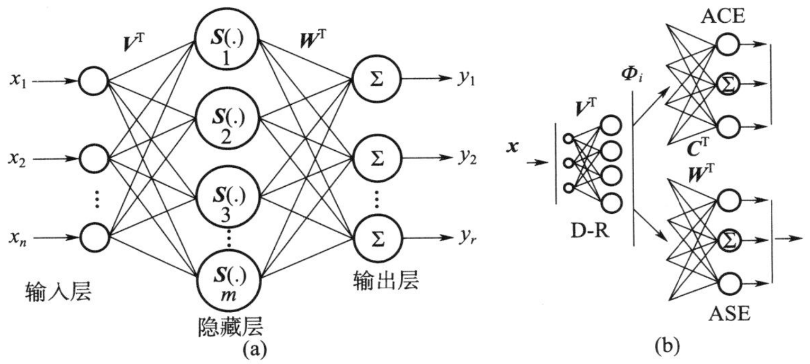

图 8－10　（a）神经网络示意图；（b）动作器-评价器结构的实现

我们的目标是针对动态系统式（8－45），确定补偿控制

$$\boldsymbol{u}_{RL}=\hat{\boldsymbol{f}}(\boldsymbol{x}) \tag{8-47}$$

使如下形式的价值函数得以优化

$$V_{uj}(\boldsymbol{s}(t))=\int_t^{\infty}\frac{1}{\tau_C}\mathrm{e}^{\frac{\tau-t}{\tau C}}r_j(\boldsymbol{s}(\tau),\boldsymbol{u}(\tau))\mathrm{d}\tau \tag{8-48}$$

其中，$j=1$，2；τ_c 为常数；$\boldsymbol{r}(t)=[r_1(t),\ r_2(t)]^{\mathrm{T}}$ 为瞬时强化信号值。按照第 8.2 节所述方式定义受限强化信号 $\boldsymbol{r}(t)$ 的生成过程，如下所示

$$r_j(t)=\frac{a_j}{1+\mathrm{e}^{-a_j s_j(t)}}-\frac{a_j}{1+\mathrm{e}^{a_j s_j(t)}} \tag{8-49}$$

其中，$j=1$，2；a_j 是一个正常数。对于 $a_j>0$，强化信号值 r_j 被限制在区间 $[-a_j,\ a_j]$ 内，如图 8－6 所示。在式（8－49）中，滤波跟踪误差 $s_j(t)$ 被用来评估为移动机器人控制所生成的强化信号的值。当滤波跟踪误差 $s_j(t)$ 较小时，跟踪运动的实现质量较好。评价学习方案是基于循环计算的算法，涉及控制律的自适应调整和价值函数的逼近。对连续系统，时间差分误差如同文献［3，4，7］一样表示为

$$\tau_c\dot{V}_{uj}(\boldsymbol{s}(t))=V_{uj}(\boldsymbol{s}(t))-r_j(t) \tag{8-50}$$

令 $P_j(t)$ 为对价值函数的预测。如果对价值函数的预测是正确的，就会出现以下情况

$$\tau_c\dot{P}_j(t)=P_j(t)-r_j(t) \tag{8-51}$$

如果预测不正确，那么对价值函数的预测误差定义如下[17]

$$\hat{r}_j(t)=r_j(t)-P_j(t)+\tau_c\dot{P}_j(t) \tag{8-52}$$

评价器（ACE）是一个参数为 $\boldsymbol{C}$ 的参数化结构 $\boldsymbol{P}(t)$。该参数化结构的任务是近似价值函数的预测，并生成如下形式的信号

$$P_j(t)=\boldsymbol{C}^{\mathrm{T}}\boldsymbol{\varphi} \tag{8-53}$$

其中，根据式（8－46），可以得出

$$\varphi_i=S_i(\boldsymbol{V}^{\mathrm{T}}\boldsymbol{x}) \tag{8-54}$$

其中，$i=1$，2，…，N，N 为神经元的数量。评价器的权值按照下式进行自适应调整

$$\dot{C}_i(t)=\beta\hat{r}_j(t)\bar{e}_i(t) \tag{8-55}$$

其中，活动路径 $\bar{e}_i(t)$ 由下式描述

$$\lambda_C\dot{\bar{e}}_i(t)=\varphi_i(t)-\bar{e}_i(t) \tag{8-56}$$

其中，β 是一个权值学习率系数，λ_C 是一个设计参数。由 ASE 结构产生的控制信号 $\boldsymbol{u}_{RL}$ 具有以下形式

$$\boldsymbol{u}_{RL}=\delta\boldsymbol{S}(\boldsymbol{W}^{\mathrm{T}}\boldsymbol{\varphi})\in\mathbf{R}^2 \tag{8-57}$$

其中，δ 为动作器输出的比例缩放因子。动作器（ASE）的权值自适应调整律形式如下

$$\dot{W}_i(t)=\alpha\hat{r}_j(t)\varphi_i \tag{8-58}$$

其中，α 是一个正常数因子。我们的任务是在不改变所设计的控制信号 $\boldsymbol{u}_{RL}$ 的情况下保证闭环系统的稳定性。这意味着控制信号 $\boldsymbol{u}$ 的设计必须保证闭环控制系统的稳定性，进而意味着滤波跟踪误差 $\boldsymbol{s}$ 必须是有界的，即

$$|s_i|\leqslant\Phi_i,\quad\forall t>0 \tag{8-59}$$

其中，Φ_i 为常值，$i=1$，2。为此，通过一个附加的监督系统产生的监督控制信号 $\boldsymbol{u}_S$ 对现有的控制信号 $\boldsymbol{u}_{RL}$ 进行改进。

对于这个特定的问题，引入控制律

$$\boldsymbol{u}=\boldsymbol{u}_{RL}+\boldsymbol{u}_S \tag{8-60}$$

将式（8－60）代入式（8－45）中，可以得到闭环系统的描述如下

$$\boldsymbol{M}\dot{\boldsymbol{s}}=-\boldsymbol{C}\boldsymbol{s}+\boldsymbol{f}(\boldsymbol{x})-\boldsymbol{u}_{RL}-\boldsymbol{u}_S+\boldsymbol{\tau}_d \tag{8-61}$$

假设一个附加信号如下

$$\boldsymbol{u}^*=\boldsymbol{f}(\boldsymbol{x})+\boldsymbol{K}\boldsymbol{s} \tag{8-62}$$

则式（8－61）可以写成如下形式

$$\boldsymbol{M}\dot{\boldsymbol{s}}=-\boldsymbol{C}\boldsymbol{s}+\boldsymbol{u}^*-\boldsymbol{K}\boldsymbol{s}-\boldsymbol{u}_{RL}-\boldsymbol{u}_S+\boldsymbol{\tau}_d \tag{8-63}$$

定义如下正定函数

$$L=\frac{1}{2}\boldsymbol{s}^{\mathrm{T}}\boldsymbol{M}\boldsymbol{s} \tag{8-64}$$

对函数式（8－64）求导数，并利用式（8－63），可以得到

$$\dot{L}=\boldsymbol{s}^{\mathrm{T}}\boldsymbol{M}\dot{\boldsymbol{s}}+\frac{1}{2}\boldsymbol{s}^{\mathrm{T}}\dot{\boldsymbol{M}}\boldsymbol{s}=-\boldsymbol{s}^{\mathrm{T}}\boldsymbol{K}\boldsymbol{s}+\frac{1}{2}\boldsymbol{s}^{\mathrm{T}}(\dot{\boldsymbol{M}}-2\boldsymbol{C})\boldsymbol{s}+\boldsymbol{s}^{\mathrm{T}}[\boldsymbol{u}^*-\boldsymbol{u}_{RL}+\boldsymbol{\tau}_d]-\boldsymbol{s}^{\mathrm{T}}\boldsymbol{u}_S \tag{8-65}$$

假设 $\dot{\boldsymbol{M}}-2\boldsymbol{C}$ 是一个倾斜对称矩阵，则导数式（8－65）有如下形式

$$\dot{L}\leqslant-\boldsymbol{s}^{\mathrm{T}}\boldsymbol{K}\boldsymbol{s}+\sum_{i=1}^{2}|s_i|[|f_i(\boldsymbol{x})-u_{RLi}+k_is_i+\tau_{di}|]+\sum_{i=1}^{2}s_iu_{Si} \tag{8-66}$$

选取如下形式的监督控制信号

$$u_{Si} = -[F_i + |k_i s_i| + Z_i + \eta_i]\text{sgn}s_i \tag{8-67}$$

并假设

$$|f_i(\boldsymbol{x}) - \hat{f}_i(\boldsymbol{x})| \leqslant F_i \tag{8-68}$$

其中，$F_i > 0$，$|\tau_{di}| \leqslant Z_i$，$Z_i > 0$，$\eta_i > 0$，$i = 1, 2$，则可以得到

$$\dot{L} \leqslant -\boldsymbol{s}^{\mathrm{T}}\boldsymbol{K}\boldsymbol{s} - \sum_{i=1}^{2}\eta_i |s_i| \tag{8-69}$$

Lyapunov 函数的导数为负半定的，因此闭环系统式（8-63）对于状态向量 $\boldsymbol{s}$ 来说是稳定的。控制信号式（8-67）中包括 sgn（s_i）函数，它会激发执行器的开关高频。为了消除执行器的开关高频，在 sgn（s_i）函数的邻域 Φ_i 中引入如下函数对其进行近似[20]

$$\text{sat}(s_i) = \begin{cases} \text{sgn}(s_i) & \text{对于} \quad |s_i| > \Phi_i \\ \dfrac{s_i}{\Phi_i} & \text{对于} \quad |s_i| \leqslant \Phi_i \end{cases} \tag{8-70}$$

如果，$\boldsymbol{e}(0) = \boldsymbol{q}_d(0) - \boldsymbol{q}(0) = \boldsymbol{0}$，则可以保证所需控制精度[20]

$$\forall t \geqslant 0, \quad |s_i(t)| \leqslant \Phi_i \quad \Rightarrow \quad \forall t \geqslant 0, \quad |e_i^{(i)}(t)| \leqslant (2\lambda_i)^i \varepsilon_i \tag{8-71}$$

其中，$i = 0, 1, \cdots, n_i - 1$；$\varepsilon_i = \Phi_i / \lambda_i^{n_i - 1}$；$n_i = 2$ 为第 i 个系统的阶次，上标（i）表示误差导数的阶次。

8.3.2　仿真测试

对所设计的控制系统进行仿真，使 WMR 上的 A 点沿着期望的路径运动，该路径形状是由五个特征运动阶段组成的环路，如第 8.1.2 节所述。

在仿真中，被控对象的初始条件为零：$\boldsymbol{\alpha}(0) = \boldsymbol{0}$，$\dot{\boldsymbol{\alpha}}(0) = \boldsymbol{0}$，其他数据为：$\boldsymbol{\Lambda} = \text{diag}[1, 1]$，$\boldsymbol{K}_D = \text{diag}[2, 2]$，$\alpha = \text{diag}[10, \cdots, 10]$，$\tau_C = 10$，$\beta = 0.1$，$\lambda_C = 0.85$，$\delta = 16$，$\Phi = 0.8$，$\boldsymbol{\eta} = [0.01, 0.01]^{\mathrm{T}}$，$\boldsymbol{F} = [2, 2]^{\mathrm{T}}$。在仿真中采用图 8-10 所示的神经网络，它由六个双极 sigmoid 神经元组成，是一个具有功能扩展的网络，其第一层（D—R）的权值是由随机数发生器从区间［−0.1，0.1］中产生。为了逼近评价器（元件 ACE）和动作器（元件 ASE），使用了式（8-53）和式（8-57），其中网络权值如图 8-10（b）所示。计算是在 Matlab/Simulink 中进行的，采用欧拉积分法，离散步长为 0.01 s。

图 8-11～图 8-14 给出了运动和控制的选定参数曲线。图 8-11（a）给出了双轮移动机器人的轮 1 和轮 2 的总控制信号值。根据所采用的控制律，总的控制信号包括由 ACE-ASE 结构产生的非线性补偿信号［见图 8-11（b）］，以及监督控制信号［见图 8-11（c）］。在为补偿被控对象的非线性而采用的神经网络中，在自适应调整过程的初始阶段权值取为零，其所产生的后果是，在总的控制信号中各类信号的存在会发生变化。在网络权值调整的初始阶段，在控制信号中起主要作用的是监督调节器，它在总控制信号中的存在随着动作器-ASE NN 权值调整过程的进行而不断减少。在所分析的动作器和评价器结构的算法中，采用了具有 sigmoid 神经元激活函数的双层 NN，其输入层的权

值在网络初始化阶段随机选取。图 8 - 11（d）给出了强化信号 r_1 和 r_2。

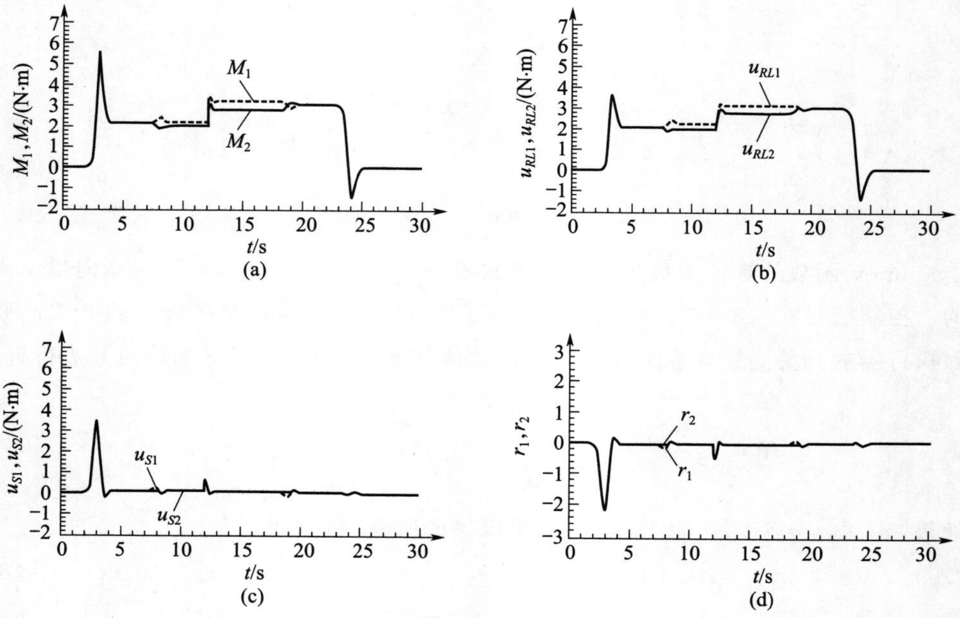

图 8 - 11　仿真结果

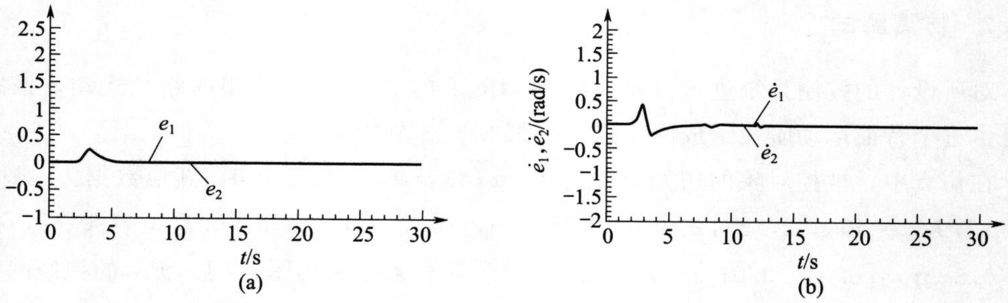

图 8 - 12　跟踪误差

跟踪系统中最重要的问题是精确实现期望的轨迹，这就是为什么设计跟踪控制算法的首要目标是最小化跟踪误差。图 8 - 12（a）给出了跟踪误差 e_1 和 e_2，图 8 - 12（b）给出了角速度的误差 $\dot{e}_1$ 和 $\dot{e}_2$，它们都是有界的。

在 NN 的初始化过程中，网络神经元的各个权值初始为零，然后在网络的自适应调整过程中进行优化，以达到恒定值。图 8 - 13（a）和图 8 - 13（b）分别给出了轮 1 和轮 2 动作器（ASE）权值的变化。在这两种情况下，根据稳定性理论，NN 的权值是有界的。利用式（8 - 71）可以计算误差 e_1 和 $\dot{e}_1$：$\forall t \geqslant 0$，$|s_1| \leqslant \Phi \Rightarrow \forall t \geqslant 0$，$|e_1| \leqslant 0.8$ 且 $|\dot{e}_1| \leqslant 1.6$，它们的值如相平面图 8 - 14（a）所示。将这些值和图 8 - 12 中的曲线进行比较，可以推断出，这些是保守的计算。图 8 - 14（b）给出了 WMR 上 A 点的期望路径和实现路径，它们之间没有明显差别。表 8 - 9 给出了期望路径实现的最大误差，达到 0.02 m。

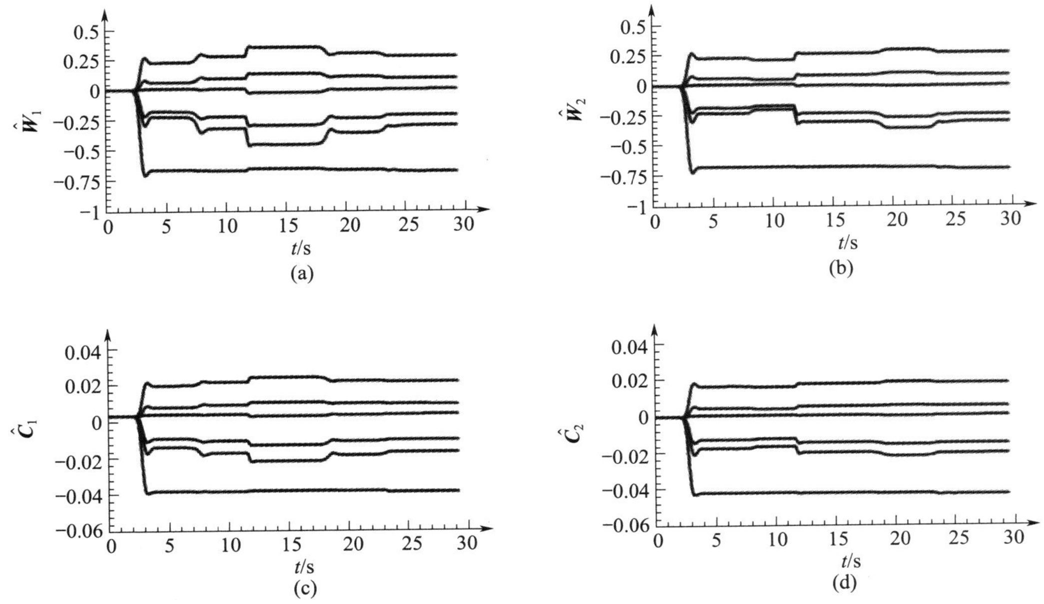

图 8-13　ASE，ACE 元件的权值

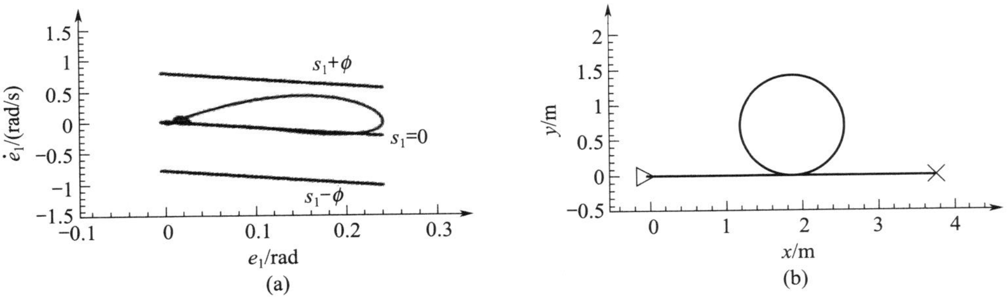

图 8-14　机器人上 A 点运动实现的评估：(a) 误差相平面；(b) 期望的路径和实现的路径

为了对得到的数值测试结果进行定量评估，表 8-8 和表 8-9 给出了由动作器-评价器系统实现跟踪运动控制时的各个性能指标值。

表 8-8　控制系统的选定性能指标的值

指标	$e_{\max j}$/rad	ε_j/rad	$\dot{e}_{\max j}$/(rad/s)	$\dot{\varepsilon}_j$/(rad/s)	σ_j/(rad/s)
轮 1，$j=1$	0.242 8	0.044 24	0.430 6	0.058 93	0.072 4
轮 2，$j=2$	0.242 8	0.042 31	0.430 6	0.058 59	0.072 0

表 8-9　用于评估期望路径实现的选定性能指标的值

指标	$d_{\max}$/m	ρ/m
数值	0.02	0.003 8

8.3.3 结论

与传统的评价学习方法不同，本节应用了基于两个人工 NN 的 ASE - ACE 结构来逼近 WMR 的非线性和变化的工作条件。所提出的算法是在线工作的，不需要知道被控对象的任何模型信息。此外，它们也不需要有一个初步学习阶段。闭环系统的稳定性是通过在控制律中采用附加的监督控制来实现。仿真测试证实了所采用的假设的正确性和所提出的 WMR 控制算法的有效性。

8.4 最优自适应控制中的动作器-评价器型强化学习

在这一节中，所提出的方法主要是在评价学习中实现动作器-评价器（ACE - ASE）[3,4,7,16,18]参数化结构。相比于其他控制算法，根据自适应动态规划概念建立的系统构架采用两个独立的参数化结构：动作器用来生成控制律，评价器用来逼近价值函数。这种方法最大限度地减少了与对象控制相关的计算成本。考虑到评价学习控制领域此前已有的成果，所提出的双轮移动机器人跟踪控制算法基于最优自适应控制[8,10,15,17]的构架，采用两个人工 NN 进行构建。所提出的算法不需要初始学习阶段，同时它也是在线工作的，不需要知道被控对象数学模型的任何相关知识。

8.4.1 控制综合，系统稳定性和强化学习算法

WMR 运动的动力学方程可以写成如下形式

$$\boldsymbol{M}\ddot{\boldsymbol{q}} + \boldsymbol{C}(\dot{\boldsymbol{q}})\dot{\boldsymbol{q}} + \boldsymbol{F}(\dot{\boldsymbol{q}}) + \boldsymbol{\tau}_d(t) = \boldsymbol{u} \tag{8-72}$$

控制系统的任务是生成一个控制向量 $\boldsymbol{u} = [M_1,\ M_2]^{\mathrm{T}}$，保证沿着期望轨迹 $\boldsymbol{q}_d = [\alpha_{d1},\ \alpha_{d2}]^{\mathrm{T}}$ 实现 WMR 上的 A 点跟踪运动。定义跟踪误差 $\boldsymbol{e}(t)$ 和跟踪控制的质量度量 $\boldsymbol{s}(t)$ 如下

$$\boldsymbol{s} = \dot{\boldsymbol{e}} + \boldsymbol{\Lambda}\boldsymbol{e} \tag{8-73}$$

$$\boldsymbol{e} = \boldsymbol{q}_d - \boldsymbol{q} \tag{8-74}$$

基于式（8 - 73）和式（8 - 74），将移动机器人运动的动力学方程表示在滤波跟踪误差空间中，形式如下

$$\boldsymbol{M}\boldsymbol{s} = -\boldsymbol{C}\boldsymbol{s} + \boldsymbol{f}(\boldsymbol{x}) - \boldsymbol{u} + \boldsymbol{\tau}_d(t) \tag{8-75}$$

其中未知非线性函数 $\boldsymbol{f}(\boldsymbol{x})$ 定义为

$$\boldsymbol{f}(\boldsymbol{x}) = \boldsymbol{M}(\ddot{\boldsymbol{q}}_d + \boldsymbol{\Lambda}\dot{\boldsymbol{e}}) + \boldsymbol{C}(\dot{\boldsymbol{q}})(\dot{\boldsymbol{q}}_d + \boldsymbol{\Lambda}\boldsymbol{e}) + \boldsymbol{F}(\dot{\boldsymbol{q}}) \tag{8-76}$$

且向量 $\boldsymbol{x}$ 定义为 $\boldsymbol{x} = [\dot{\boldsymbol{q}}_d^{\mathrm{T}},\ \ddot{\boldsymbol{q}}_d^{\mathrm{T}},\ \boldsymbol{e}^{\mathrm{T}},\ \dot{\boldsymbol{e}}^{\mathrm{T}}]^{\mathrm{T}}$。选取如下形式的控制律

$$\boldsymbol{u} = \hat{\boldsymbol{f}} + \boldsymbol{K}\boldsymbol{s} - \boldsymbol{v}(t) \tag{8-77}$$

其中，$\hat{\boldsymbol{f}}$ 是对函数 $\boldsymbol{f}(\boldsymbol{x})$ 的估计，$\boldsymbol{K} = \boldsymbol{K}^{\mathrm{T}}$ 是正定的设计矩阵，$\boldsymbol{K}\boldsymbol{s} = \boldsymbol{K}\boldsymbol{e} + \boldsymbol{K}\boldsymbol{\Lambda}\boldsymbol{e}$ 是 PD 控制器，它被置于控制系统的外反馈回路中，而 $\boldsymbol{v}(t)$ 是在控制律中引入的辅助信号，使设计的算法对于干扰和参数不准确具有鲁棒性。为了逼近非线性函数式（8 - 76），采用由下式描述

的 NN

$$\boldsymbol{f}(\boldsymbol{x})=\boldsymbol{W}^{\mathrm{T}}\boldsymbol{\varphi}(\boldsymbol{x})+\boldsymbol{\varepsilon} \tag{8-78}$$

其中，$\boldsymbol{W}$ 是网络的理想权值向量，$\boldsymbol{\varphi}(\boldsymbol{x})$ 是神经元激活函数，$\boldsymbol{\varepsilon}$ 是受限于 $\|\boldsymbol{\varepsilon}\| \leqslant z_{\varepsilon}$ 区间的逼近误差。

对于这种情况，函数 $\boldsymbol{f}(\boldsymbol{x})$ 的估计具有如下形式

$$\hat{\boldsymbol{f}}(\boldsymbol{x})=\hat{\boldsymbol{W}}^{\mathrm{T}}\boldsymbol{\varphi}(\boldsymbol{x}) \tag{8-79}$$

进而控制律式（8－77）的形式如下

$$\boldsymbol{u}=\hat{\boldsymbol{W}}^{\mathrm{T}}\boldsymbol{\varphi}(\boldsymbol{x})+\boldsymbol{K}\boldsymbol{s}-\boldsymbol{v}(t) \tag{8-80}$$

滤波跟踪误差空间中的闭环控制系统模型可以表示为

$$\boldsymbol{M}\dot{\boldsymbol{s}}+(\boldsymbol{K}+\boldsymbol{C})\boldsymbol{s}-\tilde{\boldsymbol{f}}-\boldsymbol{v}(t)=\boldsymbol{0} \tag{8-81}$$

非线性映射逼近的评价控制的应用方法之一是采用由两个 NN 组成的结构，它们分别作为动作器和评价器工作。图 8－15 给出了双轮移动机器人的跟踪控制系统方案，它采用了一个动作器-评价器结构，用来补偿被控对象的非线性。在给出的控制系统中，动作器（ASE）负责生成控制律。它的权值基于第二个参数结构——评价器（ACE）生成的信号进行自适应调整。ASE 和 ACE 系统的输出可以表示成 $\hat{\boldsymbol{W}}^{\mathrm{T}}\boldsymbol{\varphi}$ 和 $\hat{\boldsymbol{C}}^{\mathrm{T}}\boldsymbol{\varphi}$ ，其中评价器的输出被称为强化信号 $\boldsymbol{r}$ ，它用以优化动作器 NN 输出层的权值 $\hat{\boldsymbol{W}}$ 。为了在所提的双轮移动机器人跟踪控制的动作器-评价器系统实现中分别执行 ACE 结构和 ASE 结构的任务，采用了隐藏层神经元具有 sigmoid 激活函数的两层人工 NN，其输入层的权值 V 在网络初始化阶段随机生成，在学习过程中保持不变。所提出的算法基于强化学习方法，在线工作，不需要知道被控对象模型的任何信息。NN 的权值 $\hat{\boldsymbol{W}}$ 和 $\hat{\boldsymbol{C}}$ 以在线方式确定，没有初始学习阶段。

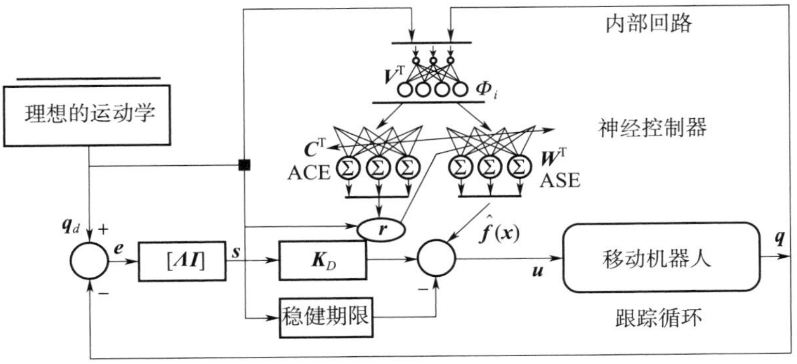

图 8－15　具有动作器-评价器结构的轮式移动机器人跟踪控制系统

双轮移动机器人跟踪控制系统的任务是生成所需的控制信号来实现期望的、至少两次可微分的轨迹 $\boldsymbol{q}_d$ ，该轨迹的所有运动参数都是有界的，并且该轨迹对于被控对象来说是可实现的。理想权值向量的范数 $\|\boldsymbol{W}\|$ 和 $\|\boldsymbol{C}\|$ 受到常数 W_m 和 C_m 的约束。为了对动作器-评价器结构 NN 的权值自适应调整律进行综合（这对闭环控制系统的稳定性有决定性

影响)，并确定计算强化信号 $\boldsymbol{r}$ 的关系，选用以下形式的 Lyapunov 函数

$$V=\frac{1}{2}\boldsymbol{s}^{\mathrm{T}}\boldsymbol{M}\boldsymbol{s}+\frac{1}{2}\mathrm{tr}\,\widetilde{\boldsymbol{W}}^{\mathrm{T}}\boldsymbol{F}_W^{-1}\widetilde{\boldsymbol{W}}+\frac{1}{2}\mathrm{tr}\,\widetilde{\boldsymbol{C}}^{\mathrm{T}}\boldsymbol{F}_C^{-1}\widetilde{\boldsymbol{C}} \tag{8-82}$$

对式(8-82)式进行微分，并应用如下形式的 ASE 和 ACE NN 权值学习律

$$\dot{\hat{\boldsymbol{W}}}=\boldsymbol{F}_W\boldsymbol{\varphi}\boldsymbol{r}^{\mathrm{T}}-\gamma\boldsymbol{F}_W\|\boldsymbol{s}\|\hat{\boldsymbol{W}} \tag{8-83}$$

$$\dot{\hat{\boldsymbol{C}}}=-\boldsymbol{F}_C\|\boldsymbol{s}\|\boldsymbol{\varphi}(\widetilde{\boldsymbol{W}}^{\mathrm{T}}\boldsymbol{\varphi})^{\mathrm{T}}-\gamma\boldsymbol{F}_C\|\boldsymbol{s}\|\hat{\boldsymbol{C}} \tag{8-84}$$

其中，$\boldsymbol{F}_W$，$\boldsymbol{F}_C$ 是正定对角矩阵，假设如下形式的强化信号

$$\boldsymbol{r}=\boldsymbol{s}+\|\boldsymbol{s}\|\hat{\boldsymbol{C}}^{\mathrm{T}}\boldsymbol{\varphi} \tag{8-85}$$

以及为系统提供鲁棒性的信号

$$\boldsymbol{v}(t)=z_0\boldsymbol{s}/\|\boldsymbol{s}\| \tag{8-86}$$

则可以得到

$$\dot{V}\leqslant-\boldsymbol{s}^{\mathrm{T}}\boldsymbol{K}\boldsymbol{s}+\boldsymbol{s}^{\mathrm{T}}\boldsymbol{s}+\|\boldsymbol{s}\|\mathrm{tr}[-\widetilde{\boldsymbol{W}}^{\mathrm{T}}\boldsymbol{\varphi}(\hat{\boldsymbol{C}}^{\mathrm{T}}\boldsymbol{\varphi})^{\mathrm{T}}+\gamma\widetilde{\boldsymbol{W}}^{\mathrm{T}}\hat{\boldsymbol{W}}+\widetilde{\boldsymbol{C}}^{\mathrm{T}}\boldsymbol{\varphi}(\hat{\boldsymbol{W}}^{\mathrm{T}}\boldsymbol{\varphi})^{\mathrm{T}}+\gamma\widetilde{\boldsymbol{C}}^{\mathrm{T}}\hat{\boldsymbol{C}}] \tag{8-87}$$

如果满足关系式 $\mathrm{tr}\{\widetilde{\boldsymbol{W}}^{\mathrm{T}}\hat{\boldsymbol{W}}\}\leqslant\|\widetilde{\boldsymbol{W}}\|(W_{\max}-\|\widetilde{\boldsymbol{W}}\|)$ 和 $\mathrm{tr}\{\widetilde{\boldsymbol{C}}^{\mathrm{T}}\hat{\boldsymbol{C}}\}\leqslant\|\widetilde{\boldsymbol{C}}\|(C_{max}-\|\widetilde{\boldsymbol{C}}\|)$，并且 $\|\boldsymbol{\varphi}\|^2\leqslant m$，则式(8-87)具有以下形式

$$\begin{aligned}\dot{V}\leqslant&-\lambda_{\min}\|\boldsymbol{s}\|^2-\gamma\|\boldsymbol{s}\|\{(\|\widetilde{\boldsymbol{W}}\|-(mC_m+\gamma W_m)/2\gamma)^2+(\|\widetilde{\boldsymbol{C}}\|-(mW_m+\gamma C_m/2\gamma)^2\\&-[((mC_m+\gamma W_m/2\gamma)^2+((mW_m+\gamma C_m)/2\gamma)^2+z_\varepsilon/\gamma]\}\end{aligned} \tag{8-88}$$

当关系式

$$\|\boldsymbol{s}\|>\gamma[((mC_m+\gamma W_m)/2\gamma)^2+((mW_m+\gamma C_m)/2\gamma)^2+z_\varepsilon/\gamma]/\lambda_{\min}=b_s \tag{8-89}$$

或

$$\|\widetilde{\boldsymbol{W}}\|>(mC_m+\gamma W_m)/2\gamma+\sqrt{[((mC_m+\gamma W_m)/2\gamma)^2+((mW_m+\gamma C_m)/2\gamma)^2+z_\varepsilon/\gamma]}=b_W \tag{8-90}$$

或

$$\|\widetilde{\boldsymbol{C}}\|>(mW_m+\gamma C_m)/2\gamma+\sqrt{[((mC_m+\gamma W_m)/2\gamma)^2+((mW_m+\gamma C_m)/2\gamma)^2+z_\varepsilon/\gamma]}=b_C \tag{8-91}$$

得到满足时，Lyapunov 函数的导数是负定的，其中 $\lambda_{\min}$ 是矩阵 $\boldsymbol{K}$ 的最小特征值。在这种特定情况下，Lyapunov 函数的导数 $\dot{V}$ 在以下集合外是负定的

$$\boldsymbol{\Omega}=\{(\boldsymbol{s},\widetilde{\boldsymbol{W}},\widetilde{\boldsymbol{C}}),\quad 0\leqslant\|\boldsymbol{s}\|\leqslant b_s,\quad 0\leqslant\|\widetilde{\boldsymbol{W}}\|\leqslant b_W,\quad 0\leqslant\|\widetilde{\boldsymbol{C}}\|\leqslant b_C\} \tag{8-92}$$

这保证了动作器的 NN 权值估计误差 $\widetilde{\boldsymbol{W}}$ 和评价器的 NN 权值 $\widetilde{\boldsymbol{C}}$ 的估计误差收敛到由常数 b_s、b_W、b_C 界定的集合 $\boldsymbol{\Omega}$ 中。

8.4.2　仿真测试

对所设计的控制系统进行了仿真，使 WMR 上的选定点 A 沿着期望的路径运动，路径形状是如第 8.1.2 节中所述的由五个特征运动阶段组成的环路。仿真中被控对象采用了零初始条件：$\boldsymbol{\alpha}(0)=\mathbf{0}$，$\dot{\boldsymbol{\alpha}}(0)=\mathbf{0}$，其他数据为：$\boldsymbol{\Lambda}=\mathrm{diag}[1,1]$，$\boldsymbol{K}_D=\mathrm{diag}[2,2]$，$\gamma=0.001$，$z_o=0.01$，$\boldsymbol{F}_C=\mathrm{diag}[1,\cdots,1]^{\mathrm{T}}$，$\boldsymbol{F}_W=\mathrm{diag}[25,\cdots,25]^{\mathrm{T}}$。仿真中采用的 NN 如图 8-10 所示，由六个双极 sigmoid 神经元组成，是一个具有功能扩展的网络，其第一层的权值由随机数发生器从区间 [−0.1，0.1] 中生成。为了逼近评价器（ACE 元件）和动作器（ASE 元件），使用了网络权值 [见图 8-10（b）] 的自适应调整律式（8-83）和式（8-84）。计算是在 Matlab/Simulink 中进行的，采用欧拉积分，离散步长为0.01 s。图 8-16 和图 8-17 给出了得到的结果，包括选定参数和控制信号。图 8-16（a）给出了移动机器人轮 1 号和轮 2 的总控制信号值。根据式（8-80），总控制信号包括 PD 控制器信号 [见图 8-16（c）、由 ASE-ACE 结构产生的补偿控制信号 [见图 8-16（b）] 以及鲁棒控制信号 [见图 8-16（d）]。在自适应调整过程的初始阶段，用于补偿被控对象非线性的 NN 采用了零初始权值，其结果是在总的控制信号中各种成分信号的存在是变化的。在网络权值调整的初始阶段，PD 控制器在控制中起着最为重要的作用，它在总控制中的重要性随着动作器 ASE NN 权值调整过程的进行而降低。

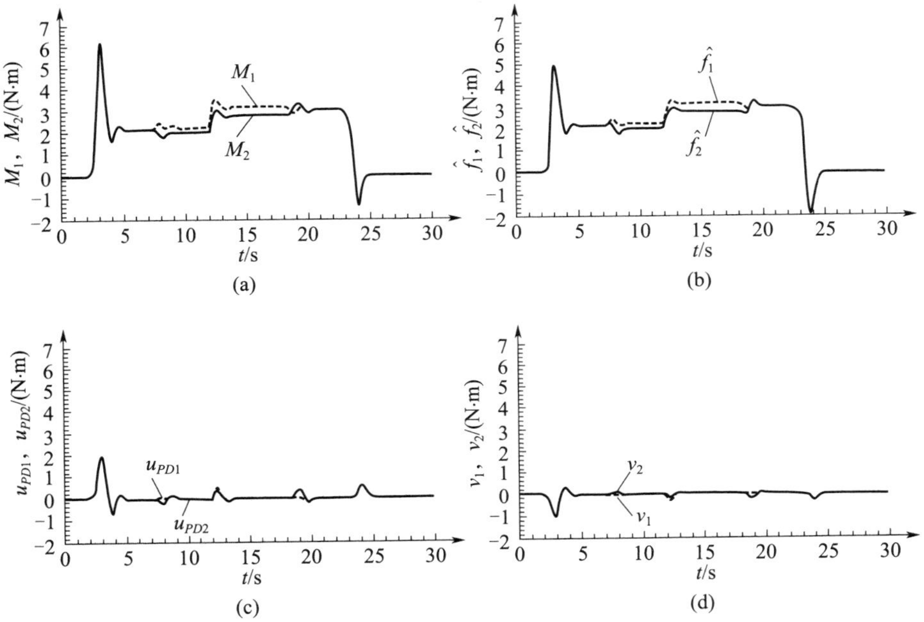

图 8-16　带评价器的控制仿真结果：(a) 轮 1 的总控制信号 $u_1=M_1$，轮 2 的总控制信号 $u_2=M_2$；(b) 补偿控制 $\hat{f}_1$ 和 $\hat{f}_2$；(c) 轮 1 和轮 2 的 PD 控制信号；(d) 鲁棒控制信号 v_1 和 v_2

图 8-17（a）和（b）给出了轮 1 和轮 2 的跟踪误差 e_1 和 e_2，以及相应的跟踪速度误

差 $\dot{e}_1$ 和 $\dot{e}_2$。可以看出，所有的误差值都是有界的。

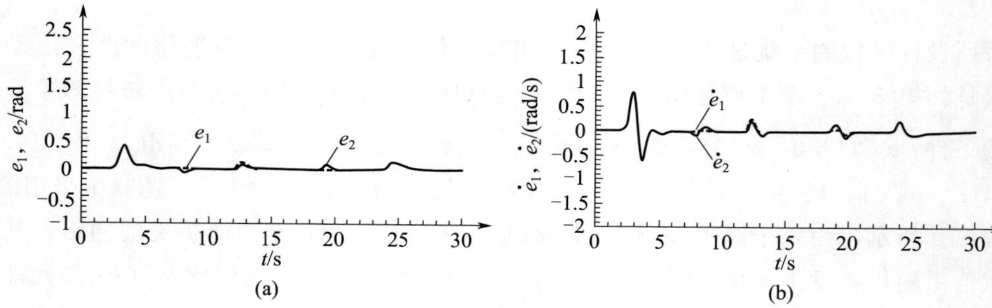

图 8 - 17 跟踪误差

为了对数值测试结果进行定量评估，采用第 8.1.2 节中给出的性能指标。表 8 - 10 和表 8 - 11 中列出了各指标的值。

表 8 - 10 控制系统的选定性能指标的值

指标	$e_{\max j}$/rad	ε_j/rad	$\dot{e}_{\max j}$/(rad/s)	$\dot{\varepsilon}_j$/(rad/s)	σ_j/(rad/s)
轮 1，$j=1$	0.423	0.071 94	0.755 9	0.121 3	0.140 5
轮 2，$j=2$	0.423	0.072 19	0.755 9	0.122 1	0.141 3

表 8 - 11 期望路径实现的选定性能指标的值

指标	$d_{\max}$/m	ρ/m
数值	0.034 9	0.008

图 8 - 18 (a) 和 (b) 给出了动作器 (ASE) 权值估计的变化，它们在学习过程开始前等于零，在学习过程中保持有界。评价器 (ACE) 的 NN 权值估计如图 8 - 18 (c) 和 (d) 所示。

图 8 - 19 给出了移动机器人上 A 点的期望和实现路径。因为误差很小，所以看不出区别。表 8 - 11 中给出了期望路径实现的最大误差，达到 0.034 9 m。

8.4.3 结论

在本例中，对所提出的双轮移动机器人运动跟踪控制算法进行了仿真，算法采用 ASE - ACE 结构的强化学习方法，并使用人工 NN 实现。所采用的算法不需要初始学习阶段，它可以在线工作，而不需要被控对象模型的任何知识。仿真结果验证了在跟踪运动实现中所采用假设的正确性和所设计控制系统的有效性。获得的信号是有界的，系统的稳定性也得以保证。

8.5 最优控制中评价器自适应结构的实施

本节重点讨论自适应评价器结构在 WMR 跟踪控制中的实施。所用方法不需要了解机

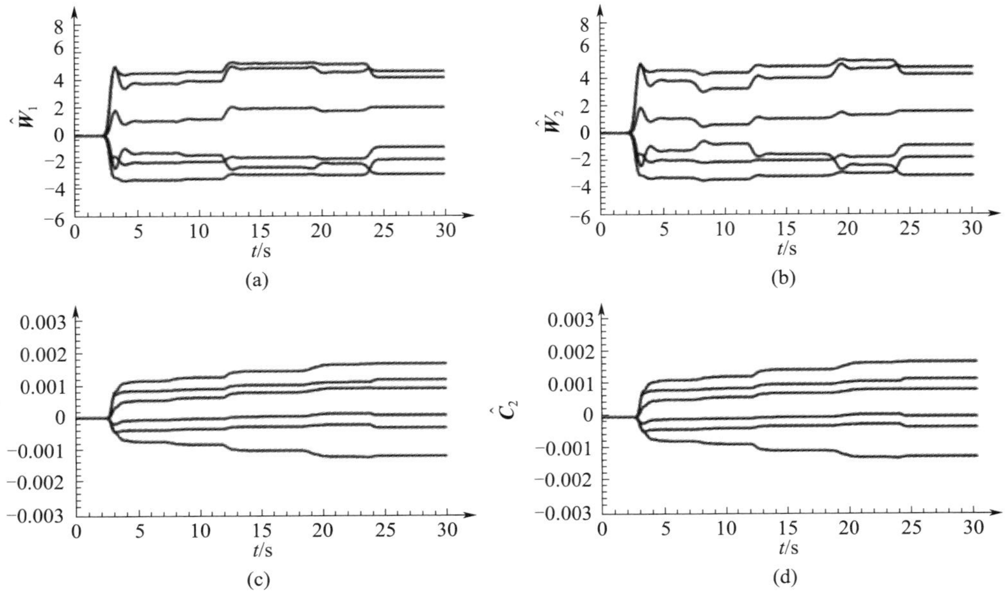

图 8-18　动作器和评价器神经网络的权值：(a) 轮 1 的 ASE 权值；(b) 轮 2 的 ASE 权值；(c) 轮 1 的 ACE 权值；(d) 轮 2 的 ACE 权值

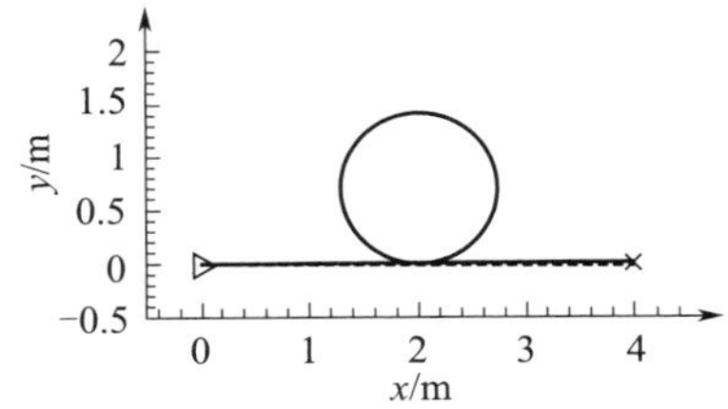

图 8-19　机器人上 A 点的期望路径和实现路径

器人的非线性，所提方案可以根据评价函数产生的信号确定次优控制，从而补偿机器人的非线性和变化的工作条件。所给出的控制系统包括一个由 NN 实现的评价器，其任务是逼近价值函数，该函数依赖于控制的质量度量和控制信号。控制系统的稳定性是根据 Lyapunov 稳定性理论确定的。

在非线性连续系统的控制综合中，采用自适应评价器结构实施强化学习比在离散系统中实施要困难得多。许多作者对这类问题进行了讨论[1,5,6,14,16,22]。我们将应用文献［16］中给出的理论结果讨论这些问题。令描述非线性连续对象的数学模型形式为：$\dot{\boldsymbol{x}}(t)=\boldsymbol{f}(\boldsymbol{x}(t))+\boldsymbol{b}(\boldsymbol{x}(t))\boldsymbol{u}(\boldsymbol{x}(t))$，$\boldsymbol{x}(0)=\boldsymbol{x}_0$，其中 $\boldsymbol{x}(t)\in\mathbf{R}^n$ 是状态向量，$\boldsymbol{f}(\boldsymbol{x}(t))\in\mathbf{R}^n$，$\boldsymbol{b}(\boldsymbol{x}(t))\in\mathbf{R}^{n\times m}$ 分别是向量函数和控制矩阵，$\boldsymbol{u}(\boldsymbol{x}(t))\in\mathbf{R}^m$ 是控制向量。对于特定的稳定控制，目标函数由积分形式给出：$V(\boldsymbol{x}(t))=\int_t^{\infty}r(\boldsymbol{x}(\tau),\boldsymbol{u}(\tau))\mathrm{d}\tau$。对该式进行微分，可以得到 Hamilton - Jacobie - Bellman（HJB）方程：$r(\boldsymbol{x}(t),\boldsymbol{u}(\boldsymbol{x}(t)))+(\nabla V_x)^{\mathrm{T}}(\boldsymbol{f}(\boldsymbol{x}(t))+$

$\boldsymbol{b}(\boldsymbol{x}(t))\boldsymbol{u}(\boldsymbol{x}(t)))=0$，$V(0)=0$，其中 ∇V_x 是目标函数相对于 $\boldsymbol{x}$ 的梯度。很容易看出，该方程中包括向量函数 $\boldsymbol{f}(x)$ 和 $\boldsymbol{u}(\boldsymbol{x})$，而这些函数并不包含在离散版的 Bellman 方程中，这使得一些问题复杂化，例如 ADHDP 程序的应用。此外，离散系统的 Bellman 方程需要确定目标函数在 k 和 $k+1$ 两个周期的值。这样就可以应用迭代程序来确定目标函数的值。然而，目标函数在 HJB 方程中只出现一次，因此，难以通过迭代程序来确定它的值。为了解决连续动态系统的控制问题，实际当中可以应用价值函数导数的近似或价值函数偏导数的变换。本节根据文献［6，21］中给出的理论结果对 WMR 跟踪控制中的自适应评价器进行综合。

8.5.1 控制综合，评价学习算法和系统稳定性

与本章的前几节类似，被控对象为 WMR。考虑到式（8－1），其动态运动方程在状态空间中可写为

$$\begin{aligned}\dot{\boldsymbol{x}}_1&=\boldsymbol{x}_2\\\dot{\boldsymbol{x}}_2&=\boldsymbol{g}_n(\boldsymbol{x})+\boldsymbol{u}+\boldsymbol{z}\end{aligned}\tag{8-93}$$

其中，$\boldsymbol{x}_1=[\alpha_1,\ \alpha_2]^{\mathrm{T}}$，$\boldsymbol{x}_2=[\dot{\alpha}_1,\ \dot{\alpha}_2]^{\mathrm{T}}$，$\boldsymbol{u}=\boldsymbol{M}^{-1}\boldsymbol{\tau}\in\mathbf{R}^2$，$\boldsymbol{z}=-\boldsymbol{M}^{-1}\boldsymbol{\tau}_d\in\mathbf{R}^2$，且非线性函数的形式如下

$$\boldsymbol{g}_n(\boldsymbol{x})=-\boldsymbol{M}^{-1}(\boldsymbol{C}(\boldsymbol{x}_2)\boldsymbol{x}_2+\boldsymbol{F}(\boldsymbol{x}_2))\in\mathbf{R}^2\tag{8-94}$$

其中所有符号的含义如第 8.1 节所示。假设 WMR 的转动惯量矩阵为已知，WMR 驱动轮的力矩根据关系式 $\boldsymbol{\tau}=\boldsymbol{M}\boldsymbol{u}$ 确定。定义跟踪误差 $\boldsymbol{e}$ 和滤波跟踪误差 $\boldsymbol{s}$（被视作控制质量的度量）为如下形式

$$\boldsymbol{e}(t)=\boldsymbol{x}_d(t)-\boldsymbol{x}(t)\tag{8-95}$$

$$\boldsymbol{s}(t)=\dot{\boldsymbol{e}}(t)+\boldsymbol{\Lambda}\boldsymbol{e}(t)\tag{8-96}$$

其中，$\boldsymbol{\Lambda}$ 是一个正定对角矩阵。则由式（8－93）可得

$$\dot{\boldsymbol{s}}=\boldsymbol{f}(\boldsymbol{x},\boldsymbol{x}_d)+\boldsymbol{u}+\boldsymbol{z}\tag{8-97}$$

其中，$\boldsymbol{f}(\boldsymbol{x},\ \boldsymbol{x}_d)$ 中包含控制对象的非线性式（8－94），$\boldsymbol{u}=\boldsymbol{u}_C-\boldsymbol{u}_S$ 是一个控制信号，包含带有评价器的控制信号 $\boldsymbol{u}_C$ 和监督控制信号 $\boldsymbol{u}_S$。监督控制信号的目标是补偿干扰并确保闭环系统的稳定性，本节的后续部分将对其加以确定。采用文献［16］中的形式定义价值函数的最优值

$$V^o(\boldsymbol{s}(t))=\min_{u(\tau)}\int_t^{\infty}\boldsymbol{r}(\boldsymbol{s}(\varsigma),\boldsymbol{u}_C(\boldsymbol{s}(\tau)))\mathrm{d}\varsigma\tag{8-98}$$

其中

$$r(\boldsymbol{s},\boldsymbol{u}_C)=\boldsymbol{s}^{\mathrm{T}}\boldsymbol{Q}\boldsymbol{s}+\boldsymbol{u}_C^{\mathrm{T}}\boldsymbol{R}\,\boldsymbol{u}_C\tag{8-99}$$

为局部代价函数。其中，$\boldsymbol{Q}\in\mathbf{R}^{2\times2}$，$\boldsymbol{R}\in\mathbf{R}^{2\times2}$ 为正定对称矩阵。最优控制定义为如下形式

$$\boldsymbol{u}_C^o(\boldsymbol{s})=-\frac{1}{2}\boldsymbol{R}^{-1}\frac{\partial V^o(\boldsymbol{s})^{\mathrm{T}}}{\partial\boldsymbol{s}}\tag{8-100}$$

假设价值函数 $V^o(\boldsymbol{s})$ 是连续可微分的，初始条件为 $V^o(\boldsymbol{0})=0$。对于由方程式（8－97）

描述的对象，Hamiltonian 函数的形式为

$$H(\boldsymbol{s},\boldsymbol{u}_C,V_s)=V_s(\boldsymbol{f}(\boldsymbol{x},\boldsymbol{x}_d)+\boldsymbol{u}_C)+r(\boldsymbol{s},\boldsymbol{u}_C) \tag{8-101}$$

其中，$V_s=\dfrac{\partial V}{\partial \boldsymbol{s}}\in \mathbf{R}^{1\times 2}$ 是价值函数的梯度。将最优价值函数（8 - 98）和最优控制（8 - 100）引入 Hamiltonian 函数式（8 - 101），可以得到

$$H(\boldsymbol{s},\boldsymbol{u}_C^o,V_s^o)=V_s^o(\boldsymbol{f}(\boldsymbol{x},\boldsymbol{x}_d)+\boldsymbol{u}_C^o)+r(\boldsymbol{s},\boldsymbol{u}_C^o) \tag{8-102}$$

如果将式（8 - 101）中的最优解代替为其近似值，则式（8 - 101）可表示为

$$\hat{H}(\boldsymbol{s},\hat{\boldsymbol{u}}_C,\hat{V}_s)=\hat{V}_s(\boldsymbol{f}(\boldsymbol{x},\boldsymbol{x}_d)+\hat{\boldsymbol{u}}_C)+r(\boldsymbol{s},\hat{\boldsymbol{u}}_C) \tag{8-103}$$

对于控制和价值函数的最优解，Hamiltonian 函数等于零，所以如果定义 Bellman 误差为式（8 - 102）和式（8 - 103）之差，那么可以得到

$$E_{\mathrm{HJB}}=\hat{V}_s(\boldsymbol{f}(\boldsymbol{x},\boldsymbol{x}_d)+\hat{\boldsymbol{u}}_C)+r(\boldsymbol{s},\hat{\boldsymbol{u}}_C) \tag{8-104}$$

图 8 - 20 给出了 WMR 的跟踪控制方案。采用带有自适应评价器的控制结构，并基于式（8 - 104），可以确定最优控制和价值函数的近似。对于式（8 - 98）中价值函数的最优值和最优控制信号，可以通过如下形式的 NN 来确定

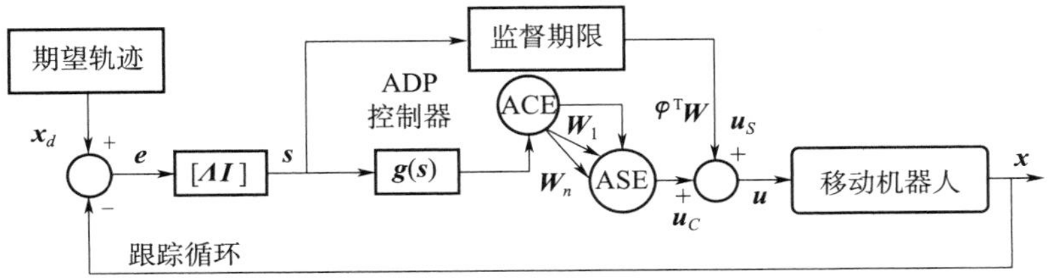

图 8 - 20　采用自适应评价器结构的轮式移动机器人跟踪控制系统

$$V^o(\boldsymbol{s})=\boldsymbol{W}^{\mathrm{T}}\boldsymbol{\varphi}(\boldsymbol{s})+\varepsilon(\boldsymbol{s}) \tag{8-105}$$

$$\boldsymbol{u}_C^o(\boldsymbol{s})=-\frac{1}{2}\boldsymbol{R}^{-1}(\dot{\boldsymbol{\varphi}}(\boldsymbol{s})^{\mathrm{T}}\boldsymbol{W}+\varepsilon(\boldsymbol{s})) \tag{8-106}$$

其中，$\boldsymbol{W}\in\mathbf{R}^N$ 是未知的理想权值，N 是网络的神经元数量；描述神经元的函数 $\boldsymbol{\varphi}(\boldsymbol{s})=[\varphi_1(\boldsymbol{s}),\ \varphi_2(\boldsymbol{s}),\ \cdots,\ \varphi_N(\boldsymbol{s})]^{\mathrm{T}}\in\mathbf{R}^N$ 和 $\dot{\boldsymbol{\varphi}}(\boldsymbol{s})=\dfrac{\partial\boldsymbol{\varphi}}{\partial\boldsymbol{s}}\in\mathbf{R}^{N\times 2}$ 应满足以下关系：$\varphi_i(0)=0$，$\dot{\varphi}_i(0)=0$，$\forall i=1,\ 2,\ \cdots,\ N$，$\varepsilon(\boldsymbol{s})\in\mathbf{R}$ 是映射误差。应用 Weierstrass 逼近定理，假设价值函数及其导数和最优控制信号可以被 NN 一致逼近［式（8 - 105）与式（8 - 106）］。这意味着，当 $N\to\infty$ 时，逼近误差 $\varepsilon(\boldsymbol{s})\to 0$。考虑到上述情况，对价值函数的估计可以表示为

$$\hat{V}(\boldsymbol{s})=\hat{\boldsymbol{W}}^{\mathrm{T}}\boldsymbol{\varphi}(\boldsymbol{s}) \tag{8-107}$$

其中，权值 $\hat{\boldsymbol{W}}\in\mathbf{R}^N$ 是对网络理想权值的估计。由于最优控制信号式（8 - 106）是由在价值函数的梯度函数中确定的，所以逼近控制信号的第二个参数化结构是不须要的。因此，控制信号的近似由以下公式确定

$$\hat{\boldsymbol{u}}_C(\boldsymbol{s}) = -\frac{1}{2}\boldsymbol{R}^{-1}(\dot{\boldsymbol{\varphi}}(\boldsymbol{s})^{\mathrm{T}}\hat{\boldsymbol{W}}) \tag{8-108}$$

这类问题被称为带评价器的最优控制[14]。采用最小二乘迭代算法来调整 NN 的权值，使其逼近价值函数。这种做法可行的理由是，描述 Bellman 误差的方程式（8-104）是关于评价器权值的线性函数。

为了确定评价器网络权值的学习律，定义

$$E_C = \int_0^t (E_{\mathrm{HJB}}(\varsigma))^2 \mathrm{d}\varsigma \tag{8-109}$$

确定式（8-109）的误差梯度并将其与零进行比较，可以得到

$$\frac{\partial E_C}{\partial \hat{\boldsymbol{W}}} = 2\int_0^t E_{\mathrm{HJB}}(\varsigma)\frac{\partial E_{HJB}(\varsigma)}{\partial \hat{\boldsymbol{W}}}\mathrm{d}\varsigma = 0 \tag{8-110}$$

当实时（在线）实施所采用的方案时，应用归一化最小二乘法的迭代形式[19]，其中对网络权值的评估由下式确定

$$\dot{\hat{\boldsymbol{W}}} = \eta\boldsymbol{G}\frac{\boldsymbol{\delta}}{1+v\boldsymbol{\delta}^{\mathrm{T}}\boldsymbol{G}\boldsymbol{\delta}}E_{\mathrm{HJB}} \tag{8-111}$$

其中，η，$\nu \in \mathbf{R}$ 为正系数，$\boldsymbol{\delta} = \dot{\boldsymbol{\varphi}}\boldsymbol{f}(\boldsymbol{x},\boldsymbol{x}_d) + \boldsymbol{u}_c$，$\boldsymbol{G} = \left(\int_0^t \boldsymbol{\delta}(\varsigma)\boldsymbol{\delta}^{\mathrm{T}}(\varsigma)\mathrm{d}\varsigma\right)^{-1} \in \mathbf{R}^{N\times N}$ 是一个对称矩阵，由下式确定

$$\dot{\boldsymbol{G}} = \eta\boldsymbol{G}\frac{\boldsymbol{\delta}\boldsymbol{\delta}^{\mathrm{T}}}{1+v\boldsymbol{\delta}^{\mathrm{T}}\boldsymbol{G}\boldsymbol{\delta}}\boldsymbol{G} \tag{8-112}$$

其中，$\boldsymbol{G}(0) = \alpha_c\boldsymbol{I}$，$\alpha_c \gg 0$，并且 $\boldsymbol{G}$ 满足条件 $\dot{\boldsymbol{G}} \geqslant \boldsymbol{0}$。

所设计的带评价器的控制算法必须满足闭环系统的稳定性条件。这意味着所设计的控制信号 $\boldsymbol{u}$ 必须保证闭环控制系统的稳定性，因此滤波跟踪误差 $\boldsymbol{s}$ 必须受到约束，即

$$|s_i| \leqslant \Phi_i,\quad \forall t > 0 \tag{8-113}$$

其中，$\Phi_i(i=1,2)$ 为常值。为此，在确定的控制信号 $\hat{\boldsymbol{u}}_C$ 的基础上引入由附加的监督项产生的监督控制信号 $\boldsymbol{u}_S$[23]。

对于该特定问题，引入如下控制律

$$\boldsymbol{u} = -\hat{\boldsymbol{u}}_C - \boldsymbol{u}_S \tag{8-114}$$

将式（8-114）代入式（8-97）中，可以得到如下形式的闭环系统

$$\dot{\boldsymbol{s}} = \boldsymbol{f}(\boldsymbol{x},\boldsymbol{x}_d) = \hat{\boldsymbol{u}}_C - \boldsymbol{u}_S + \boldsymbol{z} \tag{8-115}$$

定义一个附加的信号为

$$\boldsymbol{u}^* = \boldsymbol{f}(\boldsymbol{x},\boldsymbol{x}_d) + \boldsymbol{K}\boldsymbol{s} \tag{8-116}$$

则式（8-115）可以写成

$$\dot{\boldsymbol{s}} = \boldsymbol{u}^* - \boldsymbol{K}\boldsymbol{s} - \hat{\boldsymbol{u}}_C - \boldsymbol{u}_S + \boldsymbol{z} \tag{8-117}$$

定义正定函数

$$L = \frac{1}{2}\boldsymbol{s}^{\mathrm{T}}\boldsymbol{s} \tag{8-118}$$

确定函数式（8－118）的导数，并应用式（8－117），可以得到

$$\dot{L} = \boldsymbol{s}^{\mathrm{T}}\dot{\boldsymbol{s}} = -\boldsymbol{s}^{\mathrm{T}}\boldsymbol{K}\boldsymbol{s} + \boldsymbol{s}^{\mathrm{T}}[\boldsymbol{u}^{*} - \hat{\boldsymbol{u}}_{C} + \boldsymbol{z}] - \boldsymbol{s}^{\mathrm{T}}\boldsymbol{u}_{S} \tag{8-119}$$

导数式（8－119）的具体形式如下

$$\dot{L} \leqslant -\boldsymbol{s}^{\mathrm{T}}\boldsymbol{K}\boldsymbol{s} + \sum_{i=1}^{2}|s_i|[|\boldsymbol{f}_i(\boldsymbol{x},\boldsymbol{x}_d) - \hat{u}_{Ci} + k_i s_i + z_i|] - \sum_{i=1}^{2}s_i u_{Si} \tag{8-120}$$

选择如下形式的监督控制信号

$$u_{Si} = [F_{0i} + |k_i s_i| + Z_i + \eta_i]\mathrm{sgn}s_i \tag{8-121}$$

并假设

$$|f_i(\boldsymbol{x},\boldsymbol{x}_d) - \hat{f}_i(\boldsymbol{x},\boldsymbol{x}_d)| \leqslant F_{0i}, \quad |z_i| \leqslant Z_i \tag{8-122}$$

其中 $i=1$，2，$F_{0i}>0$，$Z_i>0$，$\eta_i>0$，则最终可得到

$$\dot{L} \leqslant -s^{\mathrm{T}}\boldsymbol{K}\boldsymbol{s} - \sum_{i=1}^{2}\eta_i|s_i| \tag{8-123}$$

Lyapunov 函数的导数是负定的，因此闭环系统式（8－117）相对于状态向量 $\boldsymbol{s}$ 稳定。控制信号式（8－121）中包含 $\mathrm{sgn}s_i$ 函数，它会激发执行器的高频切换。为了消除执行器的高频切换，引入 sgn（s_i）函数在其邻域 Φ_i 的近似函数[20]

$$\mathrm{sat}(s_i) = \begin{cases} \mathrm{sgn}(s_i) & \text{对于} \quad |s_i| > \Phi_i \\ \dfrac{s_i}{\Phi_i} & \text{对于} \quad |s_i| \leqslant \Phi_i \end{cases} \tag{8-124}$$

如果 $\boldsymbol{e}(0)=\boldsymbol{x}_d(0)-\boldsymbol{x}(0)=\boldsymbol{0}$，则控制的精度可以得到保证

$$\forall t \geqslant 0, \quad |s_i(t)| \leqslant \Phi_i \Rightarrow \forall t \geqslant 0, \quad |e_i^{(i)}(t)| \leqslant (2\lambda_i)^i \varepsilon_i \tag{8-125}$$

其中，$i=0$，1，…，n_i-1，$\varepsilon_i=\Phi_i/\lambda_i^{n_i-1}$，$n_i=2$ 为第 i 个系统的阶次，上标（i）表示误差导数的阶次。

8.5.2　仿真测试

与本章的前几节类似，对所设计的控制系统进行仿真，使 WMR 上的选定点 A 沿着期望路径的运动。路径的形状如第 8.1.2 节所述，是一个由五个特征运动阶段组成的环路。当时间 $t \geqslant 12$ s 时，存在参数扰动 $\boldsymbol{a}+\Delta\boldsymbol{a}$，其中 $\Delta\boldsymbol{a}=[0, 0, 0, 0, 1, 1]^{\mathrm{T}}$，它与机器人的运动阻力变化有关。在仿真中为被控对象选取了零初始条件：$\boldsymbol{\alpha}(0)=\boldsymbol{0}$，$\boldsymbol{\alpha}(0)=\boldsymbol{0}$，其他数据为：$\boldsymbol{Q}=\mathrm{diag}[2\,000, 2\,000]$，$\boldsymbol{R}=\mathrm{diag}[0.002, 0.002]$，$\boldsymbol{\Lambda}=\mathrm{diag}[1, 1]$，$\boldsymbol{K}_D=\mathrm{diag}[2, 2]$，$\eta=0.001$，$\nu=0.1$，$\alpha_c=10$，$\boldsymbol{Z}=[0.01, 0.01]^{\mathrm{T}}$。由于在本例中价值函数是一个二次函数，因此神经元的基函数 $\varphi_i(\boldsymbol{s})$ 选取为状态向量元素的二次函数 $\boldsymbol{s}\otimes\boldsymbol{s}$，其中$\otimes$是 Kronecker 积，简化为 3 维，即 $\boldsymbol{\varphi}(\boldsymbol{s})=[s_1^2, s_1 s_2, s_2^2]^{\mathrm{T}}$。图 8－21 和图 8－22 给出了所得到的结果，包括控制信号和获得的运动参数误差。图 8－21（a）给出了 WMR 的轮 1 和轮 2 的总控制信号值。

总控制信号中包含 PD 控制信号［见图 8－21（c）］，补偿控制信号 $\boldsymbol{u}_C$［见图 8－21（b）］和监督控制信号［见图 8－21（d）］。在控制过程的初始阶段，由于初始的网络权

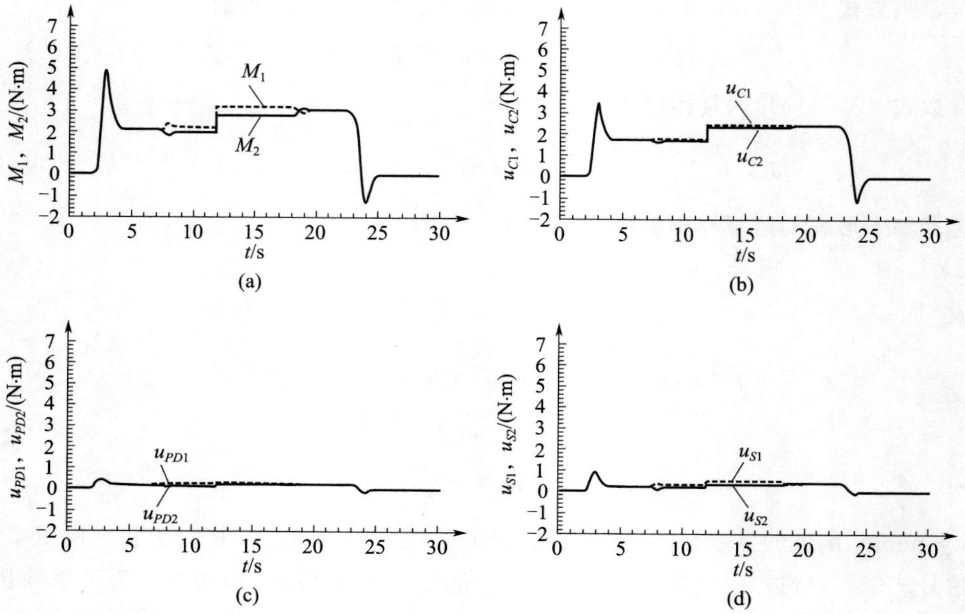

图 8-21　带评价器的控制仿真结果：(a) 轮 1 的总控制信号 u_1 和轮 2 的总控制信号 u_2；(b) 补偿控制信号 u_{C1} 和 u_{C2}；(c) 轮 1 和轮 2 的 PD 控制信号；(d) 监督控制 u_{S1} 和 u_{S2}

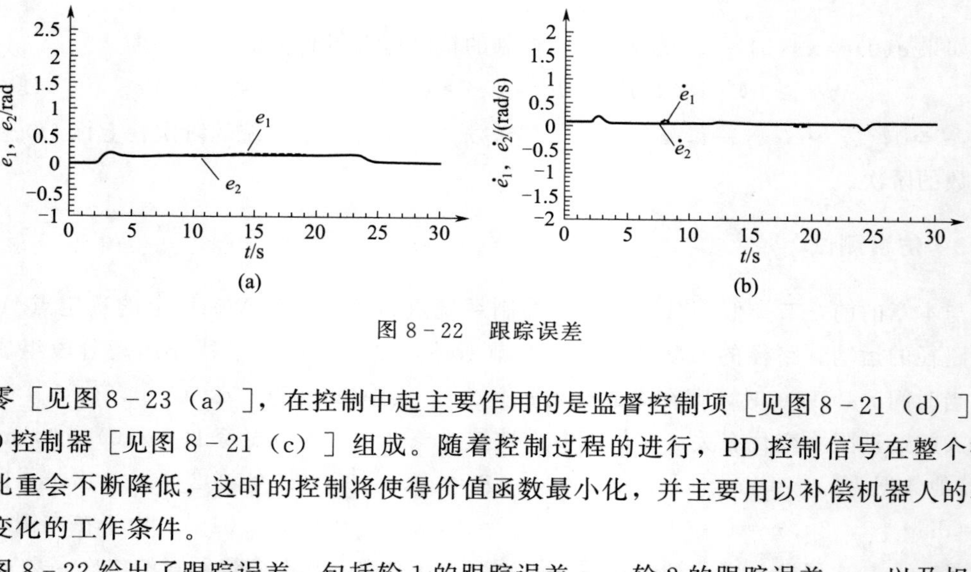

图 8-22　跟踪误差

值为零 [见图 8-23 (a)]，在控制中起主要作用的是监督控制项 [见图 8-21 (d)]，它由 PD 控制器 [见图 8-21 (c)] 组成。随着控制过程的进行，PD 控制信号在整个控制中的比重会不断降低，这时的控制将使得价值函数最小化，并主要用以补偿机器人的非线性和变化的工作条件。

图 8-22 给出了跟踪误差，包括轮 1 的跟踪误差 e_1，轮 2 的跟踪误差 e_2，以及相关的跟踪速度误差 $\dot{e}_1$ 和 $\dot{e}_2$。可以注意到，这些误差值是有界的。对于所选取的指标，表 8-12 和表 8-13 中给出了它们的数值。

表 8-12 控制系统的选定性能指标的值

指标	$e_{\max j}$/rad	ε_j/rad	$\dot{e}_{\max j}$/(rad/s)	$\dot{\varepsilon}_j$/(rad/s)	σ_j/(rad/s)
轮 1，$j=1$	0.131 9	0.095 3	0.143 5	0.027	0.099
轮 2，$j=2$	0.122	0.077 8	0.143 5	0.026 8	0.082 4

表 8-13 用于期望路径实现评估的选定性能指标的值

指标	$d_{\max}$/m	ρ/m
数值	0.01	0.006 1

采用第 8.1.2 节中列出的性能指标，对数值测试结果进行定量评估。

图 8-23（a）给出了评价器权值的变化。在学习过程开始前，这些权值为零，而在学习的进行过程中，这些权值保持有界。图 8-23（b）给出了价值函数的值。

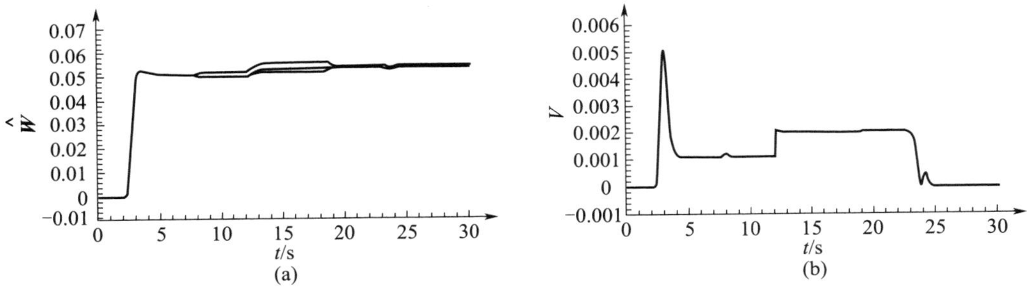

图 8-23 （a）评价器的权值；（b）价值函数的值

误差 e_1 和 $\dot{e}_1$ 通过式（8-125）计算得到，分别满足 $|e_1(t)|\leqslant 0.8$ 和 $|\dot{e}_1(t)|\leqslant 1.6$，它们的值如相平面图 8-24（a）所示。将这些数值和图 8-22 所示的数据曲线进行对比，可以断定这些是保守的计算。

图 8-24（b）给出了 WMR 上 A 点的期望路径和实现路径的值。由于误差很小，期望和实现路径值之间的差异并不明显。对期望路径实现的最大误差为 0.01 m，见表8-13。

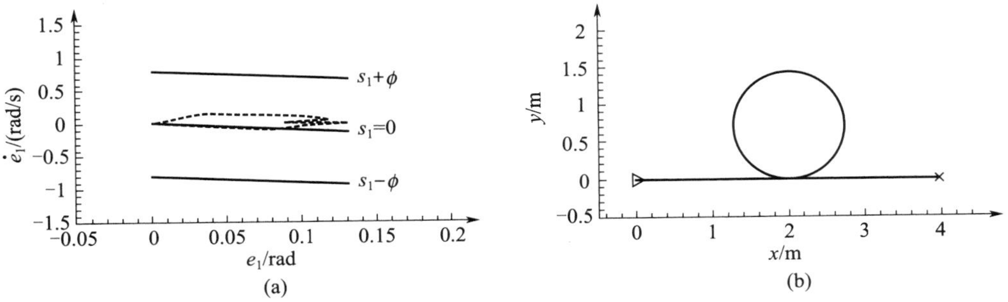

图 8-24 （a）轮 1 的误差相平面图；（b）机器人上 A 点的期望路径和实现路径

8.5.3　结论

针对 WMR 跟踪控制的综合，本节采用了带有自适应评价器的最优控制。为了逼近价值函数，采用了关于输出权值的线性 NN。在所采用的方法中，网络初始权值的确定和网络的预学习步骤都是不需要的。对价值函数的逼近是基于 NN 权值的自适应学习实时进行的。由于最优控制是基于价值函数的最优梯度确定的，所以不需要附加的 NN 来逼近动作器。所用的方案能够获得期望路径实现的小误差，其最大值为 0.01 m。应用 Lyapunov 稳定性理论，证明了控制系统（以滤波跟踪误差为状态）是渐近稳定性的，同时控制信号和 NN 权值的有界性也得以保持。

对于第 8.1～8.5 节所提供的方法，图 8－25 汇总了利用它们实现 WMR 上选定点 A 的期望路径时的最大误差值 $d_{\max}$ 。

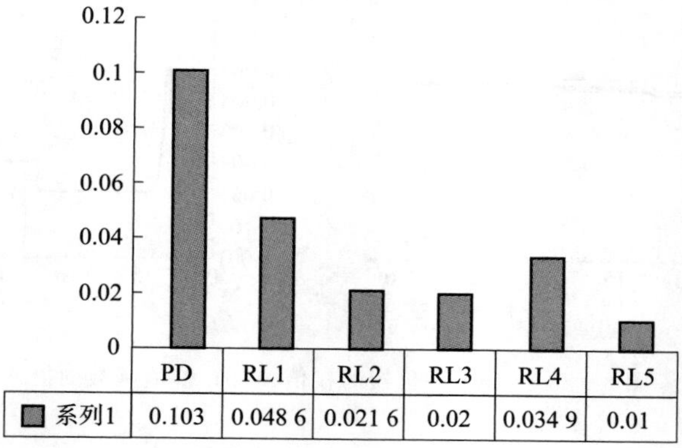

图 8－25　在实现期望路径过程中的最大误差 $d_{\max}(i)$ 值（单位为 m）

横轴上给出了采用强化学习算法 RLi 所获得的结果，其中 i 表示对各个方法进行分析的节号。最大的误差是在采用 PD 控制时得到的，对该方法在第 8.1 节中进行了分析。在最优控制中应用自适应评价器结构是最佳方案（RL5）。第 8.2 和 8.3 节所提供方法产生的最大误差非常相近，且相对较小（RL2，RL3）。而经典的强化学习（RL1）和动作器-评价器强化学习（RL4）得到的误差相对较大。应该注意的是，对各种方法的评估还须在真实对象上实施所提出的方案，进行测试验证。

参考文献

[1] Abu-Khalaf, M., Lewis, F.: Nearly optimal control laws for nonlinear systems with saturating actuators using a neural network HJB approach. Automatica 41, 779-791 (2005).

[2] Barto, A. G., Anandan, P.: Pattern-recognizing stochastic learning automata. IEEE Trans. Syst. Man Cybern. 15, 360-375 (1985).

[3] Barto, A., Sutton, R.: Reinforcement learning: an introduction. MIT Press, Cambridge (1998).

[4] Barto, A., Sutton, R., Anderson, C.: Neuronlike adaptive elements that can solve difficult learning problems. IEEE Trans. Syst. Man Cybern. Syst. 13, 834-846 (1983).

[5] Beard, R. W., Saridis, G. N., Wen, J. T.: Galerkin approximations of the generalized Hamilton-Jacobi-Bellman equation. Automatica 33, 2159-2178 (1997).

[6] Bhasin, S., Kamalapurkar, R., Johnson, M., Vamvoudakis, K. G., Lewis, F. L., Dixon, W. E.: A novel actorcriticidentifier architecture for approximate optimal control of uncertain nonlinear systems. Automatica 49, 82-92 (2013).

[7] Doya, K.: Reinforcement learning in continuous time and space. Neural Comput. 12, 219-245 (2000).

[8] Hendzel, Z.: Fuzzy reactive control of wheeled mobile robot. J. Theor. Appl. Mech. 42, 503-517 (2004).

[9] Hendzel, Z.: Adaptive critic neural networks for identification of wheeled mobile robot. Lect. Notes Artif. Int. 4029, 778-786 (2006).

[10] Hendzel, Z.: An adaptive critic neural network for motion control of a wheeled mobile robot. Nonlinear Dyn. 50, 849-855 (2007).

[11] Hendzel, Z.: Control of wheeled mobile robot using approximate dynamic programming. In: Proceedings of Conference on Dynamical Systems Theory and Applications, pp. 735-742 (2007).

[12] Hendzel, Z., Szuster, M.: Approximate dynamic programming in robust tracking control of wheeled mobile robot. Arch. Mech. Eng. 56, 223-236 (2009).

[13] Kim, Y. H., Lewis, F. L.: High-Level Feedback Control with Neural Networks. World Scientific Publishing, River Edge (1998).

[14] Lewis, F. L., Campos, J., Selmic, R.: Neuro-Fuzzy Control of Industrial Systems with Actuator Nonlinearities. Society for Industrial and Applied Mathematics, Philadelphia (2002).

[15] Lewis, F. L., Yesildirek, A., Jagannathan, S.: Neural Network Control of Robot Manipulators and Nonlinear Systems. Taylor and Francis, Bristol (1999).

[16] Lewis, F. L., Vrabie, D., Syroms, V. L.: Optimal Control, 3rd edn. Wiley and Sons, New Jersey (2012).

[17] Lin, C.-K.: A reinforcement learning adaptive fuzzy controller for robots. Fuzzy Set. Syst. 137, 339-352 (2003).

[18] Prokhorov, D., Wunch, D.: Adaptive critic designs. IEEE Trans. Neural Netw. 8, 997 - 1007 (1997).

[19] Sastry, S., Bodson, M.: Adaptive control: stability, convergence, and robustness. Prentice - Hall, Englewood Cliffs (1989).

[20] Slotine, J. J., Li, W.: Applied Nonlinear Control. Prentice Hall, New Jersey (1991).

[21] Vamvoudakis, K. G., Lewis, F. L.: Online actor - critic algorithm to solve the continuous - time infinite horizon optimal control problem. Automatica 46, 878 - 888 (2010).

[22] Vrabie, D., Lewis, F.: Neural network approach to continuous - time direct adaptive optimal control for partially unknown nonlinear systems. Neural Netw. 22, 237 - 246 (2009).

[23] Wang, L.: A Course in Fuzzy Systems and Control. Prentice - Hall, New York (1997).

第 9 章　双人零和微分博弈和 H_∞ 控制

作为第 8 章所讨论内容的扩展，这里我们将把微分博弈理论作为分散控制的一个要素加以应用，这种控制被广泛地应用于复杂机电系统中。我们将使用 Nash 鞍点理论[8]，在双人零和博弈问题求解的背景下讨论神经网络动态规划。双人零和微分博弈理论和 H_∞ 控制依赖于 Hamilton－Jacobi－Isaac 方程（HJI）的求解，该方程是 Hamilton－Jacobi－Bellman 方程的一般化。这些话题见诸于动态对象的最优控制理论中[1-4,6,7,12]。H_∞ 控制的概念最早是在文献［14］中提出的，它涉及在复空间中设计一个对扰动不敏感的控制系统。在实变域中，H_∞ 控制问题属于极小极大类型，即它可以通过求解双人零和微分博弈问题来解决，所设计的控制系统能够在出现最不利的扰动时使得代价函数最小[1,5,11]。为了解决最优 H_∞ 控制中出现的双人零和微分博弈问题，需要求解 HJI 方程。对于非线性控制系统，HJI 方程难以求解或解不存在。在这种情况下，需要寻找 HJI 方程的近似解。本章第 9.1 和 9.2 节中所描述的内容，将在第 9.3 节中用于控制移动机器人的驱动单元，并在第 9.4 节中用于 WMR 的跟踪控制。

9.1　H_∞ 控制

考虑一个非线性定常的且就控制和干扰而言为线性的动态对象，其形式如下所示

$$\begin{aligned}\dot{\boldsymbol{x}} &= \boldsymbol{f}(\boldsymbol{x})+\boldsymbol{g}(\boldsymbol{x})\boldsymbol{u}(\boldsymbol{x})+\boldsymbol{k}(\boldsymbol{x})\boldsymbol{z}(\boldsymbol{x})\\ \boldsymbol{y} &= \boldsymbol{h}(\boldsymbol{x})\end{aligned} \tag{9-1}$$

其中，$\boldsymbol{x}(t)\in\mathbf{R}^n$ 是对象的状态；$\boldsymbol{y}(t)\in\mathbf{R}^s$ 是对象的输出；$\boldsymbol{u}(\boldsymbol{x})\in\mathbf{R}^m$ 是控制信号；$\boldsymbol{z}(\boldsymbol{x})\in\mathbf{R}^p$ 是干扰信号；函数 $\boldsymbol{f}(\boldsymbol{x})\in\boldsymbol{R}^n$，$\boldsymbol{g}(\boldsymbol{x})\in\mathbf{R}^{n\times m}$，$\boldsymbol{k}(\boldsymbol{x})\in\mathbf{R}^{n\times p}$，$\boldsymbol{h}(\boldsymbol{x})\in\mathbf{R}^{x\times n}$ 是光滑的。我们还假设函数 $\boldsymbol{f}(\boldsymbol{x})$ 满足局部 Lipschitz 条件，并且 $\boldsymbol{f}(0)=\mathbf{0}$，这意味着 $\boldsymbol{x}=\mathbf{0}$ 是对象的平衡点。

基于文献［11］，我们可以说，如果对于每一个 $\boldsymbol{z}\in L_2[0,\infty)$ 和一个正的 γ，下述不等式

$$\int_0^\infty(\boldsymbol{h}^{\mathrm{T}}\boldsymbol{h}+\boldsymbol{u}^{\mathrm{T}}\boldsymbol{R}\boldsymbol{u})\mathrm{d}t\leqslant\gamma^2\int_0^\infty\|\boldsymbol{z}\|^2\mathrm{d}t \tag{9-2}$$

都成立，其中 $\boldsymbol{R}=\boldsymbol{R}^{\mathrm{T}}>0$，则被控对象式（9－1）具有小于或等于 γ 的 L_2 型增益。在 H_∞ 控制中，需要确定最低的 $\gamma^*>0$，使得对于任何 γ，不等式 $\gamma>\gamma^*$ 成立，并且 L_2 型增益有一个解。在 H_∞ 控制中，性能指标定义为

$$\boldsymbol{J}(\boldsymbol{x}(0),\boldsymbol{u},z)=\int_0^\infty(\boldsymbol{x}^{\mathrm{T}}\boldsymbol{Q}\boldsymbol{x}+\boldsymbol{u}^{\mathrm{T}}\boldsymbol{R}\boldsymbol{u}-\gamma^2\|\boldsymbol{z}\|^2)\mathrm{d}t\equiv\int_0^\infty r(\boldsymbol{x},\boldsymbol{u},\boldsymbol{z})\mathrm{d}t \tag{9-3}$$

其中，$\boldsymbol{Q}\in\mathbf{R}^{n\times n}>\mathbf{0}$，$r$ 为局部控制代价。对于固定的控制和干扰信号，定义价值函数

$$V(\boldsymbol{x}(0),\boldsymbol{u},\boldsymbol{z})=\int_0^\infty(\boldsymbol{x}^{\mathrm{T}}\boldsymbol{Q}\boldsymbol{x}+\boldsymbol{u}^{\mathrm{T}}\boldsymbol{R}\boldsymbol{u}-\gamma^2\|\boldsymbol{z}\|^2)\mathrm{d}t \tag{9-4}$$

基于 Leibniz 法则，式（9－4）有一个等价形式，即描述双人零和微分博弈问题的 Bellman 方程[7]

$$0=r(\boldsymbol{x},\boldsymbol{u},\boldsymbol{z})+(\nabla V)^{\mathrm{T}}(\boldsymbol{f}(\boldsymbol{x})+\boldsymbol{g}(\boldsymbol{x})\boldsymbol{u}(\boldsymbol{x})+\boldsymbol{k}(\boldsymbol{x})\boldsymbol{z}(\boldsymbol{x})) \tag{9-5}$$

其中，$V(0)=0$，$\nabla V=\partial V/\partial \boldsymbol{x}\in\mathbf{R}^n$ 为梯度。对于这样表述的问题，其 Hamiltonian 方程如下

$$H(\boldsymbol{x},\nabla V,\boldsymbol{u},\boldsymbol{z})=\boldsymbol{r}(\boldsymbol{x},\boldsymbol{u},\boldsymbol{z})+(\nabla V)^{\mathrm{T}}(\boldsymbol{f}(\boldsymbol{x})+\boldsymbol{g}(\boldsymbol{x})\boldsymbol{u}(\boldsymbol{x})+\boldsymbol{k}(\boldsymbol{x})\boldsymbol{z}(\boldsymbol{x})) \tag{9-6}$$

在最优控制中，$\boldsymbol{u}(\boldsymbol{x})$ 控制须能使被控对象（9－1）稳定，并保证函数（9－4）的值为有限，也就是说，它必须是一个容许控制[1,6]。

9.2 双人零和微分博弈

根据微分博弈理论，要根据状态确定控制，使得 L_2 增益小于或等于 γ，只需求解一个双人零和微分博弈问题。在这种情况下，$\boldsymbol{u}(\boldsymbol{x})$ 控制的任务是最小化价值函数式（9－4），而另一个参与者（干扰）的目标是在价值函数最小化的过程中产生最不利的干扰情形。如第 9.1 节所述，确定 L_2 型增益等同于求解一个零和微分博弈问题[1,2,12]

$$V^*(\boldsymbol{x}(0))=\min_{\boldsymbol{u}}\max_{\boldsymbol{z}}\int_0^\infty(\boldsymbol{x}^{\mathrm{T}}\boldsymbol{Q}\boldsymbol{x}+\boldsymbol{u}^{\mathrm{T}}\boldsymbol{R}\boldsymbol{u}-\gamma^2\|\boldsymbol{z}\|^2)\mathrm{d}t \tag{9-7}$$

如果微分博弈问题存在鞍点（$\boldsymbol{u}^*$，$\boldsymbol{z}^*$），即满足如下 Nash 条件[4,8,11]，则该问题存在明确的解

$$J(\boldsymbol{x}(0),\boldsymbol{u}^*,\boldsymbol{z})\leqslant J(\boldsymbol{x}(0),\boldsymbol{u}^*,\boldsymbol{z}^*)\leqslant J(\boldsymbol{x}(0),\boldsymbol{u},\boldsymbol{z}^*) \tag{9-8}$$

根据 Bellman 最优化方程[6,7]

$$\min_{\boldsymbol{u}}\max_{\boldsymbol{z}}[H(\boldsymbol{x},\nabla V^*,\boldsymbol{u},\boldsymbol{z})]=0 \tag{9-9}$$

最优的控制和最不利的扰动确定如下

$$\boldsymbol{u}^*=-\frac{1}{2}\boldsymbol{R}^{-1}\boldsymbol{g}(\boldsymbol{x})^{\mathrm{T}}\nabla V^* \tag{9-10}$$

$$\boldsymbol{z}^*=\frac{1}{2\gamma^2}\boldsymbol{k}(\boldsymbol{x})^{\mathrm{T}}\nabla V^* \tag{9-11}$$

将式（9－10）、式（9－11）代入式（9－5）中，可以得到如下形式的 HJI 方程

$$H(\boldsymbol{x},\nabla V^*,\boldsymbol{u},\boldsymbol{z})=\boldsymbol{x}^{\mathrm{T}}\boldsymbol{Q}\boldsymbol{x}+\nabla V^{*\mathrm{T}}\boldsymbol{f}(\boldsymbol{x})-\frac{1}{4}\nabla V^{*\mathrm{T}}\boldsymbol{g}(\boldsymbol{x})\boldsymbol{R}^{-1}\boldsymbol{g}(\boldsymbol{x})^{\mathrm{T}}\nabla V^*+\frac{1}{4\gamma^2}\nabla V^{*\mathrm{T}}\boldsymbol{k}(\boldsymbol{x})\boldsymbol{k}(\boldsymbol{x})^{\mathrm{T}}\nabla V^*=0 \tag{9-12}$$

为了求解双人微分博弈问题，须根据式（9－12）确定价值函数 $\boldsymbol{V}^*(\boldsymbol{x})$，然后将该函数引入到式（9－10）和式（9－11）中。可以看出，基于 HJI 方程确定一个最优控制是很困难的。因此，必须对最优控制进行近似。为了示例说明所讨论的 H_∞ 控制和双人零和微

分博弈理论，在下一节中，我们将在 HJI 方程近似解的基础上，求解一个关于 WMR 驱动单元的线性控制问题。

9.3　双人零和微分博弈在 WMR 驱动单元控制中的应用

在本节中，为了便于验证广义 Riccati 方程，我们将把第 9.1 和 9.2 节中讨论的结果用于控制一个线性对象——WMR 的驱动单元。一般情况下，线性对象的动态运动方程可以写成以下形式

$$\begin{aligned}\dot{\boldsymbol{x}} &= \boldsymbol{A}\boldsymbol{x} + \boldsymbol{B}\boldsymbol{u} + \boldsymbol{E}\boldsymbol{z} \\ \boldsymbol{y} &= \boldsymbol{C}\boldsymbol{x}\end{aligned} \tag{9-13}$$

其中的矩阵和向量具有恰当的维数。对于价值函数，采用式（9-4）可得

$$V(\boldsymbol{x}(t),\boldsymbol{u},\boldsymbol{z}) = \frac{1}{2}\int_t^\infty (\boldsymbol{x}^{\mathrm{T}}\boldsymbol{Q}\boldsymbol{x} + \boldsymbol{u}^{\mathrm{T}}\boldsymbol{R}\boldsymbol{u} - \gamma^2 \|\boldsymbol{z}\|^2)\mathrm{d}t \equiv \int_t^\infty r(\boldsymbol{x},\boldsymbol{u},\boldsymbol{z})\mathrm{d}t \tag{9-14}$$

众所周知，对于线性问题，价值函数是所考虑对象的状态的二次型形式[6,7,12]，如下所示

$$V(\boldsymbol{x}) = \frac{1}{2}\boldsymbol{x}^{\mathrm{T}}\boldsymbol{P}\boldsymbol{x} \tag{9-15}$$

其中，$\boldsymbol{P} > \boldsymbol{0}$ 是一个正定矩阵。选取控制和干扰信号为状态的线性形式

$$\boldsymbol{u}(\boldsymbol{x}) = -\boldsymbol{L}_s\boldsymbol{x} \tag{9-16}$$

$$\boldsymbol{z}(\boldsymbol{x}) = \boldsymbol{L}_z\boldsymbol{x} \tag{9-17}$$

将上面讨论的关系式引入到式（9-5）中，可以得到关于矩阵 $\boldsymbol{P}$ 的 Lyapunov 方程，该方程依赖于控制和干扰增益矩阵

$$\boldsymbol{P}(\boldsymbol{A} - \boldsymbol{B}\boldsymbol{L}_s + \boldsymbol{E}\boldsymbol{L}_z) + (\boldsymbol{A} - \boldsymbol{B}\boldsymbol{L}_s + \boldsymbol{E}\boldsymbol{L}_z)^{\mathrm{T}}\boldsymbol{P} + \boldsymbol{Q} + \boldsymbol{L}_s\boldsymbol{R}\boldsymbol{L}_s - \gamma^2\boldsymbol{L}_z^{\mathrm{T}}\boldsymbol{L}_z = 0 \tag{9-18}$$

通过确定方程式（9-18）的驻点，可以得到

$$\boldsymbol{u}(\boldsymbol{x}) = -\boldsymbol{R}^{-1}\boldsymbol{B}^{\mathrm{T}}\boldsymbol{P}\boldsymbol{x} \tag{9-19}$$

$$\boldsymbol{z}(\boldsymbol{x}) = \frac{1}{\gamma^2}\boldsymbol{E}^{\mathrm{T}}\boldsymbol{P}\boldsymbol{x} \tag{9-20}$$

如果矩阵 $\boldsymbol{P}(\boldsymbol{A} - \boldsymbol{B}\boldsymbol{L}_s + \boldsymbol{E}\boldsymbol{L}_z)$ 是稳定的，矩阵对（$\boldsymbol{A}$，$\boldsymbol{C}$）是可观的，并且 $\gamma > \gamma^* > 0$，那么存在一个正定矩阵 $\boldsymbol{P}$，并且式（9-15）为函数（9-14）的值[12]。

将式（9-19），式（9-20）代入式（9-18），可以得到一个广义的代数 Riccati 方程

$$\boldsymbol{A}^{\mathrm{T}}\boldsymbol{P} + \boldsymbol{P}\boldsymbol{A} + \boldsymbol{Q} - \boldsymbol{P}\boldsymbol{B}\boldsymbol{R}^{-1}\boldsymbol{B}^{\mathrm{T}}\boldsymbol{P} + \frac{1}{\gamma^2}\boldsymbol{P}\boldsymbol{E}\boldsymbol{E}^{\mathrm{T}}\boldsymbol{P} = 0 \tag{9-21}$$

为了求解双人零和微分博弈问题，首先须根据式（9-21）确定矩阵 $\boldsymbol{P} > 0$，然后根据式（9-19）确定在最不利的干扰式（9-20）下的最优控制。当矩阵对（$\boldsymbol{A}$，$\boldsymbol{B}$）稳定，对（$\boldsymbol{A}$，$\boldsymbol{C}$）可观，且 $\gamma > \gamma^* > 0$ 为 H_∞ 型增益时，微分博弈问题存在一个解。

9.3.1 仿真测试

为了对驱动单元的动态特性进行建模，采用图 9－1 所示的方框图。

将系统的动能表示为

$$E=\frac{1}{2}I_s\omega_s^2+\frac{1}{2}I_w\omega_w^2 \tag{9-22}$$

其中，I_s、I_w 是充分化简的转轴转动惯量，分别从电机一侧和车轮一侧获得。齿轮比定义为

$$i_{sw}=\frac{\omega_s}{\omega_w} \tag{9-23}$$

其中，ω_s、ω_w 分别为电机转轴和与车轮转轴的角速度。

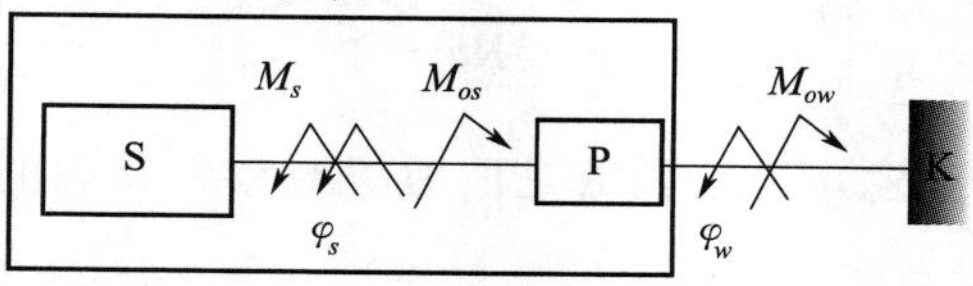

图 9－1　驱动单元的示意图，其中 S 为电机，P 为变速器，K 为 WMR 的车轮

基于拉格朗日方程，可以得到驱动单元的动态运动方程

$$\frac{\mathrm{d}}{\mathrm{d}t}\left(\frac{\partial E}{\partial\dot{\varphi}_s}\right)-\frac{\partial E}{\partial\varphi_s}=Q \tag{9-24}$$

其中 Q 代表广义力，根据以下关系式确定

$$Q\delta\varphi_s=-a\dot{\varphi}_w\delta\varphi_s-b\dot{\varphi}_w\delta\varphi_w+M_s\delta\varphi_s \tag{9-25}$$

其中，a 为电机轴上的平均阻力；b 为驱动轴上的平均阻力；M_s 为作用于电机轴上的力矩。根据式（9－23），假设

$$\delta\varphi_w=\frac{\delta\varphi_s}{i_{sw}} \tag{9-26}$$

可以得到广义力的表达式

$$Q=-\left(a+b\,\frac{1}{i_{sw}^2}\right)\dot{\varphi}_s=M_s \tag{9-27}$$

对式（9－24）进行运算，可以得到

$$\left(I_s+\frac{1}{i_{sw}^2}I_w\right)\ddot{\varphi}_s+\left(a+b\,\frac{1}{i_{sw}^2}\right)\dot{\varphi}_s=M_s \tag{9-28}$$

永磁直流电动机的动态特性可以用两个方程来描述：一个是关于转子电流的微分方程

$$L\,\frac{\mathrm{d}i_a}{\mathrm{d}t}+Ri_a+K_b\dot{\varphi}_s=V(t) \tag{9-29}$$

其中，L 为转子电感；i_a 为转子电流；R 为转子电阻；K_b 为反电动势常数；$V(t)$ 为转子电压。另一个是描述电机力矩 M_s 的方程

$$M_s = K_m i_a \tag{9-30}$$

其中，K_m 为力矩常数，单位为（N·m/A）。将式（9－29）除以 R，并假设电气时间常数 L/R 的值很小，可以得到

$$i_a = \frac{1}{R}V(t) - \frac{K_b}{R}\dot{\varphi}_s \tag{9-31}$$

将式（9－30）、式（9－31）引入式（9－28）中，可以得到

$$\left(I_s + \frac{1}{i_{sw}^2}I_w\right)\ddot{\varphi}_s + \left(a + b\frac{1}{i_{sw}^2} + \frac{K_m K_b}{R}\right)\dot{\varphi}_s = \frac{K_m}{R}V(t) \tag{9-32}$$

将式（9－32）除以电机轴角速度项前面的系数，可以得到移动机器人驱动单元的数学模型

$$T\ddot{\varphi}_s + \dot{\varphi}_s = KV(t) \tag{9-33}$$

其中，T 是时间常数；K 是驱动单元的速度增益常数。采用符号 $\varphi_s = x_1$，$\dot{\varphi}_s = x_2$，可以得到驱动单元动态特性的状态空间描述

$$\begin{aligned} \dot{\boldsymbol{x}} &= \boldsymbol{A}\boldsymbol{x} + \boldsymbol{B}\boldsymbol{u} + \boldsymbol{E}\boldsymbol{z} \\ \boldsymbol{y} &= \boldsymbol{x} \end{aligned} \tag{9-34}$$

其中，$\boldsymbol{u}$ 是控制信号；$\boldsymbol{z}$ 是干扰信号。经过对真实对象的常数 T 和 K 进行参数辨识，为进行下一步研究，假设

$$\boldsymbol{A} = \begin{bmatrix} 0 & 1 \\ 0 & -2 \end{bmatrix},\quad \boldsymbol{B} = \begin{bmatrix} 0 \\ 300 \end{bmatrix},\quad \boldsymbol{E} = \begin{bmatrix} 0 \\ 2 \end{bmatrix} \tag{9-35}$$

在仿真测试中，对价值函数（9－14）中出现的矩阵 $\boldsymbol{Q}$ 和常数 R 选取如下：$\boldsymbol{Q} = \mathrm{diag}[1,\ 1]$，$R = 70$，且 $\gamma = 0.5$。

在线性二次博弈问题中，HJI 方程的解可通过求解如下 Riccati 方程得到

$$\boldsymbol{A}^{\mathrm{T}}\boldsymbol{P} + \boldsymbol{P}\boldsymbol{A} + \boldsymbol{Q} - \boldsymbol{P}\boldsymbol{B}\boldsymbol{R}^{-1}\boldsymbol{B}^{\mathrm{T}}\boldsymbol{P} + \frac{1}{\gamma^2}\boldsymbol{P}\boldsymbol{E}\boldsymbol{E}^{\mathrm{T}}\boldsymbol{P} = 0 \tag{9-36}$$

Riccati 方程的解可以通过 Matlab 的 care（·）程序求取，得到的矩阵 $\boldsymbol{P}$ 如下所示

$$\boldsymbol{P} = \begin{bmatrix} 1.0033 & 0.0033 \\ 0.0033 & 0.0033 \end{bmatrix} \tag{9-37}$$

在式（9－33）中采用控制信号（9－19）和干扰信号（9－20），可以确定闭环系统的特征值 $s_1 = -1$，$s_2 = -300.0033$。根据第 9.3 节的理论分析，价值函数（9－14）的最优值是根据式（9－15）确定的。图 9－2 给出了一个微分博弈仿真的结果。博弈的目标是确定最优控制，在最不利的干扰条件下，使模块的状态由非零初始值 $\boldsymbol{x}(0) = [10\Pi,\ 0]^{\mathrm{T}}$ 减小到零。

图 9－3 给出了本例中最优价值函数的曲线。

双人零和博弈问题中最优控制和干扰信号的确定证实了 Nash 鞍点的存在，如图 9－4（a）所示。图 9－4（b）给出了价值函数在子空间 x_1、x_2 上的投影以及最优解 $\boldsymbol{u}^*$，z^* 的轨迹。为了修正尺度上的差别，控制信号被乘以 40，干扰信号被乘以 15。

求解控制和干扰的双人零和微分博弈问题所得到的解，使得解决 H_∞ 控制问题成为可

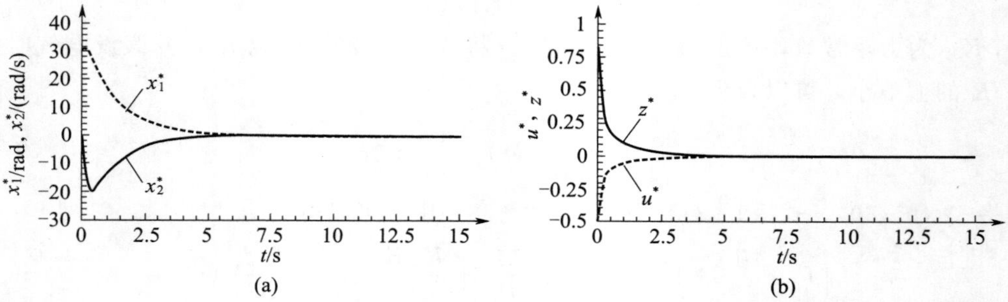

图 9 - 2　微分博弈最优解：(a) 状态向量的最优曲线；(b) 控制和干扰的最优曲线

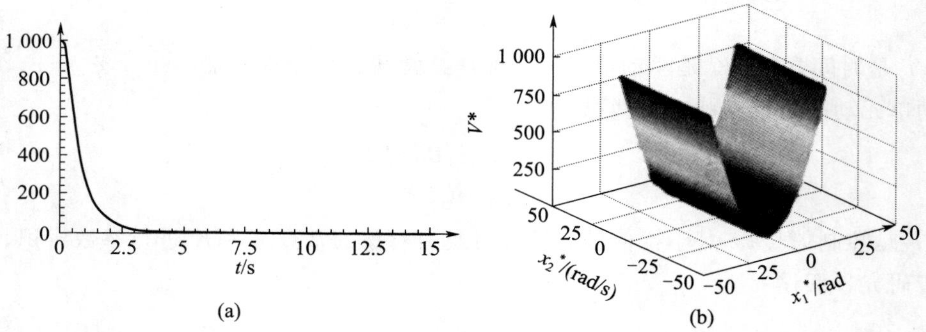

图 9 - 3　最优价值函数的图形：(a) 时间曲线；(b) 相位面上的图形

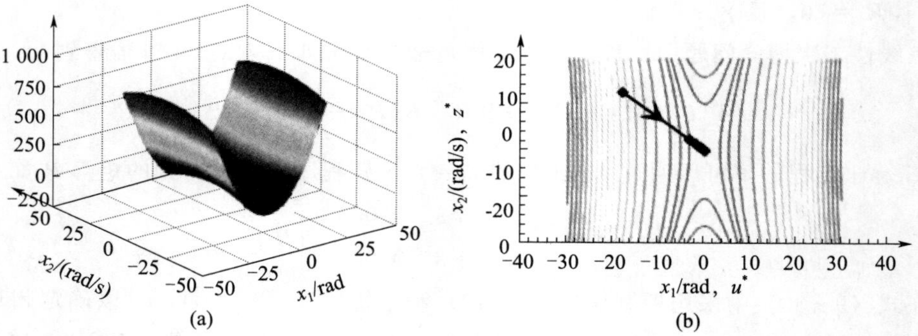

图 9 - 4　(a) Nash 条件在三维空间中的解释；(b) 最优控制和干扰轨迹在子空间上的投影（见彩插）

能。在该控制中，应用了所得到的最优控制 (9 - 19)，假设初始条件为零 $\boldsymbol{x}(0)=[0,\ 0]^{\mathrm{T}}$，对于时间 $t>3$ s，干扰信号 $z(t)=1\,500\exp(-0.06t)\in L_2[0,\ \infty)$。得到的结果如图 9 - 5、图 9 - 6 和图 9 - 7 所示。图 9 - 5 (a) 给出了在干扰条件下的状态向量曲线。尽管有干扰，还是得到了一个收敛的解。

众所周知，如果能够确定一个增益，使条件 $\gamma>\gamma^*$ 得到满足，则 H_∞ 型控制存在一个解。图 9 - 6 (a) 给出了一个结果，其中的 L_2 型增益满足上述条件。而图 9 - 6 (b) 给出了在干扰条件下确保解收敛的控制信号。

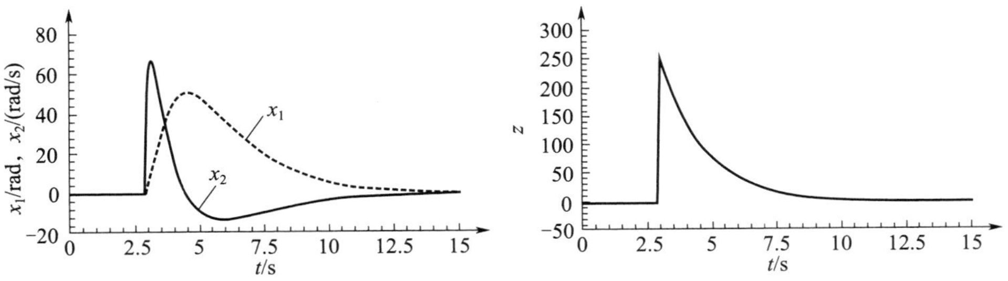

(a)　　　　(b)

图 9-5　(a) 状态向量；(b) 采用的干扰

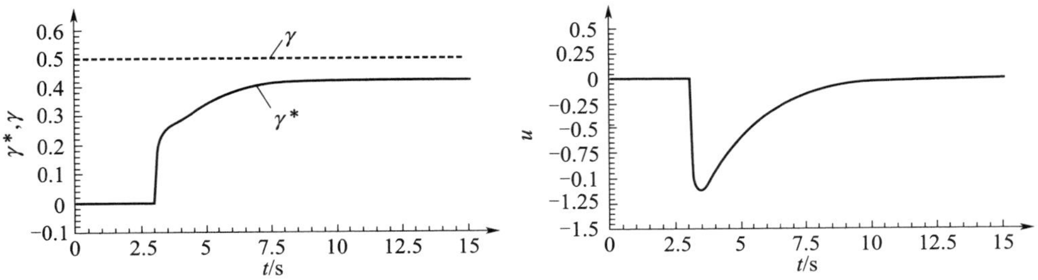

(a)　　　　(b)

图 9-6　(a) 增益 $\gamma > \gamma^*$ 的曲线；(b) 控制信号

在这个解中，价值函数随时间的变化如图 9-7 (a) 所示，而图 9-7 (b) 则给出了 H_∞ 问题中的控制和所采用的干扰的轨迹。

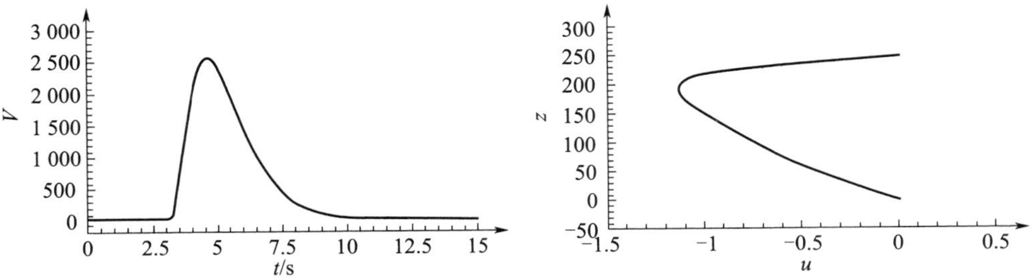

(a)　　　　(b)

图 9-7　(a) 价值函数；(b) 控制和干扰轨迹

图 9-8 给出了 $\boldsymbol{x}(0) \neq \boldsymbol{0}$，$z(t) \neq 0$ 情况下的解。所得到的数值证实了，在闭环系统为并行渐近稳定的情况下，存在有限的 L_2 型增益 [见图 9-8 (c)]。渐近稳定性由图 9-8 (a) 所示的仿真结果所证实，该仿真结果是由图 9-8 (d) 所示的最优控制得到的，其中干扰发生的时间为 $t > 3$ s，如图 9-8 (b) 所示。

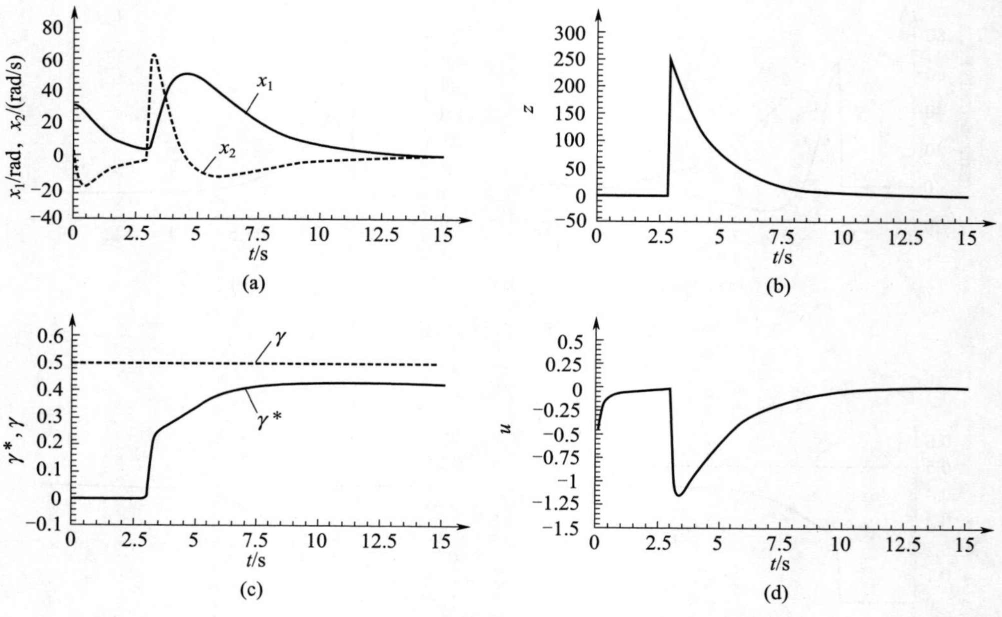

图 9－8　H_∞ 控制的结果，$\boldsymbol{x}(0) \neq \mathbf{0}$，$z(t) \neq 0$

9.3.2 结论

在本节中，对 H_∞ 型最优控制进行了仿真测试。被控对象为一个 WMR 驱动单元。为了实现目标，应用了双人零和微分博弈理论。对一个极小极大问题进行了求解，所设计的控制可以在面临最不利干扰的情况下使得代价函数最小化。在分析过程中，通过试错法来确定增益 γ 的最低值，通过选择矩阵 $\boldsymbol{Q}$ 和常数 R 的相关值使 Riccati 方程有正定解。如本例所示，设计一个使得 L_2 型增益最小化的控制系统相当于：为最低可能值的 γ 找到一个双人零和微分博弈问题的解。该问题与 H_∞ 型最优控制有关。

9.4 WMR 控制中将神经网络用于双人零和微分博弈

在本节中，我们将把第 9.1 节和第 9.2 节讨论的理论结果应用于 WMR 的跟踪控制。为求解 HJI 方程

$$H(\boldsymbol{x},\nabla V^*,\boldsymbol{u},\boldsymbol{z}) = \boldsymbol{x}^{\mathrm{T}}\boldsymbol{Q}\boldsymbol{x} + \nabla V^{*\mathrm{T}}\boldsymbol{f}(\boldsymbol{x}) - \frac{1}{4}\nabla V^{*\mathrm{T}}\boldsymbol{g}(\boldsymbol{x})\boldsymbol{R}^{-1}\boldsymbol{g}(\boldsymbol{x})^{\mathrm{T}}\nabla V^* + \\ + \frac{1}{4\gamma^2}\nabla V^{*\mathrm{T}}\boldsymbol{k}(\boldsymbol{x})\boldsymbol{k}(\boldsymbol{x})^{\mathrm{T}}\nabla V^* = 0 \tag{9-38}$$

采用一个 NN 来逼近价值函数 $V^*(\boldsymbol{x})$。在状态空间中描述 WMR 的动态运动方程如下所示

$$\begin{aligned}\dot{\boldsymbol{x}}_1 &= \boldsymbol{x}_2 \\ \dot{\boldsymbol{x}}_2 &= \boldsymbol{g}_n(\boldsymbol{x}) + \boldsymbol{u} + \boldsymbol{u}_z\end{aligned} \tag{9-39}$$

其中，$\boldsymbol{x}_1=[\alpha_1,\ \alpha_2]^{\mathrm{T}}$，$\boldsymbol{x}_2=[\dot{\alpha}_1,\ \dot{\alpha}_2]^{\mathrm{T}}$，$\boldsymbol{u}=\boldsymbol{M}^{-1}\tau\in\mathbf{R}^2$，$\boldsymbol{u}_z=-\boldsymbol{M}^{-1}\tau_d\in\mathbf{R}^2$，非线性函数有如下形式

$$\boldsymbol{g}_n(\boldsymbol{x}) = -\boldsymbol{M}^{-1}(\boldsymbol{C}(\boldsymbol{x}_2)\boldsymbol{x}_2 + \boldsymbol{F}(\boldsymbol{x}_2)) \in \mathbf{R}^2 \tag{9-40}$$

其中，所有符号的含义如第 8.1 节所给定。假设移动机器人的惯量矩阵 $\boldsymbol{M}$ 是已知的，推进 WMR 驱动轮的力矩根据关系式 $\tau=\boldsymbol{Mu}$ 确定。定义跟踪误差 $\boldsymbol{e}$ 和衡量控制质量的滤波跟踪误差 $\boldsymbol{s}$ 如下

$$\boldsymbol{e}(t) = \boldsymbol{x}_d(t) - \boldsymbol{x}(t) \tag{9-41}$$

$$\boldsymbol{s}(t) = \dot{\boldsymbol{e}}(t) + \boldsymbol{\Lambda}\boldsymbol{e}(t) \tag{9-42}$$

其中，$\boldsymbol{\Lambda}$ 是一个正定对角矩阵。则式（9－39）可以化为

$$\dot{\boldsymbol{s}} = \boldsymbol{f}(\boldsymbol{x},\boldsymbol{x}_d) + \boldsymbol{u} + \boldsymbol{u}_z \tag{9-43}$$

其中，$f(\boldsymbol{x},\ \boldsymbol{x}_d)$ 包含被控对象的非线性函数（9－40）。该对象有两个输入信号，$\boldsymbol{u}$ 是根据 Bellman 最优性原理式（9－9）确定的控制信号，而 $\boldsymbol{u}_z$ 是最不利的干扰信号。对于既定的控制和干扰信号，定义价值函数

$$V(\boldsymbol{s}(0),\boldsymbol{u},\boldsymbol{u}_z) = \int_0^\infty (\boldsymbol{s}^{\mathrm{T}}\boldsymbol{Q}\boldsymbol{s} + \boldsymbol{u}^{\mathrm{T}}\boldsymbol{R}\boldsymbol{u} - \gamma^2\|\boldsymbol{u}_z\|^2)\mathrm{d}t \tag{9-44}$$

如第 9.2 节所述，基于 HJI 方程（9－12）确定最优控制是很困难的，需要近似计算。假设价值函数及其导数、最优控制（9－10）和干扰信号（9－11）可以由一个 NN［式（8－105）］一致逼近，则它们的近似值可以表示为

$$\hat{V}(\boldsymbol{s}) = \hat{\boldsymbol{W}}^{\mathrm{T}}\boldsymbol{\varphi}(\boldsymbol{s}) \tag{9-45}$$

$$\hat{\boldsymbol{u}}(\boldsymbol{s}) = \frac{1}{2}\boldsymbol{R}^{-1}(\dot{\boldsymbol{\varphi}}(\boldsymbol{s})^{\mathrm{T}}\hat{\boldsymbol{W}}) \tag{9-46}$$

$$\hat{\boldsymbol{u}}_z = -\frac{1}{2\gamma^2}(\dot{\boldsymbol{\varphi}}(\boldsymbol{s})^{\mathrm{T}}\hat{\boldsymbol{W}}) \tag{9-47}$$

其中，符号和变量维数的解释参见第 8.5.1 节。将 HJI 方程（9－6）中出现的变量值分别替换为它们的估计值，则 Hamilton 函数将具有以下形式

$$H(\boldsymbol{s},\hat{V}_s,\hat{\boldsymbol{u}},\hat{\boldsymbol{u}}_z) = (\boldsymbol{s}^{\mathrm{T}}\boldsymbol{Q}\boldsymbol{s} + \hat{\boldsymbol{u}}^{\mathrm{T}}\boldsymbol{R}\hat{\boldsymbol{u}} - \gamma^2\|\hat{\boldsymbol{u}}_z\|^2) + (\dot{\boldsymbol{\varphi}}(\boldsymbol{s})^{\mathrm{T}}\hat{\boldsymbol{W}})(\boldsymbol{f}(\boldsymbol{x},\boldsymbol{x}_d) + \hat{\boldsymbol{u}} + \hat{\boldsymbol{u}}_z) \tag{9-48}$$

因为对于由微分博弈问题得到的最优解来说，Hamilton 函数为零，所以当把 Bellman 误差定义为式（9－6）和式（9－48）之差时，可以得到

$$E_{\mathrm{HJI}} = (\boldsymbol{s}^{\mathrm{T}}\boldsymbol{Q}\boldsymbol{s} + \hat{\boldsymbol{u}}\boldsymbol{R}\hat{\boldsymbol{u}} - \gamma^2\|\hat{\boldsymbol{u}}_z\|^2) + (\dot{\boldsymbol{\varphi}}(\boldsymbol{s})^{\mathrm{T}}\hat{\boldsymbol{W}})(\boldsymbol{f}(\boldsymbol{x},\boldsymbol{x}_d) + \hat{\boldsymbol{u}} + \hat{\boldsymbol{u}}_z) \tag{9-49}$$

为了自适应地学习 NN 的权值，使 NN 作为一个评价器逼近价值函数，并且使式（9－46）与式（9－47）这两个结构逼近 Nash 鞍点的最优解，我们使用了最小二乘迭代算法。这种方法之所以合理，是因为描述 Bellman 误差的式（9－49）是评价器权值的线性函数。

为了确定评价器网络权值的学习规则，采用如下关系式

$$E_c=\int_0^t (E_{\mathrm{HJI}}(\rho))^2\mathrm{d}\rho \tag{9-50}$$

确定式（9－50）的误差梯度并令其等于零，得到如下结果

$$\frac{\partial E_c}{\partial \hat{\boldsymbol{W}}}=2\int_0^t E_{\mathrm{HJI}}(\rho)\,\frac{\partial E_{\mathrm{HJI}}(\rho)}{\partial \hat{\boldsymbol{W}}}\mathrm{d}\rho=0 \tag{9-51}$$

为了实时地（在线）实施所采用的解决方案，采用了归一化的最小二乘迭代方法[11]。根据该方法，对网络权值的估计基于下式进行确定

$$\dot{\hat{\boldsymbol{W}}}=\eta\boldsymbol{G}\,\frac{\boldsymbol{\delta}}{1+v\boldsymbol{\delta}^{\mathrm{T}}\boldsymbol{G}\boldsymbol{\delta}}E_{\mathrm{HJI}} \tag{9-52}$$

其中，η，$\nu\in\mathbf{R}$是正系数，$\delta=\dot{\boldsymbol{\varphi}}(\boldsymbol{f}(\boldsymbol{x},\boldsymbol{x}_d)+\hat{\boldsymbol{u}}+\hat{\boldsymbol{u}}_z)$，而$\boldsymbol{G}=\left(\int_0^t\boldsymbol{\delta}(\rho)\boldsymbol{\delta}(\rho)^{\mathrm{T}}\mathrm{d}\rho\right)^{-1}\in\mathbf{R}^{N\times N}$是一个对称矩阵，基于以下方程确定

$$\dot{\boldsymbol{G}}=\eta\boldsymbol{G}\,\frac{\boldsymbol{\delta}\boldsymbol{\delta}^{\mathrm{T}}}{1+v\boldsymbol{\delta}^{\mathrm{T}}\boldsymbol{G}\boldsymbol{\delta}}\boldsymbol{G} \tag{9-53}$$

其中，$\boldsymbol{G}(0)=\alpha_c\boldsymbol{I}$，$\alpha_c\gg0$，且满足良好条件$\dot{\boldsymbol{G}}\geqslant\boldsymbol{0}$。这种方法可以根据被控对象状态向量的测量数据，实时求解双人零和微分博弈问题。众所周知[10]，若满足系统恒定激励条件，则最小二乘法可做到有效收敛，即网络权值$\hat{\boldsymbol{W}}$收敛于其未知的当前值$\boldsymbol{W}$。对网络权值的确定估计$\hat{\boldsymbol{W}}$使我们能够进一步得到 Bellman 方程（9－49）的近似解，只要给定一个合理确定的控制$\hat{\boldsymbol{u}}$和干扰$\hat{\boldsymbol{u}}_z$即可。文献［12］中给出了解的收敛性证明。不过在本节中，为了展示闭环系统的稳定性，并将控制误差$\boldsymbol{e}$，$\dot{\boldsymbol{e}}$约束在设定的最大值内，在控制信号$\hat{\boldsymbol{u}}$中添加了监督控制信号$\boldsymbol{u}_S$[13]，它由一个附加的监督项生成，以限制滤波跟踪误差$\boldsymbol{s}$，即

$$|s_i|\leqslant\Phi_i,\quad\forall t>0 \tag{9-54}$$

其中，$\Phi_i(i=1,2)$取常值。控制$\boldsymbol{u}_S$只有在阈限（9－54）被超过时才会激活。对于以这种方式表述的任务，引入一个控制律

$$\boldsymbol{u}=-\hat{\boldsymbol{u}}_{GR}-\boldsymbol{u}_S \tag{9-55}$$

其中控制信号$\hat{\boldsymbol{u}}_{GR}=\hat{\boldsymbol{u}}$是应用双人零和微分博弈理论进行控制综合所得到的信号（9－46）。在式（9－43）中引入控制式（9－55），可以得到闭环系统的描述如下

$$\dot{\boldsymbol{s}}=\boldsymbol{f}(\boldsymbol{x},\boldsymbol{x}_d)+\boldsymbol{u}_z-\hat{\boldsymbol{u}}_{GR}-\boldsymbol{u}_S \tag{9-56}$$

采用一个附加的信号

$$\boldsymbol{u}^*=\boldsymbol{f}(\boldsymbol{x},\boldsymbol{x}_d)+\boldsymbol{u}_z \tag{9-57}$$

可以将式（9－56）写为

$$\dot{\boldsymbol{s}}=\boldsymbol{u}^*-\hat{\boldsymbol{u}}_{GR}-\boldsymbol{u}_S \tag{9-58}$$

定义一个正定函数

$$L=\frac{1}{2}\boldsymbol{s}^{\mathrm{T}}\boldsymbol{s} \tag{9-59}$$

确定函数（9－59）的导数，并使用式（9－58），可以得到

$$\dot{L}=\boldsymbol{s}^{\mathrm{T}}\dot{\boldsymbol{s}}=\boldsymbol{s}^{\mathrm{T}}[\boldsymbol{u}^{*}-\hat{\boldsymbol{u}}_{GR}]-\boldsymbol{s}^{\mathrm{T}}\boldsymbol{u}_{S} \tag{9-60}$$

经过归一化后，导数式（9－60）具有以下形式

$$\dot{L}\leqslant\sum_{i=1}^{2}|s_i|[|f_i(\boldsymbol{x},\boldsymbol{x}_d)+u_{zi}-\hat{u}_{GRi}|]-\sum_{i=1}^{2}s_iu_{Si} \tag{9-61}$$

如果假设所设计的控制信号 $\hat{\boldsymbol{u}}_{GR}$ 针对的是最不利的干扰，即 WMR 的非线性和变化的工作条件，那么当选取如下形式的监督控制信号

$$u_{Si}=[F_{0i}+\eta_i]\,\mathrm{sgn}s_i \tag{9-62}$$

并假设 $|f_i(\boldsymbol{x},\ \boldsymbol{x}_d)+u_{zi}-\hat{u}_{GRi}|\leqslant F_{0i}$，$i=1,\ 2$，$F_{0i}>0$，$\eta_i>0$ 时，最终可以得到

$$\dot{L}\leqslant-\sum_{i=1}^{2}\eta_i|s_i| \tag{9-63}$$

Lyapunov 函数的导数是负定的，因此相对于状态向量 $\boldsymbol{s}$，闭环系统（9－58）是稳定的。在控制信号（9－62）中，函数 $\mathrm{sgn}s_i$ 会激发执行机构的高频切换。为了消除执行机构的高频切换，在函数 $\mathrm{sgn}s_i$ 的邻域 Φ_i 中引入了其近似函数[9]

$$\mathrm{sat}(s)=\begin{cases}\mathrm{sgn}(s) & 对于\ |s|\geqslant\Phi\\ 0 & 对于\ |s|<\Phi\end{cases} \tag{9-64}$$

如果 $\boldsymbol{s}(0)=\boldsymbol{0}$，那么就能保证控制的精度

$$\forall t\geqslant0,\quad |s_i(t)|\leqslant\Phi \tag{9-65}$$

如果条件（9－54）得以满足，基础控制信号就是控制（9－46）。

9.4.1　仿真测试

在本节中，为了解决移动机器人的跟踪控制问题——令移动机器人上的选定点 A 沿着第 8.1.2 节所述的环状期望路径运动，我们将应用第 9.4 节所述的双人零和微分博弈理论。我们采用 WMR 的动态运动方程（9－39），其符号含义如第 8.1 节所述。它在状态空间中的形式可以由式（9－39）表示，而在引入式（9－41）和式（9－42）以及矩阵 $\boldsymbol{\Lambda}=[1,\ 1]$ 后，它可表示为式（9－43）的形式，这与第 8.5 节所述类似。由于非线性函数 $\boldsymbol{f}(\boldsymbol{x},\ \boldsymbol{x}_d)$ 比较复杂，这里没有给出。

对于价值函数，采用式（9－44），其中矩阵 $\boldsymbol{Q}=\mathrm{diag}[2\ 000,\ 2\ 000]$，$\boldsymbol{R}=\mathrm{diag}[0.002,\ 0.002]$，系数 $\gamma=5.3$。对于价值函数（9－45）以及在控制（9－46）和干扰（9－47）中出现的价值函数的梯度，对它们的逼近是由一个包含 3 个神经元的 NN 来实现的，神经元基函数的形式分别为：$\boldsymbol{\varphi}(\boldsymbol{s})=[s_1^2,\ s_1s_2,\ s_2^2]^{\mathrm{T}}$。

考虑到控制的任务，初始条件选取为零，$\boldsymbol{s}=[0,\ 0]^{\mathrm{T}}$。NN 的学习规则根据式（9－52）来实现，其中参数 $\eta=0.001$，$\nu=0.1$，$\alpha_c=10$。图 9－9 给出了在实施双人零和微分博弈的过程中得到的结果。图 9－9（a）和图 9－9（b）给出了在实现期望轨迹的过程中得到的状态向量误差，相应地用 e_1、e_2 和 $\dot{e}_1$、$\dot{e}_2$ 表示。而图 9－9（c）和图 9－9（d）则给出

了 Nash 鞍点的次优实现。图 9-9（e）和图 9-9（f）给出了评价器的权值和价值函数的近似值。在学习过程开始前，评价器的权值等于零；在学习的进行过程中，评价器的权值仍然是有限的。

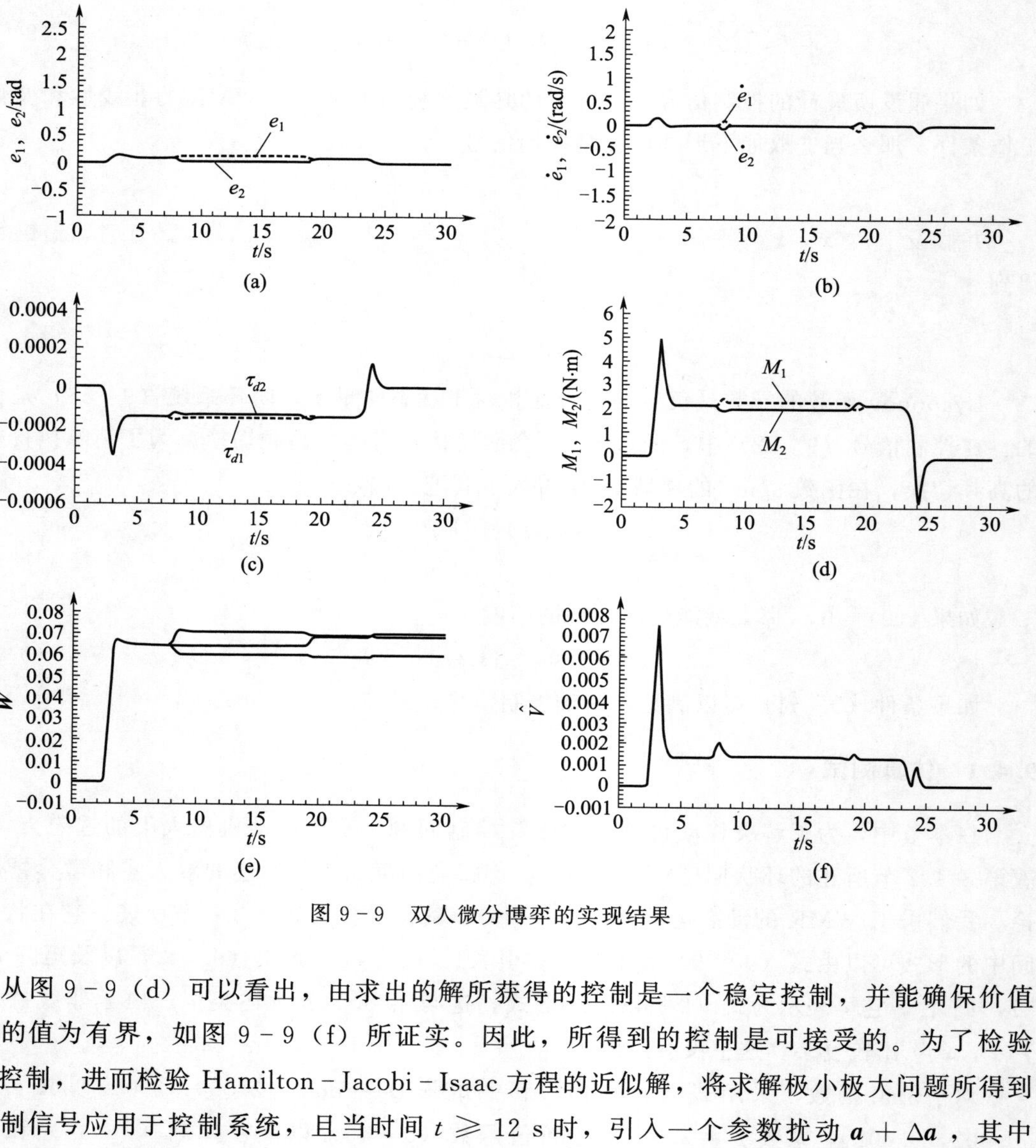

图 9-9 双人微分博弈的实现结果

从图 9-9（d）可以看出，由求出的解所获得的控制是一个稳定控制，并能确保价值函数的值为有界，如图 9-9（f）所证实。因此，所得到的控制是可接受的。为了检验 H_∞ 控制，进而检验 Hamilton-Jacobi-Isaac 方程的近似解，将求解极小极大问题所得到的控制信号应用于控制系统，且当时间 $t \geqslant 12$ s 时，引入一个参数扰动 $\boldsymbol{a}+\Delta\boldsymbol{a}$，其中 $\Delta\boldsymbol{a}=[0\ 0\ 0\ 0\ 1\ 1]^{\mathrm{T}}$，与机器人运动阻力的变化有关。图 9-10（a）和图 9-10（b）给出了所得到的运动参数误差，尽管有扰动，但还是找到了收敛的解。而图 9-10（c）和图 9-10（d）则分别给出了引入的扰动 $z_1=(a_5+\Delta a_5)\mathrm{sgn}x_{21}$，$z_2=(a_6+\Delta a_6)\mathrm{sgn}x_{22}$ 和基于博弈所确定的控制信号的曲线。如果 H_∞ 控制存在一个解，就有可能确定一个满足 $\gamma>\gamma^*$ 条件的增益。图 9-10（e）给出了这样一个结果，其中得到了满足上述条件的 L_2 型增益。图 9-10（f）证实了最优控制是唯一的控制，而监督控制并没出现。

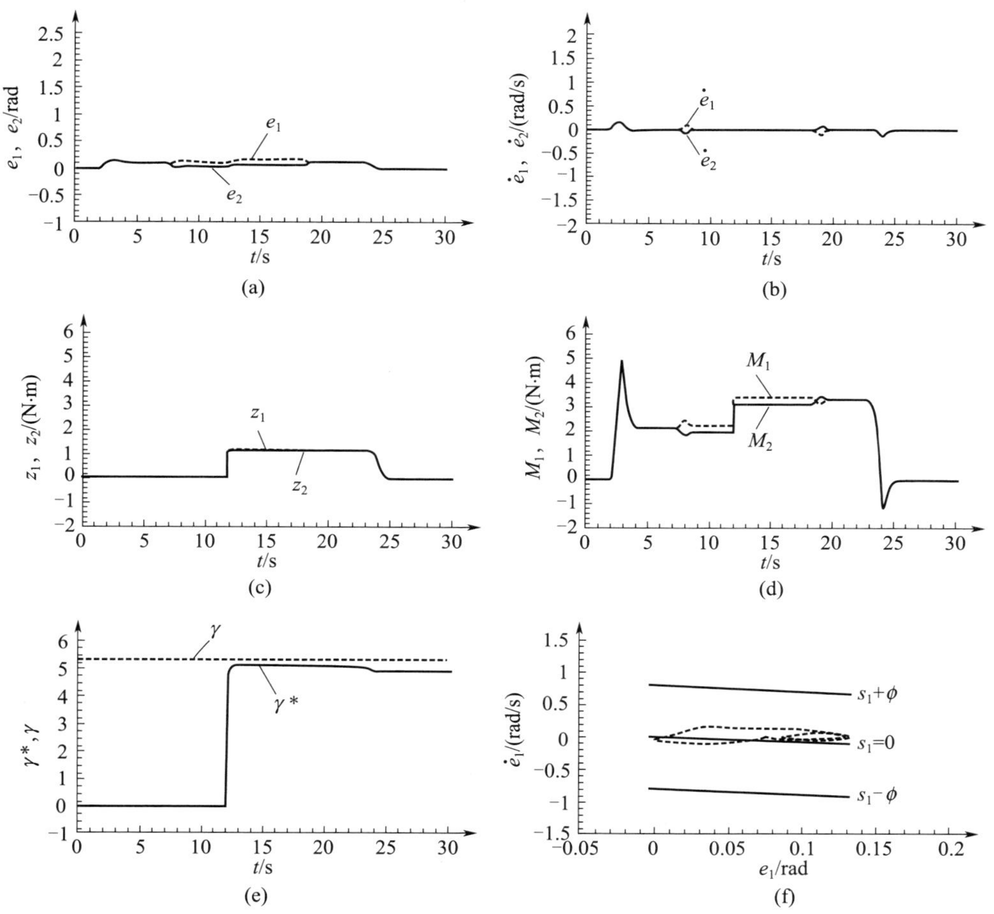

图 9-10　H_∞ 控制的结果

为了对仿真实例进行定量评估，采用第 8.1 节中所确定的性能指标。表 9-1 和 9-2 给出了各个指标的值。

表 9-1　控制系统的选定质量衡量指标的值

指标	$e_{\max j}$/rad	ε_j/rad	$\dot{e}_{\max j}$/(rad/s)	$\dot{\varepsilon}_j$/(rad/s)	σ_j/(rad/s)
轮 1，$j=1$	0.166 5	0.110 8	0.150 2	0.031 09	0.115
轮 2，$j=2$	0.133 6	0.077 57	0.150 2	0.031 59	0.083 8

表 9-2　评估期望路径实现情况的质量衡量指标的值

指标	$d_{\max}$/m	ρ/m
数值	0.024 46	0.011 41

定量评估结果表明，采用双人零和微分博弈理论时，任务实现的误差很小。给出的结果验证了所提控制方法的稳定性。

9.4.2　结论

在本节中，为了对 WMR 的跟踪控制进行综合，应用了微分博弈理论，通过神经动态规划求解了双人零和博弈问题，其中借助了 Nash 鞍点理论。通过确定 HJI 方程的近似解，确定了一个 H_∞ 控制。为了说明所讨论的 H_∞ 控制理论和双人零和微分博弈问题，进行了数值仿真测试。在第一个测试中，针对 WMR 驱动单元的控制，利用 HJI 方程的近似解求解了一个线性控制问题。另一个仿真测试涉及 HJI 方程的近似解在一个非完整非线性对象（两轮移动机器人）控制中的应用。针对期望轨迹的实现精度，为了比较第 8 章和第 9 章中所应用的方法，用本章获得的结果对图 8-25 进行了补充，如图 9-11 所示。

在横轴上，使用控制（9-46）求解跟踪运动问题得到的结果由 DG 标识。分析图 9-11，可以得知，在 WMR 的最优控制中采用自适应评价器结构 RL5，所获得的解是最好的。还可以看出，由 RL2、RL3 和 DG 类型的控制算法结构所获得的期望轨迹实现的最大误差结果类似。不过，对所用方法的评估结果还应通过实验研究进行验证。

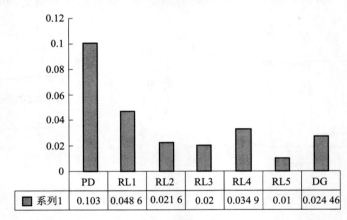

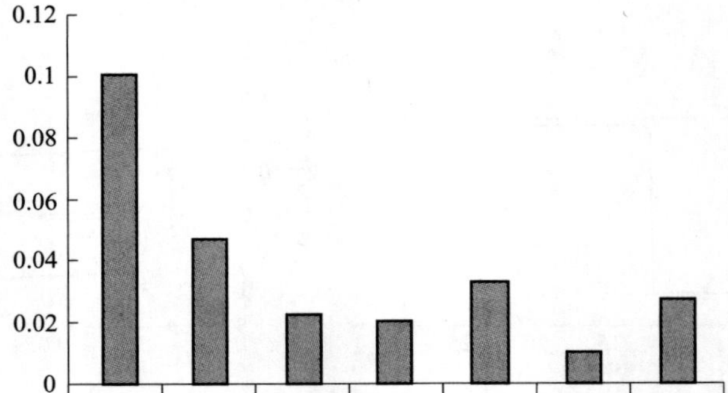

	PD	RL1	RL2	RL3	RL4	RL5	DG
系列1	0.103	0.048 6	0.021 6	0.02	0.034 9	0.01	0.024 46

图 9-11　期望轨迹实现的最大误差值 $d_{\max}(i)$（单位为 m）

参考文献

[1] Basar, T., Bernard, P.: H_∞ - Optimal Control and Related Minimax Design Problems. Birkhäuser, Boston (1995).

[2] Basar, T., Olsder, G. J.: Dynamic Noncooperative Game Theory, 2nd edn. Society for Industrial and Applied Mathematics, Philadelphia (1999).

[3] Beard, R. W., Saridis, G. N., Wen, J. T.: Approximate solutions to the time - invariant Hamilton - Jacobi - Bellman equation. J. Optim. Theory Appl. 96, 589 - 626 (1998).

[4] Isaacs, R.: Differential Games. Wiley, New York (1965).

[5] Isidori, A., Kwang, W.: H_∞ control via measurement feedback for general nonlinear systems. IEEE Trans. Autom. Control 40, 466 - 472 (1995).

[6] Lewis, F. L., Liu, D. (eds.): Reinforcement Learning and Approximate Dynamic Programming for Feedback Control. Wiley, Hoboken (2013).

[7] Lewis, F. L., Vrabie, D., Syroms, V. L.: Optimal Control, 3rd edn. Wiley, New Jersey (2012).

[8] Nash, J.: Non - cooperative games. Ann. Math. 2, 286 - 295 (1951).

[9] Slotine, J. J., Li, W.: Applied Nonlinear Control. Prentice Hall, New Jersey (1991).

[10] Soderstrom, T., Stoica, P.: System Identification. Prentice Hall, Upper Saddle River (1988).

[11] Van Der Schaft, A.: L_2 - Gain and Passivity Techniques in Nonlinear Control. Springer, Berlin (1996).

[12] Vrabie, D., Vamvoudakis, K. G., Lewis, F. L.: Optimal Adaptive Control and Differential Games by Reinforcement Learning Principles. Control Engineering Series. IET Press, London (2013).

[13] Wang, L.: A Course in Fuzzy Systems and Control. Prentice - Hall, New York (1997).

[14] Zames, G.: Feedback and optimal sensitivity: model reference transformations, multiplicative seminorms, and approximate inverses. IEEE Trans. Autom. Control 26, 301 - 320 (1981).

第 10 章　控制算法的实验验证

本章将对实验台进行介绍，并给出实验研究的结果。我们将在这些实验台上对所设计的控制算法进行验证研究。研究内容包括：对 WMR 上 A 点的跟踪控制算法的分析，对 WMR 在未知环境中运动的行为控制算法的研究，以及对 RM 操作臂的跟踪控制算法的分析。

10.1　实验室测试台描述

对所提出的控制算法在两个实验台上进行了验证测试。第一个实验台可以控制 WMR 的运动，第二个实验台可以控制 RM 的运动。每个实验台包括一台带有 dSpace 数字信号处理（DSP）控制板的计算机、一个电源模块和一个控制对象。DSP 控制板使该设备能够实时实现控制算法的程序，并对选定的数据进行采集。

10.1.1　WMR 运动控制台

在一个实验台上对 WMR 的运动控制算法进行了验证测试。实验台的示意图如图 10-1 所示，它包括一台带有 dSpace DS1102 DSP 控制板的计算机、一个电源和一个 WMR Pioneer 2-DX。控制板制造商提供了软件 Control Desk 3.2.1[3]，用来提供控制板的交互界面，并利用 DSP 板上的资源实时进行研究实验。控制算法是在 Matlab 5.2.1/Simulink 2.2 软件环境[9]下编写的，并使用了 dSPACE RTI1102 板库 3.3.1 工具箱[4]。然后利用 RTI 3.3.1 库[5]进行编译，由 dSpace DS1102 板提供软件支持。

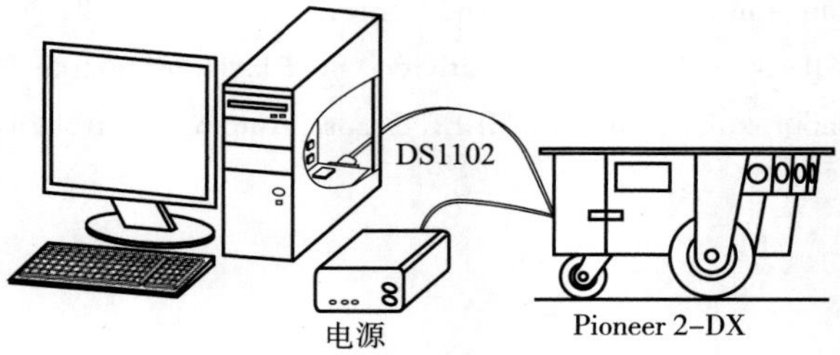

图 10-1　WMR 运动控制台示意图

dSpace DS1102 DSP 板是供计算机使用的增强板[1,2]。它使用 ISA（工业标准架构）与主板进行通信，而且它只需要标准 16 位端口的一半宽度。德州仪器公司的 TMS320C31 数字信号处理器是主要的计算单元，运行速度为 60 MFlops（Mega Floating Point Operations Per Second，每秒百万次浮点运算）。控制板中使用的 TMS320C31 处理器具有以下重要的特征参数。

1）频率：60 MHz。

2）单指令处理时间：33.3 ns。

3）两个内置 32 位内存块，每个容量为 2 KB。

4）32 位指令字。

5）24 位地址。

6）串行端口，四个外部中断。

7）两个 32 位计时器。

DS1102 DSP 控制版包括：

1）处理器：TMS320C31。

2）内存：128 KB 32 位内存。

3）模拟输入：

a）两个 16 位 A/D 转换器，转换时间为 4 μs。

b）两个 12 位 A/D 转换器，转换时间为 1.25 μs。

c）输入信号电压范围：±10 V。

d）信噪比>80 dB（16 位）/65 dB（12 位）。

4）模拟输出：

a）四个 12 位 D/A 转换器。

b）转换时间为 4 μs。

c）输出信号电压范围：± 10 V。

5）数字输入/输出：

a）基于 32 位德州仪器 TMS320P14 25 MHz 信号处理器搭建的可编程输入/输出子系统。

b）16 位输入/输出。

c）6 个 PWM 通道。

· 8 位分辨率，用于 100 kHz 频率；

· 10 位分辨率，用于 25 kHz 频率；

· 12 位分辨率，用于 6.26 kHz 频率；

· 14 位分辨率，用于 1.506 kHz 频率。

d）外部用户中断。

6）增量式旋转编码器接口：

a）能够连接两个增量式旋转编码器。

b）脉冲计数的最大频率：8.3 MHz。

c）测量噪声滤波器。

d）24 位计数器。

7）通信接口：

a）ISA（16 位连接器的一半）。

b）通过 62 针 D-SUB 接头进行信号连接。

c）RS232 串口。

d）JTAG 接口。

所描述的实验台能够利用 DSP 板的硬件资源，快速原型化 WMR 运动控制系统，并实时验证所编写的控制算法。

10.1.2 RM 运动控制实验台

对 RM 运动控制算法的验证分析是在图 10-2 所示的实验台上进行的。该实验台包括一台带有 dSpace DS1104 DSP 卡的计算机、电源和 Scorbot-ER 4pc RM。为了使用卡上的接口并利用 DSP 板上的资源进行实时研究，使用了制造商提供的 Control Desk 4.0 软件[6]。控制算法是在 Matlab 6.5.1/Simulink 5.1[9] 计算环境中编程的，使用了 dSPACE RTI1102 板卡库工具箱 4.4.7，并通过 RTI 4.5[8] 库编译成 dSpace DS1104 软件支持的格式。

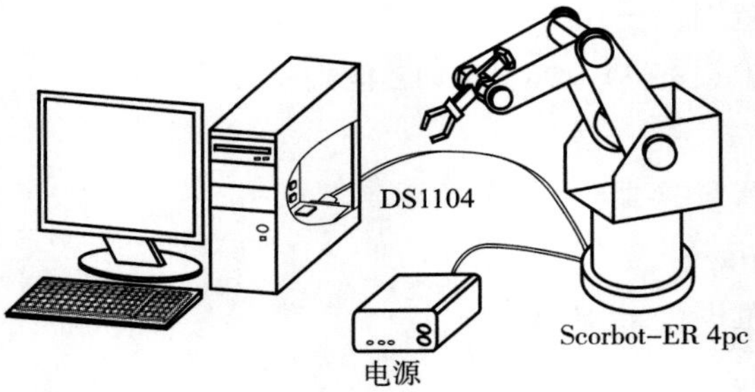

图 10-2　RM 运动分析实验台示意图

dSpace DS1104[7] DSP 板是针对计算机的增强卡，它使用 32 位 PCI 总线与主板进行通信。其主要计算单元是 MPC8240 集成微处理器，配备 PowerPC 603e 内核。MPC8240 处理器的具有以下重要的特征参数：

1）频率：250 MHz。

2）大多数指令在一个时钟周期内完成执行。

3）两块高速缓冲存储器，每块容量为 16 KB（用于数据和指令）。

4）字长 32/64 位。

5）32 位内存地址。

6）PCI 控制器，DMA，I2C，扩展中断系统。

7）六个计数器，包括一个 64 位的，其他的为 32 位。

DS1104 控制卡包括：

1）处理器：MPC8240。

2）内存：32 MB 的 32 位内存。

3）模拟输入：

a）一个 16 位 A/D 转换器，4 通道（多路复用）。

b）四个 12 位 A/D 转换器。

c）输入电压范围：±10 V。

d）SNR>80 dB（16 位）/70 dB（12 位）。

4）模拟输出：

a）8 通道 16 位 D/A 转换器。

b）输出电压范围：±10 V。

c）SNR>80 dB。

5）数字输入/输出：

a）20 条数字输入-输出线，每条由主处理器单独控制。

b）输入/输出可编程的子系统，基于一个附加的 32 位信号从处理器——德州仪器 TMS320F240 20 MHz。

c）14 条数字输入-输出线。

d）六个 PWM 通道。

e）用户外部中断。

6）增量式旋转编码器接口：

a）能够连接两个增量式旋转编码器。

b）脉冲计数最大频率：1.65 MHz。

c）可以给编码器供电。

d）24 位计数器。

7）通信接口：

a）PCI 总线（32 位）。

b）通过两个 50 针 D-SUB 插槽连接信号。

c）RS232/RS422/RS485 串口。

d）SPI 接口。

所描述的研究实验台利用 DSP 板载硬件资源，可以快速原型化 RM 的运动控制系统，并实时验证算法程序。

10.2　PD 控制分析

对 PD 控制器在 WMR Pioneer 2-DX 上 A 点的跟踪控制任务中的验证测试，是在第 10.1.1 节描述的实验台上进行的。在所进行的实验测试的结果中，选取了两组 8 字形轨迹的测试数据，一组测试带参数扰动，即 WMR Pioneer 2-DX 承载了附加的质量，另一组测试没有扰动。对 PD 控制器在 RM Scrobot-ER 4pc 的末端执行器上 C 点的跟踪控制任务中的验证测试，是在第 10.1.2 节所述的实验台上进行的。所给出的实验结果使用了半圆形轨迹，并有参数扰动，即在实现机器人手臂的运动过程中，给抓手加载了质量。

在第 7.1.2 节的数值测试中所用的参数，也被用于由 PD 控制器组成的跟踪控制系统的所有实验测试中。

为了评估跟踪运动的实现质量，采用了第 7.1.2 节给出的性能指标。

10.2.1 WMR 运动控制分析

对使用 PD 控制器的 WMR Pioneer 2 - DX 上 A 点的跟踪控制进行了实验分析，一次实验设置中没有扰动（见第 10.2.1.1 节），另一次设置中实施了扰动，即在运动过程中给 WMR 框架施加了载荷（见第 10.2.1.2 节）。同时给出了两个实验结果，以便比较各个运动参数的曲线，并说明机器人框架上的负载对跟踪运动实现的影响。

10.2.1.1 PD 控制的实验分析：无扰动的情况

对 WMR 的跟踪控制系统进行了验证测试，系统由 PD 控制器组成，要实现是第 2.1.1.2 节中所述的 8 字形路径下的期望轨迹。通过求解逆运动学问题得到的运动参数值用下标 d 表示，并作为期望的运动参数加以实现。在本次实验中，没有以 WMR 质量载荷的形式施加参数扰动。

图 10 - 3 给出了 WMR 上 A 点期望的路径（虚线）和实现的路径（实线）。A 点的初始位置用三角形标记，期望的终点位置用“×”标记，而 A 点达到的终点位置用菱形标记。左侧图中选定区域的放大图在右侧给出。

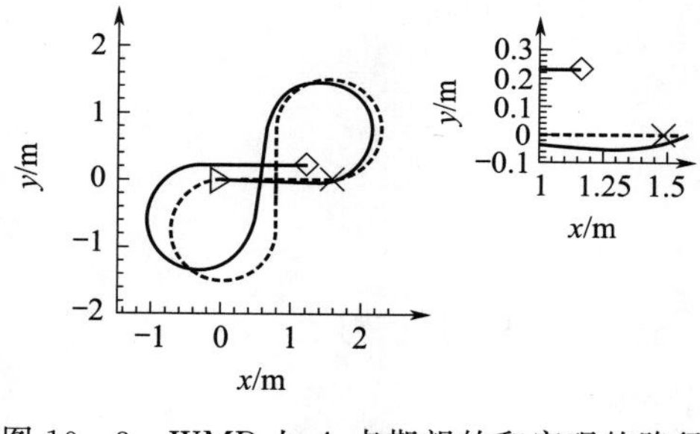

图 10 - 3 WMR 上 A 点期望的和实现的路径

将 PD 控制器生成的控制信号导入机器人的执行机构中，从而获得 WMR 上 A 点的实现轨迹。图 10 - 4（a）给出了轮 1 和轮 2 的控制信号 u_{PD1} 和 u_{PD2} 的值，图 10 - 4（b）给出了驱动轮角速度的期望值（$\dot{\alpha}_{d1}$，$\dot{\alpha}_{d2}$）和实现值（$\dot{\alpha}_1$，$\dot{\alpha}_2$）。

对期望轨迹的实现误差导致了 WMR 上 A 点的期望路径和实现路径之间的差异。图 10 - 5 给出了 WMR 驱动轮 1 和轮 2 的期望转角的误差值（e_1，e_2）和期望角速度的误差值（$\dot{e}_1$，$\dot{e}_2$）。

应该注意的是，所提方法中跟踪控制算法的任务是使跟踪误差最小化。表 10 - 1 和表 10 - 2 列出了由 PD 控制器得到的跟踪运动实现的各个性能指标的值。

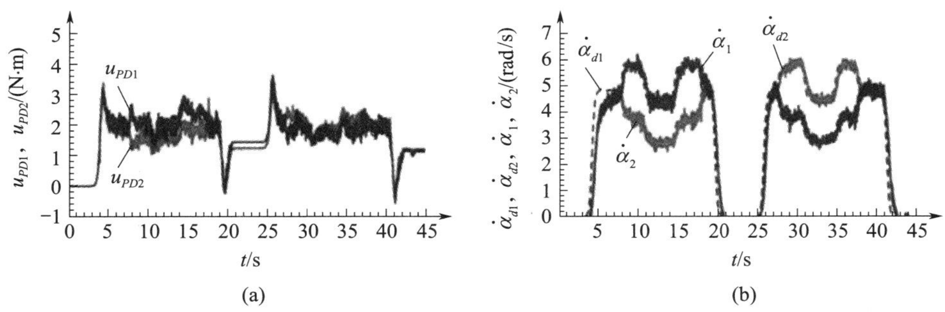

图 10-4　(a) 控制信号 u_{PD1} 和 u_{PD2}；(b) 驱动轮的期望角速度（$\dot{\alpha}_{d1}$，$\dot{\alpha}_{d2}$）和实现角速度（$\dot{\alpha}_1$，$\dot{\alpha}_2$）(见彩插)

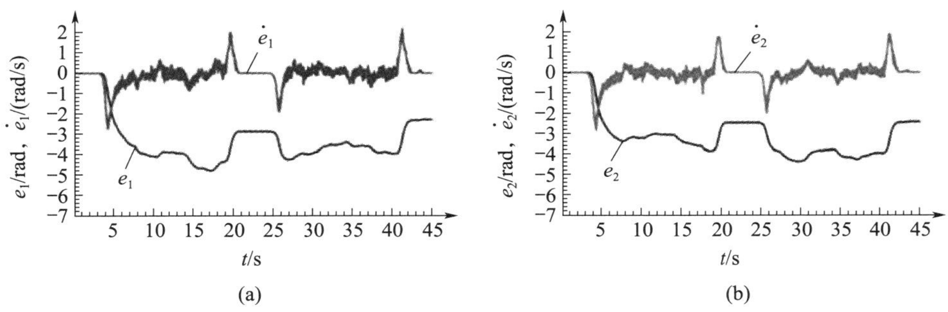

图 10-5　(a) 期望运动参数的实现误差值 e_1 和 $\dot{e}_1$；(b) 期望运动参数的实现误差值 e_2 和 $\dot{e}_2$

表 10-1　选定的性能指标的值

指标	$e_{\max j}$/rad	ε_j/rad	$\dot{e}_{\max j}$/(rad/s)	$\dot{\varepsilon}_j$/(rad/s)	$s_{\max j}$/(rad/s)	σ_j/(rad/s)
轮 1，$j=1$	4.73	3.44	2.75	0.53	3.68	1.82
轮 2，$j=2$	4.34	3.23	2.83	0.5	3.52	1.71

表 10-2　路径实现的选定性能指标的值

指标	$d_{\max}$/m	d_n/m	ρ_d/m
数值	0.525	0.409	0.314

根据第 7.1.2.2 节所述的方法，将 8 字形路径的实现轨迹分为两个阶段，对选定的性能指标值进行计算。表 10-3 列出了各个运动阶段的选定性能指标的值。

对于 WMR 上 A 点运动实现的控制系统，如果在其结构中没有补偿被控对象非线性的组件，例如自适应算法或 NN，那么在实验的两个阶段，获得的选定性能指标的值是相似的。

表 10-3　在运动阶段Ⅰ和Ⅱ中选定性能指标的值

指标	$e_{\max j}$/rad	ε_j/rad	$\dot{e}_{\max j}$/(rad/s)	$\dot{\varepsilon}_j$/(rad/s)	$s_{\max j}$/(rad/s)	σ_j/(rad/s)
阶段Ⅰ，$k=1,\cdots,2\ 250$						
轮 1，$j=1$	4.73	3.42	2.75	0.6	3.22	1.86

续表

指标	$e_{\max j}$/rad	ε_j/rad	$\dot{e}_{\max j}$/(rad/s)	$\dot{\varepsilon}_j$/(rad/s)	$s_{\max j}$/(rad/s)	σ_j/(rad/s)
轮 2，$j=2$	3.83	2.81	2.83	0.56	3.42	1.56
阶段Ⅱ，$k=2\ 251,\cdots,4\ 500$						
轮 1，$j=1$	4.2	3.35	2.18	0.44	3.68	1.71
轮 2，$j=2$	4.34	3.52	2.0	0.42	3.52	1.81

10.2.1.2　PD 控制的实验分析：有扰动的情况

接下来，在有参数扰动的情况下，对使用 PD 控制器的 WMR 的跟踪控制进行分析。在实验测试中实现 2.1.1.2 节中所述的 8 字形路径下的期望轨迹。参数扰动发生了两次，反映在 WMR 携带的质量变化上。在 $t_{d1}=12.5$ s时刻，WMR 加载了 $m_{RL}=4.0$ kg 的质量，在 $t_{d2}=32.5$ s时刻，该质量又被移除。限于实验实施的条件，扰动发生的时间是近似的，人工因素会影响给机器人框架增减附加质量的时间。

图 10－6 给出了 WMR 上 A 点期望的轨迹（虚线）和实现的轨迹（实线）。

图 10－7（a）给出了轮 1 和轮 2 的控制信号 u_{PD1} 和 u_{PD2} 的值，图 10－7（b）给出了驱动轮的期望角速度值（$\dot{\alpha}_{d1}$，$\dot{\alpha}_{d2}$）和实现角速度值（$\dot{\alpha}_1$，$\dot{\alpha}_2$）。给 WMR 框架加载附加的质量对结果曲线的影响用椭圆标记。在 t_{d1} 时刻发生第一次扰动后，可以注意到被控对象的动力学特性变化导致了控制信号值的增加，并使实现的角速度值暂时减小。在 t_{d2} 时刻，通过减少 WMR 携带的质量，使得控制信号的值减少，而驱动轮实现的旋转角速度值暂时增加。

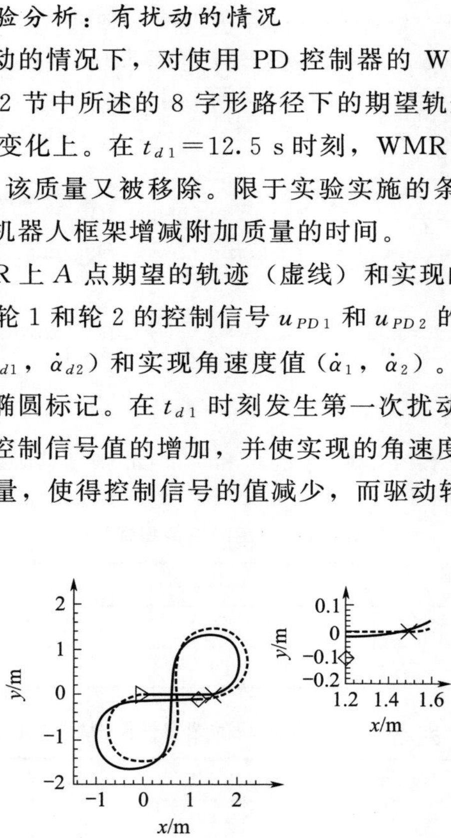

图 10－6　WMR 上 A 点的期望路径和实现路径

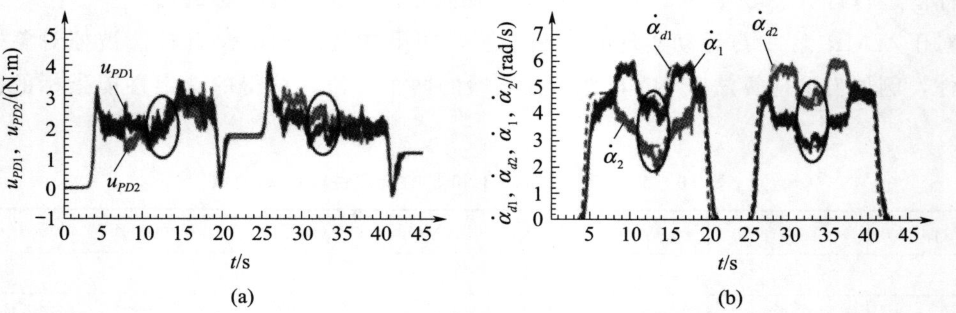

图 10－7　（a）控制信号 u_{PD1} 和 u_{PD2}；（b）驱动轮的期望角速度（$\dot{\alpha}_{d1}$，$\dot{\alpha}_{d2}$）和实现角速度（$\dot{\alpha}_1$，$\dot{\alpha}_2$）（见彩插）

图 10－8 给出了 WMR 的驱动轮 1 和轮 2 的期望旋转角度的实现误差值（e_1，e_2）和期望角速度的实现误差值（$\dot{e}_1$，$\dot{e}_2$）。通过分析轨迹实现的误差值可以看出，与无扰动实验的结果曲线相比，t_{d1} 时刻后的误差值增加，而 t_{d2} 时刻后的误差值减少。

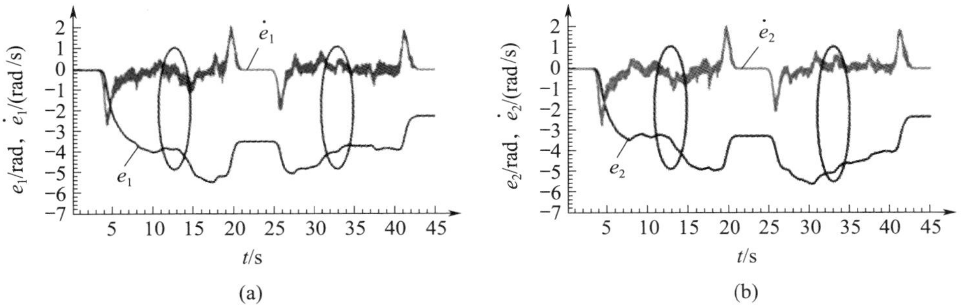

图 10－8　（a）期望运动参数的实现误差值 e_1 和 $\dot{e}_1$；（b）期望运动参数的实现误差值 e_2 和 $\dot{e}_2$

表 10－4 和表 10－5 列出了在有参数扰动的实验中，由 PD 控制器生成的控制所实现的跟踪运动的各个性能指标的值。

在有扰动的实验中获得的性能指标值要大于没有扰动的实验中获得的性能指标值。

表 10－4　选定的性能指标的值

指标	e_{maxj}/rad	ε_j/rad	$\dot{e}_{maxj}$/(rad/s)	$\dot{\varepsilon}_j$/(rad/s)	s_{maxj}/(rad/s)	σ_j/(rad/s)
轮 1，$j=1$	5.44	3.76	2.67	0.55	4.07	1.97
轮 2，$j=2$	5.57	3.82	2.76	0.54	4.08	2.0

表 10－5　路径实现的选定性能指标的值

指标	d_{max}/m	d_n/m	ρ_d/m
数值	0.499	0.319	0.268

与第 10.2.1 节的实验类似，将 8 字形路径的实现轨迹分成两个阶段，计算选定的性能指标的值。表 10－6 列出了各个运动阶段的选定性能指标的值。

表 10－6　在运动阶段 Ⅰ 和 Ⅱ 选定的性能指标的值

指标	e_{maxj}/rad	ε_j/rad	$\dot{e}_{maxj}$/(rad/s)	$\dot{\varepsilon}_j$/(rad/s)	s_{maxj}/(rad/s)	σ_j/(rad/s)
阶段 Ⅰ，$k=1,\cdots,2\,250$						
轮 1，$j=1$	5.44	3.69	2.67	0.62	3.51	2.01
轮 2，$j=2$	4.9	3.37	2.76	0.59	3.42	1.85
阶段 Ⅱ，$k=2\,251,\cdots,4\,500$						
轮 1，$j=1$	5.03	3.69	1.97	0.46	4.07	1.86
轮 2，$j=2$	5.57	4.12	2.09	0.47	4.08	2.09

运动的第 Ⅰ 和第 Ⅱ 阶段的性能指标值略有不同。本次实验所获得的性能指标的值在本书的后续部分将用作精度对比基准，与使用其他控制算法实现跟踪运动的精度进行比较。

10.2.2 RM 运动控制分析

对 RM 末端执行器上 C 点的跟踪控制系统进行了实验测试。该控制系统仅含 PD 控制器。

10.2.2.1 PD 控制的实验分析：有扰动的情况

在接下来的实验中，分析了使用 PD 控制器时 RM 的运动，采用第 2.2.1.2 节中所述的半圆形路径下的期望轨迹为。引入的参数扰动包括在 $t_{d1} \in [21, 27]$ s 时段和 $t_{d2} \in [33, 40]$ s 时段给机器人的夹持器加载 $m_{RL}=1.0$ kg 的质量。当末端执行器停在实现路径的转弯点（相当于期望路径的 G 点）时，操作者将质量附着在夹持器上；当末端执行器停在与期望路径的 S 点相对应的位置时，将质量卸掉。

在图 10－9（a）中，绿线代表 RM 末端执行器上 C 点的期望路径，红线代表 C 点的实现路径。初始位置（S 点）用三角形表示，路径的期望折返位置（G 点）用“×”表示，菱形代表 RM 末端执行器上 C 点到达的终点位置。图 10－9（b）给出了 RM 末端执行器上 C 点的期望路径实现的误差值，$e_x=x_{Cd}-x_C$，$e_y=y_{Cd}-y_C$，$e_z=z_{Cd}-z_C$。

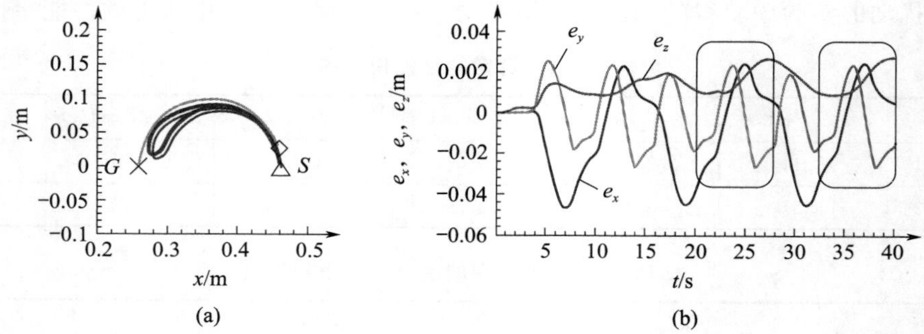

图 10－9 （a）机械手末端执行器上 C 点的期望路径和实现路径；（b）实现路径的误差值 e_x、e_y、e_z（见彩插）

图 10－10（a）给出了 RM 各个环节驱动单元的控制信号值 u_{PD1}、u_{PD2} 和 u_{PD3}，图 10－10（b）给出了末端执行器上 C 点的期望速度的绝对值（$|v_{Cd}|$）和执行速度的绝对值（$|v_C|$）。对曲线中能说明参数扰动对所获数值影响的区段用圆角矩形做了标记。在参数扰动发生的 t_{d1} 和 t_{d2} 期间，可以注意到，与机械手无负载情况下得到的曲线相比，各个信号的值有变化。最明显的是控制信号 u_{PD3} 值的变化。

图 10－11 给出了 RM 的连杆 1、2 和 3 的期望转角实现误差值（e_1，e_2，e_3）和期望角速度实现误差值（$\dot{e}_1$，$\dot{e}_2$，$\dot{e}_3$）。通过分析轨迹实现的误差值，可以发现在 t_{d1} 和 t_{d2} 期间，与没有扰动的实验过程相比，误差值有所增加。

表 10－7 和表 10－8 中给出了在有参数扰动的实验中，采用 PD 控制器生成的控制所实现的 RM 跟踪运动的各个性能指标的值。

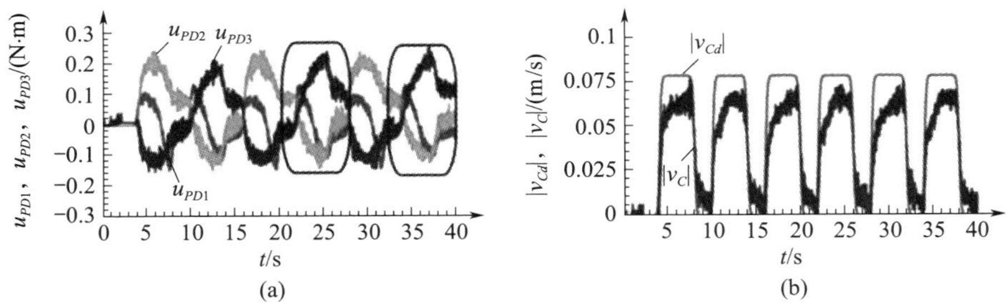

图 10-10　(a) 控制信号的值 u_{PD1}、u_{PD2} 和 u_{PD3}；(b) 终端执行器上 C 点期望速度的绝对值（$|v_{Cd}|$）和实现速度的绝对值（$|v_C|$）（见彩插）

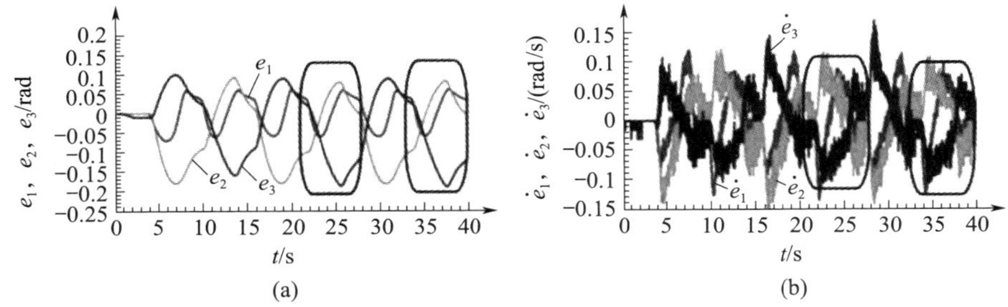

图 10-11　(a) 期望转角的实现误差值 e_1、e_2 和 e_3；(b) 期望角速度的实现误差值 $\dot{e}_1$、$\dot{e}_2$ 和 $\dot{e}_3$（见彩插）

表 10-7　选定的性能指标的值

指标	$e_{\max j}$/rad	ε_j/rad	$\dot{e}_{\max j}$/(rad/s)	$\dot{\varepsilon}_j$/(rad/s)	$s_{\max j}$/(rad/s)	σ_j/(rad/s)
连杆 1, $j=1$	0.072	0.042	0.135	0.048	0.148	0.064
连杆 2, $j=2$	0.183	0.098	0.148	0.053	0.248	0.111
连杆 3, $j=3$	0.191	0.094	0.169	0.049	0.255	0.107

表 10-8　路径实现的选定性能指标的值

指标	$d_{\max}$/m	d_n/m	ρ_d/m
数值	0.048 9	0.031 9	0.031 8

所得到的性能指标的值与第 7.1.2.5 节的数值测试中得到的数值略有不同。

10.2.3　结论

计算出来的采用 PD 控制器实现跟踪运动的性能指标的值与数值测试中得到的值相似。控制的质量很差，表现为选定的性能指标的值很大。在运动的初始加速阶段，期望转角的实现误差很大。在参数扰动期间，可以注意到期望轨迹实现误差值的增大。误差增大发生在被控对象携带附加质量的整个运动阶段。

10.3 自适应控制分析

本节对 WMR 上 A 点的自适应跟踪控制算法进行验证测试，该算法的综合在第 7.2.1 节中已做介绍。实验是在第 10.1.1 节所述的实验室台上进行的。要实现的 8 字形路径下的期望轨迹在第 2.1.1.2 节中有介绍。从多次测试的结果中选择了一次实验，其实现的为 8 字形路径下的期望轨迹，其参数扰动是给 WMR Pioneer 2 - DX 施加额外的质量。

在自适应跟踪控制系统的所有实验测试中，采用的参数值都与第 7.2.2 节提供的数值测试中的参数值相同。

采用第 7.1.2 节中给出的性能指标来评估跟踪运动实现的质量。

下面给出验证测试的部分结果，实验中存在参数扰动，实现 8 字形路径下的轨迹。

10.3.1 WMR 运动控制分析

对 WMR Pioneer 2 - DX 上 A 点的自适应跟踪控制算法进行实验测试，实验中要实现的是 8 字形路径下的期望轨迹，并引入了两次参数扰动，即 WMR 的参数发生变化，对应于在 $t_{d1}=12.5$ s 时刻给机器人框架加载了 $m_{RL}=4.0$ kg 的质量，在 $t_{d2}=33$ s 时刻又将额外的质量移除。扰动发生的时间为估计值，这是由实验条件所致，因为人为因素会影响给机器人框架加载额外质量的时间。实验中的标记符号与之前的实验相同。

图 10 - 12（a）中给出了自适应控制系统的总控制信号 u_1 和 u_2 的值。总控制信号包括补偿 WMR 非线性的信号（$\hat{f}_1$ 和 $\hat{f}_2$）和 PD 控制器产生的控制信号（u_{PD1} 和 u_{PD2}），分别由图 10 - 12（b）和图 10 - 12（c）给出。对于 PD 控制器的控制信号，给出的是它们的负值（$-u_{PD1}$ 和 $-u_{PD2}$），以便与其他算法中 PD 控制器的控制信号曲线进行比较，从而更恰当地评估它们对自适应控制系统的总控制信号的影响。WMR 的参数估计值由图 10 - 12（d）给出。参数估计的初始值选取为零。自适应系统的参数 $\hat{a}_5$ 和 $\hat{a}_6$ 取最大值，这些估计参数模拟的是 WMR 的运动阻力。在出现扰动期间，参数值发生改变，以补偿被控对象动态特性的变化。

在 WMR Pioneer 2 - DX 运动第一阶段的初期，由于对非线性的补偿不充分，PD 控制器产生的控制信号对总控制信号的影响很大，这是因为自适应算法的参数选取了零初始值。随着参数自适应调整过程的进行，产生的补偿非线性的信号在总控制信号中增加，而 PD 控制器的控制信号则相应地减小。在参数扰动发生期间，自适应算法的控制信号值对被控对象的动态特性变化进行了补偿。

在运动第二阶段的第一时段，即加速期，自适应算法的控制信号确保了对被控对象非线性的良好补偿。PD 控制器的控制信号 u_{PD1} 和 u_{PD2} 的值接近于零。在 t_{d1} 和 t_{d2} 时刻，参数扰动所造成的被控对象动态特性的变化被自适应算法所补偿。这种补偿改变了引入扰动后生成的控制信号 $\hat{f}_1$ 和 $\hat{f}_2$ 的值。在扰动产生的 t_{d1} 期间，可以注意到与 WMR 动态变化补偿相关的控制信号值有所增加。在第二次扰动产生的 t_{d2} 期间，控制信号的值明显减

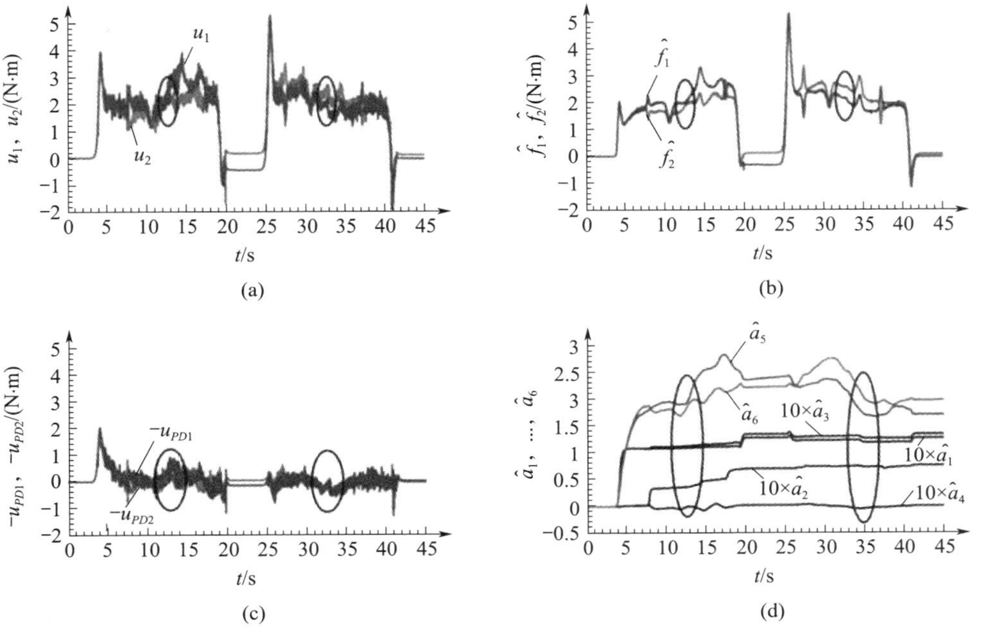

图 10－12　(a) 轮 1 和轮 2 的总控制信号 u_1 和 u_2；(b) 补偿 WMR 非线性的信号 $\hat{f}_1$ 和 $\hat{f}_2$；(c) 控制信号 $-u_{PD1}$ 和 $-u_{PD2}$；(d) 参数估计值 $\hat{a}_1$，…，$\hat{a}_6$（见彩插）

少，这是由于去除了 WMR 携带的额外质量所致。

图 10－13 给出了 WMR 驱动轮 1 和轮 2 的期望转角的实现误差值（e_1，e_2）和期望角速度的实现误差值（$\dot{e}_1$，$\dot{e}_2$）。轨迹实现的最大误差值出现在运动第一阶段的初期，即加速期，这是因为自适应系统的参数选取了零初始值。在这个运动时期，总控制信号是由 PD 控制器产生的，针对 WMR 非线性的自适应调整还没有发生，因此这时的跟踪误差是最大的。在系统参数自适应调整以产生补偿 WMR 非线性的控制信号的过程中，轨迹实现的误差值减少。在运动第二阶段的初期，即加速期，与运动第一阶段的加速期相比，轨迹实现的误差值较小，这是因为在自适应调整过程中，负责补偿 WMR 非线性算法的参数值经过了选择。通过分析轨迹实现的误差曲线，会注意到在 t_{d1} 和 t_{d2} 时刻之后，由于参数扰动的发生，误差值有所增加。参数扰动对跟踪运动实现过程的影响是通过自适应系统来补偿的，其生成了补偿 WMR 动态特性变化的控制信号。

实验测试期间获得的信号值曲线受到了干扰。这是由许多因素造成的，其中包括光学编码器的运行或实验室通道结构的不规则带来的非参数性干扰。在实验测试期间，对该过程中离散时刻的所有数据序列进行了记录，离散步长 $h=0.01$ s。对于 WMR 驱动轮旋转实现的角速度误差值，图 10－13 给出了所记录数据序列的特征“测量噪声”。在测量系统中没有对 $\dot{\alpha}_1$、$\dot{\alpha}_2$ 的值使用平滑滤波器，因为它们在处理信号时会引入时延，从而带来期望轨迹实现的额外误差。自适应算法的控制信号明显比 PD 控制器的控制信号更“平滑”，因为 PD 控制器的信号是根据期望运动参数实现的误差序列产生的。

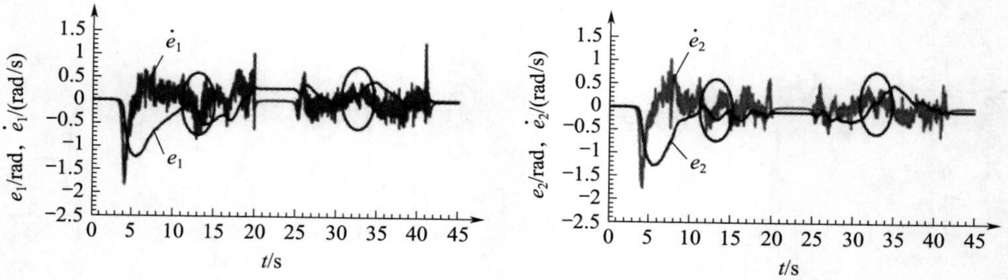

图 10－13　(a) 期望运动参数的误差值 e_1 和 $\dot{e}_1$ ；(b) 期望运动参数的误差值 e_2 和 $\dot{e}_2$

图 10－14 给出了 WMR 上 A 点期望的和实现的路径，标记符号与前面的实验相同。图中左侧选定区域的放大图在右侧给出。

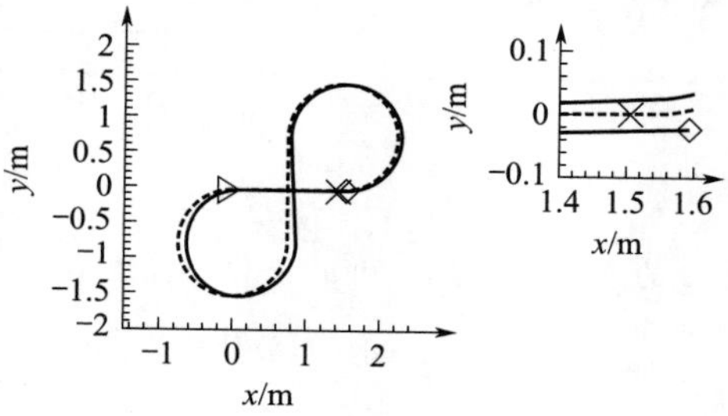

图 10－14　WMR 上 A 点期望的轨迹和实现的轨迹

表 10－9 和表 10－10 中给出了使用自适应控制系统实现跟踪运动的各个性能指标的值。

表 10－9　选定的性能指标的值

指标	$e_{\max j}$/rad	ε_j/rad	$\dot{e}_{\max j}$/(rad/s)	$\dot{\varepsilon}_j$/(rad/s)	$s_{\max j}$/(rad/s)	σ_j/(rad/s)
轮 1, $j=1$	1.22	0.38	1.81	0.26	2.06	0.32
轮 2, $j=2$	1.26	0.36	1.75	0.25	2.07	0.31

表 10－10　路径实现的选定性能指标的值

指标	$d_{\max}$/m	d_n/m	ρ_d/m
数值	0.166	0.097	0.087

与仅由 PD 控制器构建的控制系统的轨迹实现相比，所获得的性能指标的值都较低。

表 10－11 中给出了沿 8 字形路径运动的第Ⅰ和第Ⅱ阶段的选定性能指标的值，它们是根据第 7.1.2.3 节的数字仿真中描述的方法计算的。

在运动实现的第Ⅱ阶段，性能指标的值都低于第Ⅰ阶段获得的值。这是由于应用了存储于自适应系统参数中与被控对象相关的信息，从而在运动第Ⅱ阶段的开始时刻就产生了一个控制信号。该算法补偿了被控对象的非线性，产生了一个控制信号，以确保在运动的第Ⅱ阶段有良好的跟踪运动实现质量，而 PD 控制器的控制信号值则接近于零。

表 10－11 在运动阶段Ⅰ和Ⅱ的选定性能指标的值

指标	$e_{\max j}$/rad	ε_j/rad	$\dot{e}_{\max j}$/(rad/s)	$\dot{\varepsilon}_j$/(rad/s)	$s_{\max j}$/(rad/s)	σ_j/(rad/s)
阶段Ⅰ，$k=1,\cdots,2\ 250$						
轮 1，$j=1$	1.22	0.49	1.81	0.32	2.06	0.41
轮 2，$j=2$	1.26	0.46	1.75	0.32	2.07	0.39
阶段Ⅱ，$k=2\ 251,\cdots,4\ 500$						
轮 1，$j=1$	0.43	0.18	1.27	0.17	1.3	0.18
轮 2，$j=2$	0.5	0.21	0.62	0.15	0.65	0.19

10.3.2 结论

在 WMR 跟踪控制中采用自适应算法可确保更好的控制质量，与 PD 控制器相比，其性能指标的值更低。当运动过程中出现参数扰动时，自适应算法可以补偿因给机器人加载额外质量而引起的被控对象动态特性变化的影响。轨迹实现的最大误差出现在运动的初始阶段。这是因为选取了最坏的情况，即参数估计的初始值为零。参数估计采用非零的初始值，例如从已进行的实验中获取末端时刻的参数值，可以得到更好的控制质量，减少运动初始阶段的轨迹实现误差。通过实现更多样化的轨迹，进行充分的系统仿真，对参数自适应调整过程有积极的影响。

10.4 神经网络控制分析

本节对神经网络控制算法进行验证测试，该算法的综合在第 7.3.1 节中已有介绍。实验是在第 10.1.1 节所述的实验台上进行的。实施的是第 2.1.1.2 节中描述的 8 字形路径下的期望轨迹。从所进行的实验测试的结果中，选取采用 8 字形路径下的期望轨迹产生的数据序列，实验过程中有参数扰动，即给 WMR Pioneer 2－DX 加载了额外的质量。

在对神经网络跟踪控制系统的所有实验测试中，都采用了与第 7.1.2 节所述的数值测试中相同的参数值。

为评估跟踪运动实现的质量，采用了第 7.1.2 节给出的性能指标。

以下是在有参数扰动的情况下，采用 8 字形路径下的期望轨迹，对神经网络控制进行验证测试的选定结果。

10.4.1 WMR 运动控制分析

对 WMR Pioneer 2－DX 上 A 点的神经网络跟踪控制算法进行了实验测试，要实现的是 8 字形路径下的期望轨迹。实验中有两次参数扰动，第一次是在 $t_{d1}=12$ s 时刻，给 WMR 框架加载 $m_{RL}=4.0$ kg 质量引起的参数变化，第二次是在 $t_{d2}=33$ s 时刻将额外质量移除。采用的标记符号与之前的数值测试相同。

图 10－15（a）给出了神经网络控制系统的总控制信号值。它们包括 NN 生成的补偿控制信号［见图 10－15（b）］和 PD 控制器的控制信号［见图 10－15（c）］。图 10－15（d）给出了 WMR 驱动轮转动的期望角速度值（$\dot{\alpha}_{d1}$，$\dot{\alpha}_{d2}$）和实现角速度值（$\dot{\alpha}_1$，$\dot{\alpha}_2$）。

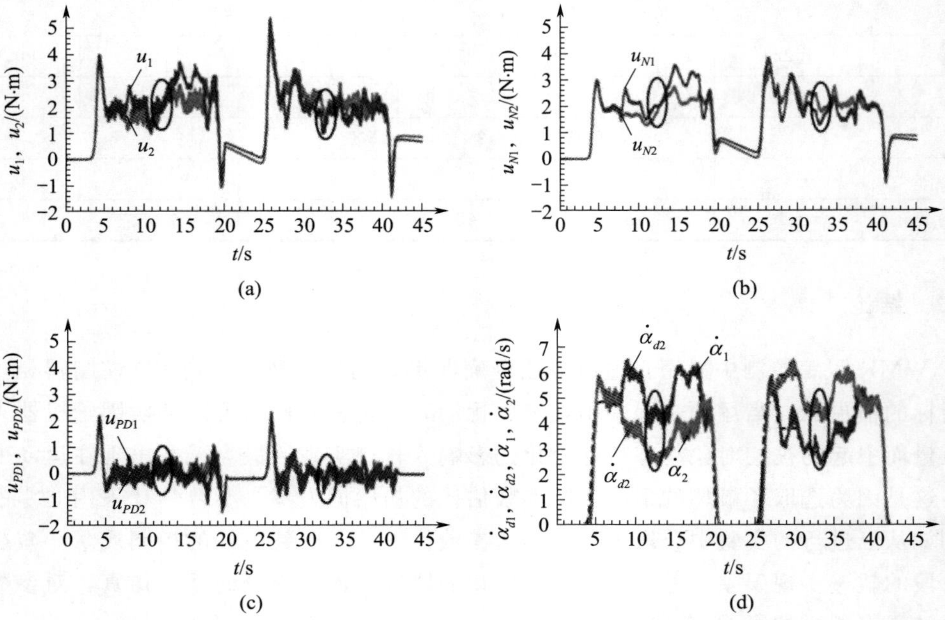

图 10－15 （a）轮 1 和轮 2 的总控制信号 u_1 和 u_2；（b）神经网络控制信号 u_{N1} 和 u_{N2}；（c）PD 控制器的控制信号 u_{PD1} 和 u_{PD2}；（d）WMR 驱动轮转动的期望角速度值（$\dot{\alpha}_{d1}$，$\dot{\alpha}_{d2}$）和实现角速度值（$\dot{\alpha}_1$，$\dot{\alpha}_2$）（见彩插）

在运动第一阶段的初期，由于 NN 对 WMR Pioneer 2－DX 非线性补偿的不充分，使得 PD 控制器产生的控制信号在生成的总控制信号中占很大比例。随着 NN 输出层权值自适应调整过程的进行，控制信号 u_{N1} 和 u_{N2} 在生成的总控制信号中的占比增大，而 PD 控制器信号的占比相应减小。在参数扰动期间，NN 控制信号的值随着被控对象动态特性的变化而调整。在运动第二阶段的第一区段，即加速段，PD 控制器的控制信号值较大，这可能表明存储在 NN 权值中的信息没能对被控对象的非线性进行充分补偿，因为被控对象的动态特性被所携带的额外质量改变了。相反，在第二运动阶段的减速段，控制信号的值明显低于第一运动阶段的减速段的值。

图 10－16 给出了 WMR Pioneer 2－DX 轨迹实现的跟踪误差。

轨迹实现的误差值在运动第一阶段和第二阶段的加速期达到最大。在 t_{d1} 和 t_{d2} 期间，参数扰动的发生导致轨迹实现的误差值暂时增加，而后通过 NN 权值的自适应调整，使控制信号根据被控对象变化的工作条件做出调整，从而使轨迹实现误差最小化。运动第一阶段的减速段和运动第二阶段的减速段之间的误差值差异很明显。在前者的情况下，误差值更大。

图 10－17 给出了 NN 输出层的权值。在 NN 的初始化过程中，输出层的零初始权值被加以调整。NN 输出层的权值保持有界，并稳定在特定值附近。在参数扰动期间，NN

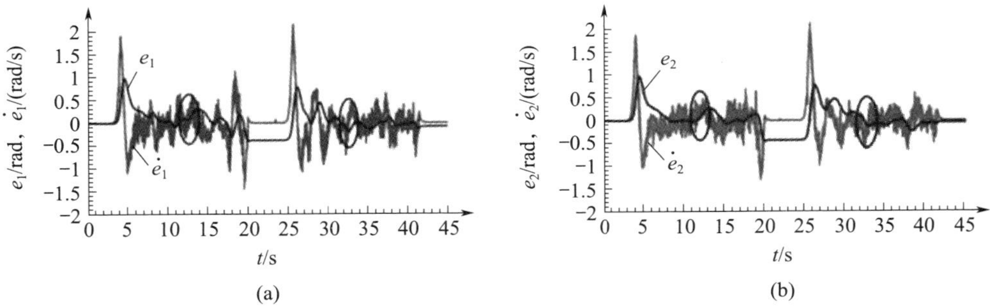

图 10-16　(a) 期望运动参数的误差值 e_1 和 $\dot{e}_1$；(b) 期望运动参数的误差值 e_2 和 $\dot{e}_2$

输出层的权值发生了变化。这些变化是自适应调整过程的结果，其实质是为了补偿被控对象的动态特性变化。

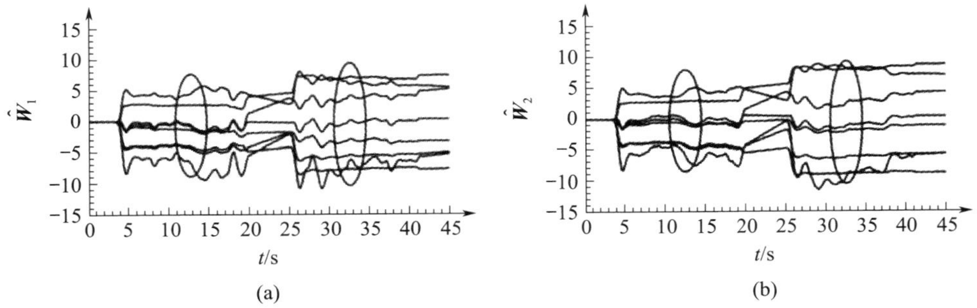

图 10-17　(a) NN1 的输出层权值 $\hat{\boldsymbol{W}}_1$；(b) NN2 的输出层权值 $\hat{\boldsymbol{W}}_2$

图 10-18 的左侧给出了 WMR 上 A 点的期望路径（虚线）和实现路径（实线）。与此前的实验一样，采用了相同的标记。图中的左侧选定区域的放大图在右侧给出。

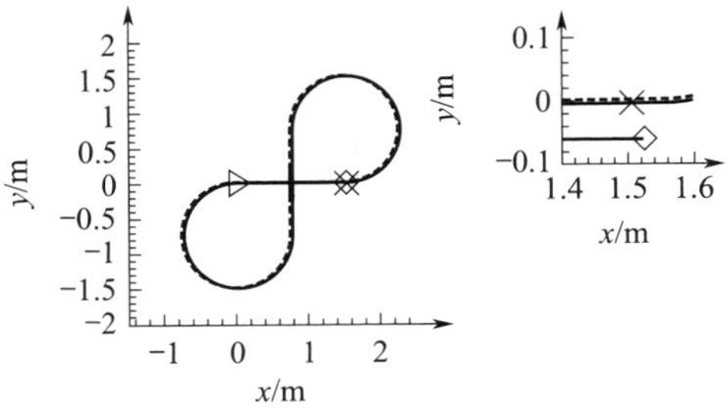

图 10-18　WMR 上 A 点的期望和实现路径

表 10-12 和表 10-13 列出了采用神经网络控制系统实现跟踪运动的各个性能指标的值。

与仅采用 PD 控制器构建的跟踪控制系统实现轨迹时所获得的值相比，这里选定的性能指标的值更低。而这些性能指标的值与自适应控制系统验证过程中所获得的性能指标的值相当。

表 10-12 选定的性能指标的值

指标	$e_{\max j}$/rad	ε_j/rad	$\dot{e}_{\max j}$ /(rad/s)	$\dot{\varepsilon}_j$ /(rad/s)	$s_{\max j}$ /(rad/s)	σ_j/(rad/s)
轮 1，$j=1$	1.0	0.25	2.19	0.38	2.33	0.41
轮 2，$j=2$	0.97	0.27	2.14	0.34	2.26	0.37

表 10-13 路径实现的选定的性能指标的值

指标	$d_{\max}$/m	d_n/m	ρ_d /m
数值	0.085	0.062	0.039

表 10-14 列出了沿 8 字形路径运动的第Ⅰ和第Ⅱ阶段的选定性能指标的值，这些指标是按照第 7.1.2.3 节所述的方法计算的。

在运动第Ⅱ阶段中得到的选定性能指标的值略低于运动第Ⅰ阶段中的计算值。

表 10-14 运动阶段Ⅰ和Ⅱ的选定性能指标的值

指标	$e_{\max j}$/rad	ε_j/rad	$\dot{e}_{\max j}$ /(rad/s)	$\dot{\varepsilon}_j$ /(rad/s)	$s_{\max j}$ /(rad/s)	σ_j/(rad/s)
阶段Ⅰ，$k=1,\cdots,2\ 250$						
轮 1，$j=1$	1.0	0.28	1.94	0.39	2.2	0.42
轮 2，$j=2$	0.97	0.27	1.89	0.35	2.15	0.38
阶段Ⅱ，$k=2\ 251,\cdots,4\ 500$						
轮 1，$j=1$	0.79	0.2	2.19	0.38	2.33	0.39
轮 2，$j=2$	0.78	0.23	2.14	0.34	2.26	0.35

10.4.2 结论

所设计的 WMR Pioneer 2-DX 上 A 点的神经网络跟踪控制系统，通过应用 RVFL NN 来补偿被控对象的非线性，保证了跟踪运动实现的高精度。在 NN 输出层权值自适应调整的过程中，参数扰动对 WMR 上 A 点运动的影响得到了补偿。NN 输出层的权值保持有界并稳定在特定数值附近。

10.5 HDP 控制分析

对采用 HDP 结构的跟踪控制系统进行了实验测试，其综合见第 7.4.1 节。测试是在第 10.1.1 节所述的实验台上进行的。和第 2.1.1.2 节一样，采用了 8 字形路径下的期望轨迹。在所进行的测试中选择了两次实验的结果。第一次采用了 8 字形路径下的期望轨迹，其参数扰动的形式是给 WMR Pioneer 2-DX 加载额外的质量，而动作器和评价器 NN 的输出层初始权值为零，第二次的区别只是评价器 NN 的输出层初始权值不为零。

在带有 HDP 结构的跟踪控制系统的所有实验测试中，都采用了与第 7.4.2 节所述的数值测试相同的参数值。为了评估生成的控制和跟踪运动实现的质量，采用了第 7.4.2 节中给出的性能指标。

在对离散时域算法的验证测试进行描述时，通过省略过程中第 k 步的索引号，来简化变量符号。为了便于对结果进行分析，并能与以前给出的 WMR Pioneer 2 - DX 上 A 点的跟踪控制系统的连续序列曲线进行比较，离散序列曲线的横轴用时间 t 进行标记。

10.5.1　WMR 运动控制分析

本节给出了 WMR Pioneer 2 - DX 运动实验测试的选定结果，采用的是 8 字形路径下的期望轨迹，并具有参数扰动。一次实验是在动作器和评价器 NN 的输出层初始权值为零的情况下进行的（如第 10.5.1.1 节所示），而另一次实验是在评价器 NN 的输出层初始权值不为零的情况下进行的（如第 10.5.1.2 节所示）。可以注意到，评价器 NN 的输出层采用非零初始权值对 WMR 跟踪运动实现的质量有很大影响。

10.5.1.1　*评价器 NN 输出层初始权值为零时的 HDP 控制分析*

对 WMR 上 A 点的跟踪控制系统进行了验证测试，采用 HDP 型 NDP 结构，动作器和评价器 NN 的输出层初始权值为零。控制系统的任务是生成控制信号，实现 WMR 上 A 点的 8 字形路径下的期望轨迹，期间有两次参数扰动，即在 $t_{d1}=12$ s 时刻给 WMR Pioneer 2 - DX 的框架加载 $m_{RL}=4.0$ kg 的质量，然后在 $t_{d2}=32$ s 时刻将额外质量移除。

图 10 - 19 给出了控制系统所包含的各个结构的信号值。轮 1 和轮 2 的总控制信号 u_1 和 u_2 如图 10 - 19（a）所示。根据式（7 - 66），总控制信号包括由 HDP 结构产生的控制信号 u_{A1}、u_{A2}［见图 10 - 19（b）］，PD 控制器的控制信号 u_{PD1}、u_{PD2}［见图 10 - 19（c）］，监督控制信号 u_{S1}、u_{S2}，以及附加控制信号 u_{E1}、u_{E2}［见图 10 - 19（d）］。

在运动第一阶段的初期，即加速期，由 PD 控制器产生的信号 $\boldsymbol{u}_{PD}$ 和信号 $\boldsymbol{u}_E$ 在总控制信号 $\boldsymbol{u}$ 中起了很大的作用。由于为 NDP 结构设定了最坏的情况，即 NN 输出层的初始权值都为零，故动作器 NN 的控制信号经过一段时间后才开始在总控制信号中发挥主导作用。在运动的第二阶段，在 NDP 结构的 NN 输出层权值中已经存储了被控对象动态特性的一定信息，这时动作器 NN 的控制信号在 WMR 上 A 点跟踪运动的总控制信号中起主导作用。在 t_{d1} 期间发生的第一次参数扰动使得由评价器自适应结构产生的控制信号值增加，对被控对象的动态特性变化进行了补偿。同样，在 t_{d2} 期间，第二次扰动的发生使得 HDP 结构的控制信号值降低了。控制信号 $\boldsymbol{u}_E$ 的值主要取决于 $\boldsymbol{z}_{d3}$ 。跟踪误差值的变化对这些信号序列的影响很小。监督控制信号 $\boldsymbol{u}_S$ 的值仍然等于零，因为广义的跟踪误差 $\boldsymbol{s}$ 没有超过设定的可接受水平。

图 10 - 20 给出了 WMR 驱动轮 1 和轮 2 的期望角速度和实现角速度的值。WMR 驱动轮转动的期望角速度和实现角速度之间的最大误差发生在运动第一阶段的初期。这是因为在自适应调整阶段初期，由于 NN 的输出层选取了零初始值权值，神经网络评价器系统对 WMR 非线性的补偿不充分。在参数扰动发生的 t_{d1} 和 t_{d2} 期间，可以注意到驱动轮期望角速度的误差值暂时增加。不过，借助 HDP 结构 NN 输出层权值的自适应调整过程，这些误差又逐渐被最小化。

图 10 - 21（a）和（b）给出了 WMR 的轮 1 和轮 2 的期望轨迹实现误差值。图 10 - 21

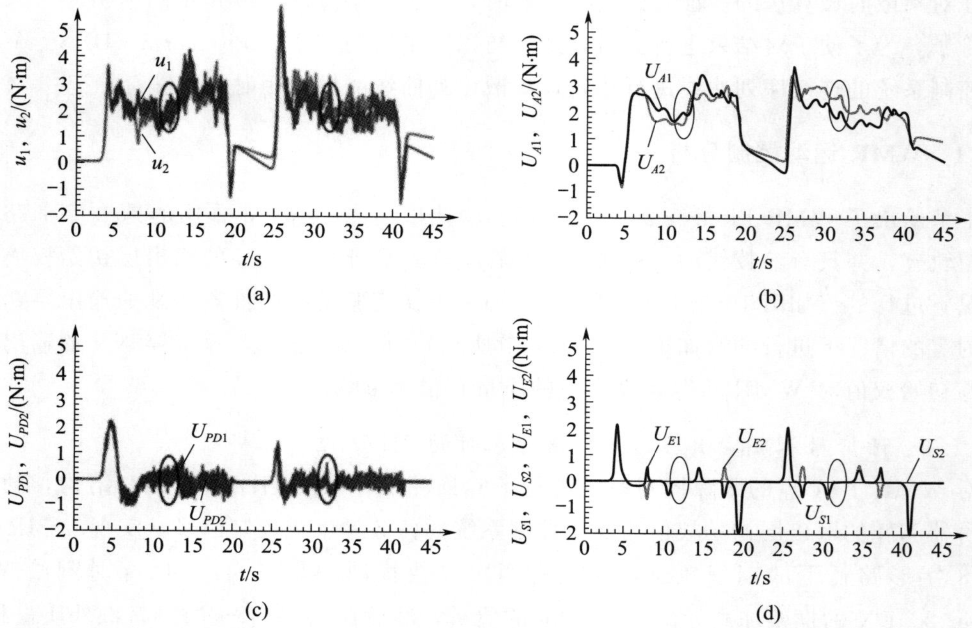

图 10-19　(a) 轮 1 和轮 2 的总控制信号 u_1 和 u_2；(b) 动作器 NN 的控制信号 U_{A1} 和 U_{A2}，$\boldsymbol{U}_A=-\frac{1}{h}\boldsymbol{M}\boldsymbol{u}_A$；(c) PD 控制信号 U_{PD1} 和 U_{PD2}，$\boldsymbol{U}_{PD}=-\frac{1}{h}\boldsymbol{M}\boldsymbol{u}_{PD}$；(d) 监督项控制信号 U_{S1} 和 U_{S2}，$\boldsymbol{U}_S=-\frac{1}{h}\boldsymbol{M}\boldsymbol{u}_S$，以及附加控制信号 U_{E1} 和 U_{E2}，$\boldsymbol{U}_E=-\frac{1}{h}\boldsymbol{M}\boldsymbol{u}_E$

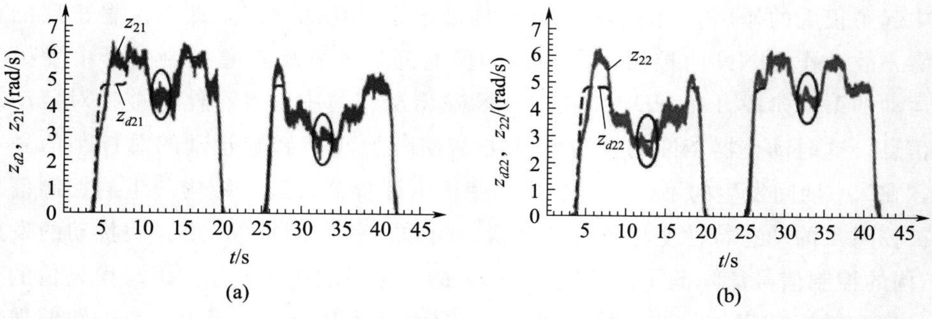

图 10-20　(a) WMR 驱动轮 1 的期望角速度值（z_{d21}）和实现角速度值（z_{21}）；(b) WMR 驱动轮 2 的期望角速度值（z_{d22}）和执行角速度值（z_{22}）

(c) 给出了滤波跟踪误差 s_1 的数值序列曲线，图 10-21 (d) 为轮 1 的滑动流形。轨迹实现的最大误差值出现在运动的初期。随着 HDP 结构 NN 输出层权值的自适应调整，它们被最小化。在参数扰动发生期间，跟踪误差的绝对值有所增加，不过，借助 NN 输出层权值的自适应调整过程，NDP 结构的控制信号补偿了被控对象动态特性变化的影响。在第二阶段运动的初期，沿着向右曲线轨迹的实现误差比第一阶段运动开始时的误差要小，这是因为在动作器和评价器 NN 输出层的权值结构中已经包含了关于被控对象动态特性的信息。

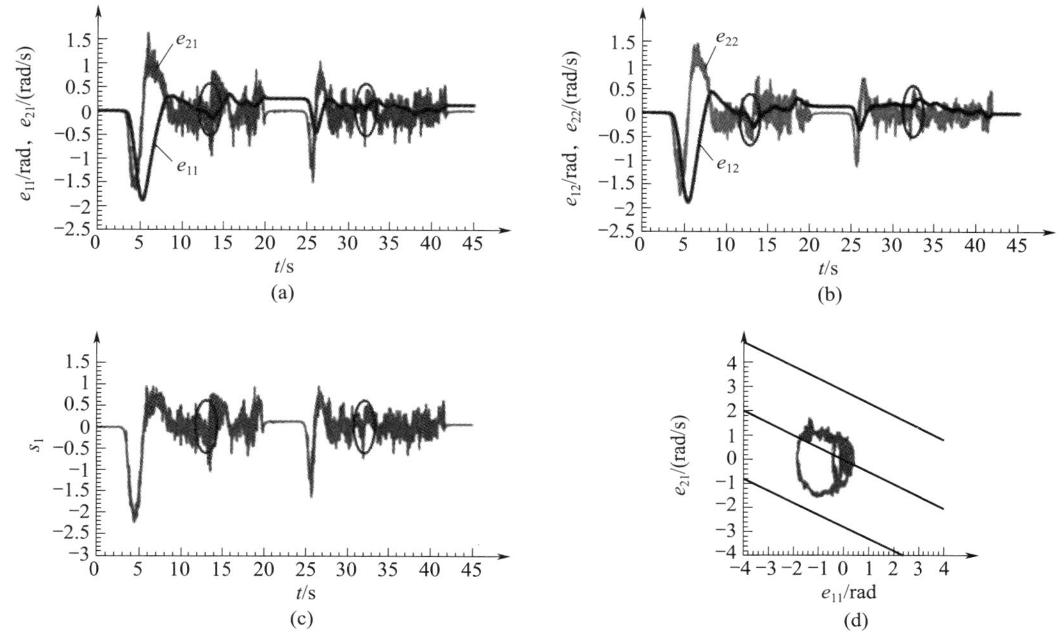

图 10－21　(a) 轨迹实现误差的值 e_{11} 和 e_{21}；(b) 轨迹实现误差的值 e_{12} 和 e_{22}；(c) 滤波跟踪误差的值 s_1；(d) 轮 1 的滑动流形

图 10－22 给出了第一个 HDP 结构的动作器和评价器的 NN 输出层权值。用于生成轮 2 控制信号的第二个 HDP 结构的 NN 输出层权值与此类似。NN 输出层的初始权值选取为零。这些输出层的权值稳定在特定数值附近，并保持有界。在参数扰动发生的过程中，动作器 NN 输出层权值的变化很明显，这是由于对补偿 WMR 非线性的生成信号进行了调整，以适应被控对象的参数变化。在动作器结构中采用了 RVFL NN。而在评价器结构中则采用了具有高斯曲线型激活函数的 NN。

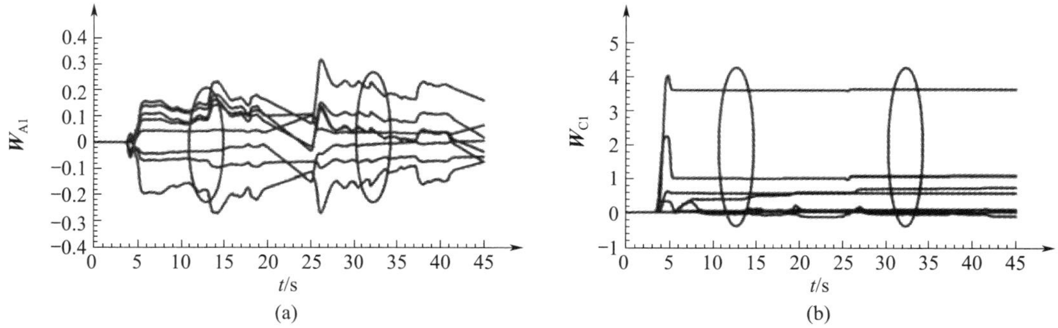

图 10－22　(a) 动作器 1 的 NN 输出层权值 $\boldsymbol{W}_{A1}$；(b) 评价器 1 的 NN 输出层权值 $\boldsymbol{W}_{C1}$

图 10－23 给出了 WMR 上 A 点的期望路径（虚线）和实现路径（实线）。采用的标记与之前的实验相同。图中左侧所选区域的放大图在右侧给出。

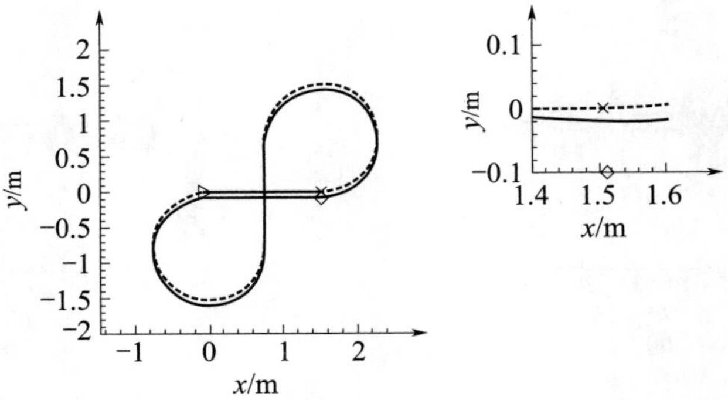

图 10－23　WMR 上 A 点的期望路径和实现路径

表 10－15 和表 10－16 列出了当控制系统使用 HDP 型自适应评价器结构时，实现跟踪运动的各个性能指标的值。

表 10－15　选定的性能指标的值

指标	$e_{\max 1j}$ /rad	ε_{1j} /rad	$e_{\max 2j}$ /(rad/s)	ε_{2j} /(rad/s)	$s_{\max j}$ /(rad/s)	σ_j /(rad/s)
轮 1，$j=1$	1.88	0.38	1.67	0.39	2.22	0.43
轮 2，$j=2$	1.88	0.37	1.75	0.37	2.26	0.42

表 10－16　路径实现的选定性能指标的值

指标	$d_{\max}$ /m	d_n /m	ρ_d /m
数值	0.159	0.096	0.085

与仅由 PD 控制器构建的跟踪控制系统所实现的轨迹相比，该方法得到的选定性能指标的值较低。不过，这些性能指标的值比自适应和神经网络控制系统的验证实验中所得到的值要大。

表 10－17 列出了沿 8 字形路径实现运动的第Ⅰ和第Ⅱ阶段中选定的性能指标的值，这些指标是按照第 7.1.2.2 节数值测试中所描述的方法计算的。

表 10－17　运动阶段Ⅰ和Ⅱ的选定性能指标的值

指标	$e_{\max 1j}$ /rad	ε_{1j} /rad	$e_{\max 2j}$ /(rad/s)	ε_{2j} /(rad/s)	$s_{\max j}$ /(rad/s)	σ_j /(rad/s)
阶段Ⅰ，$k=1,\cdots,2\ 250$						
轮 1，$j=1$	1.88	0.51	1.67	0.47	2.22	0.54
轮 2，$j=2$	1.88	0.5	1.75	0.48	2.26	0.55
阶段Ⅱ，$k=2\ 251,\cdots,4\ 500$						
轮 1，$j=1$	0.45	0.14	1.5	0.27	1.64	0.28
轮 2，$j=2$	0.34	0.14	1.12	0.2	1.24	0.22

在第Ⅱ阶段的运动实现中所得到的性能指标值低于第Ⅰ阶段所得到的值。对于性能指标 ε_{1j}，差异尤其明显。这是因为在实验的第Ⅱ运动阶段的初期，采用了非零的 NN 输出

层权值。在 HDP 结构的 NN 输出层权值中包含了被控对象的动态特性信息，使得在第Ⅱ运动阶段的开始就能产生补偿 WMR 非线性的信号，从而提高了跟踪运动控制的质量。

10.5.1.2　评价器 NN 输出层的初始权值不为零时的 HDP 控制分析

本节依旧对控制 WMR 上 A 点实现跟踪运动的算法进行了实验测试，也使用了 HDP 型 NDP 结构，只是评价器 NN 的输出层选取了非零的初始权值（$\boldsymbol{W}_{Cj\{k=0\}}=\mathbf{1}$）。动作器 NN 的输出层初始权值仍选取为零。控制系统的任务是产生控制信号，实现 WMR 上 A 点的 8 字形路径下的期望轨迹。期间存在两次参数扰动，即在 $t_{d1}=12$ s 时刻给机器人（Pioneer 2 - DX）框架加载 $m_{RL}=4.0$ kg 的质量，然后在 $t_{d2}=32$ s 时刻移除额外质量。

图 10 - 24 给出了控制跟踪运动的总信号和 WMR Pioneer 2 - DX 运动实现系统中各个结构的控制信号的值，使用了 HDP 型 NDP 结构，标记符号与之前的实验测试相同。

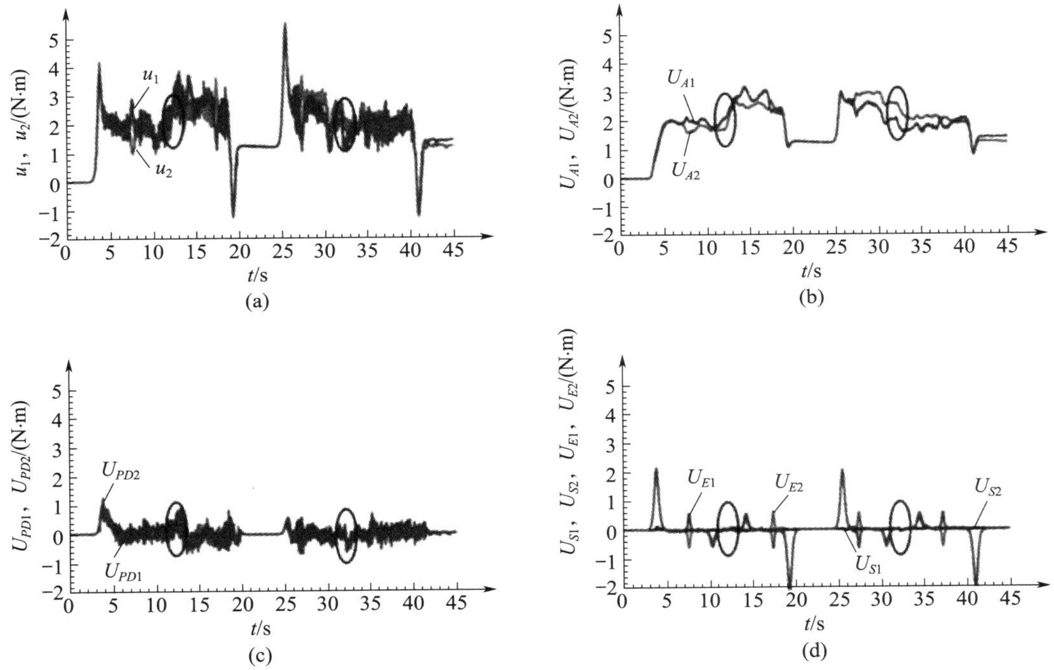

图 10 - 24　(a) 轮 1 和轮 2 的总控制信号 u_1 和 u_2；(b) 动作器 NN 的控制信号 U_{A1} 和 U_{A2}，$\boldsymbol{U}_A=-\frac{1}{h}\boldsymbol{M}\boldsymbol{u}_A$；(c) PD 控制信号 U_{PD1} 和 U_{PD2}，$\boldsymbol{U}_{PD}=-\frac{1}{h}\boldsymbol{M}\boldsymbol{u}_{PD}$；(d) 监督项控制信号 U_{S1} 和 U_{S2}，$\boldsymbol{U}_S=-\frac{1}{h}\boldsymbol{M}\boldsymbol{u}_S$，以及附加控制信号 U_{E1} 和 U_{E2}，$\boldsymbol{U}_E=-\frac{1}{h}\boldsymbol{M}\boldsymbol{u}_E$

采用非零的评价器网络输出层初始权值加快了 HDP 结构的自适应调整过程。PD 控制器在运动第一阶段初期的控制信号值小于在第 10.5.1.1 节实验测试中评价器网络输出层初始权值为零时得到的值。在之后的运动阶段，它们被降低到接近零的值。在扰动发生期间，可以看到 PD 控制器的控制信号有轻微变化。对象动态特性受 WMR 参数变化的影响，可以通过 HDP 结构下动作器 NN 的控制信号值的调整得到补偿。

图 10－25 中给出的 WMR 驱动轮的实现转动角速度值与期望角速度值相近。在扰动发生的 t_{d1} 期间，因为 WMR 加载了额外的质量，导致角速度值下降，这是由于运动阻力的增加，使得生成的控制信号不足以使 WMR 实现按期望的速度运动。随着 HDP 结构产生的非线性补偿信号值的增加，角速度值也在增加，从而进一步实现期望运动参数的轨迹。同样，在第二次参数扰动发生的 t_{d2} 期间，由于移除了 WMR 的额外质量，使得对象的质量减小进而使其运动阻力减小，造成产生的控制信号值与所需的信号相比过大。因此，WMR 上 A 点实现的速度值大于期望值。随着 HDP 结构下 NN 输出层权值的自适应调整，控制信号 u_{A1} 和 u_{A2} 的值降低，使得运动实现的速度下降并达到期望值。

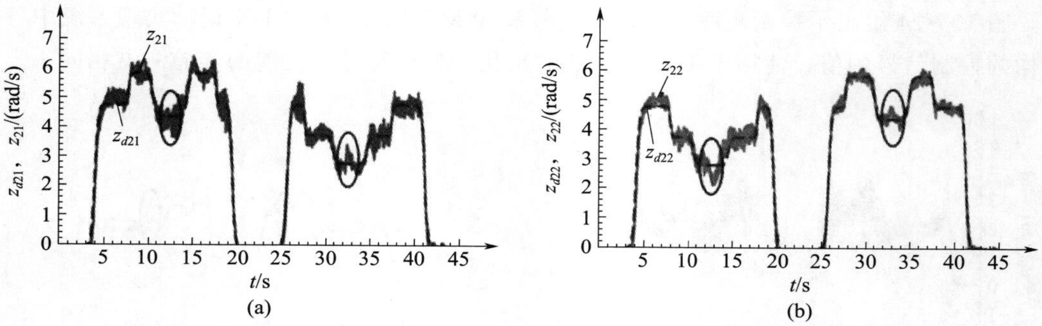

图 10－25 (a) WMR 驱动轮 1 的期望角速度（z_{d21}）和实现角速度（z_{21}）；
(b) WMR 驱动轮 2 的期望角速度（z_{d22}）和实现角速度（z_{22}）

图 10－26 给出了期望轨迹实现的误差值。由于评价器结构下 NN 输出层采用了非零的初始权值，这减少了期望运动参数实现的误差值，尤其是在运动第一阶段的初期，即加速期。参数扰动对跟踪运动实现质量的影响很小。虽然被控对象动态特性的变化会引起的期望运动参数实现误差的绝对值增加，但它们会被 NDP 结构 下 NN 输出层权值的自适应调整所补偿。

图 10－27 给出了第一个 HDP 结构的动作器和评价器的 NN 输出层权值。第二个 HDP 结构（产生控制轮 2 的信号）的 NN 输出层权值也类似。动作器 NN 输出层的初始权值选取为 0，评价器 NN 输出层的初始权值选取为 1。这些 NN 输出层权值都稳定在特定数值附近，并在实验期间保持有界。在参数扰动发生期间，可以看到动作器 NN 输出层的权值有变化，其原因是需要自适应调整生成的 WMR 非线性补偿信号，以适应被控对象的参数变化。动作器结构中采用了 RVFL NN，而评价器结构中采用了具有高斯曲线型激活函数的 NN。

图 10－28 给出了 WMR 上选定点 A 的期望路径（虚线）和实现路径（实线）。使用的标记与之前的实验相同。图中左侧选定区域的放大图在右侧给出。

表 10－18 和表 10－19 给出了当控制系统使用 HDP 型自适应评价器结构时，实现跟踪运动的各个性能指标的值。

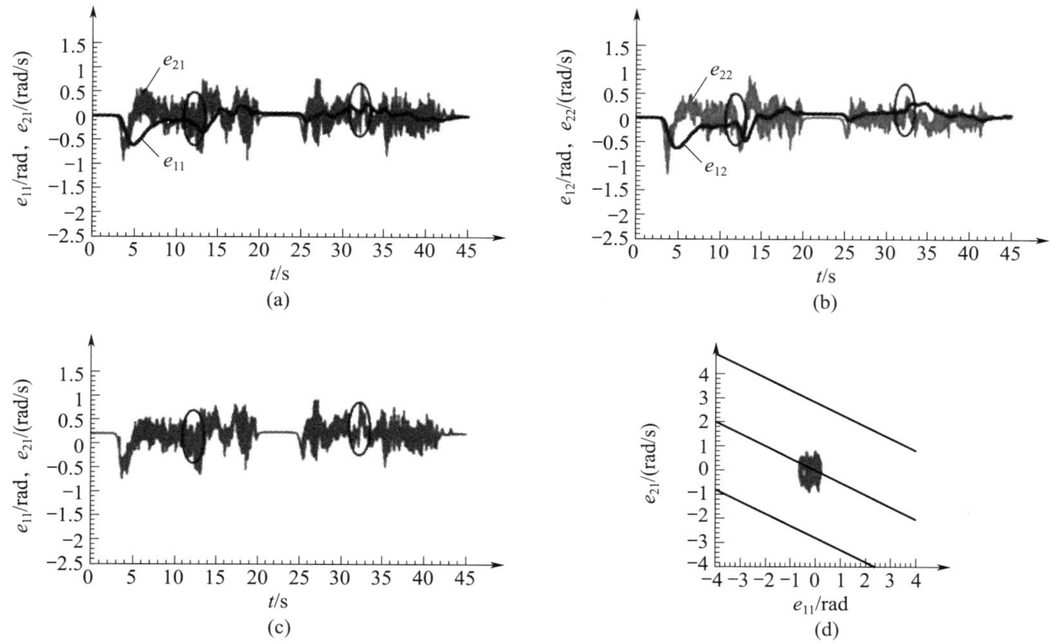

图 10－26　(a) 轨迹实现误差的值 e_{11} 和 e_{21}；(b) 轨迹实现误差的值 e_{12} 和 e_{22}；(c) 滤波跟踪误差的值 s_1；(d) 轮 1 的滑动流形。

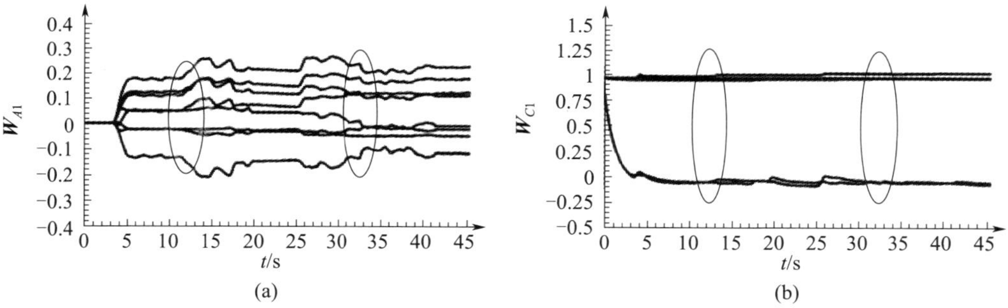

图 10－27　(a) 动作器 1 的 NN 输出层权值 $\boldsymbol{W}_{A1}$；(b) 评价器 1 的 NN 输出层权值 $\boldsymbol{W}_{C1}$

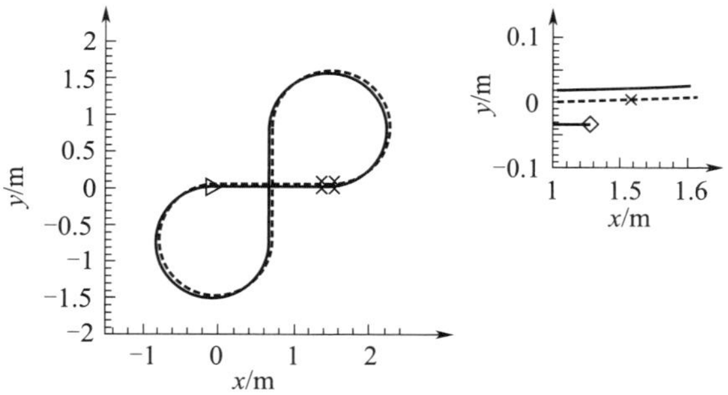

图 10－28　WMR 上 A 点的期望路径和实现路径

表 10－18　选定的性能指标的值

指标	$e_{\max 1j}$ /rad	ε_{1j} /rad	$e_{\max 2j}$ /(rad/s)	ε_{2j} /(rad/s)	$s_{\max j}$ /(rad/s)	σ_j /(rad/s)
轮 1，j =1	0.62	0.16	0.95	0.21	1.06	0.23
轮 2,j=2	0.64	0.2	1.18	0.19	1.33	0.21

表 10－19　路径实现的选定性能指标的值

指标	$d_{\max}$/m	d_n/m	ρ_d /m
数值	0.089	0.063	0.054

与自适应或神经网络算法以及 PD 控制器相比，NN 输出层初始权值非零的 HDP 结构，使得跟踪运动实现的质量有了明显的改善，表现为性能指标值的降低。选定的性能指标的值与第 7.4.2.2 节数值测试中得到的值相近。

表 10－20 列出了沿 8 字形路径实现运动的第Ⅰ和第Ⅱ阶段的选定性能指标的值，这些指标是按照第 7.1.2.2 节数值测试中所述的方法计算的。

表 10－20　运动阶段Ⅰ和Ⅱ的选定性能指标的值

指标	$e_{\max 1j}$ /rad	ε_{1j} /rad	$e_{\max 2j}$ /(rad/s)	ε_{2j} /(rad/s)	$s_{\max j}$ /(rad/s)	σ_j /(rad/s)
阶段Ⅰ，k =1,…,2 250						
轮 1，j =1	0.62	0.21	0.95	0.24	1.06	0.26
轮 2，j =2	0.64	0.24	1.18	0.24	1.34	0.27
阶段Ⅱ，k =2 251,…,4 500						
轮 1，j =1	0.26	0.09	0.84	0.19	0.79	0.19
轮 2，j =2	0.33	0.14	0.48	0.12	0.58	0.14

与数值测试的情形类似，在验证实验中，WMR Pioneer 2－DX 上 A 点的跟踪运动在第Ⅱ阶段轨迹实现的性能指标的值与在第Ⅰ阶段轨迹实现的性能指标的值相比明显更低。

10.5.2　结论

采用 HDP 型 NDP 结构对 WMR Pioneer 2－DX 上 A 点进行了跟踪控制的验证测试，在得到的结果中，各个运动参数的序列曲线与数值测试中得到的序列曲线类似。与评价器网络输出层采用非零初始权值的实验相比，动作器和评价器网络输出层都采用零初始权值会使权重自适应调整的过程变慢，从而降低跟踪运动实现的质量。

10.6　DHP 控制分析

首先对采用 DHP 结构的 WMR Pioneer 2－DX 上 A 点的跟踪控制系统进行实验测试。其综合见第 7.5.1.1 节。实验测试是在第 10.1.1 节所述的实验台上进行的。采用第 2.1.1.2 节中所述的 8 字形路径下的期望轨迹。选取了两次有参数扰动的实验，即给 WMR Pioneer 2－DX 加载额外的质量，后来又将其移除。其次对 RM 末端执行器上 C 点的跟踪控制系统进行实验测试，其综合在第7.5.1.2节中有介绍。实验测试是在第10.1.2节所述的实验台上进行的。采用第2.2.1.2节所述的半圆形路径下的期望轨迹。在进行的多次实验中，选择了一次有参数扰动的实验，扰动的形式是让Scorbot－ER 4c RM的抓手承载质量。

在采用DHP算法的跟踪控制系统的实验测试中，选取与第7.5.2节数值测试相同的参数值。为了评估跟踪运动实现的质量，选取第7.4.2节给出的性能指标。

以下是实验测试的选定结果，其中WMR运动控制算法采用的是8字形路径下的期望轨迹，并带有参数扰动，而RM跟踪控制算法采用的是半圆形路径下的期望轨迹，也带有参数扰动。

10.6.1　WMR运动控制分析

对WMR上A点的跟踪运动控制算法进行验证测试，算法使用DHP型NDP结构，其动作器和评价器的NN输出层初始权值选取为零。控制系统的任务是产生控制信号，实现WMR上A点的8字形路径下的期望轨迹。有两次参数扰动，即在$t_{d1}=12$ s时刻给机器人框架加载$m_{RL}=4.0$ kg的质量，然后在$t_{d2}=32$ s时刻将额外的质量移除。

图10－29给出了WMR Poineer 2－DX上A点跟踪控制系统的总控制信号和各个结构的控制信号的值，标记与之前的实验测试中使用的类似。

DHP算法参数的自适应调整过程与第7.5.2.2节的数值测试类似，与NN输出层选取零初始权值的HDP结构相比，在运动第一阶段的初期DHP算法参数自适应调整得更快。它触发动作器NN产生控制信号，从WMR运动的开始，该信号就在总控制信号中显著存在。PD控制器的控制信号u_{PD1}和u_{PD2}在运动初始阶段的值较低，然后减小到接近于零。在扰动发生的t_{d1}和t_{d2}期间，控制信号u_{A1}和u_{A2}补偿了额外质量对被控对象动态特性变化的影响。在运动的第二阶段，通过DHP算法实现了WMR的非线性补偿，保障了良好的跟踪运动实现质量，这是因为在动作器和评价器结构的NN输出层权值中包含了关于被控对象动态特性的信息。

图10－30中给出的WMR Pioneer 2－DX驱动轮转动的实现角速度值与期望角速度值相近。在扰动发生的t_{d1}期间，给WMR加载了额外质量，运动的实现角速度值有所降低，然后DHP算法对被控对象的动态特性变化进行了补偿。因此，WMR驱动轮转动的实现角速度值趋近期望值。在第二次参数扰动发生的t_{d2}期间，角速度值有所增加，然后DHP结构补偿了去除额外质量对机器人动态特性的影响，从而减小了生成的控制信号值。

图10－31（a）和图10－31（b）分别给出了WMR的轮1和轮2运动的期望轨迹实现误差值。图10－31（c）给出了滤波跟踪误差s_1的值。滤波跟踪误差s_2的值与之类似。图10－31（d）给出了轮1的滑动流形。轨迹实现的最大误差值发生在运动的初始阶段。通过DHP结构的NN输出层权值的自适应调整，误差值被最小化。参数扰动对跟踪运动实现质量的影响很小，由被控对象动态特性变化引起的跟踪误差绝对值的增加也通过DHP结构的NN输出层权值的自适应调整得到了补偿。

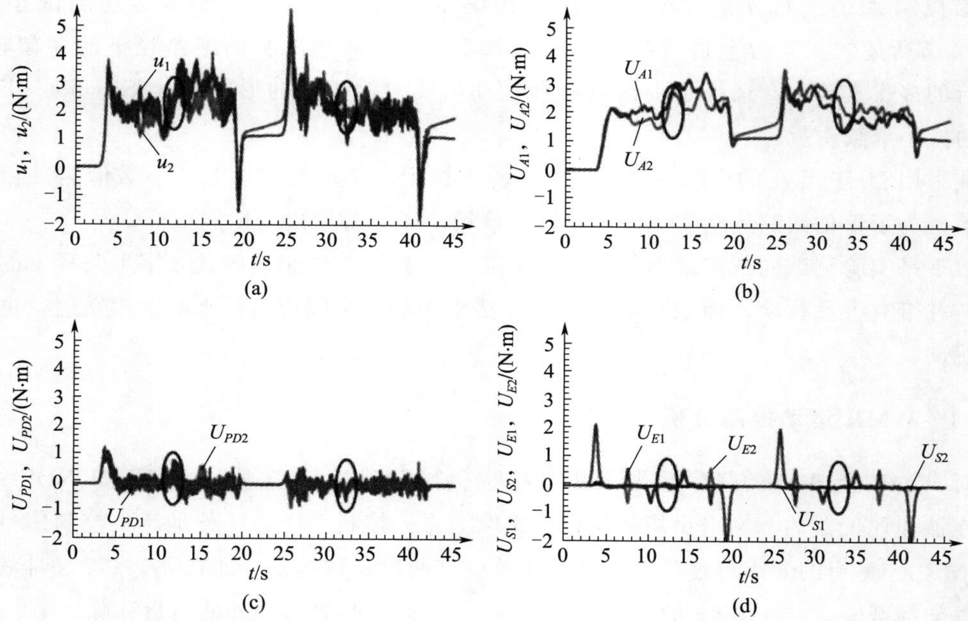

图 10－29　（a）轮 1 和轮 2 的总控制信号 u_1 和 u_2；（b）动作器 NN 的控制信号 U_{A1} 和 U_{A2}，$\boldsymbol{U}_A=-\frac{1}{h}\boldsymbol{M}\boldsymbol{u}_A$；（c）PD 控制信号 U_{PD1} 和 U_{PD2}，$\boldsymbol{U}_{PD}=-\frac{1}{h}\boldsymbol{M}\boldsymbol{u}_{PD}$；（d）监督项控制信号 U_{S1} 和 U_{S2}，$\boldsymbol{U}_S=-\frac{1}{h}\boldsymbol{M}\boldsymbol{u}_S$，以及附加控制信号 U_{E1} 和 U_{E2}，$\boldsymbol{U}_E=-\frac{1}{h}\boldsymbol{M}\boldsymbol{u}_E$

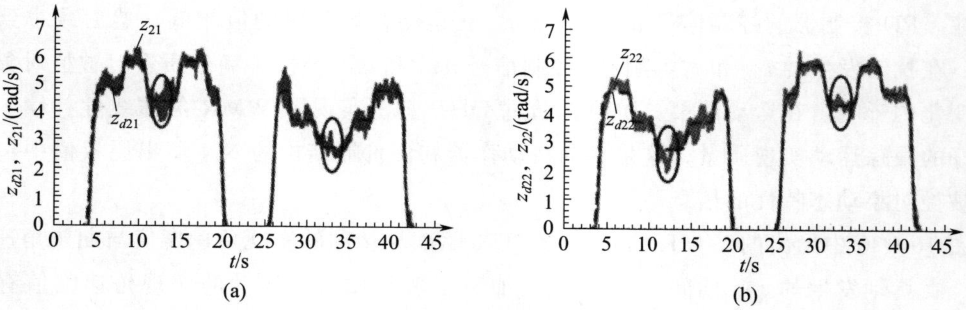

图 10－30　（a）WMR 驱动轮 1 的期望角速度的值（z_{d21}）和实现角速度的值（z_{21}）；（b）WMR 驱动轮 2 的期望角速度的值（z_{d22}）和实现角速度的值（z_{22}）

图 10－32 给出了 DHP 结构中动作器和评价器的第一个 NN 输出层的权值。动作器和评价器的第二个 NN 输出层权值也类似。动作器和评价器的 NN 输出层初始权值选取为零。在实验过程中，这些权值稳定在特定的数值附近，并保持有界，它们的序列曲线与第 7.5.2.2 节数值测试中得到的曲线类似。在参数扰动发生期间，可以看到动作器 NN 输出层的权值有所变化，这是由于需要自适应调整用于补偿 WMR 非线性的信号，以适应被控对象的参数变化。

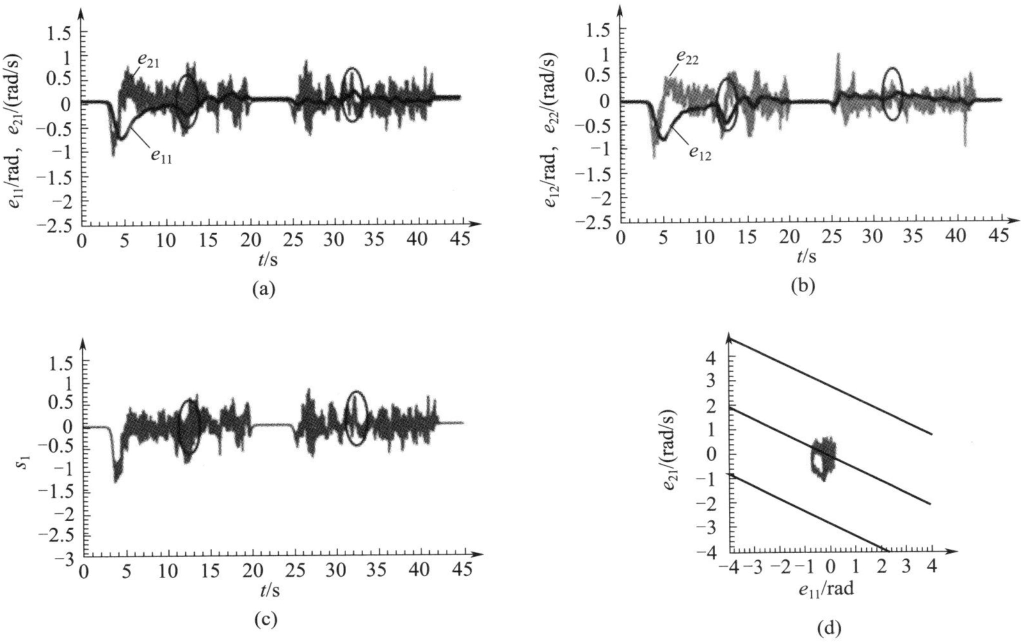

图 10－31　（a）轨迹实现误差的值 e_{11} 和 e_{21}；（b）轨迹实现误差的值 e_{12} 和 e_{22}；（c）滤波跟踪误差的值 s_1；（d）轮 1 的滑动流形。

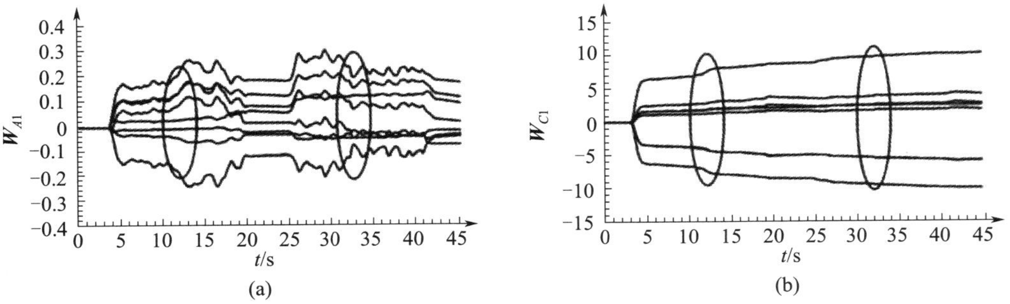

图 10－32　（a）动作器 1 的 NN 输出层权值 $\boldsymbol{W}_{A1}$；（b）评价器 1 的 NN 输出层权值 $\boldsymbol{W}_{C1}$

图 10－33 给出了 WMR Pioneer 2－DX 上 A 点的期望路径（虚线）和实现路径（实线）。采用的标记与之前的实验相同。应该强调的是 A 点期望路径的高映射精度，而控制算法的任务不是最小化机器人上 A 点的路径实现误差，而是最小化车轮运动的期望角度参数的实现误差。不过，配置空间中期望轨迹的高质量实现反映出机器人上 A 点的实现路径与工作空间中的期望路径相似。

表 10－21 和表 10－22 给出了采用 DHP 型自适应评价结构的控制系统，实现跟踪运动的各个性能指标的值。

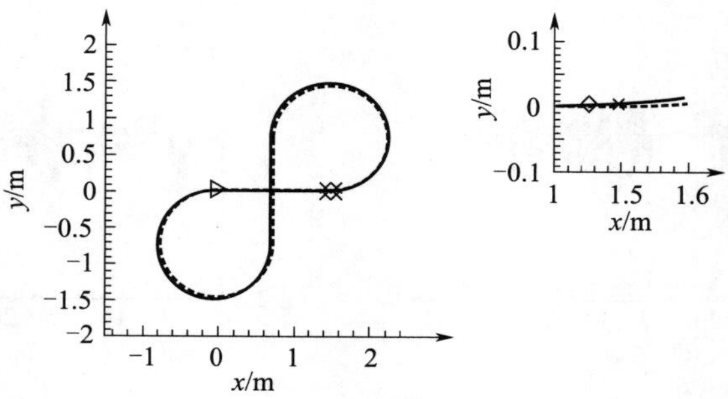

图 10-33　WMR 上 A 点的期望路径和实现路径

表 10-21　选定的性能指标的值

指标	$e_{\max1j}$/rad	ε_{1j}/rad	$e_{\max2j}$/(rad/s)	ε_{2j}/(rad/s)	$s_{\max j}$/(rad/s)	σ_j/(rad/s)
轮 1, $j=1$	0.78	0.18	1.14	0.22	1.28	0.24
轮 2, $j=2$	0.8	0.18	1.17	0.21	1.34	0.23

表 10-22　选定的路径实现性能指标的值

指标	$d_{\max}$/m	d_n/m	ρ_d/m
数值	0.068	0.053	0.041

所选取的运动实现性能指标的值与第 7.5.2.2 节数值测试中所获得的值相似。相比于使用 PD 控制器、自适应控制系统、神经网络控制系统或具有 HDP 结构的控制算法（如第 10.5.1.1 节所述，动作器和评价器的 NN 输出层初始权值选取为零）的跟踪控制系统在轨迹实现验证测试中获得的值，本实验所获得的值更低。在本实验中，跟踪运动实现的质量用选定的性能指标的值表示，它们与第 10.5.1.2 节的实验中在评价器 NN 输出层选取非零初始权值的条件下使用具有 HDP 结构的控制系统所获得的质量相似。

表 10-23 列出了沿 8 字形路径实现运动的第 Ⅰ 和第 Ⅱ 阶段的选定性能指标的值，这些指标是按照第 7.1.2.2 节数值测试中描述的方法计算的。

表 10-23　运动阶段 Ⅰ 和 Ⅱ 的选定性能指标的值

指标	$e_{\max1j}$/rad	ε_{1j}/rad	$e_{\max2j}$/(rad/s)	ε_{2j}/(rad/s)	$s_{\max j}$/(rad/s)	σ_j/(rad/s)
阶段 Ⅰ, $k=1,\cdots,2\,250$						
轮 1, $j=1$	0.78	0.24	1.14	0.25	1.28	0.28
轮 2, $j=2$	0.8	0.25	1.17	0.26	1.34	0.29
阶段 Ⅱ, $k=2\,251,\cdots,4\,500$						
轮 1, $j=1$	0.2	0.06	0.83	0.18	0.85	0.18
轮 2, $j=2$	0.17	0.07	0.98	0.15	1.02	0.15

在运动第 Ⅱ 阶段所获得的性能指标的值低于第 Ⅰ 阶段。这是因为在实验的第 Ⅱ 阶段运动的初期，使用了非零的 NN 输出层权值。DHP 结构的 NN 输出层权值包含了被控对象

的动态特性信息，能够产生补偿 WMR 非线性的信号，这提高了跟踪运动实现的质量。应当特别注意的是第Ⅱ阶段运动中驱动轮期望转动角度的性能指标 ε_{1j} 的值，它低于其他控制算法的验证测试中所获得的值。

10.6.2 RM 运动控制分析

对采用 DHP 型 NDP 算法的 RM 跟踪控制进行了实验测试。采用第 2.2.1.2 节中所描述的半圆形路径下的期望轨迹。在 $t_{d1} \in [21, 27]$ s 和 $t_{d2} \in [33, 40]$ s 期间施加了参数扰动，即把 $m_{RL} = 1.0$ kg 的质量加载于 RM 的抓手。当末端执行器在实现路径的转折点（相当于期望路径的 G 点）停止时，操作者将质量附加到抓手上，并在末端执行器处于期望路径的 S 点时将其移除。

图 10－34（a）给出了 RM 末端执行器上点 C 的期望路径（绿线）和实现路径（红线）。初始位置（S 点）在图中用三角形标记。"×"代表路径的折返点（G 点），RM 末端执行器上点 C 到达的最终位置用菱形标记。图 10－34（b）中的曲线给出了末端执行器上点 C 的期望路径的误差值，$e_x = x_{Cd} - x_C$，$e_y = y_{Cd} - y_C$，$e_z = z_{Cd} - z_C$。在有额外质量的运动期间，RM 臂上点 C 的期望路径实现误差值有所增加。

RM 末端执行器上点 C 的路径是将跟踪控制信号施加到执行器系统的结果。其序列曲线见图 10－35。图 10－35（a）给出了总控制信号 u_1、u_2 和 u_3。它们包括由 DHP 结构产生的控制信号 u_{A1}、u_{A2} 和 u_{A3}［见图 10－35（b）］，PD 控制器的控制信号 u_{PD1}、u_{PD2} 和 u_{PD3}［见图 10－35（c）］，监督控制信号 u_{S1}、u_{S2} 和 u_{S3}，以及附加控制信号 u_{E1}、u_{E2} 和 u_{E3}［见图 10－35（d）］。图中没有给出监督控制信号，其原因是它们的值在实验期间等于零。这是由于对监督控制算法的参数 ρ_j 的选取造成的。

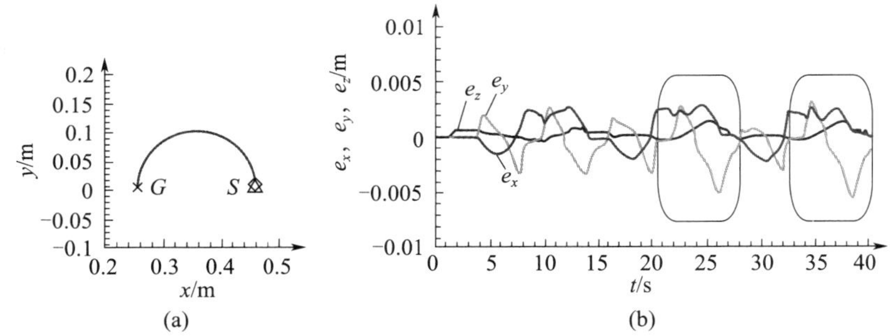

图 10－34　（a）机械手末端执行器上点 C 的期望和实现路径；（b）轨迹实现误差的值 e_x、e_y、e_z（见彩插）

在实验的初始阶段，RM 的手臂被支撑着，以防止其在重力的影响下自由运动，并使各个连杆的转角保持在初始条件，分别为 $z_{11} = 0$ rad，$z_{12} = 0.165\ 33$ rad，$z_{13} = -0.165\ 33$ rad。在期望轨迹实现期间，RM 手臂的这个位置是末端执行器上点 C 所能达到的离机器人基座（S 点）最远的位置。在 $t = 1.5$ s 时刻，支撑被移除，RM 的手臂开始能够移动。RM 手臂的连杆 2 和连杆 3 在重力扭矩的影响下开始移动。这导致在配置空间中实现期望轨迹会产生误差。由于出现了期望轨迹的实现误差，控制算法生成控制信号，以最小化误差，并

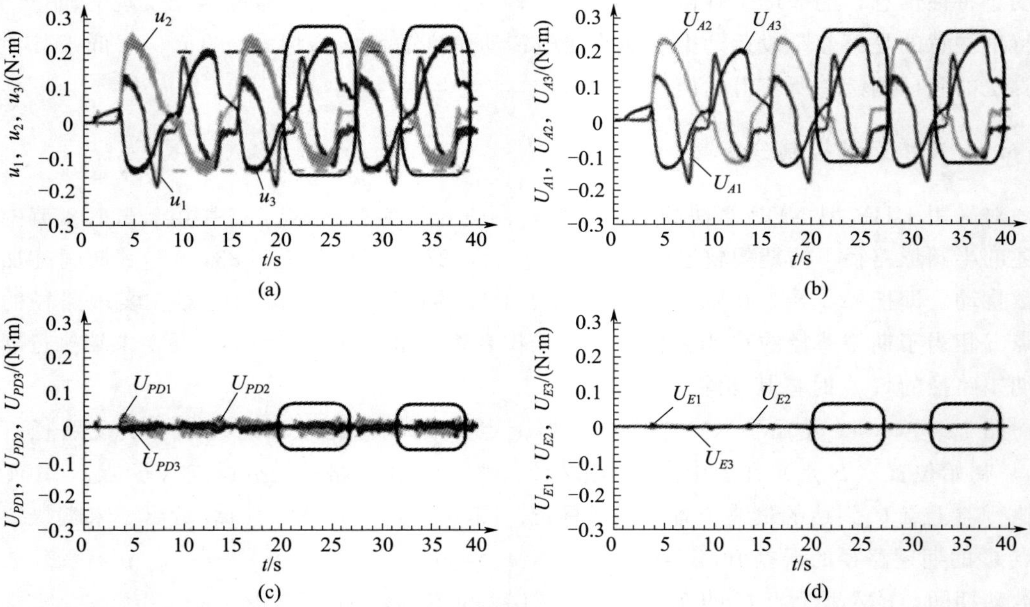

图 10－35 (a) 总控制信号 u_1、u_2 和 u_3；(b) 动作器 NN 的控制信号 U_{A1}、U_{A2} 和 U_{A3}，$\boldsymbol{U}_A=-\dfrac{1}{h}\boldsymbol{M}\boldsymbol{u}_A$；(c) PD 控制信号 U_{PD1}、U_{PD2} 和 U_{PD3}，$\boldsymbol{U}_{PD}=-\dfrac{1}{h}\boldsymbol{M}\boldsymbol{u}_{PD}$；(d) 控制信号 U_{E1}、U_{E2} 和 U_{E3}，$\boldsymbol{U}_E=-\dfrac{1}{h}\boldsymbol{M}\boldsymbol{u}_E$（见彩插）

阻止 RM 手臂进一步运动。这在 $t\in[1.5,4]$ s 时间段内动作器的控制信号序列曲线图中可以明显看出来［见图 10－35（b）］。在运动过程中，RM 手臂上的点 C 在 S 点和 G 点之间来回运动了三个周期。在第二和第三个周期中，当从 G 点到 S 点运动时，RM 的抓手被加载了 m_{RL} 的质量。RM 抓手的加载质量对控制连杆 1 运动的信号 u_1 的影响很小。这个连杆围绕着全局坐标系的 z 轴转动。考虑到连杆 1 驱动单元的传动比和机械臂的惯性，附加质量对该连杆运动的影响可以忽略不计。图 10－35（a）中用适当颜色的虚线标出了在 RM 手臂无负载的运动中所选控制信号的最大值或最小值。可以注意到，连杆 2 运动的控制信号值 u_2 在有负载运动期间较低，这是由机械臂的配置和所实现运动的具体规划造成的。信号 u_3 控制连杆 3 的运动，它的值在有负载运动期间较大。由 DHP 算法的动作器 NN 产生的控制信号在总控制信号中占主导地位。其他控制信号的值接近于零。

图 10－36（a）给出了连杆 2 转动的期望角速度（红线）和实现角速度（绿线）。图 10－36（b）给出了 RM 末端执行器上点 C 期望速度的绝对值（$|v_{Cd}|$）和实现速度的绝对值（$|v_C|$）。很难看出机械臂的负载对上述运动参数实现曲线的影响。

图 10－37（a）和（b）中分别给出了 RM 各连杆的期望转角和角速度的实现误差。图 10－37（c）给出了滤波跟踪误差 s_1、s_2 和 s_3 的值。图 10－37（d）给出了连杆 1 的滑动流形。轨迹实现的最大误差值出现在给抓手装载了质量的 RM 手臂运动中。但是，这种扰动对跟踪运动实现质量的影响很小。由被控对象动态特性变化引起的跟踪误差绝对值的

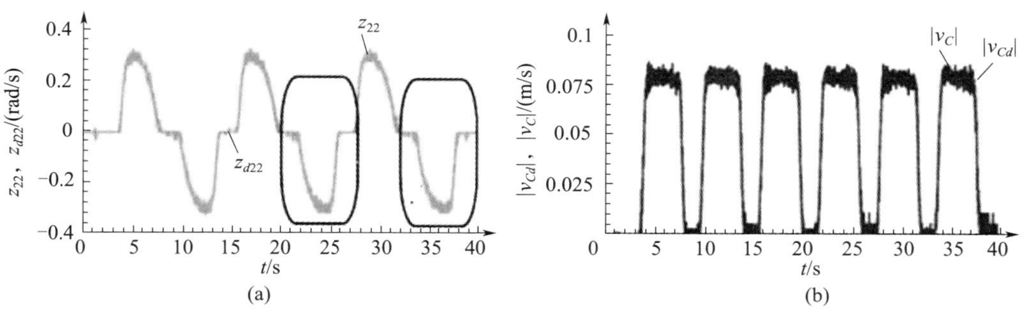

图 10 - 36　(a) 机械手的连杆 2 转动的期望角速度（z_{d21}）和实现角速度（z_{21}）；(b) 机械手末端执行器上点 C 的期望速度的绝对值（$|v_{Cd}|$）和实现速度的绝对值（$|v_C|$）(见彩插)

增加，通过 NDP 结构中 NN 输出层权值的自适应调整被最小化。

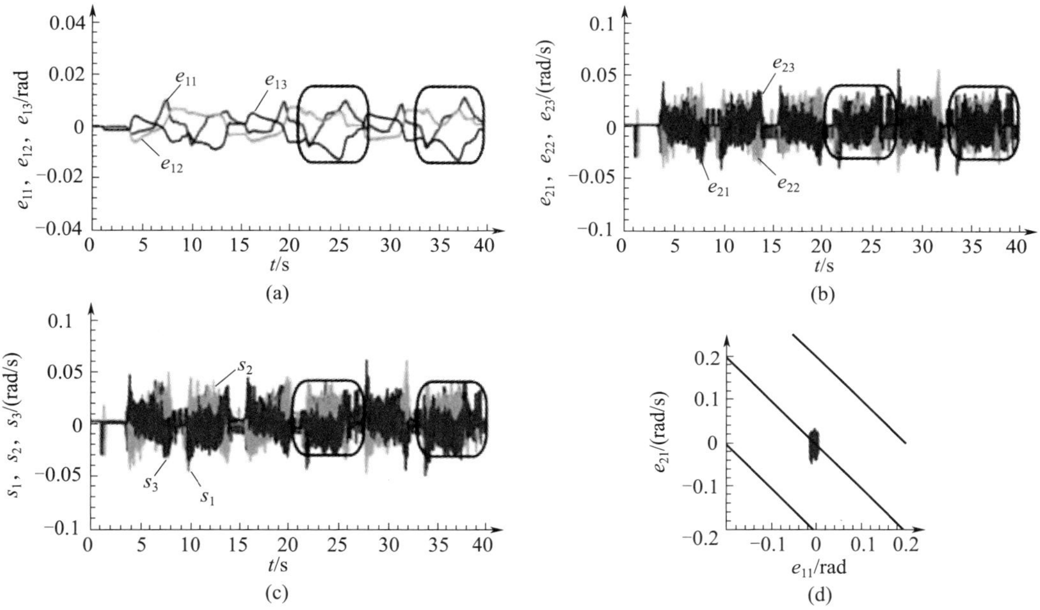

图 10 - 37　(a) 期望转角的实现误差 e_{11}、e_{12} 和 e_{13}；(b) 期望角速度的实现误差 e_{21}、e_{22} 和 e_{23}；(c) 滤波跟踪误差 s_1、s_2 和 s_3；(d) 连杆 1 的滑动流形

图 10 - 38 给出了 DHP 结构中动作器和评价器 NN 输出层的权值。动作器和评价器 NN 输出层的初始权值为零。这些 NN 输出层权值稳定在了特定的数值附近，并在实验中保持有界。在参数扰动发生期间，可以看到动作器 NN 输出层的权值有变化，其原因是需要自适应调整 WMR 非线性的补偿信号，以适应被控对象的参数变化。在 t = 3.5 s 时刻，当滤波跟踪误差 s_1 出现非零值时，动作器和评价器的第一个 NN 输出层权值开始自适应调整。相比之下，和连杆 2 和 3 运动控制相关的 DHP 算法的其余 NN 输出层权值，是在机械臂支撑被移除后（t = 1.5 s）才开始自适应调整的。这是由于需要产生控制信号，防止机械臂在重力扭矩的影响下运动，并提供末端执行器上点 C 的期望位置。

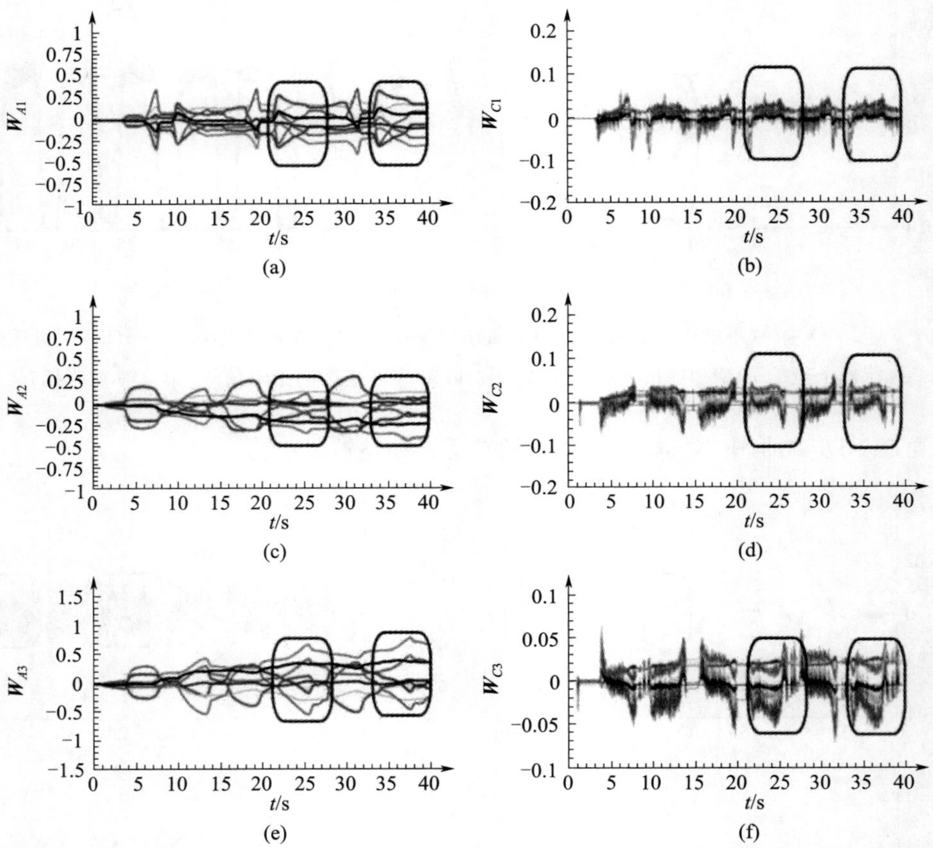

图 10 - 38　(a) 第一个动作器 NN 输出层的权值 $\boldsymbol{W}_{A1}$；(b) 第一个评价器 NN 输出层的权值 $\boldsymbol{W}_{C1}$；(c) 第二个动作器 NN 输出层的权值 $\boldsymbol{W}_{A2}$；(d) 第二个评价器 NN 输出层的权值 $\boldsymbol{W}_{C2}$；(e) 第三个动作器 NN 输出层的权值 $\boldsymbol{W}_{A3}$；(f) 第三个评价器 NN 输出层的权值 $\boldsymbol{W}_{C3}$

表 10 - 24 和表 10 - 25 列出了采用 DHP 型自适应评价器结构的控制系统，实现跟踪运动的各个性能指标的值。

本次实验所获得的性能指标的值明显低于仅用 PD 控制器实现 RM 跟踪控制时所获得的值。所选性能指标的值与第 7.5.2.4 节中对具有 DHP 结构的控制算法进行数值测试所获得的结果相近。分析表 10 - 25 中给出的性能指标的值时，应当注意，所用的 RM 是一个实验室产品，所得到的运动实现精度不能与工业机器人的参数相比，因为工业机器人有更大的刚度、更小的移动空间并且将推进力从执行器传输到机器人的连杆的方法也有不同。

表 10 - 24　选定的性能指标的值

指标	$e_{\max 1j}$/rad	ε_{1j}/rad	$e_{\max 2j}$/(rad/s)	ε_{2j}/(rad/s)	$s_{\max j}$/(rad/s)	σ_j/(rad/s)
连杆 1，$j=1$	0.011 6	0.004 3	0.047 8	0.010 6	0.051 8	0.011 4
连杆 2，$j=2$	0.007 7	0.004 3	0.054 2	0.010 6	0.058 5	0.011 6
连杆 3，$j=3$	0.013	0.005 4	0.054 4	0.009 9	0.058 1	0.011 4

表 10－25　路径实现的选定性能指标的值

指标	d_{max}/m	d_n/m	ρ/m
数值	0.005 6	0.001 1	0.002 6

10.6.3　结论

采用 DHP 型自适应评价结构设计了 WMR Pioneer 2－DX 上 A 点的跟踪控制系统，较低的性能指标值体现出运动实现的高质量。为动作器和评价器结构的 NN 输出层权值选取了最坏情况，即初始权值为零，所获得的性能指标值低于使用 PD 控制器、自适应控制系统或神经网络控制系统实现运动时所获得的值，而与使用评价器 NN 输出层初始权值非零的 HDP 结构进行控制系统验证测试所获得的值相当。关键是跟踪误差的值在运动的初始阶段很低。使用 DHP 算法对 RM 进行 TCP 跟踪控制所获得的运动质量比仅使用由 PD 控制器构建的控制系统所获得的运动质量高得多。

在 DHP 结构中，评价器 NN 逼近价值函数相对于系统状态向量的导数，这使动作器和评价器 NN 输出层权值的自适应调整律变得复杂，但能确保获得更好的跟踪控制质量。为了对 DHP 结构的 NN 权值自适应调整算法进行综合，需要知道被控对象数学模型方面的信息。

10.7　GDHP 控制分析

对采用 GDHP 结构的 WMR Pioneer 2－DX 上 A 点的跟踪控制系统进行实验测试，其综合见第 7.6.1.1 节。实验测试是在第 10.1.1 节所述的实验台上进行的。采用的是第 2.1.1.2 节中描述的 8 字形路径下的期望轨迹。在所进行的分析实验中，施加了两次参数扰动，即先给 WMR Pioneer 2－DX 添加额外的负载，然后再将额外负载移除。

对采用 GDHP 结构的跟踪控制系统进行实验测试时，采用了与第 7.6.2.2 节所述的数值测试相同的参数值。为评估所生成的控制和跟踪运动实现的质量，采用了第 7.4.2 节中所给出的性能指标。

以下是采用 8 字形路径下的期望轨迹进行实验测试所得到的选定结果，实验中有参数扰动。

10.7.1　WMR 运动控制分析

对 WMR 上 A 点的跟踪控制算法进行验证分析，算法采用 GDHP 型 NDP 结构，且动作器和评价器 NN 输出层的初始权值为零。控制系统的任务是产生控制信号，实现 WMR 上 A 点的 8 字形路径下的期望轨迹。实验中施加了两次参数扰动，即在 $t_{d1}=12.5$ s 时刻，给机器人框架加载了 $m_{RL}=4.0$ kg 的质量，然后在 $t_{d2}=33$ s 时刻将附加的质量移除。

图 10－39 给出了 WMR Pioneer 2－DX 的总跟踪控制信号和包含在控制系统中的各个

结构的控制信号值。使用的标记与之前的实验测试相似。

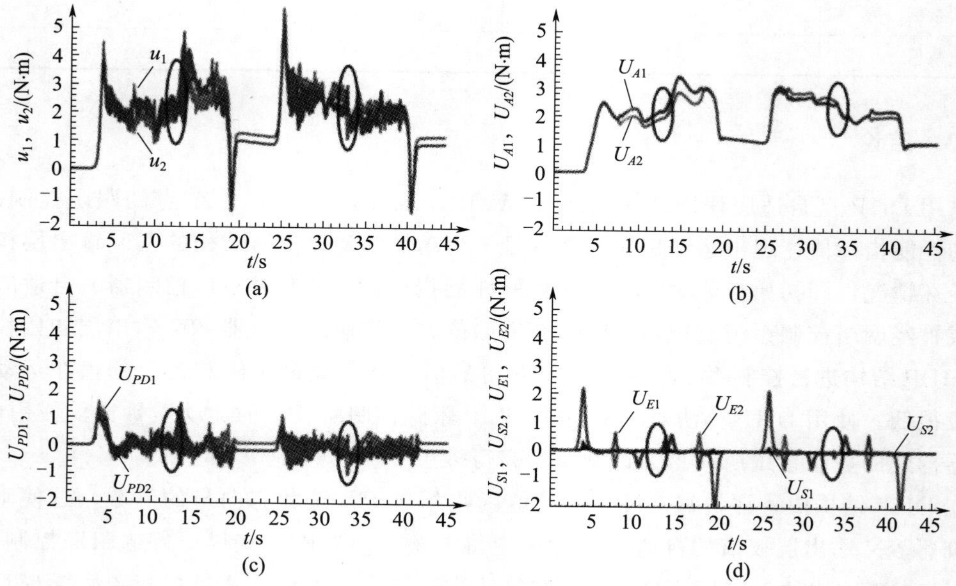

图 10 - 39 (a) 轮 1 和轮 2 的总控制信号 u_1 和 u_2；(b) 动作器 NN 的控制信号 U_{A1} 和 U_{A2}，$\boldsymbol{U}_A = -\frac{1}{h}\boldsymbol{M}\boldsymbol{u}_A$；(c) PD 控制信号 U_{PD1} 和 U_{PD2}，$\boldsymbol{U}_{PD} = -\frac{1}{h}\boldsymbol{M}\boldsymbol{u}_{PD}$；(d) 监督项控制信号 U_{S1} 和 U_{S2}，$\boldsymbol{U}_S = -\frac{1}{h}\boldsymbol{M}\boldsymbol{u}_S$，以及附加控制信号 U_{E1} 和 U_{E2}，$\boldsymbol{U}_E = -\frac{1}{h}\boldsymbol{M}\boldsymbol{u}_E$

与动作器和评价器 NN 输出层初始权值为零的 HDP 结构相比，GDHP 结构的参数在运动第一阶段初期的自适应调整速度更快，但比使用 DHP 算法时的调整速度慢。从 WMR 上 A 点运动的开始，GDHP 算法产生的控制信号在总控制信号中的占比很高。在运动初期 PD 控制器的控制信号值很低，之后被最小化至接近于零值。在扰动发生的 t_{d1} 和 t_{d2} 期间，GDHP 结构产生的控制信号补偿了由被控对象参数变化所造成的影响。

WMR 驱动轮转动的实现角速度值如图 10 - 40 所示。在运动第一阶段的初期，由于 GDHP 结构的 NN 输出层权值为零，导致 z_{d21}、z_{d22} 和 z_{21}、z_{22} 之间有显著的差异。同样，在扰动发生时和发生后，期望角速度和实现角速度之间的差异也很明显。

图 10 - 41 (a) 和图 10 - 41 (b) 分别给出了 WMR 控制过程中轮 1 和轮 2 的期望轨迹误差值。图 10 - 41 (c) 给出了滤波跟踪误差 s_1 的值，滤波跟踪误差 s_2 的值也类似。图 10 - 41 (d) 给出了轮 1 的滑动流形。最大的跟踪误差值出现在运动的初始阶段和扰动发生期间，通过 GDHP 结构中 NN 输出层权值的自适应调整，这些误差被最小化。可以看出，扰动对 WMR 运动实现的影响大于对采用其他 NDP 算法的控制系统的影响。

图 10 - 42 给出了 GDHP 算法中动作器（生成轮 1 运动的控制信号）的 NN 输出层权值和评价器的 NN 输出层权值。生成轮 2 运动控制信号的动作器 NN 输出层权值与图 10 - 42 (a) 类似。动作器和评价器的 NN 输出层初始权值选取为零。这些权值稳定在特定的

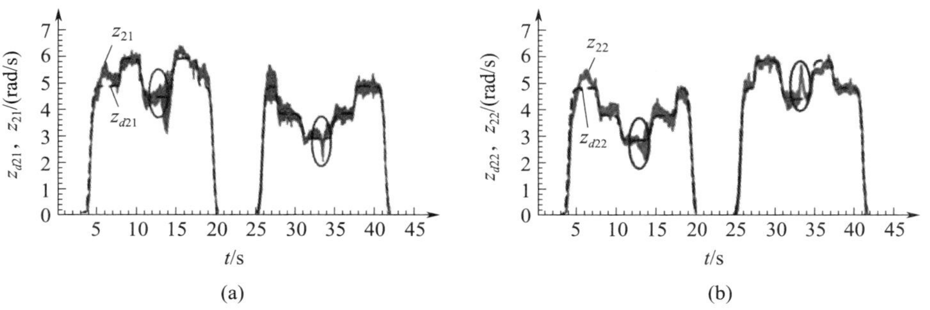

图 10－40　(a) WMR 驱动轮 1 的期望角速度 (z_{d21}) 和实现角速度 (z_{21})；(b) WMR 驱动轮 2 的期望角速度 (z_{d22}) 和实现角速度 (z_{22})

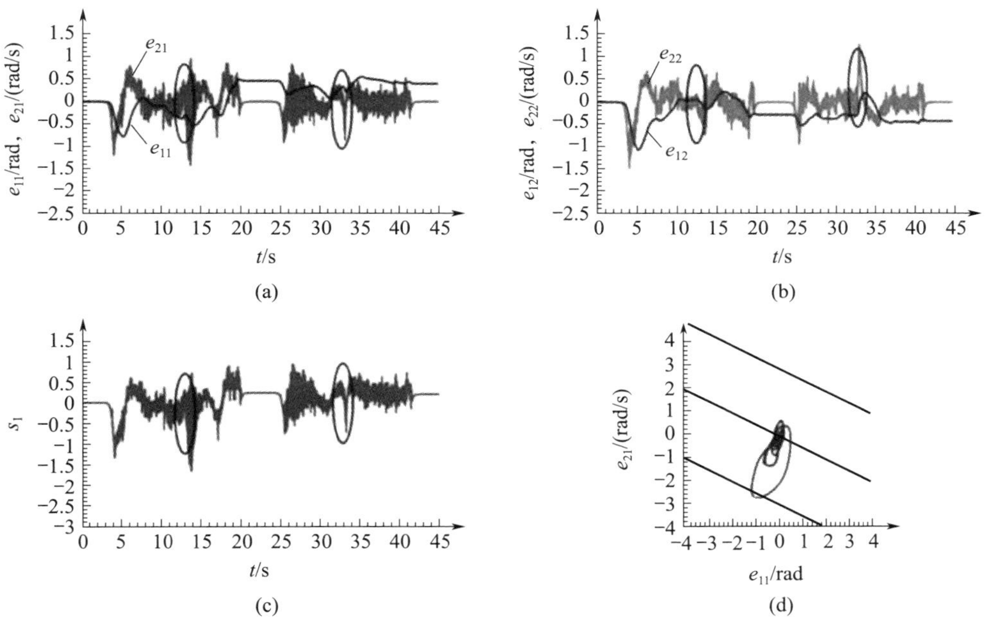

图 10－41　(a) 轨迹实现误差的值 e_{11} 和 e_{21}；(b) 轨迹实现误差的值 e_{12} 和 e_{22}；(c) 滤波跟踪误差的值 s_1；(d) 轮 1 的滑动流形

数值附近，并在实验期间保持有界。在参数扰动发生期间，可以明显看到动作器 NN 输出层的权值有所变化，这是由于要自适应调整用于补偿 WMR 非线性的生成信号，以适应被控对象的参数变化。评价器 NN 输出层权值的变化也很明显。

图 10－43 给出了 WMR 上 A 点的期望路径（虚线）和实现路径（实线）。由于期望转动参数的实现误差值较大，使得跟踪运动的质量较低，导致了对 WMR 上 A 点的期望路径的映射精度较低。

表 10－26 和表 10－27 给出了采用 GDHP 型自适应评价结构的控制系统实现跟踪运动的各个性能指标的值。

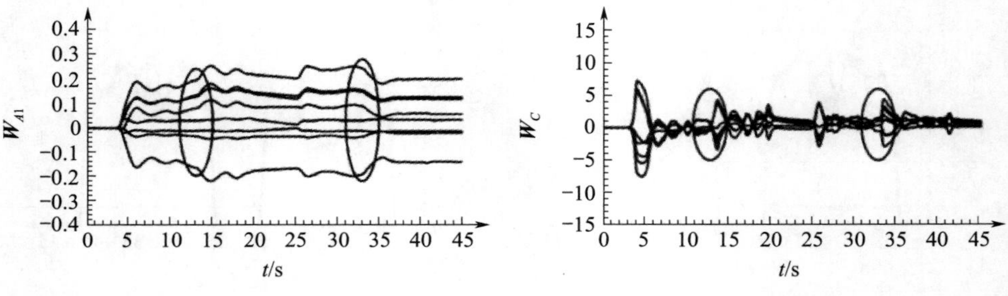

图 10－42　(a) 动作器 1 的 NN 输出层权值 $\boldsymbol{W}_{A1}$；(b) 评价器的 NN 输出层权值 $\boldsymbol{W}_C$

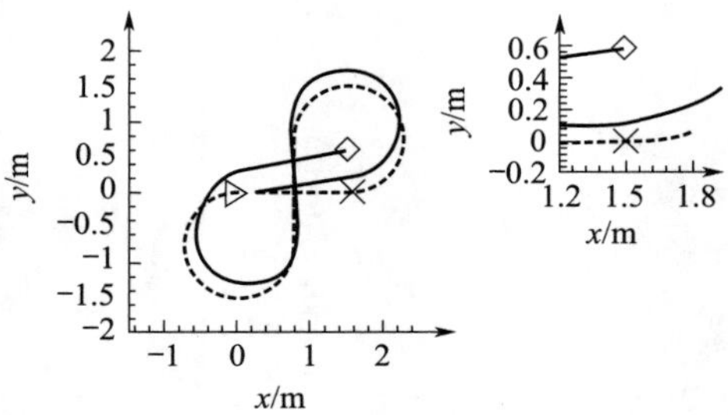

图 10－43　WMR 上 A 点的期望路径和实现路径

根据验证测试的结果，可以看出所获得的性能指标值低于使用 PD 控制器、神经网络控制算法或 HDP 算法的控制系统所获得的性能指标值，其中 HDP 算法的动作器和评价器的 NN 输出层初始权值选取为零。使用 GDHP 算法实现跟踪运动获得的性能指标值与使用自适应算法获得的性能指标值相当，并且大于使用 DHP 算法和 HDP 算法获得的性能指标值（后者的评价器 NN 输出层初始权值选取为非零）。

表 10－26　选定的性能指标的值

指标	$e_{\max 1j}$/rad	ε_{1j}/rad	$e_{\max 2j}$/(rad/s)	ε_{2j}/(rad/s)	$s_{\max j}$/(rad/s)	σ_j/(rad/s)
轮 1，$j=1$	0.77	0.36	1.43	0.26	1.66	0.33
轮 2，$j=2$	1.05	0.35	1.47	0.25	1.66	0.31

表 10－27　路径实现的选定性能指标的值

指标	$d_{\max}$/m	d_n/m	ρ_d/m
数值	0.599	0.599	0.313

表 10－28 给出了沿 8 字形路径实现运动的第Ⅰ和第Ⅱ阶段的选定性能指标的值，这些指标是根据第 7.1.2.2 节数值测试中所述的方法计算的。

运动实现的第Ⅰ阶段所获得的性能指标的值与数值测试所获得的值相当。相比之下，运动实现的第Ⅱ阶段的性能指标的值明显高于数值测试所获得的值。

表 10－28　运动阶段Ⅰ和Ⅱ的选定性能指标的值

指标	$e_{\max 1j}$/rad	ε_{1j}/rad	$e_{\max 2j}$/(rad/s)	ε_{2j}/(rad/s)	$s_{\max j}$/(rad/s)	σ_j/(rad/s)
阶段Ⅰ，$k=1,\cdots,2\ 250$						
轮 1，$j=1$	0.77	0.33	1.43	0.31	1.66	0.36
轮 2，$j=2$	1.05	0.34	1.47	0.28	1.66	0.33
阶段Ⅱ，$k=2\ 251,\cdots,4\ 500$						
轮 1，$j=1$	0.57	0.4	0.9	0.21	0.96	0.28
轮 2，$j=2$	0.52	0.36	1.31	0.22	1.27	0.29

10.7.2　结论

在 WMR Pioneer 2－DX 的跟踪控制系统中采用 GDHP 型 NDP 算法，可以确保跟踪运动实现的质量与使用自适应控制算法实现的质量相近，但低于采用 DHP 结构的控制系统实现的质量。在实验中可以注意到，与运动的第Ⅰ阶段相比，第Ⅱ阶段的跟踪运动实现质量略有提高，使得所得到的选定性能指标的值类似。其可能原因是 GDHP 算法对扰动发生时被控对象的参数变化更敏感。

10.8　ADHDP 控制分析

对采用 ADHDP 型 NDP 算法的跟踪控制系统进行实验测试，其综合见第 7.7.1 节。实验测试是在第 10.1.1 节所述的实验台上进行的。从实验测试结果中，选取了两次 8 字形路径下期望轨迹的实现数据序列，其中一次有参数扰动，即给 WMR Pioneer 2－DX 加载了额外的质量，另一次无扰动。

在对具有 ADHDP 结构的跟踪控制系统进行的所有测试中，都采用了与第 7.7.2 节中数值测试相同的参数值。为了评估跟踪运动实现的质量，采用了第 7.4.2 节给出的性能指标。

以下是采用 8 字形路径下的期望轨迹和有参数扰动的情况下进行实验测试的选定结果。

10.8.1　WMR 运动控制分析

采用 ADHDP 型自适应评价结构，对 WMR Pioneer 2－DX 的跟踪控制进行了验证测试，实现的是 8 字形路径下的期望轨迹。在 WMR 上 A 点的运动过程中，施加了两次参数扰动，即在 $t_{d1}=12$ s 时刻给机器人框架加载了 $m_{RL}=4.0$ kg 的质量，然后在 $t_{d2}=33$ s 时刻又将额外的质量移除。

图 10－44 中给出了 WMR Pioneer 2－DX 的总控制信号和复合控制系统中包含的各个结构的控制信号值，其标记与之前的实验测试类似。

由 PD 控制器产生的控制信号 $\boldsymbol{u}_{PD}$ 和信号 $\boldsymbol{u}_E$ 在运动第一阶段初期（即加速期）的总控制信号 $\boldsymbol{u}$ 中起着非常重要的作用。随着 ADHDP 结构中 NN 输出层权值的自适应调整，$\boldsymbol{u}_A$

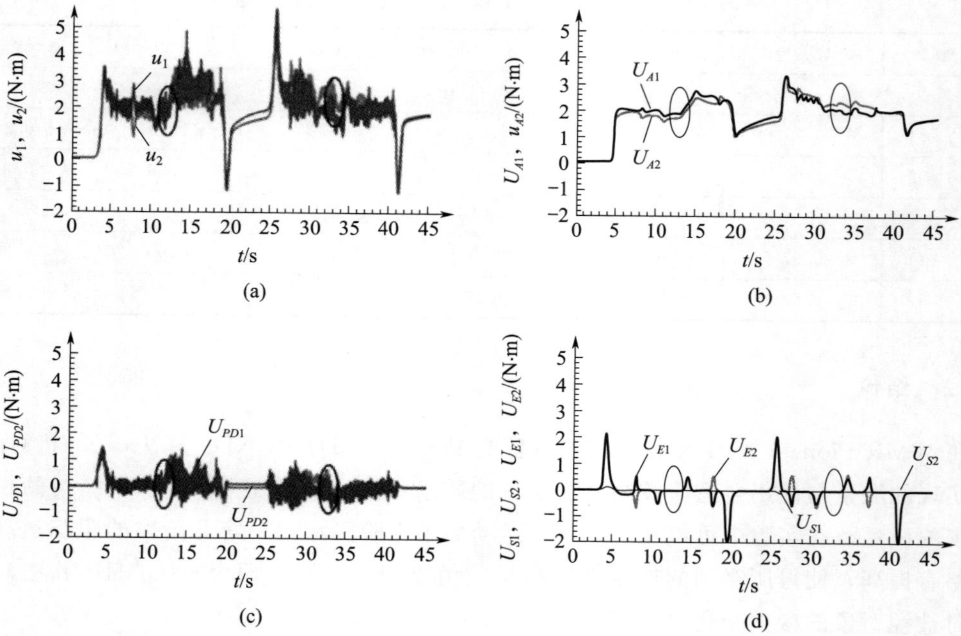

图 10-44 (a) 轮 1 和轮 2 的总控制信号 u_1 和 u_2；(b) 动作器的 NN 控制信号 U_{A1} 和 U_{A2}，$\boldsymbol{U}_A=-\frac{1}{h}\boldsymbol{M}\boldsymbol{u}_A$；(c) PD 控制信号 U_{PD1} 和 U_{PD2}，$\boldsymbol{U}_{PD}=-\frac{1}{h}\boldsymbol{M}\boldsymbol{u}_{PD}$；(d) 监督项控制信号 U_{S1} 和 U_{S2}，$\boldsymbol{U}_S=-\frac{1}{h}\boldsymbol{M}\boldsymbol{u}_S$，以及附加控制信号 U_{E1} 和 U_{E2}，$\boldsymbol{U}_E=-\frac{1}{h}\boldsymbol{M}\boldsymbol{u}_E$

控制信号在整个控制信号中占的比例迅速增加。在扰动发生的 t_{d1} 和 t_{d2} 期间，可以注意到 PD 控制器生成的控制信号值有变化，而 ADHDP 结构的控制信号对被控对象动态特性变化的反应速度比较缓慢。引起 WMR 动态特性变化的参数扰动对控制信号 $\boldsymbol{u}_S$ 和 $\boldsymbol{u}_E$ 的影响很小。

图 10-45 给出了 WMR 的驱动轮 1 和轮 2 转动的期望角速度值和实现角速度值。在 t_{d1} 时刻，以给 WMR 加载额外质量的形式实施扰动，使得运动的角速度值有所下降，而在 t_{d2} 时刻，即第二次参数扰动发生时，角速度值又有所增加。但是经过一段时间后，它们又趋向于期望值，这是 ADHDP 算法中 NN 输出层权值自适应调整的结果。

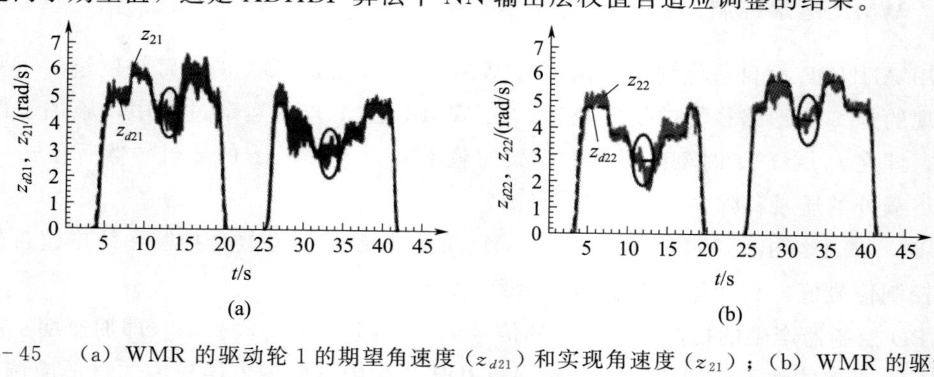

图 10-45　(a) WMR 的驱动轮 1 的期望角速度 (z_{d21}) 和实现角速度 (z_{21})；(b) WMR 的驱动轮 2 的期望角速度 (z_{d22}) 和实现角速度 (z_{22})

图 10－46（a）和图 10－46（b）给出了 WMR 的轮 1 和轮 2 的期望轨迹实现误差值。图 10－46（c）给出了滤波跟踪误差 s_1 的值，图 10－46（d）给出了轮 1 的滑动流形。跟踪误差的最大绝对值出现在运动第一阶段的初期，即加速期，以及第一次扰动发生的时候，即 t_{d1} 时刻。

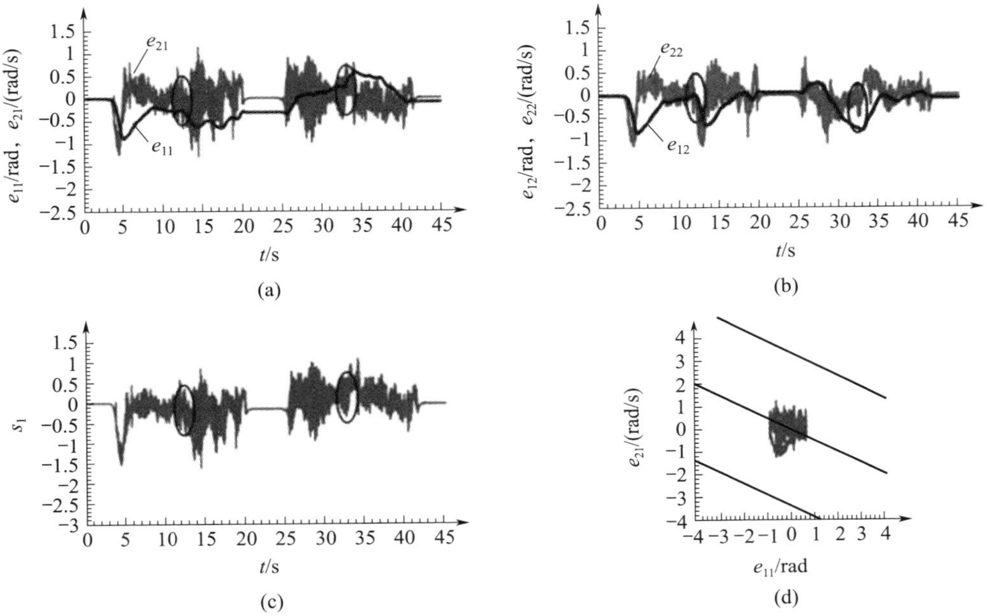

图 10－46　（a）轨迹实现误差 e_{11} 和 e_{21}；（b）轨迹实现误差 e_{12} 和 e_{22}；（c）滤波跟踪误差 s_1；（d）轮 1 的滑动流形

图 10－47 给出了第一个 ADHDP 结构中动作器和评价器的 NN 输出层权值。评价器结构中采用了具有高斯曲线型神经元激活函数的 NN；而动作器结构则通过 RVFL NN 实现。由于 ADHDP 结构对 WMR 动态特性变化的自适应过程比较缓慢，使得在参数扰动发生时，动作器 NN 输出层权值的变化很小。这些 NN 输出层权值都趋于稳定，并在实验测试期间保持有界。

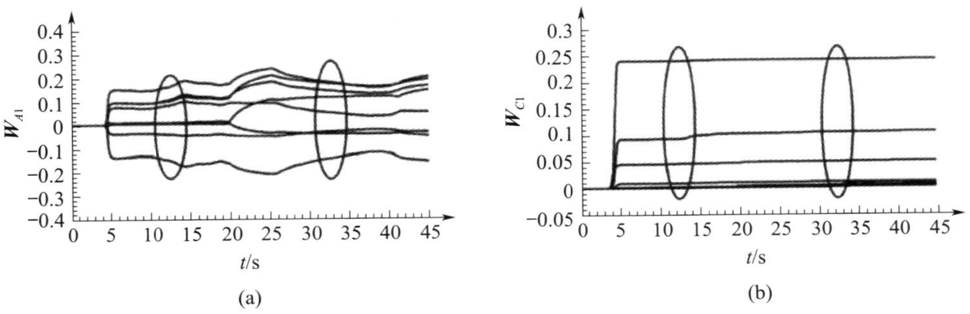

图 10－47　（a）动作器 1 的 NN 输出层权值 $\boldsymbol{W}_{A1}$；（b）评价器 1 的 NN 输出层权值 $\boldsymbol{W}_{C1}$

图 10－48 给出了 WMR 上 A 点的期望路径（虚线）和实现路径（实线）。标记与之前实验结果的描述相同。

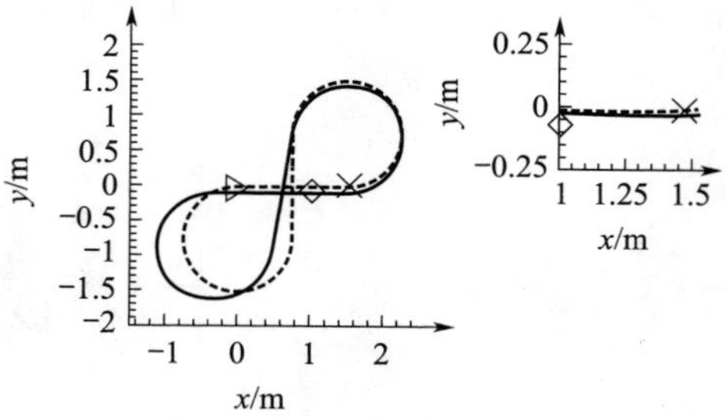

图 10－48 WMR 上 A 点的期望路径和实现路径

表 10－29 和表 10－30 给出了采用 ADHDP 型自适应评价结构的控制系统实现跟踪运动的各个性能指标的值。

表 10－29 选定的性能指标的值

指标	$e_{\max 1j}$/rad	ε_{1j}/rad	$e_{\max 2j}$/(rad/s)	ε_{2j}/(rad/s)	$s_{\max j}$/(rad/s)	σ_j/(rad/s)
轮 1，$j=1$	0.89	0.36	1.29	0.29	1.62	0.34
轮 2，$j=2$	0.83	0.3	1.12	0.25	1.39	0.29

表 10－30 运动实现的选定性能指标的值

指标	$d_{\max}$/m	d_n/m	ρ_d/m
数值	0.491	0.489	0.262

所获得的性能指标的值与第 7.7.2.1 节数值测试中获得的值相近。

表 10－31 列出了沿 8 字形路径实现运动的第Ⅰ和第Ⅱ阶段的选定性能指标的值，这些指标是按照第 7.1.2.2 节数值测试中所描述的方法计算的。

表 10－31 运动阶段Ⅰ和Ⅱ的选定性能指标的值

指标	$e_{\max j}$/rad	ε_j/rad	$\dot{e}_{\max j}$/(rad/s)	$\dot{\varepsilon}_j$/(rad/s)	$s_{\max j}$/(rad/s)	σ_j/(rad/s)
阶段Ⅰ，$k=1,\cdots,2\,250$						
轮 1，$j=1$	0.89	0.43	1.29	0.31	1.62	0.38
轮 2，$j=2$	0.83	0.31	1.12	0.29	1.59	0.33
阶段Ⅱ，$k=2\,251,\cdots,4\,500$						
轮 1，$j=1$	0.59	0.26	0.99	0.26	1.08	0.28
轮 2，$j=2$	0.78	0.3	1.07	0.2	1.07	0.25

在运动的第Ⅱ阶段获得的性能指标值比第Ⅰ阶段低，但在 WMR 上 A 点运动实现方面的改进并不像使用 DHP 算法时那样显著。

10.8.2　结论

在 WMR Pioneer 2 - DX 上 A 点的跟踪控制系统中应用 ADHDP 型 NDP 结构，可以确保跟踪运动实现的质量与神经网络控制系统在实验测试中获得的质量相近。所选用的性能指标的值大于采用 DHP 算法或采用评价器 NN 输出层初始权值非零的 HDP 算法的跟踪控制系统在实验测试中得到的性能指标的值。这可能是由于 ADHDP 算法中缺乏被控对象的预测模型。可以注意到，与 HDP 或 DHP 算法相比，ADHDP 结构在扰动发生期间其 NN 输出层权值的自适应调整过程比较慢。验证测试中对扰动影响的补偿速度比数值测试中快，这可能是得益于更好的系统激励。

10.9　行为控制分析

对 CB 型任务下 WMR Pioneer 2 - DX 上 A 点的无碰撞轨迹实时生成与实现进行了实验测试，所设计的神经网络轨迹发生器由两个 ADHDP 型 NDP 结构和一个 PD 控制器组成。第 7.8 节对分层控制系统做了讨论。在实验测试中采用的控制系统参数和标记与第 7.8.2 节数值测试中所用的相同。实验是在第 10.1.1 节所述的实验台上进行的，其测量轨道与第 7.8.2.1 节数值测试中的虚拟测量轨道相匹配。

在所进行的验证测试中，分层控制系统的任务是实时生成并实现 WMR 上 A 点到位于实际测量轨道目标点 G_A(4.9，3.5)、G_B(10.3，3.0) 和 G_C (7.6，1.5) 的无碰撞轨迹。图 10 - 49 给出了 WMR 上的 A 点驶向设在不同位置的目标点的路径。图中各个元素使用的标记与第 7.8.2.1 节数值测试中的标记类似。

图 10 - 49 中所示的障碍物，是通过超声波传感器和激光测距仪进行定位的，分别标记为红点（向 G_A 目标运动）、绿点（向 G_B 目标运动）或蓝点（向 G_C 目标运动）。在某些区域，实验室测量环境的布局与 WMR Pioneer 2 - DX 的传感系统所探测到的障碍物布局不一致。这种情况可能是由多个因素引起的，例如：

1）WMR Pioneer 2 - DX 的初始位置设置不准确。

2）在运动过程中，编码器的脉冲计数不准确。

3）由于传感器运动的附加干扰，造成从近距传感器读取的测量数据不准确。

4）在 WMR 的驱动单元中存在间隙。

5）测试通道与其虚拟模型的尺寸差异。

这些因素可能会对无碰撞轨迹的生成过程产生不利影响，在生成和实现 WMR Pioneer 2 - DX 上 A 点的期望轨迹时，这些因素会积累并引入误差。在运动过程中也可能会出现测量错误，而这些测量结果会被控制系统当成关于障碍物距离的信息，因此对轨迹的生成过程产生影响。图 10 - 49 给出了所有捕获到的障碍物的位置。应该指出，尽管 WMR 的传感系统所探测到的障碍物的实际位置相对于在构建环境仿真模型所需的测量中所创建的测量轨道有所偏移，但这并不影响所执行任务中轨迹生成过程的正确性，这是因为控制信号是根据环境条件确定的。在验证测试期间，WMR Pioneer 2－DX 没有与障碍物发生碰撞。

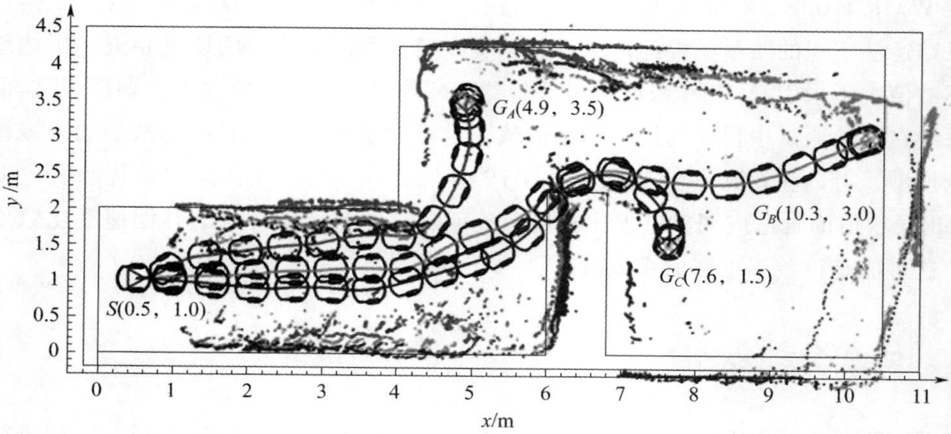

图 10－49 WMR Pioneer 2－DX 上的 A 点驶向单目标位置的路径（见彩插）

分层控制系统的实验测试中采用的系统参数值与第 7.8.2 节数值测试中所用的相同，其无碰撞轨迹生成层是通过神经网络轨迹发生器来实现的，在其设计过程中采用了 ADHDP 型自适应评价结构，其运动实现层采用了 DHP 型 NDP 结构。

10.9.1 WMR 运动控制分析

采用 ADHDP 型 NDP 算法，对未知环境中 WMR 无碰撞轨迹的生成算法进行了验证测试。分层控制系统的任务是根据机器人传感系统的信号在线生成并实现 WMR 上 A 点的轨迹。传感信号包括来自近距传感器测量数据形式的环境条件相关信息。WMR Pioneer 2－DX 上 A 点的运动是从预设的初始位置 S（0.5，1.0）开始，驶向位于 G_A（4.9，3.5）的目标点。图 10－50 给出了 WMR 上 A 点的路径。

在 WMR 运动的初始阶段，可以注意到执行 GS 任务的主导影响。这时 WMR 上的 A 点“被目标点 G_A 牵引”，机器人向墙壁移动。机器人执行的下一个行为来自两个行为控制信号对生成轨迹的影响，使其沿着测试轨道的墙壁实现运动。在运动的最后阶段，WMR 上的 A 点被目标所吸引。在该运动阶段，GS 任务的执行占主导地位。

WMR Pioneer 2－DX 上 A 点的路径是通过神经网络轨迹发生器的控制信号所生成的轨迹得到的。轨迹规划层的总控制信号（u_{Bv} 和 $u_{B\dot{\beta}}$）包括由动作器 NN 生成的控制信号（u_{BAv} 和 $u_{BA\dot{\beta}}$）和由比例控制器生成的控制信号（u_{BPv} 和 $u_{BP\dot{\beta}}$）。它们的值在图 10－51 中给出。由 P 控制器产生的控制信号值在轨迹生成过程的初始阶段具有较小值。从 $t=2$ s 之后，通过自适应评价结构中 NN 输出层权值的自适应调整，这些控制信号值被最小化。在 NN 输出层权值自适应调整的过程中，控制信号 u_{BAv} 和 $u_{BA\dot{\beta}}$ 在轨迹生成层的总控制信号中占主导地位，而 P 控制的控制信号取值则接近零。

在 ADHDP 结构的初始化过程中，选取了最坏的情况，即假设 NN 输出层的权值等于

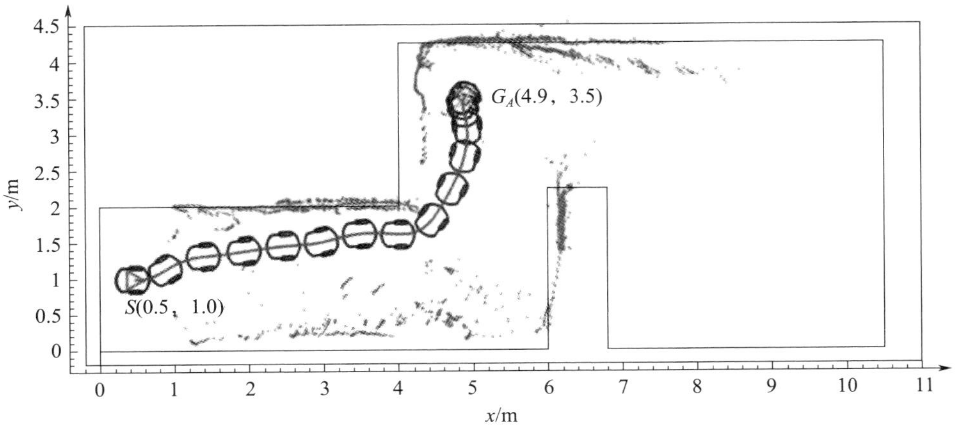

图 10-50　WMR Pioneer 2-DX 上的 A 点驶向目标 G_A（4.9，3.5）的路径

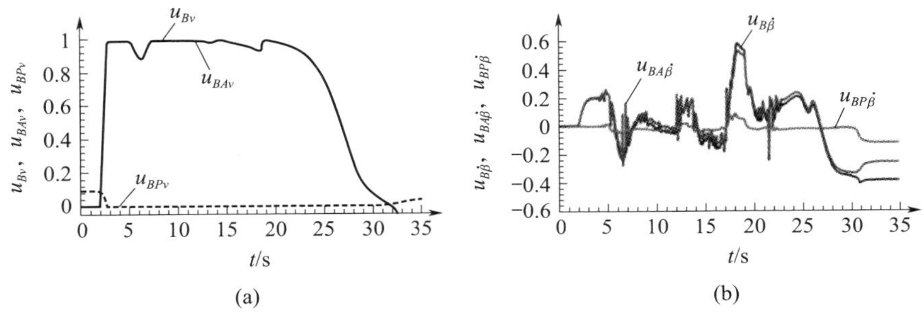

图 10-51　（a）控制信号 u_{Bv}、u_{BAv}、u_{BPv}；（b）控制信号 $u_{B\dot\beta}$、$u_{BA\dot\beta}$、$u_{BP\dot\beta}$

零，这相当于缺乏先验知识。NN 输出层权值的自适应调整根据所选的自适应算法实时进行。ADHDP 算法的动作器和评价器结构的 NN 输出层权值如图 10-52 所示，这些权值都有界。

图 10-53（a）给出了 WMR 上 A 点到目标的距离（d_G），图 10-53（b）给出了 ψ_G 角的值。在 WMR 运动过程中，距离 d_G 在减小。在运动的初始阶段，当 $t\in[4,6]$ s 时，ψ_G 角在减小，这是由于 GS 类型的行为控制对轨迹生成层的总控制信号起主导影响。之后，ψ_G 角的值增加，这是由于执行 OA 任务的影响，使得 WMR 沿着测试通道的墙运动。在运动的最后阶段，ψ_G 角减小到零，然后取值 $\psi_G\approx-\pi$，这是由于 WMR 停止的位置点 G_A 位于 A 点的后面（它在与 WMR 框架固联的动坐标系 x_1 轴方向上的坐标是负的）。

图 10-54 给出了 WMR Pioneer 2-DX 机器人上 A 点通过的路径，其中障碍物位于机器人传感系统的各个近距传感器的测量范围内。在本实验中，使用激光测距仪 s_L 获得了最好的测量质量。如果使用超声波传感器 s_{u6} 和 s_{u7} 进行测距时，会得到很多错误的测量结果。

在运动过程中，基于轨迹生成层的总控制信号，产生了 WMR 驱动轮转动的期望角速度值，如图 10-55（a）所示。要实现期望的运动参数，需要由分层控制系统的底层来生成控制信号。运动实现层中控制轮 1 运动的总信号 u_1 如图 10-55（b）所示，它包括由动

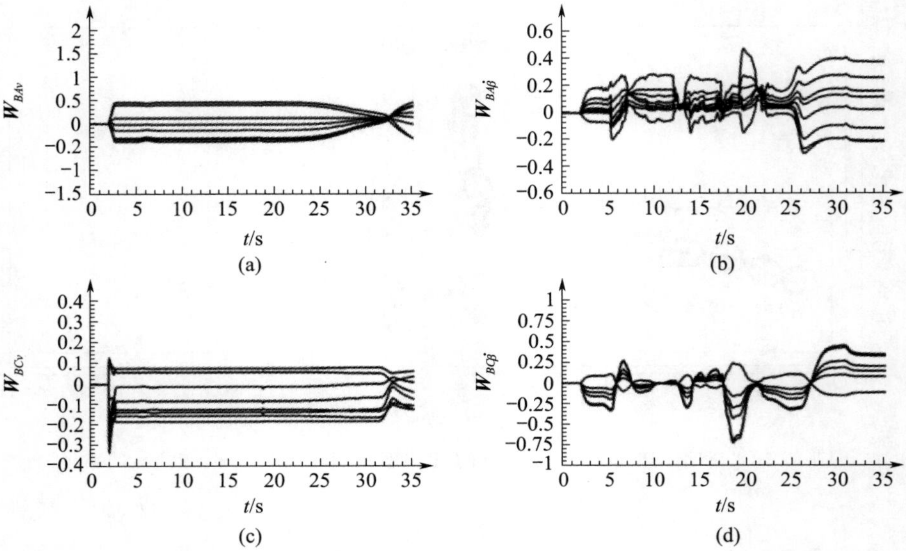

图 10－52 （a）动作器 NN 输出层的权值 $\boldsymbol{W}_{BAv}$ ；（b）动作器 NN 输出层的权值 $\boldsymbol{W}_{BA\dot{\beta}}$ ；（c）评价器 NN 输出层的权值 $\boldsymbol{W}_{BCv}$ ；（d）评价器 NN 输出层的权值 $\boldsymbol{W}_{BC\dot{\beta}}$

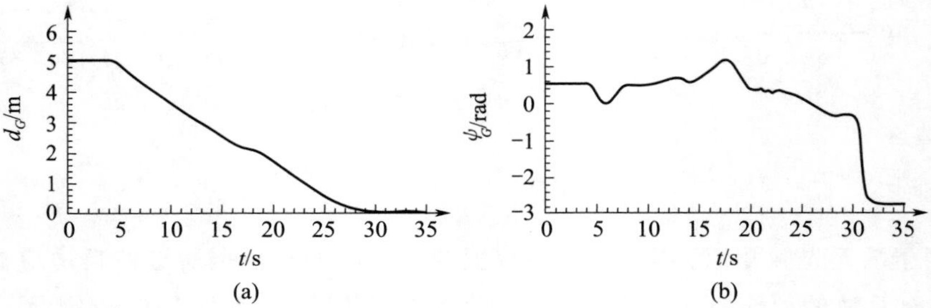

图 10－53 （a）WMR 上的 A 点与目标 G_A 间的距离 d_G ；（b）ψ_G 角

作器 NN 生成的控制信号 u_{A1}、由 PD 控制器生成的控制信号 u_{PD1}、监督控制器的控制信号 u_{S1} 和附加控制信号 u_{E1}。WMR Pioneer 2－DX 的轮 1 的跟踪误差如图 10－55（c）所示。DHP 型 NDP 算法的动作器 1 的 NN 权值 $\boldsymbol{W}_{A1}$ 如图 10－55（d）所示。与第 7.8.2.1 节数值测试一样，DHP 算法的 NN 输出层初始权值选取为零。在实验测试过程中，NN 输出层权值保持有界。控制轮 2 运动的信号值、轮 2 期望运动参数的实现误差值和权值 $\boldsymbol{W}_{A2}$ 也都类似。

所提出的分层控制系统采用 ADHDP 型 NDP 结构的神经网络轨迹生成器生成了一条轨迹，该轨迹的实现可以确保机器人上 A 点到达期望的位置。而基于里程计测量的行驶距离可能会在轨迹生成过程中引入误差。在实际情况下，WMR 上 A 点到达的终点位置可能与地图坐标中目标 G 的设定位置不同。采用神经网络轨迹发生器的分层控制系统在实验测试中获得的各个信号值与在第 7.8.2.1 节数值测试中获得的信号值类似。

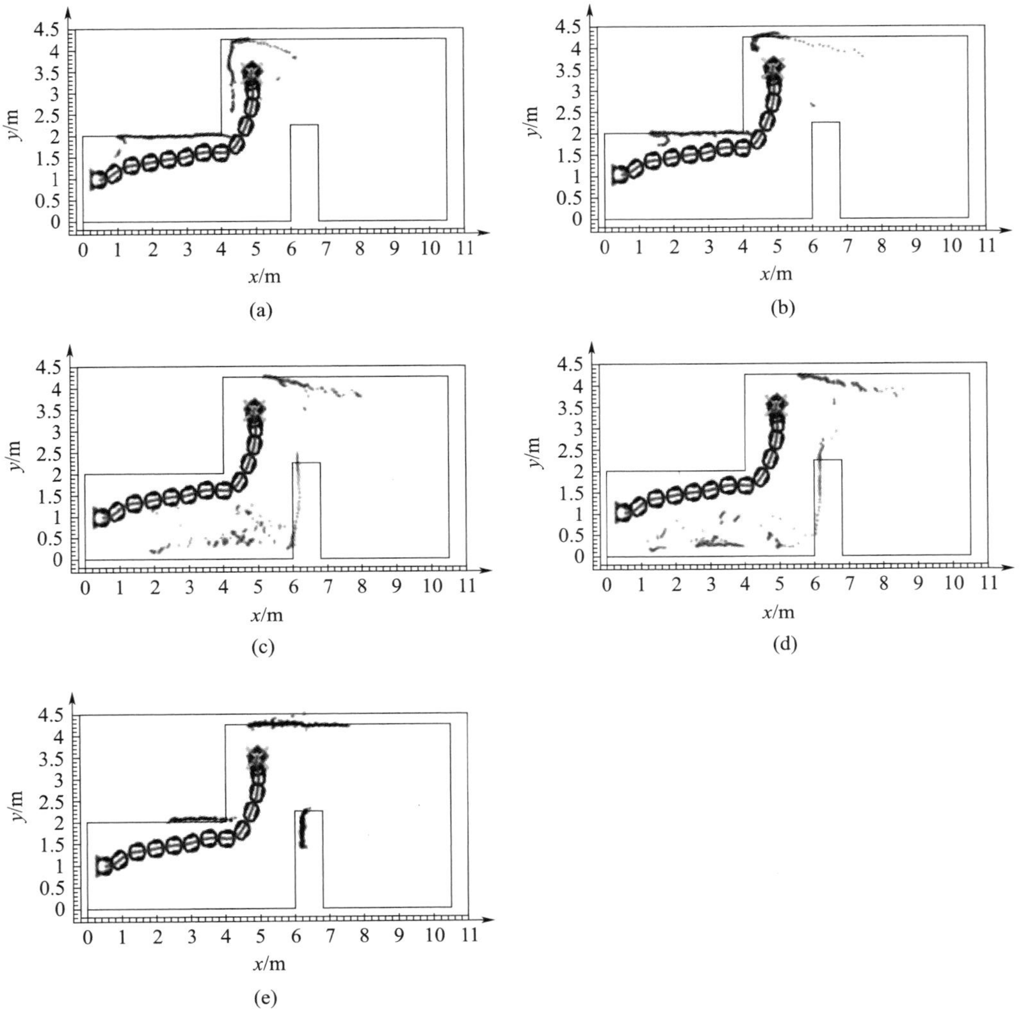

图 10 - 54　WMR 上的 A 点的路径和障碍物的位置，障碍物：(a) 由传感器 s_{u2} 检测；(b) 由传感器 s_{u3} 检测；(c) 由传感器 s_{u6} 检测；(d) 由传感器 s_{u7} 检测；(e) 由激光测距仪 s_L 检测

10.9.2　结论

WMR 在有静态障碍物的未知环境中根据所设计的无碰撞轨迹生成算法产生一条轨迹，使 WMR Pioneer 2 - DX 上的 A 点在不与障碍物发生碰撞的情况下，从期望的初始位置向目标 G 行进。轨迹的生成过程是基于来自机器人传感系统的信息和驱动轮转角的测量实现的，其中驱动轮转角是通过计算驱动单元中所含增量编码器的脉冲计数得到的。所完成的实验测试证实了使用的近距传感器的测量精度会影响轨迹规划过程的进行。由于采用增量编码器测量驱动轮转角，同时驱动单元的传动装置中存在间隙，因此所得到的 WMR Pioneer 2 - DX 上 A 点沿测试轨道实现的路径会存在误差。对行驶距离的测量误差造成了 WMR 上 A 点的实现轨迹相对于目标 G 的实际位置有一段距离的偏移。通过一个外部系统

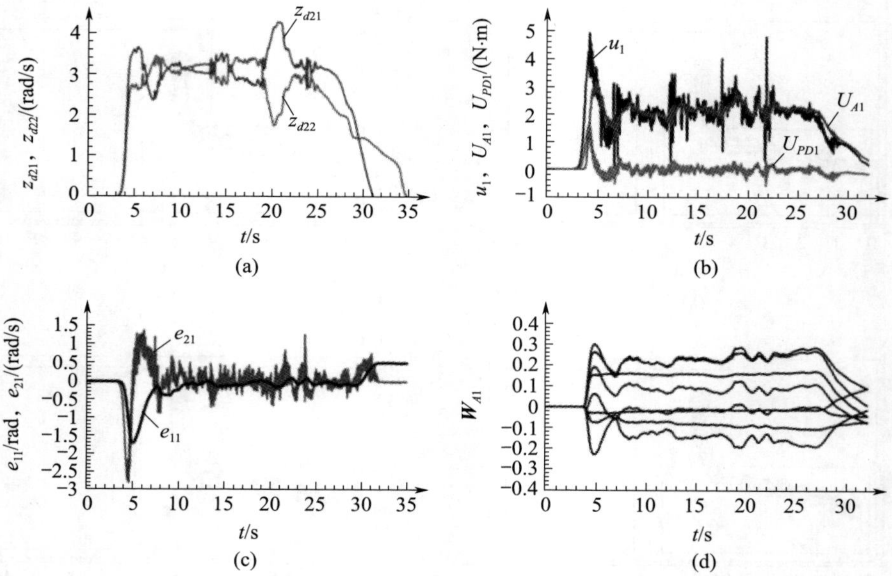

图 10-55 (a) 驱动轮自身转动的期望角速度值 z_{d21} 和 z_{d22}；(b) 控制信号 u_1，由动作器 NN 产生的比例缩放后的控制信号 U_{A1}，$\boldsymbol{U}_A=-\frac{1}{h}\boldsymbol{M}\boldsymbol{u}_A$，由 PD 控制器产生的比例缩放后的控制信号 U_{PD1}，$\boldsymbol{U}_{PD}=-\frac{1}{h}\boldsymbol{M}\boldsymbol{u}_{PD}$；(c) 跟踪误差值 e_{11} 和 e_{21}；(d) 动作器的 NN 输出层权值 $\boldsymbol{W}_{A1}$

来测量 WMR 上 A 点在环境中的位置可以解决这个问题，例如可以用一个外部的局部定位系统。

10.10 本章小结

本章对所提出的 WMR Pioneer 2-DX 上 A 点的跟踪控制系统进行了实验测试，并基于所选的性能指标对运动实现的质量进行了比较。对跟踪控制系统的实验测试是在相同的实验室条件下进行的，采用了 8 字形路径下的期望轨迹。

本章对第 7.9 节中运动实现的平均性能指标进行了计算。

本章对下列跟踪控制算法的性能指标进行了比较：

1）PD 控制器。

2）自适应控制系统。

3）神经网络控制系统。

4）采用 ADHDP 算法的控制系统。

5）采用 HDP 算法的控制系统，其评价器 NN 输出层的初始权值为零，$\boldsymbol{W}_{C\{0\}}=\boldsymbol{0}$（$\mathrm{HDP}_{W0}$）。

6）采用 HDP 算法的控制系统，其评价器 NN 输出层的初始权值不为零，$\boldsymbol{W}_{C\{0\}}=\boldsymbol{1}$（$\mathrm{HDP}_{W1}$）。

7）采用 GDHP 算法的控制系统。

8）采用 DHP 算法的控制系统。

在没有参数扰动的情况下，比较了 WMR 上 A 点在 8 字形路径下期望轨迹的运动实现过程中所选的性能指标的值。表 10－32 列出了性能指标的值，其中对控制系统的编号排列顺序也适用于本节后面的表格和比较图。

图 10－56 以柱状图的形式给出了性能指标 $s_{\max a}$ 和 σ_{av} 的图形化解读。白色（1）代表 PD 控制器的性能指标值，灰色（2）代表自适应控制系统的性能指标值，绿色（3）代表神经网络控制算法的性能指标值，紫色（4）代表采用 ADHDP 型 NDP 结构的控制系统性能指标值，深蓝色（5）代表采用 HDP 算法的控制系统的性能指标值，其评价器的 NN 输出层初始权值为零，浅蓝色（6）代表采用 HDP 结构的控制系统的性能指标值，其评价器的 NN 输出层权值不为零，红色（7）代表采用 GDHP 型自适应评价算法的控制系统的性能指标值，黄色（8）代表采用 DHP 算法的控制系统的性能指标值。

表 10－32　在没有扰动的实验中，实现 8 字形路径下的期望轨迹的选定性能指标的值

No.	算法	$e_{\max a}$ /rad	$\varepsilon_{\mathrm{av}}$ /rad	$\dot{e}_{\max a}$ /(rad/s)	$\dot{\varepsilon}_{\mathrm{av}}$ /(rad/s)	$s_{\max a}$ /(rad/s)	σ_{av} /(rad/s)
1	PD	4.54	3.34	2.79	0.52	3.6	1.77
2	Adaptive	1.25	0.33	1.84	0.25	2.1	0.3
3	Neural	1.02	0.22	2.02	0.31	2.3	0.33
4	ADHDP	0.86	0.33	1.31	0.23	1.52	0.28
5	HDP_{W0}	1.93	0.39	1.7	0.35	2.21	0.41
6	HDP_{W1}	0.65	0.17	1.07	0.18	1.21	0.2
7	GDHP	0.89	0.24	1.3	0.2	1.49	0.24
8	DHP	0.78	0.18	1.14	0.2	1.32	0.22

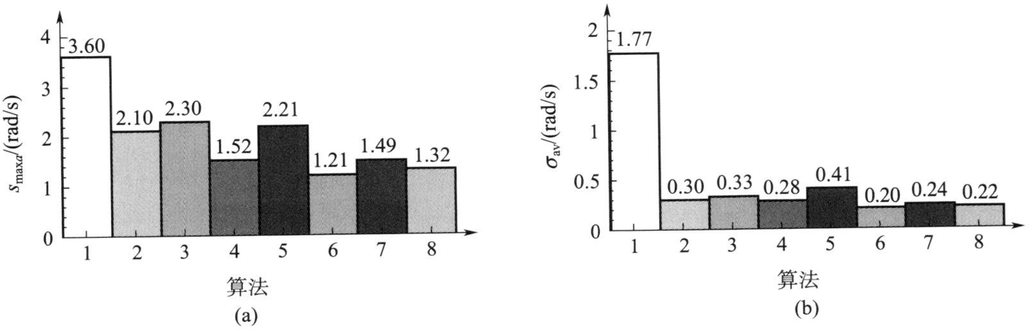

图 10－56　在没有扰动的实验中，实现 8 字形路径下的期望轨迹的选定性能指标的值（见彩插）

就实际条件下对 WMR 期望轨迹实现的质量分析而言，最重要的是性能指标 σ_{av} 的值，它取决于实验的每一步中 WMR 驱动轮期望转角的误差值和期望角速度的误差值。在某些条件下，所得到的期望轨迹实现的最大误差值，即 $e_{\max a}$、$\dot{e}_{\max a}$ 和 $s_{\max a}$，可能并不具有代表性，而是由机器人受到的随机扰动引起的，例如，沿不平坦的表面行驶，与障碍物的接触，或由承载质量变化引起的 WMR 动态特性的变化。

在比较采用各种控制系统的 WMR 上 A 点的跟踪运动的实现质量时，参考的基准是在 PD 控制器的验证测试中所获得的选定性能指标的值，在表格中标记为（1）。其他控制算法由 PD 控制器和附加环节组成，例如，逼近被控对象非线性的环节，这可以改善 WMR 跟踪运动的实现质量。

与数值测试类似，根据以性能指标值 σ_{av} 为代表的运动实现质量［见图 10－56（b）］，被考察的控制算法可以分为 A、B、C 和 D 四组。其中确保跟踪运动实现质量最高、所选性能指标的值最低的算法被划分到 A 组。性能指标值最大的是 PD 控制器（1），被划分到了 D 组，它比划分到 C 组中序号排列为第二的 HDP_{W0} 算法（5）的性能指标值大得多。当控制系统采用 HDP 算法时，若动作器和评价器的 NN 输出层初始权值为零，运动实现质量的性能指标值 σ_{av} 较大，这是因为在权值自适应调整的初期，其期望轨迹实现的误差值很大。为评价器 NN 的输出层权值引入非零初始值提高了运动实现的质量。B 组包括自适应控制算法（2）、神经网络控制算法（3）和 ADHDP 型 NDP 算法（4）的控制系统，其 σ_{av} 值范围是 0.28～0.33。采用 HDP_{W1}（6）、GDHP（7）或 DHP（8）算法的跟踪控制系统被归入 A 组，这一组的性能指标值 σ_{av} 最低，范围是 0.2～0.24。通过分析其他性能指标的值，也可以对这些算法做出分组。采用 NDP 算法的控制系统实现了质量最佳的跟踪控制。应该指出，采用 HDP_{W1} 算法（6）时，为评价器 NN 的输出层权值选取非零的初始值显著提高了期望轨迹的实现质量，尤其是在机器人运动的初始阶段。而其他的控制算法是在所用参数的初始值选取为零的最坏情况下实现的。因此，HDP_{W1} 算法（6）的结果应仅被视为参考信息，用于与 HDP_{W0} 算法（5）的结果进行比较，以便考察所用参数（NN 权值）的初始条件变化引起的控制质量的差异。

表 10－33 列出了在验证测试的各个阶段，期望轨迹实现的选定性能指标的值。

表 10－33　在没有扰动的实验中，8 字形路径下期望轨迹实现各阶段的选定性能指标的值

No.	算法	阶段 Ⅰ				阶段 Ⅱ			
		$k=1,\cdots,2\,250$				$k=2\,251,\cdots,4\,500$			
		$e_{\max a}$/rad	ε_{av}/rad	$s_{\max a}$/(rad/s)	σ_{av}/(rad/s)	$e_{\max a}$/rad	ε_{av}/rad	$s_{\max a}$/(rad/s)	σ_{av}/(rad/s)
1	PD	4.28	3.12	3.22	1.71	4.27	3.44	3.6	1.76
2	Adaptive	1.25	0.45	2.1	0.38	0.22	0.1	0.9	0.17
3	Neural	1.02	0.25	2.3	0.35	0.46	0.16	1.52	0.27
4	ADHDP	0.86	0.37	1.52	0.31	0.67	0.29	1.19	0.24
5	HDP_{W0}	1.93	0.55	2.21	0.55	0.25	0.08	0.87	0.17
6	HDP_{W1}	0.65	0.21	1.21	0.24	0.2	0.07	0.96	0.17
7	GDHP	0.89	0.26	1.49	0.28	0.46	0.21	0.91	0.18
8	DHP	0.78	0.23	1.32	0.25	0.29	0.08	1.05	0.17

图 10－57 给出了在各个运动阶段获得的选定性能指标的值的图形化对比，采用的标记和颜色与先前相同。与运动第Ⅱ阶段的性能指标值相对应的直方图用斜线标记。

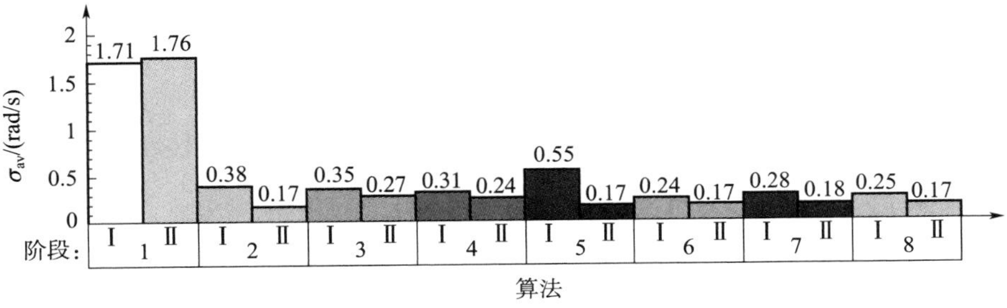

图 10－57　在没有扰动的实验中，8 字形路径下期望轨迹实现各阶段的选定性能指标的值（见彩插）

持续的参数自适应调整过程对于提高期望轨迹的实现质量有积极影响，这一点可以通过比较运动第Ⅰ和第Ⅱ阶段的选定性能指标的值看出。在控制系统采用自适应算法和包含 HDP_{W0} 结构的情况下，可以看到 WMR 上 A 点在第Ⅰ和第Ⅱ运动阶段中的 σ_{av} 值有很大差异，这表明在第Ⅰ运动阶段的自适应调整过程中调整系统参数是正确的。在运动的第Ⅱ阶段，使用自适应控制系统以及采用 HDP 和 DHP 算法的控制系统获得了性能指标的最低值，$\sigma_{av}=0.17$。

表 10－34 给出了有参数扰动的情况下，采用 8 字形路径下的期望轨迹，对控制 WMR 上 A 点实现跟踪运动的算法进行验证测试时所获得的选定性能指标的值。

表 10－34　在有扰动的实验中，8 字形路径下期望轨迹实现各阶段的选定性能指标的值

No.	算法	$e_{\max a}$ /rad	ε_{av} /rad	$\dot{e}_{\max a}$ /(rad/s)	$\dot{\varepsilon}_{av}$ /(rad/s)	$s_{\max a}$ /(rad/s)	σ_{av} /(rad/s)
1	PD	5.51	3.79	2.72	0.55	4.08	1.99
2	Adapive	1.24	0.37	1.78	0.26	2.07	0.32
3	Neural	0.99	0.26	2.17	0.36	2.3	0.39
4	ADHDP	0.86	0.33	1.21	0.27	1.51	0.32
5	HDP_{W0}	1.88	0.38	1.71	0.38	2.24	0.43
6	HDP_{W1}	0.63	0.18	1.07	0.2	1.2	0.22
7	GDHP	0.91	0.36	1.45	0.26	1.66	0.32
8	DHP	0.79	0.18	1.16	0.22	1.31	0.24

图 10－58 给出了选定性能指标的图形化对比，所用的标记和颜色与先前相同。

在 WMR 运动过程中引入的两次参数扰动增加了所有被考察算法的性能指标值。应该注意，采用 GDHP 算法的控制系统实现运动所得的性能指标值 σ_{av} 比无扰动实验中得到的性能指标值有所增加。这可能表明，与其他 NDP 算法相比，该算法对被控对象动态特性变化的抗扰能力较低。采用 GDHP 算法的控制系统所获得的性能指标值 σ_{av} 与采用自适应控制算法或 ADHDP 算法的控制系统所获得的性能指标值相同。采用 NDP 算法的控制系统能确保实现最高质量的跟踪运动。

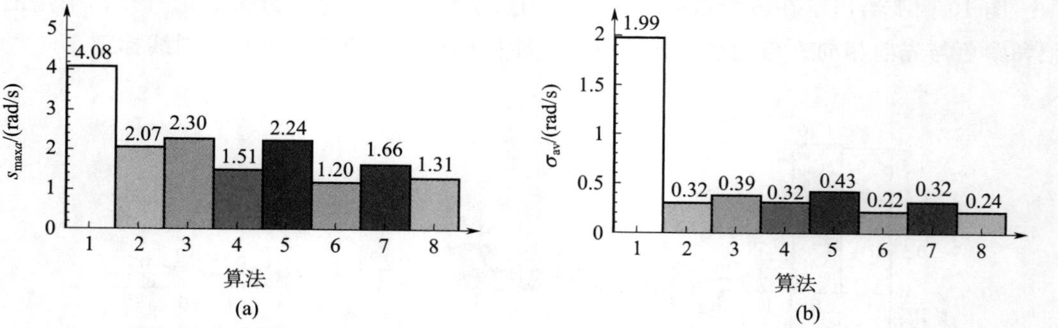

图 10-58 在有扰动的实验中，8 字形路径下期望轨迹实现各阶段的选定性能指标的值（见彩插）

表 10-35 给出了有参数扰动的情况下，对 WMR 上 A 点的跟踪控制系统进行验证测试，实现 8 字形路径下的期望轨迹的各个阶段所获得的选定性能指标的值。

表 10-35 在有扰动的实验中，8 字形路径下期望轨迹实现各阶段的选定性能指标的值

No.	算法	阶段 Ⅰ $k=1,\cdots,2\ 250$				阶段 Ⅱ $k=2\ 251,\cdots,4\ 500$			
		e_{maxa}/rad	ε_{av}/rad	s_{maxa}/(rad/s)	σ_{av}/(rad/s)	e_{maxa}/rad	ε_{av}/rad	s_{maxa}/(rad/s)	σ_{av}/(rad/s)
1	PD	5.17	3.53	3.47	1.93	5.3	3.91	4.08	1.98
2	Adaptive	1.24	0.48	2.07	0.4	0.47	0.2	0.98	0.19
3	Neural	0.99	0.28	2.18	0.4	0.79	0.22	2.3	0.37
4	ADHDP	0.86	0.37	1.51	0.36	0.69	0.28	1.08	0.27
5	HDP_{W0}	1.88	0.51	2.24	0.55	0.4	0.14	1.44	0.25
6	HDP_{W1}	0.63	0.23	1.2	0.27	0.3	0.12	0.69	0.17
7	GDHP	0.91	0.34	1.66	0.35	0.55	0.38	1.12	0.29
8	DHP	0.79	0.25	1.31	0.29	0.19	0.07	0.94	0.17

图 10-59 给出了有参数扰动的情况下，实现 8 字形路径下的期望轨迹的各阶段中所获得的性能指标值 σ_{av} 的图形化对比。

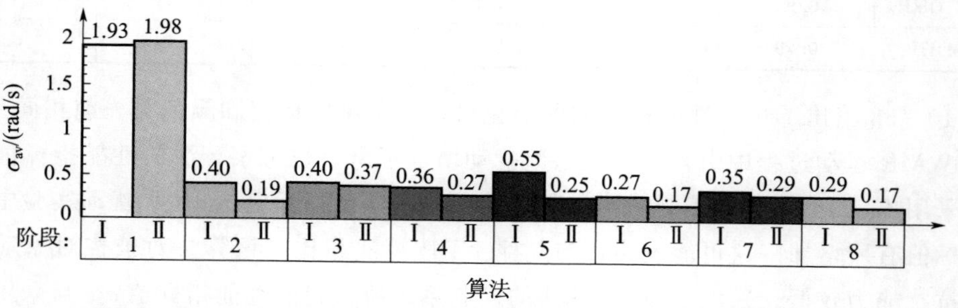

图 10-59 在有扰动的实验中，8 字形路径下期望轨迹实现各阶段的选定性能指标的值（见彩插）

与没有扰动的序列曲线相比，在实验第Ⅱ阶段引入的两次参数扰动导致自适应控制系统和 HDP_{W0} 型 NDP 结构的控制系统的跟踪运动实现质量变差。当采用 DHP 型和 HDP_{W1} 型 NDP 结构的控制系统时，虽然有参数扰动，但在运动第Ⅱ阶段仍获得了性能指标的最低值 $\sigma_{av}=0.17$。当采用神经网络控制算法和采用 ADHDP 与 GDHP 结构的控制系统时，输出层权值的自适应调整过程很缓慢，这一点可以从实验第Ⅱ阶段性能指标值 σ_{av} 的小幅下降中得到印证。

当控制系统中采用 DHP 型 NDP 算法和 HDP 型 NDP 算法（后者评价器 NN 输出层的初始权值选取为非零）时，WMR Pioneer 2 - DX 上 A 点的期望轨迹获得了最高的实现质量。采用 ADHDP 和 GDHP 算法的控制系统所获得的性能指标值与采用自适应和神经网络控制系统所获得的性能指标值相当，但比采用 DHP 算法的控制系统所获得的性能指标值大。

参考文献

[1] dSPACE: DS1102 User' s Guide. Document Version 3.0, dSpace GmbH, Padeborn (1996).

[2] dSPACE: DS1102 RTLib Reference. Document Version 4.0, dSpace GmbH, Paderborn (1998).

[3] dSPACE: Control Desk Experiment Guide For Control Desk Version 1.1. dSpace GmbH, Paderborn (1999).

[4] dSPACE: DS1102 DSP Controller Board. RTI Reference. dSpace GmbH, Paderborn (1999).

[5] dSPACE: Real - Time Interface. Implementation Guide For RTI 3.3. dSpace GmbH, Paderborn (1999).

[6] dSPACE: Control Desk Experiment Guide For Release 4.0. dSpace GmbH, Paderborn (2003).

[7] dSPACE: DS1104 R&D Controller Board. Installation and Configuration For Release 4.0, dSpace GmbH, Paderborn (2003).

[8] dSPACE: Real - Time Interface (RTI and RTI - MP). Implementation Guide For Release 4.0. dSpace GmbH, Paderborn (2003).

[9] SIMULINK Dynamic System Simulation for MATLAB. Using Simulink. Version 2.2, on - line version (1998).

第 11 章　结　论

本书以 WMR Pioneer 2 - DX 和 RM Scorbot - ER 4pc 为例，对工作于变化条件下的动态系统，介绍了其智能控制的重要和最新问题。书中还针对机器人上选定点的跟踪控制系统，介绍了其分析和综合，在分析与综合中采用了高级人工智能技术，如 NN 或 NDP 算法。跟踪控制系统可视为分层控制系统的一个运动实现层。

本书对 WMR Pioneer 2 - DX 上 A 点的跟踪控制系统进行了数值仿真和实验分析，包括 PD 控制器、自适应控制系统、神经网络控制系统，以及采用 HDP、GDHP、DHP 和 ADHDP 型 NDP 结构的跟踪控制系统。另外也对 RM Scorbot - ER 4pc 的控制系统进行了数值仿真和验证分析，包括 PD 控制器，以及采用 DHP 和 GDHP 型 NDP 结构的跟踪控制系统。对于特定的控制算法，数值仿真和实验测试所获得的数值很相似，这证明了所使用的 WMR Pioneer 2 - DX、RM Scorbot - ER 4pc 和虚拟测量环境的数学模型的正确性。通过选定的性能指标对轨迹实现的质量进行了比较。对所采用的结构参数选取了最不利的情况，比如将 NN 或自适应算法的初始参数选取为零。在考察的各类算法中，采用 DHP 算法的控制系统可以确保最佳的控制质量。使用 HDP 算法也可以得到类似的运动实现质量，但只限于评价器 NN 输出层的初始权值不为零的情况。所给出的运动实现系统都是实时运行的，不需要 NN 权值的初始训练过程。

在设计跟踪控制系统时，采用 HDP、DHP 和 GDHP 型自适应评价结构有一个不便于应用之处，即必须知道被控对象的数学模型。被控对象的数学模型对于评价器和动作器 NN 权值的自适应调整律的综合至关重要。而采用 ADHDP 型的结构则没有这种不便之处。由于 WMR 或 RM 这种机械对象的数学描述已是众所周知的，NDP 结构中使用的模型只是在反映系统工作条件方面可能会有一些不精确，但这并不影响控制的质量。使用 NDP 结构的控制算法因为结构复杂，且需要 NN 权值自适应调整算法，其计算成本高于神经网络等类型的控制系统。

本书还研究了如何在有静态障碍物的未知环境中，利用反应性导航的概念，生成 WMR 上 A 点的无碰撞轨迹，并考察了实际条件下的算法设计和运行测试。提出了一个分层系统，为执行 CB 类型复合任务的 WMR 生成轨迹并控制其运动。其中，神经网络轨迹发生器使用了采用 ADHDP 型动作器-评价器结构，运动学模块将生成的控制信号转换为 WMR 驱动轮的运动参数，这两部分可一并视为分层控制系统的轨迹生成层。

在有非移动障碍物的未知环境中生成 WMR 的轨迹，其算法综合所面临的问题是缺乏对环境模型的了解，这给控制算法的设计过程带来了困难。在所提出的利用自适应评价算法生成轨迹的系统中，采用了一种新方法，即利用比例控制器对控制系统的结构进行扩展，这类似于非线性控制系统的解决方案。这种方法缩短了强化学习算法的探索过程，而更多地采用由比例控制器的控制信号“指示”的正确控制策略。所提的解决方案旨在减少“试错”学习过程，其原因是“试错”法并不适合于未知环境中 WMR 的实时控制。

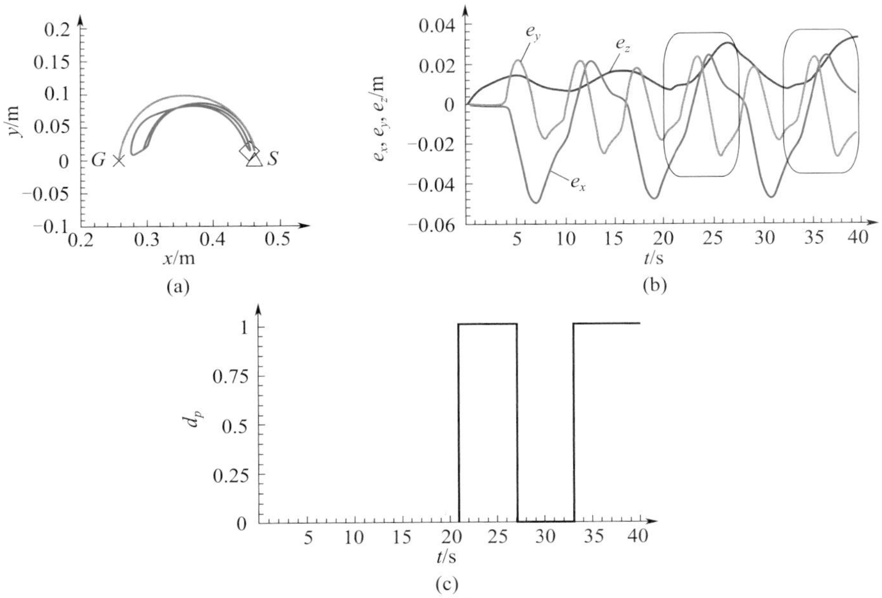

图 7-8　(a) 末端执行器上 C 点的期望和实现路径；
(b) 路径误差 e_x，e_y，e_z；(c) 参数扰动信号 d_p (P116)

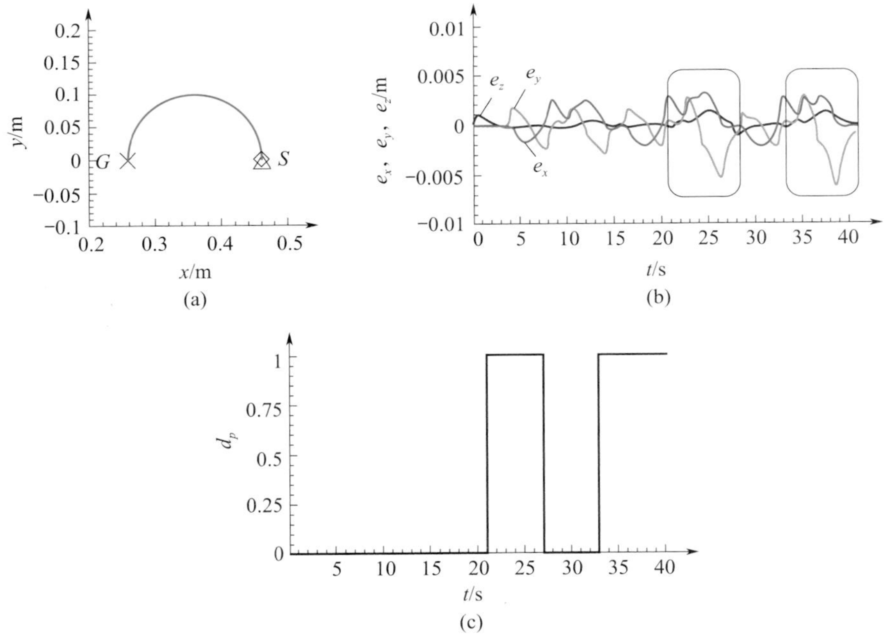

图 7-42　(a) 末端执行器点 C 期望的和实现的路径；(b) 路径误差 e_x，e_y，e_z；
(c) 参数扰动信号 d_p (P158)

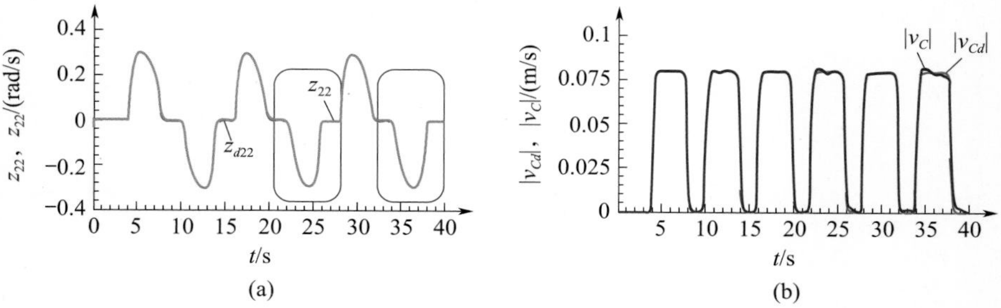

图 7 - 44　(a) RM 连杆 2 的期望旋转角速度（z_{d22}）和实现旋转角速度（z_{22}）；(b) 机械手末端执行器上点 C 期望速度的绝对值（$|v_{Cd}|$）和实现速度的绝对值（$|v_C|$）(P159)

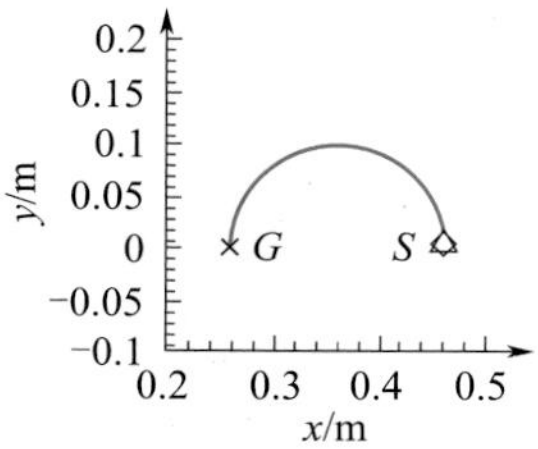

图 7 - 55　RM 末端执行器上点 C 的期望和实现路径（P174）

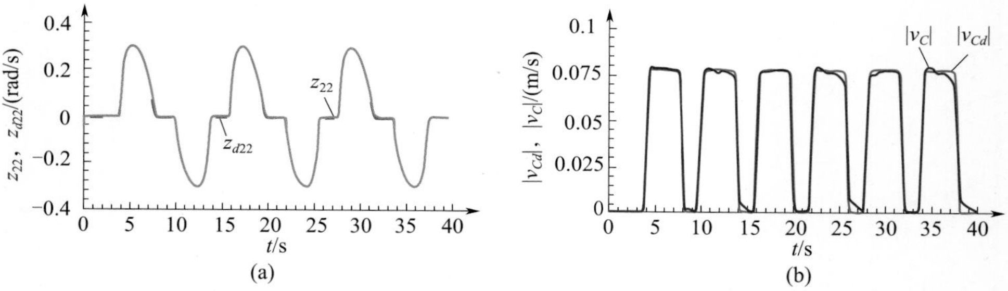

图 7 - 57　(a) RM 连杆 2 期望的旋转角速度（z_{d22}）和实现的旋转角速度（z_{22}）；(b) 机械手末端执行器上点 C 的期望速度的绝对值（$|v_{Cd}|$）和实现速度的绝对值（$|v_C|$）(P175)

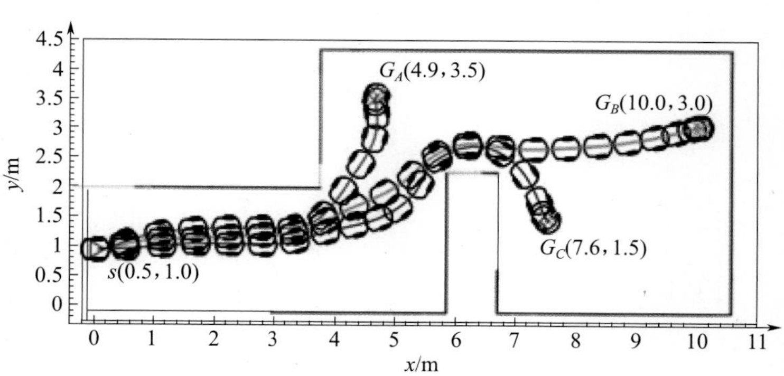

图 7 - 73　WMR 上 A 点到各个目标位置的运动路径（P194）

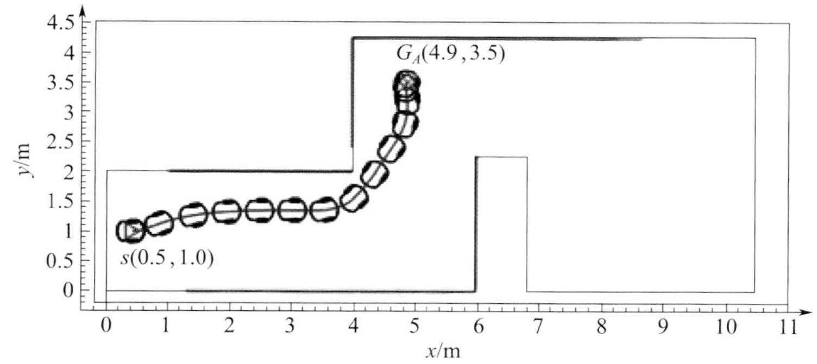

图 7-74　WMR 上 A 点到达目标点 G_A（4.9，3.5）的运动路径（P195）

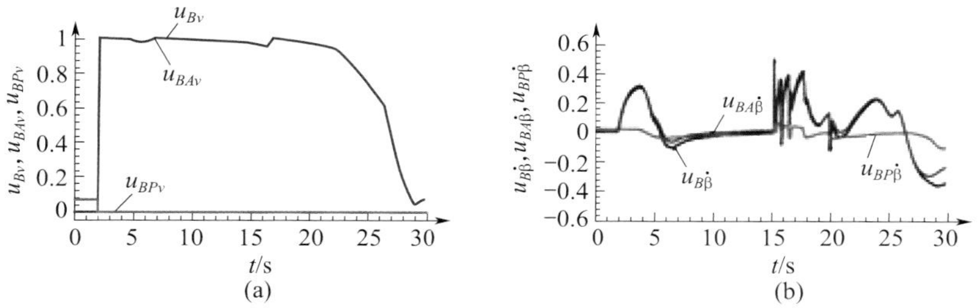

图 7-75　（a）控制信号 u_{Bv}，u_{BAv}，u_{BPv}；（b）控制信号 $u_{B\dot{\beta}}$，$u_{BA\dot{\beta}}$，$u_{BP\dot{\beta}}$（P196）

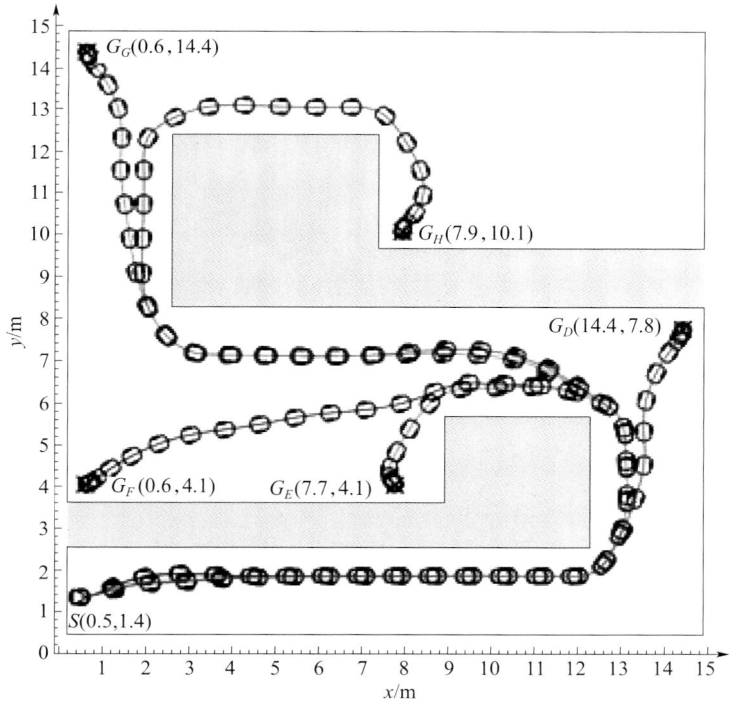

图 7-79　WMR 上 A 点到的各个目标位置的运动路径（P198）

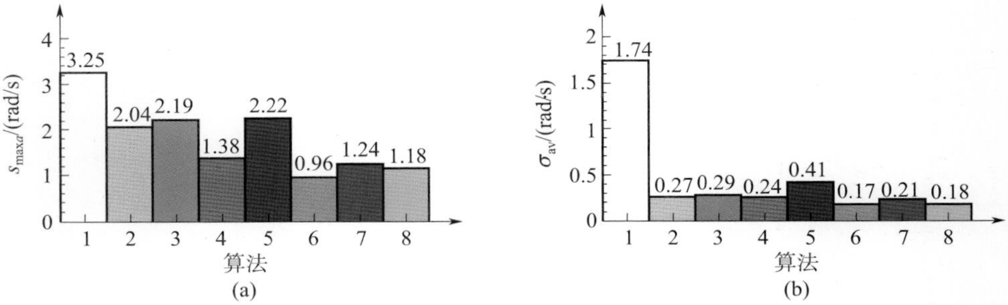

图 7－80　无扰动时，"8 "字形运动路径的轨迹实现数值测试中的选定性能指标的值（P200）

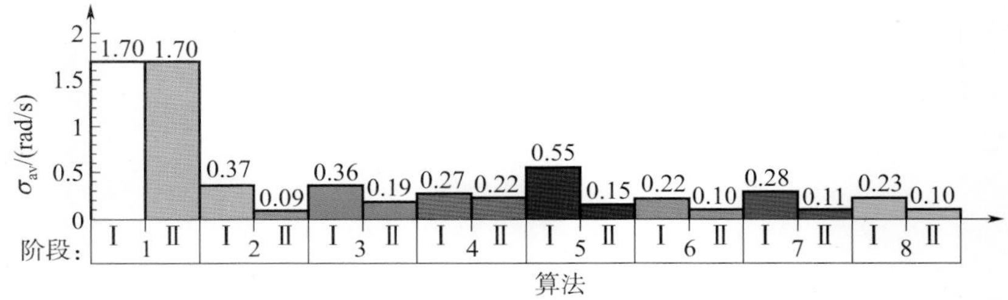

图 7－81　无扰动时，"8"字形运动路径的轨迹实现数值测试中的各运动阶段选定性能指标的值（P202）

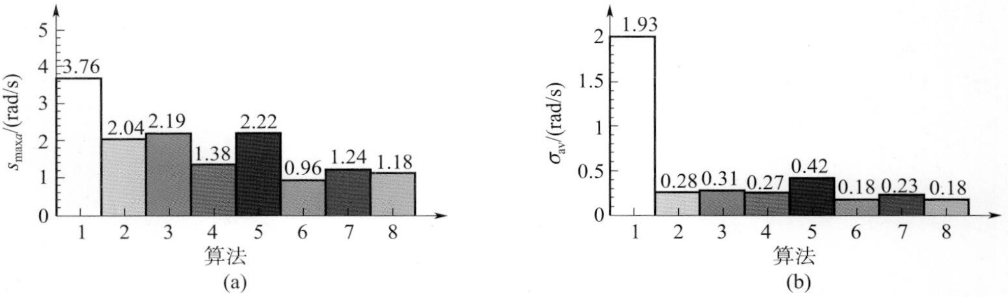

图 7－82　有参数扰动时，"8"字形运动路径的轨迹实现数值测试中的选定性能指标的值（P203）

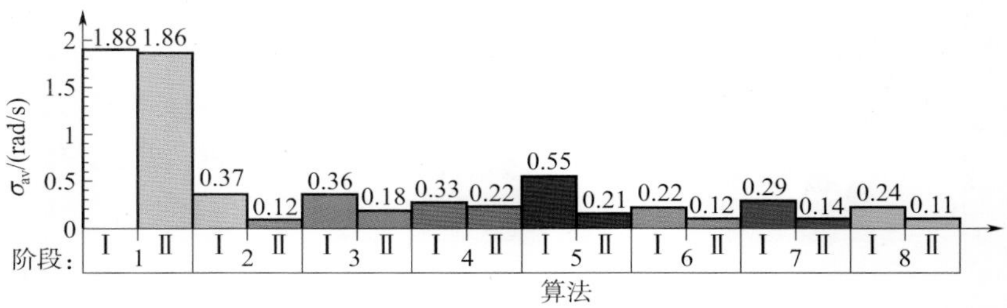

图 7－83　无扰动时，"8"字形运动路径的轨迹实现数值测试中的各运动阶段选定性能指标的值（P203）

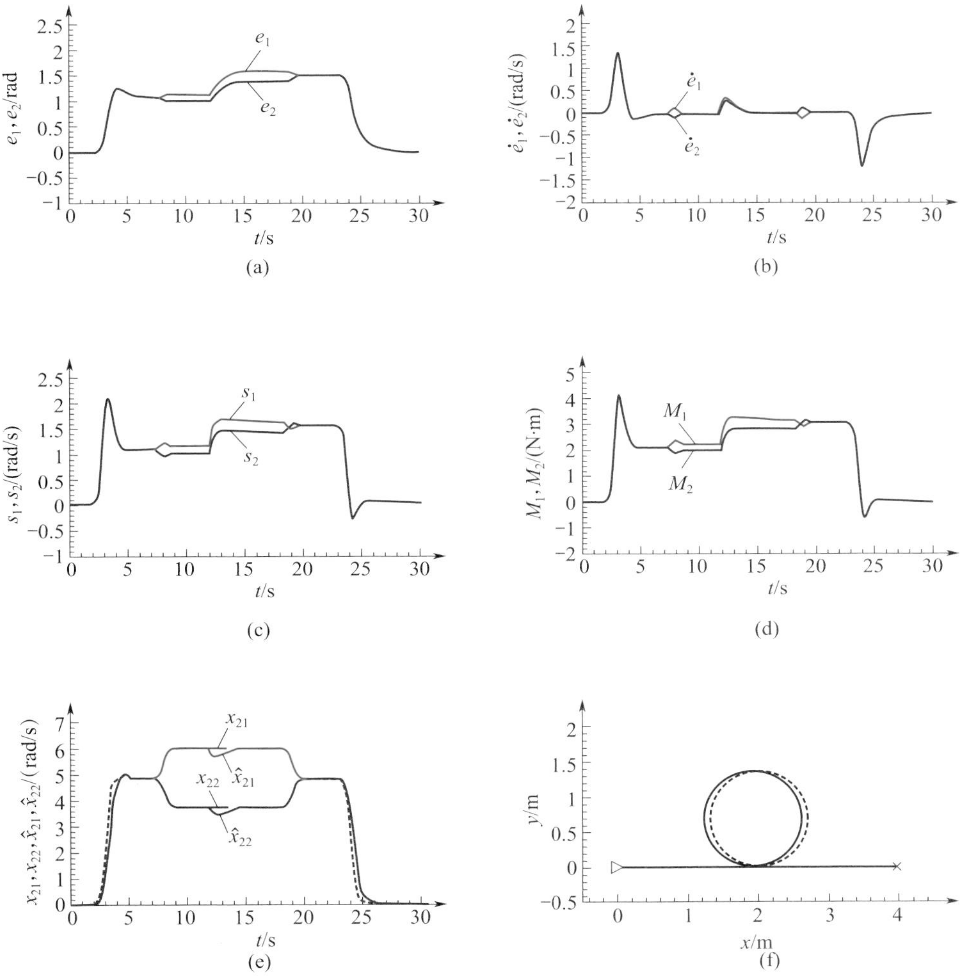

图 8－3　PD 控制的系统仿真结果：(a) 轮 1 和轮 2 的旋转角度跟踪误差值；(b) 轮 1 和轮 2 的角速度跟踪误差值；(c) 控制质量度量误差 s_1，s_2；(d) PD 控制信号；(e) 期望的（虚线）和实现的车轮旋转角速度；(f) WMR 上 A 点的期望路径（虚线）和实现路径（P217）

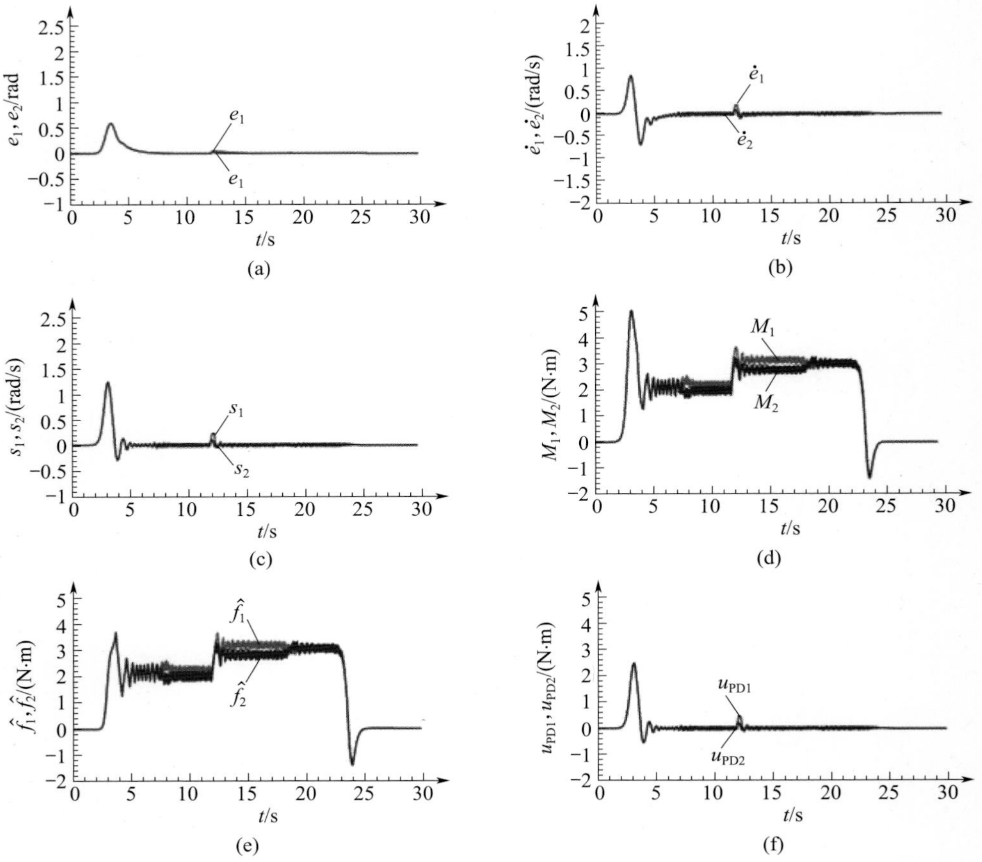

图 8－4　神经网络控制系统的仿真结果：(a) 轮 1 和轮 2 的旋转角度跟踪误差值；(b) 轮 1 和轮 2 的角速度跟踪误差值；(c) 控制质量度量误差 s_1，s_2；(d) 总控制信号；(e) 由 NN 产生的补偿控制信号；(f) PD 控制信号 (P218)

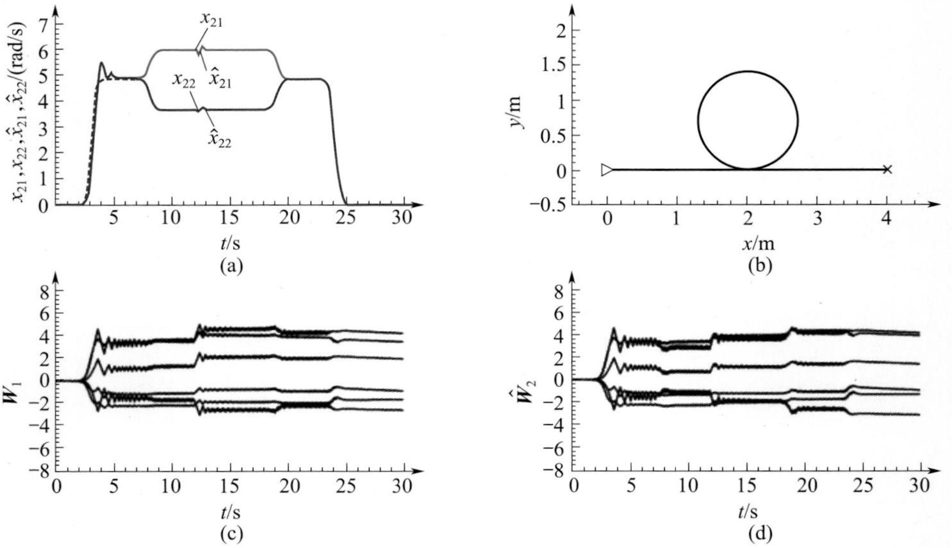

图 8－5　神经网络控制系统的仿真结果：(a) 车轮旋转的期望角速度和实现角速度；(b) 移动机器人上选定点 A 的期望路径和实现路径；(c) 逼近非线性函数 f_1 的 NN 权值；(d) 逼近非线性函数 f_2 的 NN 权值 (P219)

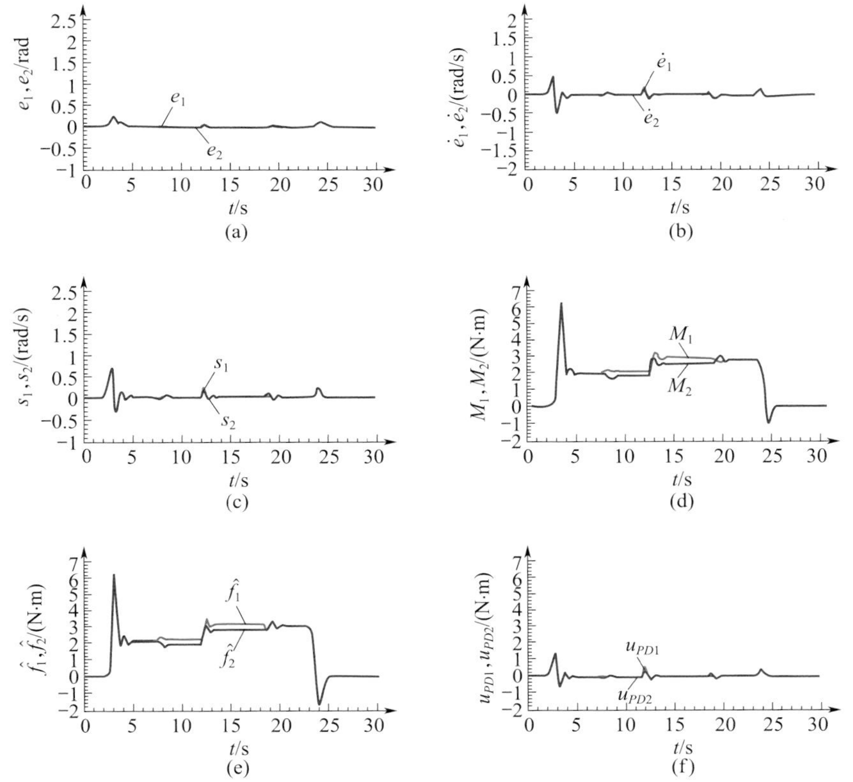

图 8－7　神经网络控制系统的仿真结果：(a) 轮 1 和轮 2 旋转角度的跟踪误差值；(b) 轮 1 和轮 2 角速度的跟踪误差值；(c) 控制质量度量误差 s_1，s_2；(d) 总的控制信号；(e) 由神经网络产生的补偿控制信号；(f) PD 控制信号 (P222)

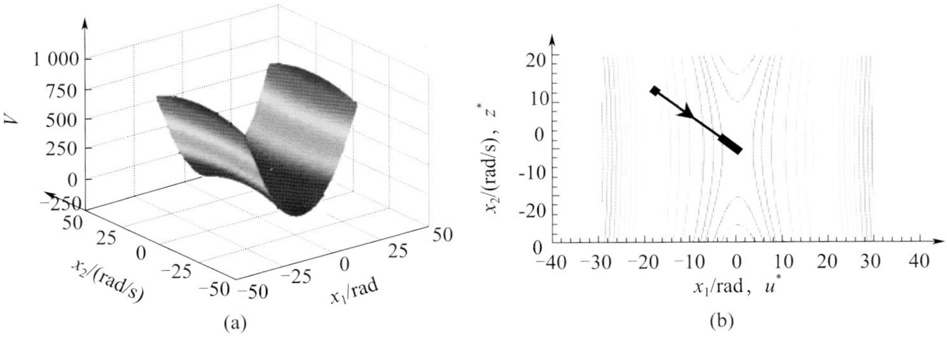

图 9－4　(a) Nash 条件在三维空间中的解释；(b) 最优控制和干扰轨迹在子空间上的投影 (P250)

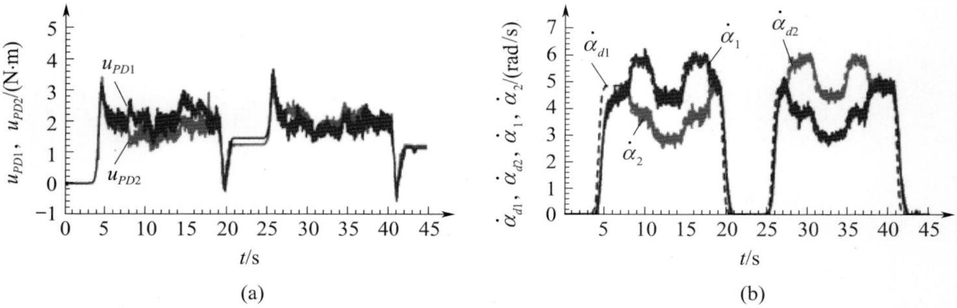

图 10－4　（a）控制信号 u_{PD1} 和 u_{PD2}；（b）驱动轮的期望角速度（$\dot{\alpha}_{d1}$，$\dot{\alpha}_{d2}$）和实现角速度（$\dot{\alpha}_1$，$\dot{\alpha}_2$）（P265）

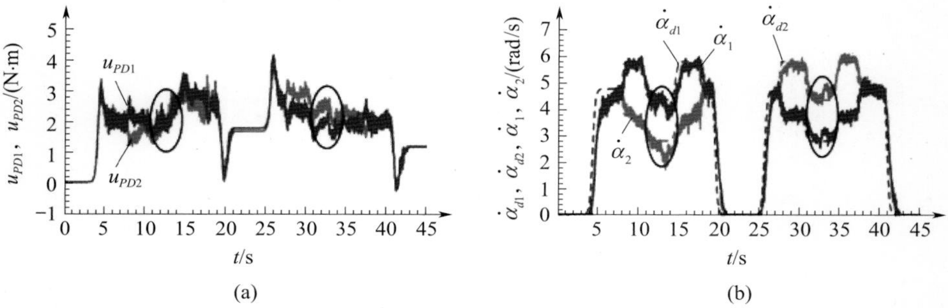

图 10－7　（a）控制信号 u_{PD1} 和 u_{PD2}；（b）驱动轮的期望角速度（$\dot{\alpha}_{d1}$，$\dot{\alpha}_{d2}$）和实现角速度（$\dot{\alpha}_1$，$\dot{\alpha}_2$）（P266）

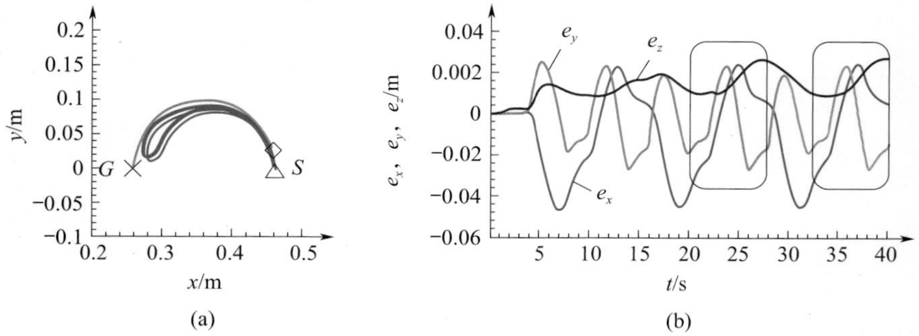

图 10－9　（a）机械手末端执行器上 C 点的期望路径和实现路径；（b）实现路径的误差值 e_x、e_y、e_z（P268）

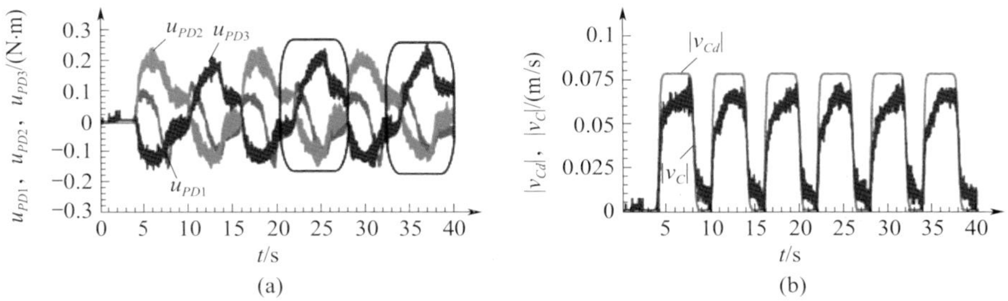

图 10 - 10　(a) 控制信号的值 u_{PD1}、u_{PD2} 和 u_{PD3}；(b) 终端执行器上 C 点期望速度的绝对值（$|v_{Cd}|$）和实现速度的绝对值（$|v_C|$）(P269)

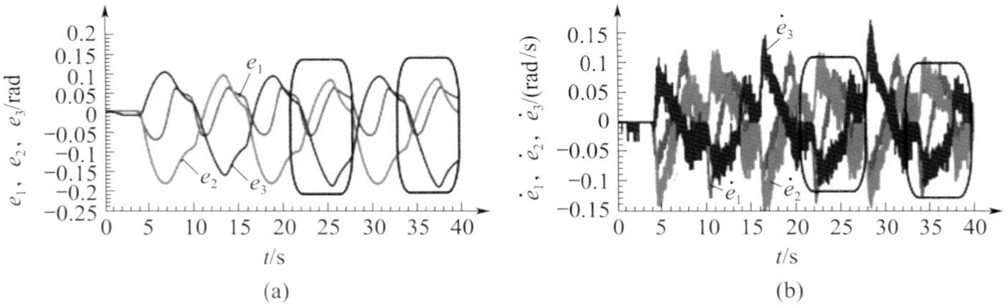

图 10 - 11　(a) 期望转角的实现误差值 e_1、e_2 和 e_3；(b) 期望角速度的实现误差值 $\dot{e}_1$、$\dot{e}_2$ 和 $\dot{e}_3$ (P269)

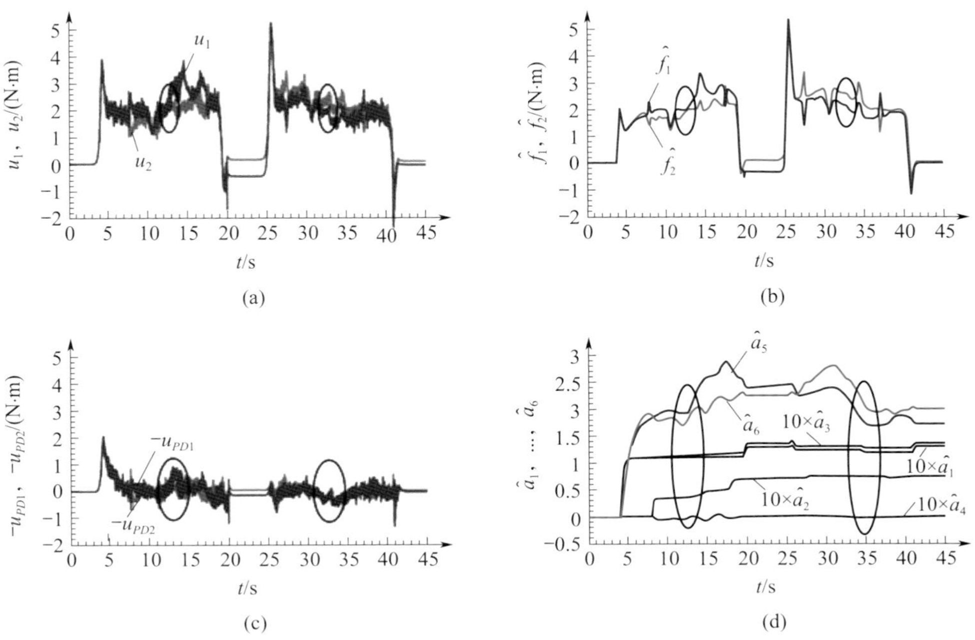

图 10 - 12　(a) 轮 1 和轮 2 的总控制信号 u_1 和 u_2；(b) 补偿 WMR 非线性的信号 $\hat{f}_1$ 和 $\hat{f}_2$；(c) 控制信号 $-u_{PD1}$ 和 $-u_{PD2}$；(d) 参数估计值 $\hat{a}_1$，…，$\hat{a}_6$ (P271)

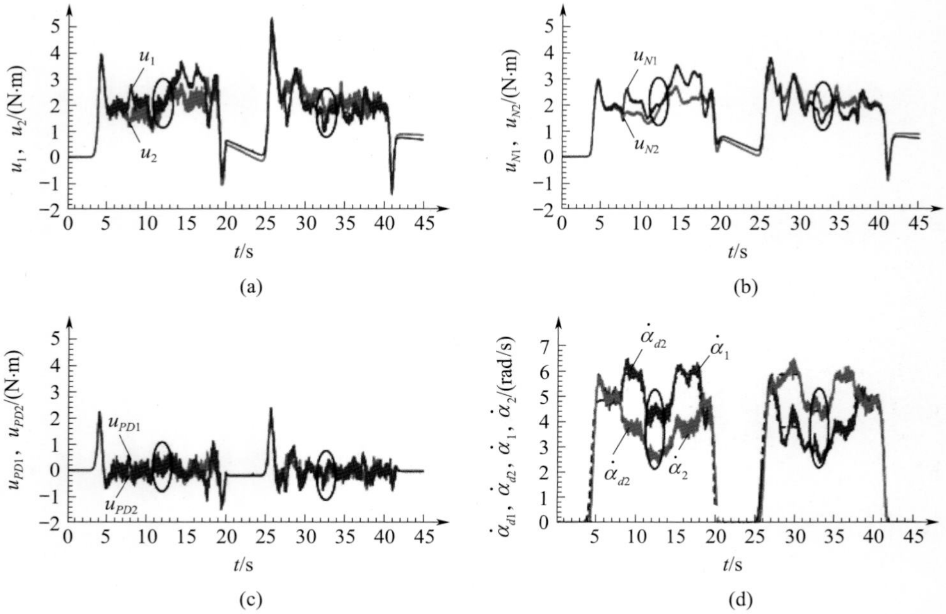

图 10－15　(a) 轮 1 和轮 2 的总控制信号 u_1 和 u_2；(b) 神经网络控制信号 u_{N1} 和 u_{N2}；(c) PD 控制器的控制信号 u_{PD1} 和 u_{PD2}；(d) WMR 驱动轮转动的期望角速度值 ($\dot{\alpha}_{d1}$，$\dot{\alpha}_{d2}$) 和实现角速度值 ($\dot{\alpha}_1$，$\dot{\alpha}_2$) (P274)

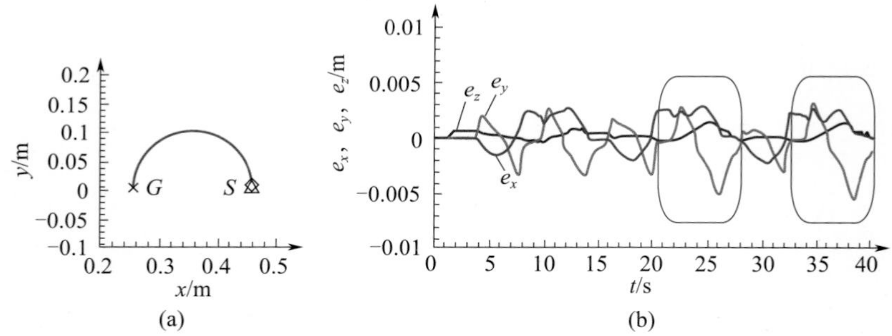

图 10－34　(a) 机械手末端执行器上点 C 的期望和实现路径；(b) 轨迹实现误差的值 e_x、e_y、e_z (P289)

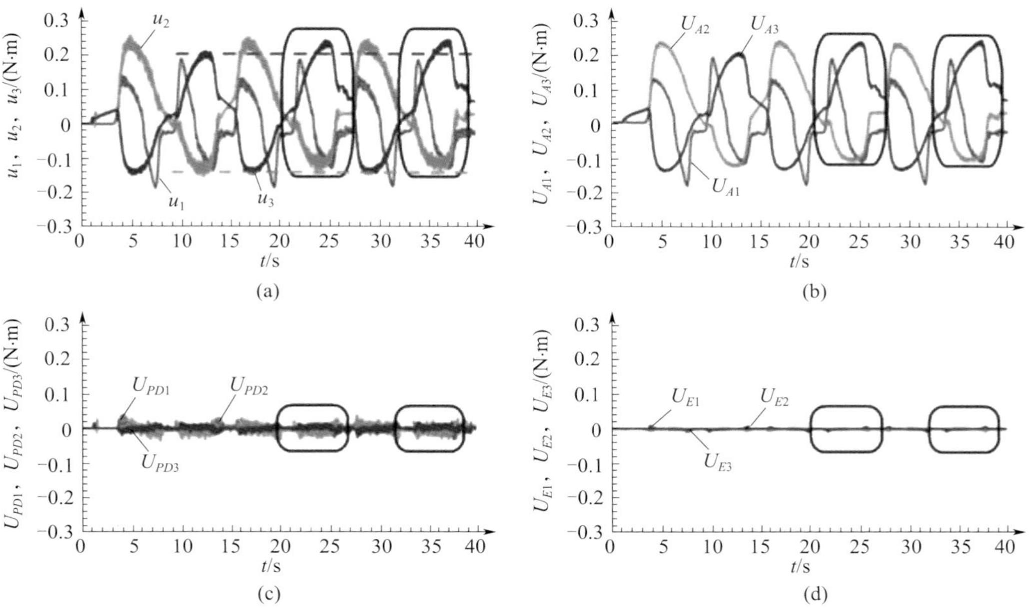

图 10-35　(a) 总控制信号 u_1、u_2 和 u_3；(b) 动作器 NN 的控制信号 U_{A1}、U_{A2} 和 U_{A3}，$\boldsymbol{U}_A=-\frac{1}{h}\boldsymbol{Mu}_A$；(c) PD 控制信号 U_{PD1}、U_{PD2} 和 U_{PD3}，$\boldsymbol{U}_{PD}=-\frac{1}{h}\boldsymbol{Mu}_{PD}$；(d) 控制信号 U_{E1}、U_{E2} 和 U_{E3}，$\boldsymbol{U}_E=-\frac{1}{h}\boldsymbol{Mu}_E$ (P290)

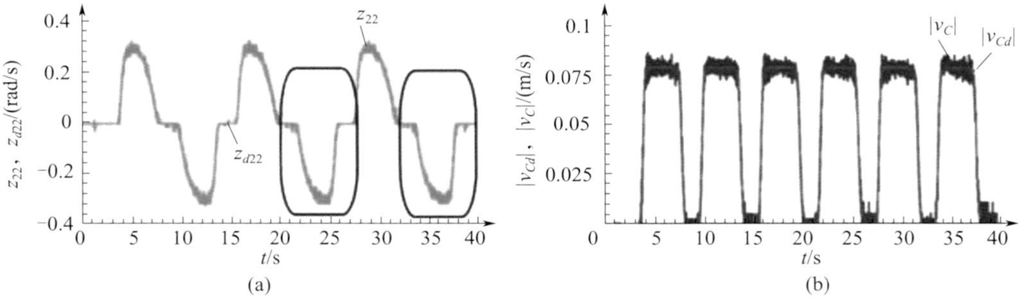

图 10-36　(a) 机械手的连杆 2 转动的期望角速度 (z_{d21}) 和实现角速度 (z_{21})；(b) 机械手末端执行器上点 C 的期望速度的绝对值 ($|v_{Cd}|$) 和实现速度的绝对值 ($|v_C|$) (P291)

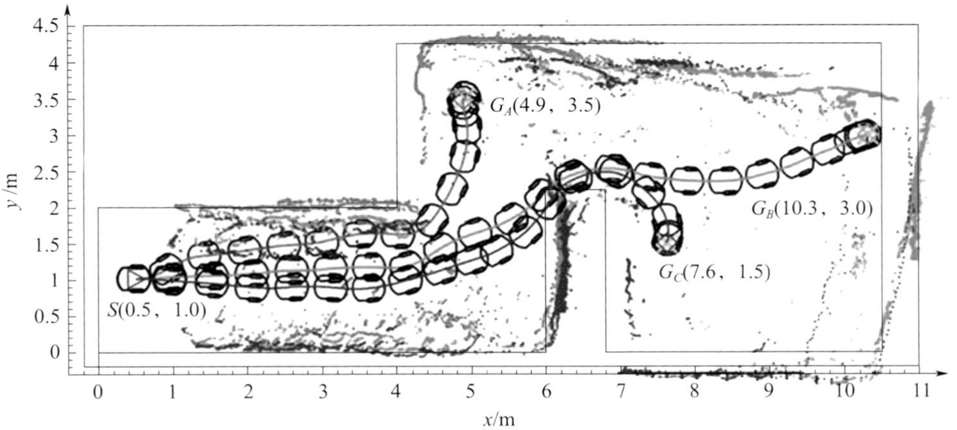

图 10-49　WMR Pioneer 2-DX 上的 A 点驶向单目标位置的路径 (P302)

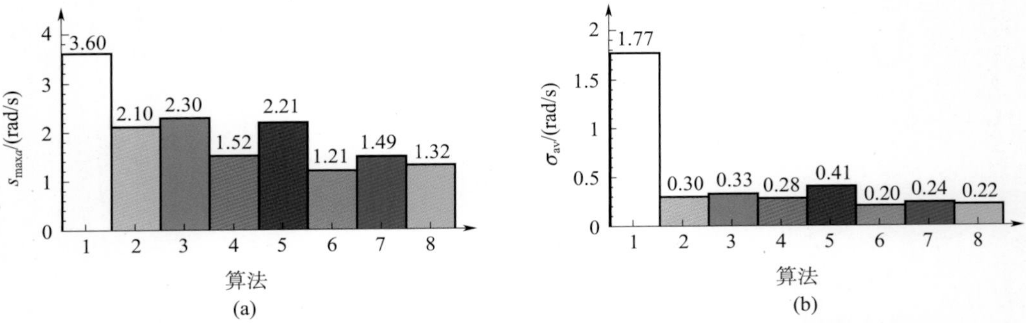

图 10 - 56　在没有扰动的实验中，实现 8 字形路径下的期望轨迹的选定性能指标的值（P307）

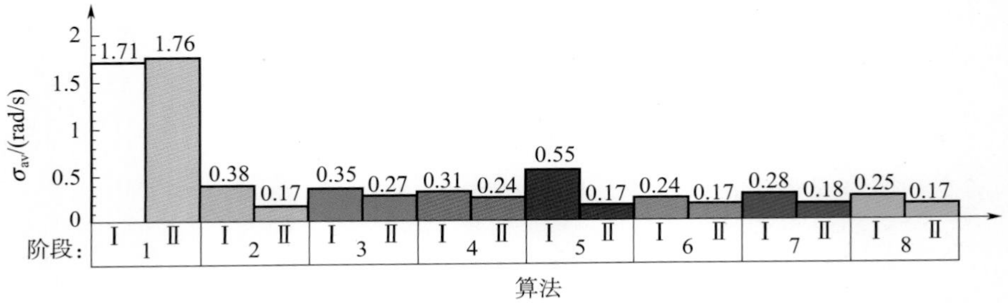

图 10 - 57　在没有扰动的实验中，8 字形路径下期望轨迹实现各阶段的选定性能指标的值（P309）

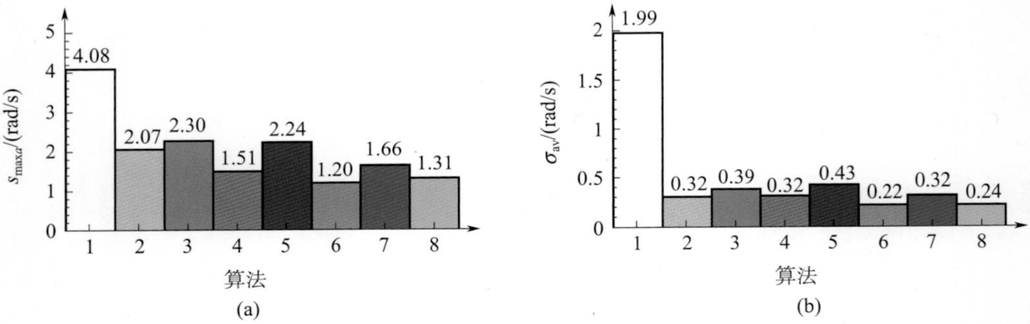

图 10 - 58　在有扰动的实验中，8 字形路径下期望轨迹实现各阶段的选定性能指标的值（P310）

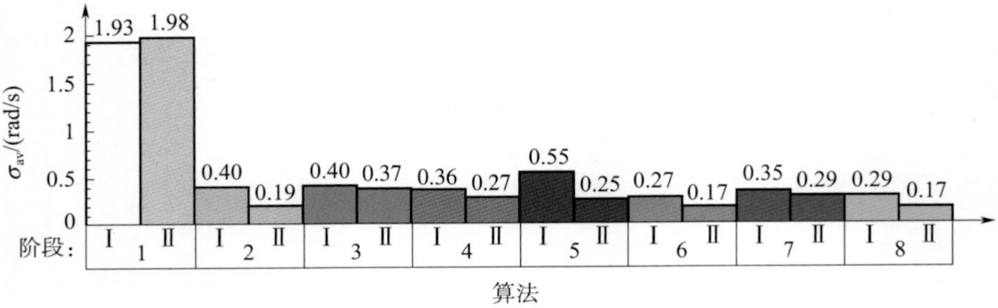

图 10 - 59　在有扰动的实验中，8 字形路径下期望轨迹实现各阶段的选定性能指标的值（P310）